Lehr- und Handbuch der ABWASSERTECHNIK
Dritte Auflage, Band III

# Lehr- und Handbuch der

# ABWASSERTECHNIK

Dritte, überarbeitete Auflage

Band III: Grundlagen für Planung und Bau von Abwasserkläranlagen und mechanische Klärverfahren

---

Herausgegeben von der
Abwassertechnischen Vereinigung e.V.
in St. Augustin



1983

VERLAG VON WILHELM ERNST & SOHN
BERLIN · MÜNCHEN

**CIP-Kurztitelaufnahme der Deutschen Bibliothek**

**Lehr- und Handbuch der Abwassertechnik /**
hrsg. von d. Abwassertechn. Vereinigung e.V. in St. Augustin. Schriftl.: Walter Triebel. – Berlin ; München : Ernst

NE: Triebel, Walter [Schriftl.]; Abwassertechnische Vereinigung

Bd. III → Grundlagen für Planung und Bau von Abwasserkläranlagen und mechanische Klärverfahren

**Grundlagen für Planung und Bau von Abwasserkläranlagen und mechanische Klärverfahren /**
hrsg. von d. Abwassertechn. Vereinigung e.V. in St. Augustin. [Verz. d. Verf. B. Böhnke . . . ].
3. Aufl. – Berlin ; München : Ernst, 1983.

(Lehr- und Handbuch der Abwassertechnik ; Bd. III)
ISBN 3-433-00903-1

NE: Böhnke, Botho [Mitverf.]




Printed in Germany

ISBN 3-433-00903-1 (Bestell-Nr.)

## Verzeichnis der Verfasser

Professor Dr.-Ing. *B. Böhnke,* Aachen (1 Entwicklung der Abwassertechnik, gegenwärtiger Stand und Ausblick)

Regierungsbaumeister Dr.-Ing. *C. H. Burchard,* Stuttgart (9 Handhabung des Abwasserabgabengesetzes)

Dr.-Ing. *M. Dohmann,* Essen (5.1 und 5.2 Vorarbeiten für die Kläranlagenplanung, 6 Kläranlagenplanung)

Ing. (grad.) *Erfmann,* Essen (7.4 Bauplanung, Ausschreibung, Vergabe, Abrechnung, 8 Baudurchführung)

Dipl.-Ing. *L. Fechter,* Kulmbach (3.4.4 bis 3.4.8 Abscheidung von Leichtstoffen)

Ing. (grad.) *F. Grabbe,* Essen (3.2 Rechenanlagen)

Dr.-Ing. *K. H. Kalbskopf,* Essen (3.3 Sandfänge)

Professor Dr. rer. nat. *P. Koppe,* Essen (2 Beschaffenheit des Abwassers)

Dipl.-Ing. *W. Lux,* Essen (5.1 und 5.2 Vorarbeiten für die Kläranlagenplanung, 6 Kläranlagenplanung)

Professor Dr. rer. nat. *F. Malz,* Essen (4 Chemische Verfahren der Abwasserbehandlung)

Dipl.-Ing. *H. D. Radcke,* Essen (7 Bauplanung, 8 Baudurchführung)

Dr.-Ing. *S. Schlegel,* Essen (5.3 Versuchsanlagen und Versuchstechnik)

Beratender Ingenieur Dr.-Ing. *F. Schmidt-Bregas,* Wiesbaden (3.5 Absetzbecken)

Direktor Maschinenbauing. (grad.) *W. Weiler,* Aarbergen (3.4.1 bis 3.4.3 Abscheidung von Leichtstoffen)

Dipl.-Ing. *A. Wienhusen,* Essen (3.2 Rechenanlagen, 5.1 und 5.2 Vorarbeiten für die Kläranlagenplanung, 6 Kläranlagenplanung)

Dr.-Ing. *H. P. Zerres,* Stuttgart (9 Handhabung des Abwasserabgabengesetzes)

## Vorwort zur dritten Auflage

Nachdem in den Bänden I und II der dritten Auflage die Sammlung und Ableitung des Abwassers aus den Siedlungsgebieten an die zentralen Stellen seiner klärtechnischen Behandlung eingehend erörtert wurde, befaßt sich der Band III folgerichtig mit den Grundlagen für Planung und Bau von Abwasserkläranlagen und für mechanische Klärverfahren.

Einem einleitenden Überblick über die Entwicklung, den Stand und die Ziele der Klärtechnik folgt die erschöpfende Darlegung der Beschaffenheit, Analytik und Bewertung des Abwassers als Voraussetzung für das Verständnis der anschließenden Abschnitte über Klärverfahren. Von diesen werden dann die Verfahren der mechanischen Klärung in ihren einzelnen Stufen und Arten erläutert und durch eine zusammenfassende Übersicht über die chemischen Verfahren der Abwasserbehandlung vervollständigt.

Der so gewonnene Überblick über die technischen Anforderungen an die mechanische Klärtechnik bildet sodann die Grundlage für die Darlegung der Vorarbeiten für die Kläranlagenplanung, die Entwurfsaufstellung sowie die Bauplanung und Baudurchführung. Die hier aufgezeigten Erfordernisse und Bedingungen grundsätzlicher Art behalten auch sinngemäß ihre Gültigkeit für die im folgenden Band IV behandelten Verfahren der biologischen Abwasserreinigung, so daß eine umfassende Darstellung schon an dieser Stelle geboten erschien.

Den Schluß bildet eine besonders aktuelle und von allen Beteiligten sicherlich dringend gewünschte Darstellung über die Handhabung des Abwasserabgabengesetzes. Dieses überaus wichtige und zeitgemäße Thema wurde deshalb schon in diesen Band III aufgenommen, weil der lebhafte Wunsch nach einer Klarstellung dieser Fragen nicht mehr so lange hinausgeschoben werden konnte, bis in einem später vorgesehenen Band die Rechts- und Verwaltungsfragen behandelt werden sollen.

Die Autoren waren bemüht in ihren Beiträgen den neuesten Erkenntnissen und dem gegenwärtigen Entwicklungsstand sorgfältig Rechnung zu tragen. Langjährige Erfahrungen aus bewährter Praxis und erprobtes theoretisches Gedankengut haben ihren vielseitigen Niederschlag in den einzelnen Abschnitten gefunden. Die ATV hofft daher auch mit diesem Band der Fachwelt einen guten Dienst getan zu haben. Den Autoren, dem Verlag und der Schriftleitung gebührt Dank für ihre Bemühungen, mit denen sie das Werk unterstützt und gefördert haben.

Möge das Studium dieses Buches und die Auswertung und Anwendung der darin gegebenen Lehren dazu beitragen die Gewässer rein zu halten und die Umwelt zu schützen.

St. Augustin, im April 1983

Dr.-Ing. E.h. *Kuntze*
Präsident der Abwassertechnischen
Vereinigung e.V.

# Inhaltsverzeichnis

# 1 Entwicklung der Abwassertechnik, gegenwärtiger Stand und Ausblick

## 1.1 Entwicklung der Abwassertechnik

„Rauch-, Staub- und Abwasserplage sind bekannte Schlagwörter unserer Zeit", schreibt *Martin Strell* im Jahre 1913 (228, S. 1). Es hat dieser Satz nichts an Aktualität eingebüßt, wobei die Bewältigung der Probleme heute nicht mehr so sehr eine Frage der Technik wie der volkswirtschaftlich möglichen Finanzierung ist.

Das Zusammenleben vieler Menschen auf engem Raum erfordert soziale Verantwortung von jedem. Das Verantwortungsbewußtsein muß sich aber zumeist in langwierigem Prozeß entwickeln.

Das „animalische" Bedürfnis nach Reinlichkeit, zunächst auf den eigenen Körper, dann auf die Wohnstatt, das eigene „Nest" bezogen, weitet sich mit Wachsen der sozialen Gemeinschaft aus; Siedlungen und Städte schafften sich Einrichtungen, um Abfälle und Fäkalien aus den Wohnbereichen zu entfernen. Die Unterbringung dieser Stoffe im Umland mag dort problemlos gewesen sein, wo die Ansiedlungen noch weit genug voneinander entfernt waren. Wir stehen heute vor der Situation, daß die „Freiräume" zwischen den Ansiedlungen geschwunden sind. Der Erdball wurde insgesamt zur Umwelt, deren Schutz und Erhaltung eine Frage des Überlebens der Menschheit geworden ist.

### *1.1.1 Kanalisationen*

Im Sinne solcher Entwicklung finden sich die ersten Zeugnisse abwassertechnischer Bauten in den Stadtkulturen des Altertums; Kanalisationsanlagen aus dem 6. Jahrtausend v.Chr. wurden bei Ausgrabungen in der Türkei gefunden, die Städte im Industal und im Zweistromland (2. Jahrtausend v.Chr.) besaßen Kanäle, erstellt im allgemeinen aus gebrannten Tonrohren oder gemauerten Ziegeln (116). Bekanntestes Beispiel ist die cloaca maxima in Rom aus dem 5. Jahrhundert v.Chr., erstellt von etruskischen Ingenieuren; im Ausbau der Kanalisationsanlagen des alten Roms und in den römischen Kolonien wurden beachtliche sozial-hygienische Leistungen (228, S. 68) vollbracht.

Mit Zerstörung oder Zerfall der sozialen Gemeinwesen gingen die Erkenntnisse der Kanalisationstechnik weitgehend verloren. Die mittelalterlichen Städte Europas waren Brutstätten für Ungeziefer und Krankheiten. Bis zum 14. Jahrhundert war es in Paris erlaubt (und bis zum Beginn des 16. üblich), nach dreimaligem Ruf „gare Peau" allen Unrat aus dem Fenster zu gießen (228, S. 135); in vielen Städten erfolgte die Fäkalbeseitigung durch Gräben oder Gäßchen zwischen den Häusern, die irgendwie zu den nächsten Bachläufen führten; Abtritt - und Dünggraben verseuchten den Untergrund.

Vereinzelt sind zunächst die Zeugnisse hygienischer Bemühungen: 1340 Straßenreinigung in Prag durch Unternehmer; 14. und 15. Jahrhundert Verordnungen in München, den Unrat in die Bäche zu kippen; 1385 Verordnung in Nürnberg zur Sauberhaltung des Gischbachs; 1681 Verbot des Schweinemästens in den Straßen von Berlin (228, s. 147 ff. und 172).

Die Industrialisierung des 19. Jahrhunderts brachte ein lawinenartiges Wachstum der Städte und Ballungsgebiete; die hinsichtlich des Abwasseranfalls wesentlichste Erfindung, das Wasserklosett (erste bekannte Bauanweisung von 1718 in Paris (228, S. 185), brauchbare Konstruktionen ab 1810 (80, S. 2) konnte sich mit der Entwicklung der öffentlichen Wasserversorgung allmählich durchsetzen.

Das Wasserklosett hatte das Abwasserproblem sozusagen vom Haus auf die Straße verlegt; die Kanalisationsbauten verlegten es in den Vorfluter. Der entscheidende Impuls ging von England aus: nach der Choleraepidemie begann man 1830 mit dem Kanalisationsbau in London, es folgten in Deutschland Hamburg 1842, Berlin 1852, Chemnitz und Leipzig 1860, Frankfurt 1867, Köln und München 1881 (201).

### *1.1.2 Abwasserreinigung*

Geschichtliche Zeugnisse von Abwasserreinigungsbauten sind eigentlich erst ab dem 19. Jahrhundert zu finden. Ob ein Fischteich in Agrigent (5. Jahrhundert v.Chr.), eine piscina publica in Rom (1. Jahrhundert v. Chr.) (228, S. 61 und 90) bereits Abwasserreinigungsaufgaben wahrnehmen sollte, erscheint fraglich. Eine rühmliche Ausnahme stellte die deutsche Stadt Bunzlau in Niederschlesien dar; sie besaß bereits Mitte des 16. Jahrhunderts eine Schwemmkanalisation, die in tiefer gelegenen Rieselfeldern – Wiesen und Gärten – ausmündete (228, S. 175).

So beginnt die eigentliche Geschichte der Abwasserreinigung erst, als die unerträglichen Verhältnisse in den Vorflutern industrieller Ballungsgebiete – und hier wieder zuerst in England – nach staatlichem Eingriff rufen (1838: enquete des englischen Parlaments, 1840–43: Report of the Sanitary Conditions, 1847: Towns Improvement Chauses Act, 1848: Public Health Act mit der Gründung des General Board of Health und der Local Boards of Health, 1868: Rivers Pollution Commission (228, S. 192; 80, S. 12). In Deutschland werden die Probleme erst später angegriffen: ab 1850 beginnt im Tal der Emscher der Kohlenbergbau; durch die Bergsenkungen entstanden Vorflutprobleme; um die Jahrhundertwende wird eine staatliche Emscher-Regulierungskommission gebildet, aus der 1904 durch Sondergesetz die Emschergenossenschaft entsteht, die nunmehr auch den Bau von Kläranlagen zur Aufgabe erhält, 1911 folgt die Gründung des Ruhrverbands (42, S. 458).

Die staatliche Zersplitterung Deutschlands hat naturgemäß auch die Schaffung gesetzlicher Regelungen verzögert; so kam es zwar 1900 zur Gründung eines Reichsgesundheitsrates, 1901 zur Gründung der Königlich Preußischen Prüfungsanstalt für Wasserversorgung und Abwasserbeseitigung, nicht aber zu einer – wenn auch geplanten – Reichsflußaufsichtsbehörde (80, S. 31 und 38).

Man ist versucht, Entsprechungen zu sehen, wenn heute die Vermehrung der Bundeskompetenzen auf dem Gebiet des Umweltschutzes nur gegen den Widerstand der Länder durchzusetzen ist, wenn im Rahmen europäischer Vereinbarungen die Verminderung der Salzfracht und die Beschränkung der thermischen Belastung des Rheins, im Rahmen der Vereinten Nationen Konventionen zum Schutz der Meere auszuhandeln sind.

In der Technik der Abwasserreinigung standen natürliche Verfahren am Anfang. Die Landbehandlung wurde dabei in England wie in Deutschland häufig mehr zum Zwecke durchgeführt, die im Abwasser enthaltenen Dungstoffe landwirtschaftlich zu nutzen als das Abwasser zu reinigen. Ein Gutachten von *Justus Liebig*, in dem er den enthaltenen Dungwert erheblich überschätzte, hat eine verhängnisvolle Rolle dabei gespielt, da es die Einführung leistungsfähigerer und hygienisch unbedenklicherer Verfahren behinderte (80, S. 48 und 271). In England gab zu dieser Zeit ein Gesetz den Behörden das Recht, in allen Fällen eine Landbehandlung zu fordern. Während somit bis 1900 die Rieselfelder das Standard-Reinigungsverfahren darstellten, werden heute bestehende Anlagen dieser Art in der Regel durch moderne Kläranlagen ersetzt; der Mangel an verfügbaren geeigneten Landflächen und die hygienischen Bedenken lassen die Landbehandlung nur noch in Sonderfällen oder bei Kleinanlagen (Untergrundverrieselung, Bodenfiltration) als brauchbares Verfahren ansehen. Unabhängig davon ist bei ausgewählten Standorten und modifizierter Technik auch heute noch eine Landbehandlung sinnvoll durchführbar, wie die Beispiele in Braunschweig (105), Melbourne (106) und vielen anderen Gebieten (107) zeigen.

Zu den natürlichen Verfahren zählt die bewußte Ausnutzung der Selbstreinigungskräfte des Vorfluters. So baute der Ruhrverband zwischen Hagen und Mülheim insgesamt 8 Stauseen, die die Laufzeit des Ruhrwassers auf das vierfache erhöhen. An dieser Stelle sind auch Schönungsteiche im Auslauf von Kläranlagen (120) und Fischteiche zu nennen. Nach ersten Versuchen in Berlin wurde ihre Errichtung im wesentlichen durch *Hofer* in München propagiert (228, S. 215); auch hier stand zunächst die Nutzung der Abwasserinhaltsstoffe vor der Aufgabe der Abwasserreinigung. Die Fischteichanlage von München von 1923–24 ist heute noch in Benutzung.

Wo sich natürliche Anlagen nicht einrichten ließen oder sich ihre Nachteile rasch bemerkbar machten (z.B. durch ungeeignete Böden bei der Landbehandlung), mußten schließlich künstliche Verfahren der Abwasserreinigung eingesetzt werden. Anfang des 20. Jahrhunderts liegt bereits eine Unzahl von Entwicklungen und Patenten für Rechen- und Siebkonstruktionen mit und ohne automatische Reinigung vor, wie man bei *Dunbar* (80, S. 105 ff.) dokumentiert findet; zu erwähnen ist als Beispiel für eine recht verbreitete und heute vergessene Konstruktion die Riensch'sche Siebscheibe, die in Dresden und Duisburg noch nach dem 2. Weltkrieg in Betrieb war (42, S. 15).

Das schon länger bekannte Absetzverfahren wurde erst durch Versuche von *Bock, Schwarz, Steuernagel* und *Schönfelder* 1899–1902 auf wissenschaftliche Grundlage gestellt (42, S. 157). Die Entwicklung brauchbarer Räumerkonstruktionen für Absetzbecken, die Handarbeit entbehrlich machen, begann mit der Fidler-Spirale (um 1900 in England (42, S. 157)), und führte über den kreisenden Rundräumer für quadratische Becken von *Dorr* (heute noch auf der Kläranlage Witten in Betrieb!) schließlich zu den heute üblichen Schildräumern (amerikanisches Patent 1910 von *Imhoff*, 1925 in Leipzig von *Mieder* erstmalig angewandt) und zu den Bandkratzern (42, S. 170). Vertikal durchströmte Absetzbecken datieren seit 1898 (Dortmund-Brunnen von *Kniebühler* (42, S. 161)); die besondere Eignung für die Klärung von Flockenschlämmen hat diese Bauform zur Grundlage vieler kombinierter Fällungs- und Klärbecken der Wasser- und Abwasserbehandlung werden lassen (189). Die mit dem relativ aufwendigen Tiefbau bei solchen Becken verbundenen Probleme führten zu den geschlossenen Kühltürmen von *Rothe-Röckner*, in denen das Wasser durch Unterdruck zum Aufsteigen gezwungen wurde – über sie ist die Zeit hinweggegangen.

Der Einsatz verschiedener Klärverfahren unterlag offenbar gewissen nationalen Vorlieben: so wurden in Deutschland kaum Abwasserfaulbecken (septic tanks) gebaut, wie sie in England und Amerika lange Zeit vorherrschend waren. Dafür hat England die zweistöckigen Absetz- und Faulbecken kaum übernommen (42, S. 138).

*Dunbar* hat 1897 in Hamburg durch Versuche gezeigt, daß die Faulung dem Absetzprozeß und einem nachgeschalteten biologischen Prozeß abträglich ist (80, S. 183); die Konsequenz wurde 1907 durch *Imhoff* mit der Errichtung des ersten Emscherbrunnens in Recklinghausen gezogen (42, S. 158). 1911 besaß die Emschergenossenschaft bereits 15 Reinigungsanlagen mit 83 Emscherbrunnen für rd. 1/2 Million Einwohner (80, S. 226).

Chemische Reinigungsverfahren, obwohl seit 1762 durch ein Patent von *de Boissieu* bekannt (80, S. 172), erlangten erst Ende des 19. Jahrhunderts Bedeutung, zunächst als Unterstützung der Abwasserreinigung auf Rieselfeldern, dann als selbständige Anlagen gegebenenfalls vor biologischen Reinigungsstufen (chemische Kläranlagen zu Beginn des 20. Jahrhunderts z.B. in London, Glasgow, Leipzig, Wiesbaden und Frankfurt/M.). Man fällte mit Eisensalzen, Aluminiumsulfat und Kalk. Bei *König* (148) werden in seinem 1899 erschienenen Standardwerk bereits 75 Fällmittel genannt. Die Ergebnisse waren unbefriedigend (80, S. 173). Eine größere Bedeutung erlangte zeitweilig das Kohlebreiverfahren nach *Rothe-Degener*; die adsorptive Kraft gepulverter Braunkohle wurde genutzt, zur Ausfällung Eisensulfat zugegeben; der Schlamm ließ sich gut entwässern und verbrennen (z.B. in Tegel) oder vergasen (z.B. in Elbing) (80, S. 516 ff.). Chemische Verfahren haben in neuerer Zeit wieder eine erhebliche Bedeutung erlangt, sei es in der weitergehenden Abwasserreinigung oder bei der Trinkwasseraufbereitung, parallel gehend mit der Entwicklung der sogenannten „Schnellklärer" (189).

Daß chemische Fällung zur Desinfektion ausreicht, wurde bereits 1854 erkannt; *Dunbar* bezeichnete das Bact. coli als guten Indikator für fäkale Verunreinigung und stellte fest, daß lediglich Chlorung oder thermische Behandlung befriedigende Desinfektion erbringt (80, S. 538). Auch hinsichtlich der Desinfektion scheinen bestimmte nationale Vorlieben wirksam zu sein; die in den USA sehr häufig angewandte Desinfektion des biologisch gereinigten Abwassers vor Abgang in den Vorfluter hat sich in Deutschland fast nirgends einbürgern lassen.

Zum heutigen Stand der Technik biologischer Abwasserreinigung haben mehrere Wege geführt. Zunächst mußte natürlich erkannt werden, daß es Mikroorganismen sind, die die eigentliche Reinigungsarbeit vollbringen.

*Frankland* hatte 1871 empfohlen, durch intermittierende Beschickung der Rieselfelder die Leistung zu erhöhen; 15 Jahre später wurden diese Gedanken in Lawrence/Massachusetts wieder aufgegriffen, dann unabhängig voneinander von *Binnie* in London 1892 und *Corbett* in Salford 1893 weiter verfolgt. Sie führten zu der Entwicklung der Füllkörper in London und der Tropfkörper in Salford; erstere haben sich nicht bewährt, da sie nach relativ kurzer Zeit verschlammen, während sich Tropfkörper bei ausreichender Beschikkung selbst reinigen (119). *Dunbar* wies dann 1906 in Hamburg nach, daß die Reinigungswirkung der Füll- und Tropfkörper auf die Tätigkeit von Mikroorganismen zurückzuführen ist. Daß Mikroorganismen für die Gärungsprozesse verantwortlich sind, hatte *Pasteur* schon 1863 entdeckt (80, S. 179).

Auch für das Belebungsverfahren sind wichtige Vorarbeiten in Lawrence geleistet und die entscheidenden Schritte dann in England vollzogen worden. *Fowler* (Manchester) erkannte mit seinen Mitarbeitern *Ardern, Lockett* und *Jones*, daß man Abwasser nicht durch Belüftung allein reinigen könne, sondern den sich bei Belüftung von Abwasser bildenden Schlamm im System zurückhalten müsse. Das entscheidende englische Patent für ein Durchlaufverfahren, das bereits das heute noch angewandte Verfahrensschema zeigt, stammt aus dem Jahre 1914 (84, 119). Es dauerte immerhin bis zum Jahre 1926, bis von *Imhoff* in Essen-Rellinghausen die erste Belebungsanlage in Deutschland errichtet wurde (212). Es folgten dann rasch die Anlagen in Nauheim, Iserlohn und Berlin-Stahnsdorf (42, S. 277).

Die patentrechtliche Sicherung des Belebungsverfahrens mit Drucklufteinblasung, aber auch Schwierigkeiten im Betrieb derartiger Anlagen durch Verstopfung der Belüftungskörper führten zur Entwicklung mechanischer Belüftungseinrichtungen, von denen hier die Haworth-Paddel, der Bolton-Kreisel und die Kessener-Bürste als Grundtypen der heute bekannten Verfahren zu nennen sind (84).

Von 1915 datiert bereits ein Patent eines Kombinationsbeckens für das Belebungsverfahren, in dem sich der Schlammrücklauf selbsttätig vollzieht (42, S. 287).

Umfängliche Untersuchungen über die Kinetik biologischer Vorgänge und den Einfluß der verschiedenen Betriebsparameter haben zu der Vielseitigkeit des Belebungsverfahrens geführt. Heute reicht die Palette von den Höchstlastanlagen (34), die als erste Stufe zweistufiger Systeme Anwendung finden (35) über die Schwachlastanlagen bis zu den Stabilisierungsanlagen.

Unabhängig davon verlief die Entwicklung der Abwasserteiche. Sickerbecken, geboren aus dem Kapitalmangel nach dem ersten Weltkrieg, und Aufladeteiche für mineralisch verschmutzte Abwässer wurden beispielsweise mehrfach beim Ruhrverband errichtet (42, S. 164). Die wachsende Kenntnis von den biologischen Vorgängen bei den Selbstreinigungsprozessen im natürlichen Gewässer führte zum Bau von Abwasserteichen als relativ einfache biologische Reinigungsanlagen, zu datieren etwa ab 1924 mit der Anlage eines Oxydationsteiches in Santa Rosa (183). Zu unterscheiden sind unbelüftete und belüftete Teiche. Während unbelüftete Teiche, wie die Erfahrung an noch heute betriebenen Anlagen in Nord- und Süddeutschland zeigt, starke temperaturabhängige Ablaufschwankungen aufweisen, werden in klimatisch günstigeren Zonen durchaus Teiche zur Abwasserreinigung herangezogen (107). Belüftete Teiche setzen sich jedoch in immer stärkerem Maße durch. Entscheidenden Anteil haben hieran die sehr gute Reinigungsleistung und Prozeßstabilität sowie der geringe Wartungsaufwand (37).

### *1.1.3 Schlammbehandlung*

Mit dem Betrieb von Abwasserreinigungsanlagen entstanden die Probleme der Schlammbehandlung; die dreifache Aufgabe lautete – und das bis heute – Stabilisierung, Entwässerung, Beseitigung, wobei heute die Beseitigung der Schlämme das vordringlichste Problem darstellt.

Das älteste Verfahren der Stabilisierung ist die Ausfaulung. Die Schlammfaulung im eigentlichen Sinne begann mit den doppelstöckigen Absetz- und Faulanlagen (Travisbecken, Emscherbrunnen); ein systematischer Betrieb offener Erdbecken für die Schlammfaulung wird 1910 in Birmingham vorgefunden (42, S. 185); ein offener, durch Dorr-Kratzer geräumter Behälter von 1930 in Witten dient heute noch als Nachfaulraum. Schwimmende Gasdecken zur Auffangung des Faulgases (beispielsweise 1922 in Aachen versucht) (42, S. 206), schließlich Behälter mit untergetauchter Gasdecke führten zu den geschlossenen Bauweisen. Der erste beheizte Faulraum wurde 1925 in Essen-Rellinghausen betrieben (42, S. 190). Die Nutzung des Gases in Gaskraftanlagen begann 1914 in Brisbane/Australien; es folgten Birmingham 1921 und Iserlohn 1927 (42, S. 214).

Die Schlammentwässerung auf drainierten Schlammbeeten (Trockenbeeten) hat *Dunbar* seit 1902 untersucht (80, S. 234). Filterpressen sind seit 1880 in England bekannt (42, S. 173); Saugfilter wurden in Amerika entwickelt (42, S. 174). 1855 wurden in Leicester Versuche mit Zentrifugen gefahren; seit 1904 wurden Zentrifugen beispielsweise in Spandau verwendet, dann auch in Hamburg, Hannover und Frankfurt (80, S. 248). Das Problem der hohen Schmutzbelastung im Zentrifugat wurde dabei rasch erkannt; es wird eigentlich erst in neuester Zeit durch die Entwicklung der synthetischen Flockungsmittel in Verbindung mit verbesserten Konstruktionen beherrscht. Von thermischer Schlammtrocknung wurde 1934 in Milwaukee berichtet (42, S. 174).

Die Liste der Schlammbeseitigungsmaßnahmen zu Beginn des Jahrhunderts: Verklappung im Meer, landwirtschaftliche Nutzung, Schlammteiche und Deponien ist mit Modifikationen noch heute gültig. Lediglich die Möglichkeiten der Stabilisierung des Schlammes durch Überlüftung, Kompostierung und Verbrennung werden erweitert (73).

Aufschlußreich ist, welche Vielseitigkeit an Versuchen zur Lösung des Schlammproblems beispielsweise in Frankfurt/M. seit Ende des 19. Jahrhunderts zu dokumentieren ist (41, S. 334 ff.):

> Schlammlager, Aufpumpen auf Ackerflächen im Winter, Vermischung mit Hausmüll, Trocknung in kohlebeheizter Trommel, Entwässerung in Filterpressen und in Ziegelpressen, Gewinnung von Fett und Gas aus dem Schlamm, elektro-osmotisches Verfahren zur Konditionierung, Zugabe von Kalk und Pulverkohle. Gefrierverfahren, Brikettierung von Schlamm mit Müll, Zentrifugen zur Entwässerung (seit 1900 als Siebzentrifugen, seit 1914 als Vollmantelzentrifugen nach *ter Meer*). – Die Stadt ist heute nach einigen weiteren Umwegen wieder bei Zentrifugen angekommen.

## 1.2 Gegenwärtiger Stand

Die Geschichte der Abwassertechnik von den Anfängen bis zum heutigen Stand verlief nicht geradlinig; ihre wesentlichen Fortschritte konnten erst mit dem systematischen Einsatz des Experiments beginnen, das die richtigen Wege von den unbrauchbaren oder unwirtschaftlichen scheiden muß und den wissenschaftlichen Grund zu den einzelnen Verfahren legt. Es erstaunt dabei die Vielfalt der Gedanken, die zu Beginn des Jahrhunderts, der „Gründerzeit" der Abwassertechnik, Gegenstand der Diskussion waren; einen guten Überblick darüber gibt das schon mehrfach zitierte Buch von *Dunbar* (80), dessen erste beiden Auflagen 1907 und 1912 erschienen und das dankenswerterweise 1954 unverändert neu aufgelegt wurde. Kein Ingenieur, der neue Verfahren oder Bauweisen der Abwasserreinigung patentieren oder einführen will, sollte versäumen, die „Neuheit" seiner Ideen an diesem Werk zu überprüfen. Der heutige Stand der Abwassertechnik ist Gegenstand der folgenden Bände dieses Handbuches. So sei hier nur ein Überblick gegeben.

Man kann heute mit Recht behaupten, daß das technische Instrumentarium zur Verfügung steht, jedes Abwasserreinigungs- und Schlammbeseitigungsproblem in jeder Größenordnung zu lösen. Zweifellos liegt zwischen dem Vorhandensein und dem Nutzbarmachen noch ein recht großer Abstand. Die Besonderheiten des Mediums Abwasser, seine örtlich und zeitlich unterschiedliche Qualität und Menge, die Heterogenität der Inhaltsstoffe lassen kaum zu, Kläranlagen „von der Stange" zu kaufen. Um so mehr ist Sorgfalt am Platze bei der Entwicklung und dem Einsatz typisierter Verfahren und Bauweisen.

Jedes biologisch angreifbare Abwasser läßt sich auch biologisch reinigen. Ob Tropfkörper oder Belebungsanlage, ob mit Brocken- oder Kunststoff-Füllung bzw. mit Druckluft-, Sauerstoff-, Kreisel- oder Rotorbelüftung – dies ist mittlerweile keine Modefrage mehr sondern Gegenstand nüchterner Betrachtung geworden. Die Vorteile jedes Systems sind bekannt (alle „kochen nur mit Wasser"); die Auswahl wird häufig durch einen Wirtschaftlichkeitsvergleich und letztlich durch die Ausschreibung zwischen geeigneten Firmen getroffen werden. Dabei spielen die Fragen, ob die Reinigungsleistung mit Sicherheit erbracht wird, ob die Betriebssicherheit und Wartungsarmut (Wartungsfreiheit gibt es nicht) gegeben ist, eine wichtigere Rolle, insbesondere jedoch ist auf den Energieverbrauch bei den einzelnen Anlagentypen zu achten. So ist zum Beispiel die Reinigungsleistung des Oxidationsgrabens zwar besser, jedoch ist hierzu ein deutlich höherer Energieaufwand erforderlich. Bei der aeroben Schlammstabilisierung wird gewissermaßen Energie eingesetzt, um Energie zu vernichten, wohingegen bei der Schlammfaulung erhebliche Energiemengen zurückgewonnen werden können. Zu Zeiten der niedrigen Energiepreise wurde der höhere Aufwand beim Oxidationsbetrieb oft und ohne Bedenken zugunsten der höheren Betriebssicherheit und geringeren Wartung in Kauf genommen. Angesichts der verknappenden und immer teuerer werdenden Energie wird bereits jetzt – und in Zukunft sicherlich noch in erheblich stärkerem Maße – auf möglichst niedrige Betriebskosten geachtet werden müssen. Da bei Belebungsanlagen der weitaus größte Teil der Betriebskosten auf die Stromkosten entfällt, lassen sich insbesondere bei Großkläranlagen die Betriebskosten wesentlich verringern, wenn man z.B. durch die Faulgasverstromung eine eigene Energiequelle auf dem Klärwerk erschließt und nutzt. Durch die hohen Energiepreise und die verbesserte Technik der Klärgasverwertung haben sich die Verhältnisse inzwischen so verschoben, daß für Anlagengrößen von 50 000 EG die Energierückgewinnung interessant ist (70).

Bei besonders zusammengesetzten Abwässern sollte zunächst mit Versuchsanlagen überprüft werden, ob und wie weit sie z.B. durch ein- oder mehrstufige biologische Behandlung (71, 72) oder durch die Kombination von physikalisch-chemisch-biologisch-chemischen Behandlungsstufen gereinigt werden können bzw. müssen.

Abwasserinhaltsstoffe, die biologischer Reinigung nicht zugänglich sind, für die der Einsatz biologischer Reinigung nicht lohnt (nur biologisch abbaubare Stoffe können der Selbstreinigungskraft eines Vorfluters überlassen bleiben) oder die nach biologischer Reinigung übrig bleiben, stellen in zunehmendem Maße Probleme für die auf Oberflächenwasser angewiesenen Trinkwasseraufbereitungsanlagen dar.

Die Entwicklung von Verfahren zur weitergehenden Abwasserreinigung ist in den vergangenen Jahren stark vorangetrieben worden. Ebenso haben sich sowohl die nationalen als auch die internationalen Bemühungen zur Reinhaltung der Gewässer merklich verstärkt. Die Folge dieser internationalen Bemühungen repräsentiert sich in einer Reihe von zwischenstaatlichen Übereinkommen und bindenden Beschlüssen der Europäischen Gemeinschaften, die wiederum in die deutsche Gesetzgebung Eingang finden. Auf die internationalen Abmachungen soll hier nicht näher eingegangen werden. National ist bereits seit dem 1. Oktober 1976 das 4. Gesetz zur Änderung des Wasserhaushaltsgesetzes (WHG) in Kraft und das Abwasserabgabengesetz (AbwAG) ist seit dem 1. Januar 1978 gültig. Seit dem Januar 1979 ist die „Erste Allgemeine Verwaltungsvorschrift über Mindestanforderungen an das Einleiten von Schmutzwasser aus Gemeinden in Gewässer" – 1. Schmutzwasser VwV – erlassen worden. Hier werden bis Ende 1984 unterschiedliche Mindestanforderungen geltend gemacht und zwar in Abhängigkeit vom Baubeginn des jeweiligen Klärwerkes. Ab 1985 ist jedoch generell eine Verbesserung der Ablaufqualität bei allen Klärwerken erforderlich, um die Mindestanforderungen einzuhalten. Ein nach den Mindestanforderungen vorgeschriebener Wert gilt als nicht eingehalten, wenn das arithmetische Mittel der Ergebnisse aus den letzten fünf im Rahmen der staatlichen Gewässeraufsicht durchgeführten Untersuchungen diesen Wert überschreitet. Untersuchungen, die länger als drei Jahre zurückliegen, bleiben dabei unberücksichtigt. Die in dieser Vorschrift genannten Werte sind also als Mindestwerte anzusehen, die eingehalten werden müssen, um die Halbierung der Abwasserabgabe gemäß § 9 AbwAG zu erreichen.

Unter Berücksichtigung der örtlichen Vorfluterverhältnisse kann die zuständige Wasseraufsichtsbehörde darüber hinaus diese Mindestanforderungen durch wasserrechtliche Bescheide entsprechend herabsetzen und bei deren Nichteinhaltung z.B. mit Bußgeld ahnden. Die Halbierung der Abwasserabgabe erfolgt dann ebenfalls nur, wenn die Anforderungen dieser jeweiligen wasserrechtlichen Bescheide eingehalten werden.

Gesetzlich unbefriedigend gelöst ist zur Zeit noch die Frage der Gewässerbelastung durch die Stickstoffverbindungen (36), die einerseits z.B. durch das Abwasserabgabengesetz nicht erfaßt werden, andererseits aber der Trinkwasseraufbereitung aufgrund der hier vorliegenden hohen Anforderungen erhebliche Schwierigkeiten bereiten.

Die Frage der Schlammbehandlung wird zum gegenwärtigen Zeitpunkt in verstärktem Maße durch die Verknappung der Energiequellen bestimmt. Während noch vor ca. 3–4 Jahren Kläranlagen mit gemeinsamer aerober Schlammstabilisierung volkswirtschaftlich erschienen, muß heute die Frage des hohen Energiebedarfs aus einer anderen Sicht gesehen werden. Für kleinere Anlagen stellt dieses Verfahren eine durchaus praktikable Lösung dar. Die betriebliche Vereinfachung der Anlagen, die Ersparnisse in Investitions- und vor allem in Personalkosten bedeutet, wird nicht von den erhöhten Stromkosten aufgewogen. Ein Nachteil derartiger Systeme liegt darin, daß die bei der anaeroben Faulung entstehenden Faulgasmengen zur Energiegewinnung nicht herangezogen werden können. Dies bedeutet bei der derzeitigen Einschränkung und Verteuerung der Energieträger, daß die verschiedensten Möglichkeiten zur Nutzung des Faulgases zur Energiegewinnung die Auswahl eines Schlammbehandlungsverfahrens mitbestimmen kann (108). Aus verschiedensten Veröffentlichungen (108, 209, 239) und Erhebungen läßt sich der Faulgasanfall mit 17 l/E x d abschätzen. Werden zur Energiegewinnung Gasmotoren herangezogen, so läßt sich durch eine gezielte Verwertung der Abhitze der Motoren im Mittel der Wärmebedarf des Faulbehälters und des Betriebsgebäudes decken. Eine eingehende Wirtschaftlichkeitsuntersuchung für jeden spezifischen Fall ist hier unerläßlich.

Die Betriebssicherheit eines groß bemessenen Faulbehälters läßt ihn nach wie vor als Standard-Schlammbehandlungsstufe erscheinen. Dort aber, wo nachfolgende künstliche Entwässerung und Verbrennung des Schlammes geplant ist, wird man künftig wohl noch eingehendere Wirtschaftlichkeitsuntersuchungen aufstellen müssen, um die Bedeutung des Faulraumes abschätzen zu können.

Die Technik der Schlammentwässerung hat vor allem durch den Einsatz der polymeren synthetischen Flockungsmittel einen erheblichen Aufschwung genommen. Dies ist besonders den Zentrifugen zugute gekommen; erst dadurch gelingt es, ein nahezu feststoffreies Zentrifugat zu erzielen. Ebenso verdankt die Siebbandpresse den synthetischen Flockungsmitteln ihre Brauchbarkeit. Die Leistung der Verfahren wird jedoch derzeit an dem Feststoffgehalt des Schlammaustrags gemessen. Die Anforderungen an den Schlamm für eine Deponierung gehen teilweise schon bis zu einem Feststoffgehalt von 50 %, was in der Regel nur durch Kammerfilterpressen zu erreichen ist.

In der letzten Zeit kommen häufiger thermische Verfahren zur Konditionierung des Schlammes zum Einsatz. Wegen des beachtlichen technischen Aufwands werden sie wohl vorwiegend auf größere Anlagen beschränkt bleiben; sie bieten aber vor allem bei stark wechselnden Schlammqualitäten höhere Sicherheit dafür, daß die nötige Entwässerungsfähigkeit jederzeit auch tatsächlich erreicht wird. Die Probleme durch die Einleitung der heißen Filtratwässer zusammen mit Geruchsbeeinträchtigungen sind jedoch bei dieser Behandlungssystematik besonders zu beachten.

Schlammveraschung mit Reststoffdeponie bleibt das radikalste Beseitigungsverfahren.

Größkläranlagen in Ballungsgebieten, auch Mittelpunkts-Anlagen von größeren Einzugsgebieten werden in steigendem Maße darauf angewiesen sein. Es ist zu empfehlen, die Lösung des Schlammproblems dann gemeinsam mit dem Müllproblem anzugehen.

Die Verklappung von Klärschlamm im Meer, in küstennahen Gebieten noch gerne geübt, kann insbesondere in den begrenzten Meeren wie Ostsee und Nordsee eigentlich nicht mehr geduldet werden. Es ist auch hier auf eine internationale Vereinbarung zu drängen.

Die Unterbringung des Schlammes in der Landwirtschaft oder im Landschaftsbau, z.B. nach der Kompostierung mit Hausmüll, ist eigentlich die einzige echte Nutzungsart.

Eine interessante volkswirtschaftliche Variante (69, 73) ist die Müll-Frischschlamm-Kompostierung, insbesondere im Bereich von Kläranlagen für kleine Anschlußgrößen, für die eine Faulgasverwertung ohnehin nicht wirtschaftlich ist. Die wirtschaftliche Bedeutung dieses Verfahrens liegt also nicht so sehr in dem Kompostierungsprozeß selbst, vielmehr ergibt sich die eigentliche Kostenersparnis durch die unmittelbare Behandlung des unausgefaulten Klärschlammes, also durch den Wegfall des Faulbehälters auf dem Abwasserklärwerk. Weiterhin ist das bei der Kompostierung anfallende Endprodukt im Gegensatz zum Faulschlamm seuchenhygienisch einwandfrei und kann ohne weitere Behandlung z.B. als Bodenverbesserungsmittel im Landschaftsbau eingesetzt werden.

Die Rückführung der Schlämme in den Stoffkreislauf geht sogar in der Schweiz so weit, daß der Klärschlamm als Dünger eingestuft ist. Priorität unter den gegebenen Verhältnissen sollte der Grundsatz haben:

*Recycling First.*

Die Feststellung zum Teil hoher Schwermetallgehalte im Klärschlamm, die teilweise zu Aufbringungsverboten führten, ließ jedoch die Aufstellung einer bundeseinheitlichen Verordnung zur Aufbringung von Schlämmen als notwendig erscheinen. Die Aufbringungsverordnung nach § 15 AbfG, wird zukünftig den Rahmen der Verwertung der Schlämme in der Landwirtschaft setzen.

Eine eingehende Kontrolle der Abwassereinleitungen wird notwendig werden, um die zum Teil niedrigen Grenzwerte an Schwermetallen einhalten zu können. Weiterhin sind die Belange der Hygiene zu beachten (192).

Ist eine landwirtschaftliche Verwertung in Ballungsgebieten nur beschränkt möglich, so bleibt bei weiterer Verknappung der Deponieräume eine Verbrennung der Schlämme. Umfangreiche Luftkataster müssen aufgestellt werden, um die Belastungen durch Staub und andere Stoffe bei neuen Standorten in Grenzen zu halten.

## 1.3 Ausblick

### *1.3.1 Die politische Aufgabe*

Seit über 100 Jahren sind in Deutschland die verantwortlichen Fachleute für die öffentliche Wasserversorgung bestrebt, ein Trinkwasser abzugeben, das frei ist von Krankheitserregern und das keine gesundheitsschädigenden Eigenschaften hat. Bis zum heutigen Tag wurde man auf manche durch Wasserinhaltsstoffe hervorgerufene Schädigungen erst aufmerksam, nachdem sich bestimmte Krankheitssymptome häuften. Bei technischen Konstruktionen ist es selbstverständlich, daß man erst durch auftretende Schäden lernt. Wenn es sich jedoch um Schäden für die menschliche Gesundheit handelt, wird die Sachlage meistens wesentlich anders beurteilt, häufig in Richtung einer Schuld oder einer Nachlässigkeit der Fachleute.

Die Bemühungen um ein gesundheitlich einwandfreies Trinkwasser wurden ausgelöst gegen Ende des vorigen Jahrhunderts durch die verheerenden Typhus- und Choleraepidemien mit mehreren Tausend Toten. Epidemisch auftretende „Wasserkrankheiten" sind in der BRD inzwischen völlig verschwunden, nachdem rd. 96 % der Bevölkerung durch zentrale Wasserversorgungsanlagen mit einwandfreiem Trinkwasser versorgt sind.

Die rasante technische Entwicklung insbesondere die Entwicklung der chemischen Industrie führten außer der normalen organischen Belastung zu fest/festflüssigen Abfällen aus dem Bereich der erzeugenden chemischen sowie der weiterverarbeitenden Industrie. Ein merklicher Anteil dieser Stoffe sind schwer abbaubar, zum Teil toxisch.

Im Umweltprogramm der Bundesregierung von 1971 wurde bereits gefordert, daß die Reinigungsmaßnahmen so weit zu treiben seien, daß die Gewässergüteklasse II erhalten oder wieder erreicht wird.

Der Sachverständigenrat hat in seinen verschiedenen Umweltgutachten insbesondere im Umweltschutzbericht 1978 wiederholt dieselbe Auffassung vertreten.

Mittlerweile haben die durch die Novellierungen des WHG und durch das seit 1981 greifende Abwasserabgabengesetz ausgelösten Aktivitäten zu einer besseren Abwasserreinigung und zu einer besseren Gewässergüte geführt.

Die gegenwärtige Situation ist mit den Gründerjahren der Abwassertechnik zum Ende des 19. Jahrhunderts zu vergleichen. Erneut werden Mißstände offenbar, die nicht durch die Kenntnisse der Ingenieure allein zu beseitigen sind, sondern die staatlicher Eingriffe bedürfen. Die Probleme, die vor 70 bis 80 Jahren noch regional zu lösen waren, verlangen heute nach internationalen Vereinbarungen. Die Abwasserfrage ist in den Problemkreis „Umweltschutz" einzubetten.

Nur eine konsequente Durchführung des Verursacherprinzips in der Gebührenerhebung für Abwasserreinigung, Abfallbeseitigung und Luftreinhaltung wird den nötigen Nachdruck verleihen und schließlich die erforderlichen finanziellen Mittel liefern. Der genossenschaftliche Gedanke, Abwasserprobleme überörtlich anzugreifen, Lösungen überörtlich nach technischen und wirtschaftlichen Gesichtspunkten zu optimieren und die Lasten gemeinsam zu tragen, dieser Gedanke, der bei den großen Abwasserverbänden wie z.B. an Emscher und Ruhr zu international anerkannten vorbildlichen Leistungen geführt hat, sollte sozusagen auf staatlicher Ebene verwirklicht werden.

Welche Größenordnung die vor uns stehenden Aufgaben angenommen haben, zeigten die im Jahre 1971 beim Bundestag durchgeführten Hearings: *Böhnke* nennt für die Bereiche Wasserversorgung, Kanalisation, Abwasserreinigung und Abfallbeseitigung für Kommunen und Industrie der Bundesrepublik einen Betrag von 230 Milliarden DM, der für Nachhol- und Wachstumsbedarf bis zum Jahre 2000 auszugeben sei (3, S. 123; 33).

Auf Grund der besseren Bewußtseinsbildung in der Öffentlichkeit sind seit 1971 erhebliche Beträge in die Abwassertechnik hineingeflossen. Die organisch abbaubaren Belastungen sind in den Gewässern erheblich zurückgegangen.

Grundlage ist die Erfassung des Ist-Zustandes. Wieviele der zuständigen Länderminister wissen heute genau Auskunft zu geben über die jeweilige Leistung ihrer Abwasserreinigungsanlagen im Lande? Erst mit dieser Kenntnis lassen sich überregionale, mittel- und langfristige Planungsprogramme erstellen, die es ermöglichen, im Sinne wirtschaftlicher Optimierung Schwerpunkte zu setzen (194). Kläranlagen sind nicht dort zu erstellen, wo sie am leichtesten durchzusetzen sind – warum sind denn gerade bei den deutschen Großstädten auch heute noch so unbefriedigende Verhältnisse anzutreffen, während manches

Dorf über eine wunderschöne Anlage verfügt? Und schließlich kann nur vorausschauende Planung ermöglichen, daß Kläranlagen nicht nur für 5–10 Jahre gebaut werden, was sich normalerweise als recht unwirtschaftlich erweist (211); ein beachtlicher Teil des Nachholbedarfs mit Rücksicht auf § 7a WHG besteht in der Sanierung überlasteter Kläranlagen unzureichenden Reinigungsgrades.

Schließlich ist noch ein besseres System von Kontrolleinrichtungen über wichtige Gewässerstrecken und ihre einleitenden Kläranlagen zu legen und mit Hilfe elektronischer Datenverarbeitung zu betreiben und auszuwerten. Ohne wirksame Kontrollen und Überwachungseinrichtungen lassen sich die Erfordernisse des Umweltschutzes nicht verwirklichen.

### *1.3.2 Die technische Aufgabe*

Angesichts der erhöhten Bemühungen zur weiteren Verbesserung der Gewässergüte und vor dem Hintergrund der gestiegenen gesetzlichen Anforderungen an die Qualität des gereinigten Abwassers sind in der Abwassertechnik nach wie vor entscheidende und dringende technische Aufgaben zu lösen. Die besonderen Schwerpunkte bei den vielfältigen Zukunftsaufgaben der Abwassertechnik liegen vornehmlich in

- der ständigen Überprüfung des Gewässergütezustandes zur Ermittlung der Belastung und Belastbarkeit der Gewässer für eine vorausschauende wasserwirtschaftliche Planung mit entsprechenden Gegenmaßnahmen,
- der Weiterentwicklung der vorhandenen bekannten Reinigungsverfahren unter dem Gesichtspunkt der jetzt erforderlichen Erhöhung der Leistungsfähigkeit mit größerer Prozeßstabilität und Elastizität sowie der Verbesserung der Techniken zur Ermittlung des optimalen Einsatzes der Reinigungsverfahren,
- der verstärkten Mitberücksichtigung der Niederschlagswasserbehandlung,
- der Verbesserung der betrieblichen Steuerung einer Abwasserreinigungsanlage durch die Optimierung einer automatisierten Eigenüberwachung und einer situationsgerechten Anwendung der Meß-, Steuer- und Regeltechnik sowie
- der Entwicklung neuer Verfahren zur Lösung neuer Aufgaben im Bereich der Abwasserreinigung unter Gewährleistung hoher Wirtschaftlichkeit.

Die Belastung der Oberflächengewässer mit organisch abbaubaren Stoffen hat in den letzten Jahren durch den Ausbau biologischer Kläranlagen allgemein abgenommen. Auch bei den biologisch schwer abbaubaren Stoffen ist ein Rückgang der Konzentrationen festzustellen, wie z.B. dem Bericht über die 8. Arbeitstagung der IAWPR vom Mai 1981 zu entnehmen ist. Nicht zurückgegangen sind die Konzentrationen an biologisch nicht abbaubaren organischen Stoffen, die auch nicht in den Gewässern oder bei einer Bodenpassage abgebaut werden. Dazu zählen auch die immer wieder angeführten organischen Halogenverbindungen. Hier führen nur Adsorptionsverfahren weiter, die entweder am Entstehungsort dieser Stoffe, oder bei den Kläranlagen und bei der Trinkwasseraufbereitung eingesetzt werden müssen. Gleichzeitig müssen aber auch Analysenmethoden entwickelt werden, mit denen diese Stoffe zuverlässig bestimmt werden können. So sind z.B. in der Richtlinie der EG über die Qualität von Wasser für den menschlichen Gebrauch die zulässigen Höchstkonzentrationen für „mit Chloroform extrahierbare Stoffe", für „gelöste oder emulgierte Kohlenwasserstoffe", für „Phenole" und für „organische Chlorverbindungen" so niedrig festgelegt, daß sie mit den angegebenen Analysenverfahren nicht ermittelt werden können.

Schließlich sei auf neue Belastungen der Vorfluter hingewiesen, denen man künftig mehr Beachtung schenken muß.

In diesem Zusammenhang sei der nicht völlig auszuschließende radioaktive Ausstoß von Kernkraftwerken erwähnt; es sei hier nicht weiter diskutiert, ob die Langzeitwirkung im Rahmen der Anreicherung langlebiger radioaktiver Isotope in der Nahrungskette nicht doch dazu zwingt, die bisher zugelassenen Grenzwerte noch erheblich zu ermäßigen.

Industrieabwässer bringen eine Vielzahl von biologisch schwer abbaubaren, chronisch toxischen, möglicherweise krebserzeugenden oder erb- bzw. fruchtschädigenden Stoffen ins Oberflächenwasser, das anderwärts wieder zu Trinkwasser verwendet werden soll. Hier liegen noch erhebliche Forschungsvorhaben vor uns (115); es gilt, die möglichen gesundheitlichen Schädigungen zu erfassen, geeignete Nachweisverfahren und Reinigungsmethoden zu entwickeln.

Durch die Errichtung der Großkraftwerke längs der Flüsse wird eine „thermische Verschmutzung" durch die abgegebenen Kühlwässer entstehen, deren Auswirkung heute noch nicht voll übersehen wird. Temperaturerhöhungen um 3 °C, wie sie beispielsweise am Rhein noch für zulässig erachtet werden (168), bedeuten schon einen erheblichen Eingriff in den Ablauf biologischer Prozesse innerhalb des Wasserkörpers mit entsprechenden Auswirkungen auf die Selbstreinigungskraft (132) und alle von einwandfreiem Oberflächenwasser abhängigen Nutzungen sowie die sonstigen ökologischen Gegebenheiten.

Während die Belastung der Oberflächengewässer mit organischen Stoffen infolge des Kläranlagenausbaus zurückgegangen ist, hat der Eintrag mineralischer Pflanzennährstoffe in Form von Stickstoff- und Phosphatverbindungen ständig zugenommen.

Insbesondere der Phosphor, der als Minimumstoff das Ausmaß des Pflanzenwachstums im Gewässer bestimmt, muß bei eutrophierungsgefährdeten Gewässern künftig stärker zurückgehalten werden.

Nach der Phosphatstudie (88) stammten 1975 rd. 80% des in die Gewässer eingetragenen Phosphors aus häuslichen und industriellen Abwässern. Hieraus darf jedoch keine generelle Forderung nach einer Phosphateliminierung in den Kläranlagen entstehen, da z.B. die größeren Flüsse, die zwar viele Restabwässer aufzunehmen haben, in der Mehrzahl nicht eutrophierungsgefährdet sind. Abgesehen von den stehenden Gewässern liegt auch hier vor allem der Problembereich in den ländlichen Gebieten mit kleinen und mittleren Vorflutern die zur Verkrautung neigen. Hier war es bisher problematisch konventionelle Kläranlagen einwandfrei zu betreiben, geschweige denn Fällungsanlagen zur Phosphateliminierung.

Es mag zukünftig anders aussehen, wenn im Bereich kleinerer und mittlerer Kläranlagen vermehrt belüftete Teichanlagen mit simultaner Fällung erstellt werden, die zur Elimination von Phosphor einen nicht so hohen Wartungsaufwand verlangen. Hierbei ist es gleichgültig, ob es sich um reine Teichbelüftungsanlagen oder um kombinierte Teichbelüftungsanlagen handelt, die mit einer vorgeschalteten konventionell arbeitenden Klärstufe betrieben werden. Solche Anlagen lassen sich mit einem normalen nicht überhöhten Wartungsaufwand betreiben und führen durch die nachgeschalteten Schönungs- bzw. Feuchtbiotopteiche zu hervorragenden prozeßstabilen Ablaufergebnissen.

Anders liegen die Probleme bei der Stickstoffbelastung der Gewässer. Hinsichtlich der Eutrophierung ist die Bedeutung des Stickstoffs wesentlich geringer einzuschätzen als die des Phosphors. Jedoch sind im DVGW-Arbeitsblatt W 151 für die Eignung von Oberflächenwasser als Rohstoff für die Trinkwasserversorgung die Grenzwerte für Nitrat mit 25 bzw. 50 mg/l genau so niedrig angesetzt wie in der EG-Trinkwasserrichtlinie, da sich Nitrat mit den üblichen Trinkwasseraufbereitungsverfahren nicht aus dem Wasser entfernen läßt.

Der Stickstoff in den Gewässern der Bundesrepublik stammte 1971 nach Angaben von *Buchner* (44) zu 22,4 % aus häuslichen Abwässern, zu 20 % aus der landwirtschaftlichen Düngung und zu 54,2 % aus der natürlichen Mineralisation des Bodens.

Hinsichtlich der Verminderung einer Stickstoffanreicherung im Grundwasser und im Oberflächenwasser werden mit Rücksicht auf die Trinkwasserversorgung sowohl seitens der Landwirtschaft, der Abwasserwirtschaft als auch der Trinkwasserversorgungsseite gemeinsam gleichgerichtete Anstrengungen erbracht werden müssen.

Hinsichtlich der intensiven N-Düngung muß gefordert werden, daß Überdüngungen vermieden werden, und eine Düngung nach dem zum Teil schon eingeführten Prinzip der N-Minimierung vorgenommen wird. Weiterhin sind Abspülungen von Wirtschaftsflächen oder Abläufe aus Silagen und Zuckerfabriken zu unterbinden. Die Abwässer aus Silagen und Zuckerfabriken müssen weitgehendst gereinigt werden. Es genügen z.B. keinesfalls Stapelteiche in denen das Abwasser ein 3/4 Jahr gespeichert wird und zum Teil ins Grundwasser gelangt.

Mit der Industrialisierung der landwirtschaftlichen Produktion (Massentierhaltungen) wird es immer schwieriger werden, die Verwertung der tierischen Abgänge in der Landwirtschaft selbst vorzunehmen. Die Größenordnung dieser Aufgabe (33) läßt es geraten erscheinen, beizeiten nach Verfahren zur Verwertung und unschädlichen Beseitigung der Abwässer landwirtschaftlicher Großbetriebe zu suchen; mit dem einfachen, aber nicht wirksamen Verbot der Einleitung von Jauche und Silageabwässern in die Kanalisation oder den Vorfluter ist es nicht getan.

Die Abwasserwirtschaft wird andererseits angehalten sein, in merklich höherem Maße als bisher die Stickstoffverbindungen aus dem Abwasser über Nitrifikations- und Denitrifikationsverfahren zu entfernen, da in vermehrtem Maße auf das Oberflächenwasser zur Trinkwasserherstellung zurückgegriffen wird. Dies ist auch für den Sektor der kommunalen Abwasserwirtschaft verhältnismäßig problemlos und zu günstigen wirtschaftlichen Bedingungen mit den bereits bekannten Verfahren zu erreichen.

Die erhöhten Anforderungen an die Ablaufqualität biologischer Abwasserreinigungsanlagen erfordern die notwendige Weiterentwicklung der vorhandenen bekannten Reinigungsverfahren mit dem Ziel einer verbesserten Leistungsfähigkeit bei günstigem Energieaufwand. Unter diesem Aspekt gewinnen die mehrstufigen biologischen Verfahren und andere kombinierte Verfahrenstechniken zunehmend an Bedeutung. Dies gilt auch insbesondere dann, wenn im Hinblick auf eine hohe Gewässerentlastung mit vermindertem Nährstoffeintrag oder wenn schwierige Abwasserverhältnisse durch Industrieanschlüsse eine solche praxisorientierte Anwendung von mehrstufigen Verfahrenssystematiken erforderlich machen. Nach den bisherigen Erfahrungen liegen die besonderen Vorteile der mehrstufigen biologischen Verfahren in der größeren Stabilität und Widerstandsfähigkeit gegenüber Stoßbelastungen und in der Erhöhung der Leistungsfähigkeit. Je nach Anwendung des einen oder anderen mehrstufigen Verfahrens können neben den leistungsbezogenen und betrieblichen Vorteilen auch entscheidende wirtschaftliche Vorzüge erzielt werden. Die Schwierigkeiten bei jeder Ermittlung des wirtschaftlich und verfahrenstechnisch optimalen Abwasserbehandlungssystem besteht im Falle einer mehrstufigen Prozeßführung zum einen in der Auswahl der möglichen und geeigneten Verfahrenskombinationen und zum anderen in der Abstimmung der optimalen Belastungsbereiche der einzelnen Biostufen. In Zukunft werden sicherlich zu dieser Problematik aufgrund von weiteren ergänzenden Untersuchungen und Forschungen genauere und sichere Aussagen zur Bemessung und Betriebsführung dieser mehrstufigen Verfahren erwartet werden können.

Darüber hinaus ist zu beobachten, daß sich die Optimierungsprozesse der bisher angewandten Abwasserreinigungstechniken zur Verbesserung der Leistungsfähigkeit bei günstigem Energieaufwand weiter fortsetzen. Als Beispiele seien an dieser Stelle die neuen Möglichkeiten zur Verbesserung des Sauerstoffeintrages genannt wie Tiefstrombelüftung, Ejektorbelüftung oder die Sauerstoffbegasung.

Für bestimmte Aufgaben werden besondere Modifikationen biologischer Abwasserreinigung weiter entwickelt werden, beispielsweise Belebungsverfahren bei höheren Temperaturen (195), mit extremen Raumbelastungen in geschlossenen Fermentern (127), mit speziell gezüchteten Populationen von Mikroorganismen, mit Zufuhr von reinem Sauerstoff (24). Auf Tropfkörper mit Kunststoff-Füllung ist hinzuweisen. Weiterhin sind anaerobe Verfahren zu nennen – im allgemeinen müssen aerobe Stufen folgen –; so wird von anaeroben Tropfkörpern berichtet (245); durch Rückführung von Feststoffen im klassischen Faulprozeß entsteht ein anaerobes Belebungsverfahren, das in bestimmten Fällen höhere Raumbelastungen erlaubt und dabei stabiler im Betrieb ist (57, 185).

Im Hinblick auf eine erhöhte Reduzierung der Abwasserabgabe wird in Zukunft die Optimierung der Regenwasserbehandlung notwendig. Mit dieser Forderung ist ein verstärkter Einsatz von Regenüberlaufbecken zu erwarten. Regenüberlaufbecken sollten in der Mischkanalisation immer dann eingebaut werden, wenn der kritische Mischwasserabfluß nicht vollständig weitergeleitet und in der Kläranlage weiter behandelt werden kann. Zu den Auswirkungen der verstärkten Mitbehandlung des Niederschlagswassers auf die Leistungsfähigkeit und die notwendige Dimensionierung kommunaler Kläranlagen liegen zur Zeit nur wenige quantitativ verwertbare Aussagen vor. Weitere ergänzende Untersuchungen und Erfahrungen zu dieser Thematik müssen folgen, damit auch weitere gesicherte Aussagen gemacht werden können, inwieweit eine optimale Abstimmung der Konzeption des Entwässerungsnetzes auf das Leistungsvermögen der Abwasserbehandlungsanlage erfolgen kann. Da im Hinblick auf die Möglichkeiten der Abgabenreduzierung für Niederschlagswasser die Neukonzeption der Kanalisation längerfristig unumgänglich erscheint, ist es angebracht, die daraus für die Sanierung der Abwasserbehandlungsanlagen resultierenden Folgen bereits heute soweit wie möglich zu berücksichtigen.

Zur Optimierung des Betriebes gehört die Automatisierung verknüpft mit einer situationsgerechten Anwendung der Meß-, Steuer- und Regel-Technik (MSR-Technik). Der Einsatz der MSR-Technik in Abwasserreinigungsanlagen ist zum gegenwärtigen Zeitpunkt jedoch nicht unproblematisch, da die für die Automatisierung von Prozeßabläufen notwendigen Voraussetzungen wie

- Kenntnis der Parameter, die die Prozeßabläufe hinreichend genau beschreiben,
- betriebssichere Meßmethoden, die möglichst kontinuierlich in kurzer Zeit die notwendigen Parameter erfassen,
- formelmäßige Beschreibung des Prozeßablaufs

im Bereich der Abwassertechnik nur teilweise und häufig unbefriedigend gelöst sind. Hier werden sicher in naher Zukunft erhebliche Fortschritte zu erwarten sein.

Für den verstärkten Einsatz der Meß-, Steuer- und Regeltechnik auf Kläranlagen ist damit ein weites Aufgabenfeld vorgegeben, denn obwohl heute ein Großteil der für die Automatisierung notwendigen Voraussetzungen noch nicht zufriedenstellend gelöst ist, zeigen Beispiele aus der Praxis, daß die Automation in der Abwassertechnik sowohl hinsichtlich der Betriebskosten als auch bezüglich der Ablaufqualität und Ablaufstabilität wesentliche Vorteile bringen kann. Dies gilt insbesondere dann, wenn nicht nur die Datenaufzeichnung und -auswertung von EDV-Anlagen durchgeführt werden, sondern auch die Regelung und Steuerung über den Einsatz von Prozeßrechnern erfolgt.

Neue Aufgaben verlangen neue Techniken. Dies betrifft auch die chemisch-physikalischen Reinigungsverfahren, die vor, hinter oder bei der Industrieabwasserbehandlung auch anstelle biologischer Verfahren einzusetzen sind.

In Stichworten sei ein Überblick über aussichtsreiche Verfahren gegeben (2, 178):

Beseitigung der Schwebestoffe

durch Mikrosiebe, Filtration über Kies, Anthrazit, Diatomeenerde etc.; Koagulation und Flockung mit Hilfe von Metallsalzen, Kalk und organischen Flockungsmitteln mit nachfolgender Sedimentation und Filtration.

Beseitigung organischer Stoffe (auch der schwer erfaßbaren Geruchs- und Geschmacksstoffe)

durch Adsorption an Aktivkohle; makroporöse Austauscher; Extraktion; chemische Oxidation mit Ozon, Chlor, Luft über Katalysatoren oder unter Druck (Naßverbrennung).

Beseitigung anorganischer Stoffe

durch Destillation; Elektrodialyse; Ionenaustausch; umgekehrte Osmose.

Beseitigung der Nährstoffe

Stickstoff (neben der biologischen Denitrifikation) durch Austreiben mit Luft; Ionenaustausch, Knickpunkt-Chlorung (als Ammoniak); Phosphor durch Ausfällung mit Metallsalzen und Kalk.

Weitere Wege werden Anleihen bei industriell genutzter Verfahrenstechnik aufzeigen. Dies gilt auch für die Verfahren und Ausrüstungen zur Schlammentwässerung, -trocknung und -veraschung.

Die Beseitigung der Konzentrate und Rückstände aus oben bezeichneten Reinigungsverfahren stellt neue Probleme. Hier wird man versuchen müssen, eingesetzte Hilfsmittel wieder zurückzugewinnen (z.B. Rekalzinieren des Kalkschlamms, Regenerieren der Aktivkohle).

Rückgewinnung von Stoffen aus dem Abwasser selbst bleibt die wirksamste innerbetriebliche Maßnahme zur Einschränkung von Schmutzlasten in gewerblichen und industriellen Abwässern.

Die Entwicklung und Verwirklichung besserer und leistungsfähigerer Klärverfahren ist eine in Teamarbeit zu lösende Aufgabe für Naturwissenschaftler (Biologie, Chemie, Hygiene, Physik, Mathematik) und Techniker (Verfahrens-, Maschinenbau-, Elektro-, Bauingenieur). Die nötige Hilfe von Volkswirtschaftlern, Soziologen, Regionalplanern sei nicht vergessen. Die Ausbildung der Fachkräfte soll vertiefte Spezialkenntnis mit dem Willen zur interdisziplinären Zusammenarbeit vermitteln.

Der Betrieb der erstellten Anlagen ist einem Personal anzuvertrauen, das sorgfältig, der Bedeutung der Aufgabe gemäß, theoretisch und „on the job" ausgebildet ist und darüber hinaus alle Einrichtungen zur Verbesserung der Arbeitsbedingungen (Automation, Hygiene, Unfallschutz) erhält.

Die ATV hat in der Einrichtung von Ausbildungs- und Fortbildungsprogrammen auf jeder Ebene diese wichtige Aufgabe in Angriff genommen. Sie bedarf aber noch viel der Unterstützung und des guten Willens von allen betroffenen Seiten.

# 2 Beschaffenheit des Abwassers

## 2.1 Übersicht über die Abwasser- und Schmutzwasserarten und Grundsätzliches zur Analytik von Wässern

### *2.1.1 Allgemeine Gesichtspunkte*

Die verschiedenen Abwasserarten können unter vier grundsätzlichen Aspekten betrachtet werden, nämlich nach ihrer:

1. Herkunft
2. Zusammensetzung
3. Behandlungsfähigkeit
4. Wirkung auf die Gewässer

Definitionsgemäß entstehen Abwässer immer durch Einwirkung des Menschen, der durch den Gebrauch von Wasser dessen Zusammensetzung und Eigenschaften so verändert, daß es nicht ohne weitere Behandlung mehr genutzt werden kann (z.B. der Gebrauch von Waschlauge bei der Reinigung von Textilien). Die Einwirkung des Menschen kann weiterhin auch darin bestehen, daß natürliche Wasservorkommen mit besonderer Beschaffenheit an einer Stelle in den Wasserkreislauf eingeschleust werden, an der dies normalerweise nicht geschieht; als Beispiel sei das Einleiten von unverschmutztem Meerwasser mit seinem hohen Salzgehalt aus einem großen, noch nicht benutzten Aquarium eines Zoos in einen Süßwasserteich angegeben.

In der Regel besteht die Veränderung der Zusammensetzung der Wasserinhaltsstoffe darin, daß Schadstoffe dem Wasser zugefügt werden, die vorher in ihm nicht enthalten sind oder, daß die Konzentrationen von schon ursprünglich enthaltenen Inhaltsstoffen wesentlich erhöht werden. In Ausnahmefällen kann diese Veränderung auch darin begründet sein, daß ein oder mehrere Stoffe bei der Nutzung dem Wasser entzogen werden, z.B. bei der Enthärtung von Wässern mittels Ionenaustauschern. Auch die Entfernung von Gasen, z.B. gelöstem Sauerstoff, durch vorübergehendes Erhitzen oder Ausblasen führt zu einer Veränderung der ursprünglichen Wasserbeschaffenheit. Ein weiterer Gebrauch des Wassers ohne Vorbehandlung ist auch hier nicht möglich (z.B. für die Forellenzucht).

Die Darlegungen zeigen, daß bei der Betrachtung des Vielstoffgemisches Abwasser alle vier genannten grundsätzlichen Aspekte zum Zuge kommen müssen, wenn die technische Bedeutung und die Umweltrelevanz des Abwassers genügend umfassend gesehen werden soll.

Bei der Provenienz von Abwässern wird davon ausgegangen, daß eine menschliche Einwirkung stattgefunden hat. Letztere kann auch indirekter Natur sein, wie das Beispiel der Massentierhaltung zeigt, bei der zwar die verunreinigenden Stoffe von der Ausscheidung der Tiere stammen, aber die Durchmischung an dieser Stelle und damit die Höhe der Konzentration der Inhaltsstoffe in den Ableitungen eben durch menschliche Maßnahmen verursacht ist. Auch fallender Niederschlag, dessen Verschmutzung durch Schadstoffe in der Atmosphäre entstehen kann, ist als Abwasser zu betrachten. Dasselbe gilt für einen abfließenden Niederschlag, der bei Berührung mit verunreinigten Bodenflächen Schadstoffe aufnimmt und damit in Abwasser übergeht.

Abwasser besteht in seiner Zusammensetzung zwar überwiegend aus $H_2O$, in der Regel aus 90–99,9 %, jedoch sind die restlichen Anteile der Inhaltsstoffe je nach Provenienz in ihrer Art und ihrer Konzentration so verschieden, daß darüber weder eine allgemeingültige Aussage gemacht noch eine verbindliche Definition abgeleitet werden kann.

Was die Behandlungsfähigkeit der Abwässer betrifft, so ist eine große Bandbreite erprobter Reinigungsverfahren anzubieten. Einige Abwasserarten lassen sich in einfachen Sedimentationsbecken von störenden Begleitstoffen, wie z. B. Steinen oder Sand, befreien, um dann wieder für weitere Nutzungen verfügbar zu sein. Andere Abwässer können dagegen nur mit einem großen chemisch-technischen Aufwand gereinigt werden. Der Behandlungsfähigkeit nach werden die Abwässer daher im groben wie folgt aufgeschlüsselt:

1. Abwässer, die mit mechanischen Methoden behandelt werden.
2. Abwässer, die mit den klassischen mechanisch-biologischen Verfahren aufbereitet werden.
3. Abwässer, die mit den klassischen chemisch-physikalischen Verfahren, wie z. B. Neutralisation, Reduktion, Oxidation, Ausfällung und Sedimentation, behandelt werden.
4. Abwässer, die nur durch weitergehende spezielle Verfahren, wie z. B. umgekehrte Osmose, Elektroosmose, Destillation und ähnlichen, behandelt werden.

Ein weiterer Aspekt betrifft die Wirkung der Abwässer auf die Gewässer, in die sie eingeleitet werden. Diese Wirkung ist in jedem Fall konzentrationsabhängig, d.h. daß das Mischungsverhältnis der eingeleiteten Abwassermenge zum Gewässervolumen sowohl bei stehenden als auch bei fließenden Gewässern von entscheidender Bedeutung für die Beurteilung ist. Die eingeleiteten Abwasserinhaltsstoffe lassen sich je nach ihrer Wirkung in folgende Gruppen einteilen (nähere Erläuterungen dazu siehe Abschnitt 2.1.3.4):

1. Zehrstoffe
2. Nährstoffe
3. Giftstoffe
4. Störstoffe

Neben der stofflichen Zusammensetzung ist auch die physikalische Beschaffenheit des Wassers zu berücksichtigen, die ebenfalls durch menschliche Einwirkung verändert werden kann. Hier ist an erster Stelle die Temperatur zu nennen. Demnach sind alle mit Abwärme belasteten Wässer als Abwässer zu betrachten, auch solche, welche bei der Nutzung, z. B. durch Wärmepumpen, anfallen. Andere Änderungen der physikalischen Eigenschaften, wie z. B. die der Oberflächenspannung, der Grenzflächenspannung gegen andere Phasen, der Viskosität, der Farbe, der Durchsichtigkeit, lassen sich auf stoffliche Veränderungen zurückführen. So ist das Schäumungsvermögen von verschmutzten Wässern als störend für technische Vorkehrungen zu betrachten und darüber hinaus auch als unästhetisch. Jedoch ist die Erniedrigung der Oberflächenspannung, die eine Voraussetzung für das Schäumen ist, an die Gegenwart von Tensiden gebunden, die somit den Schadstoff darstellen.

Aufgrund der in diesen Vorüberlegungen genannten Tatsachen hat es sich als zweckmäßig erwiesen, die Vielzahl der verschiedenen Abwassersorten u.a. nach ihrer Herkunft zu klassifizieren. Danach wird unterschieden zwischen häuslichem Schmutzwasser, kommunalem Schmutzwasser, verschmutztem Niederschlag, Prozeßabwasser, Kühlwasser, Grubenwasser, industriellem Schmutzwasser, Sickerwasser aus Deponien und gemischten Schmutzwässern. Nachfolgend werden die einzelnen Schmutzwassersorten entsprechend ihrer Herkunft und ungefähren Zusammensetzung näher charakterisiert.

### *2.1.2 Verschiedene Schmutzwasserarten*

Häusliches Schmutzwasser:
In den privaten Haushaltungen wird an den verschiedenen Stellen Leitungswasser benötigt und nach dem Gebrauch als Abwasser abgeleitet. Für die persönliche Hygiene und die

Sauberkeit der nächsten Umgebung der Menschen ist die Nutzung einmal als Badewasser, Reinigungswasser bei der Körperpflege, Spülwasser bei den Toiletten sowie als Spülwasser zur Reinigung von Geschrirr, Waschwasser zur Reinigung von Textilien, Reinigungswasser zur Säuberung von Wänden, Böden, Tischen u.a.m. von erheblicher Bedeutung. Zum häuslichen Schmutzwasser gehören auch jene Abwässer, die aus Hotels, Gaststätten, Erholungsheimen, ähnlichen Unterkünften und Ansammlungen vieler Menschn stammen. Dem häuslichen Schmutzwasser ähnlich sind bezüglich ihrer Zusammensetzung und Provenienz die Schmutzwässer aus Kasernen und Krankenhäusern, die aber darüber hinaus noch ihre Besonderheiten aufweisen.

Kommunales Schmutzwasser:
Häusliches Schmutzwasser in dem eben geschilderten Sinne ist in der Praxis selten anzutreffen, da den Abwasserbehandlungsanlagen im allgemeinen kommunales Schmutzwasser zufließt. Dieses enthält neben dem häuslichen noch die Schmutzwässer aus den verschiedenen Gewerbebetrieben, wie z.B. Metzgereien, Bäckereien, Waschsalons, Klempnereien, Gärtnereien, Fotoateliers, Baubetrieben, Baustellen und ähnlichem mehr. Durch diese Ableitungen erfährt das häusliche Schmutzwasser in seiner Zusammensetzung eine merkliche Änderung. Als Faustzahl gilt, daß auf ca. 100 natürliche Einwohner ein kleinerer oder mittlerer Gewerbebetrieb kommt.

Verschmutzter Niederschlag:
Die Niederschläge, die als Regen, Graupel, Hagel oder Schnee auf die Erde herniederkommen, können sowohl schon in der Luft selbst durch die Immissionen verschmutzt sein als auch beim Ablaufen von Dächern, Parkplätzen, Höfen, Straßen und Äckern eine weitere Verunreinigung erfahren. Derartig verschmutzte Niederschläge werden oft gemeinsam mit dem kommunalen Schmutzwasser als Mischwasser abgeleitet und behandelt.

Kühlwasser:
Eine besondere Art der Schmutzwässer stellen die Kühlwässer dar. Diese fallen in großen Mengen bei der Durchlaufkühlung, aber auch bei der partiellen Umlaufkühlung an, wobei ihre hauptsächliche Veränderung in der erhöhten Temperatur besteht. Es darf aber nicht übersehen werden, daß viele Kühlwässer auch Zusatzstoffe enthalten, wie z.B. Korrosionsschutzmittel, Mittel zur Bekämpfung von Algen und Bakterien, die bei Einleitung in ein Gewässer zur Beeinträchtigung der Biozönose führen können.

Grubenwässer:
Auch die an die Erdoberfläche gehobenen Grubenwässer sind wegen ihrer hohen Salzkonzentrationen, ihrer Gehalte an freier Schwefelsäure und gelegentlich festgestellten Anteile an toxischen Elementen, wie z.B. Arsen oder Barium, dem Schmutzwasser hinzuzuzählen. Aus diesem Grunde müssen sie oft vor Einleitung in Oberflächengewässer behandelt werden.

Industrielles Schmutzwasser:
Entsprechend der Vielzahl der industriellen Produktionsstätten existiert auch eine große Zahl unterschiedlich beschaffener industrieller Schmutzwasserarten, deren Einteilung ebenfalls nach ihrer Provenienz vorgenommen wird, wie z.B. Prozeßabwässer der chemischen Industrie, der eisenverarbeitenden Industrie, der metalloberflächenveredelnden Industrie u.a.m.

Sickerwässer aus Deponien:
Zunehmende Bedeutung für die Wassergütewirtschaft haben die Sickerwässer aus Deponien. Die täglich anfallenden festen und schlammförmigen Abfallstoffe eines hochindustrialisierten Landes geben bei der Ablagerung, die nach Gesetz geordnet verlaufen muß,

ihre Feuchtigkeit zum Teil spontan als Sickerwasser ab. Niederschläge, die in den Deponiekörper eingedrungen und mit den Schmutzstoffen in Berührung gekommen sind, dürfen nicht ins Grundwasser eingeleitet werden. Sie müssen deshalb mittels Grunddrainagen als Sickerwässer abgezogen werden. Diese Schmutzwässer enthalten hohe Konzentrationen an verschiedenen organischen und anorganischen Schadstoffen, so daß sie vor Einleitung in die Vorflut unbedingt behandelt werden müssen.

Gemischte Schmutzwässer

Mischwasser:
Zu den gemischten Schmutzwässern gehört das Mischwasser. Darunter ist jenes Abwassergemisch zu verstehen, das stets verschmutztes Niederschlagswasser in wesentlicher Menge enthält. Mischwasser entsteht immer dort, wo eine Mischkanalisation vorhanden ist. Entsprechend gibt es Mischwasser aus häuslichem Schmutzwasser mit verschmutztem Niederschlagswasser und schließlich aus industriellem Schmutzwasser mit verschmutztem Niederschlagswasser. Auch Sickerwässer aus Deponien können mit oberflächlich ablaufendem verschmutzten Niederschlag vermischt sein und somit ein typisches Mischwasser darstellen. Hierauf ist z.B. bei der Probenahme zu achten, ob tatsächlich reines Sickerwasser oder aber ein Mischwasser entnommen wurde. Liegt eine Mischkanalisation vor, so ist zu bedenken, daß an sehr vielen Tagen Mischwasser der Behandlungsanlage zufließt. Niederschlagfreies Schmutzwasser ist erst nach mehreren Tagen Trockenheit anzutreffen, wobei diese Zeitspanne – von Beendigung der Niederschlagstätigkeit bis zum Trockenwetterabfluß – je nach Einzugsgebiet und nach Ausbau der Kanalisation verschieden lang sein kann. Je nach den Regenereignissen kann bei einem Mischwasser der Anteil des verschmutzten Niederschlags von 1–99 % schwanken.

Kommunales Schmutzwasser mit industriellem Anteil:
In vielen Fällen werden die in der Industrie anfallenden Prozesswässer mehr oder weniger vorbehandelt der gemeindlichen Kanalisation zugeleitet. Es entsteht so eine Mischung aus kommunalem Schmutzwasser mit industriellem Anteil. Diese Vermischung zweier gänzlich unterschiedlich beschaffener Abwasserarten darf nur dann geschehen, wenn das Schmutzwassergemisch nach vorausgegangener Überprüfung sich mit demselben Erfolg behandeln läßt wie das kommunale Schmutzwasser für sich genommen.

### 2.1.3 *Grundsätzliches zur Analytik von Wässern*

#### 2.1.3.1 *Zweck der Untersuchungen:*

Da Bau und Betrieb kommunaler Abwasseranlagen für die Reinhaltung der Gewässer große finanzielle Aufwendungen erfordern, ist eine optimale Leistung aus volkswirtschaftlichen Gründen anzustreben. Eine unabdingbare Voraussetzung für die Erfüllung dieser Aufgabe bilden die fachgerechten Abwasseruntersuchungen. Hierbei sind drei Ziele zu unterscheiden:

1. Planung von Kläranlagen
2. Steuerung der Kläranlagen
3. Regelmäßige Überwachung der Kläranlagen und Vorfluter

Zu 1.:
Da die Abwässer sehr verschieden zusammengesetzt sind, müssen schon für die Planungsarbeiten meist intensive Abwasseruntersuchungen durchgeführt werden. Die über einen

längeren Zeitraum durchgeführten Untersuchungen geben die tatsächliche Zusammensetzung der Abwässer einschließlich der zeitlichen Fluktuationen wieder. Nur in Ausnahmefällen kann allein aufgrund von Erfahrungswerten die Belastung einer zu bauenden Kläranlage genügend sicher und genau vorausgesagt werden.

Zu 2.:
Um eine Steuerung der Abwasserbehandlungsanlage zwecks Erzielung eines hohen Wirkungsgrades zu ermöglichen, sind einige aussagekräftige Parameter schnell und häufig zu bestimmen. Zur Zeit gibt es wenige Parameter dieser Art, die solche Bedingungen erfüllen. Hier sind zu nennen die Sauerstoffkonzentration und Trübung. Die für die Steuerung wichtigsten Parameter, nämlich Schlammtrockensubstanz und die Konzentration der organischen Stoffe im Auslauf der Nachreinigung, können zur Zeit nur mit Einschränkungen quasi kontinuierlich und genügend rasch ermittelt werden.

Zu 3.:
Die regelmäßige Überwachung einer Kläranlage kann unter verschiedenen Gesichtspunkten betrachtet werden. Zum einen dient sie zur Erfüllung der vom Gesetzgeber bzw. der zuständigen Wasserbehörde auferlegten Bedingungen und Auflagen, zum anderen liefert sie Aussagen über den Funktionsablauf sowie eventuelle Störungen. Erst wenn solche Störungen entdeckt werden, können ihre internen oder externen Ursachen aufgespürt und beseitigt werden. Die Überwachung der Vorfluter ist für die Aufstellung von Abwasserbeseitigungsplänen sowie die Erfolgskontrolle von Sanierungsmaßnahmen unerläßlich.

#### *2.1.3.2 Besonderheiten bei der Untersuchung von Wässern:*

Einen außerordentlich wichtigen Aspekt der Wasseranalytik stellen die örtlichen Gegebenheiten dar, die durch eine Ortsbesichtigung umfassend und gründlich zu erheben sind. Erst aufgrund dieser Erhebungen werden die geeigneten Stellen für Probenahme und die Meßpunkte festgelegt. Während die Probenahmestellen für die Untersuchung eines Vorfluters von Fall zu Fall ausgesucht werden können, werden sie in der Regel für Abwasseranlagen für längere Zeiten festgelegt. Zur Vermeidung von Unfallgefahren sollen solche fixen Probenahmestellen schon bei der Planung berücksichtigt werden.

Eine weitere Entscheidung ist, welche Untersuchungen an Ort und Stelle und welche in einem zentralen Laboratorium durchgeführt werden sollen. Für Untersuchungen an Ort und Stelle sind sowohl von den räumlichen Gegebenheiten als auch von der apparativen und personellen Seite her andere Anforderungen zu stellen als bei jenen, die in einem Zentrallaboratorium vorgenommen werden. Diese Entscheidungen sollten schon bei der Planung getroffen werden, da Nachrüstungen oft kostspielig und manchmal wegen der räumlichen Verhältnisse schwierig durchzuführen sind. Auf Kläranlagen werden kleine Betriebslaborräume mit einfachen Untersuchungsgeräten ausgerüstet. Ist darüber hinaus an eine kontinuierliche, automatische Erfassung einiger Untersuchungsparameter gedacht, so müssen dafür eigens ausgerüstete Meßstationen aufgestellt werden, die allerdings wartungsintensiv sind.

#### *2.1.3.3 Probenahme:*

Eine einwandfreie Probenahme ist die wichtigste Voraussetzung für das richtige Resultat einer Wasseruntersuchung; selbst eine mit höchster Akribie durchgeführte Untersuchung ist wertlos, wenn die Probenahme elementare Fehler aufweist. Sie sollte daher nur von

Sachverständigen oder zumindest von mit der jeweiligen Problematik besonders vertraut gemachten Personen durchgeführt werden, zumal die Art der Probeentnahme je nach Fragestellung verschieden sein kann. Generell müssen Proben für die durch die Untersuchung zu beantwortenden Fragen repräsentativen Charakter haben.

Jede Entnahme von Proben, gleichgültig ob es sich um eine Stichprobe oder um eine Probenahme über längere Zeit handelt, verlangt eine bis ins Detail gehende Vorbereitung. Vor der Ausführung muß festliegen, in welcher Menge die zu untersuchenden Wässer genommen und in welchen Behältern sie transportiert werden sollen. Für manche Untersuchungszwecke sind Glasgefäße, für andere Kunststoffbehälter zwingend vorgeschrieben. Von entscheidender Bedeutung ist die Frage, ob die Untersuchung sich unmittelbar an die Entnahme anschließt oder erst an einem der folgenden Tage im Laboratorium vorgenommen werden soll. Im letzteren Fall ist für die leicht veränderlichen Parameter eine Konservierung vorzunehmen. Diese ist durch Zugabe bestimmter Reagenzien (Säuren, Laugen, Quecksilberchlorid) oder durch Tiefgefrieren zu erreichen (219). Aber nicht jede Konservierungsmethode ist für jeden Parameter geeignet wie die Tabelle 2.1-1 zeigt. Die maximale Konservierungsdauer beim Tiefgefrieren beträgt für die organischen Summenparameter ca. 32 Tage, für den Nitratstickstoff allerdings nur 8 Tage. Einige Stoffe, wie z.B. Nitrite, lassen sich nicht konservieren, so daß die Untersuchung unmittelbar nach der Probenahme folgen muß.

Die Durchführung der Probenahme richtet sich jeweils danach, welches Wasser untersucht wird. Grund- und Quellwässer erfordern andere Probenahmetechniken als die eines stark schwankenden Kläranlagen-Zulaufes oder eines in der Wasserzusammensetzung häufig wechselnden Baches oder Flusses. Auch stehende Gewässer, wie z.B. Talsperren, benötigen auf die jeweilige Fragestellung genau abgestimmte Maßnahmen zur fehlerfreien Probenahme.

Im engeren Sinne unterscheidet man bei der Wasserentnahme zwischen einer Stich- und einer Mischprobe. Die stichprobenartig entnommenen Wässer liefern in ihren Befunden eine Momentaufnahme der augenblicklichen Beschaffenheit. Eine Mischprobe dagegen umfaßt immer einen größeren Zeitabschnitt und ist daher aussagekräftiger. Sie kann einmal aus zeitlich auseinanderliegenden Einzelproben zusammengestellt werden, wie z.B. aus der Mischung von acht stündlich entnommenen Stichproben, zum anderen können die Zeitintervalle der Entnahmehäufigkeit so verkürzt werden, daß daraus eine kontinuierliche Probeentnahme wird. Eine so über einen Tag erhaltenen Probe würde als 24stündige, kontinuierlich und zeitproportional entnommene Probe bezeichnet werden. Wird bei

Tabelle 2.1-1. Dauer der konservierenden Wirkung für verschiedene Abwasserinhaltsstoffe (219).

| Parameter | Konservierungsmethode | Konservierungsdauer (Tage) |
|---|---|---|
| Oxidierbarkeit (Mn VII/Mn II) | tiefgefroren | 32 |
| Oxidierbarkeit (Cr VI/Cr III) | tiefgefroren | 32 |
| Organischer Kohlenstoff | tiefgefroren | 32 |
| $BSB_5$ | tiefgefroren | 32 |
| Ammoniak-Stickstoff | $Hg\ Cl_2$ | 32 |
| Nitrat-Stickstoff | tiefgefroren | 8 |
| Methylenblauaktive-Substanzen | $Hg\ Cl_2$ | 32 |

einer kontinuierlichen Schöpfweise der Wasserzufluß anteilig berücksichtigt, so spricht man von einer mengen- oder durchflußproportionalen Probe, die von allen angesprochenen die geeignetste und genaueste ist. Schließlich können zeitproportional entnommene Einzelproben zu einer mengenproportionalen Mischprobe vereinigt werden. Wird bei der Entnahme von Zu- und Ablaufproben die Aufenthaltszeit der einzelnen Behandlungsstufen berücksichtigt, so spricht man von korrespondierenden Proben.

Bei der Probenahme werden von Hand oder automatisch folgende Angaben festgehalten:

Entnahmeort
Entnahmeart und
Entnahmezeit und -dauer.

Zu jeder nicht automatischen Probenahme gehört ein Protokoll mit der Beschreibung der örtlichen und zeitlichen Umstände (z.B. Wetter, Abfluß u.ä.).

### *2.1.3.4 Allgemeines über Abwasserparameter:*

Kommunales (häusliches) sowie mit ihm vermischtes gewerbliches Schmutzwasser stellt ein Vielstoffgemisch dar, dessen Hauptbestandteil (ca. 99,9 %) Wasser ist. Eine vollständige Analyse aller im Wasser befindlichen Einzelverbindungen ist praktisch unmöglich und würde Jahre in Anspruch nehmen. Deshalb ist es nützlich, sogenannte „Summenparameter" zu bestimmen, die eine Vielzahl gleichartiger Stoffe erfassen und deren Bestimmung in kurzer Zeit eine übersichtliche Information liefert (149). Eine erste Einteilung kann nach organischen und anorganischen Wasserinhaltsstoffen vorgenommen werden. Summarische Größen für die organischen Stoffe sind:

chemischer Sauerstoffbedarf (CSB)
biochemischer Sauerstoffbedarf (BSB) und
der totale organische Kohlenstoff (TOC).

Die Summe der gelösten Salze kann auch indirekt durch Messung der elektrischen Leitfähigkeit erfaßt werden. Differenziertere Aussagen ergeben die stoffgruppenspezifischen Bestimmungen, die sich auf die chemische Besonderheit einer Substanzklasse stützen; als Beispiel seien die anionischen Tenside genannt, die als „methylenblauaktive Substanzen" (Detergentien) bestimmt werden. In einigen Fällen ist die Ermittlung bestimmter Einzelsubstanzen angezeigt, zumal dann, wenn gravierende Leistungsminderung durch toxische Stoffe auftreten. Hier seien die Schwermetalle genannt, die schon in sehr geringen Konzentrationen hemmende Wirkung auf die Bakterien ausüben. So ist zur Ermittlung der Abwasserabgabe vorgeschrieben, die besonders toxischen Schwermetalle Cadmium und Quecksilber einzeln zu bestimmen. Zu der Gruppe der Stoffe, die schon im Mikrogrammbereich hemmend auf Bakterien und toxisch auf die Biozönose wirken, gehören auch die Pestizide. So hat beispielsweise das Fungizid Pentachlorphenol, das als Konservierungsmittel in großem Umfange eingesetzt wird, in manchen Fällen zu erheblichen Betriebsstörungen biologischer Kläranlagen und größeren Fischsterben geführt.

Abwasserinhaltsstoffe können mit Blickpunkt auf ihre Wirkungen im Vorfluter, wie schon erwähnt, in vier Gruppen eingeteilt werden:

1. Die Zehrstoffe –
   diese belasten den Sauerstoffhaushalt eines Gewässers, indem sie den biochemischen Sauerstoffbedarf vergrößern.

2. Die Nährstoffe –
   diese verursachen die Eutrophierung stehender oder langsam fließender Gewässer und damit die Sekundärverschmutzung durch Algen.
3. Die Giftstoffe oder gesundheitsschädliche Stoffe –
   diese wirken auf die Mikroorganismen des Abwassers hemmend und toxisch auf die Lebewesen im Gewässer sowie gegebenenfalls auf den Menschen. Im weiteren Sinne zählen dazu auch radioaktive Stoffe und ebenso Bakterien und Viren.
4. Die Störstoffe –
   diese Stoffe wirken in verschiedener Weise störend, ohne daß sie den ersten drei Gruppen zugerechnet werden können. Vor allem stören sie die Abwasserbehandlung und die Aufbereitung von Rohwässern zu Brauch- und Trinkwasser.

   Beispiele: Sand, Öl, korrosive Stoffe u.ä.

Die folgenden Tabellen geben einen Einblick über das Prinzip der Messungen der wichtigsten summarischen Parameter. In grober Annäherung werden die anorganischen Stoffe dem Glührückstand, die organischen Stoffe dem Glühverlust des gesamten Trockenrückstandes gleichgesetzt (Tabelle 2.1-2, 2.1-3 und 2.1-4).

Tabelle 2.1-2. Allgemeine Parameter.

| Lfd. Nr. | Bezeichnung | Definition | Arbeits-vorschrift |
|---|---|---|---|
| 1 | Volumenanteil der absetzbaren Stoffe | Der Volumenanteil der absetzbaren Stoffe erfaßt die im Wasser ungelösten Stoffe, die sich unter festgelegten Bedingungen in einem Absetzbehälter (Imhofftrichter) im Laufe einer bestimmten Zeit (2 h) absetzen; Angabe in ml/l. | DIN 38 409 Teil 9 |
| 2 | Bestimmung des Gesamtrückstandes | Der Gesamtrückstand ist die Summe der im Wasser enthaltenen nicht flüchtigen gelösten und ungelösten Stoffe, die beim Trocknen bis 110 °C als Rückstand verbleiben; Angaben in mg/l. | DEV H1 |
| 3 | Trübung | Als Trübung eines Wassers bezeichnet man dessen optische Eigenschaft, eingestrahltes Licht zu streuen. Es sind orientierende Verfahren (visuelle Prüfung auf Sichttiefe mittels Durchsichtigkeitszylinder oder Sichtscheibe) und Messungen mit optischen Geräten bekannt (Trübungsmesser, Nephelometer); Angabe in cm oder m bzw. als Konzentration einer Standardsubstanz z.B. Formazin. | DEV C2 bzw. DIN 38 404 Teil 2 |
| 4 | Bakterientoxizität | Die Bakterientoxizität gibt die Schädlichkeit eines Abwassers gegenüber Bakterien an. Diese Giftwirkung wird anhand der Verminderung der Sauerstoffverbrauchsrate oder der Bakterienvermehrungsrate ermittelt; Angabe der Verminderung in % | Literaturhinweis Vom Wasser 53. Band 1979 S. 267–282 |
| 5 | Fischtoxizität | Die Fischtoxizität gibt die Schädlichkeit eines Abwassers gegenüber Fischen an. Diese Giftwirkung wird im Fischtest unter Verwendung der Goldorfen als Testfisch durch Ansetzen verschiedener Abwasserverdünnungen bestimmt; als Verdünnungsfaktor angegeben. | DIN 38 412 Teil 15 |

Tabelle 2.1-3.
**Definitionen der summarischen Parameter zur Ermittlung der organischen Substanz im häuslichen Abwasser**

| Lfd. Nr. | Parameter | Definition | Arbeits-vorschrift |
|---|---|---|---|
| 1 | Glühverlust | Der Glühverlust ist die Gewichtsdifferenz zwischen den Werten der abgedampften Wasserprobe und des bei 600–650 °C ermittelten Glührückstands (in mg/l). | DEV H1 |
| 2 | Chemische Oxidierbarkeit Methode: Mn VII → II Kaliumpermanganat-Verbrauch | Die Oxidierbarkeit gibt Aufschluß über die im Wasser enthaltenen, durch das Oxidationsmittel $KMnO_4$ oxidierbaren organischen Inhaltsstoffe (in $KMnO_4$ mg/l). | DEV H4 (1) |
| 3 | Chemische Oxidierbarkeit Methode: Cr VI → III (CSB oder COD); Chromatmethode | Die Oxidierbarkeit gibt Aufschluß über die im Wasser enthaltenen, durch das (stärker wirkende) Oxidationsmittel $K_2Cr_2O_7$ oxidierbaren organischen Inhaltsstoffe (in $O_2$ mg/l). | DIN 38 409 Teil 41 |
| 4 | Biochemischer Sauerstoffbedarf ($BSB_5$) | Der biochemische Sauerstoffbedarf ist die Sauerstoffmenge, die die in einem Liter Wasser enthaltenen biochemisch oxidierbaren organischen Inhaltsstoffe in 5 Tagen unter der Stoffwechseltätigkeit entsprechender Mikroorganismen verbrauchen (in $O_2$ mg/l). | DEV H5 (a2) |
| 5 | Totaler organischer Kohlenstoffgehalt (TOC) | Unter TOC (Total Organic Carbon Content) versteht man den im Wasser vorkommenden, gesamten organisch-gebundenen Kohlenstoff (in C mg/l). | Bisher keine Normung des Verfahrens |

Tabelle 2.1-4.
**Summarische Parameter für anorganische, gelöste Wasserinhaltsstoffe.**

| Bezeichnung: | Definition: | erfaßt nicht: |
|---|---|---|
| Glührückstand: (GR) | Die Masse des Rückstandes, die beim Glühen des Abdampfrückstandes eines filtrierten Abwassers bei 600 °C verbleibt (Angabe in mg/l). | flüchtige und zersetzliche anorganische Substanzen |
| Elektrische Leitfähigkeit (el. LF) | Indirekte Erfassung der Verbindungen, die in Wasser unter elektrolytischer Dissoziation in Ionen zerfallen: Umrechnung: 1 mS/cm = 750 mg/l NaCl | nichtionogene anorganische Stoffe |
| Bilanz der Ionen der anorganischen Hauptbestandteile | Wiedergabe der Analyse der häufigsten Kationen der Alkalimetalle, einschließlich Ammonium, der Erdalkalimetalle einerseits und andererseits der Anionen Chlorid, Hydrogenkarbonat, Hydrogenphosphat, Sulfat, Nitrat und Borat. | Alle übrigen Verbindungen, die meist in Konzentrationen unter 10 mg/l auftreten |

### *2.1.3.5 Anmerkungen zu den Untersuchungsverfahren und zum untersuchenden Personal:*

Die Abwasserpraxis ist, wie schon erwähnt, zur Steuerung der Kläranlagen darauf angewiesen, täglich schnelle Informationen hinsichtlich bestimmter Abwasserinhaltsstoffe zu erhalten. Dazu können für manche Zwecke einfache Kurzzeit- oder Testverfahren eingesetzt werden. Allerdings ist der Aussagewert so gewonnener Untersuchungsbefunde nicht allzu groß, da vom Prinzip des Meßverfahrens her die Ergebnisse weder sehr genau noch selektiv sein können. Die Durchführung dieser einfachen Meßmethoden, wie z.B. der Sichttiefe oder der Volumenanteil der absetzbaren Stoffe, erfordert apparativ und bezüglich der Vorbildung kaum große Anstrengungen, so daß das Klärpersonal zu diesen Aufgaben herangezogen werden kann.

Die in den letzten Jahren zu beobachtende Flut von gesetzlichen Auflagen fordert in jedem Fall eine Erhöhung der Überwachungsaktivität. Konkret heißt das, daß die Schmutzwasserabläufe von Gewerbe, Industrie und kommunalen Kläranlagen sowie die Bäche und Flüsse häufiger als bisher und auf ein breites Spektrum hin untersucht werden müssen. Das setzt wiederum einheitlich durchzuführende Arbeitsweisen voraus, damit die Untersuchungsbefunde überhaupt miteinander verglichen werden können. Standardisierte Verfahren für den Bereich der Abwassertechnik sind in den Deutschen Einheitsverfahren für Wasser, Abwasser- und Schlammuntersuchungen beschrieben. In der Regel arbeiten alle Wasserlaboratorien nach diesen Bestimmungsvorschriften, und wo sich Abweichungen ausnahmsweise als notwendig erweisen, müssen diese selbst und die Begründung eigens angegeben werden. Da die vermehrte Überwachungsfrequenz zusätzliches Personal erfordert, ist man zum Teil darauf angewiesen, das Kläranlagenpersonal in diese Überwachungspraxis mit einzubeziehen. Allerdings kann diese nur in einem begrenzten Umfang geschehen. Hierzu muß das Klärpersonal intensiv geschult und durch chemisches Fachpersonal ständig betreut werden. Nur so kann eine Garantie für die praktische Verläßlichkeit der erhaltenen Meßdaten gegeben sein.

### *2.1.3.6 Erfassung, Auswertung, Verbreitung und Archivierung der Daten*

Untersuchungen – zumal häufig durchgeführte – haben neben ihrer aktuellen Aussagekraft auch noch rechtliche und wissenschaftliche Bedeutung, die eine geordnete Datenerfassung und -auswertung erfordert. Eine Bearbeitung des umfangreichen Datenmaterials von Hand ist äußerst zeitraubend. Entsprechende Ausschüsse innerhalb der Wasserchemie arbeiten an Vorlagen, die eine EDV-gerechte Auswertung der Datenfülle zulassen. Bei diesem Vorhaben ist auch an die langfristige Datenarchivierung zu denken. Hiermit läßt sich der Trend bestimmter Parameter über größere Zeiträume (z.B. Dekaden) ermitteln.

Voraussetzung für die Effektivität der Überwachungstätigkeit ist ein reibungsloser Daten- und Informationsfluß an die zuständigen Adressaten. Für die verschiedenen Institutionen (Kommune, Kreis, Abwasserverband u.ä.) ist die dafür jeweils optimale Organisation gründlich zu planen.

### *2.1.3.7 Wichtige Literatur für Analysenverfahren im einzelnen:*

Es würde den Rahmen des Lehr- und Handbuches der Abwassertechnik weit überschreiten, die Vielzahl der Analysenvorschriften im einzelnen wiederzugeben. Deshalb seien die wichtigsten diesbezüglichen Literaturstellen aufgeführt. An erster Stelle stehen die schon genannten Deutschen Einheitsverfahren, die als Ringbuch von der Fachgruppe Wasserchemie in der Gesellschaft Deutscher Chemiker herausgegeben werden. Zur Zeit liegt die 10. Lieferung dieses Werkes vor (62). Eine größere Zahl der dort beschriebenen Verfahren ist bereits als DIN-Norm erschienen. Weitere DIN-Entwürfe sind in Vorbereitung.

Anzustreben ist, daß solche Analysenverfahren nicht nur in Deutschland Anwendung finden, sondern international eingesetzt werden, damit überall eine Vergleichbarkeit der gewonnenen Untersuchungsergebnisse möglich ist. Ein Schritt auf diesem Weg ist die Normung im Rahmen der ISO (Internationale Organisation für Normung), welche sich zur Zeit in Vorbereitung befindet.

Die sogenannten Kurz- oder Testverfahren werden zusammengefaßt in folgenden Büchern beschrieben:

„Handbuch einfacher Messungen“
(von *Burchard* und *Groche* (53))
und
„Anleitung zur Durchführung und Auswertung einfacher Untersuchungen auf Kläranlagen“
(von *Rüffer* und *Mudrack* (198)).

Die folgende Tabelle 2.1-5 gibt eine Übersicht über den derzeitigen Stand der nationalen Standardisierung.

Darüber hinaus sind zahlreiche komplizierte Analysenverfahren für sehr spezielle Abwasserinhaltsstoffe im Gebrauch (z.B. Gaschromatographie kombiniert mit Massenspektrometrie), über die in den einschlägigen chemischen Fachzeitschriften berichtet wird (z.B. Zeitschrift für Analytische Chemie; Wasser- und Abwasserforschung; Analytical Chemistry).

Tabelle 2.1-5. Gegenüberstellung der Nummern der Deutschen Einheitsverfahren (DEV) zu den entsprechenden Registrier- bzw. DIN-Nr.

| DEV-Nr. | Untersuchungsgegenstand | Reg.- bzw. DIN-Nr. |
|---|---|---|
| A 1 | Probenahme | 00 38 402 T 1 |
| A 2 | Angabe der Analysenergebnisse | 00 38 402 T 2 |
| A 4 | Statistik in der Wasseranalytik | 00 38 402 T 4 |
| A 5 | Definition von Grenzwerten | 00 38 402 T 5 |
| C 1 | Färbung | 38 404 T 1 |
| C 2 | Trübung | 38 404 T 2 |
| C 3 | Absorption UV-Strahlung | 38 404 T 3 |
| C 4 | Temperatur | 38 404 T 4 |
| C 6 | Redoxpotential | 00 38 404 T 6 |
| C 8 | Elektrische Leitfähigkeit | 00 38 404 T 8 |
| C 9 | Dichte | 00 38 404 T 9 |
| C 10 | Calciumkarbonatsättigung | 38 404 T 10 |
| D 5 | Sulfat | 00 38 405 T 5 |
| D 9 | Nitrat | 38 405 T 9 |
| D 10 | Nitrit | 38 405 T 10 |
| D 11 | Phosphat | 00 38 405 T 11 |
| D 12 | Arsen<br>AAS, naßchemisch | 38 405 T 12 |
| D 13 | Cyanid | 38 405 T 13 |

Fortsetzung Seite 27

Tabelle 2.1-5. (Fortsetzung)

| DEV-Nr. | Untersuchungsgegenstand | Reg.- bzw. DIN-Nr. |
|---|---|---|
| D 17 | Borat | 38 405 T 17 |
| E 1 | Eisen | 00 38 406 T 1 |
| E 2 | Mangan | 00 38 406 T 2 |
| E 3 | Calcium, Magnesium, AAS | 00 38 406 T 3-1 |
| E 3 | Calcium komplexometrisch | 00 38 406 T 3-2 |
| E 3 | Summe Calcium und Magnesium | 00 38 406 T 3-3 |
| E 6 | Blei | 38 406 T 6 |
| E 7 | Kupfer | 00 38 406 T 7 |
| E 8 | Zink | 38 406 T 8 |
| E 11 | Nickel | 00 38 406 T 11 |
| E 12 | Quecksilber | 38 406 T 12 |
| E 16 | Kobalt | 00 38 406 T 16 |
| E 17 | Beryllium | 00 38 406 T 17 |
| E 19 | Cadmium | 38 406 T 19 |
| E 21 | Neun Schwermetall-Ionen | 38 406 T 21 |
| E 22 | Barium | 00 38 406 T 22 |
| E 23 | Selen | 00 38 406 T 23 |
| F 1 | Phenole | 00 38 407 T 1 |
| F 2 | Herbizide (schwere halogenierte Kohlenwasserstoffe) | 00 38 407 T 2 |
| F 3 | leichte Kohlenwasserstoffe | 00 38 407 T 3 |
| F 4 | leichte halogenierte Kohlenwasserstoffe | 00 38 407 T 4 |
| G 2 | Sauerstoff | 00 38 408 T 2 |
| G 6 | Lipophile organische Chlorverbindung | 00 38 408 T 6 |
| G 7 | Organochlorpestizide | 00 38 408 T 7 |
| G 8 | Organisch gebundenes Chlor (OCl) | 00 38 408 T 8 |
| H 2 | Abfiltrierbare Stoffe und Glührückstand | 38 409 T 2 |
| H 4 | CSB | 00 38 409 T 41 |
| | CSB ($Cl^-$-Verringerung) | 00 38 409 T |
| | CSB (stöchiom. Ox. der $Cl^-$) | 00 38 409 T |
| | CSB ($Cl^-$-Eliminierung) | 00 38 409 T |
| | CSB, Kurzzeitverfahren | 00 38 409 T |
| | CSB ($Cl^-$-Maskierung mit $HgSO_4$ nach Verringerung des $Cl^-$-Gehaltes) | 00 38 409 T |
| | CSB (im Bereich über 15 mg/l) | 00 38 409 T |
| H 5 | BSB | 00 38 409 T 5 |
| H 7/8 | Säure- und Basekapazität | 38 409 T 7 |
| H 9 | Vol. der absetzbaren Stoffe | 38 409 T 9 |
| H 10 | Massenkonzentration der absetzbaren Stoffe | 38 409 T 10 |
| H 12 | Gesamtstickstoff | 38 409 T 12 |
| H 13 | Polycyclen | 38 409 T 13 |
| H 17 | Schwerflüchtige lipohile Stoffe | 38 409 T 17 |
| H 18 | Gehalt an Kohlenwasserstoffen | 38 409 T 18 |
| H 23 | methylenblauaktive und bismutaktive Substanzen | 38 409 T 23 |
| H 25 | Cholinesterasehemmende Stoffe | 00 38 409 T 25 |
| H 26 | Synth. Chelatbildner | 00 38 409 T 26 |
| H 27 | Hydrazin | 00 38 409 T 27 |
| K 1 | Mikrobiologische Wasseruntersuchung | 00 38 411 T 1 |
| K 2 | Grenzwerte, Richtwerte und Häufigkeit der mikrobiologischen Wasseruntersuchung | 38 411 T 2 |
| K 3 | Reinigung und Sterilisation der Arbeitsgeräte zur mikrobiologischen Untersuchung | 38 411 T 3 |
| K 4 | Entnahme, Transport und Aufbewahrung von Wasserproben zur bakteriologischen Untersuchung | 38 411 T 4 |

Fortsetzung Seite 28

Tabelle 2.1-5. (Fortsetzung)

| DEV-Nr. | Untersuchungsgegenstand | Reg.- bzw. DIN-Nr. |
|---|---|---|
| K 5 | Bestimmung der Koloniezahl | 38 411 T 5 |
| K 6 | Nachweis von Escherichia coli und coliformen Bakterien | 38 411 T 6 |
| K 7 | sulfitreduzierende, sporenbildende Anaerobier, Klostridien | 38 411 T 7 |
| K 8 | Pseudomonas aeruginosa | 38 411 T 8 |
| K 9 | Bakterientest zum Verhalten von Kunststoffen im Trinkwasserbereich | 38 411 T 9 |
| K 10 | Choleravibrionen | 00 38 411 T 10 |
| L 1 | Allgemeine Hinweise für biologische Testverfahren | 38 412 T 1 |
| L 8 | Schadwirkung gegen Bakterien | 00 38 412 T 8 |
| L 9/1 | Schadwirkung gegen Grünalgen | 00 38 412 T 9 |
| L 9/2 | Schadwirkung gegen Blaualgen | 00 38 412 T 9 |
| L 10 | Schadwirkung gegen Protozoen | 00 38 412 T 10 |
| L 13 | Biogene Belüftungsrate, BBR; | 00 38 412 T 13 |
| L 14 | Sauerstoff-Produktions-Potential, SPP; | 00 38 412 T 14 |
| L 15 | Fischtest | 00 38 412 T 15 |
| L 16 | Schadwirkung gegen Daphnia magna | 00 38 412 T 16 |
| L 24 | Biologische Abbaubarkeit | 38 412 T 24 |

## 2.2 Kommunales Schmutzwasser

### *2.2.1 Abfluß und seine Schwankungen*

Die Lebensgewohnheiten der Bevölkerung bestimmen in der Zeitspanne zwischen Tag und Nacht weitestgehend auch den Abfluß des kommunalen Schmutzwassers. Besonders deutlich sind diese aus dem Kurvenverlauf des Abflusses zur Zeit herauszulesen (Bild 2.2-1). Der niedrigste Abfluß-Wert ist dort erwartungsgemäß in der Nacht zwischen 2 Uhr und 6 Uhr festzustellen. In den Morgenstunden steigt er rapide an, erreicht in den Mittagstunden von 12 bis 14 Uhr seinen Höhepunkt (ca. 3mal so hoch wie der Nachtwert), um dann wieder gegen Abend langsam abzufallen. Werden die Abflußwerte an den einzelnen Wochentagen betrachtet, so unterliegen auch sie großen Schwankungen. Zum Wochenbeginn treten die Waschtage und gegen Ende die Putz- und Säuberungsaktionen der Haushalte und des Kleingewerbes deutlich in Erscheinung. Die Sonn- und Feiertage weisen von allen Tagen die niedrigsten Abflußwerte auf.

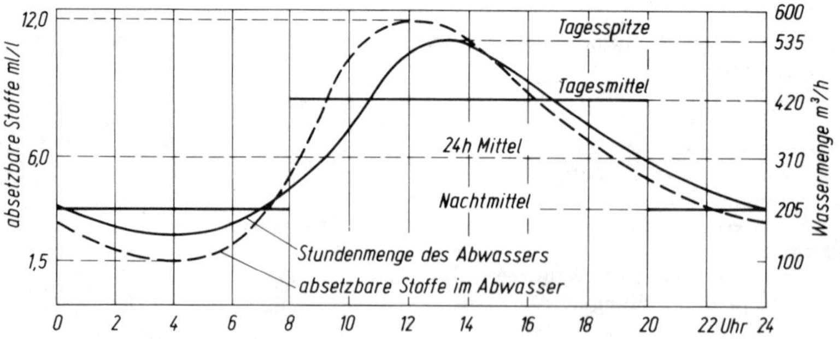


Bild 2.2-1. Schwankungen der Abwassermenge und der darin enthaltenen absetzbaren Stoffe von 50 000 Einwohnern im Laufe von 24 Stunden (122).

Der einwohnerspezifische Wasserverbrauch ist für die Abwassertechnik eine wichtige Größe, vor allem bei Planungen von Kläranlagen. Dieser Wert wird in der Bundesrepublik Deutschland mit 200 l/E · d angegeben. In einigen anderen Ländern wird dagegen oft das Doppelte bis Dreifache dieses Zahlenwertes zugrunde gelegt. Als Faustzahl wird auch für bestimmte Zwecke der Wert von 4,5 l/s für 1000 Einwohner eingesetzt.

### *2.2.2 Beschaffenheit nach physikalischen Gesichtspunkten* (150):

Bei genaueren Untersuchungen des kommunalen Schmutzwassers werden unterschiedlich große Teilchendurchmesser der darin befindlichen ungelösten Stoffe festgestellt. Diese können nach ihrem Dispersitätsgrad, d.h. nach dem mittleren Durchmesser der ungelösten Partikel weiter unterteilt werden. Wie die Tabelle 2.2-1 zeigt, überstreicht der Dispersitätsgrad sieben Größenordnungen. Er reicht von $10^{-7}$ cm (kolloidal) bis ca. 1 cm (makroskopisch), wenn die Grobstoffe des Rechengutes abgezogen werden. Ergänzend hierzu wird eine weitere Tabelle 2.2-2 vorgestellt, welche als Schwerpunkt die Einordnung der absetzbaren Stoffe in die Gruppe der ungelösten Stoffe zum Ziele hat. Bei diesen absetzbaren Stoffen handelt es sich vorwiegend um fein- und grobdisperse Suspensionen von Partikeln, die sich auch bei Anwendung des Analysenverfahrens zur Feststoffbestimmung durch Filtration über Membran- und Papierfilter gewichtsmäßig erfassen lassen. Die Tabelle 2.2-3 zeigt eine Aufteilung der Schmutzstoffe nach Filterdurchlauf (gelöst) und Filterrückstand (ungelöst) unter Verwendung von Papierfilter mit der Porenweite 1 bis 10 $\mu$m. Bei Benutzung von Membranfiltern ist der Anteil an Filterrückstand (ungelöst) deutlich größer. Er kann für die organischen Stoffe in einem Rohabwasser bis zu 75% betragen.

Zusätzlich können die ungelösten Stoffe nach dem Aggregatzustand der Partikel, und zwar hauptsächlich nach fest und flüssig unterschieden werden.

Schließlich ist noch eine weitere Einteilung nach der Dichte der Partikel vorzunehmen, welche größer, kleiner oder gleich der wäßrigen Phase sein kann. In Tabelle 2.2-4 sind beispielhaft einige Möglichkeiten bezüglich Aggregatzustand und Dichte der ungelösten Stoffe zusammengestellt.

Angedeutet werden soll noch die Existenz vieler komplexer Strukturen, die neben den einfachen Dispersionen des ungelösten Teils zusätzlich bestehen (z.B. eine „Wasser-in-Öl-Emulsion", die ihrerseits wieder im Wasser dispergiert ist).

Die Abtrennung der ungelösten Stoffe und ihre Aufteilung entsprechend ihres Dispersitätsgrades kann nach verschiedenen technischen Verfahren erfolgen, z.B. Siebverfahren, Ultrazentrifugieren usw. In der Abwassertechnik erfolgt diese Auftrennung in der Regel aufgrund der unterschiedlichen Dichte der Teilchen zum Medium Wasser.

Tabelle 2.2-1. Dispersitätsgrade (150).

| Teilchendurchmesser [cm] | | Beispiele |
|---|---|---|
| makrosk. | $>10^{-1}$ | Grobsand |
| grobdispers | $10^{-1} - 10^{-3}$ | Schluff; Blutkörperchen |
| feindispers | $10^{-3} - 10^{-5}$ | Bakterien, Viren |
| kolloidal | $10^{-5} - 10^{-7}$ | Micellen; sphär. Makromoleküle |

Tabelle 2.2-2.
Einordnung der absetzbaren Stoffe in die Gruppe der ungelösten Stoffe.

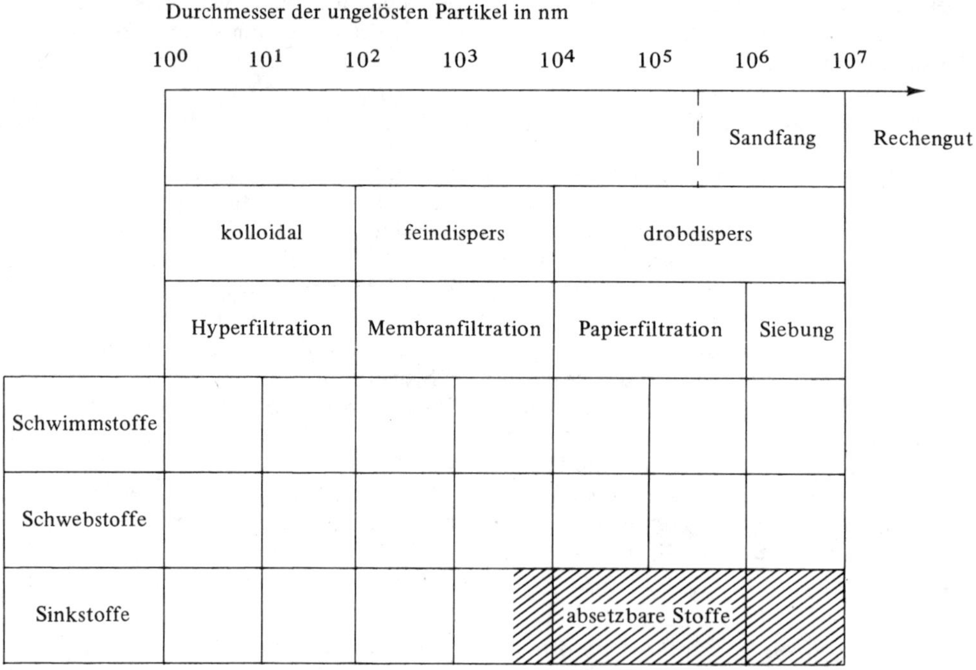


Tabelle 2.2-3.
Einteilung der Abwasserinhaltsstoffe nach physikalischen Gesichtspunkten.
Angabe in Gramm pro Einwohner und Tag (g/E/d).

| | Glührückstand (anorganisch) | Glühverlust (organisch) | Summen |
|---|---|---|---|
| Filterdurchlauf (gelöst) | 75 | 65 | 140 |
| Filterrückstand (ungelöst) | 25 | 45 | 70 |
| Summen | 100 | 110 | 210 |

! für Anorganisch – Glührückstand
Organisch – Glüverlust

Tabelle 2.2-4.
Einteilung ungelöster Teilchen nach Aggregatzustand und Dichte (150).

| | gasförmig | flüssig | fest |
|---|---|---|---|
| $\rho > 1$ g/cm$^3$ | – | Bitumen<br>Trichlorethylen | Stärke<br>Ton |
| $\rho = 1$ g/cm$^3$ | – | Chlorparaffine | Zelluloseethylether |
| $\rho < 1$ g/cm$^3$ | $O_2$-Gasblasen<br>$N_2$-Schaum | Benzin<br>Pflanzenöl | Polyethylen<br>Wachs |

### 2.2.3 Beschaffenheit nach chemischen Gesichtspunkten

#### 2.2.3.1 *Allgemeines:*

In einem kommunalen Schmutzwasser können nahezu alle stabilen Elemente des Periodensystems vorhanden sein. Dies wird verständlich, wenn an die Vielzahl der in den Haushaltungen eingesetzten anorganischen Verbindungen, wie z.B. Salze, Laugen, Säuren gedacht wird. Hinzu kommen noch all diejenigen über das Spülbecken oder die Toilette abfließenden Substanzen, die sich beispielsweise aus den chemischen Experimenten vieler Schüler, den Entwicklungsarbeiten der Fotoamateure, dem Ausstoß aus Apotheken und Drogerien ergeben. Es gelangt aber auch eine außerordentlich große Zahl von organischen Verbindungen ins kommunale Schmutzwasser, und zwar praktisch all jene Verbindungen, die sich unzersetzt im Wasser lösen oder dispergieren lassen. Von den vier Millionen bekannten organischen Stoffen, die synthetisch erzeugt werden, sind immerhin ca. 50 000 auf dem Markt und können über die verschiedensten Wege oder Produkte in das kommunale Schmutzwasser eingeleitet werden. Aus diesen Überlegungen ergibt sich, daß eine Analyse auf alle Substanzen (Vollanalyse) im strengen Sinne des Wortes gar nicht möglich ist. Selbst wenn ihre Durchführung gelingen würde, was immerhin einige Jahrzehnte in Anspruch nehmen könnte, wäre das praktische Interesse an dem Ergebnis gleich Null; denn inzwischen hätte sich die Beschaffenheit dieses Abwassers aufgrund der anders gewordenen Lebensgewohnheiten und Produktionen völlig geändert. Abgesehen davon hätte diese Analyse auch wegen der von Stadt zu Stadt wechselnden Abwasserzusammensetzung nur für diesen einen Ort Gültigkeit und verbindliche Aussagekraft. Demnach ist davon auszugehen, daß die Untersuchung auf die chemische Zusammensetzung eines kommunalen Schmutzwassers vorwiegend unter den Gesichtspunkten der Behandlung und die möglichen Wirkungen auf die Vorfluter vorzunehmen ist.

#### 2.2.3.2 *Grundsätzliches zum Chemismus von Wässern:*

In Wirklichkeit besteht selbst reines Wasser nicht nur aus der chemischen Verbindung $H_2O$. Infolge protolytischer Reaktion (Autoprotolyse) ist immer ein geringer Teil in Abhängigkeit von der Temperatur in Hydronium-Ionen ($H_3O^+$) und Hydroxid-Ionen ($OH^-$) gespalten, und zwar nach der Gleichung:

$$2H_2O \rightleftharpoons H_3O^+ + OH^-$$

In dieser Reaktion ist einmal die geringe elektrische Leitfähigkeit des Wassers begründet und zum anderen der Maßstab für die *p*H-Wert-Skala grundgelegt.

Vom molekularen Aufbau her gesehen weist das Wassermolekül eine Dipolstruktur auf, d.h. der Ladungsschwerpunkt verteilt sich nicht symmetrisch auf die Bindungsachse, sondern befindet sich näher am Sauerstoffatom. Durch diese ungleiche Ladungsverteilung besitzen die Moleküle die Fähigkeit, sich über Wasserstoffbrücken zu mehr oder weniger losen Aggregaten zusammenzuschließen (assoziieren), z.B. zu $(H_2O)_4$, $(H_2O)_6$ und $(H_2O)_8$ (Cluster). Wasser besitzt aufgrund dessen auch die höchste Dielektrizitätskonstante aller bekannten Flüssigkeiten, die bewirkt, daß sich zwei Verbindungen mit ungleicher Ladung nur etwa mit ca. 1/80 der Kraft anziehen wie sie im Vakuum herrschen würde. Von daher ist Wasser für alle polaren Verbindungen, d.h. für alle Salze, als das beste Lösungsmittel anzusehen. Die unpolaren Verbindungen (viele organische Substanzen) werden dagegen bedeutend schlechter gelöst.

Das Wasser besitzt noch weitere Abnormitäten, wie z. B. Maximum seiner Dichte bei 4 °C, Volumenvergrößerung beim Gefrieren, hohe Verdampfungswärme und ähnliches mehr. Aus all dem ist zu entnehmen, daß der flüssige Zustand des reinen Wassers chemisch und physikalisch-chemisch kaum vollständig zu beschreiben ist.

Wenn schon das reine Wasser als Stoff seine Besonderheit hat, so gilt dies um so mehr für die in der Natur vorkommenden Gewässer. Selbst „unverschmutztes Quellwasser" enthält eine Vielzahl gelöster Substanzen, vorab die Gase, wie z.B. Sauerstoff, Stickstoff, Kohlendioxid und oft aus dem Niederschlag herkommend geringe Mengen an nitrosen Gasen, Ammoniak, Schwefeldioxid, aber auch Metalle. An Salzen seien beispielhaft die härtebildenden Verbindungen genannt, wie Calcium- und Magnesiumchlorid, -Sulfat, -Hydrogenkarbonat usw. Auch organische Verbindungen befinden sich in großer Zahl in natürlichen Wässern, wie z.B. Huminsäuren und die vielen Ausscheidungsprodukte der darin lebenden und immer in stofflicher Wechselbeziehung mit dem Wasser stehenden Organismenwelt.

Was die abfiltrierbaren (ungelösten) Stoffe angeht, so werden in den natürlichen Wässern ebenfalls davon eine Vielzahl festgestellt. Der anorganische Bereich ist vertreten vom Quarzsand bis hin zu manchen exotischen Mineralien. Von der organischen Seite her sind beispielhaft zu nennen Stärkekörner, Pflanzenfaser, lebende und abgestorbene Organismen, beginnend mit den Bakterien, Protozoen, Metazoen bis hin zur Fischbrut und den Fischen.

Die große Zahl der im natürlichen Gewässer vertretenen Stoffe und Verbindungen anorganischer und organischer Natur steigt fast ins Unermeßliche an, wenn solche Wässer nach dem Gebrauch durch den Menschen zum Abwasser geworden sind. Mehrfach wurde an anderer Stelle auf das Spektrum der möglichen Inhaltsstoffe hingewiesen, so daß sich eine nochmalige Aufzählung erübrigt.

Festzuhalten wäre aus dem bisher Gesagten die Erkenntnis, daß die Untersuchung von Schmutzwässern zu den schwierigsten und kompliziertesten Aufgaben der analytischen Chemie gehört. Vollziehbar ist sie nur unter Zuhilfenahme der verschiedensten Methoden, die dann zu einer möglichst umfassenden Charakterisierung der Abwasserproben führen.

#### *2.2.3.3 Tabellen zur durchschnittlichen Zusammensetzung:*

Aus den bereits bekannten Gründen lassen sich nur allgemeine Informationen über die durchschnittliche Zusammensetzung des kommunalen Schmutzwassers angeben. Wie aus Tabelle 2.2-5 zu ersehen ist, liegt der Trockenrückstand eines mittelstarken Abwassers bei rund 1 g/l. Schmutzwässer mit Werten bei 0,5 g/l werden als ausgesprochen „dünn" und solche mit Werten größer als 2 g/l als „dick" bezeichnet.

Zu den Grundverbindungen eines jeden kommunalen Schmutzabwassers gehören die gelösten und ungelösten Kohlehydrate (Zucker, Stärke) und Eiweißverbindungen sowie die – in der Regel emulgierten – Fette und Öle. Zu weiteren wichtigen Inhaltsstoffen zählen die Bestandteile von Waschmitteln, also Tenside, Phosphate und Perborate. Auch Desinfektionsmittel sind im zunehmenden Maße anzutreffen. In Tabelle 2.2-6 ist die ungefähre Zusammensetzung des kommunalen Schmutzwassers anhand einiger Parameter wiedergegeben.

Tabelle 2.2-5.
Schmutzgehalt eines kommunalen Schmutzwassers.

| Lfd. Nr. | | gesamt mg/l | organisch mg/l | anorganisch mg/l |
|---|---|---|---|---|
| 1. | Gesamtschmutzmenge | 1260 | 730 | 530 |
| 1.1 | davon gelöste Stoffe (Filterdurchlauf) | 660 | 330 | 330 |
| 1.2 | davon abfiltrierbare Stoffe | 600 | 400 | 200 |
| 1.2.1 | davon absetzbare Stoffe | 400 | 270 | 130 |
| 1.2.2 | davon nicht absetzbare Stoffe | 200 | 130 | 70 |

Tabelle 2.2-6.
Ungefähre Zusammensetzung von kommunalem Schmutzwasser innerhalb verschiedener Konzentrationsbereiche.

| Konzentration | *p*H-Wert | Absetzbare Stoffe $n \cdot 2\,h$ ml/l | Abfiltrierbare Stoffe (Filterrückstand) mg/l | Abdampfrückstand (Filterdurchlauf ≙ gelöste Stoffe) mg/l | Chemische Oxidierbarkeit ges. Methode: Cr VI → III mg $O_2$/l | Methode: Mn VII → II mg $KMnO_4$/l | $BSB_5$ ges. mg/l | Ammoniak ($NH_4$) mg/l | Phosphat $PO_4$ ges. mg/l | Detergentien mg/l |
|---|---|---|---|---|---|---|---|---|---|---|
| 1. gering | 6,6 | 2 | 200 | 400 | 300 | 200 | 150 | 5 | 20 | 5 |
| 2. mittel | 7,6 | 6 | 500 | 800 | 600 | 400 | 300 | 20 | 60 | 15 |
| 3. groß | 8,6 | 12 | 900 | 1200 | 1000 | 900 | 500 | 50 | 100 | 25 |

### *2.2.3.4 Einwohnergleichwerte:*

Umfangreiche Untersuchungen in mehreren Städten und Gemeinden Deutschlands haben gezeigt, daß jedem Einwohner ein durchschnittlicher Schmutzabstoß pro Tag zuzuordnen ist. In der Regel ist dieser Schmutzabstoß auf die organische Substanz bezogen, und zwar auf die Summe der gelösten und ungelösten Bestandteile, die durch ihren biochemischen Sauerstoffbedarf in 5 Tagen quantitativ angegeben wird. In Tabelle 2.2-7 sind diese einwohnerspezifischen Schmutzwerte aufgelistet (122). Danach fallen im Mittel 60 g $BSB_5$ pro Einwohner und Tag an. Diese Größe wird daher als Einwohnergleichwert bezeichnet. Umgekehrt lassen sich aus der täglich einer Kläranlage zufließenden Fracht an organischen Stoffen die Einwohnergleichwerte leicht berechnen, indem diese Fracht durch 60 dividiert wird.

Gleichung:

$$\text{Zahl der Einwohnergleichwerte} = \frac{BSB_5\text{-Fracht in g/d}}{60\ \text{g}\ BSB_5/\text{E} \cdot \text{d}}$$

Entstammt organisch verunreinigtes Schmutzwasser einem Produktionsbetrieb, so kann ebenfalls nach Ermittlung der $BSB_5$-Fracht und Division durch den spezifischen Einwohnerwert 60 der Einwohnergleichwert im engeren Sinne erhalten werden. Die Angabe der Einwohnergleichwerte erlaubt einen unmittelbaren und anschaulichen Vergleich der Schmutzquellstärke eines Betriebes mit dem einer Gemeinde. Eine Sauerkrautfabrik mit 60 000 Einwohnergleichwerten stößt beispielsweise demnach denselben Schmutz in derselben Zeit ab wie eine Gemeinde mit 60 000 natürlichen Einwohnern.

Da nun der gesamte $BSB_5$ sowohl von ungelösten als auch von gelösten organischen Stoffen herrührt, existieren auch Berechnungsvorschriften, die die Anteile dieser beiden Schmutzkomponenten berücksichtigen, und zwar nach der einfachen Gleichung:

$$\text{Einwohnergleichwert} = \frac{\frac{2}{3} \cdot BSB_5\text{-Fracht (sed. Probe)}}{40} + \frac{\frac{1}{3} \cdot \text{Glühverlust (der absetzbaren Stoffe)}}{20}$$

Logischerweise läßt sich das Konzept des Einwohnergleichwertes auf alle Abwasserinhaltsstoffe erweitern, die regelmäßig und in einer durchschnittlichen Menge im häuslichen Abwasser zu finden sind. Eine Erweiterung des Begriffes des Einwohnergleichwertes auch

Tabelle 2.2-7. Einwohnerspezifische Schmutzmenge nach *Imhoff* (122).

| Lfd. Nr. | | | |
|---|---|---|---|
| 1. | Gesamtverschmutzung: | 60 | g $BSB_5$/E · d |
| 1.1 | davon gelöste Stoffe (Filterdurchlauf): | 30 | g $BSB_5$/E · d |
| 1.2 | davon abfiltrierbare Stoffe (Filterrückstand): | 30 | g $BSB_5$/E · d |
| 1.2.1 | davon absetzbare Stoffe: | 20 | g $BSB_5$/E · d |
| 1.2.2 | davon nicht absetzbare Stoffe: | 10 | g $BSB_5$/E · d |

auf anorganische und giftige Stoffe erfolgte durch *Bucksteeg* und *Thiele,* worüber im Abschnitt 2.7 „Bewertung von Abwässern" ausführlicher berichtet wird (46). Zu erwähnen wäre noch, daß Einwohnerwerte und Einwohnergleichwerte für die Planung und Dimensionierung von Kläranlagen benötigt werden.

### *2.2.4 Veränderung des Rohabwassers und entstehende Produkte*

#### *2.2.4.1 Kanalisation:*

Schon auf dem Weg von der Anfallstelle im Haushalt oder im Kleingewerbe über den Sammler bis zur Kläranlage erfährt das Rohabwasser einige Veränderungen. Einmal tritt in vielen Fällen durch die Drainagewirkung des Kanalisationssystems Fremdwasser hinzu, wie z.B. mitgefaßtes Bachwasser, Quellwasser; auch Grundwasser und Sickerwasser ruft infolge der vielen Undichtigkeiten eines Sammlers diesen Verdünnungseffekt hervor. Zum anderen beginnen die Enzyme, die in jedem häuslichen Abwasser vorkommen, einige Inhaltsstoffe chemisch aufzuspalten. So wird z.B. Harnstoff durch das Enzym Urease z.T. schon im Kanal in Ammoniak und Kohlensäure zersetzt, und zwar nach folgender Gleichung:

$$NH_2{-}CO{-}NH_2 + H_2O \xrightarrow{\text{Urease}} 2NH_3 + CO_2$$

Andere Enzyme wirken auf weitere Inhaltsstoffe im Sinne des autolytischen Prozesses. Schließlich beginnen die im Rohabwasser enthaltenen zahlreichen Bakterien (ca. 10 Mio. Keime pro ml Abwasser) ihre Tätigkeit. Unter Sauerstoffverbrauch werden die leicht abbaubaren Zucker und Fettsäuren oxidiert. Je höher dabei die Temperatur und je länger die Verweilzeit im Sammler ist, desto stärker ist die Sauerstoffzehrung des Rohabwassers. Dabei kommt es zu anoxischen Verhältnissen, die schließlich zur völligen Anaerobie führen können. Dies bedeutet weiterhin, daß die Bakterien, die nun ohne freien Sauerstoff Substrat verarbeiten, die Überhand gewinnen und das im Wasser vorhandene Sulfat zu Schwefelwasserstoff ($H_2S$) reduzieren. Hierbei können sehr übelriechende Gase und Dämpfe entstehen, die je nach Witterungsverhältnissen die Kanalschächte verlassen und zu nachhaltigen Belästigungen der Bevölkerung führen. Darüber hinaus kann der entweichende Schwefelwasserstoff an der Grenzzone Wasser/Luft durch andere, sauerstoffliebende Bakterien zu schwefliger Säure ($H_2SO_3$) und Schwefelsäure ($H_2SO_4$) wieder oxidiert werden, was dann schwere Korrosionen an den Baustoffen, z.B. Beton, hervorruft. Der in der Kanalisation gebildete giftige Schwefelwasserstoff stellt neben der Gesundheitsgefährdung eine enorme Lebensbedrohung für alle eventuellen im Sammler arbeitenden Personen dar.

Es muß darauf hingewiesen werden, daß einerseits Schwefelwasserstoff wegen seines Gestankes schon in sehr geringen Konzentrationen gerochen werden kann und daher die Menschen warnt. Andererseits blockieren höhere $H_2S$-Konzentrationen die Geruchsnerven derart, daß die unmittelbare Gefahr nicht mehr bemerkt wird. Deshalb dürfen Kanalsysteme erst dann betreten werden, wenn alle Sicherheitsvorkehrungen (z.B. Atemmaske, Gurte) und Sicherheitsüberprüfungen (z.B. Anwesenheit von Sauerstoff, Abwesenheit explosiver oder sonst giftig wirkender Gase) im entsprechenden Umfang vorgenommen worden sind und vom Befund der Untersuchungen her für den Menschen keine Gefahr mehr besteht. Maßnahmen gegen Gefahren der Anaerobie im Sammler sind meist konstruktiver Art (kurze Sammler mit starkem Gefälle), und nur in begründeten Ausnahmesituationen ist die Zugabe von Chemikalien, wie z.B. Chlor, Wasserstoffperoxid, nitrathaltige Salze, erlaubt. Das Bestreben des Ingenieurs muß darauf gerichtet sein, das Abwasser möglichst frisch zur Kläranlage zu bringen, da es im angefaulten Zustand neben den erwähnten Geruchsbelästigungen auch schwieriger biologisch zu behandeln ist.

### 2.2.4.2 *Vorklärung und Primärschlamm*

Bei der nun einsetzenden Abwasserbehandlung wird das Rechengut als erstes zurückgehalten. Es ist hinsichtlich seiner Zusammensetzung so unterschiedlich, daß sich eine detaillierte Beschreibung erübrigt. Im wesentlichen besteht es aus organischen, verbrennbaren Stoffen, wovon ein Teil an der Luft bakteriell schnell zersetzt wird, so daß allein wegen der Ausbreitung unangenehmer Gerüche sich eine unmittelbare Weiterbehandlung anschließen muß.

In dem nachfolgenden Sandfang sedimentieren hauptsächlich die ungelösten, anorganischen Substanzen, deren Korndurchmesser größer als 0,1 mm ist und deren mittlere Dichte über 1,5 g/cm$^3$ liegt (siehe auch Bild 2.2-2). Allerdings ist diese Trennung nicht allzu scharf, so daß in dem dort abgesetzten Sand auch immer organisches Material mitenthalten ist. Andererseits passieren nicht unwesentliche Mengen Sand den Sandfang und gelangen somit über die Primärschlamm-Abscheidungsstufe in den Faulbehälter.

Die Abtrennung von groben, ungelösten organischen Wasserinhaltsstoffen wird in der Vorklärung unter Berücksichtigung einer bestimmten Durchflußzeit (1,5 bis 2 h) vorgenommen. Die sich hierbei abscheidenden Teilchen (Fäkalien, Papier usw.) haben einen Durchmesser bis zu 1 $\mu$m. Aber auch noch unterhalb dieses Wertes gelten diese feinst verteilten Stoffe im physikalischen Sinn als ungelöst. Selbst bei kolloidaler Verteilung – Teilchen-

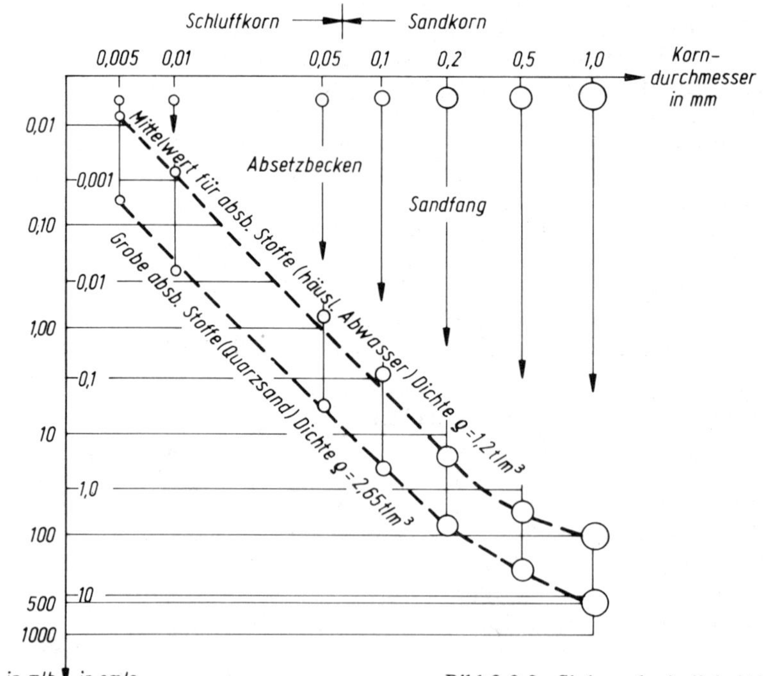


Bild 2.2-2. Sinkgeschwindigkeit in Abhängigkeit vom Durchmesser verschiedener körniger Stoffe (150).

durchmesser 1 nm – kann noch nicht von gelösten Stoffen gesprochen werden. Durch Destabilisierung dieser kolloidal verteilten Stoffe können so grobe Aggregate entstehen, daß sie dann als absetzbare Stoffe abgetrennt werden. In der Regel verteilen sich diese feinen Partikelchen so, daß sie weder aufschwimmen noch absinken, sondern als Schwebestoffe vorliegen.

Bei dieser Abscheidung werden auch die im kommunalen Schmutzwasser enthaltenen verseifbaren Öle und Fette, die mit einem durchschnittlichen Anteil von rund 100 mg/l vertreten sind, teilweise von anderen, spezifisch schwereren Stoffen eingeschlossen und mit abgesenkt. Werden größere Mengen an aufschwimmendem Öl und Fett registriert, so ist die Funktionsweise der Fettabscheider der kleingewerblichen Betriebe zu überprüfen.

Der in dieser Behandlungsstufe anfallende Schlamm wird als Primärschlamm bezeichnet und besteht zu ca. 70 % aus organischem Material. Einzelheiten über weitere Schlammeigenschaften sind den folgenden Bänden zu entnehmen.

### *2.2.4.3 Belebung und Tropfkörper:*

Nach dieser mechanischen Reinigung wird das vorgeklärte Schmutzwasser einer biologischen Behandlung unterworfen. Entweder wird dabei das Belebungs- oder das Tropfkörperverfahren eingesetzt. Beide Verfahren sind durch den Ablauf gleicher biochemischer Prozesse gekennzeichnet. Beim Belebungsverfahren inkorporieren oder veratmen die an der Schlammflocke anhaftenden Bakterien die gelösten oder sehr fein dispergierten organischen Stoffe. Die Mikroorganismen des Tropfkörpers verrichten ihre Arbeit im biologischen Rasen des Tropfkörpergesteins. Beide biologischen Vorgänge sind von weitaus komplizierterer Natur als es hier auf den ersten Blick erkennbar ist. Durch den äußerst aktiven Zustand der Bakterien werden Enzyme (bis zu 5000) gebildet, die in diesem Reinigungsprozeß eine zentrale Stellung (Schlüsselrolle) einnehmen. Sie wirken also immer dort, wo Stoffwechselvorgänge stattfinden, gleichgültig, ob es sich um Aufbau- (Anabolismus) oder Abbauvorgänge (Katabolismus) handelt. Die Kenntnis der dabei verlaufenden Reaktionsmechanismen und sogar die Bestimmung einzelner Enzyme sind wichtige Voraussetzungen für das Verständnis des Ablaufes von Lebensvorgängen im allgemeinen und in immer zunehmenderem Maße auch für jene bei der Abwasserreinigung.

Es lassen sich also in der Praxis mit Hilfe dieser Enzyme die verschiedensten organischen Stoffe mineralisieren, d.h. bis zum Wasser und Kohlendioxid abbauen. Die Geschwindigkeit, mit der dieser Abbau verläuft, geht einher mit der Abnahme des biochemischen Sauerstoffbedarfs (BSB) des Abwassers und läßt sich in dem Diagramm nach *Theriault* und *Imhoff* ablesen (Bild 2.2-3 und 2.2-4). Wie daraus zu ersehen ist, hängt die Abbaugeschwindigkeit bzw. die fortschreitende Reinigung stark von der Temperatur ab. Zwei Phasen sind hier zu unterscheiden; in der ersten Phase werden überwiegend Kohlenstoffverbindungen (Zucker, Fette) abgebaut. Deswegen wird auch von dem Kohlenstoff-BSB gesprochen. Dieser Abbauvorgang ist weitgehend nach 15 Tagen beendet. Danach setzt die Oxidation der Stickstoffverbindungen (Eiweißstoffe, Aminosäuren, Ammoniak) ein. Hier entsteht als Endprodukt das Nitrat nach folgender Gleichung:

$$NH_3 + 2O_2 \rightarrow HNO_3 + H_2O$$

Allerdings wird die entstehende Salpetersäure durch die in jedem kommunalen Schmutzwasser enthaltenen Karbonate und Bikarbonate gepuffert nach der Gleichung:

$$HNO_3 + NaHCO_3 \rightarrow NaNO_3 + H_2O + CO_2$$

Nur bei hohen Ammoniakgehalten und zu geringem Pufferungsvermögen kann es vorkommen, daß freie Salpetersäure auftritt; dadurch sinkt der *p*H-Wert und die Bakterien werden abgetötet.

Selbstverständlich verläuft der angesprochene Nitrifikationsprozeß bei der innigen Durchmischung von Schmutzwasser und Bakteriensuspension im Belebungsbecken nur inner-

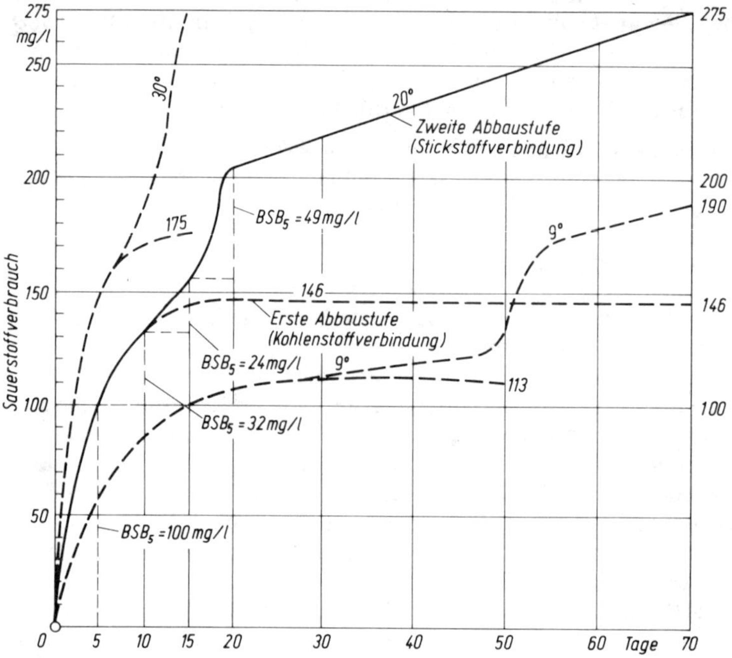


Bild 2.2-3. Sauerstoffverbrauch des frischen Abwassers in Abhängigkeit von der Zeit nach *Theriault* (U.S. Publ. Health Service, Bull, No 173, 1927).

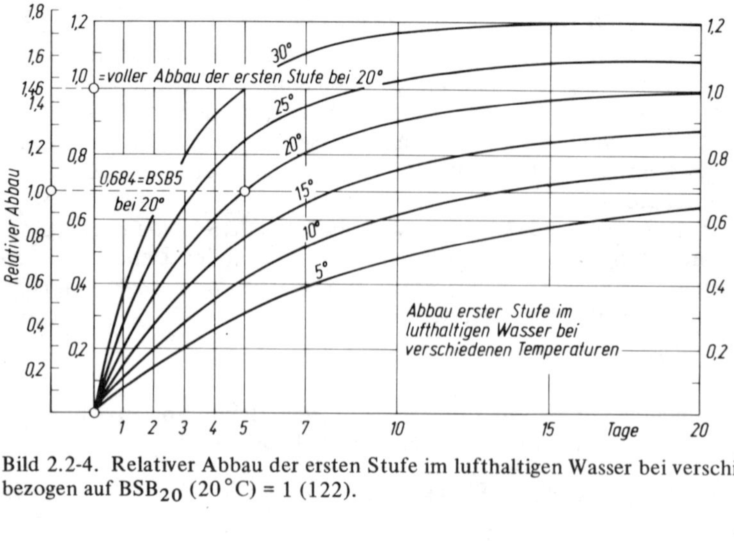


Bild 2.2-4. Relativer Abbau der ersten Stufe im lufthaltigen Wasser bei verschiedenen Temperaturen bezogen auf $BSB_{20}$ (20 °C) = 1 (122).

halb bestimmter Belastungsverhältnisse, und zwar bei einer Schlammbelastung ($B_{TS}$), die unterhalb von 0,015 kg $BSB_5$/kg TS · d liegt. Im Tropfkörper dagegen sind die Abbauphasen räumlich getrennt. Während im oberen Teil eines gut arbeitenden Tropfkörpers weitgehendst die Oxidation der organischen Kohlenstoffverbindungen durch Bakterien stattfindet, vollzieht sich im unteren Teil die Oxidation des Stickstoffs (Nitrifikation), so daß der Tropfkörper-Ablauf wenig Ammoniak und dafür um so mehr Nitrate aufweist. Die Nitrifikation durch die dafür spezialisierten Bakterien (Nitrosomonas, Notrosocystis, Nitrobakter) kann durch bestimmte Giftstoffe unterdrückt werden, wie z.B. Allylthioharnstoff, was bei der Bestimmung des biochemischen Sauerstoffbedarfs ($BSB_5$) durch Zugabe von Allylthioharnstoff bewußt eingesetzt wird, um dann bei dem Befund differenziert nur den Kohlenstoff-$BSB_5$ zu erhalten.

Eine nicht geringe Rolle spielt das Strippen von flüchtigen anorganischen und organischen Verbindungen sowohl im Belebungsbecken als auch im Tropfkörper. Hervorzuheben sind vor allem die chlorierten Kohlenwasserstoffe, wie z.B. Trichlorethylen, Perchlorethylen, die sowohl im Haushalt als auch im Kleingewerbe in großen Mengen angewandt werden. Grundsätzliche Überprüfungen über den Einsatz derartiger Verbindungen haben *Stozek* und *Beumer* am Beispiel der Erhebungen einer mittelgroßen Stadt im Sauerland vorgenommen (225). Durch den Strippeffekt können diese flüchtigen organischen Stoffe zu ca. 90% entfernt werden.

Neben den in diesen beiden biologischen Behandlungssystemen erwähnten Abbauvorgängen finden aber auch Anreicherungen von nicht abgebauten oder partiell abgebauten organischen sowie auch anorganischen Inhaltsstoffen (z.B. Schwermetalle) statt, was sich in den Befunden entsprechender Untersuchungen ausdrückt (154).

Zusammenfassend läßt sich sagen, daß die physikalischen, chemischen, biochemischen und mikrobiologischen Reaktionen im Belebungsbecken und Tropfkörper so mannigfaltig und kompliziert sind, daß es den Rahmen eines Lehr- und Handbuches der Abwassertechnik weit überschreiten würde, hierauf noch näher einzugehen. Auf entsprechende Fachliteratur (z.B. *Liebmann,* (162)) oder Einzelpublikationen sei verwiesen.

#### *2.2.4.4 Nachklärung und Belebtschlamm:*

Im Anschluß an die biologischen Stufen wird das Schmutzwasser im Sedimentationsbecken noch einmal nachgeklärt. Hier scheidet sich im wesentlichen der belebte Schlamm ab. Ein Teil davon gelangt als Rücklaufschlamm wieder in die biologische Stufe und der Rest als Überschußschlamm in den Faulturm. Bei hohen Nitratgehalten und langen Verweilzeiten des belebten Schlammes im Nachklärbecken kann es allerdings zur Denitrifikation kommen, bei der aus den Nitraten unter Reduktion elementarer Stickstoff gebildet wird. Das hat zur Folge, daß die Belebtschlammflocken spezifisch leichter und damit aufgetrieben werden (weitere Einzelheiten Band IV).

#### *2.2.4.5 Faulschlamm, Trübwasser, Faulgas:*

In dem Faulbehälter finden unter Ausschluß von Sauerstoff anaerobe Prozesse statt, wobei die organischen Verbindungen disproportioniert werden in hochreduzierte Stoffe, wie z.B. Methan ($CH_4$) und weitgehendst oxidierte Stoffe, wie z.B. Kohlendioxid ($CO_2$). Gleichzeitig wird dabei auch elementarer Stickstoff und – bedingt durch die Reduktion von Sulfaten und Spaltung schwefelhaltiger Eiweißverbindungen – Schwefelwasserstoff gebildet. Dieser fällt seinerseits die toxischen Schwermetalle in der Regel als Sulfide aus.

Das durch den Faulprozeß entstandene Trübwasser wird wegen der noch verbleibenden Restlast an organischen Verbindungen in der Regel dem biologischen Teil der Kläranlage zugeleitet. Eine typische Trübwasseranalyse zeigt die Tabelle 2.2-8, eine typische Faulgasanalyse die Tabelle 2.2-9; im übrigen sei auch hier auf das Handbuch Band IV verwiesen.

Tabelle 2.2-8. Spannweite der Trübwasserbeschaffenheit.

| | | | |
|---|---|---|---|
| *p*H-Wert | | | 6,6 – 7,7 |
| absetzbare Stoffe (n · 2 h) | | ml/l: | 16 – 1 000 |
| abfiltrierbare Stoffe | (ges) | mg/l: | 765 –54 600 |
| Abdampfrückstand | (ges) | mg/l: | 865 – 4 750 |
| $KMnO_4$-Verbrauch | (sed) | mg/l: | 285 – 2 520 |
| $BSB_5$ | (sed) | mg/l: | 60 – 2 550 |
| $NH_3$-Stickstoff | (filtr.) | mg/l: | 288 – 1 030 |
| organisch-gebundener Stickstoff | (filtr.) | mg/l: | 22,8 – 162 |
| Phosphat | (filtr.) | mg/l: | 8,2 – 238 |
| Sulfide | (filtr.) | mg/l: | 0,3 – 5,8 |
| Detergentien | (filtr.) | mg/l: | 2,6 – 40,0 |
| Eisen | (filtr.) | mg/l: | 1,5 – 24,8 |
| Mangan | (filtr.) | mg/l: | 0,3 – 2,6 |
| Kupfer | (filtr.) | mg/l: | 0,1 – 9,5 |
| Nickel | (filtr.) | mg/l: | 0,1 – 7,8 |
| Zink | (filtr.) | mg/l: | 0,1 – 15,0 |
| Chrom | (filtr.) | mg/l: | 0,1 – 9,6 |
| Cadmium | (filtr.) | mg/l: | 0,1 – 0,2 |

Tabelle 2.2-9. Beispielhafte Faulgasanalyse.

| | |
|---|---|
| Methan ($CH_4$): | 67 Vol % |
| Kohlendioxid ($CO_2$): | 28 Vol % |
| Stickstoff ($N_2$): | 2 Vol % |
| Wasserstoff ($H_2$): | 3 Vol % |
| Sauerstoff ($O_2$): | < 0,05 Vol % |

## 2.2.5 *Anforderungen an das gereinigte Schmutzwasser*

### 2.2.5.1 *Erste Schmutzwasserverwaltungsvorschrift* (86):

Aufgrund des § 7a des Wasserhaushaltsgesetzes (WHG) des Bundes müssen alle kommunalen und vergleichbaren Schmutzwässer bei der Einleitung in ein Gewässer soweit gereinigt sein, daß sie den Mindestanforderungen der Verwaltungsvorschrift entsprechen (99). Es sind darin nachstehende Parameter genannt:

1. absetzbare Stoffe
2. biochemischer Sauerstoffbedarf ($BSB_5$)
3. chemischer Sauerstoffbedarf (CSB)

Die folgenden Tabellen 2.2-10 und 2.2-11 zeigen, daß differenziert wird nach der Bauzeit und Größe der Anlage. Außerdem wird unterschieden zwischen Stichprobe, 2-Stunden-Mischprobe und 24-Stunden-Mischprobe, wobei hervorzuheben ist, daß diese Proben immer bei Trockenwetterabfluß zu entnehmen sind.

Während die Werte dieser 1. Schmutzwasserverwaltungsvorschrift in jedem Falle einzuhalten sind, können je nach den örtlichen Gegebenheiten von der Wasserbehörde zusätzlich noch schärfere Bedingungen erlassen werden.

Tabelle 2.2-10. Mindestanforderungen für Kläranlagen.
Baubeginn bis 31. 12. 1978.
Gültig bis 31. 12. 1984.

| Art der Probenahme | Absetzbare Stoffe ml/l | COD mg/l | $BSB_5$ mg/l |
|---|---|---|---|
| Stichprobe | 0,3 | | |
| 2 h Mischprobe | | 200 | 45 |
| 24 h Mischprobe | | 150 | 30 |

Tabelle 2.2-11. Mindestanforderung für Kläranlagen.
Baubeginn nach 31. 12. 1978.
Gültig ab 1. 1. 1985.

| Größenklassen | Art der Probenahme | Absetzbare Stoffe ml/l | COD mg/l | $BSB_5$ mg/l |
|---|---|---|---|---|
| 1 | | | | |
| | Stichprobe | 0,3 | | |
| < 1 000 E | 2 h Mischprobe | | 180 | 45 |
| < 60 kg/d $BSB_5$ | 24 h Mischprobe | | 120 | 30 |
| 2 | | | | |
| | Stichprobe | 0,3 | | |
| 1 000–10 000 E | 2 h Mischprobe | | 160 | 35 |
| 60– 600 kg/d $BSB_5$ | 24 h Mischprobe | | 110 | 25 |
| 3 | | | | |
| | Stichprobe | 0,3 | | |
| > 10 000 E | 2 h Mischprobe | | 140 | 30 |
| > 600 kg/d $BSB_5$ | 24 h Mischprobe | | 100 | 20 |

### 2.2.5.2 *Aus der Sicht des Gewässers und seiner Nutzung:*

Wie diese schärferen Bedingungen quantifiziert werden, hängt von dem jeweiligen Zustand des Gewässers und seinen Nutzungen ab. Dabei ist es selbstverständlich, daß ein Schmutzwasser, was in einen Forellenteich oder -bach eingeleitet wird, weitergehender gereinigt sein muß als jenes, welches nur in kleineren Portionen einem großen Vorfluter zugegeben wird. Aus den Bewirtschaftungsplänen nach Wasserhaushaltsgesetz werden zunächst für jedes Gewässer die Nutzung katalogisiert und danach der erforderliche Gewässergütezustand benannt. Liegt der anzustrebende Gewässergütezustand fest, so soll weiter aufgrund von Reinhalteplänen im Einzelfall entschieden werden, ob strengere Anforderungen zu stellen sind als es der ersten Schmutzwasserverwaltungsvorschrift entspricht. Die Festlegung dieser strengen Anforderungen verlangt große fachliche Erfahrung, da eine einfache Verdünnungsrechnung in der Regel nicht ausreicht. Es ist dabei sowohl die Vorbelastung des aufnehmenden Gewässers zu berücksichtigen als auch die Selbstreinigungsprozesse unterhalb der Einleitung bis hin zum nächsten empfindlichen Nutzungspunkt. In der Regel wird eine Eliminationsrate von rund 50% der eingeleiteten organischen Schmutzstoffe angenommen. Bei den anorganischen Belastungen – vor allem durch Schwermetalle – findet eher eine Retention in den Sedimenten statt, was letzten Endes zu Problemen bei Ausbaggerung und Deponie führen kann (94).

Als die wichtigste Nutzung unserer Gewässer ist die Trinkwasserversorgung anzusehen. Hier hat die EG-Richtlinie für die Beschaffenheit von Oberflächenwässern, die zur Trinkwasserversorgung herangezogen werden, Rechtskraft, da sie inzwischen in nationales Recht überführt worden ist (94). Eine weitere wertvolle Grundlage bildet das Arbeitsblatt W 151 des DVGW Regelwerkes. Für Fischgewässer ist eine andere EG-Richtlinie inzwischen in Vorbereitung, wobei an diese noch wesentlich höhere Anforderungen gestellt werden als für die Gewässer der Trinkwasseraufbereitung.

## 2.3 Verschmutzter Niederschlag

### *2.3.1 Menge und zeitlicher Anfall*

Die jährliche Niederschlagsmenge ist in Deutschland von Region zu Region sehr unterschiedlich. In ausgesprochenen Regenschattengebieten rechnet man mit 400 mm/a (= 400 l/m$^2$/a) und in den nassen Stauhängen der Mittelgebirge bis zu 1200 mm/a Niederschlag. Die zeitliche Verteilung dieses Niederschlags über das Jahr ist ebenfalls regional unterschiedlich. In erster Annäherung ist kein Unterschied zwischen Sommerhalbjahr und Winterhalbjahr festzustellen. Sehr unterschiedlich ist die Intensität, mit der der Regen niedergeht. Ein Nieselregen bringt 1 mm pro Tag, dagegen kann bei ausgesprochenen Sturzregen bis zu 20 mm/h fallen bzw. bis zu 100 mm/d.

Abschließend ist noch festzustellen, daß der Regenabfluß von befestigten Flächen jährlich mehr als die Hälfte des häuslichen Schmutzwasserabflusses ausmacht (184).

### *2.3.2 Durchschnittliche Beschaffenheit*

Jeder fallende Niederschlag, sei er flüssig oder fest (Regen, Schnee, Hagel) enthält neben den gelösten Gasen (wie z.B. Stickoxide, Schwefeloxide, Kohlenoxide) und anderen gelösten Verbindungen (wie z.B. Kohlenwasserstoffe, Chlorkohlenwasserstoffe) auch immer ungelöste Anteile (Stäube, wie z.B. Siliziumdioxid, Ton u.a.m.).

Die Konzentration an diesen Schmutzstoffen ist sehr unterschiedlich. Sie ist einmal abhängig von den regionalen Gegebenheiten (Dorf; Kleinstadt; Großstadt; Industriegebiete; durch Autos stark frequentierte Straßen u.a.m.) und zum anderen von einigen meteorologischen Einflüssen (wie z.B. Regenintensität, Regendauer, Windverhältnisse usw.).

Der größte Teil der erwähnten Inhaltsstoffe stammt aus den Immissionen des Hausbrandes und der Klein- bzw. Großindustrie. In Küstennähe befinden sich noch zusätzlich größere Anteile an anorganischen Salzen, und zwar hauptsächlich Natriumchlorid (NaCl), welches aus den Aerosolen über dem Meer stammt.

Die Tabelle 2.3-1 gibt die durchschnittliche Beschaffenheit des fallenden Niederschlags einer Großstadt wieder.

Aus diesen Untersuchungsbefunden ist die schwache Vorbelastung des niedergegangenen Regens erkennbar. Die einzelnen Verschmutzungsparameter steigen dagegen sprunghaft

Tabelle 2.3-1. Durchschnittliche Beschaffenheit des fallenden Niederschlags einer Großstadt.

| | | |
|---|---|---|
| *p*H-Wert: | | 4,0 –4,7 |
| Leitfähigkeit | mS/cm: | 0,053 |
| Chemischer Sauerstoffbedarf | mg/l: | 9,0 |
| Biochemischer Sauerstoffbedarf | mg/l: | 1 |
| $NH_4$-Stickstoff | mg/l: | 0,62 |
| $NO_2$-Stickstoff | mg/l: | 0,02 |
| $NO_3$-Stickstoff | mg/l: | 0,59 |
| Phosphat | mg/l: | 0,05 |
| Chlorid ($Cl^-$) | mg/l: | 1 |
| Sulfat ($SO_4^{2-}$) | mg/l: | 10 |
| Zink | µg/l: | 150 |
| Blei | µg/l: | 44 |

an, sobald Niederschlagswasser mit der Erdoberfläche in Berührung kommt (abfließender Niederschlag; Regenabfluß). Es lassen sich daher bestimmte Verschmutzungszonen mit eventuell zu erwartenden Schmutzstoffen lokalisieren, z. B.:

1. Landwirtschaftliche Flächen;
   – hauptsächlich gelöste und ungelöste organische Inhaltsstoffe; Phosphate; Nitrate
2. Dörfer, Kleinstädte mit Kleingewerbe;
   – organische Inhaltsstoffe aus Tierhaltungen (Jauchegruben, Mistlagerstätten; Futtersilos); Phosphate und Stickstoffverbindungen
3. Großstädte mit Industrieansiedlungen und starkem Autoverkehr;
   – organische Stoffe aus den einzelnen Industriesparten (Hoflagerung, Versand usw.); toxische Stoffe; Abrieb von Fahrzeugreifen; Öl, Tenside; Kohlenwasserstoffe; mannigfaltige anorganische Stoffe u.a., auch Säuren, Laugen, Salze usw.
4. Deponien;
   – organische und anorganische Stoffe aus dem Haus- und Industriemüll

Aus diesen Darlegungen geht hervor, daß es kaum möglich ist, die Beschaffenheit des abfließenden Niederschlages exakt zu erfassen. Daher lassen sich auch hier größtenteils nur summarische Parameter (CSB, TOC, $BSB_5$) wiedergeben. Einige Untersuchungsbefunde sind aus den umfangreichen Arbeiten von *Pecher* (184), *Brunner* (43) und *Krauth* (155) zu entnehmen. Die ATV-Arbeitsgruppe 1.3.2 „Regenbecken, Regenüberläufe" hat aktuelle Befunde einzelner Untersuchungen an Trennverfahren publiziert, von denen einige Tabellen (2.3-2, 2.3-3 und 2.3-4) hier vorgestellt werden (10). Auf eine eingehende Interpretation dieser Zahlenwerte wird verzichtet, da die Tabellen für sich sprechen.

Von besonderem Interesse für die Wassergütewirtschaft ist die Phosphatbelastung des Regens; denn es wird die mit dem Niederschlag abgehende jährliche Phosphormenge auf ca. 10 000 t geschätzt, was nicht unerheblich für die Eutrophierung der Gewässer ist.

An Schwermetallen wurden bisher Chrom, Zink, Kupfer, Cadmium und Blei nachgewiesen, wobei das Zink dominiert.

Tabelle 2.3-2. Mittlere jährliche Konzentrationen im Regenabfluß beim Trenn- und Mischverfahren (10).

| Art der Verschmutzung | Einheit | Mittlere jährliche Konzentrationen | | | | | |
|---|---|---|---|---|---|---|---|
| | | Trennverfahren | | | | | Mischverfahren |
| | | Zürich-Hirzbach 1975 | Aachen Muffet 1973/74 | Aachen Tivoli 1973/74 | München Pullach 1972/73 | München Pullach 1975/77 | Stuttgart-Büsnau 1966/68 |
| Abfiltrierbare Stoffe | mg/l | 83 | >133+ | >239+ | 158 | 153 | 177 |
| Absetzbare Stoffe | ml/l | – | 1,1 | 1,6 | 0,38 | 0,8 | – |
| $BSB_5$ roh | mg/l | 8 | > 11,3° | > 14,5° | 11,4 | 11,5 | 114 (74°) |
| CSB roh | mg/l | 37 | > 34,7° | > 28,5° | 90 | 118 | 88° |
| Gesamtstickstoff N | mg/l | > 2,1 | > 2,4 * | > 4,3 * | – | 2,35 | 17,2 |
| Gesamtphosphor P | mg/l | 0,18 | > 0,13 | – | – | 1,56 | 4,3 |
| Org. Kohlenstoff TOC | mg/l | 11 | 18,1 | 16,6 | – | – | – |

+ absetzbarer Anteil
° sedimentierte Probe
* ohne organischen Stickstoff

Tabelle 2.3-3. Mittlere jährliche Frachten im Regenabfluß beim Trenn- und Mischverfahren (10).

| Art der Verschmutzung | Einheit | Mittlere jährliche Frachten | | | | | |
|---|---|---|---|---|---|---|---|
| | | Trennverfahren | | | | | Mischverfahren |
| | | Zürich-Hirzbach 1975 | Aachen Muffet 1973/74 | Aachen Tivoli 1973/74 | München Pullach 1972/73 | München Pullach 1975/77 | Stuttgart-Büsnau 1966/68 |
| Abfiltrierbare Stoffe | kg/(ha · a) | 664 | >1064+ | >1912+ | 1264 | 1224 | 1426 |
| Absetzbare Stoffe | $m^3$/(ha · a) | – | 8,8 | 12,8 | 3,0 | 6,4 | – |
| $BSB_5$ roh | kg/(ha · a) | 64 | > 90,4° | > 116° | 91,2 | 92 | 919 |
| CSB roh | kg/(ha · a) | 296 | > 227° | > 228° | 720 | 944 | 846° |
| Gesamtstickstoff N | kg/(ha · a) | > 16,6 | > 19,2* | > 34,4* | – | 18,8 | 156 |
| Gesamtphosphor P | kg/(ha · a) | 1,4 | > 1 | – | – | 12,5 | 53 |
| Org. Kohlenstoff TOC | kg/(ha · a) | 88 | > 144,8 | > 132,8 | – | – | – |

Alle Angaben beziehen sich nur auf befestigte Flächen

+ absetzbarer Anteil
° sedimentierte Probe
* ohne organischen Stickstoff

Tabelle 2.3-4. Schmutzfrachtbereiche beim Trennverfahren für normalverschmutzte Gebiete (10).

| Art der Verschmutzung | Jährliche Schmutzfrachten | |
|---|---|---|
| | unterer Bereich | oberer Bereich |
| | kg/(ha · a) | kg/(ha · a) |
| Abfiltrierbare Stoffe | 660 | 2000 |
| $BSB_5$ | 60 | 130 |
| CSB | 290 | 400 |
| Gesamtstickstoff N | 17 | 35 |
| Gesamtphosphor P | 2 | 12 |

### *2.3.3 Zeitliche und räumliche Schwankungsbreite der Beschaffenheit*

Aus den in der angegebenen Literatur (43, 155, 184) ermittelten Befunden ergibt sich, daß im Laufe eines Regenereignisses die Konzentration an Inhaltsstoffen starken Veränderungen unterworfen ist. Die höchste Konzentration herrscht am Anfang, weil – infolge der starken Spülkraft – das Schmutzreservoir vorausgegangener Trockenperioden mitgerissen und abgeleitet wird. Mit länger dauerndem Niederschlag nehmen diese Konzentrationen deutlich ab, da Luft und Boden gründlich gewaschen und gespült sind. Verständlich ist, daß ähnliche Verhältnisse in regional unterschiedlich strukturierten Gebieten (Dorf, Industriegroßstadt des Ruhrgebietes) festgestellt wurden.

Nach der Feststellung von *Pecher* (184) ist das unbehandelte Regenwasser aus einer Trennkanalisation im Mittel ähnlich zu bewerten wie die Schmutzfracht aus dem Ablauf einer vollbiologischen Kläranlage.

Aus diesen Feststellungen ergibt sich, daß das im Trennverfahren anfallende Niederschlagswasser mit Schmutzstoffen belastet ist und von daher für manche Zwecke vorbehandelt werden muß. Hierfür kommen in Frage die Regenrückhaltebecken, wobei unterschieden wird zwischen ständig gefüllten und nicht ständig gefüllten Regenklärbecken (10).

## 2.4 Gewerbliche und industrielle Schmutzwässer

### *2.4.1 Herkunft und Abhängigkeit vom Fabrikationsprozeß*

Aus der Benennung geht schon hervor, daß diese Schmutzwässer bei der gewerblichen und industriellen Produktion anfallen. Dabei ist kein grundsätzlicher Unterschied zwischen gewerblichen und industriellen Betrieben vorzunehmen, wenn auch nach dem allgemeinen Sprachgebrauch die gewerblichen eher den kleineren Betrieben zugeordnet werden. Entsprechend der Vielzahl von Fabrikationsprozessen existiert gleichermaßen auch eine Vielfalt von Schmutzwässern.

Eine erste Einteilung geschieht aufgrund ihres Anfalles im Betrieb selbst. Unterschieden werden einmal Prozeßabwässer, die unmittelbar an der Produktionsstelle anfallen (z.B. Reinigungswässer, Spülwässer), zum anderen Kühlwässer, mit denen Abfallwärme abgeleitet wird und schließlich Grubenwässer, die im Bergbau aus größeren Tiefen an die Erdoberfläche gepumpt werden. Alle Prozeßabwässer sind wegen ihrer unmittelbaren Berührung mit den Rohstoffen in der Regel stärker verschmutzt als Kühlwässer. Industriebetriebe, bei denen keine Schmutzwässer anfallen, werden als Trockenbetriebe bezeichnet; sie sind aber die Ausnahme.

Den Produktionsverfahren entsprechend, hat man die große Zahl der z.Z. bekannten Fabrikationsbetriebe in rund 50 Gruppen zusammengefaßt, die jeweils ähnlich belastete Schmutzwässer liefern. Diese überschaubar durchgeführte Aufteilung ist für die Praxis von großem Vorteil.

Für eine Bestandsaufnahme und eine umfassende Beurteilung der Schmutzwässer eines Industriebetriebes ist die Kenntnis des gesamten Fabrikationsverlaufes vom Rohstoff bis zur Fertigware unbedingt erforderlich. Dabei muß Schritt für Schritt das anfallende Schmutzwasser erfaßt und durch gezielte Analysen auf die zahlreichen möglichen Inhaltsstoffe überprüft werden. Erst dann ergibt sich ein abgerundetes Bild von der Schwankungsbreite dieses Schmutzwassers hinsichtlich seiner Zusammensetzung und Menge. Die so gewonnenen Erkenntnisse sind für Planung und Bau eigener Werkskläranlagen von grundlegender Bedeutung.

Für eine analytische Überprüfung dieser Schmutzwässer sind die für kommunale Schmutzwässer angewandten Analysenverfahren nicht ausreichend. Daher werden in den Laboratorien häufig spezielle Untersuchungsmethoden eingesetzt, die nicht selten aufwendige Apparaturen verlangen, wie z.B. Atomabsorptionsspektrometer und Gaschromatographen. Auch hier werden wieder aus den bekannten Gründen – analog zum kommunalen Schmutzwasser – summarische Bestimmungsparameter verwandt. Diese können sich sowohl auf eine Gesamtheit chemischer Stoffe beziehen (wie z.B. der TOC für die organischen Inhaltsstoffe) als aber auch auf die biologische Wirkung, wie z.B. die hemmende Wirkung des Abwassers gegenüber der Abbautätigkeit von Mikroorganismen (196).

### 2.4.2 *Mengen, Anfall und erste Einteilung nach physikalischen und chemischen Gesichtspunkten*

In der Bundesrepublik Deutschland beträgt nach statistischen Erhebungen der Gesamtwasserbedarf (Gebrauch und Verbrauch) für den industriellen Bereich pro Jahr rund 37 Milliarden $m^3$. Darin mit einbezogen sind die im innerbetrieblichen Kreislauf eingesetzten Wassermengen. Es fehlen dabei allerdings die in den Wärmekraftwerken anfallenden Kühlwassermengen. Die Ableitung dieser industriellen Schmutzwässer erfolgt zum Teil indirekt über die Kanalisation öffentlicher Anlagen mit rund 6,5 Mio $m^3$/Tag oder zum Teil direkt in die Gewässer mit rund 5,9 Mio $m^3$/Tag. Durch Verbesserung der Fabrikationsverfahren, vor allem durch Rückführung von Wasser in den Betrieb (innerbetriebliches Recycling) ist in den letzten Jahren der spezifische Wasserverbrauch und damit der spezifische Schmutzwasseranfall in vielen Branchen wesentlich reduziert worden.

Aus dem Verhältnis E + EG/E der Schmutzfracht – Untersuchungen von *Loll* und *Riegler* ist der Schmutzwasseranteil der Industrie zu dem der Kommunen herauszulesen. Der Durchschnittswert beträgt für die Bundesrepublik 1,8; mancherorts wird auch mit 2,0 gerechnet (163).

Werden die industriellen Schmutzwässer nach den Inhaltsstoffen betrachtet, so geschieht die Differenzierung dieser Schmutzwasserart so wie unter Punkt 2.2.2 bzw. 2.2.3 angegeben; d.h. es wird zunächst festgestellt, in welchem Maße die ungelösten Anteile dominieren und wie deren Dispersitätsgrad verteilt ist. Es gibt dementsprechend Schmutzwässer, die praktisch ausschließlich durch ungelöste Stoffe gekennzeichnet sind, wie z.B. jene aus Kieswäschereien, Steinschleifereien, Kohlewaschanlagen usw. Die weitere Aufgliederung ist die nach den Anteilen der gelösten Wasserinhaltsstoffe. Auch hier sind industrielle Schmutzwässer bekannt, die praktisch nur gelöste Stoffe enthalten, wie z.B. solche aus der Getränkeindustrie (Waschwässer), Pumpwässer aus den Salzbergwerken u.a.m. Schließlich gibt es die große Zahl jener industriellen Schmutzwässer, in denen die Inhaltsstoffe sowohl in gelöster als auch in ungelöster Form vorliegen.

Chemisch gesehen sind diese Prozeßwässer zu unterteilen in solche, die überwiegend durch anorganische Stoffe belastet sind, wie z.B. die Spülwässer der Eisen-, Edelstahl- und Buntmetallbeizereien und weiter in jene, die hauptsächlich organisch belastet sind, wie z.B. die Abwässer der Papierfabrikation und schließlich noch diejenigen, die sowohl organische als auch anorganische Schmutzstoffe aufweisen. Bei dieser gesamten Betrachtung darf nicht übersehen werden, daß eine Umstellung der Produktionsverfahren bei gleichbleibenden Endprodukten eine Veränderung der Prozeßabwässer-Zusammensetzung bewirken kann. So könnte dann beispielsweise aus einem überwiegend anorganisch belasteten Schmutzwasser ein organisch belastetes werden.

### *2.4.3 Prozeßabwässer*

#### *2.4.3.1 Überwiegend anorganischer Art:*

Prozeßabwässer, die durch ungelöste anorganische Stoffe belastet sind, können in der Regel mit einfachen Verfahren gereinigt werden. Schwierigkeiten treten erst dann auf, wenn der Dispersitätsgrad so ist, daß die anorganischen Partikel in Schwebe bleiben, wie z.B. bei manchen Tontrüben. Durch Zugabe von Flockenhilfsmitteln ist aber auch hier meistens eine rasche Sedimentation zu erreichen. Auch die Entwässerbarkeit der dabei anfallenden Schlämme ist im allgemeinen zufriedenstellend.

Prozeßabwässer mit überwiegend gelösten anorganischen Stoffen werden zunächst nach ihrer Wirkung unterteilt, und zwar in:

1. ätzende Schmutzwässer (Säuren und Laugen)
2. oxidierende Schmutzwässer (z.B. Chlor, Wasserstoffperoxid)
3. reduzierende Schmutzwässer (Eisen-(II)-sulfat aus den Eisenbeizereien; Sulfit und Thiosulfat)
4. toxische Schmutzwässer (Kupfer-, Blei-, Quecksilber-, Cadmiumsalze)
5. mit Neutralsalzen belastete Schmutzwässer (z.B. Natriumchlorid, Calciumchlorid)

In der überwiegenden Zahl der Fälle dürfen die genannten Prozeßabwässer weder unmittelbar in ein Gewässer noch in eine öffentliche Abwasseranlage eingeleitet werden. In beiden Fällen ist eine Vorbehandlung zwingend vorgeschrieben, die Schäden im Gewässer oder an den öffentlichen Abwasseranlagen verhindern soll. Die Art der Vorbehandlung richtet sich nach der Schmutzwasserzusammensetzung. Prozeßabwässer, die Säuren enthalten, werden mittels Laugen neutralisiert, während andererseits jene mit hohem Laugengehalt zur Neutralisation Säuren benötigen nach der Gleichung:

$$HCl + NaOH \rightarrow NaCl + H_2O$$

$$2KOH + H_2SO_4 \rightarrow K_2SO_4 + 2H_2O$$

Einige Fabrikationsbetriebe lassen es zu, daß durch Zusammenführung der sauren und alkalischen Schmutzwässer dieser Neutralisationseffekt erreicht wird. Bei schwermetallhaltigen Schmutzwässern (Galvanikindustrie) muß der *p*H-Wert allerdings soweit vom Neutralpunkt in den alkalischen Bereich angehoben werden, daß eine vollständige Ausfällung als Schwermetallhydroxide garantiert ist, z.B. nach der Gleichung:

$$FeCl_3 + 2NaOH \rightarrow Fe(OH)_3 + 3NaCl$$

$$CuSO_4 + Ca(OH)_2 \rightarrow Cu(OH)_2 + CaSO_4$$

Prozeßabwässer mit Oxidationsstoffen müssen reduziert und solche mit Reduktionsvermögen müssen oxidiert werden. Dazu sind je nach Fragestellung geeignete Reduktionsmittel (Eisen-(II)-sulfat; Natriumhydrogensulfit) und Oxidationsmittel (Natriumhypochlorit; Wasserstoffperoxid) einzusetzen. Wo es die Betriebszustände erlauben, können sich auch hier durch Zusammenleiten dieser Schmutzwässer die reduzierenden und oxidierenden Eigenschaften in einer Redoxreaktion gegenseitig aufheben.

Bei der Belastung mit Neutralsalzen ist darauf zu achten, daß das Mischungsverhältnis mit dem Wasser des Vorfluters oder mit dem kommunalen Schmutzwasser so vorgenommen wird, daß keine Nachteile durch hohe Aufsalzung entstehen.

Besonders kritisch hinsichtlich des Gewässerschutzes und des Betriebes kommunaler Kläranlagen sind die giftigen Prozeßabwässer, deren spezielle Behandlung von Fall zu Fall entschieden werden muß.

### *2.4.3.2 Prozeßabwässer überwiegend organischer Art:*

Auch die Prozeßabwässer, welche vorwiegend organische Inhaltsstoffe aufweisen, können mannigfache Schäden in Gewässern und öffentlichen Abwasseranlagen verursachen. Sie sind von daher gesehen in der Regel immer vorzubehandeln. Die Vielfalt dieser Schmutzwässer läßt nach Herkunft und Art der Zusammensetzung nur eine grobe Einteilung zu. Demnach werden Schmutzwässer unterschieden, deren organische Anteile aus den im engeren Sinne zu verstehenden natürlichen Lebensbereichen des Menschen resultieren, wie z.B. Molkereien, Brauereien, Gemüseverarbeitung, Margarinefabriken, Erdnußröstereien u.a.m. Zu der zweiten Art wären jene Schmutzwässer zu zählen, die vorwiegend aus dem technischen Produktionsbereich kommen, wie z.B. aus der chemischen Industrie, Mineralölindustrie, Zellstoffindustrie, Waschmittelindustrie u.a.m.

Was die Behandlung dieser Schmutzwässer betrifft, so lassen sich die ungelösten organischen Inhaltsstoffe in den meisten Fällen nach den üblichen Trennungsverfahren (z.B. Sedimentation, Filtration, Flotation, Zentrifugieren) beseitigen.

Die gelösten organischen Verbindungen der ersten Gruppe können aufgrund ihrer natürlichen Herkunft auf den kommunalen Kläranlagen mitbehandelt und unter Einhaltung bestimmter Regeln (z.B. keine Stoßbelastung) leicht in einfache Abbauprodukte zerlegt werden.

Viel problematischer hinsichtlich ihres Abbauverhaltens sind die Schmutzwässer aus dem chemisch-technischen Bereich. Inwieweit überhaupt eine Mitbehandlung auf den Anlagen der Kommunen möglich ist, hängt im wesentlichen von den Ergebnissen intensiv betriebener Voruntersuchungen ab, die an Anlagen im Labor und eventuell im halbtechnischen Maßstab durchgeführt werden müssen. Diese Prüfverfahren sind oft sehr zeitraubend, kostspielig und personalintensiv. Bei negativem Befund müssen dann andere Behandlungswege (z.B. Eindampfen, Verbrennen u.ä.) beschritten werden. Im Extremfall kann sogar ein

Produktionsstop derart gewässergefährdender und -belastender Substanzen angeordnet werden.

Wird etwas näher nach den erwähnten Schädigungen der Gewässer gefragt, so ist aus den bis jetzt vorliegenden Erfahrungen eine vielfältige Palette anzubieten. Allein durch grobsinnliche Wahrnehmungen sind derartige Veränderungen festzustellen, die sich z.B. durch Verfärbung, Trübung, Verschlammung, Schaumbildung (hervorgerufen durch harte Detergentien), Verölung bemerkbar machen. Geruchsbeeinträchtigungen sind schon aus größerer Entfernung zu registrieren, zumal dann, wenn die Wehrüberläufe in Betrieb sind. Stoßbelastung durch ungereinigte organische Schmutzwässer und die Einleitung größerer Mengen an Pestiziden oder Desinfektionsmitteln (z.B. Pentachlorphenol) können zu ausgedehnten Fischsterben führen. Schmutzwässer der Zellstoffindustrie oder solche, die organische Säuren und Zucker aufweisen, lassen unterhalb der Einleitungsstelle Massenentwicklungen von Fadenbakterien (Sphaerotilus natans) und Pilzen entstehen, die nach Absterben und durch eintretenden Sauerstoffmangel Fischsterben verursachen können.

### *2.4.4 Kühlwässer*

Wird Wasser zur Fortleitung der Abwärme eingesetzt, so entstehen Kühlwässer. Unterschieden werden hierbei die Durchlaufkühlung, bei der das Wasser nur einmal zu Kühlzwecken benutzt wird und die Umlaufkühlung, bei der das Wasser im Kreislauf gefahren wird und die Abwärme in Kühltürmen unter teilweiser Verdunstung des Wassers an die Luft abgegeben wird. Wenn auch die Hauptbelastung der Kühlwässer in der Temperatur besteht, so enthalten sie in der Regel auch Schmutzstoffe.

Sei es, daß sie ungewollt aus der Fabrikation in die Kühlwässer hineingelangt sind (z.B. undichte Wärmeaustauscher) oder daß sie mit Absicht dem Kühlwasser zugegeben werden, um beispielsweise Korrosion, Verpilzung, Verkeimung oder Algenwachstum zu verhindern. Letztere Stoffe werden vor allem bei der Umlaufkühlung dem Kühlwasser zugesetzt. In der Regel werden wegen der relativ geringen stofflichen Belastung Kühlwässer nicht in die öffentliche Kanalisation, sondern wieder direkt in den Vorfluter eingeleitet. Die Einleitungstemperatur wie auch die pro Zeiteinheit einzuleitende Abwärme werden von der Wasserbehörde aufgrund von Wärmelastplänen festgelegt. Oft wird hierbei auch die zulässige Aufwärmung des Vorfluters limitiert, damit die Biozönose des Vorfluters nicht geschädigt wird und die Nutzungen der Unterlieger nicht über ein bestimmtes Maß beeinträchtigt werden. Nur in Ausnahmefällen darf Kühlwasser in die öffentlichen Abwasseranlagen eingeleitet werden; dabei kann es wegen erhöhter Temperatur im Sammler zu Fäulniserscheinungen kommen.

### *2.4.5 Grubenwässer*

Ohne menschliches Zutun würden die Wässer aus tieferen Erdschichten nicht in der Menge in die Vorfluter gelangen wie es durch das Heben von Grubenwässern beim Bergbaubetrieb geschieht. In der Regel sind die Grubenwässer mit anorganischen Inhaltsstoffen belastet, die sie infolge des Kontaktes mit Salz und Erzlagern der Erdrinde aufgenommen haben, wie z.B. vorwiegend die Neutralsalze: Natriumsulfat, Natriumchlorid, Magnesiumsulfat (Natriumhydrogenkarbonat). Aber auch Salze der selteneren Elemente sind in Grubenwässern anzutreffen, wie z.B. die von Barium, Strontium, Lithium und Bor.

Die Entfernung der genannten Neutralsalze aus diesen Wässern kann in der Regel nicht mit wirtschaftlich vertretbaren Mitteln erreicht werden. Deshalb muß hier ganz besonders das Verdünnungsverhältnis des Grubenwassers zum aufnehmenden Vorfluter beachtet werden. Andere Inhaltsstoffe können dagegen mit relativ geringem technischen Aufwand entfernt werden, wie es z. B. durch die Oxidation, Fällung und Sedimentation der vorliegenden Eisen-(II)- und Mangan-(II)-salze geschieht. Kritischer zu behandeln sind die schwermetallhaltigen (Zink, Blei) Grubenwässer. Vor der Entscheidung, ob und in welchen Mengen diese Grubenwässer in den Vorfluter eingeleitet werden dürfen, ist also eine umfassende Analyse erforderlich. Da die Zusammensetzung von Grubenwässern nicht konstant ist, sollte eine solche Untersuchung sich mindestens über ein Jahr bei wechselnden Förderbedingungen erstrecken und auch in späterer Zeit regelmäßig wiederholt werden.

### 2.4.6 *Schmutzbeiwerte und Pauschaltabellen*

In der Praxis ergibt sich vielfach die Notwendigkeit, eine Relation zwischen der Verschmutzung der industriellen Schmutzwässer und der häuslichen Schmutzwässer herzustellen. Dies kann mit Hilfe des sogenannten Einwohnergleichwertes geschehen, und zwar für organisch belastete oder für reduzierende anorganisch belastete Schmutzwässer (siehe Abschnitt 2.2.3.4).

Ist die Schmutzwassermenge eines Industriebetriebes, die für die Errechnung des Einwohnergleichwertes erforderlich ist, nicht eindeutig zu ermitteln, so kann man sich auch, um die Belastungen eines industriellen Schmutzwassers für ein Gewässer oder die Kosten der gemeinsamen Reinigung mit kommunalen Schmutzwässern zu ermitteln, des sogenannten Schmutzbeiwertes bedienen, der zu jeder Art von Industrieabwässern gehört. Die Bewertung eines industriellen Schmutzwassers ist dann nach dem Rohstoffverbrauch oder nach der Produktion oder nach der Beschäftigtenzahl möglich. In der Tabelle 2.4-1 sind die Schmutzbeiwerte für industrielle Schmutzwässer nach *Wagner* (235) zusammengestellt. Die in dieser Liste angegebenen Zahlen sind noch lückenhaft und stellen naturgemäß nur Annäherungswerte dar, die von Fall zu Fall starken Schwankungen unterworfen sein können. Für besondere Betriebsverhältnisse und für solche Fälle, die größere Abweichungen vom Durchschnittswert wahrscheinlich machen oder bei Industriebetrieben, für die noch keine Vergleichszahlen bekannt sind, müssen die Schmutzbeiwerte besonders ermittelt werden.

Tabelle 2.4-1. Schmutzbeiwerte für gewerbliches und industrielles Schmutzwasser (235).

| Art des Betriebes | Schmutzbeiwerte je | | |
|---|---|---|---|
| | Beschäftigten | Rohstoffmenge | Produktionsmenge |
| 1. Nahrungsmittelgewerbe | | | |
| Brotfabriken, Kaffeeröstereien, Nährmittelfabriken | 1,5 | – | – |
| Kakao-, Schokoladen-, Zuckerwaren- und Marmeladenfabriken | 3 | – | – |
| Metzgereien | 15 | – | – |
| Schlachthöfe, Fleisch- und Wurstfabriken mit eigener Schlachtanlage | – | 200/Stck. Großvieh<br>100/Stck. Kleinvieh | – |

Fortsetzung Seite 51

Tabelle 2.4-1. (Fortsetzung)

| Art des Betriebes | Schmutzbeiwerte je | | |
|---|---|---|---|
| | Beschäftigten | Rohstoffmenge | Produktionsmenge |
| Frischmilchmolkereien | – | 3/100 kg Milch | |
| zusätzlich bei Butterherstellung | – | – | 100/100 kg Butter |
| zusätzlich bei Käserei | – | – | 100/100 kg Käse |
| zusätzlich bei Molkenablauf | – | – | 300/100 kg Käse |
| Kondensmilchfabriken | – | – | 10/100 kg Milch |
| Fischkonservenfabriken und Räuchereien | – | 50/100 kg Fisch | – |
| Gemüsekonservenfabriken, Sauerkraut- und Gurkeneinlegereien, Obstmostereien | – | 50/100 kg | – |
| Margarine-, Speisefett- und Ölfabriken | – | – | 50/100 kg Ware |
| Zuckerfabriken | – | 70/100 kg Rüben | – |
| Sirupfabriken | – | 25/100 kg Rüben | – |
| Brauereien ohne Mälzereien | – | – | 100/hl Bier |
| Malzfabriken | – | 10/100 kg Getreide | – |
| Kartoffelbrennereien | – | 150/100 kg Kartoffeln | – |
| Kornbrennereien | – | 200/100 kg Getreide | – |
| Melassebrennereien und Preßhefefabriken | – | 600/hl Melasse | – |
| Holzverzuckerungswerke | – | – | 700/hl Alkohol (100 %) |
| Stärkefabriken | – | 50/100 kg Kartoffeln oder Getreide | |
| Kartoffelflockenfabriken | – | 50/100 kg Kartoffeln | – |
| 2. Häute- und Lederindustrie, Verwertung tierischer Stoffe und dergleichen | | | |
| Gerbereien | – | 500/100 kg Haut | – |
| Lederwaren, Schuhe | 1 | – | – |
| Rauchwarenfabriken | 50 | – | – |
| Abdeckereien, Tierkörperbeseitigungsanstalten | – | 300/Stck. Großvieh | – |
| | – | 150/Stck. Kleinvieh | – |
| Fischmehlfabriken | – | 20/100 kg Fisch | – |
| Leimfabriken | – | – | 100/100 kg Leim |
| 3. Textilindustrie | | | |
| Haspeleien, Spinnereien, Spulereien, Webereien, Wirkereien, Zwirnereien, Kleiderfabriken, Trockenappreturen, Plättereien, Tuchfabriken (soweit Trockenbetriebe) u.ä. | 0,5 | – | – |
| Chemische Reinigung | 4 | – | – |
| Lüstriererereien, Schlichtereien, Appretieren mit Hilfsstoffen | 10 | – | – |
| Seidenbeschwerung | 10 | – | – |
| Stoffdruckereien | 40 | – | – |
| Kleidernaßreinigung, Weißwäscherei, Kleiderfärberei | 40 | – | – |
| Bleichereien, Mercerisiererereien | 50 | – | – |
| Färbereien, Walkereien, Stückwäschereien | 80 | – | – |

Fortsetzung Seite 52

Tabelle 2.4-1. (Fortsetzung)

| Art des Betriebes | Schmutzbeiwerte je | | |
|---|---|---|---|
| | Beschäftigten | Rohstoffmenge | Produktionsmenge |
| Wollwäschereien | 100 | – | – |
| Wollwäschereien | – | 300/100 kg Wolle | – |
| Flachsröstereien | – | 300/100 kg Flachsstroh | – |
| Kunstseide, Zellwolle | siehe unter gemischte Industrie | | |
| 4. Papierindustrie und graphisches Gewerbe | | | |
| Holzschliff, weiß | – | 10/100 kg Holz | – |
| Holzschliff, braun | – | 30/100 kg Holz | – |
| Natron- und Strohzellstoffabriken | – | – | 50/100 kg Zellstoff |
| Sulfitzellstoffabriken | – | – | 500/100 kg Zellstoff |
| Schrenzpappenfabriken | – | – | 100/100 kg Pappe |
| Lumpenhalbstoffgewinnung, Strohpappenfabriken | – | – | 250/100 kg Ware |
| Papierfabrikation aus Zellstoff und Holzschliff | – | – | 20/100 kg |
| aus anderen Ausgangsstoffen | 1 | – | – |
| Papierwaren | 1 | – | – |
| 5. Gemischte Industrie | | | |
| Parfüm- und Kosmetikfabriken | 10 | – | – |
| Lack- und Farbenwerke | 20 | – | – |
| Kunstseiden- und Zellwollefabriken | – | – | 70/100 kg Ware |
| Seifenfabriken | – | – | 100/100 kg Ware |
| Leimfabriken | – | – | 100/100 kg Ware |
| 6. Steine und Erden, Kohlen- und Erdölindustrie | | | |
| Kokslöschanlagen | – | 10/t Kohle | mindestens 5 kg Feststoff in der Trübe |
| Braunkohlenbrikettwerke | – | 50/t Kohle | |
| Erz-, Gesteins-, Kies- und Sandwäschen, Steinschleifereien | 40 | – | |
| Erzaufbereitungen | 40 | – | mindestens 10 kg Feststoff in der Trübe |
| Kohlenwäschen | – | 100/t Kohle | |
| Gaswäschen für Steinkohlen-Generatorgas | – | 300/t Kohle | – |
| Braunkohlengeneratorgas und Gichtgas | – | 500/t Kohle | – |
| Nebenproduktgewinnung bei Kokereien und Gaswerken | – | 300/t Kohle | – |
| Braunkohlenschwelwerke | – | 500/t Kohle | – |
| Holzverkohlungsanlagen | – | – | 200/100 kg Holzkohle |
| 7. Metall- und Eisenindustrie | | | |
| Eisen- und Metallwerke ohne säurehaltiges Abwasser, Walzwerke, Maschinenfabriken | 1 | – | – |
| Eisenbeizereien, Verzinkereien und sonstige Eisenwerke mit säurehaltigem Abwasser | 10 | – | – |
| Metallbeizereien mit säurehaltigem Abwasser | 15 | – | – |

Fortsetzung Seite 53

Tabelle 2.4-1. (Fortsetzung)

| Art des Betriebes | Schmutzbeiwerte je | | |
|---|---|---|---|
| | Beschäftigten | Rohstoffmenge | Produktionsmenge |
| Aluminium- und Leichtmetallbeizereien | 10 | – | – |
| Galvanisierwerke | 100 | – | – |
| 8. Salzhaltiges Abwasser | | | |
| Als durchschnittlicher Anfall kann angenommen werden: | | | |
| aus Salzbergwerken | | | |
| je t verarbeitetes Carnallit | 0,5 $m^3$ Endlauge mit 200 kg Salz (Chlormagnesium und Kochsalz) | | |
| je t verarbeitetes Hartsalz oder Sylvinit | 0,15 $m^3$ Endlauge mit 50 kg Salz | | |

## *2.4.7 Anforderungen an das gereinigte Schmutzwasser*

### *2.4.7.1 Normalwerte und Mindestanforderungen:*

Um die Gewässer vor Schäden zu bewahren, die durch die Einleitung industrieller Schmutzwässer entstehen können, muß im entsprechenden Rahmen und nach den jeweiligen anerkannten Regeln der Technik eine weitgehende Reinigung dieser Schmutzwässer vor ihrer Ableitung vorgenommen werden. Richtlinien für den hierbei zu erzielenden Reinigungsgrad sind in den sogenannten „Normalwerten für Abwasserreinigungsverfahren" (159) enthalten, die von einem Fachausschuß der Abwassertechnischen Vereinigung erstellt wurden. Die erste und zweite Auflage wurde bisher veröffentlicht. Auf die Publizierung der dritten, verbesserten Fassung wurde verzichtet, da im Zuge der Erstellung der Rechtsverordnung zu § 7a WHG auch Mindestanforderungen für industrielle Schmutzwässer im Rahmen einer Verwaltungsvorschrift herausgegeben werden sollen. Vom Bundesministerium des Innern eingerichtet, sind z. Z. 52 Arbeitskreise damit beschäftigt, diese Werte für die verschiedensten Sparten der Technik festzulegen, wobei mit deren Fertigstellung bis Ende 1980 gerechnet wird. Eine Zusammenstellung der noch gültigen Normalwerte ist aus den Tabellen 2.4-2 und 2.4-3 zu entnehmen.

Tabelle 2.4-2. Normalwerte für Abwasserreinigungsverfahren für Abwässer (159) von Galvanisierbetrieben.

| Chemische Behandlung | |
|---|---|
| absetzbare Stoffe | 0,3 ml/l |
| *p*H-Wert | 6,5–9,0 |
| Gesamt-Chrom | 2 mg/l |
| Kupfer | 1 mg/l |
| Nickel | 3 mg/l |
| Zink | 3 mg/l |
| Kadmium | 3 mg/l |
| Eisen | 2 mg/l |
| Cyanide durch Chlor zerstörbar | 0,1 mg/l |
| Freies Chlor | 0,5 mg/l |
| Petrolätherextrahierbare Stoffe | 10 mg/l |

**Tabelle 2.4-3.**
**Normalwerte für Abwasserreinigungsverfahren von industriellen Schmutzwässern.**

| | mechanische Reinigung | | | | chemische Behandlung | | | | | |
|---|---|---|---|---|---|---|---|---|---|---|
| Art der Industrie | Absetzbare Stoffe ml/l | Ungelöste Stoffe mg/l | *p*H-Wert | Petroläther-extrahierbare Stoffe mg/l | Absetzbare Stoffe ml/l | Ungelöste Stoffe mg/l | *p*H-Wert | Kaliumpermanganatverbrauch mg/l | Biochemischer Sauerstoffbedarf mg/l | Petroläther-extrahierbare Stoffe mg/l |
| 1 | 2 | 3 | 4 | 5 | 6 | 7 | 8 | 9 | 10 | 11 |
| Schlachthöfe und Fleischfabriken | 0,3 | | | | | | | | | |
| Fischmehlfabriken und Tierkörperbeseitigungsanstalten | 0,3 | | | | | | | | | |
| Brauereien und Mälzereien | 0,3 | | | | | | | | | |
| Preßhefefabriken | 0,3 | | | | | | | | | |
| Molkereien, Käsereien, Büchsenmilchwerke | 0,3 | | 6,0–9,0 | | | | | | | |
| Margarine-, Speisefett- und Ölfabriken | 0,3 | 30 | 6,0–9,0 | 30 | 0,3 | 20 | 6,0–9,0 | 120 | 80 | 20 |
| Seifenfabriken | 0,3 | | 6,0–9,0 | | | | | | | |
| Zuckerfabriken | 0,3 | | | | | | | | | |
| Kunstseide- und Zell-Wollfabriken | | | | | 0,3 | 30 | 6,0–9,0 | 100 | 30 | |
| Textilausrüstungsbetriebe | 0,3 | | 6,0–9,0 | 30 | 0,3 | 30 | 6,0–9,0 | 200 in Relation z. Produktion | 100 | |
| Zellstoffindustrie auf Holzbasis | | | | | 0,3 | 30 | 6,0–9,0 | | | |
| Papier und Pappefabriken: | | | | | | | | | | |
| Papiere und Pappen aus Zellstoff | 0,3 | 30 | 5,5–9,0 | | 0,3 | 20 | 6,0–9,0 | 150 | 50 | |
| Papiere und Pappen aus Zellstoff und Holzschliff, Pergamin | 0,3 | 40 | 5,5–9,0 | | 0,3 | 25 | 6,0–9,0 | 300 | 200 | |
| Papiere und Pappen mit mineralischen Pigmenten | 0,3 | 40 | 5,5–9,0 | | 0,3 | 30 | 6,0–9,0 | 400 | 200 | |
| Papiere und Pappen mit Altpapierzuschlag | 0,3 | 50 | 5,5–9,5 | | 0,3 | 40 | 6,0–9,0 | 400 | 200 | |
| Papiere und Pappen, ausschließlich aus Altpapier, insbesondere aus gemischten Sorten hergestellt | 0,3 | 100 | | | 0,3 | 50 | | 400 | 200 | |
| Papiere und Pappen aus chemisch aufgeschlossenen Fasern, Lumpen, Holz, Stroh usw. sowie aus synthetischen Stoffen | 0,3 | 100 | | | | 100 | | | 300 | |
| Gerbereien und Lederfabriken | 0,3 | | | | 0,3 | | 6,0–9,0 | ca. 400 | ca. 200 | 10 |
| Erdölindustrie | 0,3 | | | 20 | 0,3 | | 6,0–9,0 | | | 10 |
| Kohlewäschen | 0,3 | | 6,0–8,5 | | | | | | | |
| Steine-, Erden- und Kieswäschen | 0,3* | | 6,0–8,5 | | 0,3 | 50 | 6,0–8,5 | | | |
| Eisenbeizereien | | | | | 0,3 | | 7,5–8,5 | | | |

**Noch
Tabelle 2.4-3.**

| biologische Teilreinigung | | | | | biologische Vollreinigung | | | | | besondere Forderungen bzw. Bemerkungen |
|---|---|---|---|---|---|---|---|---|---|---|
| Absetzbare Stoffe<br>ml/l | Ungelöste Stoffe<br>mg/l | Kaliumpermanganatverbrauch<br>mg/l | Biochemischer Sauerstoffbedarf<br>mg/l | Petrolätherextrahierbare Stoffe<br>mg/l | Absetzbare Stoffe<br>ml/l | Ungelöste Stoffe<br>mg/l | Kaliumpermanganatverbrauch<br>mg/l | Biochemischer Sauerstoffbedarf<br>mg/l | Fäulnisfähigkeit | Schwimmstoffe. Alle Industrieabwässer dürfen keine mit dem Auge wahrnehmbaren Schwimmstoffe enthalten |
| 12 | 13 | 14 | 15 | 16 | 17 | 18 | 19 | 20 | 21 | 22 |
| 0,3 | | 150 | 80 | | 0,3 | | 100 | 25 | negativ | |
| 0,3 | | 150 | 80 | | 0,3 | | 100 | 25 | negativ | Mechanische Reinigung:<br>organische Lösungsmittel: keine ungelösten<br>sonstige Reinigung: keine |
| 0,3 | 20 | 150 | 80 | | 0,3 | 20 | 80 | 25 | negativ | |
| | | | | | 0,3 | 20 | 120 | 70 | | nur bei entsprechender Verdünnung erreichbare Werte |
| 0,3 | 20 | 120 | 80 | | 0,3 | 20 | 80 | 25 | | |
| 0,3 | 20 | 120 | 80 | 20 | 0,3 | 20 | 80 | 25 | negativ | Biologische Vollreinigung: Petrolätherextrahierbare Stoffe: 10 mg/l |
| 0,3 | 20 | 120 | 80 | | 0,3 | 20 | 80 | 25 | | |
| 0,3 | 20 | 300 | 150 | | Verfahren noch in Entwicklung | | | | | |
| | | | | | | | | | | $SO_4$: je nach Bedarf; $H_2S$: 2 mg/l;<br>Sulfide: je nach Bedarf |
| | | | | | 0,3 | 30 | 100 | 30 | | freies Chlor 0,3 mg/l |
| | | | | | 0,3 | 20 | 100 | 25 | | |
| | | | | | 0,3 | 20 | 100 | 25 | | Bleichmittel: nicht nachweisbar |
| | | | | | 0,3 | 20 | 150 | 25 | | |
| | | | | | biologische Reinigungsverfahren werden zur Zeit entwickelt | | | | | |
| | | | | | 0,3 | 30 | 150 | 30 | | |
| | | | | | 0,3 | 30 | – | 30 | | |
| | | | | | 0,3 | | 150 | 50 | | Chemische Fällung<br>Sulfide: 2 mg/l,<br>Gesamt Cr + Fe jeweils 0,5 mg/l |
| | | | | | 0,3 | | | 30 | | Chemische Fällung: Sulfide: 1 mg/l<br>Biologische Vollreinigung<br>Sulfide: nicht nachweisbar<br>Phenole: 0,5 mg/l<br>(Wasserdampfflüchtig)<br>Petrolätherextrahierbare Stoffe:<br>5 mg/l |
| | | | | | | | | | | * bei Kieswäschen ist dieser Wert nicht immer erreichbar<br>Gesamt-Fe: 2 mg/l |

Über die Zusammensetzung der verschiedenen Industrieschmutzwässer und die für ihre Behandlung in Betracht kommenden Reinigungsverfahren geben die Handbücher von *Sierp* (213); *Meinck, Stoff* und *Kohlschütter* (169) Auskunft. In den Fällen, in denen die Behandlung auf elementare Schwierigkeiten stößt oder die zur Zeit bekannten Reinigungsverfahren noch keinen ausreichenden Erfolg bringen, kann man eventuell über eine Änderung des Fabrikationsprozesses zu einem Schmutzwasser kommen, das unproblematischer zu klären ist.

### *2.4.7.2 ATV-Arbeitsblatt A 115:*

Da ein großer Teil des industriellen Schmutzwassers nach Vorbehandlung in die öffentlichen Abwasseranlagen eingeleitet wird, hat die Abwassertechnische Vereinigung ein Arbeitsblatt erstellen lassen, in dem die Empfehlungen für die Beschaffenheit solcher Abwässer zusammengestellt sind. Es handelt sich um das ATV-Arbeitsblatt A 115. Seine erste Auflage erschien 1970. In der Tabelle 2.4-4 sind diese Richtwerte für einige wichtige Parameter dieses Schmutzwassers aufgeführt. Es sei erwähnt, daß auch dieses ATV-Arbeitsblatt zur Zeit überarbeitet wird und wahrscheinlich Ende 1980 in der zweiten Fassung publiziert werden wird. Eine besondere Problematik ergibt sich aus der landwirtschaftlichen Verwertung von Klärschlämmen, insbesondere wegen eventuell hoher Schwermetallkonzentrationen (Cadmium, Blei; siehe Handbuch Band IV).

### *2.4.7.3 Einleitung in Gewässer:*

Die Normalwerte und die später folgenden Mindestanforderungen geben Auskunft über die anerkannten Regeln der Technik, nach denen diese industriellen Schmutzwässer mit technisch erprobten Mitteln erfolgreich behandelt werden können. Ein anderer Aspekt ist der, welche Anforderungen das aufnehmende Gewässer an den Reinigungsgrad dieser Schmutzwässer stellt. Dieses hängt weitgehend von der Nutzung dieser Gewässer ab und von den auftretenden Mischungsverhältnissen. Daher ist durch das Wasserhaushaltsgesetz sowie für die ausführenden Landesgesetze vorgeschrieben, daß für alle Gewässer und Gewässereinzugsgebiete Bewirtschaftungspläne aufgestellt werden, in denen die Nutzungen und die daraus resultierende erforderliche Wassergüte beschrieben sind (siehe auch Abschnitt 2.2.5.2). Um das Güteziel des Bewirtschaftungsplanes zu erreichen, müssen Abwasserbeseitigungspläne und Reinhalteordnungen aufgestellt werden. Hierbei ist von der kritischen Wasserführung des Vorfluters auszugehen, d.h. von einer niedrigen Wasserführung, wie sie nur an wenigen Tagen zu erwarten ist. Zur Zeit werden diese Bewirtschaftungspläne und die dazugehörigen Abwasserbeseitigungspläne und Reinhalteordnungen noch bearbeitet. In den Fällen, wo bei Einhaltung der Mindestanforderungen für alle Einleiter in den Vorfluter bei kritischer Wasserführung eine Wasserqualität resultiert, die nicht den anerkannten und vorgesehenen Nutzungen genügt, sind schärfere Bedingungen an die Abwasserreinigung zu stellen. Gegebenenfalls ist eine Schmutzwasserbehandlung nach anderen Verfahren vorzunehmen, selbst wenn im Augenblick die technische Stabilität noch nicht so ausgereift ist und der wirtschaftliche Aufwand dadurch größer wird. Eine wichtige Rolle werden die Bewirtschaftungspläne auch für die Standortfrage neuer Produktionsbetriebe spielen. Allgemeine naturwissenschaftliche Gesichtspunkte zur Frage der Anforderung an die Abwasserbehandlung werden z.Z. von einem gleichnamigen Fachausschuß der Abwassertechnischen Vereinigung erarbeitet und sollen bei der Aufstellung von Bewirtschaftungs- und Abwasserbeseitigungsplänen dienlich sein.

Tabelle 2.4-4. Beschaffenheit und Inhaltsstoffe gewerblichen Abwassers vor der Einleitung in öffentliche Abwasseranlagen. (Stand 1970.)

| | |
|---|---|
| In der Regel sind als unbedenklich anzusehen | |
| 1. **Temperatur** | bis 35 °C |
| 2. **pH-Wert** | 6,5–9,5 |
| 3. **Absetzbare Stoffe** | a) biologisch abbaubar; begrenzt durch 1.3 der Hinweise und Nr. 11 dieser Anlage,<br>b) biologisch nicht abbaubar: 1,0 ml/l (Ausnahme s. Nr. 10 dieser Anlage). Dieser Wert bezieht sich auf eine Absetzzeit von 0,5 Std. |
| 4. **Petrolätherextrahierbare Öle und Fette** | a) verseifbar: 100 mg/l<br>b) nicht verseifbar: 20 mg/l |
| 5. **Organische Lösungsmittel** | a) mit Wasser mischbar: nur nach spezieller Festlegung,<br>b) mit Wasser nicht mischbar: maximal entsprechend ihrer Wasserlöslichkeit,<br>c) halogeniert: dürfen nicht eingeleitet werden (in Sonderfällen gegebenenfalls nach Einschaltung von Sachverständigen möglich). |
| 6. **Phenole** (berechnet als $C_6H_5OH$) | 100 mg/l |
| 7. **Sulfat** ($SO_4$) | 400 mg/l<br>In Einzelfällen können je nach Baustoff höhere Werte zugelassen werden. |
| 8. **Cyanid** (CN) durch Chlor zerstörbar gemäß Deutsche Einheitsverfahren zur Wasser-, Abwasser- und Schlammuntersuchung) | 1 mg/l |
| 9. **Metalle** (gelöst und ungelöst) | a) Ges. Chrom (Cr) 4,0 mg/l<br>b) Chromat (Cr) 0,5 mg/l<br>c) Kupfer (Cu) 3,0 mg/l<br>d) Nickel (Ni) 5,0 mg/l<br>e) Zink (Zn) 5,0 mg/l<br>Eine Überprüfung der Gesamt-Metallfracht im Zulauf zum Klärwerk nach 2.2 und 2.3 der Hinweise kann u.U. erforderlich sein. |
| 10. **Eisen (Fe) und Aluminium (Al)** | keine Begrenzung, soweit klärtechnische Schwierigkeiten nicht zu erwarten sind. |
| 11. **Feststoffe** (siehe Nr. 3) | Das Einleiten und Einbringen von Feststoffen, die durch Ablagerung in den Kanälen den Abfluß behindern können, ist nicht erlaubt. Hierzu gehören z.B. auch Schutt, Asche, Glas, Schlacke, Sand, Müll, Kunststoffe; ferner flüssige Abfälle und Stoffe, die im Kanalnetz erhärten, und Carbid, das zur Entwicklung von Acetylen führen kann. |
| 12. **Gase** | Die Ableitung von Abwässern, die z.B. Kohlensäure, Schwefelwasserstoff, Schwefeldioxyd usw. in schädlichen Konzentrationen enthalten, ist verboten. Entsprechendes gilt z.B. bei Reaktionen von Säuren mit Sulfiden und Hypochloriten. |
| 13. **Geruch** | Durch das Ableiten von gewerblichen Abwässern sollen an den Kanalschächten und in den Klärwerken keine belästigenden Gerüche auftreten. |

## 2.5 Gemischte Abwässer

### *2.5.1 Mischwasser*

Nach den Begriffsbestimmungen des Abwasserabgabengesetzes (AbwAG) fallen unter dem Oberbegriff Abwasser sowohl die verschiedenen Schmutzwasserarten als auch das von Niederschlägen aus dem Bereich von bebauten oder befestigten Flächen abfließende Wasser (Regenwasser) (98). Demnach ist Mischwasser das gemeinsam abgeleitete Schmutzwasser (z. B. kommunales Schmutzwasser) und Regenwasser. Wird eine gemeinsame Ableitung in einem Kanalsystem vorgenommen, so spricht man von Mischkanalisation; führt man die Ableitung von Schmutzwasser und Regenwasser dagegen getrennt durch, so wird von Trennkanalisation gesprochen.

In der Bundesrepublik Deutschland wird überwiegend die Mischkanalisation betrieben, wobei allerdings zu beachten ist, daß nicht der gesamte über einem Wohngebiet fallende Niederschlag in die Kanalisation fließt. Ein Teil davon verdunstet oder versickert in das Grundwasser. Der in den Sammler gelangende Regenwasser-Anteil ist daher abhängig von den meteorologischen Ereignissen (Dauer und Intensität) sowie von der Größe der befestigten Flächen im Einzugsgebiet.

Es stellt sich bei diesem Verfahren ein variables Mischungsverhältnis vom Regenwasser- zum Schmutzwasseranteil ein, das für die Beurteilung der Beschaffenheit dieses Mischwassers von besonderem Interesse ist (siehe dazu die umfangreichen Untersuchungen von *Pecher* (184), *Brunner* (43), *Krauth* (155)).

Bei starken Niederschlägen kann der verschmutzte Regenwasseranteil das 100 bis 1000fache des Trockenwetterabflusses betragen. Es wäre aber technisch unsinnig, derart große Wassermassen auf den Kläranlagen mitzubehandeln; das geschieht nur in begrenztem Umfang, und zwar werden in der Regel bis zu $5Q_{(\text{trocken})}$ mechanisch und bis zu $2Q_{(\text{trocken})}$ biologisch gereinigt. Aufgrund dessen werden erhebliche Mengen dieses Mischwassers noch vor den Abwasseranlagen über Regenüberläufe abgeschlagen und somit direkt dem Gewässer zugeführt. Dadurch kann jeder Indirekteinleiter für gewisse Zeiten zum Direkteinleiter werden, was nicht unbedeutend für allgemeine Fragen des Gewässerschutzes ist. Beispielhaft ist in der Tabelle 2.3-2 die mittlere jährliche Konzentration und in der Tabelle 2.3-3 die mittlere jährliche Schmutzfracht bestimmter Parameter beim Mischverfahren angegeben. Diese Befunde zeigen, daß durch geeignete Gegenmaßnahmen der Verschmutzungsgrad verringert werden muß. Das geschieht durch den Bau entsprechender Regenrückhaltebecken, welche die verunreinigten Wassermengen speichern, um sie dann in niederschlagsarmen Zeiten in vermindertem Massenfluß der Kläranlage zuzuleiten und erfolgreich zu reinigen. Auch bei Tauwetter gelangen erhebliche Wassermengen in den Sammler, was zumal bei Kleinkläranlagen infolge der Auftausalze und des kalten, spezifisch schweren Wassers zu Störungen führen kann. Hiervon abgesehen ist im allgemeinen die Mitbehandlung von abfließendem Regenwasser in kommunalen Kläranlagen problemlos.

### *2.5.2 Kommunales Schmutzwasser mit industriellem Schmutzwasser*

#### *2.5.2.1 Behandlung in Abhängigkeit vom Mischungsverhältnis und der Art:*

Im Zuge der fortschreitenden Zersiedlung typisch ländlicher Gebiete hat auch die Industrie dort in immer stärkerem Maße Fuß gefaßt. Folglich wird es zusehends schwieriger, „rein häusliche" bzw. „rein kommunale" Schmutzwässer anzutreffen. Der weitaus größte

Teil des in der Bundesrepublik Deutschland in öffentlichen Anlagen ankommenden Schmutzwassers ist daher mehr oder weniger stark mit industriellen Anteilen vermischt. Die Höhe dieses Anteils sowie die Art der industriellen Schmutzwasserzusammensetzung bestimmt den weiteren gemeinsamen Behandlungsweg, wobei der Schwankungsbreite und -häufigkeit des Industrieabflusses große Beachtung geschenkt werden muß. In Extremfällen sind deswegen oft an den Produktionsstätten entsprechende Ausgleichsbecken zu errichten, welche die gewünschte Vergleichmäßigung herbeiführen. Von grundsätzlich entscheidender Bedeutung für eine Mitbehandlung ist einerseits der Befund vorausgegangener Abbauversuche und Toxizitätsüberprüfungen (siehe auch Abschnitte 2.4.3.1 und 2.4.3.2). Andererseits sollte die Entgiftung kritischer industrieller Schmutzwässer immer am Produktionsort vorgenommen werden, was auch von bestimmten Industriezweigen, z.B. der Galvanikindustrie, schon seit vielen Jahren größtenteils und mit durchweg gutem Erfolg praktiziert wird.

### *2.5.2.2 Vor- und Nachteile der gemeinsamen Behandlung:*

Vorteile:
Zunächst lehrt die bisherige Erfahrung, daß eine Zusammenführung unterschiedlich beschaffener Einzelschmutzwässer und deren gemeinsame Behandlung und Reinigung in einer Abwasseranlage in der Regel aus mehreren Gründen vorteilhaft sein kann. Selbstverständlich treten bei diesem Vorgehen sehr unterschiedlich gelagerte Erschwernisse auf, deren Behebungen selten Allgemeingültigkeit besitzen und daher immer ortsspezifisch anzusetzen sind.

In technischer Beziehung wird bei der gemeinsamen Behandlung vielfach ein qualitativ und quantitativ wirkender Ausgleich der in ihrer Menge und Beschaffenheit oft stark schwankenden Industrie-Schmutzwässer erreicht.

Aus physikalischer Sicht können die ungelösten, aber faulfähigen organischen Inhaltsstoffe des Industrieabflusses auf dem vorgegebenen Behandlungsweg – Vorklärung → Faulturm → Deponie – mitverarbeitet und mitbeseitigt werden.

Wegen seines Gehaltes an mineralischen Nährstoffen (z.B. Phosphor, Stickstoff) bietet das kommunale Schmutzwasser von der chemischen und biochemischen Seite her die beste Voraussetzung für eine Mitbehandlung.

Die wirtschaftlichen Aspekte lassen in der Regel immer eine gemeinsame Behandlung ratsam erscheinen; denn zentral errichtete Abwasseranlagen sind sowohl aus der baulichen und betrieblichen als auch aus der personellen Sicht kostensparender. Schließlich bietet dieser Behandlungstyp mit dem für begrenzte Überwachungsaufgaben betrauten und besonders geschulten Klärpersonal auch eine bessere Funktionskontrolle als die Vielzahl einzelner industrieller Werksanlagen.

Aus der Sicht des Gewässerschutzes ist die Einleitung gemeinsam behandelter Schmutzwässer in die Vorflut zu begrüßen, und zwar aus Gründen der Vergleichmäßigung des Abflusses sowie der besseren Übersicht und Überwachung der dadurch zahlenmäßig kleiner gewordenen Einleitungsstellen.

Nachteile:
Obwohl sich aus diesen Darlegungen günstige Voraussetzungen für die gemeinsame Behandlung bestimmter industrieller Schmutzwässer mit kommunalem Schmutzwasser herauslesen lassen, so ist doch festzuhalten, daß damit auch mehr oder weniger große Nachteile verbunden sein können, die sich beginnend im Sammler über die Kläranlage bis

hin zum Vorfluter auswirken. Hierbei ist der sich eventuell negative bemerkbar machende Einfluß der industriellen Schmutzwässer naturgemäß um so größer, je höher deren mengenmäßiger Anteil und deren Schmutzkonzentration ist. So sind in diesem Sinne beispielsweise Kleinkläranlagen für Stoßbelastungen weitaus anfälliger als große Kläranlagen mit ihren als Pufferraum dienenden Absetzbecken.

Zu plötzlich eintretenden Vergiftungserscheinungen innerhalb der aeroben sowie der anaeroben Behandlungsstufen kommt es dann, wenn die industriellen Schmutzwässer toxisch wirkende anorganische bzw. organische Verbindungen mitführen.

Nicht selten wird dagegen auch eine verminderte Reinigungsleistung erst bei längerer Mitbehandlungszeit derartiger Schmutzwässer offenkundig, was auf die sogenannte „schleichende Intoxikation" zurückzuführen ist. Die hierfür in Frage kommenden chemischen Verbindungen sind in der Regel in sehr geringen Konzentrationen anzutreffen, so daß sie letztlich nur mit Hilfe spezieller, aufwendiger Untersuchungsmethoden nachgewiesen werden können, was wiederum zu Verzögerungen bei der Verursachersuche führt.

#### *2.5.2.3 Physikalische und chemische Beschaffenheit:*

Hinsichtlich der physikalischen und chemischen Beschaffenheit läßt sich für dieses Schmutzwassergemisch grundsätzlich wenig Neues zu dem schon an anderer Stelle Gesagten hinzufügen (siehe Abschnitt 2.2.2, 2.2.3 und 2.4.3). Allerdings finden je nach vorliegendem Mischungsverhältnis entsprechende Konzentrationsverschiebungen der einzelnen Verschmutzungsparameter statt. So lassen beispielsweise hochkonzentrierte, organisch verunreinigte Industrie-Schmutzwässer die Zahlenwerte für den chemischen und biochemischen Sauerstoffbedarf (CSB, $BSB_5$) des Schmutzwassergemisches sprunghaft ansteigen. Weiterhin können die anteilmäßig stark vertretenen Schmutzwässer aus der eisen- und buntmetallverarbeitenden Industrie erhebliche *p*H-Wert-Änderungen und Schwermetall-Konzentrationserhöhungen mit sich bringen. Bedenkenswert ist dabei, daß sich diese Chrom-, Kupfer-, Nickel-, Zink- und Cadmiumsalze um das 1000 bis 10 000fache ihres Ursprungswertes im Klärschlamm anreichern können, was wiederum für dessen landwirtschaftliche Verwertung nicht ohne Konsequenzen bleibt. Über die Höhe der unter diesem Aspekt noch im Klärschlamm vertretbaren Konzentrationen an Schwermetallen geben die verschiedenen Verordnungen und Richtlinien Auskunft.

Zusammenfassend läßt sich sagen, daß die Mitbehandlung eines industriellen Schmutzwassers durchschnittlich mehr Probleme aufwirft, als die Reinigung von ausgesprochenem, häuslichen bzw. kommunalen Schmutzwasser, weil einmal der Mannigfaltigkeit hinsichtlich der physikalischen und chemischen Zusammensetzung und andererseits der großen Schwankungsbreite des Zuflusses besondere Bedeutung beigemessen werden muß. Vor- und Nachteile sind daher gegeneinander genau abzuwägen. Als Entscheidungshilfen sind dazu die Befunde entsprechend sorgfältig durchgeführter Erhebungen wie auch intensiv betriebener Voruntersuchungen heranzuziehen.

#### *2.5.2.4 Einfluß des Schmutzwassergemisches auf den Sammler:*

Die nach dem Mischverfahren abgeleiteten Schmutzwässer haben noch eine weitere Komponente, nämlich das industrielle Schmutzwasser mit zu berücksichtigen, was auf die Dimensionierung des Sammlers nicht ohne Einfluß bleibt. Abgesehen davon ist auch große Sorgfalt bei der Wahl der Kanalbaustoffe zu verwenden, da die Schmutzwässer vieler Industriebetriebe betonaggressive Inhaltsstoffe, wie z. B. Säuren und Sulfat, mitführen. In der Tabelle 2.5-1 (Seite 62) ist für bestimmte Bereiche die Angriffswirkung von Säuren und Sulfat auf Beton wiedergegeben.

Werden zu heiße Schmutzwässer abgeleitet, so rufen sie Schäden, z.B. an der Bitumendichtung des Kanalsystems hervor. Nach dem ATV-Arbeitsblatt A 115 darf für abgeleitete Schmutzwässer die Temperatur nicht höher als 35 °C betragen.

Enthalten industrielle Schmutzwässer sehr hohe Anteile an absetzbaren Stoffen, so ist bei ungenügendem Gefälle mit unerwünschten Ablagerungen zu rechnen, die sogar bis zur totalen Verstopfung des Kanalsystems führen können.

Eine besondere Gefahr stellen die hin und wieder in die Sammler gelangenden explosionsfähigen, leichtflüchtigen Stoffe, wie z.B. Benzin, ätherische Öle usw. dar, die schon mehrfach Ursache schwerwiegender Unfälle waren. Darum sind bei allen Kanalbegehungen die im Abschnitt 2.2.4.1 aufgeführten Sicherheitsüberprüfungen und Sicherheitsvorkehrungen im entsprechenden Umfang unbedingt vorzunehmen.

### *2.5.2.5 Einfluß des Schmutzwassergemisches auf die Abwasserbehandlung – Darstellung von Meßergebnissen:*

Da der Einfluß der industriellen Schmutzwässer auf die Abwasserbehandlung u.a. immer artspezifisch anzusehen ist, ist daher eine Beschreibung aller eventuell auftretenden Behandlungsschwierigkeiten nicht möglich. Dies kann hier nur anhand von wenigen, exemplarisch beschriebenen Fällen geschehen.

Voraussetzung für jegliche Erkennung von Veränderungen der Abwasserbeschaffenheit ist die häufig vorzunehmende Untersuchung auf bestimmte Parameter. Je enger dabei die Probenahmezeiträume dieser Untersuchungen beieinanderliegen, um so aussagekräftiger ist der Befund. An den täglich über ein Jahr lang durchgeführten Untersuchungen einiger Kläranlagen des Ruhrverbandes haben *Koppe* und *Stozek* (151) diese Veränderungen beobachtet und die sich daraus ergebenen Untersuchungsbefunde interpretiert und statistisch ausgewertet. In der Tabelle 2.5-2 sind die Mittelwerte und die höchsten Einzelwerte der drei wichtigen Parameter ($KMnO_4$-Verbrauch, CSB und $BSB_5$) aus den 24-Stunden-Durchschnittsproben des Ablaufs der jeweiligen Vorklärbecken zusammengestellt. Außerordentlich bemerkenswert bei der Beurteilung sind die Verhältniszahlen des höchsten Einzelwertes zum Mittelwert, die zwischen 2 : 1 und 10 : 1 schwanken.

Aus dem unruhigen, kammartigen Kurvenverlauf der Frachtenganglinien (Bild 2.5-1) dieser drei Parameter ist der Industrieeinfluß – verursacht durch den Abfluß- und Schmutzanteil einer Papierfabrik – noch deutlicher als aus den Zahlenwerten zu erkennen. Die im August einsetzenden Betriebsferien spiegeln ein Bild vom industriell unbeeinflußten Zustand durch ein Tief der Zahlenwerte wider. Nach Beendigung dieser Ruhepause werden die Ganglinien erneut auf ein sehr hohes Niveau gehoben. Inwieweit sich derartige Einflüsse innerhalb des gesamten Behandlungsweges bemerkbar machen, ist aus den Frachtenganglinien des Ablaufs der Nachklärung dieser Anlage abzulesen, wobei wieder deutlich der tiefe Einschnitt während des Betriebsstillstands wahrzunehmen ist (Bild 2.5-2).

Es lassen sich die Belastungen des Vorfluters durch die Ableitungen mehr oder weniger gut gereinigter Kläranlagenausläufe am besten wiedergeben, wenn die organischen Laststoffe als Ablauf-Frachten durch Häufigkeitssummenlinien ausgedrückt werden (Bild 2.5-3). Man erkennt hier u.a., daß eine einmalige Untersuchung fast gar nichts über die realen Verhältnisse auf einer Kläranlage im Laufe eines Jahres aussagt. Auch sieht man sofort, daß es sich keineswegs um Geraden im Wahrscheinlichkeitsnetz handelt, daß also

Tabelle 2.5-1.
Angriffswirkung von Säuren und Sulfaten auf Beton.

| Angriffswirkung: | schwach | stark | sehr stark |
|---|---|---|---|
| 1. *p*H-Wert (Säuren) | 5,5 – 6,5 | 4,5 – 5,5 | kleiner als 4,5 |
| 2. Aggressive Kohlensäure (nach *Heyer*) | 15 – 30 | 30 – 60 | größer als 60 |
| 3. Sulfat ($SO_4^{2-}$) mg/l | 200 –600 | 600 –2500 | größer als 2500 |

Tabelle 2.5-2.
Gesamtergebnisse aus den Einzelkonzentrationen. Ablauf VK-Becken, 1975–1976 (151).

| Kläranlage | Oxidierbarkeit | | | | | | | | $BSB_5$ | | | |
|---|---|---|---|---|---|---|---|---|---|---|---|---|
| | Mn VII → II; (als $KMnO_4$) mg/l | | | | Cr VI → III; (als $O_2$) mg/l | | | | mg/l | | | |
| | N* | Mittelwert | | Höchster Einzelwert | N* | Mittelwert | | Höchster Einzelwert | N* | Mittelwert | | Höchster Einzelwert |
| | | arithmet. | durchflußgewichtet | | | arithmet. | durchflußgewichtet | | | arithmet. | durchflußgewichtet | |
| Essen-Kupferdreh | 294 | 164 | 160 | 222 | 293 | 198 | 195 | 327 | 293 | 90 | 88 | 160 |
| Schwerte | 302 | 144 | 142 | 230 | 304 | 194 | 192 | 444 | 304 | 101 | 98 | 187 |
| Baarbachtal | 247 | 204 | 195 | 1917 | 247 | 246 | 236 | 1107 | 247 | 131 | 125 | 655 |
| Fröndenberg | 253 | 145 | 145 | 208 | 241 | 151 | 147 | 223 | 241 | 70 | 65 | 132 |
| Arnsberg | 258 | 321 | 317 | 544 | 258 | 251 | 260 | 469 | 257 | 115 | 113 | 193 |

* N Anzahl der untersuchten Proben.

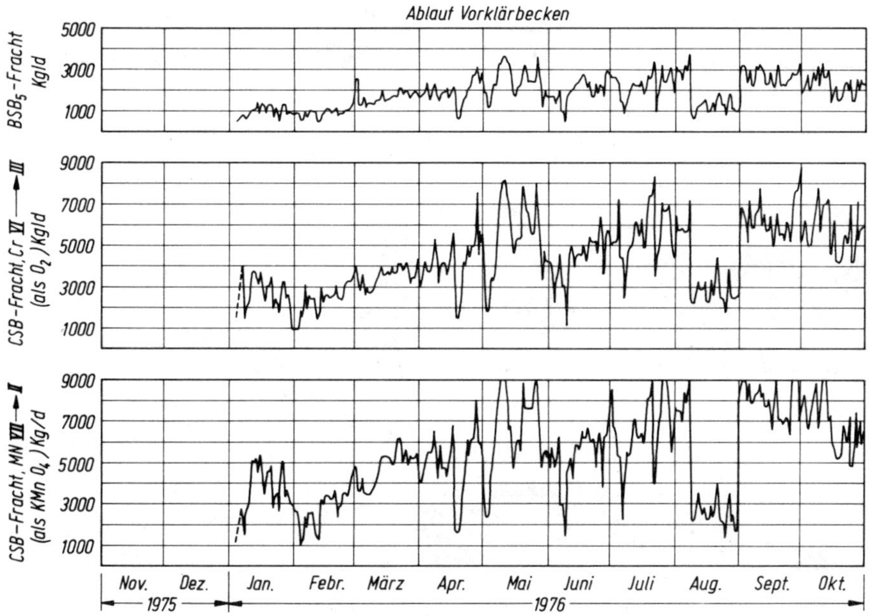


Bild 2.5-1. Frachtenganglinien (VK). Kläranlage Arnsberg (151).

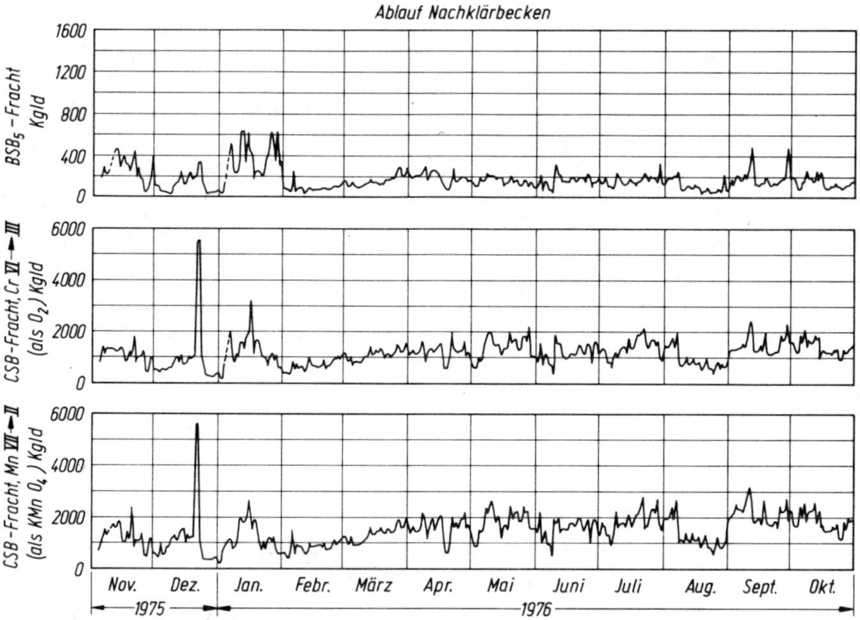


Bild 2.5-2. Frachtenganglinien (NK). Kläranlage Arnsberg (151).

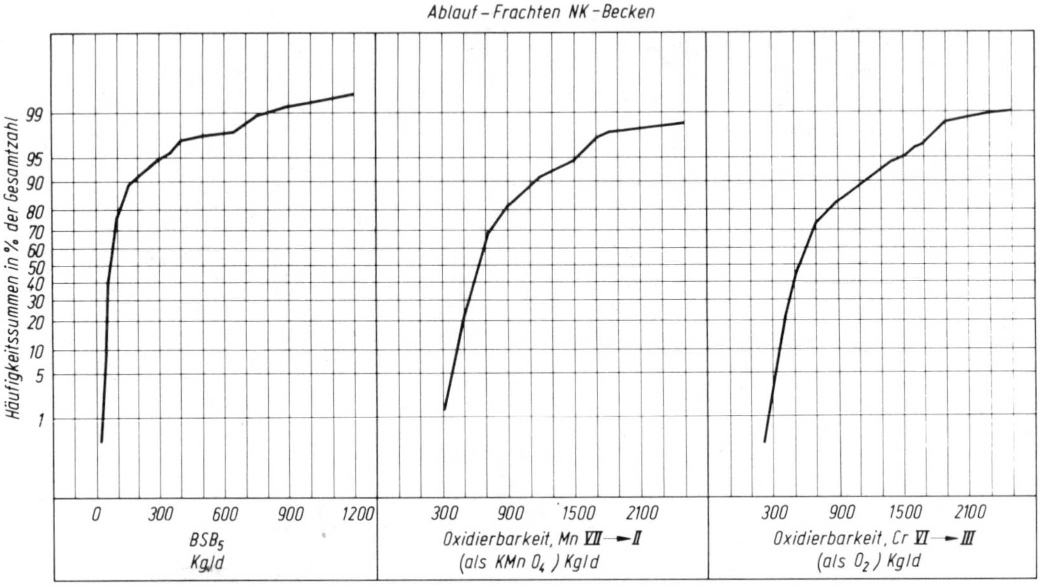


Bild 2.5-3. Häufigkeitsverteilung im Wahrscheinlichkeitsnetz. Kläranlage Baarbachtal (151).

keine Gauss'sche Normalverteilung vorliegt. Typisch ist vielmehr, daß die Summenlinien im oberen Bereich zwischen 80 und 90% abknicken, d.h. daß in 10 bis 20% der Fälle deutlich erhöhte Ablaufkonzentrationen auftreten, die auf massive externe und/oder interne Störungen zurückzuführen sind.

Nicht nur Stoßbelastungen durch organisch gelöste Wasserinhaltsstoffe oder „schleichende" Intoxikationen führen zu erheblichen Leistungsminderungen der Abwasserbehandlung, sondern gleichermaßen auch große *p*H-Schwankungen am Zufluß, zumal dann, wenn keine ausreichende Neutralisationsmöglichkeiten bestehen. Wie hoch sich der Chemikalienverbrauch in solchen Fällen belaufen kann, zeigen zwei Beispiele:

Auf einer Kläranlage betrug der Kalkverbrauch – infolge des kontinuierlichen Zuflusses stark saurer Eisenbeize – ca. 20 Tonnen pro Monat. Auf einer anderen Anlage wurde der Säureverbrauch – hervorgerufen durch die hochalkalischen Schmutzwässer einer Brauerei – mit 15 Tonnen pro Monat angegeben (224).

Durch Schmutzwasserableitungen aus Papierfabriken wurden am Zulauf einer Kläranlage Höchstwerte an absetzbaren Stoffen im Bereich von 600 bis 800 ml/l (nach 2 Stunden) und Gehalte an abfiltrierbaren Stoffen bis zu 5600 mg/l gemessen. Diese großen Schlammmengen haben in außergewöhnlich hohem Maße das Vorklärbecken sowie den sich daran anschließenden Faulprozeß belastet.

Abgelassene nitrathaltige Schmutzwässer führten im Zufluß einer Kläranlage zu Nitratwerten, die eine Höhe von rund 2000 mg/l erreichten. Die Folge davon war, daß im Nachklärbecken der Belebungsanlage erhebliche Schlammengen durch Flotationseffekte infolge von Denitrifikation an die Wasseroberfläche getrieben und dann abgeleitet wurden.

Es kann nicht verschwiegen werden, daß in nicht wenigen Fällen die notwendige Vorbehandlung der industriellen Schmutzwässer nicht oder nicht in ausreichendem Maße betrieben wird, so daß die Funktion der öffentlichen Abwasseranlagen mehr oder weniger stark beeinträchtigt werden kann. Solche ungenügende Vorbehandlung wird beispielsweise bei Öl- und Fettabscheidern und Entgiftungsanlagen für galvanische Abwässer nicht selten festgestellt, wobei die nachgeschaltete öffentliche Abwasseranlage selbst größere Anteile zurückhält (224). Hieraus ist zu ersehen, daß aus der Sicht des Gewässerschutzes eine gemeinsame Behandlung eine zusätzliche Sicherheit darstellt.

#### 2.5.2.6 *Mindestanforderungen an gemischte Schmutzwässer:*

Da zur Zeit für die gemischten Schmutzwässer noch keine Mindestanforderungen bestehen, könnte man vielleicht durch die Aufstellung einer Mischungsrechnung aus den Anteilen des häuslichen bzw. kommunalen und des jeweiligen industriellen Schmutzwassers zum gewünschten Ziel kommen. Völlig problemlos ist dieser Lösungsweg nicht, weil z.B. synergistische Toxizitätseinflüsse dabei unberücksichtigt bleiben.

## 2.6 Sickerwässer aus Deponien

### 2.6.1 *Menge*

Die in großen Mengen täglich anfallenden festen Abfallstoffe aus Haushalt und Industrie müssen nach dem Abfallbeseitigungsgesetz (100) in geordneter und kontrollierter Weise auf zugelassenen Plätzen untergebracht werden. Die Standortwahl für die Deponien hat u.a. so zu erfolgen, daß weder Grundwasser noch Oberflächenwasser gefährdet wird. Je nach der Art der Deponie (porös oder stark verdichtet) unterscheidet man zwischen dem oberflächlich abfließenden Deponiewasser und dem Anteil, der als Sickerwasser die Deponie verläßt. Da nach dem Wasserhaushaltsgesetz (99) das Grundwasser zu schützen ist, müssen die sich bildenden Sickerwässer auf der Sohle der Deponie durch Drainageröhren auf einer undurchlässigen Schicht gesammelt und abgeleitet werden. Somit ist jede Deponie als Lieferant für eine besondere Art Schmutzwasser anzusehen.

Die Größenordnung des Deponieabflusses liegt schätzungsweise im Durchschnitt bei 0,1 l/ha/s. Allerdings sind hier auch größere Schwankungen je nach Stärke und Dauer der fallenden Niederschläge sowie nach seitlichem Eintritt von Oberflächenwasser in den Deponiekörper festzustellen. Gelegentlich können bis zu 10fach überhöhte spezifische Abflußmengen festgestellt werden. Wenn die angegebene Sickerwassermenge auch gering erscheint, so liegt die Bedeutung ihrer Erfassung für den Gewässerschutz vor allem darin, daß infolge der sehr hohen Konzentrationen an Wasserinhaltsstoffen die Fracht nicht zu vernachlässigen ist.

### 2.6.2 *Beschaffenheit*

#### 2.6.2.1 *Sickerwässer aus Deponien von häuslichem Müll:*

Der häusliche Müll enthält schon ursprünglich einen nicht zu vernachlässigenden Anteil an lösbaren organischen und anorganischen Stoffen. Diese können im Elutionsversuch aus einer repräsentativen Menge Müll festgestellt werden. Als Beispiele seien die wasserlöslichen Kohlenhydrate genannt, die im Abfall in Form von Zuckerresten (halbvolle Marmeladentöpfe, verstreuter und zusammengekehrter Zucker, verdorbene Pralinen u.ä.) auftreten. Auslaugbare anorganische Stoffe befinden sich z.B. in der Asche von Kohle- und Koksöfen. Neben diesen originären eluierbaren Stoffen bilden sich aber auch durch die in der Deponie ablaufenden Reaktionen weitere lösliche Stoffe, die vor allem organischer Natur sind. Hier seien phenolartige Verbindungen von dunkelbrauner Farbe und oft auch üblem Geruch genannt. Durch das reduzierende Milieu in einem Deponiekörper gehen auch Eisen- und Manganverbindungen in Lösung; außerdem wird in der Regel Ammoniak aus Eiweißverbindungen abgespalten. Sickerwässer aus dieser Deponieart weisen eine organische Belastung in der Größenordnung von rund 5000 mg/l $BSB_5$ auf, das ist ungefähr das 20fache dessen, was für gewöhnliches häusliches Schmutzwasser gilt. Der CSB liegt in der Größenordnung von 10 000 bis 20 000 mg/l; der Ammoniakgehalt ist mit 50 bis 100 mg/l anzugeben; der Chlorid- und Sulfatgehalt liegt im Bereich von 100 bis 1000 mg/l. Bemerkenswerterweise befinden sich in diesen Sickerwässern auch relativ hohe Gehalte an Arsenverbindungen und schwer abbaubaren organischen Substanzen. Der Gehalt an Phosphat dagegen ist deutlich niedriger als im häuslichen Schmutzwasser; er kann sogar so gering sein, daß allein wegen des Phosphatmangels eine biologische Behandlung ohne weiteren Zusatz an Phosphat nicht möglich ist. In der Regel ist ein solches organisch hoch verschmutztes Sickerwasser allein nur unvollkommen biologisch zu reinigen. Eine gemeinsame Mitbehandlung mit häuslichem Schmutzwasser ist angebracht, wobei allerdings das Mischungsverhältnis häusliches Schmutzwasser zu Sickerwasser möglichst größer als 10 : 1 sein soll. Die Tabelle 2.6-1 gibt einen Anhaltspunkt für die durchschnittliche Beschaffenheit eines solchen Sickerwassers. Allerdings sind auch hier, je nach Größe und Art der Deponie, nach der Betriebsweise, dem Wasserhaushalt und den darin herrschenden Temperaturen, die tatsächlichen Werte von Fall zu Fall sehr unterschiedlich. Die öfter genannte Zahl von ca. 1000 Einwohnergleichwerten pro ha dürfte an der oberen Grenze liegen, es sind auch Deponien bekannt mit nur 10 Einwohnergleichwerten pro ha.

Tabelle 2.6-1. Zusammenstellung einiger Konzentrationswerte von Müllsickerwasser nach Literaturangaben (222).

| Quelle | | (1) | (2) | (3) | (4) | (5) |
|---|---|---|---|---|---|---|
| Deponiealter | (a) | 12 | 2 | 1 | 0,5 | 2 |
| Müllart | | HM | HM | HM | HM | HM |
| Müllschicht | (m) | 10 | 7 | 2,6 | 1,9 | 5 |
| *p*H | | 7,6 | 8,0 | 6 | 5,4 | 5,6 |
| Leitfähigkeit | (S/cm) | 8 350 | 14 100 | n.b. | n.b. | 21 500 |
| Chlorid | (mg/l) | 1 340 | 1 714 | 1 600 | 800 | 2 160 |
| $BSB_5$ | ($mgO_2$/l) | 151 | n.b. | n.b. | 17 500 | 19 000 |
| $KMnO_4$-Verbr. | (mg/l) | 850 | 2 175 | n.b. | n.b. | n.b. |
| COD | ($mgO_2$/l) | n.b. | n.b. | 25 000 | n.b. | 37 600 |
| $NH_4$-N | (mg/l) | 228 | 432 | n.b. | 600 | 492 |
| $NO_3$-N | (mg/l) | 3 | Sp. | n.b. | n.b. | 0 |
| $PO_4$-P | (mg/l) | 2,3 | Sp. | Sp. | 13 | n.b. |
| $Na^+$ | (mg/l) | 675 | n.b. | 1 500 | 550 | 1 380 |
| $Ca^{++}$ | (mg/l) | 390 | 499 | n.b. | 2 000 | 2 200 |

n.b. ≙ nicht bestimmt
Sp. ≙ Spuren
HM ≙ Hausmüll
(1) *Klotter/Hantge* (1968)
(2) *Saxen* (1968)
(3) *Fungaroli/Steiner* (1971) Lab.-Unters.
(4) *Qasim/Burchinal* (1970) Lab.-Unters.
(5) Stichting Verwijdering Afvalstoffe, Rapport SVA 332, Seite 15

Eines ist allerdings immer zu beachten, daß bei jeder Planung einer Deponie für häuslichen Müll auch das Problem der Behandlung der Sickerwässer gleichzeitig gelöst werden muß.

Zu den Sickerwässern aus Deponien von häuslichem Müll können auch die Sickerwässer aus Klärschlammdeponien gerechnet werden. Hier liegen z.B. vom Ruhrverband mehrere Untersuchungsergebnisse vor, aus denen zu erkennen ist, daß diese Wässer hohe Anteile an Ammoniak enthalten, organisch mittelbelastet sind und erstaunlich geringe Konzentrationen an Schwermetallen aufweisen. Diese Sickerwässer werden in der Regel sowieso der Kläranlage wieder zugeleitet. Hierbei ist zu bedenken, daß nicht gut ausgefaulter Klärschlamm allerdings eine hohe Belastung für eine Kläranlage darstellen kann und außerdem auch zur Infektion mit unerwünschten Pilzen führen kann, was sich besonders bei Tropfkörpern durch Verstopfung auswirkt.

### *2.6.2.2 Sickerwässer aus Deponien von Industrieabfällen:*

Je nach der Art der deponierten Industrieabfälle und nach der Anlage der Deponie sind diese Sickerwässer sehr unterschiedlich beschaffen, so daß keine allgemeinen Angaben gemacht werden können. Man bemüht sich darum, die Industrieabfälle so zu konditionieren, daß nach Möglichkeit keine löslichen Substanzen im Sickerwasser auftreten. Außerdem werden die Deponien so angelegt und betrieben, daß möglichst wenig Niederschlag in den Deponiekörper eindringt. Treten hierbei auch organisch belastete Sickerwässer auf, so ist im Einzelfall zu prüfen, ob eine gemeinsame Behandlung mit häuslichem Abwasser zweckmäßig ist. In manchen Fällen muß eine spezifische physikalisch-chemische Reinigung vorgenommen werden und das vor allem dann, wenn diese Sickerwässer ausgesprochen toxische Stoffe enthalten, die bekanntermaßen in schon sehr geringen Konzentrationen schädigend auf die Biozönose des Gewässers einwirken. Hier sei im einzelnen auf spezielle Literatur hingewiesen (157)).

Es taucht auch immer wieder die Frage auf, ob häuslicher Müll gemeinsam mit industriellem Müll abgelagert werden kann. Wenn dies auch in einigen Fällen zu bejahen ist, da das physikalische Aufnahmevermögen von häuslichem Müll relativ groß ist und die in einem Müllkörper ablaufenden Prozesse zur Unschädlichmachung mancher Stoffe beitragen (z.B. Altöl), so ist doch gerade wegen der Komplexizität dieser Prozesse und den dadurch nicht vorhersehbaren chemischen Reaktionen einer gemeinsamen Endlagerung generell nicht zuzustimmen. Dies nicht zuletzt, weil die dann auftretenden Sickerwässer von den Sickerwässern aus häuslichen Deponien in ihrer Zusammensetzung so stark abweichen können, daß eine Behandlung in einer öffentlichen Abwasseranlage nicht mehr vertretbar ist. Tabelle 2.6-2 gibt die Beschaffenheit des Sickerwassers einer Industrieschlammdeponie wieder, auf der Metallhydroxidschlämme der galvanischen Industrie gelagert werden.

Tabelle 2.6-2. Beispiele für die Beschaffenheit der Sickerwässer von 2 Deponien im Sauerland.

| | | Haus- und Industriemüll | Industrieschlamm |
|---|---|---|---|
| absetzbare Stoffe n · 2 h | ml/l | 0 | 0 |
| Wassertemperatur | °C | 14 | 10,4 |
| Sauerstoffgehalt | mg/l | 0,7 | 5,0 |
| *p*H-Wert | | 6,9 | 7,2 |
| elektrische Leitfähigkeit 20 °C | mS/cm | 2,7 | 13,2 |
| Abdampfrückstand ges. | mg/l | 1 770 | 11 360 |

Fortsetzung Seite 68

Tabelle 2.6-2. (Fortsetzung)

| | | Haus- und Industriemüll | Industrieschlamm |
|---|---|---|---|
| Chlorid | mg/l | 400 | 3 420 |
| Sulfat | mg/l | 290 | 3 685 |
| Calcium | mg/l | 200 | 571 |
| Phosphat | mg/l | 1,4 | 1,1 |
| Nitrat | mg/l | 13 | 142 |
| Nitrit | mg/l | 0,3 | 2,0 |
| Ammonium-Stickstoff | mg/l | 50 | 176 |
| organisch gebundener Stickstoff | mg/l | 9 | 107 |
| $KMnO_4$-Verbrauch | mg/l | 130 | 81 |
| CSB (Dichromatmeth.) | mg/l | 180 | 96 |
| $BSB_5$ | mg/l | 80 | 7,1 |
| Eisen | mg/l | 25 | 3,7 |
| Mangan | mg/l | 11 | 5,1 |
| Kupfer | mg/l | 0,15 | 0,96 |
| Nickel | mg/l | 0,07 | 1,73 |
| Zink | mg/l | 0,28 | 0,76 |
| Chrom | mg/l | <0,01 | 0,02 |
| Cadmium | mg/l | <0,05 | <0,02 |
| Blei | mg/l | 0,02 | <0,05 |
| Cyanid | mg/l | 0,01 | 0,06 |
| Bor | mg/l | 2 | 6,9 |
| Phenol, wasserdampfflüchtig | mg/l | 0,1 | 0,06 |
| Detergentien (MBAS) | mg/l | 0,2 | 0,59 |
| Quecksilber | µg/l | 0,2 | 0,33 |
| Arsen | µg/l | 25 | 5,8 |
| Schwefel, ges. | mg/l | – | – |

## 2.7 Bewertung von Abwässern

### *2.7.1 Allgemeines zur Bewertung*

Die Bewertung von Abwässern hat großen Stellenwert, was schon an der nicht geringen Zahl von Bewertungsverfahren zu erkennen ist. Bei jeder Bewertung eines stofflichen Systems müssen zuerst einige grundlegende Fragen geklärt werden, da es von vornherein keine absolute Bewertung gibt.

Die erste Vorentscheidung bezieht sich auf den Aspekt, unter dem diese Bewertung erfolgen soll. So kann ein vorgereinigtes häusliches Schmutzwasser zur Landbehandlung nützlich sein, aber unerwünscht in einem Forellenteich. Die beiden Hauptaspekte betreffen zum einen die Abwasserreinigung (Planung und Betrieb von Kläranlagen) und zum anderen den Gewässerschutz (Belastbarkeit und Nutzungen von Gewässern).

Der zweite Fragenkreis betrifft den Maßstab, mit dem die verschiedenen Abwässer bewertet werden sollen. Hier existieren zwei Möglichkeiten für ein quantifizierendes, widerspruchsfreies Bewertungssystem. Die eine Möglichkeit besteht im Vergleich mit einem Standardabwasser bzw. einer Standardschmutzfracht, die andere im Vergleich mit einer standardisierten Schadwirkung. Die Konsistenz eines Bewertungsmaßstabes ist unbedingt erforderlich, wenn aufgrund der Schädlichkeitsbewertung eines konkreten Abwassers Abgaben zu zahlen sind. Da die monetären Einheiten additiv sind, muß auch die quantifizierende Bewertung sich auf additive Meßgrößen stützen. Schließlich kann die Bewertung von Abwasser auch bei Zivil- und Strafprozessen eine Rolle spielen, vor allem deshalb, weil der verursachte Schaden im einzelnen oft gar nicht vollständig und genügend sicher festgestellt werden kann.

### *2.7.2 Bewertung von Abwässern aus der Sicht der Abwasserreinigung*

#### *2.7.2.1 Einwohnergleichwerte für industrielle Schmutzwässer:*

Für die Planung von Kläranlagen, die gemischtes Abwasser häuslichen und industriellen Ursprungs aufnehmen sollen, ist es erforderlich, das industrielle Schmutzwasser qualitativ und quantitativ daraufhin zu bewerten, welcher Aufwand für eine ausreichende Reinigungsleistung pro $m^3$ zu erbringen ist. Hier liegt dem üblichen Maßstab der Vergleich mit einem typisch häuslichen Schmutzwasser zugrunde. Dieser Vergleich kann sich auf die absetzbaren Stoffe oder die gelösten organischen Stoffe beziehen, aber in einem besonderen Schlußverfahren auch auf die hemmenden und störenden Stoffe.

Was die absetzbaren Stoffe angeht, so ist hier der Gesichtspunkt der mechanischen Vorreinigung entscheidend, für deren Dimensionierung Erfahrungswerte für häusliches Schmutzwasser vorliegen. Kommt zum häuslichen Schmutzwasser industrielles Schmutzwasser mit einem bestimmten Volumenanteil an absetzbaren Stoffen hinzu, so sind die Absetzbecken der Vorklärung entsprechend zu vergrößern. Als Maßstab wählt man dann das Volumen an absetzbaren Stoffen, das für häusliches Schmutzwasser rund 1 Liter pro Einwohner und Tag beträgt. Das Volumen an absetzbaren Stoffen, das von einem Industriebetrieb täglich ausgeht, ausgedrückt in Liter, ist also numerisch gleich dem „Einwohnergleichwert an absetzbaren Stoffen".

Ein kurzes Rechenbeispiel möge dies verdeutlichen.

> Ein Industriebetrieb liefert 10 000 $m^3$/Tag ungereinigtes Abwasser. Der mittlere Volumenanteil an absetzbaren Stoffen beträgt 2 ml/l, das sind 2 l/$m^3$. Das Gesamtvolumen an absetzbaren Stoffen, das pro Tag abgestoßen wird, beträgt demnach 20 000 l/Tag absetzbare Stoffe, d.h. 20 000 „Einwohnergleichwerte bezogen auf absetzbare Stoffe".

Hierbei ist noch nicht unterschieden, ob diese absetzbaren Stoffe organischer oder anorganischer Natur sind, was für die Dimensionierung des Absetzbeckens für den Primärschlamm ohne große Bedeutung ist. Da aber der Primärschlamm durch hinreichende Ausfaulung im Faulbehälter nachbehandelt wird, ist auch für diesen Behandlungsschritt ein Einwohnergleichwert zu errechnen. Hierfür wählt man analog dem häuslichen Schmutzwasser den Glühverlust der absetzbaren Stoffe, der in erster Annäherung gleich dem organischen Anteil gesetzt wird. Beim häuslichen Schmutzwasser beträgt er 90 g pro Einwohner und Tag. Man bestimmt also den Glühverlust der absetzbaren Stoffe des industriellen Schmutzwassers. In obigem Beispiel betrage er 50 % bei einer Trockenmasse der absetzbaren Stoffe von 4 g/l. Auch hier soll das Rechenbeispiel die Ermittlung der Einwohnergleichwerte für den Gehalt an absetzbaren, fäulnisfähigen Stoffen verdeutlichen:

$$\frac{20\,000 \cdot 4 \cdot 50}{100 \cdot 90} = 444 \text{ EG}$$

An diesem sehr einfachen Beispiel zeigt es sich, wie relativ eine Bewertung ist und wie die Angabe eines Einwohnergleichwertes nur dann eindeutig ist, wenn die dazugehörige Behandlungsart angegeben wird.

Wird bei einem hohen Anteil an organischen Stoffen längere Faulzeit benötigt, sieht die Sache anders aus, wenn der Schlamm konditioniert und verbrannt wird. Beim Verbrennen ist ein hoher organischer Anteil erwünscht, da hier eventuell Kosten für zusätzliche Heizung eingespart werden können.

Bei Behandlung von Rohabwasser in einem Oxidationsgraben, in dem auch der Primärschlamm durch Oxidation weitgehend mineralisiert wird, erscheint die Errechnung der Einwohnergleichwerte durch Ermittlung der Masse an organischen, absetzbaren Stoffen und Teilung mit 60 angebracht.

### *2.7.2.2 Bewertung hinsichtlich der organisch gelösten Stoffe:*

Auch hier ist aus der Sicht der Abwasserreinigung vor allem zu fragen, wie groß die biologische Stufe, sei es Belebungsbecken oder Tropfkörper, zu planen ist und welche Energiekosten pro $m^3$ Abwasser einzusetzen sind. Logischerweise geht man hier von dem biochemischen Sauerstoffbedarf des Abwassers aus. Der biochemische Sauerstoffbedarf $BSB_5$ eines mechanisch vorgereinigten häuslichen Schmutzwassers ist derart, daß 40 g auf einen Einwohner pro Tag fallen. Man bestimmt also den biochemischen Sauerstoffbedarf des zu bewertenden Abwassers, z. B. eines Gewerbebetriebes, und multipliziert ihn mit der täglichen Abwassermenge und teilt die erhaltene BSB-Fracht durch 40. Auch hier soll ein Beispiel es verdeutlichen.

> Ein Molkereibetrieb stößt täglich 2000 $m^3$ Abwasser ab. Dieses hat einen $BSB_5$ von 10 000 mg/l. Daraus resultiert eine tägliche $BSB_5$-Fracht von $20 \times 10^6$ g. $20 \times 10^6$ g : 40 g pro Einwohner und Tag ergibt aber 500 000 Einwohnergleichwerte, d.h. das Abwasser dieser Molkerei belastet die biologische Stufe genauso stark wie das mechanisch vorgereinigte Abwasser einer Großstadt von 500 000 Einwohnern.

Wenn die organischen Stoffe in dem Abwasser eines Industriebetriebes allerdings biologisch nicht oder nur geringfügig angreifbar sind, so ergibt diese Art der Berechnung nur sehr niedrige Einwohnergleichwerte. Aber wie schon gesagt, ist dies aus der Sicht der Abwasserreinigung selbst stimmig, dagegen nicht mehr aus der Sicht des Gewässers. Gerade an diesem Beispiel kann man zeigen, wie die Bewertung eines Abwassers vom Standpunkt des jeweiligen Betrachters abhängt.

### *2.7.2.3 Störende und hemmende Stoffe:*

Der Vergleich mit dem häuslichen Abwasser ist unmittelbar nur möglich in Bezug auf solche Stoffe, die sich gleich oder ähnlich verhalten wie dessen Inhaltsstoffe. Dies ist also nicht der Fall für ausgesprochen toxische Stoffe, die im häuslichen Schmutzwasser gar nicht auftreten, wie z. B. Kupfersulfat. *Bucksteeg* und *Thiele* (46) haben ein Verfahren entwickelt, das es erlaubt auch Abwässer, die mit anorganischen giftigen Stoffen beladen sind, in das Bewertungsschema der „Einwohnergleichwerte im Vergleich zu häuslichem Schmutzwasser" einzupassen. Der Grundgedanke ist der, daß Stoffe die Reinigungsleistung einer mechanisch-biologischen Kläranlage verringern, so daß zur Erhaltung der Qualität eines Vorfluters an einer anderen Stelle gewöhnliches häusliches Schmutzwasser in um so größeren Umfang gereinigt werden muß. Diese zusätzliche Entfernung organischer Stoffe an anderer Stelle muß so groß sein, daß die Gesamtfracht an organischen Stoffen im Vorfluter dieselbe bleibt. Die Minderung der biochemischen Abbauleistung durch toxische Stoffe wird experimentell ermittelt und so kann einem industriellen

Schmutzwasser ebenfalls ein fiktiver Einwohnergleichwert zugeordnet werden. *Bucksteeg* hat für verschiedene Stoffe und verschiedene industrielle Schmutzwässer diese Einwohnergleichwerte ermittelt (45). Es hat sich gezeigt, daß wegen der zahlreichen synergistischen und antagonistischen Wirkungen in dem Vielstoffgemisch Abwasser diese Ergebnisse nicht immer und überall genügend reproduzierbar sind.

Für das Einzugsgebiet eines Abwasserverbandes sind sie trotzdem als Grundlage für die Veranlagung brauchbar. Allerdings ergibt sich hier eine Einschränkung insofern, als manche dieser anorganischen Giftstoffe im Klärschlamm in hohem Maße angereichert werden, so dessen kostengünstige landwirtschaftliche Verwertung verunmöglichen und auch die anaerobe Zersetzung im Faulbehälter stören können

### *2.7.3 Bewertung der Abwässer aus der Sicht des Gewässers und seiner Nutzungen*

#### *2.7.3.1 Verschmutzungsfaktor nach Sontheimer:*

Ein allgemeines Verfahren zur quantitativen Bewertung von Abwässern stellt die Bestimmung des Verschmutzungsfaktors nach *Sontheimer* dar (218). Der Grundgedanke besteht darin, daß ein Oberflächengewässer eine bestimmte Wasserqualität besitzen muß, wenn eine gesunde und stabile Biozönose sich erhalten und es für die verschiedenen Nutzungen geeignet sein soll. Für die einzelnen Wasserinhaltsstoffe sind obere Konzentrationsgrenzwerte im Gewässer festgelegt, wie z.B. für den Kupfergehalt 0,05 mg/l. Wird Abwasser in ein unverschmutztes Gewässer eingeleitet, so ist es in der Lage, ein bestimmtes Wasservolumen so zu verunreinigen, daß dieser Grenzwert für die einzelnen Parameter gerade erreicht wird. Der Verschmutzungsfaktor für eine Abwassermenge $V$ (m$^3$) mit der Stoffkonzentration $C$ errechnet sich danach:

$$F = \frac{V \cdot C}{C_0},$$

d.h. der Verschmutzungsfaktor $F$ ist um so größer, je größer die Abwassermenge ist, je höher die Konzentration $C$ an einem betrachtenden Schadstoff ist und je geringer die zulässige Konzentration $C_0$ im Gewässer ist. So errechnet sich beispielsweise der Verschmutzungsfaktor für häusliches Abwasser, welches von einem Einwohner täglich abgestoßen wird, folgendermaßen:

Abwassermenge: 0,2 m$^3$ pro Tag und Einwohner
CSB = 500 mg/l; zulässiger CSB = 10 mg/l

$$F = \frac{0{,}2 \cdot 500}{10}$$

$$F = 10$$

Der Verschmutzungsfaktor für einen Einwohnergleichwert ist daher gleich 10. Die Vergleichsgröße ist also die schädlich beeinflußte Wassermenge des Gewässers. Voraussetzung für die Berechnung des Verschmutzungsfaktors ist, daß der zulässige Grenzwert $C_0$ für ein konkretes Gewässer mit seinen Nutzungen bekannt ist. Hierfür kann man die EG-Richtlinie über Oberflächengewässer (87) oder das DVGW-Arbeitsblatt W 151 (Qualität von Oberflächenwässer als Rohwasser für die Trinkwasseraufbereitung) heranziehen. Leider hat man sich bisher noch zu keiner verbindlichen Regelung durchgerungen.

*2.7.3.2 Schädlichkeit nach dem Abwasserabgabengesetz:*

Das Abwasserabgabengesetz geht zwar von der Wirkung des Abwassers auf Gewässer aus, nimmt aber als vergleichenden Parameter die Schmutzfracht, die von einem Einwohner pro Jahr abgestoßen wird (Schadeinheit). So entsprechen einer Schadeinheit: 45,5 kg CSB; 1 $m^3$ absetzbare Stoffe. Dem Grundgedanken des Verschmutzungsfaktors folgend wurden für die Schwermetalle Quecksilber und Cadmium folgende Massen einer Schadeinheit zugeordnet: 20 g Hg und 10 g Cd. Zusätzlich zu diesen stofflichen Größen wird noch eine Wirkungsgröße ermittelt, nämlich der Verdünnungsfaktor für die Fischtoxizität, der im mathematischen Ansatz ebenfalls dem Verschmutzungsfaktor entspricht. Die Fischtoxizität ist die Wassermenge, die schädlich so beeinflußt wird, daß Testfische darin mit einer vorgegebenen statistischen Wahrscheinlichkeit innerhalb von 48 Stunden sterben. Die Ermittlung der Fischtoxizität geschieht im Laborversuch mittels Goldorfen durch Ansetzen einer Verdünnungsreihe des Abwassers mit einem ausgesuchten Verdünnungswasser. Hat man ein gegebenes Abwasser, kann man also nach seiner Menge und Beschaffenheit die Schadeinheiten nach der Vorschrift des Abwasserabgabengesetzes ermitteln und aufsummieren. Allerdings umfaßt diese Bewertung nur einen Teilaspekt der gesamten Schädlichkeit. Bemerkenswert ist, daß hier für die organische Belastung nicht der biochemische Sauerstoffbedarf zugrunde gelegt wird, sondern der chemische Sauerstoffbedarf wie es von der Trinkwasserversorgung schon seit längerem gefordert wird.

*2.7.3.3 Einfluß auf Sauerstoffhaushalt und Selbstreinigung:*

Angesichts der Bedeutung des Sauerstoffhaushaltes für die Biozönose eines Gewässers und die darin ablaufenden Vorgänge der Selbstreinigung ist es verständlich, daß mehrere Bewertungsschemata sich auf die Auswirkung des eingeleiteten Abwassers auf den Sauerstoffhaushalt stützen. Hierbei wird der Sauerstoffhaushalt vor allem durch die organischen Zehrstoffe beeinflußt, die durch den biochemischen Sauerstoffbedarf zu einem großen Teil erfaßt werden. Daher errechnen sich die Belastungen des Sauerstoffhaushaltes zum großen Teil aus den Einwohnergleichwerten, die aufgrund des biochemischen Sauerstoffbedarfes des gesamten Abwassers ermittelt werden. Hierbei ist aber zu berücksichtigen, daß auch Ammoniak in bedeutendem Maße Sauerstoff zu binden vermag. Eine offene Frage ist, inwieweit für den Sauerstoffhaushalt oxidierende Stoffe, wie z.B. Nitrate, Berücksichtigung finden sollen.

*2.7.3.4 Sekundärverschmutzung durch Eutrophierung:*

Ausgehend von den Erfahrungen mit der Sekundärverschmutzung in stehenden und langsam fließenden Oberflächengewässern durch die gesteigerte Intensität des Algenwachstums infolge des Eintrages von Pflanzennährstoffen, bewertet man heute in manchen Fällen ein Abwasser aufgrund seines Gehaltes an Phosphor-, Stickstoff- und Kaliumverbindungen. Für mitteleuropäische Verhältnisse spielt vor allem der Phosphor die Rolle eines Initialzünders für eine rasante Eutrophierung, so daß die Phosphorfracht eines Abwassers für seine Bewertung vornehmlich herangezogen wird. Unter günstigen Bedingungen kann 1 g Phosphor die Bildung einer Biomasse ermöglichen, die einem CSB von 300 g entspricht.

# 3 Mechanische Abwasserklärung

## 3.1 Begriff und Grenzen der mechanischen Klärung

Bei der mechanischen Abwasserklärung sollen die ungelösten Stoffe, die durch eine mechanische Beseitigung erfaßt werden können, aus dem Abwasser entfernt werden. Dies geschieht im wesentlichen auf zweierlei Weise:

Einmal werden die grobsinnlich wahrnehmbaren Feststoffe aus dem fließenden Abwasser durch geeignete feststehende oder bewegliche Geräte herausgefischt, zweitens wird der Unterschied zwischen dem spezifischen Gewicht des zu entfernenden Stoffes und dem des Wassers durch Absetz- und Flotationsvorgänge für die Abscheidung und Entfernung der Stoffe ausgenutzt.

Zu der erstgenannten Gruppe von Geräten gehören Rechen und Siebe zur Entfernung von Sperrstoffen und ungelösten, noch nicht zerriebenen Schmutzstoffen. In der zweitgenannten Gruppe unterscheidet man Sandfänge zur Beseitigung von mineralischen Schwerstoffen (Sand, Steine usw.), Fettabscheider zur Entfernung von Schwimmstoffen und Absetzbecken zur Beseitigung von Sinkstoffen.

## 3.2 Rechenanlagen

### *3.2.1 Allgemeines*

Abwasser wird von wenigen Ausnahmen abgesehen, durch einen stufenweise ablaufenden Prozeß gereinigt. Jede Reinigungsstufe hat im Interesse einer optimierten Gesamtleistung eine spezielle verfahrenstechnische Aufgabe zu lösen. Dabei müssen in vielen Fällen die individuellen Prozesse unter sich verändernden abwassertechnischen Randbedingungen ablaufen. Dennoch muß bei unterschiedlichen Verhältnissen der Betrieb sicher beherrschbar bleiben.

Ausreichend erprobte maschinelle Installationen sind daher eine wesentliche Voraussetzung für die vorgenannte Forderung, zumal der Erfolg und die Stabilität des Gesamtprozesses von der hohen Verfügbarkeit der Maschinen in allen Bereichen der Reinigungsanlage abhängen.

In der ersten Reinigungsstufe werden in aller Regel die groben Schwebestoffe aus dem Abwasser entfernt. Dazu wurden in älteren Anlagen gerade handgeräumte Rechen in das Zulaufgerinne mit einer Neigung zur Fließrichtung eingebaut (Bild 3.2-1). In der modernen Abwassertechnik jedoch ist die Räumung ohne den Einsatz von Maschinen nicht mehr denkbar. Nur in wenigen Fällen z.B. bei Grobrechen oder für zeitlich begrenzte Sonderbetriebseinsätze kommt heute die Räumung eines Rechens von Hand noch infrage.

Unter dem bereits erwähnten Gesichtspunkt der Betriebssicherheit haben Rechenanlagen durch ihre Schutzfunktion eine wesentliche Bedeutung. Trotzdem bilden in der Fachliteratur Rechenkonstruktionen eine relativ untergeordnete Thematik. Dies gilt sowohl für individuelle Konstruktionsprobleme als auch für Fragestellungen im Rahmen verfahrenstechnischer Gesamtbetrachtungen.

Es wird deshalb der Versuch unternommen, die grundsätzlichen Einflüsse, die für ein optimales Funktionieren von Rechenanlagen maßgebend sind, zu beschreiben.

Die technische Erläuterung der einzelnen Maschinentypen wird bei der großen Zahl der auf dem Markt angebotenen Modelle durch eine Darstellung der jeweils kennzeichnenden

Bild 3.2-1. Handgeräumter Rechen für eine kleinere Kläranlage (Archiv Ruhrverband).

Konstruktionsmerkmale vorgenommen. Bewußt wurde auf die Beschreibung spezieller maschinentechnischer Details verzichtet, um die abwassertechnisch relevanten Randbedingungen besser vertiefen zu können. Dabei wurde eine systematische Gliederung der unterschiedlichen Räumverfahren vorgenommen, da durch eine Aufzählung allein die angestrebte Übersicht bei der Typenvielfalt verlorengehen kann.

Die Planung moderner Kläranlagen muß heute die Belange des Immissionsschutzes berücksichtigen. Neben ökologischen Fragen zur möglichst schonenden Einbindung der Anlage in Nachbarschaft und Landschaft sind es vor allem Gesichtspunkte zur Vermeidung von Emissionen, die heute bei der Vorstellung neuer Projekte in öffentlichen Entscheidungsgremien diskutiert werden.

Deshalb müssen vom Planer die in den letzten Jahren erarbeiteten Erkenntnisse über Geräusche und Gerüche, deren Quellen und Ursachen sowie die daraus abgeleiteten Folgerungen zur Vermeidung aufgegriffen werden. In erster Linie kann man durch gestalterische, vorbeugende Maßnahmen positive Wirkungen erzielen. Zur weiteren Strategie zählt die Umstellung der Verfahrenstechnik auf einen möglichst lärm- und geruchsfreien Betriebsablauf. Gerade die Rechenanlagen mit den Einrichtungen zur Räumung, zum Quertransport und zur Zwischenlagerung des aggressiven Rechengutes bilden einen Schwerpunkt in diesem Themenkreis.

Bild 3.2-2. Rechengebäude mit offener Zulaufrinne und vorgeschaltetem Überfallbauwerk für den Umlaufkanal (Archiv Ruhrverband).

Einige Hinweise sollen auf die Problematik aufmerksam machen. In Abhängigkeit von den klimatischen Verhältnissen und speziellen Standortbedingungen empfiehlt es sich, Rechenanlagen in Rechengebäuden zu installieren (Bild 3.2-2).

Zur optischen Abkapselung kommen als weitere Vorteile ein problemloser Winterbetrieb und die leichtere Handhabung des Rechengutes mittels Förderbändern oder Rechengutpressen hinzu. Bei der Sammlung sowie der natürlichen Entwässerung in Containern ergeben sich ebenfalls durch die Einhausung Betriebserleichterungen. Allerdings sind Fragen des Ex-Schutzes mit den zuständigen Berufsgenossenschaften zu besprechen. Hier lassen sich zur Zeit noch keine allgemeingültigen Empfehlungen formulieren, da die sicherheitstechnische Diskussion noch nicht abgeschlossen ist.

Rechenanlagen sind komplizierte Maschinen. Sie arbeiten nur bei sorgfältiger Überwachung und turnusmäßiger Wartung mit der geforderten Betriebssicherheit. Dieser Grundsatz muß deshalb bei der konstruktiven Detailbearbeitung zu wartungsfreundlichen und unfallsicheren Lösungen führen.

### *3.2.2 Vorbemerkungen*

Neuere Entwicklungen in der Fördertechnik sind zunehmend durch die Konstruktion verstopfungsfreier Pumpen gekennzeichnet. Deshalb wird in Abwasserpumpwerken schon häufig auf den Einbau von Rechen verzichtet. Im Gegensatz dazu kommt man in modernen Abwasserreinigungsanlagen ohne Rechenmaschinen nicht aus. Kommunale und industrielle Abwässer enthalten erhebliche Mengen an zopfenden und sperrigen Bestandteilen, die in den Klärwerken mit ihrem hohen, den allgemein anerkannten Regeln der Technik entsprechenden Ausrüstungsgrad an maschinen- und elektrotechnischen Einrichtungen zu erheblichen Störungen des Betriebsablaufs und in besonders schwerwiegenden Fällen sogar zu Schäden an den Installationen führen können. Ein weiterer wichtiger Grund ist darin zu sehen, daß mit der Entfernung des Rechengutes erst die Voraussetzungen für die Realisierung vieler verfahrenstechnischer Schritte geschaffen werden.

Es lassen sich einige Anlagenteile aufzählen, die ohne vorherige Elimination der groben Schwebestoffe nicht sicher betrieben werden können. Als Beispiel wird der Faulbehälter mit seinen komplizierten Installationen genannt. Man muß deshalb herausstellen, daß Rechenanlagen zwei Funktionen übernehmen:

> Sie reinigen das Abwasser in einem ersten Schritt von Rechengut und sie schützen Maschinen, Pumpen und Rohrleitungen vor Verstopfung und Zerstörung.

Art, Zusammensetzung und Anfall des Rechengutes werden im wesentlichen von den Abwassereinleitern im Einzugsgebiet einer Kläranlage und von den Gefällverhältnissen sowie der Größe des Entwässerungsnetzes beeinflußt. Während im vorwiegend häuslichen Abwasser Papier, Speisereste, Materialien aus Zellstoff und in zunehmendem Maß auch Plastikgegenstände einen bestimmenden Teil ausmachen, überwiegen bei Industrieabwässern Textilfasern, Putzwolle und fertigungsspezifische Sperrstoffe im Rechengut.

Als für die Gestaltung besonders wichtige Erfahrung ist zu bemerken, daß die Rechengutmenge stark in Abhängigkeit vom Zufluß und von der Tageszeit schwankt. In längeren Trockenperioden kommt es vor allem in den Endsträngen einer Ortskanalisation zu Ablagerungen, die dann bei einsetzendem Starkregen aus dem Entwässerungsnetz ausgespült und stoßartig den Rechenmaschinen des Klärwerks zugeführt werden. Der kurzzeitige Spitzenanfall kann sehr erheblich sein. Als Nachteil kommt hinzu, daß in weit verzweigten Kanalnetzen während des Transports ein Verspinnen von Faserstoffen stattfindet. Dann neigt das Material zur Zopfbildung, die erschwerte Betriebsbedingungen zu Folge hat.

Aufgrund langjähriger Beobachtungen und Auswertung zahlreicher Betriebsergebnisse gibt *Imhoff* auf den Einwohner bezogene Mittelwerte für den jährlichen Anfall an Rechengut mit einer entsprechenden Bandbreite an. Bei Grobrechen werden 2–5 l auf den Kopf im Jahr gerechnet. Bildet man Rechenanlagen mit kleinerem Durchgang aus (Feinrechen), so erhöht sich der Anfall auf das Dreifache (5–15 l/E · a.) (122). Wie bereits im Abschnitt 3.2.1 erwähnt, wurde früher der handgeräumte gerade Stabrechen (Bild 3.2-3) mit flacher Neigung angewendet. Heute allerdings findet man diese Ausführung nur noch in der Funktion als Schutzrechen (Grobrechen). Ein wesentlicher Nachteil der Handbedienung liegt in dem für das Personal unhygienischen und je nach Zusammensetzung des Rechengutes auch ekelerregenden unmittelbaren Umgang mit den abgesiebten Stoffen. In vielen Einsatzfällen ist die manuelle Räumung im Tag- und Nachtbetrieb nicht möglich, so daß bei Belegung des Rechenrostes der Notumlauf anspringt und das Rechengut in die Kläranlage gelangt. Der Rechen erfüllt dann nicht mehr seine wichtige Schutzfunktion und es kommt zu Betriebsstörungen sowie einer Minderung der Reinigungsleistung. Auch läßt sich im Handräumverfahren ein unzulässiger Rückstau im Kanalnetz mit Ablagerungen als Folge oft nicht ausschließen. Dies führt auch zu einem häufigeren Anspringen der Regenüberläufe mit den bekannten Nachteilen für die Gewässer und zu einem erhöhten Aufwand für den Kanalisationsbetrieb.

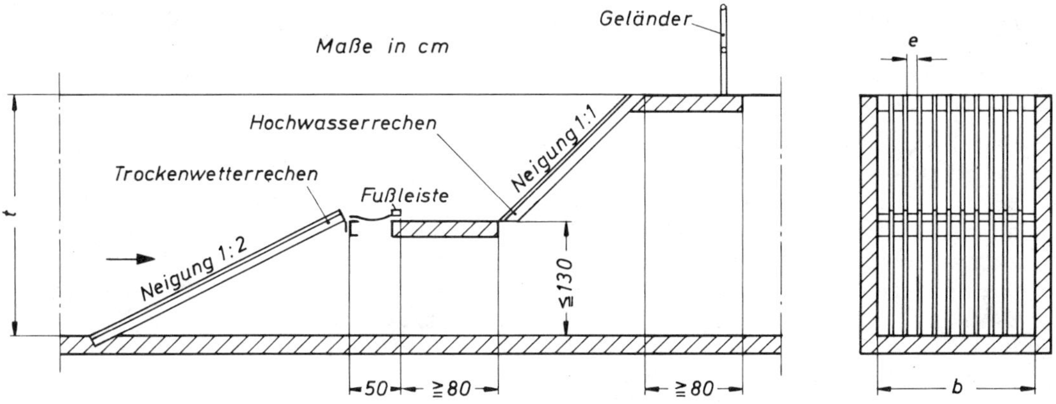


*Kammerbreite* $b$ = 40; 50; 60; 80; 100; 125; 160; 180; 200; 225; 250

*Spaltweite* $e$ = 4; 6; 8; 10

*Die Kammertiefe* $t$ *ist jeweils den örtlichen Verhältnissen entsprechend zu wählen*

Bild 3.2-3. Stabrechen für Reinigung von Hand.

Neuere Erkenntnisse haben gezeigt, daß das Entwässerungsnetz und die Kläranlage als einheitliches System zu betrachten sind, da beide technischen Komplexe durch Wechselwirkungen voneinander abhängig sind. Vor allem das erklärte Ziel einer verbesserten Niederschlagswasserbehandlung zur Minderung der in die Gewässer abgeleiteten Schmutzfrachten wird die konstruktiven Anforderungen an Rechenmaschinen beeinflussen, da sich die Zusammensetzung und die Menge des Rechengutes bei der neuen Konzeption verändern wird.

Nach dem Bau von Regenbecken wird über längere Zeit nachlaufendes Mischwasser mit einem überdurchschnittlichen Anteil an Rechengut, Sand und absetzbaren Stoffen der Kläranlage zugeführt werden. Deshalb ist zu empfehlen, die Förderaggregate bzw. Drosselstrecken im Bereich der Regenbecken mit den hydraulischen und abwassertechnischen Kenndaten der nachgeschalteten Reinigungsanlage abzustimmen. Daraus lassen sich dann die veränderten konstruktiven und betrieblichen Anforderungen für die Rechenanlagen eindeutig ableiten. Fehlt diese planerische Abstimmung, können böse Überraschungen nicht ausbleiben und es kommt zu kostenaufwendigen Nachbesserungen.

Der nach den allgemein anerkannten Regeln der Technik ausgebildete Rechen wird heute maschinell geräumt und automatisch gesteuert. Nur so ist eine ständige betriebssichere Funktion gewährleistet. Bei dem derzeitigen Stand der Maschinen-, Elektro- und Steuerungstechnik lassen sich unterschiedliche Anforderungen dem individuellen Einsatzfall anpassen. Es ist angezeigt, die baulichen Grundsätze und die maschinentechnischen Forderungen möglichst frühzeitig zu koordinieren.

### *3.2.3 Wirkungsweise von Rechenanlagen*

Wichtiges funktionales Element einer Rechenanlage ist der Rechenrost. Dieser wird entsprechend der Bauart mit unterschiedlichem Neigungswinkel zur Fließrichtung des Abwassers in das erweiterte offene Gerinne fest eingebaut. Die Stäbe des Rosten erhalten gleichen Abstand zueinander. Je nach Einsatzfall (z.B. Grob- oder Feinrechen) ist der Stababstand zu wählen. Grobrechen erhalten Durchgänge von 50–100 mm. Für Feinrechen kann man den Stababstand zwischen 15 mm und 30 mm variieren. Spaltweiten von 20 bis 30 mm haben sich gut bewährt.

Beim Durchfließen des Abwassers werden vom Rost grobe Schwebestoffe zurückgehalten. Der Rückhalteeffekt stellt sich ein, wenn die Abmessungen der schwimmenden Bestandteile entweder größer als die Spaltweite des Rechenrostes sind oder wenn die Materialien beim Anströmen quer zum Durchgang antransportiert werden. Daraus folgt, daß die mehr oder weniger zufällige Orientierung der Schwebestoffe zum Rechenrost für die Belegungsintensität eine Rolle spielt. Diese Aussage gilt vor allem zu Beginn des Räumintervalls. Mit zunehmender Belegung verstärkt sich die Intensität der Rückhaltung. Dann hängt die Rückhaltewirkung nicht mehr allein vom Durchgangsquerschnitt und dem zufälligen Anströmverhalten des Rechengutes ab.

Rechenrost und zurückgehaltenes Rechengut bilden eine Sieb- oder Filterfläche, die auch wesentlich kleinere Inhaltsstoffe aus dem Abwasserstrom zurückhält. Turbulenz vor dem Rechenrost begünstigt einen schnelleren Aufbau des Filters. Im Gegensatz dazu fördern laminare Strömungsverhältnisse bei freiem Rechen das Durchfließen von Faserstoffen. Mit steigendem „Filterwiderstand" des belegten Rechens kommt es zu einem sich vergrößernden Aufstau im Gerinne, d.h. zu veränderten Fließgeschwindigkeiten vor dem Rost, innerhalb und oberhalb der Filterfläche sowie hinter den Rechenstäben. Nach Reinigung des Rostes gleichen sich die Wasserspiegel entsprechend den vom Planer gewählten hydraulischen Verhältnissen wieder an. Deshalb kann man von einem in Intervallen ablaufenden und sich wiederholenden Prozeß sprechen, der zeitabhängig von unterschiedlichen Faktoren beeinflußt wird. Die Zeitdauer des Räumintervalls ist von der durch die hydraulischen Verhältnisse als zulässig vorgegebenen Stauhöhe, von der aktuell zufließenden Wassermenge sowie von der Menge und Zusammensetzung der Schwebestoffe abhängig. Bei der Auswahl des Rechentyps ist hierauf besonders zu achten. Die Maschine muß mit ihrer Räumgeschwindigkeit eine ausreichende Sicherheit für die Einhaltung des Räumintervalls gewährleisten können.

Die Elimination des Rechengutes wird vor allem bestimmt durch die Faktoren

- Spaltweite,
- Turbulenz im Anströmbereich,
- Belegungsdichte,
- Dauer des Räumintervalls.

Diese Aufzählung verdeutlicht, welche komplexen Effekte beim Entwurf beachtet werden müssen.

### *3.2.4 Bemessung der Rechenanlagen*

Im Abschnitt 3.2.3 wurden die Einflußfaktoren besprochen, die die Rückhalteintensität und damit auch die erforderliche Räumgeschwindigkeit bestimmen. Für die baulichen Abmessungen und die maschinentechnischen Gestaltungsgrundsätze gelten sie in gleicher Weise. Es wird deshalb noch einmal an die Abwassermenge, den zulässigen Rückstau bzw. die zulässige Spiegeldifferenz vor und hinter dem Rost und die Belastung des Abwassers mit Rechengut als abwassertechnische und hydraulische Randbedingungen erinnert.

Obwohl der unbelegte Rechenrost nur einen verhältnismäßig geringen Rückstau zur Folge hat und die Konstruktion des Rostes deshalb nicht allein an besonders profilierte, strö-

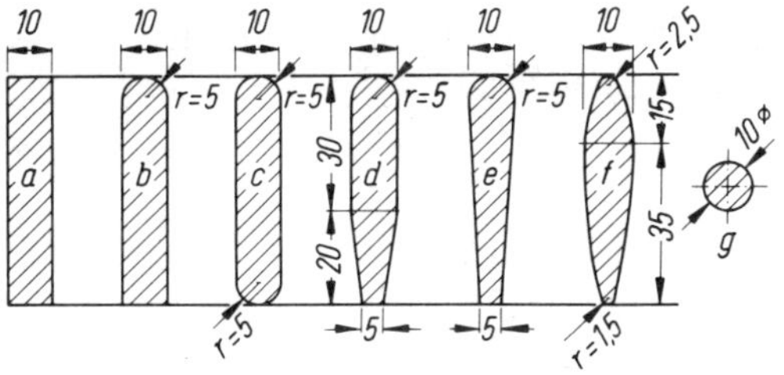


$\beta$ = 2,42 1,83 1,67 1,035 0,92 0,76 1,79

Bild 3.2-4. Stabquerschnitte.

mungsgünstige Stabformen gebunden ist, sollte der Planer beim Entwurf als orientierenden Schritt auch den Strömungswiderstand des unbelegten Rostes ermitteln. Hierzu dient die Formel von *Kirschmer* (141):

$$h = \beta \left(\frac{s}{b}\right)^{4/3} \cdot \frac{v^2}{2g} \cdot \sin \delta$$

In dieser Gleichung bedeuten:

$h$ = Stauverlust (m)
$s$ = größte Stabdicke in (m) entgegen der Strömung
$b$ = geringste lichte Stabweite (m)
$\frac{v^2}{2g}$ = Geschwindigkeitshöhe (m) vor dem Rechen
$\delta$ = Neigungswinkel (DEG) des Rostes gegen die Horizontale
$\beta$ = Formfaktor des Rechenstabprofils.

Der Formfaktor $\beta$ berücksichtigt den Einfluß der verschiedenen Stabquerschnitte entsprechend folgender Bewertung (Bild 3.2-4).

Die Berechnung des theoretischen Strömungswiderstandes hat eine vergleichsweise geringe Bedeutung, da dieser nur für kurze Zeit, d.h. für den Zustand bei völlig unbelegtem Rechen gültig ist. Sobald die Belegung beginnt, werden für die Differenzhöhe vor und hinter dem Rost andere Einflußgrößen bestimmend (s. Abschnitt 3.2.3).

Deshalb werden zusätzliche Empfehlungen für die Entwurfsarbeit gegeben.

Zunächst wählt der Planer überschläglich die Kammerbreite eines Grobrechens. Die durch die Rechenstäbe beanspruchte Breite wird dann berechnet. Der verbleibende freie Querschnitt ist so zu gestalten, daß vor dem Rost für den Trockenwetterzufluß bei Tag eine Fließgeschwindigkeit v $\geqslant$ 0,5 m/s eingehalten wird. Die normale Belegung des Rostes mit Rechengut ist durch einen Beiwert zu berücksichtigen. Dieser Faktor sollte bei maschinell geräumten Grobrechen mit $f$ = 0,75 gewählt werden.

Für die Bestimmung der Kammerbreite eines Feinrechens ergibt sich vorteilhaft folgende, ebenfalls schrittweise zu vollziehende Rechnung:

Man geht davon aus, daß der freie Rechenquerschnitt die gleiche Breite erhält wie das normale, nicht aufgeweitete Gerinne. Weiterhin ist zu fordern, daß sich unmittelbar vor dem Rost, also in der erweiterten Rechenkammer, eine Geschwindigkeit bei Trockenwetterverhältnissen von v $\geqslant$ 0,5 m/s einstellt. Die Einhaltung einer unteren Grenze für die Fließgeschwindigkeit ist notwendig, um Sandablagerungen zu vermeiden. Der Sand soll nicht in der Rechenkammer liegenbleiben, sondern erst im nachgeschalteten Sandfang ausgeschieden werden.

Ist also die Summe der Rechenspalte der vorab gewählten Gerinnebreite gleich, so kann man für die Kammerbreite folgende Gleichung aufstellen:

$$b = \left(\frac{b_g}{e} - 1\right)(s + e) + e$$

In dieser Formel bedeuten:

$b$ = Kammerbreite (mm)
$b_g$ = Gerinnebreite (mm)
$e$ = Spaltweite (mm)
$s$ = Stabdicke (mm)

Diese Bezeichnungen sind der DIN 19 554 Teil 1, Kläranlagen; Rechenbauwerke mit geradem Rechen, Hauptmaße, April 1977, entnommen (68).

Bild 3.2-5 gibt einen Auszug der DIN wieder. Vor allem sind die genormten Abstufungen der Kammerbreite und weitere Hauptmaße dem DIN-Blatt zu entnehmen. Legt man praxisübliche Rostabmessungen zugrunde (z.B. Spaltweite $e$ = 20 mm und Stabdicke $s$ = 10 mm), dann ergibt sich eine Kammerbreite, die eine Aufweitung von etwa 25 % bei großen und bis zu 60 % bei kleinen Gerinnen erforderlich macht. Die oben genannte Formel für die Kammerbreite ist in Bild 3.2-6 als Nomogramm wiedergegeben. Mit Hilfe dieser Fluchtlinientafel können Kammerbreite und Zahl der Stäbe graphisch ermittelt werden. Dies erleichtert die Entwurfsarbeit, da durch mehrmaliges Rechnen die Abmes-

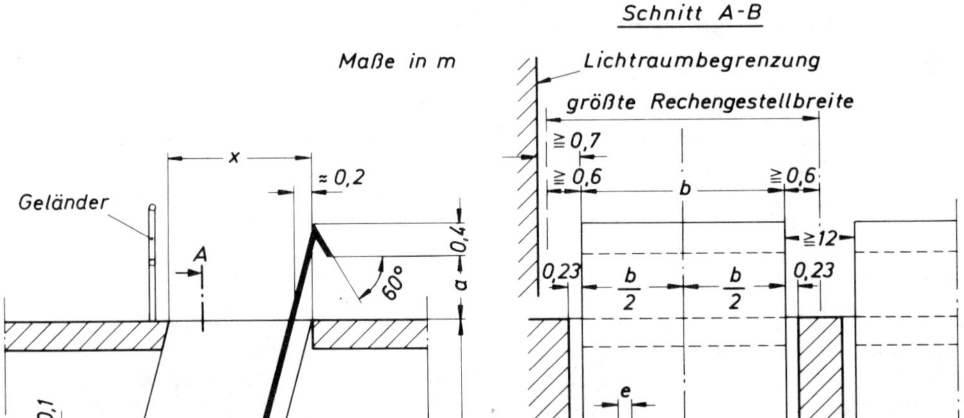


Bild 3.2-5. Rechenbauwerk mit geradem Rechen nach DIN 19 554 Teil 1 (68).

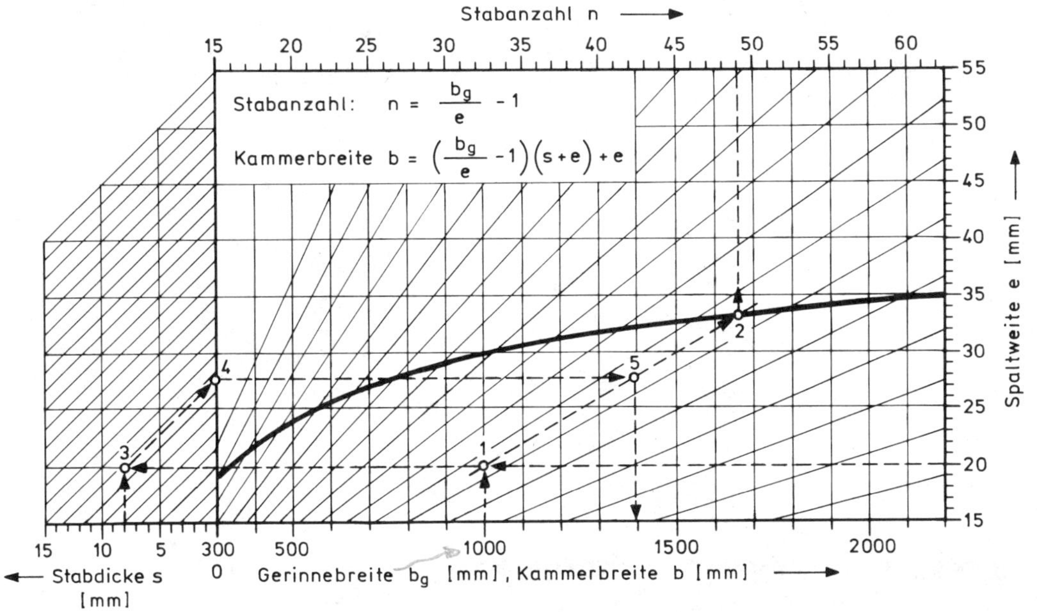


Bild 3.2-6. Bemessungsnomogramm für Rechenbauwerk mit geradem Rechen.

sungen der Feinrechenanlage und der normale Gerinnequerschnitt einander angepaßt werden müssen. Es wird darauf hingewiesen, daß im Zulaufgerinne durch entsprechende konstruktive Gestaltung etwa eine um den Faktor $b/b_g$ höhere Geschwindigkeit als vor dem Rost in der Rechenkammer anzustreben ist. Bei dem rechnerischen Annäherungsverfahren müssen Sohl- bzw. Wasserspiegelgefälle, Querschnittsgestaltung des Zulaufgerinnes, Fülltiefen, zulässiger Rückstau und gewählte Spiegeldifferenz für die automatische Steuerung beachtet und gegebenenfalls variiert werden.

Im Bild 3.2-6 ist als Beispiel die Gerinnebreite mit 1000 mm, die Spaltweite mit 20 mm, die Stabdicke mit 8 mm gewählt worden. Über die Punkte 1 und 2 bestimmt man die Stabanzahl ($n$ = 49) und über die Punkte 1, 3, 4 und 5 die Kammerbreite ($b$ = 1392 mm). Gewählt werden sollte die Normbreite $b$ = 1400 mm. Es wird darauf aufmerksam gemacht, daß auch andere, aus der Praxis abgeleitete Formeln gebräuchlich sind, die einen Belegungsgrad des Rechenrostes berücksichtigen und somit zu größeren Kammerbreiten führen.

Wenn die konstruktive Anpassung wegen der vorgegebenen hydraulischen Verhältnisse durch bauliche Gestaltung allein nicht gelingt, kann der Einbau einer *Schierbaum*'schen Klappe sich günstig auswirken (Bild 3.2-7). Auch die Installation einer Belüftung zur Erhöhung der Turbulenz vor dem Rechenrost vermeidet Ablagerungen.

Bislang ist über die untere Grenze der Fließgeschwindigkeit als ein für die Konstruktion wichtiger Faktor gesprochen worden. Aber auch eine Maximalgeschwindigkeit muß beachtet werden, damit die Funktion der Rechen erhalten bleibt. Die Erfahrung spricht dafür, die Fließgeschwindigkeit bei Mischwasserzufluß nicht über v ≅ 1,8–2,0 m/s ansteigen zu lassen.

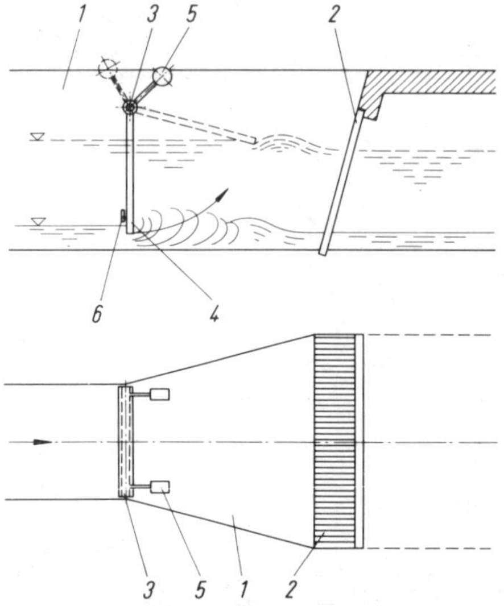


1. Abwasserrinne
2. Rechen
3. Drehachse
4. Bewegliche Klappe
5. Gegengewicht
6. Anschlag

Bild 3.2-7. Schierbaum'sche Klappe.

Bild 3.2-8. Rechenanlage mit 4 Kammern für ein großes Klärwerk (Archiv Ruhrverband).

Muß man auf einer Kläranlage große Schwankungen des Zulaufs beachten, empfiehlt es sich, mehrkammerige Anlagen zu planen. Diese modulare Bauweise bietet Vorteile für einen flexiblen Betrieb und im Reparaturfall fällt nicht die gesamte Rechenanlage aus. Die Aufteilung in zwei oder mehr Straßen kommt vor allem auch bei sehr großen Klärwerken in Betracht (Bild 3.2-8).

Im Normalfall wird nur eine Kammer gewählt. Dann sollte aber im Regelfall ein Notumlauf gebaut werden. Verzichtet man auf den Bypass, so ist im Reparaturfall der Zulauf überzupumpen. Auf jeden Fall sind vor und hinter der Rechenkammer Dammbalkenverschlüsse zur Abschottung vorzusehen.

### *3.2.5 Kennzeichnende Konstruktionsmerkmale von Rechen*

In diesem Abschnitt werden die für die unterschiedlichen Modelle kennzeichnenden Konstruktionsmerkmale beschrieben. Bild 3.2-9 stellt eine systematische Gliederung nach den Räumverfahren dar. Damit liegt eine Übersicht vor, die das Verständnis der nachfolgenden Erläuterungen erleichtern soll.

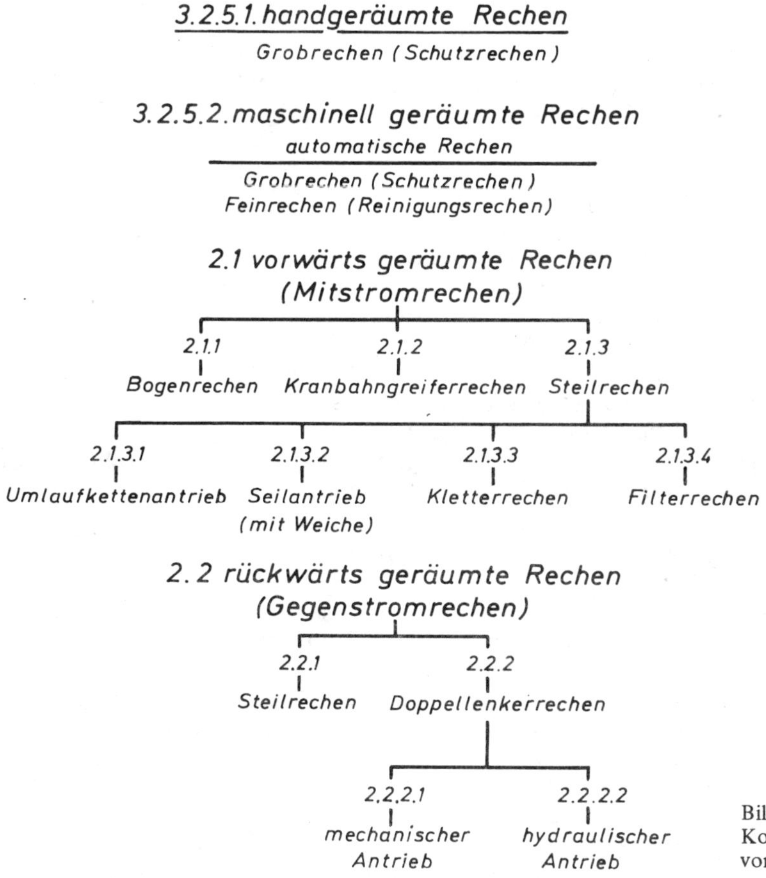


Bild 3.2-9.
Konstruktionsmerkmale
von Rechen.

### *3.2.5.1 Handgeräumte Rechen*

Heute Verwendung im wesentlichen nur noch als Schutzrechen mit großer Spaltweite (> 50 mm) (Bild 3.2-1 und 3.2-3, Seite 74 und 77).

### *3.2.5.2 Maschinell geräumte Rechen*

Maschinell geräumte Rechen werden als Schutzrechen (Grobrechen) sowie Reinigungsrechen (Feinrechen) installiert und vorzugsweise automatisch betrieben. Als Steuerelement hat sich die Spiegeldifferenzschaltung durchgesetzt (Abschnitt 3.2.6). Diese kann mechanisch oder pneumatisch arbeiten. Die letztgenannte Methode wird heute fast nur noch angewendet. Die maschinell geräumten Rechen lassen sich in zwei große Gruppen einordnen:

- Mitstromrechen,
  die durch die Maschine von der Beaufschlagungsseite gereinigt werden und
- Gegenstromrechen,
  bei denen die Entfernung der Sperrstoffe von der nicht beaufschlagten Seite erfolgt.

#### 3.2.5.2.1 Vorwärtsgeräumte Rechen (Mitstromrechen)

Dieses Räumverfahren wurde bis vor einigen Jahren in großer Typenvielfalt mit Vorrang eingesetzt. Gebräuchliche Konstruktionen sind:

##### 3.2.5.2.1.1 Bogenrechen nach DIN 19 554 Teil 2

Der Einsatz beschränkt sich auf kleine Kläranlagen mit engen Gerinnen (Bild 3.2-10). Der viertelkreisförmige Rechenrost wird so in die Rechenkammer eingebaut, daß sein unteres Ende tangential an die Sohle anschließt. Um das Zentrum des Viertelkreises drehen sich ein oder mehrere Arme, deren Ende als Reinigungskämme ausgebildet sind. Diese Reinigungskämme greifen in den Rost und räumen so die Schmutzstoffe aus dem Abwasser. Eine Abstreifvorrichtung oberhalb des Viertelkreises wirft dann das Rechengut ab. Der Bogenrechen ist eine einfache und betriebssichere Konstruktion, die einen geringen Wartungsaufwand benötigt. Nachteilig wirkt sich aus, daß das Rechengut nur aus dem Gerinne herausgehoben werden kann und zwischengelagert werden muß. Zum endgültigen Abtransport muß das Rechengut nochmals umgeladen werden.

##### 3.2.5.2.1.2 Kranbahngreiferrechen

Bild 3.2-11 zeigt einen Kranbahngreiferrechen. Dieser Typ ist gekennzeichnet durch einen mehr oder weniger geneigten Rost, der mit Hilfe eines Greifers gereinigt wird. Dieser hängt an einer Laufkatze und wird von oben zwischen die Rechenstäbe geführt, bis zur Sohle herabgelassen und dann geschlossen. Das erfaßte Rechengut wird gehoben und durch Verfahren des gefüllten Greifers an der Kranbahn zu einem Container oder abseits gelegenen Abladeplatz transportiert. Öffnen und Schließen kann man den Greifer mechanisch oder hydraulisch. Bei breiten Gerinnen läßt sich das Räumaggregat für das jeweils nachfolgende Reinigungsintervall um seine Konstruktionsbreite versetzen. So kann man Schritt für Schritt den gesamten Rechenrost vom Geschwemmsel befreien. Auch für große Gerinnebreiten kommt man mit einer Reinigungsmaschine aus, die große Hubhöhen überwindet und das Rechengut an einem geeigneten Standort abladen kann. Der Kranbahngreiferrechen hat vor allem bei Pump- und Kraftwerken sowie offenen Bachläufen seine Vorteile. Die schrittweise Reinigung und die verhältnismäßig langen Transportwege zwingen oft zu einem längeren Räumintervall. Deshalb ist der Einsatz im Zulauf für Kläranlagen nur bedingt möglich.

Bild 3.2-10.
Bogenrechen (Archiv Ruhrverband).

Bild 3.2-11. Kranbahngreiferrechen (Werksfoto der Fa. Apparatebau Münster, Krempe).

### 3.2.5.2.1.3 Steilrechen nach DIN 19 554 Teil 1

Gerade Stabrechen mit einem Einbauwinkel zwischen ca. 70 und 90 ° sind die am häufigsten verwendete Konstruktion. Die Steilrechen haben als gemeinsames Merkmal den Vorteil, daß der Planer die Abwurfhöhe für das Rechengut frei wählen kann. Durch dieses Merkmal bedingt, lassen sich sowohl Container als auch Förderbänder einsetzen. Das unhygienische und zeitaufwendige Umladen des Rechengutes entfällt. Auch weitere Behandlungsschritte lassen sich durch die Verwendung von Rechengutpressen bzw. Rechengutförderpressen vollziehen. Dabei sind Mengenbilanz, Lagerzeit und Transportwege zu berücksichtigen.

#### 3.2.5.2.1.3.1 Steilrechen mit Umlaufkettenantrieb (Bild 3.2-12)

Wie bereits erwähnt, läßt sich die Rechenmaschine mehr oder weniger steil zur Fließrichtung des Abwassers geneigt anordnen. Der im Gerinne fest eingebaute Rost geht oberhalb des maximal zulässigen Wasserspiegels in eine Schürze über, auf der das Rechengut bis zum Abwurf hochgezogen wird. Ein am Rechengerüst angeordneter beweglicher Abstreifer wirft das Rechengut ab. Durch ein Getriebe werden über ein Vorgelege zwei endlose Laschenketten angetrieben. Der Räumwagen ist an jeweils gegenüberliegenden Gliedern befestigt. Die unteren Räder des Räumwagens laufen mit der Kette um. Im Gegensatz dazu werden die oberen Räder in einer Führung lediglich auf und ab bewegt. Durch diese Konstruktion erreicht man, daß die am Räumwagen befestigte Rechenharke kurz über der Sohle in den Rost hineingeführt bzw. nach Abwurf des gesammelten Materials wieder herausgeschwenkt wird.

Bild 3.2-12. Greiferrechen mit Förderband zum Rechengutabtransport in Container (Werksfoto der Fa. Passavant, Aarbergen).

Der Umlaufkettenantrieb ist eine Zwangsführung. Man muß Sicherheitseinrichtungen installieren, die beim Blockieren des Eingreifens der Rechenharke die Maschine sofort abschalten; sonst könnte es zur Beschädigung der Konstruktion kommen.

Die Ketten erfordern eine laufende Kontrolle. Der Übergang zwischen Rechenrost und oberhalb gelegener Schürze ist besonders sorgfältig auszubilden, damit das Rechengut nicht abgeschnitten wird. Anderenfalls fällt das Material hinter dem Rost wieder in das Gerinne zurück.

3.2.5.2.1.3.2 Steilrechen mit Seilantrieb

Bei diesem Modell wird der Räumwagen durch seitlich angeordnete Seile auf und ab bewegt. Im oberen Teil des Rechengerüstes sind auf einer Welle zwei Windentrommeln angeordnet. Auf diesen Windentrommeln rollen sich die Seile auf und ab. Der Räumwagen durchläuft beim Absenken mit seinen unteren Rädern eine Weiche, durch die der Rechenkamm in Eingriff gebracht wird. Im oberen Teil durchläuft der Rechenwagen nach dem Abstreifen ebenfalls eine Weiche und stellt sich so für den nächsten Räumhub wieder in die Ausgangsposition. Es ist wichtig, eine Schlappseilsicherung einzubauen. Das Betriebspersonal muß die Seile turnusmäßig überwachen. Ebenso ist auf ein sicheres Funktionieren der Weichen zu achten.

3.2.5.2.1.3.3 Kletterrechen

Der im Bild 3.2-13 dargestellte Kletterrechen gehört ebenfalls zur Gruppe der häufig eingesetzten Steilrechen. Diese Konstruktion ist durch die an den Gerinnewänden oberhalb

Bild 3.2-13. Kletterrechen mit einem von Triebstockzahnstangen geführten Kammwagen (Werksfoto der Fa. H. Geiger, Karlsruhe).

des Wasserspiegels angeordneten, feststehenden Zahnstangen gekennzeichnet. In diese Zahnstangen greifen beiderseits Zahnritzel ein, die von einem auf dem Rechenwagen montierten Getriebemotor synchron angetrieben werden.

Durch ovale, die Triebstockzahnstangen umschließende Führungen werden die Ritzel, die gleichbleibenden Drehsinn haben, in einer Weise bewegt, daß sie auf der Rückseite der Zahnstangen empor- und auf der Vorderseite herabklettern. Durch die Querbewegung an den Umkehrpunkten wird die Rechenharke ein- und ausgeschwenkt.

Da keine Ketten oder Seile vorhanden sind, werden Nachstellungen nicht erforderlich. Ein eventueller Verschleiß an den Antriebsritzeln führt bei dieser robusten Konstruktion nicht zu einer Schrägstellung des Kammwagens und damit nicht zu einem plötzlichen Betriebsausfall.

#### 3.2.5.2.1.3.4 Filterrechen

Diese Sonderform zeichnet sich dadurch aus, daß Kettenglieder zu einem endlosen Band zusammengeführt sind und durch ihre spezielle Gestaltung als Filter wirken. Die Spaltweite kann man zwischen 1 und 30 mm variieren. In der Rechenkammer ist die untere Umlenktrommel so angeordnet, daß das Abwasser durch das Filterband strömen muß. Das abgesiebte Gut wird von dem umlaufenden Band über die obere Umlenktrommel gehoben und dann abgeworfen. Das Filterband läßt sich durch Abspritzen bzw. durch Bürsten reinigen. Der Filterrechen eignet sich vorzugsweise dort, wo das Rechengut eine gleichmäßige Zusammensetzung hat und große Fäkalanteile nicht auftreten.

#### 3.2.5.2.2 Rückwärtsgeräumte Rechen (Gegenstromrechen)

Als kritisches Merkmal von Mitstromrechen wurde bereits angemerkt, daß das Rechengut an der Übergangskante vom Rost zur Schürze abgeschert werden kann und dann in das Gerinne zurückfällt. Will man diesen fertigungstechnisch schwer beherrschbaren Übergang vermeiden, so können die Rechenstäbe oben freistehend ausgebildet werden. Diese Anordnung ermöglicht den Räumvorgang von beiden Seiten. Sicherer lassen sich aber die Grobstoffe von der nicht beaufschlagten Seite her herausheben, weil ein Verklemmen oder Blockieren der Harke durch vor dem Rost liegende Sperrstoffe nicht möglich ist.

Gegenstromrechen werden als Steilrechen und als Anlagen mit Doppellenkerreinigungsmaschinen gebaut. Alle rückwärtsgeräumten Konstruktionen haben als kennzeichnendes Merkmal gemeinsam, daß der Rechenrost senkrecht steht und nach oben offen ist. Zur Zeit wird am dritten Teil der DIN 19 554, der die Gegenstromrechen behandelt, gearbeitet.

#### 3.2.5.2.2.1 Rückwärtsgeräumte Steilrechen

Sie haben ähnliche Eigenschaften wie die bereits beschriebenen vorwärtsgeräumten Ausführungen. Der Rechenwagen wird wie bei diesen entweder durch Umlaufketten oder Seile in Verbindung mit Weichen bewegt.

#### 3.2.5.2.2.2 Doppellenkerrechen

Um kurze Räumwege und damit auch kurze Räumintervalle zu erhalten, sind Konstruktionen entwickelt worden, bei denen die Räumharke an einem Doppellenker angeordnet ist. Ein Parallelführungsgestänge sorgt für die waagerechte Ausrichtung der Harke auch

Bild 3.2-14. Rückwärtsgeräumter Doppellenkerrechen mit hydraulischem Antrieb (Archiv Ruhrverband).

während des Räumeingriffs in den in der Kammer freistehenden Rost. Das Rechengut wird nach oben herausgestreift und bis über die vorgesehene Abwurfstelle gehoben. Hier wird das Rechengut von einem an der Rechenharke befindlichen Abstreifer heruntergeschoben. Die Abwurfhöhe ist anpaßbar. Durch die vergleichsweise niedrige Bauhöhe im Verhältnis zur möglichen Hubhöhe ist eine Einhausung dieses Rechens nicht aufwendig. In vielen Fällen reicht hierfür eine modifizierte Fertiggarage aus.

3.2.5.2.2.2.1 Mechanisch angetriebene Doppellenkerrechen

Der Antrieb erfolgt über Getriebemotoren, die Gewindespindeln antreiben, welche den Ablauf der Bewegungen bewirken.

3.2.5.2.2.2.2 Hydraulisch angetriebene Doppellenkerrechen (Bild 3.2-14)

Sämtliche notwendigen Bewegungen werden durch Hydraulikzylinder bewirkt. Das Hydraulikaggregat kann direkt im Ständer der Reinigungsmaschine angeordnet sein oder auch getrennt an anderer Stelle stehen (Überflutungsmöglichkeit, Ex-Schutz).

### *3.2.6 Hinweise zur elektrotechnischen Ausrüstung*

Wie bereits erwähnt, arbeiten moderne Rechenreinigungsmaschinen grundsätzlich automatisch. Für Wartungs- und Reparaturzwecke müssen sie jedoch auch von Hand betrieben werden können, d.h. es muß ein Hand-Automatik-Umschalter vorhanden sein. Im Automatikfall werden die Wasserstände vor und hinter dem Rechen gemessen und in einem dafür geeigneten Gerät verglichen. An diesem Gerät muß die Wasserspiegeldifferenz, bei der die Rechenreinigungsmaschine einen Arbeitsgang beginnen soll, einstellbar sein. Hat eine Rechenanlage einen Wasserumlauf, so muß bei Erreichen des entsprechenden Wasserspiegels die Maschine auf Dauerbetrieb geschaltet werden, da das umlaufende Wasser die Wasserstände vor und hinter dem Rechen ausgleicht. Aus diesem Grunde soll bei parallel arbeitenden Rechenanlagen, die hinter dem Rechen eine Verbindung haben, nur eine Spiegeldifferenzmessung eingesetzt werden.

In Schwachlastzeiten würden die groben Schwebestoffe lange vor dem Rost verweilen, ehe es zum Räumvorgang kommt. Es ist deshalb zweckmäßig, die Steuerung der Maschine zusätzlich mit einer Zeitsteuerung zu versehen, die in einstellbaren Zeitabständen einen Reinigungsvorgang veranlaßt ohne die eingestellte Spiegeldifferenz abzuwarten. Dies ist auch vorteilhaft im Winterbetrieb. Als Spiegeldifferenzmeßeinrichtung hat sich das Lufteinperlverfahren sehr bewährt. Die Luftleitungen müssen wegen der Kondenswasserbildung ein zum Luftaustritt gerichtetes Gefälle haben. Die Wasserstände lassen sich auch durch Schallsonden oder untergetauchte Meßwertaufnehmer ermitteln. Die beiden letztgenannten Methoden sind relativ teuer. Die Messung mit untergetauchten Meßwertaufnehmern wird allerdings bei geringen Wasserständen problematisch. Die Rechenreinigungsmaschine sollte vor dem Abstreifen des aufgenommenen Rechengutes eine gewisse Zeit lang über der Rinne verharren, damit Wasser abtropfen kann.

Ein Hub- oder Betriebsstundenzähler gibt für die Organisation vorsorglicher Wartungsarbeiten wichtige Informationen. Ein Not-Aus-Schalter ist zu installieren. Die Schutzeinrichtungen und Endschalter müssen auch bei Handschaltung wirksam bleiben.

Ist der Schaltschrank tiefen Temperaturen ausgesetzt, sollte man eine Heizung einbauen. Der Innenausbau muß VBG 4 genügen. Für freistehende Rechenanlagen ist in der Regel keine Ex-Gefährdung zu unterstellen. Bei Rechenanlagen in Gebäuden sind die einschlägigen Vorschriften der zuständigen Berufsgenossenschaften zu beachten.

## 3.3 Sandfänge

### *3.3.1 Aufgabe und Zweck*

Aus Gründen der Betriebssicherheit ist bei vielen Abwasser- und Schlammbehandlungseinheiten einer Kläranlage zumeist die Trennung der im Abwasser mitgespülten Sande und anderer mineralischer Stoffe von den faulfähigen, organischen Stoffen erforderlich.

Die Entsandung des Abwassers soll betriebliche Störungen ausschalten, wie z.B. versandete Belüftungsbecken und Störungen der Umwälzströmung in Flockungsbecken, erhöhten Verschleiß bei Rühr- und Paddelwerken, Schäden an Schlammräumanlagen, verstopfte Schlammabzugseinrichtungen und Schlammtransportleitungen, sehr häufig versandete Schlammabzugstrichter, Emscherbrunnen und Faulbehälter sowie einen allgemein höheren Materialverschleiß bei maschinellen Ausrüstungen durch Sand.

Die für die Entsandung des Abwassers gebräuchlichen Einrichtungen werden je nach Konstruktionsart und Betriebsweise als Tief-, Flach-, Rund- und belüftete Sandfänge bezeichnet. Sie sollen folgende Bedingungen erfüllen:

Ausscheidung des Sandes und des anorganischen Materials bis zu einem Korndurchmesser von 0,2 bis 0,1 mm

Trennung dieser Stoffe von den faulfähigen, organischen Schlammstoffen.

Eine vollständige Klassierung zwischen mineralischen und organischen Stoffen ist nicht möglich, da grobe Nahrungsmittelreste, pflanzliche und tierische Abfälle einen wesentlich größeren Durchmesser und damit eine höhere Sinkgeschwindigkeit als Feinsande im Abwasser haben. Im Hinblick auf einen störungsfreien Kläranlagenbetrieb ist daher mehr Gewicht auf die Entfernung der Feinsande aus dem Abwasser, als auf die Gewinnung reiner Sande zu legen.

Bei Ablagerung von Sand mit einem höheren Anteil an organischen Stoffen auf Stapelplätzen können Geruchsbelästigung und Fliegenplage auftreten, vor allem wenn das Sandfanggut aufgespült wird und nicht schnell hinreichend entwässert. Durch Abdecken des Sandfanggutes oder durch Abstreuen und Besprühen mit Desinfektionsmitteln und desodorierenden Stoffen können die hygienischen Verhältnisse verbessert werden. Eine Entwässerung des Sandfanggutes in nachgeschalteten Betriebseinheiten siehe 3.3.5 verringert die Gefahr der Umweltbelästigung, da erdfeuchtes Material auf Stapelplätzen auf kleinen Flächen gut eingebracht werden kann, schnell abtrocknet und weniger Geruch emittiert.

### *3.3.2 Anordnung*

Sandfänge werden zweckmäßig im Zulauf hinter Rechenanlagen angeordnet, um Grob- und Faserstoffe fernzuhalten. Die Anordnung einer Umlaufrinne zur Entlastung des Sandfanges bei höheren Zuflüssen ist falsch, da besonders bei Regenwetter Sand abgespült und infolge der größeren Turbulenz in Schwebe gehalten wird. Aus dem gleichen Grunde ist auch der Einbau von horizontalen Leitblechen zur Abtrennung der oberen Wasserschichten nicht richtig. Der Sandfang sollte grundsätzlich für den Durchfluß der maximalen Zuflußmenge bemessen werden.

Wird für die Kläranlage ein Abwasserpumpwerk erforderlich, ist es zumal bei schwierigen Gelände-, Baugrund- oder Grundwasserverhältnissen wirtschaftlicher, den Sandfang nachzuschalten. Pumpen, die für Abwasserförderung konstruiert sind, werden durch im Abwasser enthaltene Sande zwar stärker abgenutzt, aber nicht entscheidend gestört.

Auf Forderungen, die an Sandfänge auf Grund ihrer speziellen Konstruktion zu stellen sind, wird bei der Beschreibung der verschiedenen Sandfangsysteme besonders hingewiesen.

### *3.3.3 Theoretische Grundlagen*

Wirkungsgrad und Klassiereffekt eines Sandfanges werden durch die Bemessung, durch die Konstruktionsart und durch die Betriebsweise bestimmt. Üblicherweise wird der Sand vorwiegend unter dem Einfluß der Schwerkraft ausgeschieden. Im ruhenden Wasser frei schwebende, nicht koagulierende Feststoffteilchen werden so lange beschleunigt, bis eine Sinkgeschwindigkeit erreicht ist, bei der die einwirkenden Kräfte aus dem Widerstand der Flüssigkeit und der Erdanziehung im Gleichgewicht stehen. Bei diesem Gleichgewicht ist die Sinkgeschwindigkeit

$$v_s = \sqrt{\frac{2g \cdot (\rho_s - \rho) \cdot V_0}{\lambda_w \cdot \rho \cdot F}} \text{ in cm/s}$$

Es sind:

$v_s$ = Sinkgeschwindigkeit in cm/s
$g$ = Erdbeschleunigung in cm/s²
$\rho_s$ = Dichte des Feststoffteilchens in g/cm³

$\rho$ = Dichte der Flüssigkeit in g/cm³
$V_0$ = Volumen des Feststoffteilchens in cm³
$F$ = Fläche des Feststoffteilchens senkrecht zur Bewegungsrichtung in cm²
$\lambda_w$ = Widerstandsbeiwert [–].

Für kugelförmige Feststoffteilchen vereinfacht sich diese Gleichung zu

$$v_s = \sqrt{\frac{4\,g\,(\rho_s - \rho)\cdot d}{3\cdot\lambda_w\cdot\rho}} \text{ in cm/s}$$

Dabei ist:

$d$ = Durchmesser des Feststoffteilchens in cm

Die Sinkgeschwindigkeit von Sandkörnern im Wasser wird somit vorwiegend vom Durchmesser und spezifischen Gewicht der Sandkörner bestimmt. $\lambda_w$ ist in weiten Grenzen eine Funktion der *Reynolds*'schen Zahl *Re* deren Wert für den Sandkornbereich wiederum durch $v_s$ mitbestimmt wird. Vorgenannte Gleichungen stellen somit keine explizite Form für $v_s$ dar. Die Berechnung der Sinkgeschwindigkeit von Sand ist daher in geschlossener Form nicht möglich. Zweckmäßige Berechnungsmöglichkeiten geben *Fair-Geyer* (89) und *Kropf* (156) an. Wegen der ungleichmäßigen, vielfältigen Kornform der Sande können zudem die Widerstandsbeiwerte $\lambda_w$ hierfür nicht angegeben werden. Widerstandsbeiwerte sind nur für Kugeln hinreichend bekannt. Die Sinkgeschwindigkeiten von Sandkörnern werden in der Praxis daher zumeist nicht berechnet, sondern durch Messungen bestimmt. *Imhoff* gibt nach *Fair* (122, S. 107) für eine Abwassertemperatur von 10 °C folgende Sinkgeschwindigkeit für die aufgeführten Feststoffe an:

| Stoff | Raumgewicht | Durchmesser in mm 1,0 | 0,5 | 0,2 | 0,1 | 0,05 | 0,01 | 0,005 |
|---|---|---|---|---|---|---|---|---|
| Quarzsand | 2,65 kg/l | 502 | 258 | 82 | 24 | 6,1 | 0,3 | 0,06 m/h |
| Kohle | 1,50 kg/l | 152 | 76 | 26 | 7,6 | 1,5 | 0,08 | 0,015 m/h |
| Schwebst. häusl. Abw. | 1,20 kg/l | 122 | 61 | 18 | 3 | 0,8 | 0,03 | 0,008 m/h |

Die Wassertemperatur beeinflußt die Sinkgeschwindigkeit der Feststoffe stark, wie die Darstellung der Sinkgeschwindigkeit für Sandkugeln in Abhängigkeit vom Durchmesser und von der Wassertemperatur nach *Lane* (158) auf Bild 3.3-1 zeigt. Die angegebenen Werte gelten für den Absetzvorgang im ruhenden Wasser.

Die Abwasserreinigung wird fast immer bei kontinuierlichem Zufluß durchgeführt, so daß sich die Sande nicht im ruhenden, sondern im fließenden Wasser absetzen. Der Absetzvorgang läßt sich für laminare Strömungen, bei der keine Vermischung benachbarter Stromfäden eintritt, leicht beschreiben. Der Absetzweg eines Feststoffteilchens in einer laminaren Strömung wird durch den resultierenden Vektor aus Sinkgeschwindigkeit des Feststoffteilchens und der Strömungsgeschwindigkeit in der Absetzrinne gekennzeichnet. Wie Bild 3.3-2 zeigt, wird sich jedes Sandkorn, dessen Sinkzeit kleiner als die Durchflußzeit ist, in der Absetzrinne absetzen. Die sich aus dieser Folgerung ergebende Bemessungsgleichung, nach der die Oberfläche eines Absetzbeckens oder einer Absetzrinne gleich dem Quotient aus Abwasserzufluß und Sinkgeschwindigkeit sein soll, wurde bereits 1904 von *Hazen* (113) aufgestellt. Diese Gleichung auf Bild 3.3-2 gilt unter der getroffenen Annahme einer laminaren Strömung, wie *Fitch* (91) gezeigt hat, für Absetzbecken jeder Form und Betriebsweise.

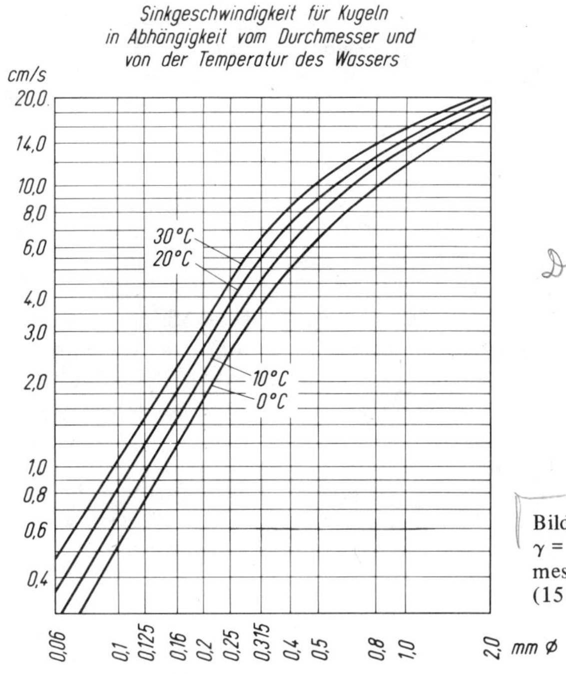


Durchmesser ↑, Temperatur ↑
⇒ Sinkgeschwindigkeit ↑

Bild 3.3-1. Sinkgeschwindigkeit für Kugeln mit $\gamma = 2{,}65\ \mathrm{g/cm^3}$ in Abhängigkeit vom Durchmesser und von der Temperatur des Wassers (158).

*Bei laminarer Strömung in rechteckiger Absetzrinne*

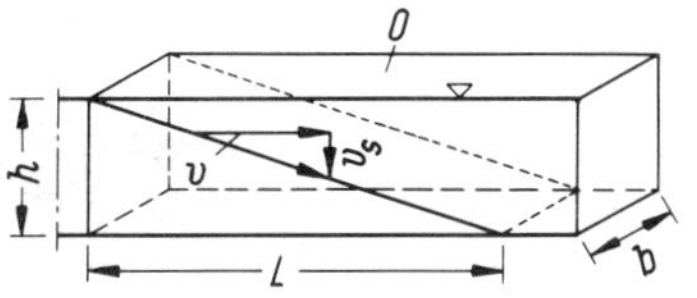


1. $L = v \cdot t_v \quad \left[\frac{m \cdot s}{s}\right]$
2. $h = v_s \cdot t_s \quad \left[\frac{m \cdot s}{s}\right]$
3. Sinkzeit $t_s$ gleich Durchflußzeit $t_v$

   $t_v = t_s = \frac{L}{v} = \frac{h}{v_s} \quad [s]$
4. Für rechteckige Absetzrinne: $v = \frac{Q}{b \cdot h} \quad [m/s]$
5. Oberfläche der Absetzrinne: $O = L \cdot b \quad [m^2]$
6. Aus 3–4 folgt: $O = \frac{Q}{v_s} \quad [m^2]$

Bild 3.3-2. Absetzvorgang in laminarer Strömung.

Die Strömung in Absetzbecken üblicher Bauart und erst recht in Sandfängen, in denen Strömungsgeschwindigkeiten von 10 bis 30 cm/s erreicht werden, ist jedoch nicht laminar, sondern immer turbulent. In einer turbulenten Strömung wird die Hauptströmung durch wirbelnde Mischbewegungen überlagert, die nicht nur die Wasserteilchen erfassen, sondern auch einen Austausch der im Wasser mitgeführten Stoffe bewirken. Durch die Mischbewegung der turbulenten Strömung werden somit die Feststoffe in senkrechter Richtung auch entgegen der Fallrichtung bewegt. Die Vorstellung eines gleichmäßigen Abgleitens von Sand in einer turbulent durchströmten Absetzrinne kann somit nicht aufrechterhalten werden. Bei hoher Strömungsgeschwindigkeit können infolge der turbulenten Mischbewegung des Wassers Feststoffe durchaus als Schwebstoffe die Absetzrinne passieren. Dieser Gefahr wird in Sandfängen durch Herabsetzen der Strömungsgeschwindigkeit auf etwa 30 cm/s oder niedriger begegnet.

Entsprechend der Zweckbestimmung der Sandfänge werden im Zulauf vorhandene Schwebstoffverteilungen der Sande daher zwangsläufig abgebaut. Durch den Aufwärtstransport der Schwebstoffe infolge des turbulenten Austausches tritt jedoch eine Verzögerung gegenüber dem Absetzvorgang im ruhenden oder laminar strömenden Wasser ein. Um den Fehler auszugleichen, der durch die verzögerte Absetzbewegung des Sandes in turbulenten gegenüber laminaren Strömungen bei der Berechnung horizontal durchflossener Sandfänge nach der Gleichung von *Hazen* entsteht, ist die ermittelte Oberfläche mit einem Korrekturkoeffizienten zu multiplizieren. Dieser Koeffizient muß gleich dem Quotient aus Sinkgeschwindigkeit $v_s$ des noch abzusetzenden Sandkornes in ruhendem Wasser und der Flächenbeschickung $v_0$ des Sandfanges sein, bei der auch in der vorherrschenden turbulenten Strömung das Sandkorn zur Sohle absinkt. Die Bemessungsgleichung von *Hazen* (113) wird somit zu

$$O = \frac{v_s}{v_0} \cdot \frac{Q}{v_s} = \frac{Q}{v_0}\,[\mathrm{m}^2].$$

Der Wirkungsgrad eines Sandfanges ist somit der Form nach weiterhin nur von der Wassermengenbeschickung seiner Oberfläche abhängig. Der Einfluß der turbulenten Mischbewegung der Strömung wird durch die für die Bemessung maßgebliche, zulässige Flächenbeschickung $v_0$ miterfaßt. Diese Gleichung wird bei der Bemessung von Absetzbecken seit langem schon allgemein angewandt. Für die Flächenbeschickung $v_0$ werden empirisch ermittelte Werte vorgegeben.

Für eine sichere Sandfangbemessung sind daher als Flächenbeschickungswerte nicht die Sinkgeschwindigkeiten des abzusetzenden Sandkornes zu wählen, sondern niedrigere Werte, durch die der Einfluß der Turbulenz ausreichend berücksichtigt wird. *Camp* (54), der sich auf eine Arbeit von *Dobbins* (77) stützt, hat unter vereinfachten Annahmen über Turbulenz- und Strömungsverhältnisse und unter der Voraussetzung einer gleichmäßigen Schwebstoffverteilung im Einlauf den Einfluß der turbulenten Mischbewegung des Wassers auf den Absetzvorgang nicht koagulierender Feststoffteilchen berechnet. Seine Ergebnisse, die für horizontal durchflossene Absetzrinnen gelten, wurden von *Kalbskopf* (128) experimentell überprüft und der Einfluß der Turbulenz auf den Absetzvorgang von Sand auch für andere in der Praxis gebräuchliche Sandfangtypen untersucht. Auf die Ergebnisse dieser Berechnungen und Untersuchungen wird bei den folgenden Bemessungshinweisen für die verschiedenen Sandfangtypen verwiesen.

Die vorstehenden Betrachtungen erstrecken sich allein auf Absetzvorgänge unter dem Einfluß der Schwerkraft. Bei diesem Verfahren ist eine Klassierung der mineralischen von den organischen Stoffen nur möglich, sofern die effektive Sinkgeschwindigkeit der organischen Stoffe in der turbulenten Strömung unter der effektiven Sinkgeschwindigkeit der abzusetzenden mineralischen Stoffe liegt. Der Klassiereffekt wird bei diesen Sandfangtypen daher durch Vorgabe einer Spülgeschwindigkeit von 25 bis 30 cm/s unterstützt, bei der durch schwache Turbulenz die Ablagerung organischer Stoffe verhindert werden soll, oder der abgesetzte Sand wird durch besondere Klassiervorgänge nachträglich von organischen Feststoffen getrennt.

Werden Flüssigkeiten zu einer Kreisbewegung gezwungen, wird zusätzlich zur Schwerkraft die Zentrifugalkraft wirksam und die Radialbeschleunigung, die ein Vielfaches der Erdbeschleunigung betragen kann, für den Klassiereffekt nutzbar gemacht. In der Ausnutzung der Zentrifugalkräfte besteht die Möglichkeit einer besseren Trennung der spezifisch leichteren organischen von den schweren mineralischen Feststoffen des Abwassers, da die Differenz der Trenngeschwindigkeiten von Stoffen verschiedener Dichte gleichfalls mit steigender Beschleunigung zunimmt.

Technisch wird diese Möglichkeit in Hydrozyklonen ausgenutzt (232), die physikalisch gesehen Schleudervorrichtungen zur Trennung von Feststoffsuspensionen sind. Die Faktoren, die den erreichbaren Klassiereffekt bestimmen, lassen sich empirisch zu der Formel

$$d \sim \sqrt{\frac{\eta \cdot D}{(\rho_s - \rho) \cdot n \cdot v_t}} \text{ in cm}$$

zusammenfassen, worin über die bereits erklärten Begriffe hinaus bedeuten:

$D$ = Nenndurchmesser des Zyklons in cm,
$v_t$ = Tangentialgeschwindigkeit im Zyklon in cm/s,
$n$ = Zahl der Umläufe der Flüssigkeit während der Durchflußzeit [–],
$\eta$ = dynamische Viskosität in g/cm · s.

Nach dieser Formel sind zur Abscheidung feinster Körnungen kleine Zyklondurchmesser und hohe Einströmgeschwindigkeiten erforderlich (s. 3.3.4.5).

Neben der vorherrschenden Ausnutzung einer der beiden angeführten Möglichkeiten zur Trennung von Sanden aus Abwässern gibt es auch Sandfangtypen, die Schwer- und Zentrifugalkräfte zur Erzielung eines guten Abscheidungseffektes kombinieren. Hierzu sind die Rundsandfänge zu zählen. Der Vorteil dieser Sandfänge gegenüber denen nach dem reinen Schwerkraftprinzip ist hinsichtlich des Klassiereffektes wegen der relativ geringen Radialbeschleunigung nicht zu hoch zu bewerten. Der Sand scheidet sich im wesentlichen unter dem Einfluß der Schwerkraft ab. Die durch die Formgebung dieser Sandfänge erzwungene Kreis- und Spiralbewegung des Abwassers wird vorwiegend zum Feststofftransport in den Sandsammelraum benutzt.

## 3.3.4 *Sandfangtypen*

### 3.3.4.1 *Tiefsandfänge* (Bild 3.3-3)

Die Konstruktion des Tiefsandfanges nach *Blunk* (32) wurde folgerichtig auf die Absetzgleichung von *Hazen* (113) abgestimmt, nach der für Sandfänge für den angestrebten Ausscheidungseffekt der Sandkörner die Oberflächenbeschickung maßgebend ist.

Das Abwasser wird in einen zumeist zylindrischen Behälter geleitet und durchströmt diesen vertikal von unten nach oben. Hierbei sinken diejenigen Stoffe zur Trichterspitze ab, deren Sinkgeschwindigkeit größer ist als die aufwärts gerichtete Wasserbewegung.

Für vertikal durchströmte Tiefsandfänge gilt nach durchgeführten Grundsatzversuchen (128) diese Absetzgleichung auch bei turbulenten Strömungsverhältnissen. In einem gleichmäßig vertikal durchströmten Absetzbecken werden sich bei ausreichender Durchflußhöhe somit alle Feststoffe absetzen, deren Sinkgeschwindigkeit größer als die Oberflächenbeschickung ist. Dieses Ergebnis erklärt sich dadurch, daß senkrecht zur Hauptströmung gerichtete turbulente Mischbewegungen nur die Lage der Sandkörner zur Hauptströmungsachse verändern, in Strömungsrichtung wirkende Schwingungen den

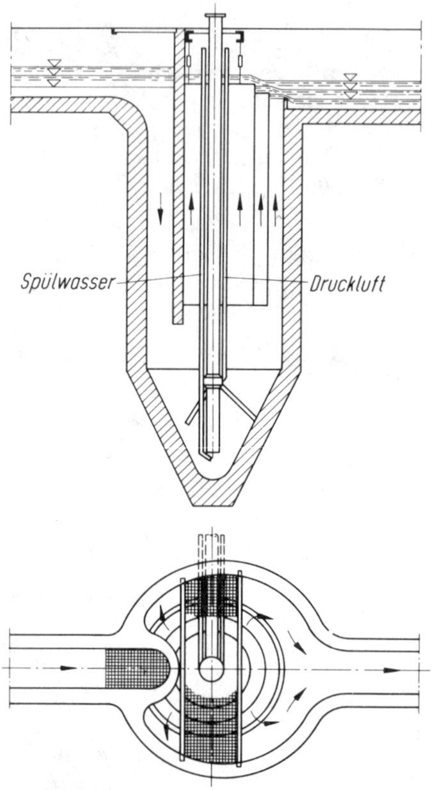


Bild 3.3-3. Tiefsandfang nach *Blunk* (32).

Absetzvorgang zwar verzögern, nicht aber den Bereich der ausgespülten Korndurchmesser bei einem ausreichend langen Spülweg beeinflussen. In der Praxis sind immer wieder Abweichungen von diesem Ergebnis zu erwarten, da es infolge der Konstruktionsmerkmale der Tiefsandfänge vor allem bei wechselnden Abwasserzuflußmengen sehr schwierig ist, über den durchflossenen Querschnitt gleichmäßige Strömungsgeschwindigkeiten zu erzielen, die der rechnerischen Oberflächenbeschickung entsprechen.

Beim Tiefsandfang wird angestrebt, die Strömungsgeschwindigkeit des aufsteigenden Wasserstromes unabhängig von der Zuflußmenge dadurch konstant zu halten, daß die Querschnittsfläche durch konzentrische Tauchzylinder in Zonen unterteilt wird. Bei minimalem Abwasserzufluß wird nur die äußere Ringzone durchflossen. Mit steigendem Zufluß treten die übrigen Ringzonen nacheinander in Funktion.

Der Durchflußquerschnitt $O$ der einzelnen Ringzonen wird bestimmt nach

$$O = \frac{Q}{v_s} \text{ in } m^2$$

Für verschiedene Zuflußmengen $Q$ in $m^3/s$ kann mit Hilfe dieser Gleichung bei vorgegebener Sinkgeschwindigkeit $v_s$ in m/s der auszuscheidenden Sandkörnung die Abstufung des Gesamtquerschnittes in die einzelnen Ringzonen vorgenommen werden.

Die Oberkante des Tauchzylinders, der die jeweilige Außenzone nach innen begrenzt, muß dem Unterwasserstand der zugehörigen Abflußmenge entsprechen. Um erforderliche Höhenlagen der Tauchzylinderoberkanten während des Betriebes einstellen zu können, sind die Tauchzylinder an Spannschlössern aufzuhängen, die über dem Wasserspiegel liegen. Die Einstellung der Tauchzylinder wird durch steile Abflußkurven im Unterwasser des Tiefsandfanges erleichtert, da die Wasserspiegeldifferenzen zwischen den zu den einzelnen Tauchzylinderzonen gehörigen Abflußmengen größer werden. Die Höhenlage der Überfallkanten der Tauchzylinder ist so einzuregeln, daß die Wasserspiegeldifferenz zwischen Ober- und Unterwasser den Druckverlusten entspricht, die bei den zugehörigen Abwassermengen im Sandfang durch Umlenkung, Reibung und Überfall auftreten. Das durch die inneren Ringflächen der Tauchzylinder aufsteigende Wasser muß an der Wasseroberfläche des *Blunk*'schen Tiefsandfanges über die Außenzone abfließen. Zwischen der Innenzone und der Außenzone muß sich somit ein Wasserspiegelgefälle einstellen. Für die verschiedenen Durchflußzonen ergeben sich hierdurch unterschiedliche hydrostatische Druckdifferenzen zwischen dem Oberwasserspiegel und den Wasserspiegeln der Tauchzylinderzonen. Vor allem bei voller Beaufschlagung und größerem Durchmesser des Tiefsandfanges wird dadurch die Einhaltung gleichhoher Strömungsgeschwindigkeiten in den Tauchzylinderzonen erschwert. Die Strömungsgeschwindigkeit in der Außenzone ist zumeist erheblich größer als die mittlere. Farbversuche haben die ungleichmäßige Durchströmung der Tauchzylinder bestätigt. Bei der Bemessung sind folgende Forderungen zu berücksichtigen:

Der aufwärts gerichtete Wasserweg innerhalb der konzentrischen Tauchwände soll zumindest 3 m betragen. Im senkrechten Zuführungskanal nach unten soll die Geschwindigkeit von 1 m/s nicht überschritten werden, um die hohe Umlenkturbulenz auf die untere Zone von etwa 1 m Höhe zu beschränken. Die Sohlenneigung im darunterliegenden Sandstapelraum soll nicht unter 1,5 : 1 betragen.

Das abgesetzte Material wird im allgemeinen durch Mammutpumpen auf Sandstapelplätze gefördert. Um Verstopfungen beseitigen zu können, sind in der Trichterspitze Spüllanzen für Druckluft und Druckwasser zu montieren.

Von *Blunk* (32) wurde für die Bemessung eine Oberflächenbeschickung von 10 cm/s vorgeschlagen. Eine entsprechende Sinkgeschwindigkeit wird von Sandkörnern erreicht, deren Korndurchmesser größer als 0,6 mm ist. Der Tiefsandfang wurde somit für die Grobentsandung des Abwassers konstruiert. Selbst wenn die Strömungsgeschwindigkeit auf 6 cm/s gesenkt wird, können Mittel- und Feinsande in diesem Sandfangtyp nur zufällig im Bereich geringer Strömungsgeschwindigkeiten abgesetzt werden. Wird die Strömungsgeschwindigkeit weiter herabgesetzt, steigt der Schlammanteil im Sandfanggut. Ein gewisser Wascheffekt kann nachträglich durch Einblasen von Luft oder Druckwasser in die Trichterspitze erreicht werden. Der Tiefsandfang ist somit nur für die Grobentsandung kleiner Wassermengen geeignet. Er wird im allgemeinen heute nicht mehr eingesetzt, da die Anforderungen hinsichtlich der Rückhaltung von Feinsanden nicht erfüllt werden.

### *3.3.4.2 Flachsandfänge*

Zur Gruppe der Flachsandfänge zählen alle Sandfangtypen mit horizontalem Durchfluß, wie der Essener-Langsandfang, Bild 3.3.4, und der *Dorr*-Sandfang, Bild 3.3.5. Der Konstruktion nach sind Flachsandfänge Absetzrinnen oder flache Absetzbecken mit vorwiegend rechteckigem oder trapezförmigem Querschnitt. Der Klassiereffekt soll bei diesen Sandfangtypen durch Vorgabe einer horizontal gerichteten Fließgeschwindigkeit von zumeist 30 cm/s erreicht werden, bei welcher der abgesetzte Sand auf der Sohle liegen bleibt, während die spezifisch leichteren organischen Stoffe von der Strömung in Schwebe gehalten oder abgespült werden sollen.

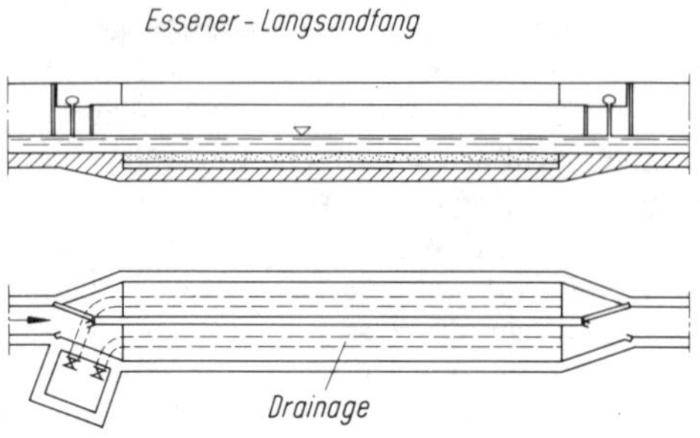


Bild 3.3-4. Essener Langsandfang.

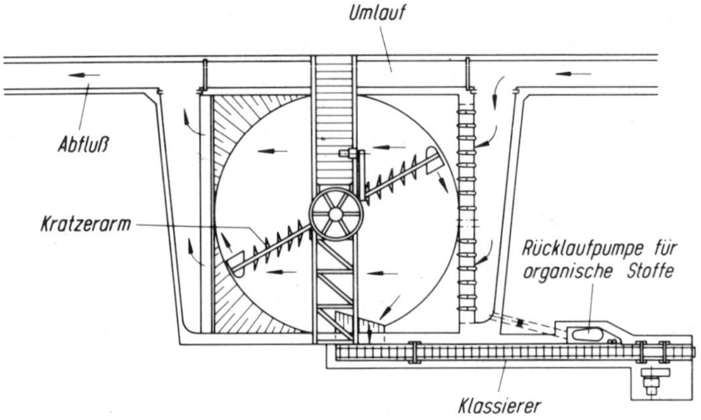


Bild 3.3-5. Dorr-Sandfang.

In diesen Sandfängen wirkt sich der von *Dobbins* (77) und *Camp* (54) rechnerisch nachgewiesene verzögernde Einfluß der Strömungsturbulenz auf den Absetzvorgang vor allem der Feinsande erheblich aus.

Zur Bemessung dieser Sandfänge ist daher die durch einen Korrekturfaktor $v_s/v_0$ erweiterte Gleichung von *Hazen* zu benutzen

$$O = \frac{v_s}{v_0} \cdot \frac{Q}{v_s} = \frac{Q}{v_0} \text{ in m}^2,$$

Darin sind:

$v_s$ = Sinkgeschwindigkeit des Sandkornes in m/h,
$v_0$ = Flächenbeschickung in m/h,
$Q$ = Zuflußwassermenge in $m^3/h$,
$O$ = Sandfangoberfläche in $m^2$.

In Abhängigkeit von der mittleren Strömungsgeschwindigkeit $v$ im Sandfang kann aus der Darstellung auf Bild 3.3-6 von *Camp* (54) der erforderliche Korrekturfaktor $v_s/v_0$ entnommen werden, bzw. für vorgegebene Werte der zu erwartende Ausscheidungsgrad abgelesen werden.

Den von *Kalbskopf* (128) experimentell ermittelten Korrekturfaktor $v_s/v_0$ zeigt Bild 3.3-7. Die gleichfalls für verschiedenen Korndurchmesser versuchstechnisch ermittelten zulässigen Flächenbeschickungen $v_0$ zeigt Bild 3.3-8.

Zur Ermittlung der Abmessungen eines horizontal durchflossenen Sandfanges stehen zwei Gleichungen zur Verfügung:

$$O = \frac{Q}{v_0} = L \cdot B \text{ in m}^2 \text{ und}$$

$$F = \frac{Q}{v} \text{ in m}^2$$

Es sind:

$L$ = Sandfanglänge in m,
$B$ = Sandfangbreite in m,
$F$ = Durchströmte Querschnittsfläche des Sandfanges in m$^2$,
v = Strömungsgeschwindigkeit in m/h.

Die Zuflußwassermenge $Q$ und die zulässige Flächenbeschickung $v_0$ sind vorzugeben.

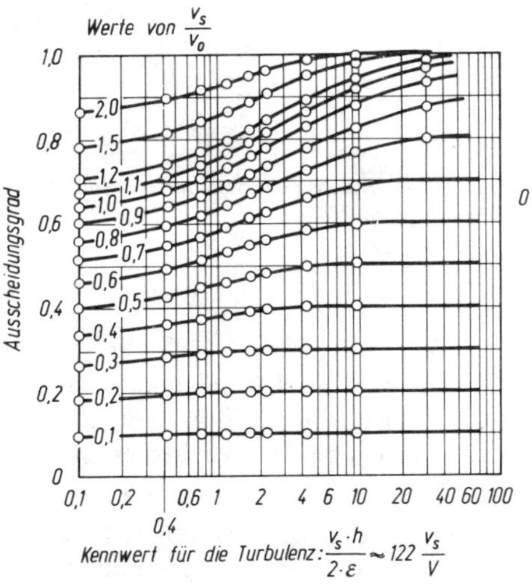


$$O = \left(\frac{v_s}{v_0}\right) \cdot \frac{Q}{v_s} = \frac{Q}{v_0} \quad \text{in m}^2$$

Bild 3.3-6. Einfluß der Strömungsturbulenz auf den Absetzvorgang nach *Camp* (54).

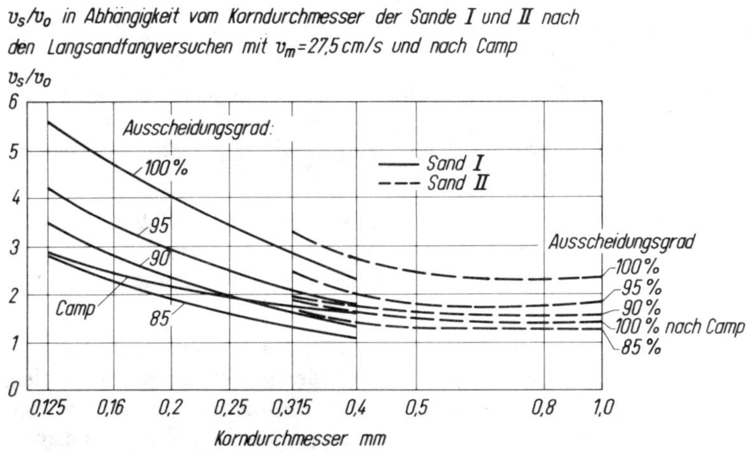


Bild 3.3-7. Korrekturkoeffizienten für die Bemessung von Flachsandfängen (128).

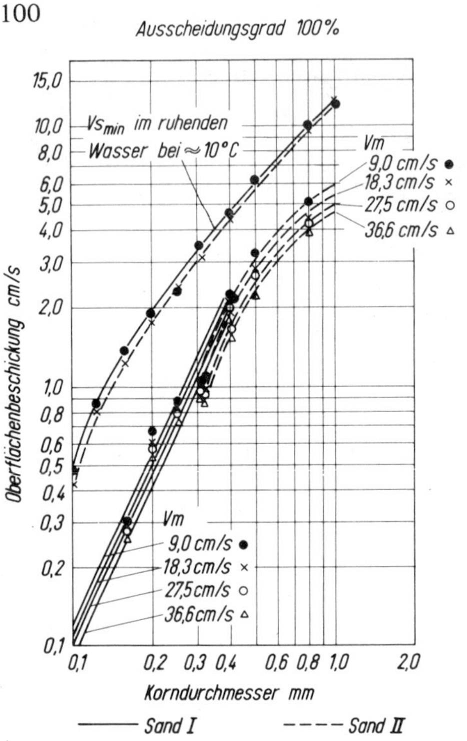


Bild 3.3-8. Zulässige Oberflächenbeschickung eines Langsandfanges.

Die Form des errechneten Durchflußquerschnittes $F$ wird erst durch Wahl einer mittleren Breite $B$ und Wassertiefe $h$ des Sandfanges eindeutig festgelegt. Für die drei Bemessungsgrößen $L$, $B$ und $h$ stehen damit zwei Gleichungen zur Verfügung. Die Wahl einer Größe ist somit frei.

Diese Möglichkeit kann genutzt werden, um die horizontale Fließgeschwindigkeit unabhängig von der Durchflußmenge der Bedingung v = 0,30 m/s anzupassen, indem die Sandfangbreite in Abhängigkeit von der Wasserspiegellage bei unterschiedlichen Durchflußmengen so variiert wird, daß stets etwa $F = Q/v$ ist. Trapezförmige Querschnitte können bei nicht zu stark schwankenden Durchflußmengen näherungsweise diese Forderung erfüllen.

Durch Wahl eines günstigen Kanalprofils, gegebenenfalls Anlage einer Rohrleitung als Drosselstrecke hinter dem Sandfang, kann durch Rückstau der Wasserspiegel entsprechend dem Anstieg der Wassermengen angehoben und damit die Forderung $F = Q/v$ unterstützt werden.

Eine andere Lösung zur Erzielung einer gleichmäßigen Durchflußgeschwindigkeit bei schwankenden Zuflußmengen besteht in der Anordnung paralleler Rinnen, deren Einlaufschwellen auf verschiedenen Höhen liegen und die bei steigenden Abwassermengen nacheinander in Betrieb gehen.

Bei größeren Kläranlagen werden die parallel angeordneten Langsandfänge an der Ein- und Ablaufseite mit Schütztafeln ausgerüstet. Durch Öffnen der Schütztafeln oder Schieber können die einzelnen Absetzrinnen in Abhängigkeit vom Zufluß nacheinander betrieben werden. Bei Trockenwetter empfiehlt es sich, die Absetzrinnen wechselnd zu betreiben, um ein Anfaulen des Abwassers in den nicht durchflossenen Rinnen zu verhindern.

Die Anordnung eines Staubleches an der Ablaufseite des Sandfanges (Bild 3.3-9), dessen Durchlaufprofil so berechnet ist, daß die horizontale Fließgeschwindigkeit in der Sandfangrinne praktisch konstant bleibt, stellt eine günstige Lösung dar, sofern die durch die Staueinrichtungen bedingten Gefälleverluste in Kauf genommen werden können. Das Staublech kann durch einen gleichgeformten Staukörper (z.B. Venturikanal) mit seitlichem Anzug ersetzt werden.

Für Langsandfänge mit rechteckigem, dreieckigem und parabelförmigem Durchflußquerschnitt sind auf Bild 3.3-9 die zugehörigen Stauprofile angegeben. Zur Veränderung der Durchflußgeschwindigkeit empfiehlt es sich, die Staubleche horizontal verschieblich zu montieren. Reibungsverluste wurden bei der Ableitung der angegebenen Gleichungen nicht berücksichtigt. Die einwandfreie Funktion der Stauprofile ist nur bei schießendem Abfluß gewährleistet, wobei die Wasserspiegellage im Sandfang nicht mehr vom Unterwasser beeinflußt wird. Hiermit ist der Vorteil verbunden, daß das Stauprofil zur Wassermengenmessung genutzt werden kann. Selbstverständlich kann andererseits ein Venturi-Meßkanal gleichzeitig als Stauprofil dienen. Die Projektierung von Langsandfängen mit

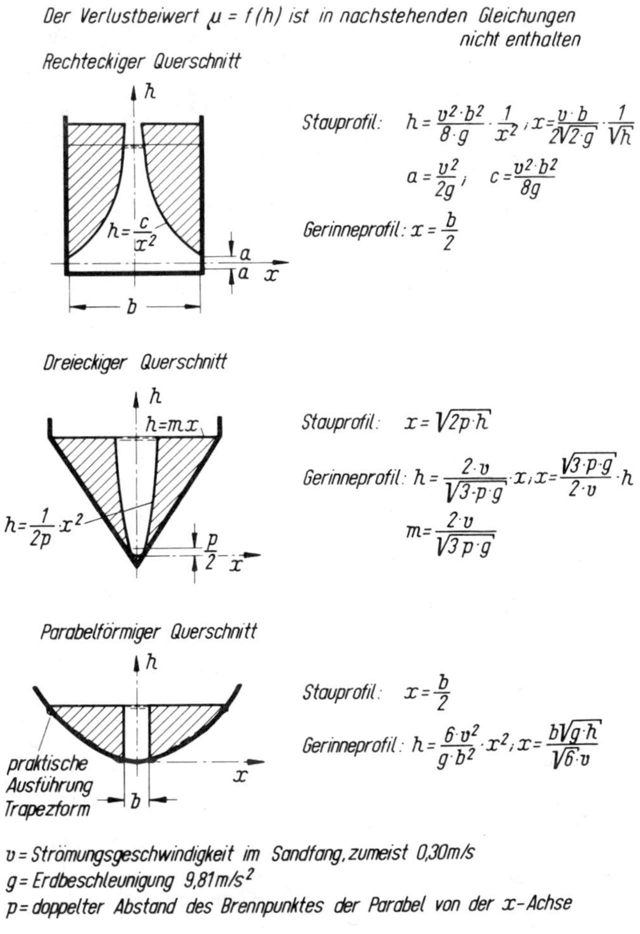


Bild 3.3-9. Stauprofile zur Erzielung einer konstanten Strömungsgeschwindigkeit im Langsandfang (128).

konstanter Durchflußgeschwindigkeit nach verschiedenen Verfahren wird ausführlich von *Braha* (39) behandelt.

Zur Aufnahme des abgesetzten Sandes ist an der Sohle ein Sandsammelraum anzuordnen. Da dieser je nach Füllung das Durchflußprofil verändert, wird auch hierdurch die Einhaltung einer bestimmten Geschwindigkeit erschwert.

Die Sohle des Sandsammelraumes muß, sofern der Sandfang von Hand geräumt werden soll, durchlässig sein. Zweckmäßig werden lose Platten auf einer Kiesschicht verlegt, die durch eine verschließbare Dränrohrleitung entwässert werden kann.

Bei Räumung von Hand sind mindestens zwei Sandfangrinnen (Bild 3.3-10) erforderlich, die durch Schieber am Ein- und Auslauf geschlossen und somit abwechselnd betrieben werden können. Vor der Räumung wird das Abwasser durch die Dränschicht abgezogen. Für Langsandfänge auf kleineren Kläranlagen wurde von *Londong* (164) eine Typenreihe entwickelt.

Heute ist es üblich, zumal bei größeren Zuflußmengen, die Sandräumung zu mechanisieren (Bild 3.3-11. Eine Reserverinne ist dann nicht mehr erforderlich, da der Sand während des Betriebes gefördert werden kann. Auf die maschinelle Ausrüstung solcher Anlagen wird in Abschnitt 3.3.5 hingewiesen.

Zur Gruppe der Flachsandfänge zählt ferner der *Dorr*-Sandfang (79) und ähnliche Konstruktionen. Diese weisen die Merkmale eines flachen Absetzbeckens auf, in dem sich mineralische und organische Feststoffteilchen einer Sinkgeschwindigkeit gleichermaßen absetzen. Die Trennung dieser Stoffe erfolgt nicht mehr allein im Sandfang, sondern zusätzlich noch in einem besonderen Klassierer.

Das Abwasser wird dem flachen Betonbecken von meist quadratischer Grundfläche an einer Seite zugeführt. Zur Verteilung des Zuflusses sind vor dem Einlaufquerschnitt verstellbare vertikale Leittafeln angebracht, um eine möglichst gleichmäßige Durchströmung des Beckens zu erreichen. Nach Durchfluß durch das Becken überströmt das Abwasser ein Ablaufwehr mit freiem Überfall.

Bild 3.3-10. Langsandfang auf der Kläranlage Heiligenhaus des Ruhrverbandes
$Q_{tr}$ = 120 l/s; $Q_r$ = 600 l/s.

Bild 3.3-11. Langsandfang auf der Kläranlage Essen-Werden des Ruhrverbandes
$Q_{tr}$ = 350 l/s; $Q_r$ = 1530 l/s.
Die Sandräumung erfolgt maschinell durch Räumwagen mit aufmontierter Saugpumpe. Das Sand-Wasser-Gemisch wird tangential in den offenen Rundbehälter gefördert. Das Wasser fließt in den Sandfang zurück. Der Sand wird aus dem Rundbehälter in Transportbehälter abgekippt.

Das auf der Beckensohle abgesetzte Material wird unter Wasser durch einen drehenden Räumer nach außen in eine seitlich angeordnete Rutschenöffnung geschoben. Die Kratzer sind so konstruiert, daß sie sich bei starken Sandablagerungen an der Sohle automatisch anheben und den Sand von oben schichtweise abschieben, wodurch eine Überbelastung der Räumeinrichtung vermieden wird.

Die Sandwaschanlage besteht aus einer schmalen Klassierrinne mit ansteigender Sohle. Das abgelagerte Material wird aus dem Absetzbecken in diese Rinne gefördert. Der Sand wird unter Harkbewegungen der unter einem Träger hintereinander montierten Kratzer an der schräg ansteigenden Sohle hochgeschoben und fällt am Ende der Klassierrinne so trocken an, daß er abgefahren werden kann. Durch die Harkbewegungen wird das organische Material aufgewirbelt und durch einen Spülstrom zum Sandfangeinlauf zurückgeführt. Je nach Höhenlage des Sandfanges gelangt das abgelagerte Material über eine Rutsche oder durch Einsatz von Pumpen in die Klassierrinne. Der Spülstrom fließt entweder mit freiem Gefälle in die Einlaufzone des Sandfanges zurück oder wird unter Einsatz einer kleinen Schneckenpumpe oder auch Wirbelradpumpe zurückgefördert.

Die Dimensionierung des *Dorr*-Sandfanges entspricht der des Langsandfanges. Die Querschnittsfläche wird so gewählt, daß die horizontale Fließgeschwindigkeit bei maximalem Abwasserzufluß 30 cm/s beträgt.

Hinsichtlich des Ausscheidungseffektes wird die Leistung des *Dorr*-Sandfanges bei gleicher Oberflächenbeschickung und unter Berücksichtigung der Störzonen im Einlauf- und Auslaufbereich sicherlich der des Landsandfanges entsprechen. Durch den nachgeschalteten Klassierer kann eine zusätzliche Trennung des spezifisch schweren körnigen Sandes von den leichteren organischen Schwebstoffen erreicht werden. Der besondere Vorteil der *Dorr*-Sandfangkonstruktion liegt darin, daß am Ende der Klassierrinne der Sand relativ trocken anfällt und direkt abgefahren werden kann.

Die Konstruktion eines *Dorr*-Sandfanges und des dazugehörigen Klassierers ist auf Bild 3.3-12 dargestellt.

| A | B | C | D | E | F | G | H | Gesamt-PS |
|---|---|---|---|---|---|---|---|---|
| 4,00 | 0,95 | 0,38 | 0,70 | 0,38 | 8,05 | 1,60 | 0,61 | 3 |
| 6,00 | 1,05 | 0,445 | 1,00 | 0,38 | 8,80 | 1,83 | 0,61 | 4 |
| 8,00 | 1,16 | 0,52 | 1,30 | 0,38 | 8,80 | 1,83 | 0,61 | 4 |
| 12,00 | 1,51 | 0,815 | 1,50 | 0,69 | 11,00 | 2,29 | 0,76 | 4 1/2 |

Abmessungen in m

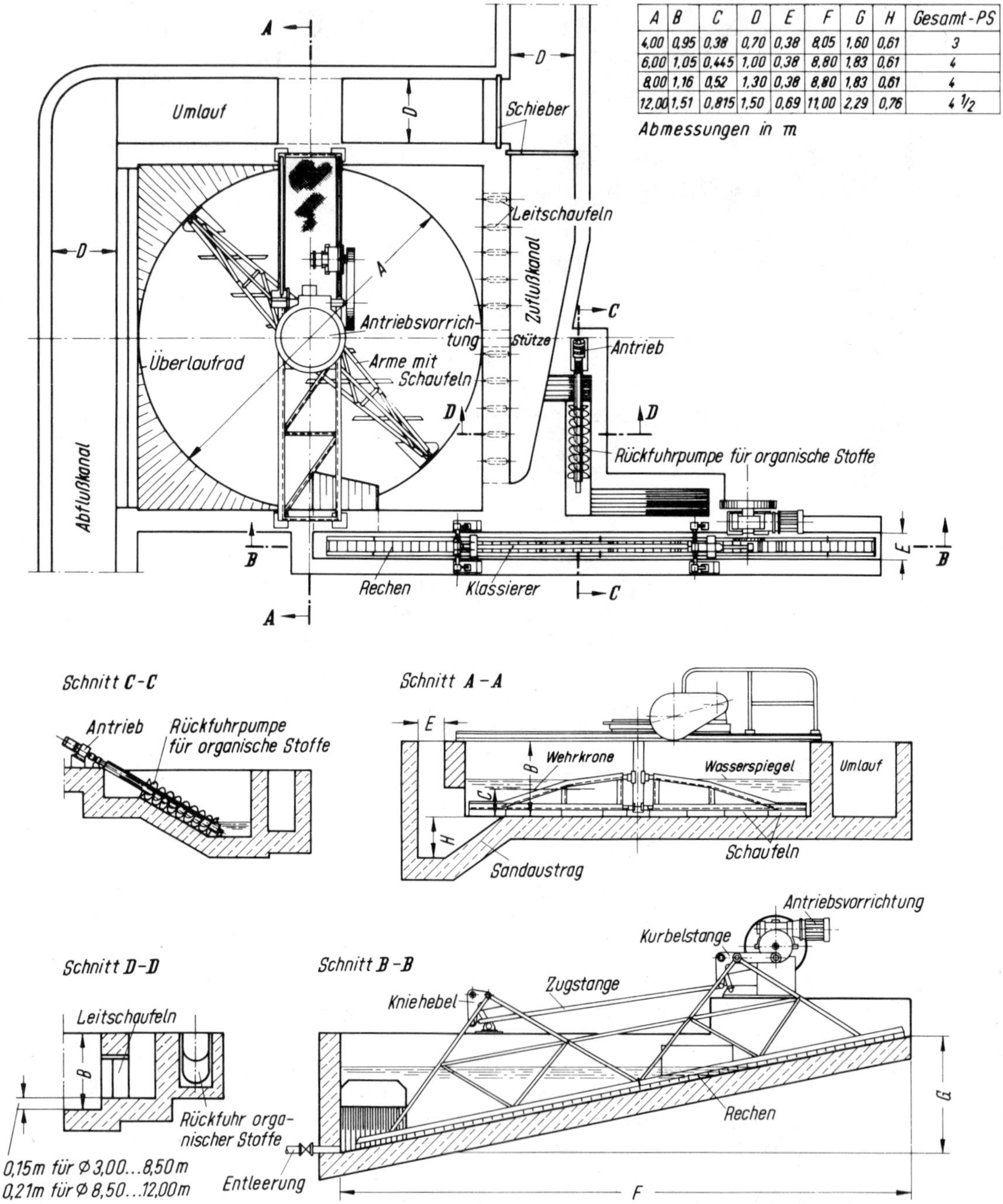


Bild 3.3-12. Dorr-Sandfang. Der Sand wird durch die Schaufeln des rotierenden Dreharms in die Klassierrinne gefördert und in dieser durch den Rechen hochgeschoben. Der Sand fällt am Ende der Klassierrinne erdfeucht in Transportbehälter.

### *3.3.4.3* *Rundsandfang* (Bilder 3.3-13, 3.3-14, 3.3-15)

Im Rundsandfang nach *Geiger* (96) wird das Abwasser einem kreisförmigen Trichterbecken tangential zugeführt. Nach Durchfließen eines Zentriwinkels von über 180° gelangt das Abwasser in den Auslauf. Das Arbeitsprinzip dieses Sandfanges beruht auf der Tatsache, daß in Krümmungen das Geschiebe sich im Innern der Kurve bewegt. Durch die erzwungenen Kreisbewegung wird infolge der Zentrifugalkraft im Rundsandfang ein Wasserspiegelanstieg von der Rotationsachse nach außen bewirkt. Unter dem Einfluß des Überdruckes in der Randzone wird der Durchflußströmung somit eine kreisförmige Bewegung überlagert, die an der Sohle gegen das Zentrum gerichtet ist. Daraus resultiert eine schraubenförmige Durchströmung der Krümmung. Durch die radiale Querströmung, die an der Sohle infolge der dort herabgesetzten Tangentialgeschwindigkeit des Abwassers besonders stark ist, wird der zur Sohle abgesunkene Sand in den trichterförmigen Sammelraum geschoben, in dessen Achse zumeist ein zylindrischer Pumpensumpf mit Mammutpumpe angeordnet ist. Leichte Schwebestoffe werden durch die im Bereich der Achse aufwärts gerichtete Querströmungswalze mitgespült, wodurch eine gewisse selektive Trennung der Feststoffe erreicht wird.

Auf Grund durchgeführter Untersuchungen sollen nach *Geiger* bei der Dimensionierung von Rundsandfängen folgende Werte eingehalten werden:

Die Zulaufgeschwindigkeit soll 0,75 m/s betragen und 1,00 m/s nicht übersteigen. Die Geschwindigkeit im Auslaufquerschnitt darf nicht über 0,80 m/s liegen.

Die theoretische Aufenthaltszeit $t$ im Sandfang ohne Sandstapelraum soll 30 bis 45 s betragen.

Bei maximalem Zufluß sollte zumindest 25 s Aufenthaltszeit gewährleistet sein.

Das Sandfangvolumen wird somit bestimmt durch die Gleichung

$$\text{Inhalt: } I = Q \cdot t \text{ in m}^3,$$

worin

$Q$ = Abwasserzufluß in m³/s,
$t$ = Aufenthaltszeit in s

sind.

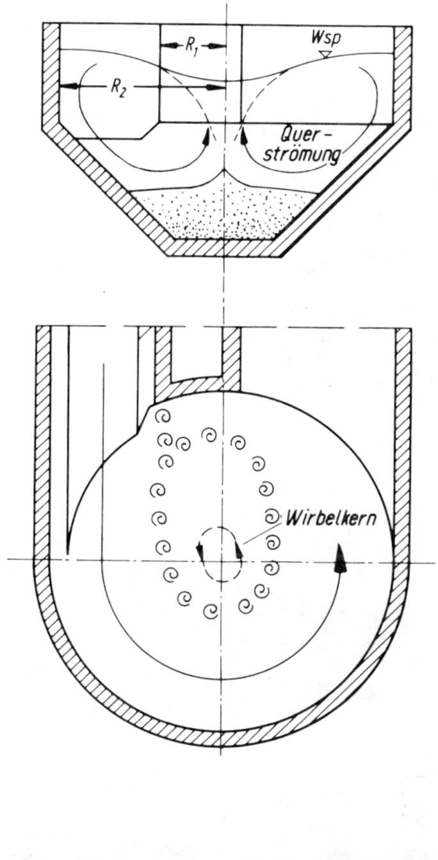


Bild 3.3-13. Wasserspiegellage und Strömungskomponenten im Rundsandfang nach *Geiger* (96).

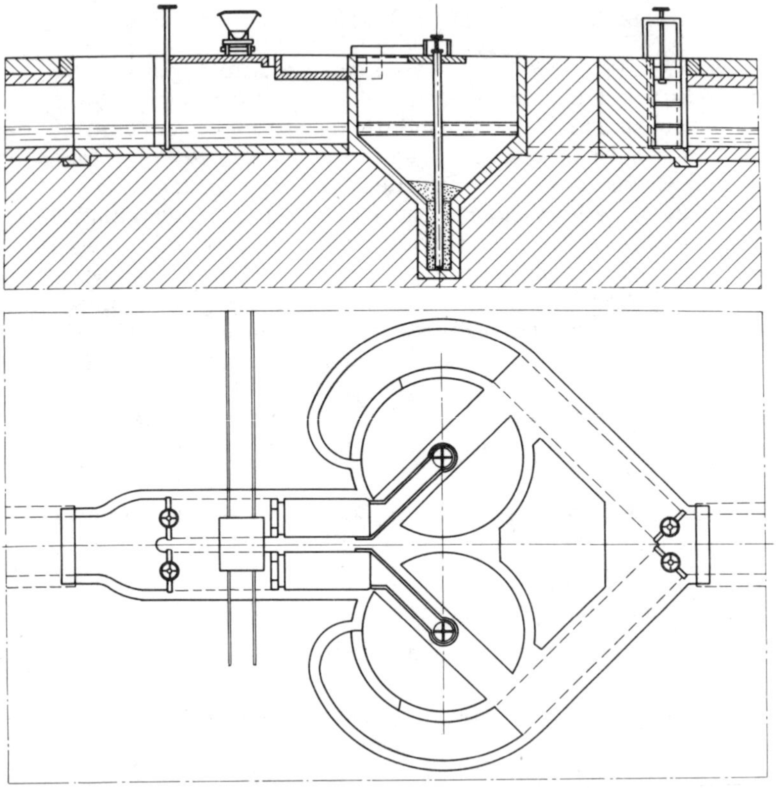

Bild 3.3-14.
Doppel-Rundsandfang
nach *Geiger* (96).

Bild 3.3-15. Doppel-Rundsandfang auf der Kläranlage Hamm des Lippeverbandes. Der abgesetzte Sand wird durch Mammutpumpen in den offenen Rundbehälter gefördert und aus diesem in Transportwagen abgekippt.

Versuche von *Kalbskopf* (128) haben gezeigt, daß auch im Rundsandfang der Absetzvorgang durch die Größe der Strömungsturbulenz beeinflußt wird und offensichtlich dem in horizontal durchflossenen Flachsandfängen nur auf einer gekrümmten Strombahn ähnlich ist. Voraussagen über den Wirkungsgrad in bezug auf den abgesetzten Anteil der verschiedenen Sandkörnungen waren auf Grund der bisher üblichen Bemessungswerte für den Rundsandfang nicht möglich. Ist der Absetzvorgang im Rundsandfang dem im Langsandfang ähnlich, sollten Aussagen über den Wirkungsgrad auch beim Rundsandfang auf Grund der Flächenbeschickungen und der mittleren Strömungsgeschwindigkeit im Rundsandfang gemacht werden können. Anhaltswerte hierfür sind im Abschnitt Flachsandfänge gegeben. Zur Ermittlung dieser beiden Größen darf jedoch nur die effektiv durchflossenen Außenzone des Rundsandfanges herangezogen werden. Aus diesem Grunde ist eine möglichst breite Durchströmung und damit ein höherer hydraulischer Wirkungsgrad anzustreben. Der hydraulische Wirkungsgrad von Rundsandfängen üblicher Bauart beträgt etwa 50 %. Die Bedeutung einer Steigerung des hydraulischen Wirkungsgrades bei gleicher Zuflußmenge und gleichem Absetzvolumen liegt darin, daß mit Vergrößerung der durchflossenen Außenzone die wirksame Oberfläche größer und damit die Flächenbeschickung kleiner wird. Bei der üblichen Form der Rundsandfänge ist das Verhältnis von Durchmesser zu Beckentiefe etwa wie 2 : 1, wodurch eine zum Beckenvolumen große Oberfläche angestrebt wird. Jede Vergrößerung der Beckenoberfläche durch flachere Gestaltung des Rundsandfanges ist jedoch unwirksam, sofern nicht gleichzeitig ein günstiger hydraulischer Wirkungsgrad erreicht wird, Kennzeichen für eine gleichmäßige und vollständige Durchströmung des Beckens ohne große Totzonen. Nur die dem durchströmten Beckenteil zugehörige Oberfläche bestimmt letztlich die effektive Flächenbeschickung.

Breite, flache Zuflußrinnen, die sich vor dem Rundsandfang leicht trichterförmig erweitern, dürften die gleichmäßige Einströmung und Verteilung des Abwasserzuflusses über den Radius des Beckens begünstigen. Auch nach Versuchen von *Ostermann* (180,181, 182) wird der Wirkungsgrad des Rundsandfanges durch lange, gerade Zulaufrinnen mit geringer Turbulenz erheblich verbessert. Ferner kann es vorteilhaft sein, die Einströmgeschwindigkeit, die nach *Geiger* etwa 75 cm/s betragen soll, und die Ausströmgeschwindigkeit und damit die Strömungsturbulenz im Rundsandfang zu ermäßigen. Hierdurch wird auch die Querströmung an der Beckensohle herabgesetzt, die den Transport des abgesetzten Sandes in den zentrisch angeordneten Sammeltrichter mit bewirkt. Die Sohlenneigung sollte daher auch am Beckenrand nicht zu flach sein, damit der abgesetzte Sand leichter in den Sandsammelraum abrollen kann. Der Vorschlag von *Geiger*, die Ablaufschwelle höher als die Sohle der Zulaufrinne zu legen, sollte unbedingt beachtet werden. Am Ablauf fließen dadurch die oberen Wasserschichten stärker ab, und Mittel- und Feinsande, die beim ersten Umlauf bereits in tiefere Wasserschichten abgesunken sind und mit dem ausströmenden Wasser somit nicht abgezogen werden, können sich beim zweiten Umlauf im Rundsandfang absetzen.

Bei den gegebenen Hinweisen ist jedoch zu berücksichtigen, daß durch Herabsetzung der Flächenbeschickung sich zwangsläufig der Anteil an Schlammstoffen im Sandfanggut erhöht. Eine nachträgliche Druckluftspülung des Sandfanggutes im Rundsandfang kann daher zweckmäßig sein.

Der Ausscheidungseffekt des Rundsandfanges dürfte durch Anordnung einer geraden Zulaufstrecke vor dem Sandfang, auf der die mineralischen Stoffe bei nicht zu starker Strömungsgeschwindigkeit in Sohlennähe absinken können, gesteigert werden. Gegenkrümmungen vor dem Rundsandfang sind zu vermeiden, da sie eine zusätzliche Turbulenz bewirken.

Da die Wasserspiegellagen sich im Sandfang bei wechselnden Zuflußmengen üblicherweise nicht linear verändern, treten dadurch wie bei den horizontal durchflossenen Sandfangtypen hinsichtlich der Einhaltung der Aufenthaltszeit und der Fließgeschwindigkeiten – und damit hinsichtlich der Einhaltung gleicher Turbulenzverhältnisse – ähnliche Schwierigkeiten auf. Möglichkeiten zur Einhaltung der vorgegebenen Fließgeschwindigkeiten und der Aufenthaltszeit in Abhängigkeit vom Zufluß bestehen ferner, wie beim Langsandfang, durch Ausnutzung des Rückstaues von Staublechen, Drosselstrecken oder Schlitzwänden von nachgeschalteten Absetzbecken sowie durch Wasserstandssteuerung bei nachgeschalteten Pumpwerken.

Um den Wirkungsgrad der Rundsandfänge noch zu verbessern, und um den Wartungsaufwand zu verringern, wurde der Rundsandfang neuerdings zu einem besonders flachen *Geiger*-Rundsandfang modifiziert, bei dem der Sand durch ein Krählwerk in den zentrisch gelegenen Sandsammelraum geschoben wird. Der abgesetzte Sand wird von dort durch einen Druckluftheber in eine Klassierrinne gefördert und durch den Rechen erdfeucht ausklassiert. Der Überlauf des Klassierers gelangt in den Sandfang zurück.

### *3.3.4.4 Belüfteter Sandfang* (Bilder 3.3-16, 3.3-17, 3.3-18)

Bei den bisher beschriebenen Sandfangtypen ist es schwierig, eine konstante vom Abwasserzufluß unabhängige Fließgeschwindigkeit einzuhalten. Durch die Konstruktion des belüfteten Sandfanges konnte diese Schwierigkeit weitgehend ausgeschaltet werden. Der Durchflußquerschnitt wird beim belüfteten Sandfang so groß gewählt, daß die horizontale Fließgeschwindigkeit bei maximalem Zufluß nicht über 20 cm/s liegt. Die Ablagerung faulfähiger Stoffe soll durch eine gleichmäßige Umwälzspülströmung verhindert werden. Diese wird durch Einblasen von Luft an einer Sandfangbeckenseite erzeugt. Die Randgeschwindigkeit der Wasserwalze soll etwa 30 cm/s betragen.

Hinweise für eine zweckmäßige Gestaltung und Ausrüstung von belüfteten Sandfängen sind verschiedentlich im Schrifttum (128, 133, 166, 176, 188) veröffentlicht worden. Die Querschnittsabmessungen und die Form des belüfteten Sandfanges sind so zu wählen, daß eine gleichmäßige, ungestörte Umwälzung des Abwassers im Becken erreicht wird. Zumindest die Beckensohle ist daher auszurunden. Auf der Seite, auf der die Belüftungsrohre installiert sind, soll die Beckensohle möglichst steil ansteigend, auf der gegenüberliegenden Seite flach abfallend ausgebildet werden. Die Sandsammelrinne wird zweckmäßig im Abstand von einem Drittel der Beckenbreite von der Belüftungswandseite angeordnet. Hierdurch wird eine breite Absetzfläche für den im absteigenden Walzenstrom mitgeführten Sand geschaffen. Der Sohlenübergang im Bereich der Sandsammelrinne soll gleichmäßig ohne Sprung erfolgen und die Sandsammelrinne nicht zu breit gewählt werden, um dort Wirbelbildungen und Sekundärwalzen zu vermeiden, durch die das Absinken des Sandes in die Sandsammelrinne verhindert werden kann. Am Ende des belüfteten Sandfanges soll das Abwasser möglichst aus der Mitte der Wasserwalze abgezogen werden. Die Auslauföffnungen sind entsprechend vorzusehen oder es ist eine Tauchwand am Beckenende anzubringen. Diese Maßnahmen sind besonders bei kurzen belüfteten Sandfängen wichtig. Eine Steigerung des Absetzeffektes kann durch Unterteilung des belüfteten Sandfanges durch Quertrennwände mit durchlaufenden horizontalen Schlitzen oder auch durch Einbau von Leitwänden in Längsrichtung und weitere betriebliche Maßnahmen (90, 176) erzielt werden.

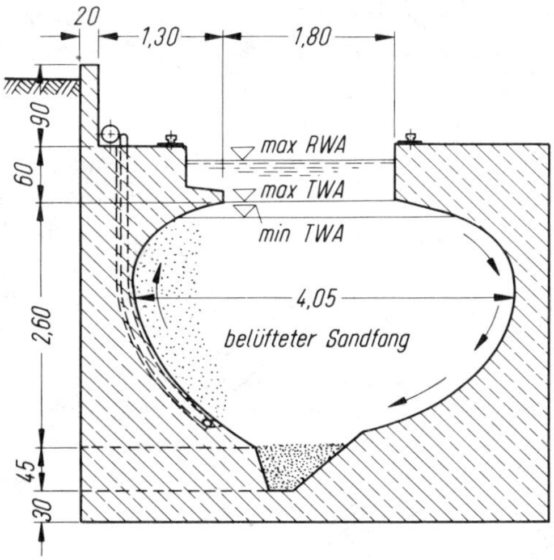


Bild 3.3-16. Sandfangquerschnitt der Kläranlage Heilbronn.

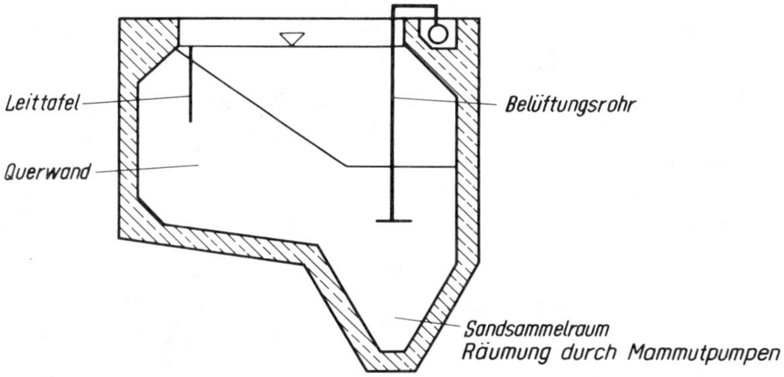


Bild 3.3-17. Sandfangquerschnitt – Vorschlag der Chicago Pump Comp. USA.

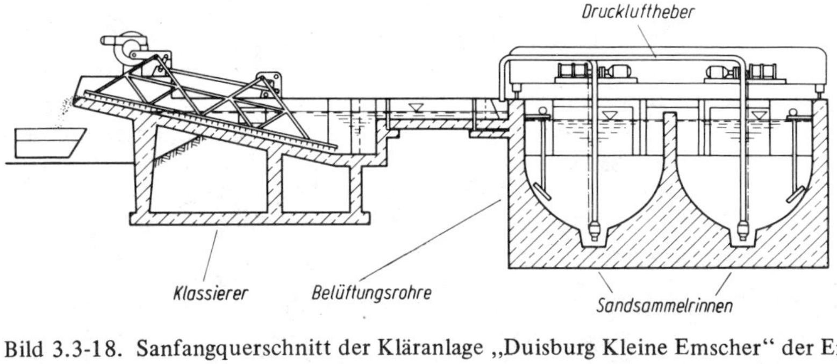


Bild 3.3-18. Sanfangquerschnitt der Kläranlage „Duisburg Kleine Emscher“ der Emschergenossenschaft.

Bei fest installierten Belüftern sind offene Rohre oder Belüftungsrohre mit Düsen wegen ihrer geringen Empfindlichkeit gegen Verstopfungen zu bevorzugen. Vorteilhafter ist es, den Belüfter während des Betriebes ausbauen oder ausschwenken zu können, um Verstopfungen und Zopfbildungen zu beseitigen.

Die Luft wird zweckmäßig in Sohlennähe eingeblasen. Auf der Seite der aufsteigenden Walzenströmung an der Beckensohle abgesetzter Sand wird dann durch die austretende Druckluft aufgewirbelt und durch die Wasserwalze auf die andere Beckenseite getragen, wo er vor der Sandsammelrinne aus der Umwälzströmung ausfallen kann. Zudem ist bei größeren Einblastiefen der negative Einfluß von Detergentien auf die Strömungsgeschwindigkeit geringer, wie Untersuchungen an Belüftungsbecken gezeigt haben (129).

Um in belüfteten Sandfängen eine ausreichende Umwälzung des Abwassers mit Strömungsgeschwindigkeiten von etwa 30 cm/s über der Beckensohle zu gewährleisten, sind nach Messung in Belüftungsbecken verschiedener Querschnittsabmessungen unter Berücksichtigung des negativen Einflusses oberflächenaktiver Stoffe auf die Umwälzströmung bei tiefliegenden Belüftern pro $m^3$ Beckeninhalt etwa 1,0 $Nm^3$ Luft/h ausreichend. Die erforderliche Gesamtluftmenge sollte je nach Größe des belüfteten Sandfanges durch 2 oder 3 Gebläseeinheiten gleichen Typs erzeugt werden. Es ist zweckmäßig, ein Reservegebläse vorzuhalten. Unter Betriebsbedingungen ist die Strömungsgeschwindigkeit in belüfteten Sandfang, insbesondere im Sohlbereich zu überprüfen. Bei zu hoher Umwälzströmung kann eine Gebläseeinheit abgeschaltet werden. Der Energiebedarf beträgt etwa 5 Wh pro $Nm^3$ eingeblasener Luft und pro m Einblastiefe.

Belüftete Sandfänge werden immer mit mechanischen Räumeinrichtungen ausgerüstet. Sie entsprechen denen, die bei Langsandfängen üblich sind. Eine bewährte Ausführung zeigt Bild 3.3-18, bei der der Sand durch Mammutpumpen, die auf einer fahrbaren Brücke montiert sind, in eine seitliche Rinne gefördert wird. Das geförderte Sand-Wasser-Gemisch fließt aus dieser Rinne einem Klassierer zu, durch den das Sandfanggut erdfeucht gewonnen wird.

Oft werden belüftete Sandfänge so konstruiert, daß durch eine Tauchwand eine Fettfangzone abgetrennt wird, in der Schwimmstoffe durch die Flotationswirkung der eingeblasenen Druckluft auftreiben. Bild 3.3-19 zeigt eine solche Kombination von belüftetem Sandfang und Fettfang. Mit Hilfe einer Räumerbrücke wird durch Räumschilde der Schwimmschlamm abgeschoben und der in der Sammelrinne abgesetzte Sand durch Pumpen in den seitlich angeordneten Sandsammelbehälter gefördert, aus dem der Sand nach Abzug des überstehenden Abwassers in einen Transportbehälter abgekippt wird.

Die Bemessung des belüfteten Sandfanges erfolgt nach Erfahrungswerten. Häufig wird die Länge und damit die Oberfläche dieses Sandfangtypes gleich der eines nach der Gleichung von *Hazen* bemessenen Sandfanges gewählt. Bei der stark turbulenten Umwälzströmung im belüfteten Sandfang ist diese Bemessungsart jedoch keineswegs gerechtfertigt. Nach amerikanischen Vorschlägen (133) soll der belüftete Sandfang so groß sein, daß zumindest ein dreimaliges Umwälzen des Abwassers gewährleistet ist. Hierdurch wird als Bemessungsgröße die Aufenthaltszeit eingeführt, die nach amerikanischen Angaben (176) bei maximalem Zufluß noch 1,5 bis 2 Minuten betragen soll. Um Feinsande abzusetzen, werden längere Aufenthaltszeiten empfohlen.

Nach von *Kalbskopf* (128) durchgeführten Versuchen kann für die Bemessung von belüfteten Sandfängen die Aufenthaltszeit in Abhängigkeit vom gewünschten Ausscheidungsgrad und dem Korndurchmesser des Sandes entsprechend Bild 3.3-20 gewählt werden.

Bild 3.3-19. Belüfteter Sandfang und Fettfang auf dem Gruppenklärwerk Nette des Niersverbandes – Viersen.

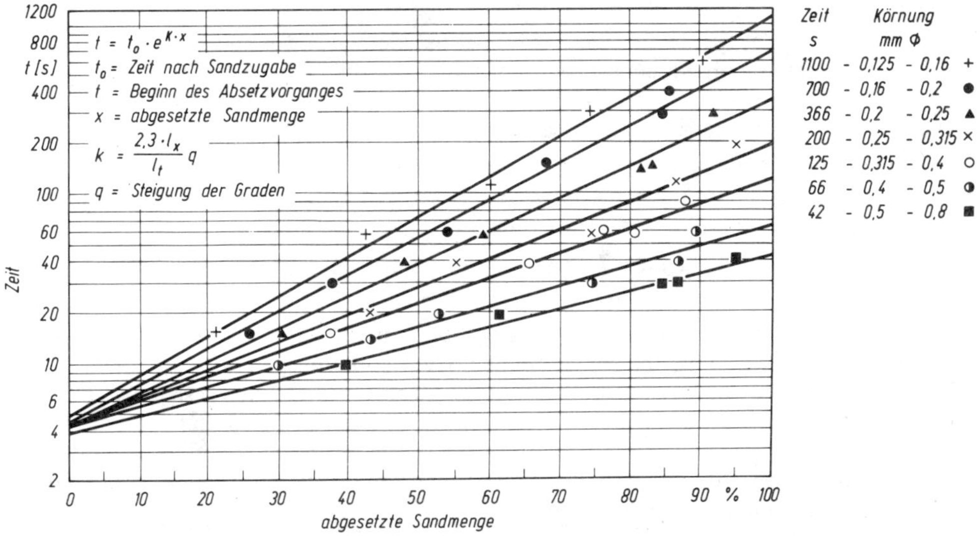


Bild 3.3-20. Im belüfteten Sandfang in Abhängigkeit von der Zeit abgesetzte Sandmenge. Umwälzgeschwindigkeit 5 cm über der Beckensohle 30 cm/s.

Diese Werte wurden für ein Versuchsbecken von 1,5 m² Querschnittsfläche gefunden. Sie geben auch für die Bemessung größerer Becken mit Umwälzströmungen von etwa 30 cm/s einen Anhalt. Es wird empfohlen, Becken mit Querschnittsflächen über 15 m² zu vermeiden. In Becken mit kleineren Querschnittsabmessungen sind im Verhältnis zum Abwasserzufluß mehr Wandflächen vorhanden, in deren Grenzschicht sich die durch die turbulente Mischbewegung der Umwälzströmung eingetragenen Sandkörner absetzen und im absteigenden Walzenstrom in die Sandsammelrinne abrollen können.

### *3.3.4.5 Hydrozyklon*

Hydrozyklone (232) sind Zentrifugalabscheider, die vorzugsweise zur Entsandung, Eindickung und auch Klassierung industrieller Trüben und Schlämme eingesetzt werden. Bild 3.3-21 und 3.3-22 zeigen den Querschnitt und eine Betriebsanordnung eines Hydrozyklons. Bei Hydrozyklonen wird im Gegensatz zur Zentrifuge der Umlauf der Flüssigkeitsströmung nicht durch den Antrieb einer rotierenden Trommel, sondern durch tangentiales Zuführen der Trübe unter Druck erreicht. Der Zyklon hat somit keine beweglichen Teile. Er besteht aus:

dem zylindrischen Einlaufraum mit tangentialem Einlauf,
dem Konusgehäuse,
der Überlaufdüse in der Zentralachse des zylindrischen Einlaufraumes und
der Unterlaufdüse am unteren Ende des Konusgehäuses.

Die zu entsandende Flüssigkeit wird unter Druck tangential in den zylindrischen Einlaufraum geleitet und dort einer Rotationsbewegung unterworfen, unter deren Einfluß spezifisch schwere Feststoffe gegen die Wandung geschleudert werden und dort entlang zur Unterlaufdüse gelangen. Das spezifisch leichtere Material gelangt ins Zentrum der Rotationsbewegung und wird mit dem größeren Flüssigkeitsanteil durch die Überlaufdüse in den Kläranlagenzulauf zurückgeführt.

Hydrozyklone können auf Kläranlagen eingesetzt werden

a) zur Trennung des Sandes aus dem Abwasser bei kleinen Zuflußmengen,
b) zur Auswaschung organischer Bestandteile aus Sandtrüben bei Sandfängen mit geringer selektiver Wirkung,
c) bei fehlenden Sandfängen zur Entsandung von Schlamm aus Absetzbecken.

Da der Unterlauf der Zyklone im allgemeinen ein flüssiges Sand-Wasser-Gemisch ist, ist eine nachträgliche Trennung des Sandes vom Wasser in einem Klassierer, Absetzbehälter oder direkt auf Trockenflächen erforderlich.

Ein Hydrozyklon wird nach der Trennkorngröße ausgelegt. Kleine Trennkorngrößen erfordern hohe Arbeitsdrücke und kleine Zyklondurchmesser (s. Abschnitt 3.3.3).

Die Wahl eines geeigneten Hydrozyklontyps und die Installation wird zweckmäßig im Einvernehmen mit der Lieferfirma vorgenommen. Hydrozyklontypen mit Durchmesser unter 300 mm sind wegen der Verstopfungsgefahr für Abwasser ungeeignet. Der Feststoffanteil der zu entsandenden Trüben soll tunlichst 3 % bis 6 % nicht überschreiten. Um das dynamische Gleichgewicht im Zyklon nicht zu stören, dürfen nur Pumpen mit konstanter Förderleistung verwendet werden. Für eine direkte Beschickung des Zyklons sind daher Kolben- oder Membranpumpen ungeeignet.

Der Einsatz von Hydrozyklonen für die direkte Abwasserentsandung wird aus betrieblichen Gründen wegen der geringen Durchsatzleistung und aus wirtschaftlichen Gründen wegen der erforderlichen hohen Betriebsdruckhöhen auf kleine Abwassermengen beschränkt bleiben.

Von Vorteil gegenüber den konventionellen Sandfängen ist der erreichbare hohe Abscheidungsgrad feiner Korngrößen und der bessere Klassiereffekt hinsichtlich spezifisch leichter organischer Schwebstoffe.

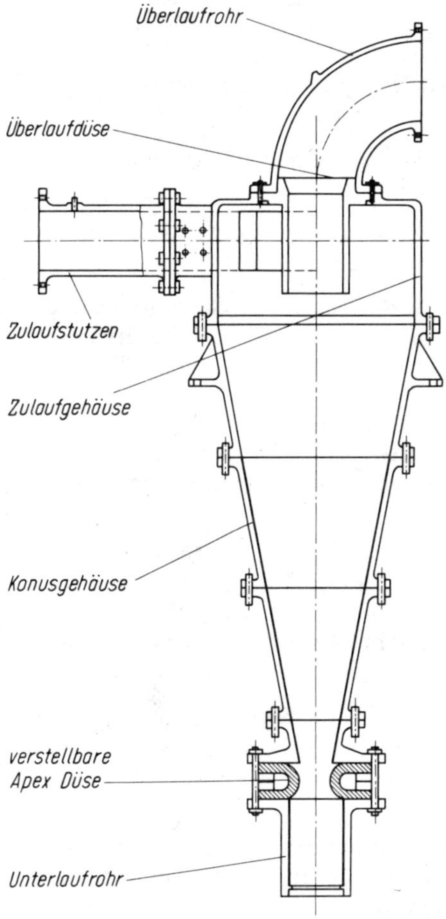


Bild 3.3-21. Querschnitt durch einen Hydrozyklon.

Bild 3.3-22 (unten).
Dorrclone Entsandungsanlage.
Der Sandkasten wird häufig durch eine Klassierrinne ersetzt.

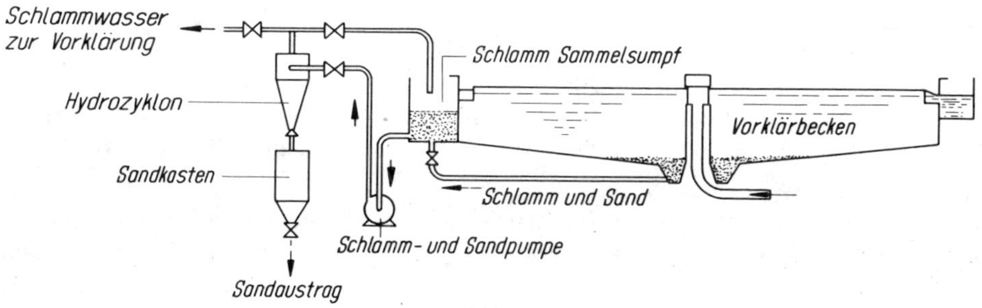

### *3.3.5 Hinweise für Ausrüstung und Betrieb*

Für die Bemessung des Sandfanges, seine Formgebung und seine konstruktive Gestaltung gelten die in den Abschnitten 3.3.3 und 3.3.4 gegebenen Hinweise. Dabei ist zu beachten, daß die geforderten Fließgeschwindigkeiten und Aufenthaltszeiten nicht nur durch die Abmessungen, sondern auch durch die höhenmäßige Zuordnung des Sandfanges zu den vor- und vor allem nachgeschalteten Kanälen, Rohrleitungen und Becken bestimmt werden. Bei Ermittlung von Wasserständen mit Hilfe gebräuchlicher Abflußformeln ist stets zu prüfen, ob durch Stau oder Senkung von Unterwasser eine Beeinflussung eintritt. Die Verluste solcher Strecken können näherungsweise durch Vorgabe der in Abhängigkeit von der Abflußmenge zu erwartenden Wassertiefen und Spiegelgefälle oder genauer durch Ermittlung der Stau- oder Senkungskurven bestimmt werden.

Bezüglich der konstruktiven Gestaltung und maschinellen Ausrüstung der Sandfänge sowie der zugehörigen Einrichtungen wird auf die Bilder verwiesen.

Der Betrieb der verschiedenen Sandfangtypen wird wesentlich durch die Art der vorgesehenen Räumung und den Anfall an Sandfanggut bestimmt.

Als Sandfanggut fallen alle körnigen Bestandteile des Abwassers, wie Sand, Asche und Stoffe der verschiedensten Art, aus Gewerbe und Industrie, sowie Nahrungsmittelreste und pflanzliche und tierische Abfälle an. Da bei der Arbeitsweise der üblichen Sandfangsysteme nach dem Schwerkraftprinzip einen saubere Trennung der faulfähigen organischen Stoffe von den körnigen mineralischen Bestandteilen selten erreicht wird, ist das Sandfanggut zumeist ein sehr heterogenes Stoffgemisch, das sich jedoch schnell absetzt, gut eindickt, schlecht fließfähig ist und bei hydraulischer Förderung eine starke abrasive Wirkung hat.

Aufgrund von Betriebsunterlagen verschiedener Kläranlagen ergibt sich beim Sandanfall eine große Streuungsbreite, wie Bild 3.3-23 zeigt. Für das Sandfanggut kann ein mittlerer Wert von 60 l pro 1000 $m^3$ Abwasser angenommen werden. Die spezifischen Anfallmengen schwanken etwa zwischen 20 l bis 200 l pro 1000 $m^3$ Abwasser, wobei der größte Sandanfall bei Regenwetter zu erwarten ist (130).

Beim Sandfanggut, das über Klassierharken entwässert wurde, liegt das Raumgewicht bei einem Wassergehalt von 30 % bis 50 % zwischen 1,2 bis 1,6 $t/m^3$. Der Glühverlust des Sandfanggutes hängt stark vom erreichten Klassiereffekt ab und schwankt zwischen 15 % bis 55 %.

Der Betrieb eines Sandfanges erfordert die tägliche Überprüfung der Füllhöhe des Sandsammelraumes. Bei maschineller Räumung ist die Gefahr der Einengung von Durchflußquerschnitten und Absetzräumen durch Sandablagerungen gering. Der Sandsammelraum kann kleiner als bei Handräumung ausgelegt werden. Der Sandfang kann geräumt werden durch:

a) Hand. Auf kleineren Anlagen mit Langsandfängen (Bild 3.3-4, 3.3-10).

b) Hydraulischen Überdruck. Bei hochliegenden Sandfängen mit Sandsammelraum wie z.B. Tiefsandfang, Rundsandfang. Am Einlaufstutzen der Abzugsleitung ist ein Spiralbohrer vorzusehen, um über ein Rührgestänge festgesetzten Sand auflockern zu können.

c) Mechanische Räumeinrichtungen. Bei Langsandfängen durch fahrbare Räumerbrücken mit Längskratzern oder Mammutpumpen, durch Bandräumer mit Kratzern oder Räum-

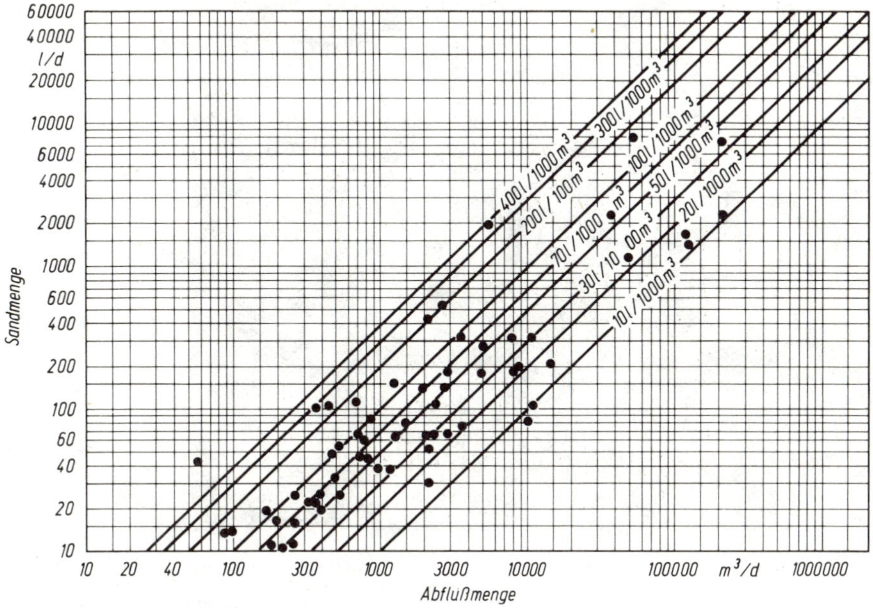


Bild 3.3-23. Sandfanggutanfall auf Kläranlagen.

löffeln, ferner durch in Längsrichtung an der Sohle angeordnete Räumschnecken, bei *Dorr*-Sandfängen durch kreisende Kratzerarme. Der Sand wird durch diese Räumeinrichtungen entweder in Sammeltrichter oder Taschen geschoben und von dort durch andere Einrichtungen oder auch durch Kombination verschiedener mechanischer Räumeinrichtungen direkt gefördert (Bilder 3.3-5, 3.3-12, 3.3-23).

d) Mammutpumpen (Bilder 3.3-3, 3.3-14, 3.3-18). Bei Sandfangtypen mit Sammelraum, wie Tiefsandfang, Rundsandfang, Langsandfängen mit Sandsammeltrichtern oder fahrbaren Räumbrücken. Die Eintauchtiefe der Mammutpumpen ist zumindest gleich der Förderhöhe zu wählen. Anschlüsse für Druckluft und Druckwasser für Pumpe und Förderleitung sind vorzusehen, um Freispülen verstopfter Leitungsrohre zu ermöglichen.

e) Pumpen. Bei Sandfangtypen mit fahrbarer Räumerbrücke, wie Langsandfang (Bild 3.3-11) und belüfteter Sandfang (Bild 3.3-18). Die Pumpen sind auf dem Räumwagen montiert. Der in der Sammelrinne abgelagerte Sand kann durch eine Saugleitung kontinuierlich abgezogen werden. Zur Förderung des Sand-Wasser-Gemisches sind dabei selbstansaugende Pumpen oder solche mit Ansaughilfen vorzusehen. Es besteht Verstopfungsgefahr.

Pumpen werden gelegentlich auch stationär zur Förderung von Sand-Wasser-Gemischen aus Sammeltrichtern eingesetzt.

Bei der Wahl der Pumpen ist darauf zu achten, daß diese robust in Betrieb, nicht verstopfungsanfällig und leicht zu reinigen sind sowie eine von der Konzentration des Fördermediums möglichst unabhängige Fördermenge garantieren.

Bild 3.3-24. Sandfang auf der Kläranlage München-Großlappen. Der in den 8 trapezförmigen Sandfangrinnen abgesetzte Sand wird durch einen Räumwagen von 20 m Spurweite mit 8 hydraulisch belasteten Einzelschilden in 4 Sammeltrichter geschoben. Die Sandförder- und Sandspeicheranlage ist vor dem Sandfang in dem geschlossenen Rechenhaus mit untergebracht.

Heute werden für die Räumung auch kleinerer Sandfänge und für die Förderung, Klassierung und Entwässerung des Sandfanggutes weitgehend maschinelle Anlagen eingesetzt, die häufig auch über einstellbare Zeitschaltsysteme in Betrieb genommen werden.

Das Sandfanggut wird vom Wasser getrennt:

a) Auf Sandtrockenplätzen, die Dränschichten oder Filterschichten zum Abzug des Wassers erhalten, das zum Einlauf der Kläranlage zurückgeleitet wird.

b) In Absetzbehältern. Das Sand-Wasser-Gemisch wird in diese Behälter gefördert, in denen der Sand sedimentiert und das überstehende Wasser durch einen Überfall oder eine Hebeeinrichtung abgezogen wird. Der abgesetzte Sand wird entweder direkt in den Behältern oder nach Abfüllen durch Klappverschlüsse in Transportwagen abgefahren (Bild 3.3-15).

c) Durch mechanische Einrichtungen, auf die schon bei den Räumeinrichtungen verwiesen wurde. Vorzugsweise werden Klassierer oder Förderschnecken eingesetzt, die den Sand in Transportbehälter oder Wagen fördern, mit denen er abgefahren wird (Bild 3.3-12).

Für die Klassierung und einen erdfeuchten Austrag des Sandfanggutes haben sich Klassierrinnen gut bewährt. Sie sollen nicht zu kurz gewählt werden, damit das Sandfanggut auf dem Transportweg durch die Klassierharke hinreichend entwässern kann. Auf eine Spülung der Klassierrinne sollte nicht verzichtet werden, da nicht ausgespülte Schlammstoffe die Entwässerungseigenschaften des Sandfanggutes erheblich verschlechtern. Bei großen Sandmengen mit einem hohen Anteil organischer Stoffe kann das aus der Klassierrinne noch in schlammiger Konsistenz abgeworfene Sandfanggut durch nachgeschaltete

Schwingsiebe mit Spaltweiten von etwa 0,15 mm so gut erdfeucht entwässert werden, daß dieses Material durch Bandanlagen gefördert und in Transportcontainer abgeworfen und anschließend deponiert werden kann.

Für die Erhaltung der Betriebsbereitschaft der Klassier- und Fördereinrichtungen sind Frostschutzmaßnahmen im Winter z.B. der Einsatz von Heizspiralen oder Heizstrahlern an erforderlichen Stellen oft notwendig.

### *3.3.6 Wahl des Sandfanges*

Die Wahl des Sandfangtypes wird durch eine Anzahl von Faktoren bestimmt, die nach betrieblichen und bautechnischen Gesichtspunkten gegliedert, nachstehend aufgeführt sind:

a) Betriebliche Faktoren:
Menge und Schwankungen des Abwasseranfalls,
Geforderter Trenn- und Klassiereffekt,
Sandanfall,
Art der vorgesehenen Räumung,
Art des Sandtransportes,
Anordnungsmöglichkeiten,
Aufwand für Wartung,
Angestrebte zusätzliche Effekte, wie z.B. Vorbelüftung zur Auffrischung des Abwasser, Flotation von Schwimmstoffen, Flockung von Schwebstoffen.

b) Bautechnische Faktoren:
Platzbedarf,
Höhenlage,
Baugrund- und Grundwasserverhältnisse,
Schalungsaufwand für Formgebung,
Maschinelle Ausrüstung.

Die Kosten für Sandfänge können je nach den betrieblichen Anforderungen und den bautechnischen Verhältnissen stark schwanken. Für Kostenvergleiche ist stets eine genaue Preisermittlung durchzuführen.

## 3.4 Abscheidung von Leichtstoffen

### *3.4.1 Aufgabe und Zweck*

Zu der ständig steigenden Belastung der Gewässer mit Schadstoffen durch Einleitung von ungereinigten und nicht ausreichend gereinigten Abwässern trägt auch der Umschlag, die Verarbeitung und der Verbrauch von Mineralölen und Mineralölprodukten wesentlich bei. Die Bundesrepublik Deutschland hatte im Jahr 1978 einen Mineralölbedarf von 141,9 Millionen Tonnen; davon wird der weitaus größte Teil als Heizöl und Treibstoff sowie etwa 1 % als Schmieröl verbraucht. Durch den Transport, die Verteilung, Lagerung und Verarbeitung sowie durch den Gebrauch ergeben sich Verluste, die mit 0,9 Gewichtsprozent beziffert werden. Diese Verluste gelangen zum Teil direkt oder indirekt in Abwasser und Gewässer. Darüber hinaus belasten Öle und Fette aus der Nahrungsmittelherstellung und dem Verbrauch das Abwasser.

Diese Leichtstoffe stellen bei der Abwasserfortleitung, Abwasserbehandlung und Abwasserreinigung besondere Aufgaben. Unter dem Begriff „Leichtstoffe" sind hier alle Abwasserinhaltsstoffe, fest und flüssig, mit geringerer Dichte als die der Trägerflüssigkeit Wasser zu verstehen, die sich auf Grund der physikalischen Gesetzmäßigkeiten davon trennen lassen. Dabei kommen den Fetten, z.B. in Abwässern aus Küchen, den Nahrungsmittel- und Fleischverarbeitungsbetrieben und den Leichtflüssigkeiten, z.B. Benzin, Diesel- und Heizöl, Schmierölen usw., abwassertechnisch besondere Bedeutung zu. Für die Gewässer stellen Leichtflüssigkeiten und Fette eine besondere Gefährdung dar. Die Leichtstoffe beeinträchtigen die natürliche Selbstreinigung des Wassers durch Verminderung der Sauerstoffaufnahme; sie schädigen die Atmungsorgane von Kleinlebewesen, so daß die Tiere den notwendigen Sauerstoff nicht mehr aufnehmen können, und sie zerstören Planktonalgen und Planktonorganismen. Fische werden ungenießbar oder sterben bei größeren Ölschäden durch Sauerstoffmangel oder an Vergiftung, insbesondere durch Phenol, Kresol, Toluol, Naphten, Merkaptan usw.

Der schädliche Einfluß derart verunreinigter Gewässer auf die Trinkwasserversorgung, auf die Pflanzen- und die Tierwelt ist bekannt. Spätestens im mechanischen Teil der Kläranlage müssen deshalb die Leichtstoffe zurückgehalten werden, da nur Restanteile von den nachfolgenden Reinigungsstufen verarbeitet werden können.

Für den Betrieb der Kanalisation ist besonders auf die Schädigung durch die verminderte Sauerstoffaufnahme und die damit verbundene vermehrte Schwefelwasserstoffbildung hinzuweisen. Hierdurch werden die Bauwerke angegriffen. Fette führen zu Verstopfungen im Kanalsystem, vor allem im Bereich der Grundstücksentwässerung; bei größeren Leitungsquerschnitten und Sammlern belegen sie Innenflächen und stören so die Kanalunterhaltung. Außerdem bilden Fette bei ihrer Zersetzung aggressive Fettsäuren, die Baustoffe der Entwässerungsanlagen angreifen und Geruchsbelästigungen verursachen können.

Verschiedene Leichtflüssigkeiten (Benzin, Benzol, Leichtöle usw.) bilden mit Luft gemischt explosible Dämpfe. Sie gefährden die Abwasseranlagen und die hier beschäftigten Personen. Deshalb sind vor allem Leichtflüssigkeiten und Fette möglichst nahe an den Anfallstellen zurückzuhalten und zu beseitigen. Im Bereich der Grundstücksentwässerung gilt deshalb der Leichtflüssigkeits- und der Fettabscheidung ganz besondere Beachtung.

Es dienen hierzu Abscheider und Einrichtungen nach den Normen DIN 1999, 4040, 4043, sowie geeignete Anlagen und Verfahren, die nach Abwasserzusammensetzung, Menge, örtlichen Verhältnissen usw. auszuwählen sind.

### 3.4.2 Theoretische Grundlagen

#### 3.4.2.1 Grundprinzip der Leichtstoffabscheidung

Die Prozesse der Abscheidung von Leichtstoffen aus Abwässern können allgemein der Verfahrenstechnik zugeordnet werden. Leichtstoffe sind, wie schon erwähnt, alle im Abwasser enthaltenen Stoffe, gleichgültig ob fest oder flüssig, mit geringerer spezifischer Dichte als die der Trägerflüssigkeit. Da die Vorgänge der Abscheidung von festen und flüssigen Leichtstoffen sich prinzipiell gleichen, wird in diesem Abschnitt der Einfachheit halber nur von Leichtflüssigkeiten, die in Tropfenform vorliegen, die Rede sein.

Zur Trennung von Flüssigkeiten unterschiedlicher Dichte werden üblicherweise Auftriebskräfte im Schwerefeld genutzt. Das bekannte Prinzip eines Schwerkraftabscheiders für Leichtflüssigkeiten zeigt Bild 3.4-1.

Das Flüssigkeitsgemisch gelangt über einen Einlauf in einen durch Tauchwände begrenzten Abscheideraum, in dem die leichtere Phase nach oben wandert und dort eine Schicht mit

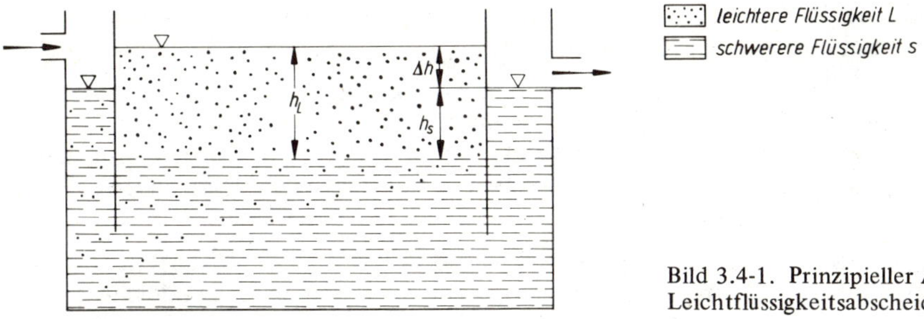


Bild 3.4-1. Prinzipieller Aufbau eines Leichtflüssigkeitsabscheiders.

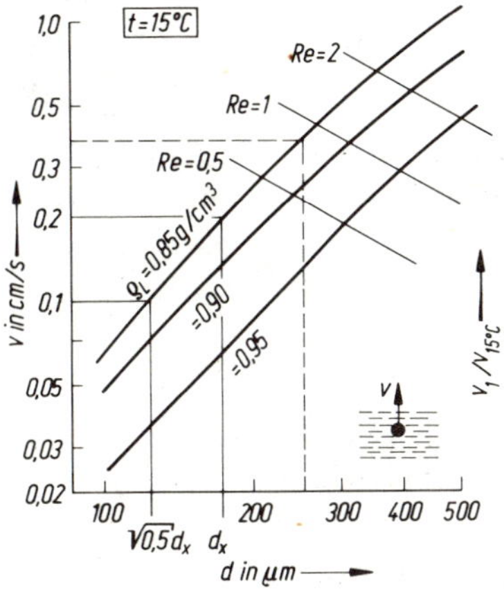


Bild 3.4-2. Abhängigkeit der Aufstiegsgeschwindigkeit v vom Tropfendurchmesser *d*.

der Höhe $h_L$ bildet. Die schwerere Flüssigkeit, meist Wasser, verläßt die Abscheidekammer unter einer Tauchwand hindurch, welche die Leichtflüssigkeit zurückhält.

Die endliche Aufstiegsgeschwindigkeit des Leichtstoffes erfordert eine bestimmte Verweilzeit der Tropfen im Abscheider. Die Aufstiegsgeschwindigkeit v, in Abhängigkeit vom Tropfendurchmesser *d* ist in Bild 3.4-2 für drei verschiedenen Dichten $\rho_L$ der Leichtflüssigkeit dargestellt.

Ebenfalls eingezeichnet sind Linien konstanter Reynoldszahlen:

$$Re = \frac{v \cdot d \cdot \rho_s}{\eta_s} \qquad (1)$$

mit: $\eta_s$ (kg/m · s) kinematische Zähigkeit, $\rho_s$ (kg/m³) Dichte } der schwereren Flüssigkeit

Für $Re < 1$ läßt sich v mit ausreichender Genauigkeit nach der Formel von *Stokes* berechnen:

$$v = \frac{1}{18} \cdot \frac{\rho_s - \rho_L}{\eta_s} \cdot g \cdot d^2 \qquad (2)$$

In diesem Bereich ergeben sich in der doppeltlogarithmischen Darstellung von Bild 3.4-2 Gerade.

Für $Re > 1$ erhält man nach einem Übergangsbereich das sogenannte quadratische Widerstandsgesetz. Bei der Leichtflüssigkeitsabscheidung sind die Tröpfchengrößen, nach denen der Abscheider dimensioniert wird, meist ausreichend klein, um noch mit der *Stoke*schen Beziehung rechnen zu können.

Die Werte der Aufstiegsgeschwindigkeit v in Bild 3.4-2 gelten für eine Temperatur von $t = 15\,^\circ\mathrm{C}$. Bei höheren Temperaturen verschieben sich die Kurven in Richtung größerer Geschwindigkeiten, d.h. der Aufstieg des Leichtstoffes wird erleichtert. Dies ist in erster Linie auf die Viskositätsänderung und in geringerem Maße auf die sich einstellende Dichte der Flüssigkeiten zurückzuführen.

Beim Aufstieg verhalten sich die Tropfen der Leichtflüssigkeit nicht als starre Körper, sondern es treten Sekundärströmungen im Tropfen auf, die den Aufstieg erleichtern. Dies kann durch einen Zuschlag zur Aufstiegsgeschwindigkeit, die sogenannte *Hadamard*-Korrektur *Ha*, berücksichtigt werden. Es gilt:

$$\mathrm{v}_{\mathrm{Korr}} = \mathrm{v} \cdot Ha = \mathrm{v} \cdot \frac{3 \cdot \eta_L + 3 \cdot \eta_s}{3 \cdot \eta_L + 2 \cdot \eta_s} \tag{3}$$

In der Verfahrenstechnik ist zur Beurteilung von Trennvorgängen das Aufstellen von Trennkurven sehr gebräuchlich. Nachfolgend soll die Abscheidung im Schwerefeld unter diesem Aspekt betrachtet werden.

### *3.4.2.2 Theoretische Trennkurve bei vereinfachenden Modellannahmen*

Bild 3.4-3 zeigt das vereinfachte Modell eines Abscheidebeckens, das von einer Mischung aus Wasser und Leichtflüssigkeit von links nach rechts mit der Geschwindigkeit $w_0$ durchströmt wird. Vorausgesetzt wird dabei:

- Geschwindigkeit $w_0$ ist über den Querschnitt gleich verteilt und bleibt längs der Durchströmung konstant
- Leichtstoffteile werden von der schwereren Flüssigkeit trägheitslos transportiert.
- Leichtflüssigkeitströpfchen liegen am Einlauf in gleicher Verteilung vor.
- Tröpfchen, die innerhalb der Durchflußzeit zur Oberfläche aufsteigen, gelten als abgeschieden.

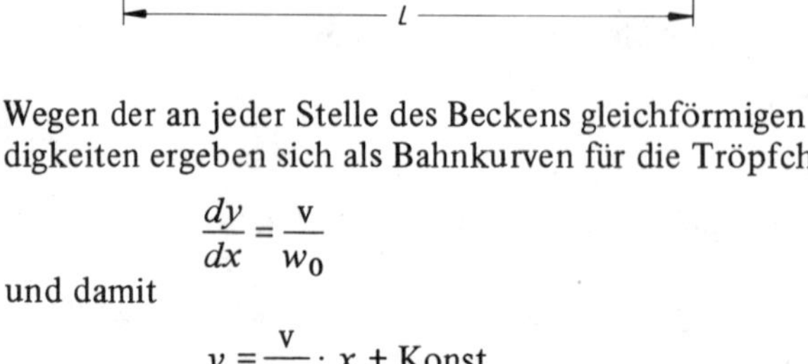


Bild 3.4-3. Vereinfachtes Modell eines Abscheidebeckens bei konstanter Strömungsgeschwindigkeit $w_0$.

Wegen der an jeder Stelle des Beckens gleichförmigen Durchström- und Aufstiegsgeschwindigkeiten ergeben sich als Bahnkurven für die Tröpfchen Gerade mit der Gleichung

$$\frac{dy}{dx} = \frac{\mathrm{v}}{w_0} \tag{4}$$

und damit

$$y = \frac{\mathrm{v}}{w_0} \cdot x + \mathrm{Konst} \tag{5}$$

Die Steiggeschwindigkeit $v_1$, mit der ein Tröpfchen, das an der Stelle $y = 0$ in das Becken eintritt, nach Durchlaufen der Beckenlänge gerade den Punkt $y = h$ erreicht, kennzeichnet eine zugehörige Grenztropfengröße $d_1$. Tropfen mit $d \geqslant d_1$ werden somit vollständig abgeschieden. $v_1$ ergibt sich nach Gl. (5) gemäß den Randbedingungen zu:

$$v_1 = w_0 \cdot \frac{h}{L} \tag{6}$$

Gl. (6) stellt damit nichts anderes als die als Zeitensatz bekannte Beziehung Aufenthaltszeit $t_A$ gleich Aufstiegszeit $t_v$ dar:

$$t_A = \frac{L}{w_0} = \frac{h}{v_1} = t_v \tag{7}$$

Tröpfchen mit dem Durchmesser $d > d_1$ und zugehöriger Aufstiegsgeschwindigkeit $v > v_1$ werden vollständig abgeschieden. Solche mit $v < v_1$ erreichen die Oberfläche nur, wenn ihr Eintrittsort oberhalb einer bestimmten von der Größe der Geschwindigkeit abhängigen Stelle $y = y_G$ ($y_G > 0$) liegt. Mit der Definition des Trenngrades

$$\phi = \frac{\text{Zahl der abgeschiedenen Tröpfchen der Größe } d}{\text{Gesamtzahl der eingebrachten Tröpfchen der Größe } d}$$

erhält man somit

$$\phi\,(v) = \frac{h - y_G}{h} = \frac{v}{v_1} \qquad \text{für } v < v_1$$

$$\phi\,(v) = 1 \qquad \text{für } v \geqslant v_1 \tag{8}$$

Da im *Stoke*schen Bereich $v \sim d^2$, kann man Gl. (8) umschreiben

$$\phi\,(d) = \left(\frac{d}{d_1}\right)^2 \qquad \text{für } d < d_1$$

$$\phi\,(d) = 1 \qquad \text{für } d \geqslant d_1 \tag{9}$$

Trägt man den Trenngrad $\phi$ über der Aufstiegsgeschwindigkeit v bzw. dem Tropfendurchmesser $d$ auf, so ergibt sich die in Bild 3.4-4 gezeigte graphische Darstellung, die als Trennkurve bezeichnet wird.

Aus

$$\phi = 1 = \frac{v_1 \cdot L}{w_0 \cdot h} = \frac{v_1 \cdot b \cdot h}{\dot{V}} \cdot \frac{L}{h} = v_1 \cdot \frac{F}{\dot{V}}$$

folgt

$$F = \frac{\dot{V}}{v_1} \tag{10}$$

mit $\dot{V}$ (m³/s) Volumenstrom durch den Abscheider
$F$ (m²) Oberfläche des Abscheideraumes

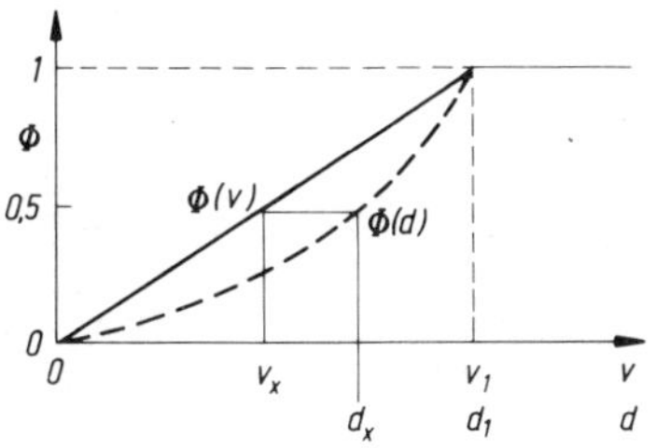


Bild 3.4-4. Berechnete Trennkurve für den Modellfall gemäß Bild 3.4-3.

Diese Beziehung ist als Oberflächensatz bekannt und dient als Dimensionierungsgleichung für jede Art von Schwerkraftabscheidern.

Die ermittelte theoretische Trennkurve in Bild 3.4-4 gilt nur für das beschriebene Modell unter den festgelegten Voraussetzungen. Tatsächlich ergeben sich jedoch Abweichungen, da insbesondere der Strömungsverlauf im Becken sowie die Einlaufbedingungen wesentlich komplizierter sind. Ließe sich eine exakte Trennkurve bestimmen, z.B. durch Messungen, so könnte diese zur genauen Dimensionierung eines Leichtflüssigkeitsabscheiders herangezogen werden. Da aber weder über die tatsächliche Trennkurve noch über die Tropfengrößenverteilung, die stark von den Zuströmbedingungen abhängt, ausreichend genaue Angaben vorliegen, werden Abscheider bis heute nach einer erfahrungsgemäß abgeschätzten Grenztropfengröße für 100%ige Abscheidung bemessen.

### *3.4.2.3 Abweichungen tatsächlicher Verhältnisse von den Modellannahmen*

Die im vorhergehenden Abschnitt gemachten Voraussetzungen einer gleichförmigen Geschwindigkeitsverteilung im gesamten Abscheidebecken sind praktisch nicht erreichbar.

Bei beliebigen Geschwindigkeitsprofilen den Beckenabmessungen entlang wird die Berechnung zur Trennkurve erheblich umfangreicher. Verschiedene vereinfachende Annahmen müssen jedoch auch hier gemacht werden. Aussagen über die tatsächlichen Strömungsvorgänge, die wesentlich komplizierter sind, können auf rein rechnerischem Wege, ohne geeignete Messungen, nicht ausreichend genau getroffen werden. Es sollen deshalb hier nur die Ergebnisse der jeweiligen Modellrechnungen kurz erläutert werden, ohne näher auf einzelne Rechengänge einzugehen.

Ein Strömungsprofil entlang der Beckenhöhe $h$ hat keinen Einfluß auf den Verlauf der Trennkurve, wohl aber die Geschwindigkeitsverteilung über der Beckenbreite $b$. Die für ein räumliches Geschwindigkeitsprofil $w_z(y)$ und $w_y(z)$ (siehe Bild 3.4-5), unter der Annahme, daß sich das Profil längs der Durchströmung nicht ändert, geltenden Berechnungen des Trennkurvenverlaufs sind in Bild 3.4-6 graphisch dargestellt und zwar für laminare und turbulente Strömung.

Man erkennt, daß sich die 100%ige Abscheidung ($\phi = 1$) in Richtung größerer Aufstiegsgeschwindigkeiten $v_1$, also auch größerer Grenztropfendurchmesser $d_1$, verschiebt und die

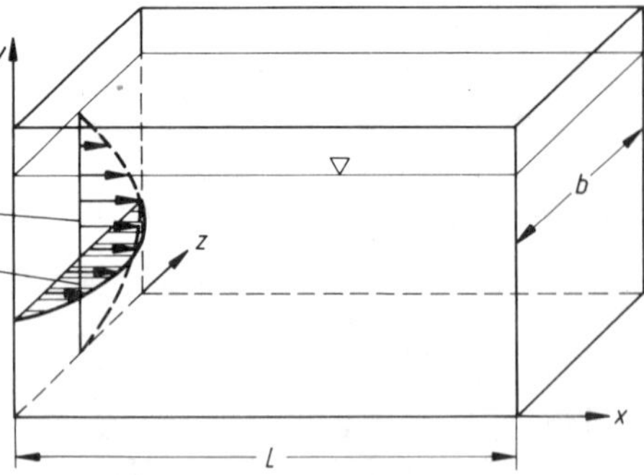


Bild 3.4-5. Modell eines Abscheidebeckens mit endlicher Breite $b$ und räumlichem Geschwindigkeitsprofil.

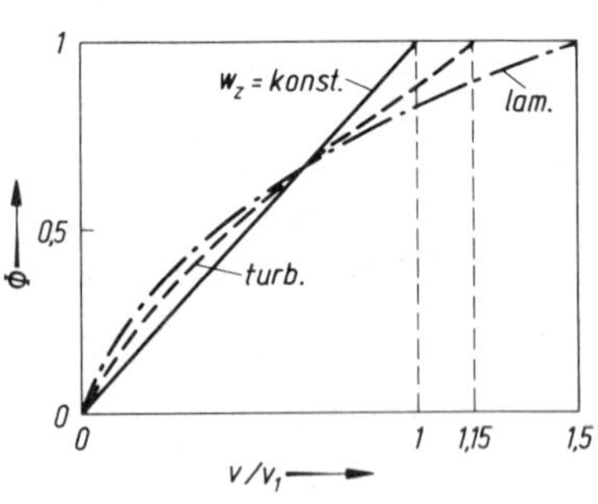


Bild 3.4-6. Für den Modellfall gemäß Bild 3.4-3 berechnete Trennkurven für laminares und turbulentes Geschwindigkeitsprofil sowie für den Fall $w(z)$ = konst.

Abscheidung gegenüber der gleichförmigen Verteilung $w_z$ = konst. schlechter wird. Man sollte somit versuchen, die Strömung möglichst gleichmäßig über die Breite des Abscheiders zu verteilen und besonders die Ausbildung von Gassen mit hoher Strömungsgeschwindigkeit zu vermeiden, da sich die Grenztropfengröße in dem Verhältnis erhöht, in dem die Spitzenwerte der Strömungsgeschwindigkeit über dem Mittelwert liegen. Dieses Verhältnis ist bei laminarer Strömung größer als bei turbulenter, weshalb der Endwert der laminaren Trennkurve in Bild 3.4-6 höhere Aufstiegsgeschwindigkeiten ergibt.

Bei praktischen Abscheidern wird ebenso die Bedingung nicht eingehalten, daß das Geschwindigkeitsprofil längs der Durchströmung konstant bleibt. In diesem Fall sind die Trennkurven nicht mehr unabhängig vom Strömungsprofil. Modellrechnungen mit den Annahmen konstanter Geschwindigkeit über der Beckenbreite und gleicher Verteilung der Leichtstofftröpfchen am Einlauf sowie den in Bild 3.4-7 dargestellten Strömungsprofilen führten zu den Trennkurven in Bild 3.4-8, die jeweils für laminare und turbulente Strömung angegeben sind.

Von nachteiligem Einfluß bei der Leichtflüssigkeitsabscheidung erweist sich in der Praxis der Zerfall der abzuscheidenden Tropfen. Die Ursachen, die zu einer Zerteilung von Leichtflüssigkeitstropfen führen, sind in Bild 3.4-9 dargestellt. Untersuchungen bzw. Abschätzungen (134) lassen darauf schließen, daß eine Zerteilung der abzuscheidenden Tröpfchen im Abscheider nur durch Wasserschlag erfolgt. Dies läßt sich durch den hierbei auftretenden sehr großen Druckgradienten erklären. Wasserschlag kann durch geeignete Einlaufkonstruktionen zwar gemildert, aber nicht ganz vermieden werden, da die Zuströmbedingungen zum Abscheider starken Schwankungen unterliegen.

Ein weiteres Hindernis für die Auftriebsströmung stellt die Turbulenz in einem Abscheidebecken dar. Zur Vermeidung turbulenter Strömungen ist die Frage der Einlaufgestaltung von besonderer Bedeutung.

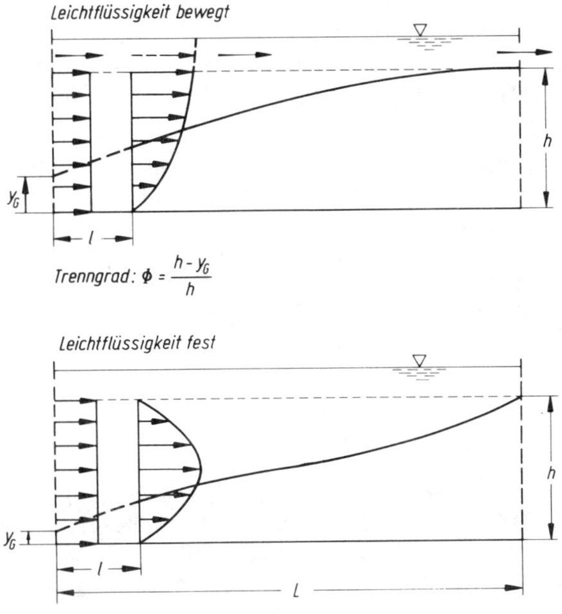


Bild 3.4-7. Modellabscheider mit veränderlichem Strömungsprofil längs einer Einlaufstrecke $l$.

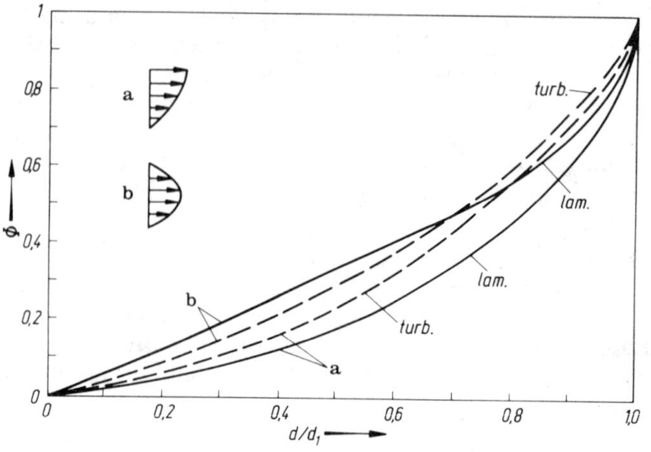


Bild 3.4-8. Trennkurven für verschiedene Geschwindigkeitsprofile gemäß Bild 3.4-7.

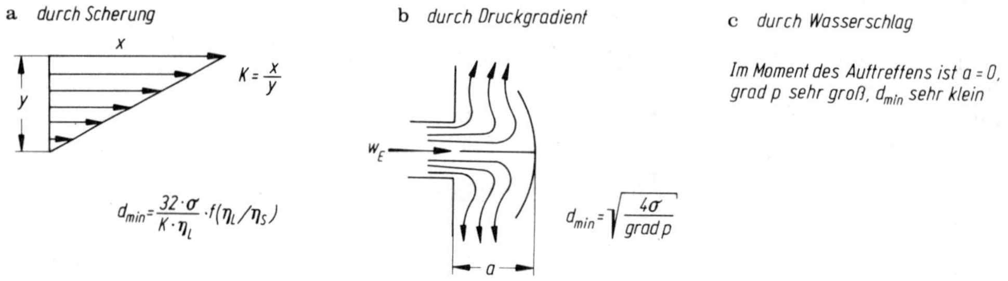


Bild 3.4-9. Tropfenzerfall durch Scherung (a), durch Druckgradienten (b) und durch Wasserschlag (c).

Durch das Zusammenwirken von Erfahrungen im praktischen Betrieb und wissenschaftlichen Untersuchungen hat man heute Einlaufsysteme entwickelt, die den ohne turbulente Vermischung berechneten Abscheidungsgrad nahezu erreichen.

Neben den bisher erwähnten Abweichungen von den einfachen Modellannahmen, die stets zur Verschlechterung der Abscheidung führen, gibt es jedoch auch Effekte, die den Aufstieg der Leichtflüssigkeitströpfchen erleichtern. Einer davon ist die Koagulation. Man versteht darunter das Zusammenlaufen von kleineren zu größeren Tropfen, die sich dann leichter abscheiden lassen. Die Koagulation kann durch Anziehungskräfte und/oder durch eine unterschiedliche Bewegung der Teilchen erfolgen. Die Auftriebsgeschwindigkeit der Tropfen bleibt somit nicht, wie in den Modellrechnungen angenommen, konstant, sondern wird größer.

Ein weiterer Effekt, der die Abscheidung begünstigt, ist die sogenannte hydrodynamische Komplexbildung. Liegen die Leichtflüssigkeitströpfchen ursprünglich als Zufallsverteilung vor, so gibt es kleine Bereiche, in denen die Abstände zwischen den Teilchen kleiner sind als im Durchschnitt. Beim Aufsteigen dieser Tröpfchen kommen Strömungskräfte hinzu, die diese Abstände zusätzlich verringern. Dadurch bilden sich Tröpfchenkomplexe, die ähnlich wie ein Agglomerat schneller aufsteigen. Im Gegensatz zur Koagulation berühren sich die Teilchen jedoch nicht und fließen somit nicht zusammen, sondern steigen gemeinsam in enger Formation zueinander auf. Durch die Komplexbildung kann die Aufstiegsgeschwindigkeit erheblich größer als die *Stoke*sgeschwindigkeit werden und somit die Abscheidung erleichtern.

Die bisher gemachten Ausführungen zeigen bereits, daß es ohne sorgfältige Experimente nicht möglich sein wird, alle auftretenden Probleme zur Erlangung einer optimalen Abscheidung zu lösen. Da Versuche an Großabscheidern meist nur unter großem Aufwand durchgeführt werden können, müssen geeignete Modellausführungen gebaut werden. Dies führt auf das weite Gebiet der Modelltheorie, auf die an dieser Stelle jedoch nicht eingegangen werden kann (199).

### *3.4.3 Leichtflüssigkeits-, Fettabscheider und Heizölsperren in der Grundstücksentwässerung*

Leichtflüssigkeits- und Fettabscheider sowie Heizölsperren, die auf Grundstücken eingebaut werden, unterliegen den Vorschriften der Obersten Bauaufsichtsbehörden. Gemäß Bauordnung müssen sie das Prüfzeichen des Institutes für Bautechnik, Berlin, tragen.

Für den Einbau gelten in erster Linie die Ortssatzungen der Gemeinden. Diese Vorschriften stützen sich auf die in den Ländern bauaufsichtlich eingeführte Norm DIN 1986 „Entwässerungsanlagen für Gebäude und Grundstücke." Im Teil 1, Punkt 9 „Rückhalten schädlicher Stoffe" heißt es unter anderem:

Für Stoffe und Flüssigkeiten, die schädliche oder belästigende Ausdünstungen oder Gerüche verbreiten, Baustoffe der Entwässerungseinrichtungen angreifen oder den Betrieb stören, sind Anlagen zu schaffen, die das Eindringen dieser Stoffe und Flüssigkeiten in die Leitungen verhindern. In Garagen und auf Stellplätzen sind alle Abläufe von Flächen, auf denen Kraftfahrzeuge gewaschen, gewartet oder betankt werden, über Abscheider für Leichtflüssigkeiten (Benzinabscheider, Heizölabscheider) an das Entwässerungsnetz anzuschließen. Überall dort, wo im Störungsfall mit Abfließen von Leichtflüssigkeiten gerechnet werden muß (z.B. in Räumen für Ölheizungsanlagen), sind Sperren für Leichtflüssigkeiten, z.B. Heizölsperren, die den Anforderungen von DIN 4043 genügen, einzubauen.

In Betrieben, in denen fetthaltiges Wasser anfällt, sind Fettabscheider einzubauen, unter Beachtung von DIN 4041.

Sand- oder Schlammfänge sind vorzusehen, wenn sinkstoffhaltiges Abwasser anfällt. Schlammfänge vor Leichtflüssigkeitsabscheidern sind nach DIN 1999 Teil 2, solche vor Fettabscheidern nach DIN 4041 zu bemessen.

Anlagen zum Rückhalten schädlicher Stoffe dürfen sich nur in den Leitungen solcher Ablaufstellen befinden, für die die Anlage notwendig ist. Anderes Abwasser darf ihnen nicht zugeführt werden. Beim Einbau derartiger Anlagen ist auf die Reinigung Rücksicht zu nehmen. Gegebenenfalls sind besondere Reinigungsleitungen fest zu verlegen (167).

#### *3.4.3.1 Leichtflüssigkeitsabscheider* (Bild 3.4-10, Seite 127)

Für Konstruktion, Einsatz und Bemessung von Leichtflüssigkeitsabscheidern gilt die Norm DIN 1999 „Abscheider für Leichtflüssigkeiten – Benzinabscheider, Heizölabscheider".

Typische Anfallstellen, die mit Abscheideranlagen gesichert werden müssen, sind dieser Norm entsprechend u.a.:

Tankstellen für Fahrzeuge,
Kfz-Waschplätze,

Betankungsstellen für Flugzeuge und Wartungsanlagen,
Betankungsstellen für Diesellokomotiven,
Kfz-Werkstätten, auch mit Waschanlagen,
Teilewäsche,
Motorenprüfstände und Entkonservierungsanlagen,
Kfz-Verwertungs- und Verschrottungsbetriebe,
Herstellungsbetriebe für Mineralölprodukte,
Veredelungsbetriebe von Mineralölprodukten und Vorratslager,
Entsorgungsbetriebe für Abwässer aus Benzinabscheidern und Öltankreinigung,
Parkhäuser und Autobahn-Tank- und Rastanlagen,
Omnibuswarteplätze,
Standplätze für militärische Fahrzeuge im technischen Bereich,
Feuerwehrübungsplätze,
Trafo-Stationen,
Straßen in Wassergewinnungsgebieten,
Luftkompressoren-Stationen (Öl-Kondensatableitung),
sowie alle Betriebe, in deren Abwasser Leichtflüssigkeiten anfallen, wie Druckereien, chemische Werke, Stanz- und Preßwerke usw.

In DIN 1999 ist unter anderem festgelegt:

Grundsätzlich sind Abscheider mit selbsttätigem Abschluß einzubauen. Abscheider ohne selbsttätigen Abschluß dürfen mit Genehmigung der zuständigen Behörde eingebaut werden, wenn die Menge der anfallenden Leichtflüssigkeit überschaubar und durch die regelmäßige Wartung sichergestellt ist, daß die Abscheider entleert werden, bevor die maximale Speichermenge erreicht ist.

Häusliches Schmutzwasser darf nicht in Abscheider eingeleitet werden.

Die Abscheider sind an die Schmutzwasser- bzw. Mischwasserkanalisation anzuschließen. Für den ausnahmsweisen Anschluß an die Regenwasserkanalisation oder die unmittelbare Einleitung in ein Gewässer gelten die besonderen Bestimmungen der Bauaufsichts- bzw. Wasserbehörden.

Abscheider und Schlammfänge sind nicht in geschlossenen Räumen und möglichst nicht in befahrenen Verkehrsflächen einzubauen. Sie müssen für Reinigungsfahrzeuge leicht zugänglich sein. Sie sind verkehrssicher abzudecken und als feuergefährlich zu kennzeichnen (68).

#### 3.4.3.1.1 Heizölsperren (Bild 3.4-11)

Heizölsperren sind Abläufe, die durch einen selbstätigen Abschluß verhindern, daß Leichtflüssigkeit in die Abwasserleitung gelangt. Sie werden vorwiegend in Ölheizungskellern eingesetzt, in denen gelegentlich Abwasser abgeleitet wird und unvorhergesehen Leichtflüssigkeit anfallen kann. Sind solche Kellerräume rückstaugefährdet, ist eine Heizölsperre mit automatischer Absperrvorrichtung gegen Rückstau einzusetzen. Bei regelmäßiger Abwasserableitung sind auch hier Abscheider nach DIN 1999 zu verwenden.

Heizölsperren müssen der DIN 4043 entsprechen (68).

Außer Leichtflüssigkeit sind im Abwasser oft beträchtliche Mengen an Sinkstoffen (Lehm, Lette, Sand usw.) enthalten; die Funktion der Abscheideranlagen ist daher nur dann sichergestellt, wenn ein Schlammfang entsprechender Größe vorgeschaltet wird.

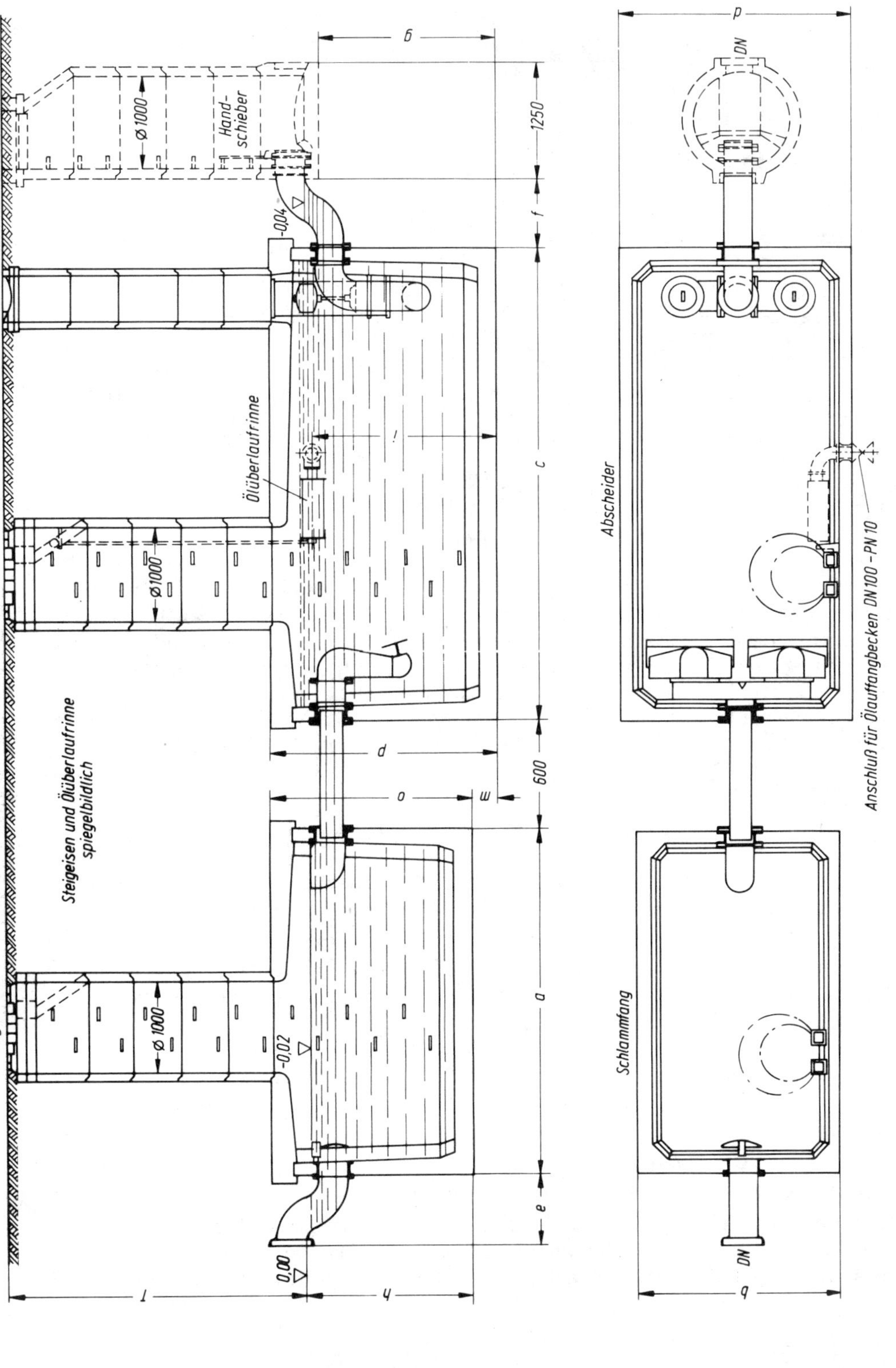


Bild 3.4-10. Benzinabscheideranlage aus Stahlbeton in Fertigbauweise, mit selbsttätigem Schwimmerabschluß (Passavant-Werke).

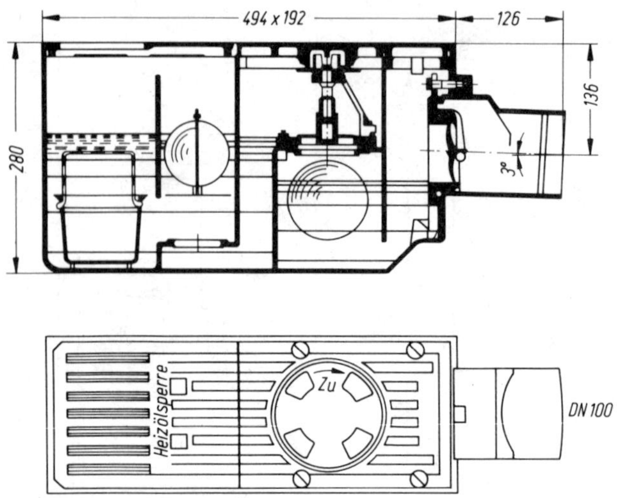


Bild 3.4-11. Heizölsperre aus Gußeisen mit automatischer Absperrvorrichtung gegen Rückstau (Passavant-Werke).

### 3.4.3.1.2 Automatische Ölabzugsvorrichtung

Sind größere Mengen an Leichtflüssigkeit zu erwarten, z.B. aus Prozeßabwässern, Entkonservierungsanlagen oder durch Unfälle, muß ein Abscheider mit einer gegenüber dem Normalfall größeren Speicherfähigkeit eingebaut werden, oder es ist ein Abscheider mit einer Vorrichtung zum Ableiten der Leichtflüssigkeit in ein Auffangbecken zu verwenden. Hierzu gibt es neben den handbetätigten Skimrinnen automatisch arbeitende Ölabzugseinrichtungen, die ohne bewegliche Teile, d.h. allein unter Ausnutzung hydromechanischen Verhaltens der Flüssigkeit, funktionieren (Bild 3.4-12, 3.4-13 und 3.4-14).

### 3.4.3.1.3 Alarmanlage, Sicherheitseinrichtung für Leichtflüssigkeitsabscheider

Der Einsatz einer Alarmanlage ist vor allem dann zweckmäßig, wenn größere Mengen Leichtflüssigkeit unregelmäßig oder aus Unfällen herrührend in den Abscheider gelangen können.

Ihre Funktion beruht auf der unterschiedlichen Leitfähigkeit von Wasser und Leichtflüssigkeit. Sie besteht aus einem Ölfühler mit Anschlußkabel, Halterung und einem Überwachungsgerät mit optischer und akustischer Anzeige. Der Ölfühler wird in der Abscheidekammer eingebaut. Der Ölfühler-Stromkreis entspricht den VDE-Vorschriften.

Wenn sich Leichtflüssigkeit in einer bestimmten Schichtdicke angesammelt hat, spricht der Sonden-Stromkreis an und es leuchtet am Überwachungsgerät eine Warnlampe auf; gleichzeitig ertönt ein Signal. Spätestens dann ist die angesammelte Leichtflüssigkeit zu entnehmen und der Abscheider zu reinigen. Bei Abscheidern mit selbsttätigem Abschluß wird Alarm gegeben, bevor der Schwimmer den Auslauf schließt.

Die auf Bild 3.4-15 dargestellte Alarmanlage hat einen zusätzlichen Kontakt, der es ermöglicht, Zusatzsummer, Steuerungen usw. anzuschließen. Der elektrische Anschluß der Alarmanlage ist bauseits nach den örtlichen EVU-Vorschriften vorzunehmen.

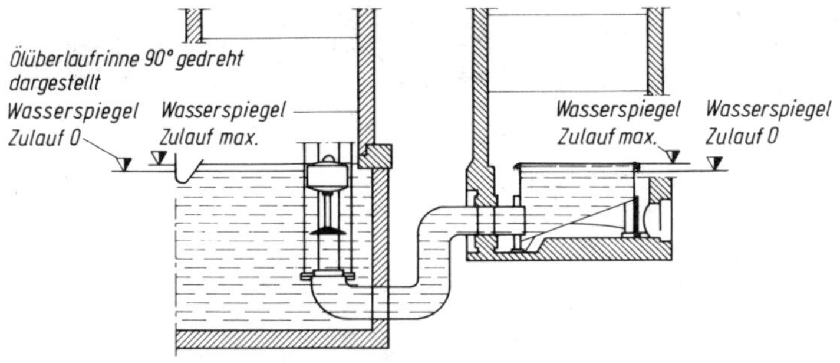


Bild 3.4-12.
Systemdarstellung einer automatischen Ölabzugseinrichtung.

Der Auslauf des Abscheiders ist so ausgebildet, daß nur geringe Spiegelschwankungen im Abscheideraum auftreten.

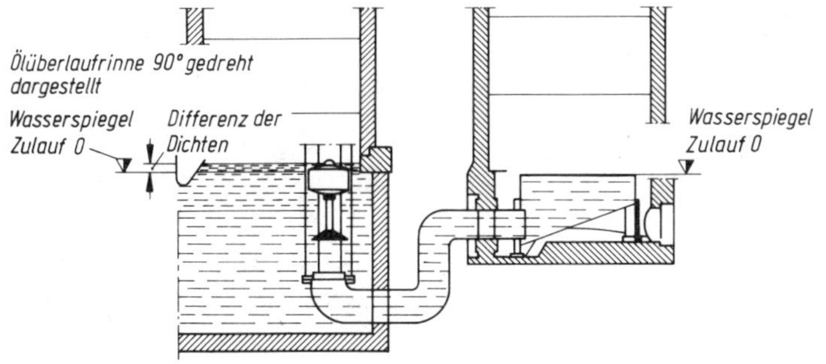


Bild 3.4-13.
Systemdarstellung einer automatischen Ölabzugseinrichtung.

Durch die Differenz der Dichten stellt sich der Leichtflüssigkeitsspiegel in Abhängigkeit der Schichtdicke höher ein als der Wasserspiegel am Auslauf.

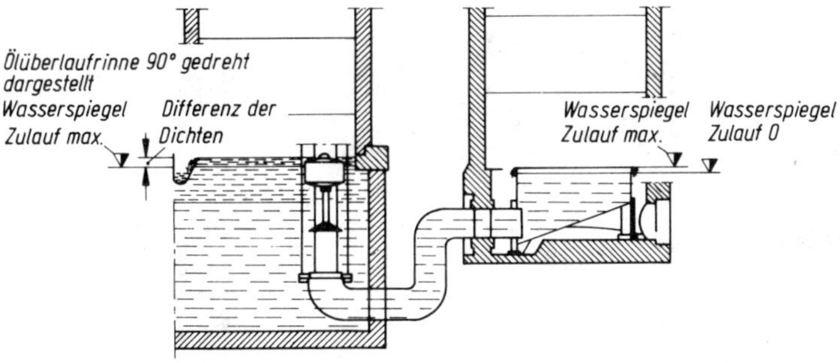


Bild 3.4-14.
Systemdarstellung einer automatischen Ölabzugseinrichtung.

Dadurch fließt ab einer bestimmten Schichtdicke nur Leichtflüssigkeit automatisch in die Rinne und kann von dort in ein Ölauffangbecken ablaufen.

### 3.4.3.1.4 Bemessung

Zur Festlegung und Sicherung der gewünschten Wirksamkeit des Abscheiders dienen die Bemessungsgrundlagen nach DIN 1999 für alle Normalfälle. Für alle nicht aus der Norm abzuleitenden Fälle sind Abwasseruntersuchungen oder Versuche erforderlich.

Hierbei ist es von außerordentlicher Wichtigkeit, daß bei den Untersuchungen zwischen dem abscheidbaren Leichtflüssigkeitsanteil und dem nicht abscheidbaren Leichtflüssigkeitsanteil unterschieden wird.

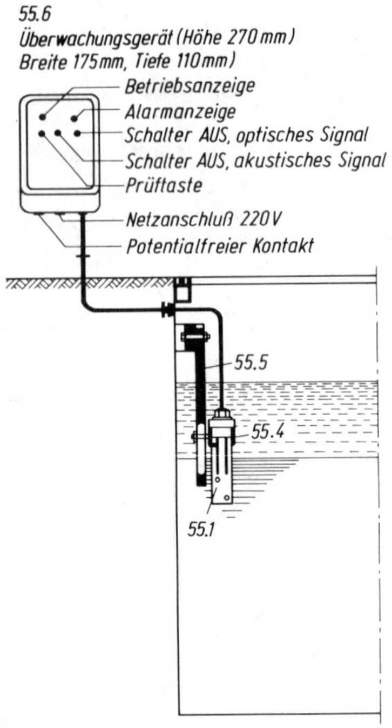


Bild 3.4-15 (links). Alarmanlage für Schichtdickenmessung in Leichtflüssigkeitsabscheidern (Passavant-Werke).

Bild 3.4-16 (unten). Benzinabscheideranlage in Parallelanordnung aus Stahlbeton in Fertigbauweise, mit selbsttätigem Abschluß (Passavant-Werke).

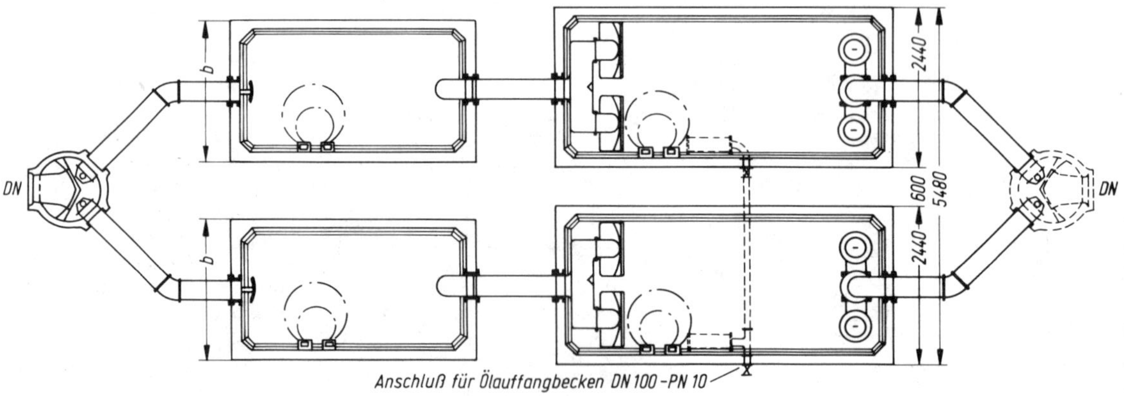


Dann erst, wenn die Zustandsform und die Mengenverteilung der Abwasserinhaltsstoffe bekannt ist, läßt sich die richtige Größe und das zweckmäßige Verfahren festlegen.

Für größeren Durchfluß oder längere Absetzzeit empfiehlt sich, Abscheideranlagen parallel anzuordnen. Ein weiterer großer Vorteil besteht in der einfacheren Wartung ohne generelle Betriebsunterbrechung, indem eine Halbseite nach der anderen gereinigt wird und Wasser übergepumpt werden kann (Bild 3.4-16).

#### 3.4.3.1.5 Abscheideranlagen mit Rückhaltebecken (Bild 3.4-17)

Abscheideranlagen mit Rückhaltebecken werden dann vorgesehen, wenn so große Flächen über Abscheider zu entwässern sind, daß der Aufwand für die Erstellung von Benzinabscheideranlagen in der erforderlichen Größe zur Verarbeitung des kurzzeitig anfallenden Abwassers wirtschaftlich nicht vertretbar ist, oder der Abwasserabfluß größer ist als der Schmutzwasser- bzw. Mischwasserkanal bei Regen aufnehmen kann oder die Auflage besteht, nur einen begrenzten Abfluß in den Kanal – also in den Vorfluter – einzuleiten.

Rückhaltebecken können je nach Erfordernis in offener oder geschlossener Bauweise erstellt werden. Das im Rückhaltebecken angesammelte Abwasser wird über Auslaufregler dem Abscheider kontinuierlich zugeleitet. Dieser Auslaufregler gibt bei jedem Wasserstand des Rückhaltebeckens den gleichen Abfluß an den Abscheider ab. Steuerungen durch Schieber, Blenden oder berechnete Durchlaßöffnungen haben sich nicht bewährt. Der Auslaufregler nimmt das Wasser von der Oberfläche und zieht die durch Leichtflüssigkeit angereicherte Schicht zuerst ab. Da sich der Schlamm bereits im Schlammsammelraum des Rückhaltebeckens absetzt, erübrigt sich ein zusätzlicher Schlammfang vor dem Benzinabscheider.

#### 3.4.3.1.6 Einfluß von Pumpen

Das Abwasser soll dem Benzinabscheider in freiem Gefälle zufließen. Soweit Pumpen oder Abstürze notwendig sind, sollen diese hinter dem Abscheider vorgesehen werden.

Kreiselpumpen verursachen sehr intensive Mischungen von Leichtflüssigkeit und Wasser, die zur Trennung eine längere Aufenthaltszeit erfordern. Wenn in Ausnahmefällen vor dem Abscheider gepumpt werden muß, empfiehlt es sich, Verdrängerpumpen einzusetzen, insbesondere Schneckenpumpen, die in der Wartung zwar etwas aufwendiger sind als Kreiselpumpen, jedoch die Vermischung von Leichtflüssigkeit und Wasser gering halten. Außerdem können Beruhigungsbecken vor den Abscheidern vorgesehen werden.

#### 3.4.3.1.7 Abscheideranlagen mit Adsorptions- oder Koaleszenzfilter

Wenn an den Ablauf von Abscheideranlagen weitergehende Anforderungen gestellt werden, z.B. bei unmittelbarer Einleitung in ein Gewässer, wie in Kasernen, Tanklagern, Flugbetriebsflächen, Autobahntankstellen usw., sind genaue Überprüfung, differenzierte Messung und Feststellen der nicht abscheidbaren Leichtflüssigkeit unabdingbar. Zunächst ist die Anlage so auszulegen, daß praktisch alle abscheidbaren Anteile zurückgehalten werden.

Eine weitergehende Reinigung ist durch Adsorptions- oder Koaleszenzfilter zu bewirken. Sehr fein dispergierte Öltröpfchen und Anteile, die sich, mit Feststoffen verbunden, in der Schwebe befinden, werden damit zurückgehalten (Bild 3.4-18).

Das im Abscheider vorgereinigte Abwasser wird gleichmäßig über ein stark ölbindendes oder koaleszierendes Material verteilt. Als Filtermaterial werden Polyurethanhartschäume oder andere Füllstoffe verwendet. Die Reinigungsleistung solcher Filter ist besonders für die oben genannten Einsatzbereiche überraschend gut und wirtschaftlich, vor allem, wenn man diese Filter mit chemischen Reinigungsstufen vergleicht, die sonst notwendig würden. Es sei hier auch vermerkt, daß echte Emulsionen und Öl-in-Wasserlösungen häufig durch geeignete Maßnahmen im Betrieb vermieden werden können. Ist dies an einzelnen Stellen nicht möglich, so ist dieses Wasser abzutrennen und separat zu behandeln.

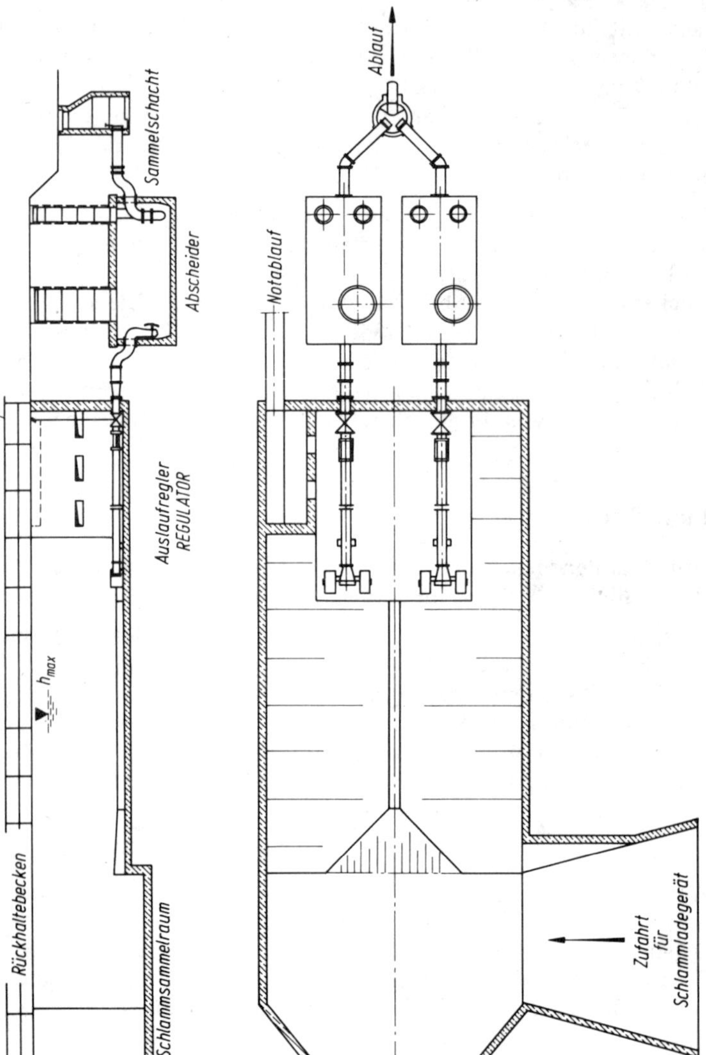


Bild 3.4-17. Benzinabscheideranlage mit Rückhaltebecken und Auslaufreglern (Passavant-Werke).

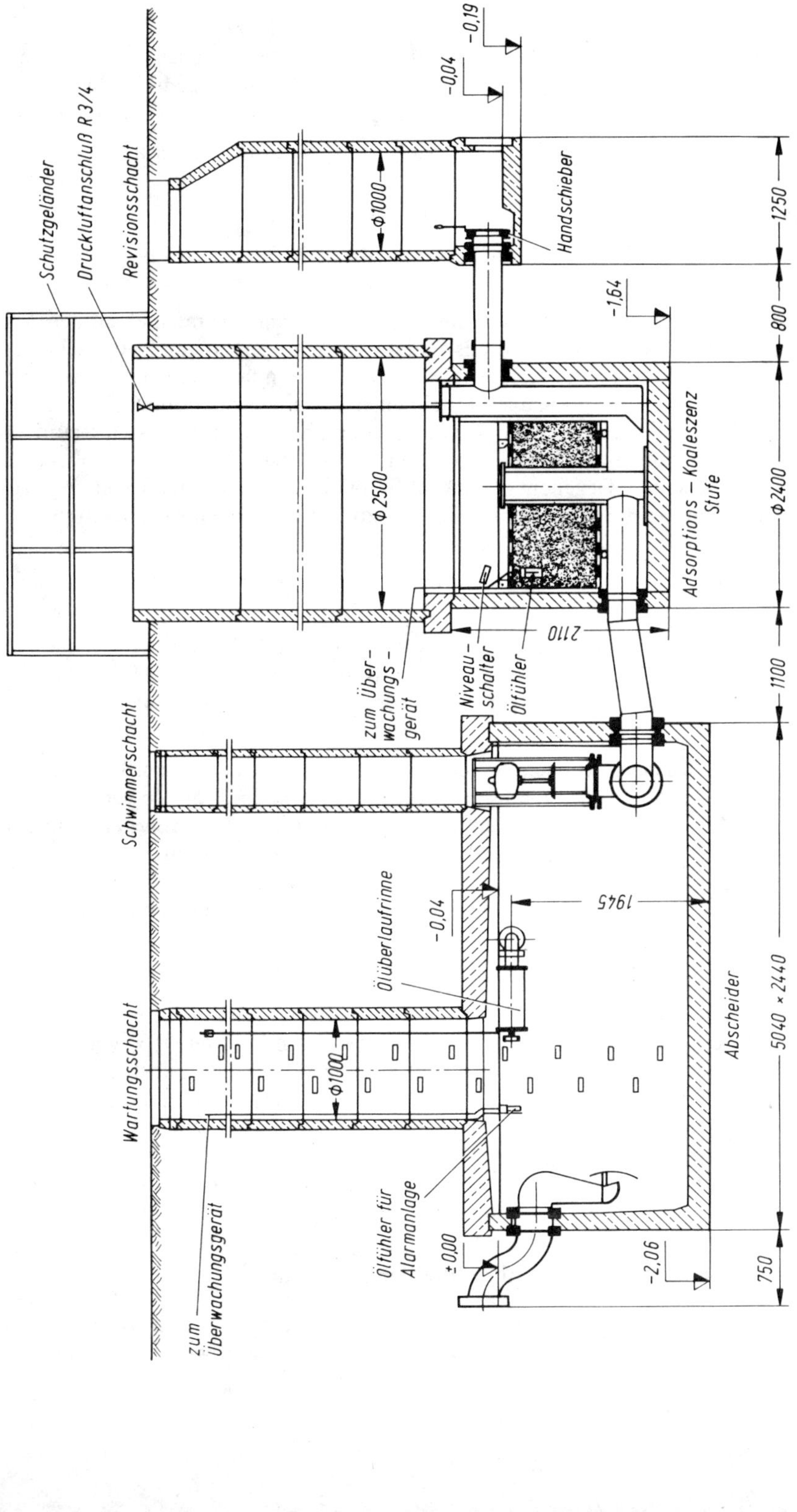


Bild 3.4-18. Benzinabscheider aus Stahlbeton in Fertigbauweise mit nachgeschalteter Filterstufe (Passavant-Werke).

### *3.4.3.2 Fettabscheider*

Unter Fett sind hier alle pflanzlichen und tierischen Fette zu verstehen, die in Gaststätten, Verpflegungsstätten, Großküchen, Fleischereien, Fleischwarenfabriken, Schlachtanlagen, Fischverwertungsbetrieben, Margarinefabriken, Speiseölraffinerien usw. anfallen.

Wegen der zu beachtenden Normen und Vorschriften sei auf den Abschnitt 3.4.3 – Leichtflüssigkeits- und Fettabscheider in der Grundstücksentwässerung – hingewiesen.

DIN 1986 schreibt vor:

... In Betrieben, in denen fetthaltiges Wasser anfällt, sind Fettabscheider einzubauen. DIN 4041 ist zu beachten.

Fettabscheider sollen außerhalb der Gebäude, jedoch so nahe wie möglich an den Ablaufstellen, eingebaut werden. Gegebenenfalls sind die Zuleitungen zu den Fettabscheidern wärmegedämmt oder beheizt zu verlegen. Diese Leitungen müssen ein Gefälle von mindestens 1 : 50 haben. Falls der Einbau außerhalb eines Gebäudes nicht möglich ist, sollen Fettabscheider in einem geruchsicher abgeschlossenen, be- und entlüftbaren Raum eingebaut werden. Für jeden eingebauten Fettabscheider muß die Möglichkeit der Entleerung bzw. Reinigung bestehen. Gegebenenfalls sind für die Entleerung bzw. Reinigung Saugleitungen von mindestens 50 mm lichter Weite anzuordnen. Die Saugleitung muß an beiden Enden geruchsicher abschließbar sein ...

Auch dem Fettabscheider sind bei sinkstoffhaltigem Abwasser Schlammfänge vorzuschalten.

Für Konstruktion, Einsatzbereich und Bemessung von Fettabscheidern gelten die Normen DIN 4040–4041 (68). Schon in diesen Normen ist ein ganz besonderer Hinweis auf die Reinigung enthalten. Sie stellt in der Tat ein Problem dar; deshalb soll im folgenden besonders die Reinigung und Wartung behandelt werden.

Das Abwasser aus Küchenbetrieben, Schlachtereien, fischverarbeitenden Betrieben usw. enthält neben den Fetten viele organische Stoffe und vor allem Proteine verschiedenster Herkunft. Hierdurch und im Zusammenhang mit den relativ hohen Abwassertemperaturen beginnt das Abwasser schnell zu faulen. Auch die Fette bilden durch bakterielle Umsetzung nach kurzer Zeit Fettsäuren. Ein schlecht gewarteter Fettabscheider ist unhygienisch, sehr geruchsbelästigend und im Zusammenhang mit in der Nähe liegender Lebensmittelverarbeitung unzulässig.

Für die Entleerung und Reinigung haben sich folgende Richtwerte aus der Praxis ergeben:

Fettabscheider und Schlammfänge in fleisch- und fischverarbeitenden Bereichen sind bei Erreichen des Fett-/Schlamm-Speichervermögens, jedoch mindestens 1 x wöchentlich, zu reinigen. Die Bodenabläufe, Zulaufrinnen usw. sind nach jedem Betriebstag zu reinigen. Fettabscheider für Küchenbetriebe sind spätestens alle 14 Tage zu entleeren. Auch hier sind die Bodenabläufe, Zulaufrinnen usw. nach jedem Betriebstag zu säubern. Bei der herkömmlichen Bauart der Fettabscheider werden die Abscheider geöffnet und die Saugleitung des Entleerungsfahrzeuges eingebracht. Dabei kann der unangenehme Geruch ungehindert Menschen und Umgebung in unzumutbarer Weise belästigen.

#### 3.4.3.2.1 Fettabscheider mit Entleer- und Spüleinrichtung

Mittels einer Kanalradpumpe, die neben dem Fettabscheider angebracht ist, wird Abscheider- und Schlammfanginhalt umgepumpt. Mit dem Druckwasser wird die Fettschicht zerstört und der Schlammfanginhalt aufgerührt. Hierzu ist eine spezielle Ventilsteuerung vorhanden. Nach einer bestimmten Zeit wird die Pumpendruckleitung durch Umsteuern eines Verteilerhahnes an die Entleerungsleitung angeschlossen. Diese Leitung endet an der Zufahrtsstelle für Saugewagen. Hier übernimmt dieser den Abscheiderinhalt. Nach der ersten Leerung des Abscheiders erhält die Küche ein Signal zur Nachfüllung. Auch diese Spülwassermenge wird wieder im Abscheider umgepumpt und anschließend über die Druckleitung dem Saugewagen zugeführt. Der Abscheider ist nun sauber und leer. Es folgt die Füllung mit Klarwasser. Damit ist der Abscheider wieder betriebsbereit.

Der gesamte Reinigungsvorgang verläuft also im geschlossenen System und kann, was schon mehrfach ausgeführt wurde, vollautomatisch gesteuert werden.

Hierbei schließt dann der Saugewagenfahrer nur noch die Verbindungsleitung an und löst die Programmsteuerung aus. Nach 8–10 Minuten kann der Reinigungs- und Wiederauffüllvorgang beendet sein. Erst durch diese neue Form der auf Bild 3.4-19 und 3.4-20 dargestellten Reinigungseinrichtung konnte in vielen Fällen der ordnungsgemäße Betrieb von Fettabscheidern erreicht werden.

Die entscheidenden Vorteile sind also:

hygienisch einwandfreie Reinigung und Wartung,
Wahl des Einbauortes in Küchennähe in Tief- oder Obergeschossen einschließlich Fernsehtürmen ist praktisch nicht eingeschränkt;
die für die Reinigung erforderlichen Arbeitszeiten sind minimal.

Damit sind kurze Reinigungsintervalle wirtschaftlich vertretbar.

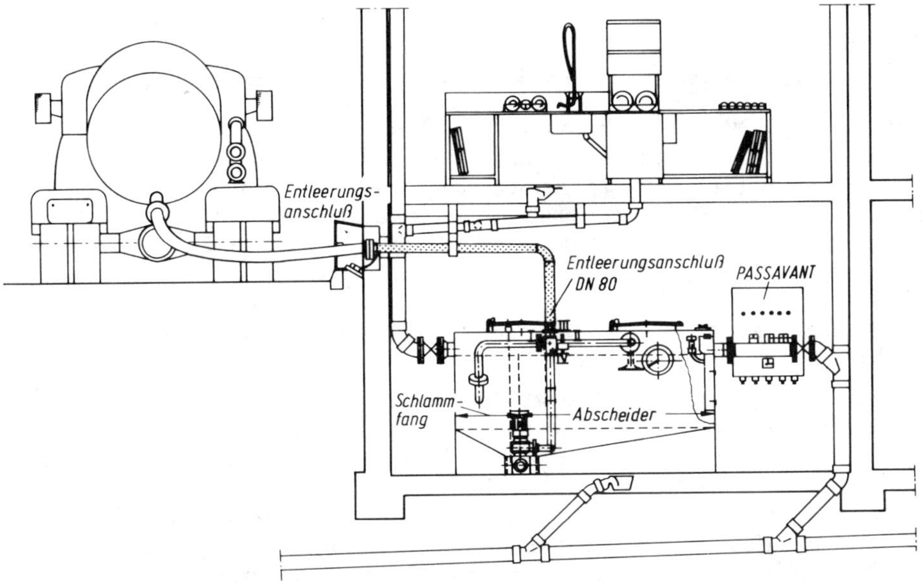


Bild 3.4-19. Fettabscheider mit vollautomatischer Entleer- und Spüleinrichtung in vollkommen geschlossener Bauart (Passavant-Werke).

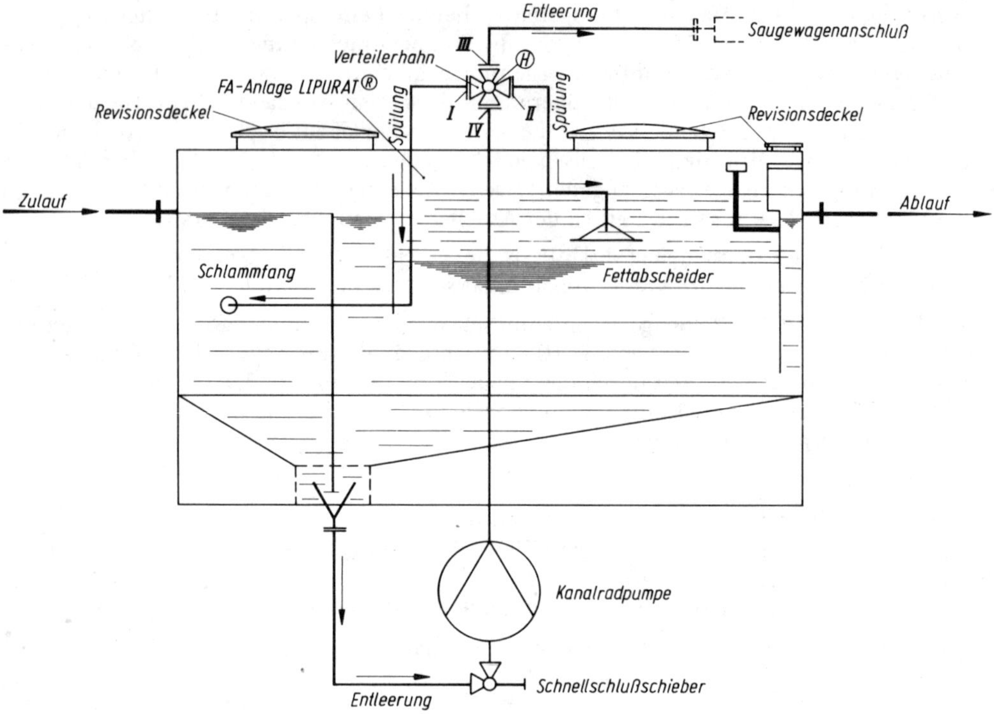


Bild 3.4-20. Systemdarstellung eines Fettabscheiders mit vollautomatischer Entleer- und Spüleinrichtung (Passavant-Werke).

### *3.4.4 Leichtstoffabscheider und Verfahren in der Abwasserreinigung*

Soweit Leichtstoffe, vor allem Öle und Fette in Abwässern nicht schon an den Anfallstellen, auf Grundstücken, in Gewerbe- und Industriebetrieben zurückgehalten werden, sollte ihre Abscheidung möglichst in der mechanischen Stufe von Abwasserreinigungsanlagen erfolgen, da sie die weitergehende, besonders die biologische und chemische Reinigung stark stören können. Auf Kläranlagen ist heute mit einem täglichen Anfall von etwa 1 Liter Öl und Fett je 1000 angeschlossenen Einwohnern zu rechnen. Eine ausreichende Abscheidung von Leichtstoffen in Vorklärbecken wird erreicht, wenn sie nach den bekannten Regeln für eine mittlere Durchflußzeit von etwa 1,5 h bemessen sind, bei der auch die weitgehende Abscheidung der Schwer- und Schwebestoffe erfolgt.

Sind jedoch große und stark verschmutzte Abwassermengen, z.B. von mineralölverarbeitenden Industrien, wie Raffinerien und verwandten Betrieben zu reinigen, dann sind getrennte Abscheider und Anlagen vorzusehen und für die Auslegung die Formeln des Abschnittes 3.4.2 zugrunde zu legen. Vorteilhaft werden dann die anfallenden verschiedenartigen und unterschiedlich verschmutzten Abwässer, wie Prozeß-, Kühl- und Regenwässer, getrennt erfaßt und behandelt, da sich dann die Anlagen zweckentsprechender und wirtschaftlicher auslegen lassen. Die auf einem Raffineriegelände abzuleitenden, durch Ölreste nur leicht verschmutzten Regenwässer werden zweckmäßig in Regenrückhaltebecken, die für die größte Niederschlagsmenge ausgelegt sind, gespeichert und dann mengengeregelt über einen eigenen Abscheider oder über die Prozeßabwasseranlage in den Vorfluter abgestoßen. Kühlwässer aus Destillationsanlagen können durch Lecks oder Bruch von Leitungen verschmutzen. Ihre Überwachung kann durch als Sichtbecken ausgebildete Abscheider im Kühlwasserkreislauf oder vor dem Auslauf in den Vorfluter und auch durch eingebaute Ölwarngeräte erfolgen.

Für die Abscheidung von Leichtstoffen, besonders von freien Ölen und Fetten in Abwässern kommen als weitere physikalische Verfahren neben der Schwerkraftabscheidung die Zentrifugation, das Adhäsionsprinzip, das Koaleszenzprinzip, die Adsorption und die Ultrafiltration und für emulgierte Leichtstoffe chemische, thermische, mechanische und elektrolytische Verfahren und deren Kombinationen in Frage.

Die Schwerkraftabscheidung ist das einfachste, wirtschaftlichste und am meisten angewandte Verfahren zur Abwasserreinigung, in dem in einem beruhigten Wasserstrom von Längs- oder Rundbecken die Leichtstoffe an die Oberfläche aufsteigen und die Schwer- und Schwebestoffe auf den Beckenboden absinken. Bevorzugt kommen vor allem für die Abscheidung von Leichtflüssigkeiten Rechteckbecken zur Anwendung, da sich hier die Strömungsverhältnisse besser beherrschen lassen und die Wasseroberfläche in einfacher Weise in Richtung der Leichtstoffentnahmeeinrichtung geräumt werden kann.

### *3.4.4.1 Abscheider mit mechanischer Räumung*

Bei größeren Abscheidern ist der Einsatz von Maschinen und Geräten für die Räumung und Entnahme der abgeschiedenen Stoffe erforderlich, damit durch stagnierende Leichtstoffschichten auf der Wasseroberfläche und Sinkstoffschichten auf dem Beckenboden keine wesentliche Minderung des durchflossenen Beckenquerschnittes und somit des Reinigungseffektes eintritt.

#### 3.4.4.1.1 Zulauf und Verteilung in Abscheidebecken

Das Abwasser sollte den Abscheidebecken möglichst mit freiem Gefälle zufließen, um eine nachteilige Beeinträchtigung des Abscheidegrades durch die Mischwirkung vorgeschalteter Pumpen zu vermeiden. Zur Entlastung der Abscheider vor allem bei einem stoßweisen Anfall von Leichtflüssigkeiten, z.B. bei einem Rohrleitungsbruch in der Anlage, setzt man in das Zulaufgerinne häufig einen schwimmenden, höhenbeweglich verankerten Leichtstoffabscheider ein. Er besteht aus zwei parallelen Schwimmkörpern, die durch eine quer zur Strömung angeordnete Überlaufrinne verbunden sind. Durch einen flexiblen Schlauch ist die Rinne an einem ortsfesten Sammelraum angeschlossen (Bild 3.4-21).

Von wesentlicher Bedeutung für eine gute Abscheidewirkung ist eine möglichst gleichmäßige Verteilung des Abwassers auf den Durchflußquerschnitt des Beckens. Verteilereinrichtungen in Form von Beruhigungsrechen mit sich konisch erweiternden Durchflußquerschnitten haben sich nicht bewährt, da sich die Spalte durch anlagernde Öle und Fette zusetzen und damit eine Störung der Verteilung und ungleichmäßige Belastung des Beckenraumes verursachen.

Gute Ergebnisse wurden durch Einlaufrohre mit vorgesetzten Pralltellern erreicht, die mit einer besonders ausgebildeten Vorkammer in Verbindung stehen, so daß durch den Druckausgleich eine gleichmäßige Querverteilung über die gesamte Beckenbreite erreicht wird. Durch eine zweimalige Umlenkung des Wasserstromes an Pralltellern und Einlaufwand wird die kinetische Strömungsenergie weitgehendst vernichtet und die Ölabscheidung und Ausflockung von Schwebestoffen begünstigt.

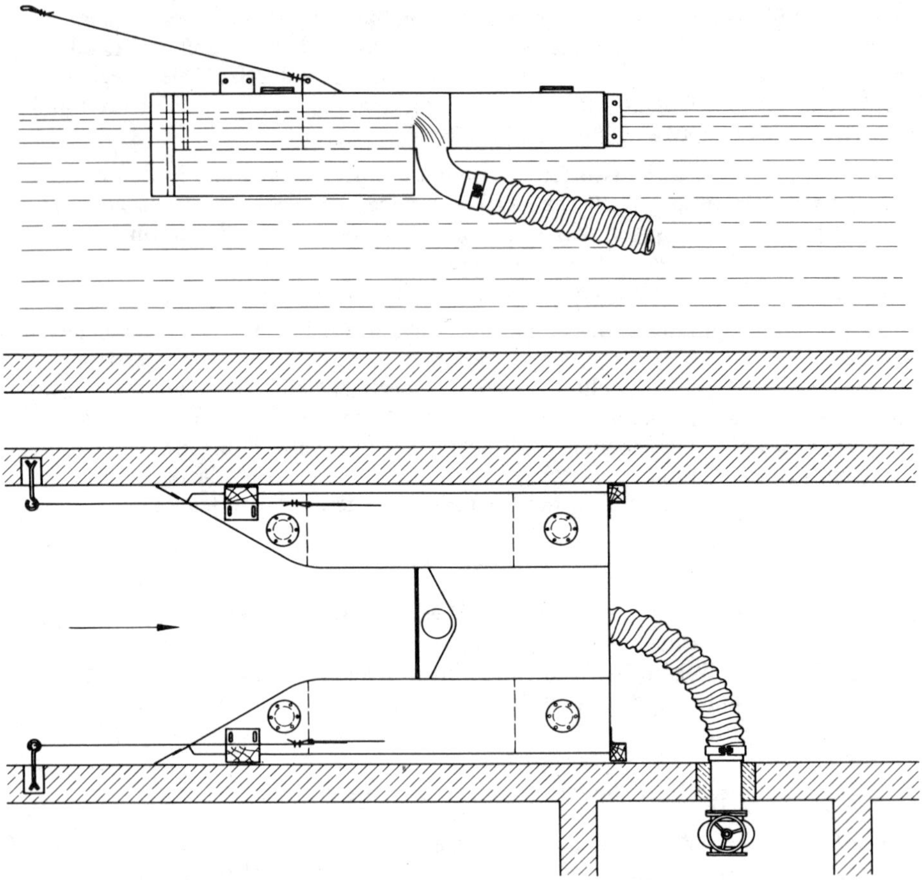

Bild 3.4-21. Schwimmender Leichtstoffabscheider im Zulaufgerinne.

Auf der Auslaufseite empfiehlt es sich, eine Tauchwand bis etwa 1/3 Beckentiefe einzuziehen, da sich in dieser Zone eine Wasserschicht mit dem größten Leichtstoffanteil einstellt.

Durch Dichteunterschiede des einströmenden Abwassers, verursacht durch Temperaturdifferenzen, verschiedenen Verschmutzungsgrad und Salzgehalt, können Sekundärströmungen entstehen, die nachteilige Störungen der hydraulischen Strömungsvorgänge und damit eine Verminderung des Abscheideeffektes hervorrufen. Diese Störungen lassen sich weitgehendst durch Einbau von Leitwänden ausgleichen, die in verschiedenen Tiefen gleichmäßig gestaffelt in die Becken auf der Auslaufseite eingesetzt werden. Der Raum hinter jeder Leitwand steht mit je einer Ablaufrinne in Verbindung, deren Überlaufkante einstellbar ist, so daß jeweils nur die entsprechende Wasserschicht und Wassermenge erfaßt und abgeführt wird. Damit können gleichmäßige Durchströmungen des Beckens in beiden Ebenen und ein Austausch stagnierender Wasserschichten erzwungen, Sekundärströmungen verhindert und eine größtmögliche Aufenthaltsdauer mit günstiger Abscheidewirkung erreicht werden (Bild 3.4-23, Seite 140).

#### 3.4.4.1.2 Rechteckbecken mit Bandräumer

Für die Räumung von Abscheidern wurden bisher, vor allem in den USA, bevorzugt Bandräumer eingesetzt. Ihr Antrieb erfolgt jeweils durch einen ortsfesten Elektromotor, der von beliebiger Stelle gesteuert und bei überflutungsgefährdeten Anlagen in Küstennähe mit einfachen Mitteln über dem Höchstwasserspiegel angeordnet werden kann. Alle elektrischen Installationen, wie Schaltschützen, Endschalter, Kabeltrommeln und Schleifringe mit ihrem aufwendigen Explosionsschutz, wie er bei Längsräumern erforderlich ist, entfallen und gefährden damit nicht die Sicherheit der Anlage. Durch die an zwei Ketten über vier Kettenradwellen geführten Räumbalken aus imprägniertem Holz werden der Bodenschlamm in die Schlammtrichter auf der Beckeneinlaufseite und die Leichtstoffe in Fließrichtung zur Auslaufseite geräumt und in drehbaren Rinnen abgezogen. Während der Stillstandzeiten des Bandräumers dienen die etwa 2/3 in die Wasseroberfläche eintauchenden Räumbalken als Tauchwände zur stufenweisen Rückhaltung der Leichtstoffe. Nachteilig wirkt sich aus, daß die umlaufenden Räumbalken am Beckenende mit dem anhaftenden Öl unter den Wasserspiegel eintauchen, so daß es von der Ablaufströmung erfaßt und in den Beckenablauf mitgerissen wird. Die Laufzeit der Bandräumer sollte daher nicht länger bemessen werden, als es unbedingt für die Räumung der Leicht- und Sinkstoffe erforderlich ist (Bild 3.4-22).

#### 3.4.4.1.3 Rechteckbecken mit Längsräumer

In zunehmendem Maße werden auch Längsräumer in Leichtstoffabscheidebecken eingesetzt. Diese Geräte bieten den Vorteil, daß nur der Räumschild kurzzeitig dem teilweise wegen seines Gehaltes an Salzen und Schwefelverbindungen sehr aggressiven Abwasser ausgesetzt ist. Korrosionsschäden, Verschleiß und Wartungskosten sind daher im Vergleich zu den Bandräumern mit seinen langen Ketten, Gelenken, Laschen, Büchsen und Bolzen sehr gering, und der Nachteil des umfangreicheren Explosionsschutzes kann demgegenüber in Kauf genommen werden. Die Längsräumer, die mit Stahlrädern auf Schienen oder mit Gummirädern direkt auf den Beckenwandkronen laufen, arbeiten vollautomatisch. Die Boden- und Leichtstoffräumschilde werden selbsttätig für die Räum- und Rückfahrten gesenkt oder gehoben (Bild 3.4-23, 3.4-24).

#### 3.4.4.1.4 Rundbecken mit Rundräumer

Rundbecken kommen für die Leichtstoffabscheidung trotz der geringen Wehrbelastung durch ihre große Überfallänge weniger zur Anwendung, da wegen des umlaufenden Räumwerkes kein Stauraum zwischen dem Leichtstoffräumschild und einer festen Stauwand zur Verfügung steht. Damit fehlt die wirksame Komponente zur konzentrierten Erfassung der Leichtstoffe auf der Wasseroberfläche durch eine einfache Entnahmeeinrichtung.

### *3.4.4.2 Entnahmeeinrichtungen in Rechteckbecken*

#### 3.4.4.2.1 Drehbare Ablaufrinne

Für die Ableitung von Leichtstoffen, besonders von Leichtflüssigkeiten, werden häufig drehbare Stahlblechrinnen mit einem kreis- oder V-förmigen Querschnitt verwendet. Die V-förmigen Rinnen lassen größere Spiegelschwankungen im Becken zu. Die Rinnen reichen über die ganze Beckenbreite, sind auf beiden Seiten drehbar gelagert und auf einer oder auf beiden Stirnseiten für den Leichtstoffdurchlaß offen. Die Verstellung erfolgt durch einen Schnecken- oder Spindelantrieb von Hand oder durch einen Motor. Einstellbare Überlaufkanten gewährleisten einen gleichmäßigen Überfall über die gesamte Becken-

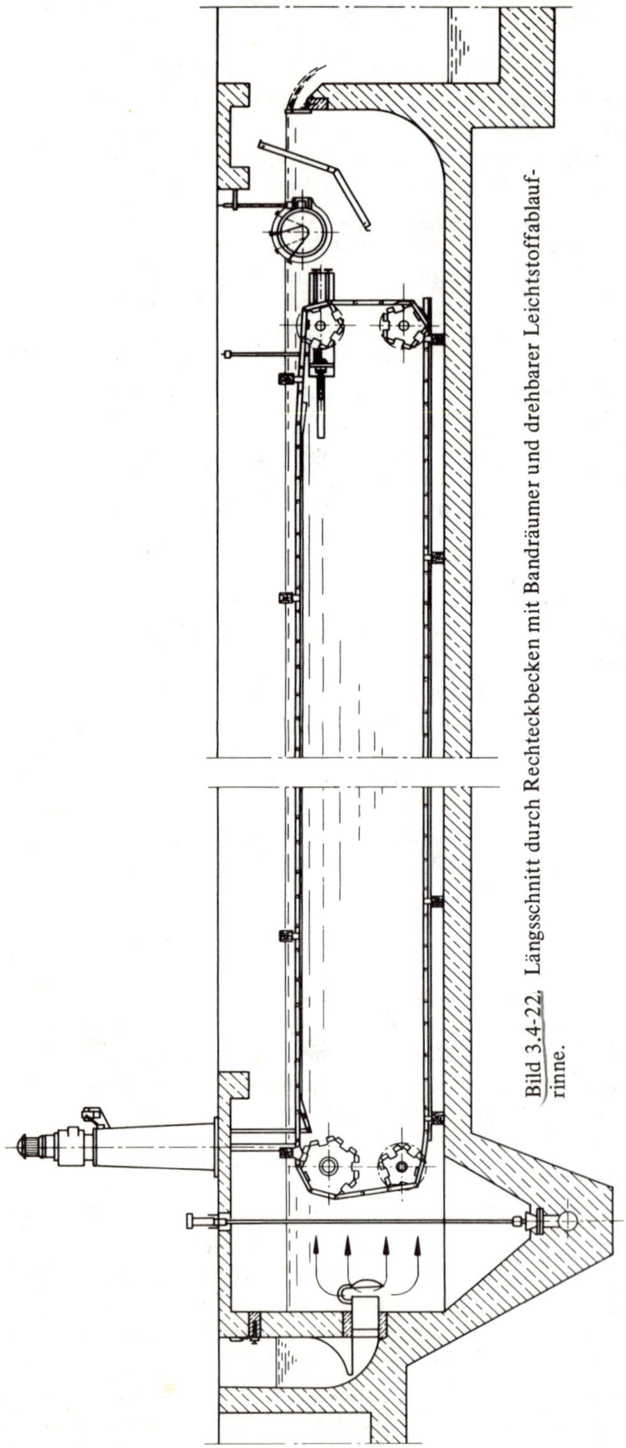

Bild 3.4-22. Längsschnitt durch Rechteckbecken mit Bandräumer und drehbarer Leichtstoffablaufrinne.

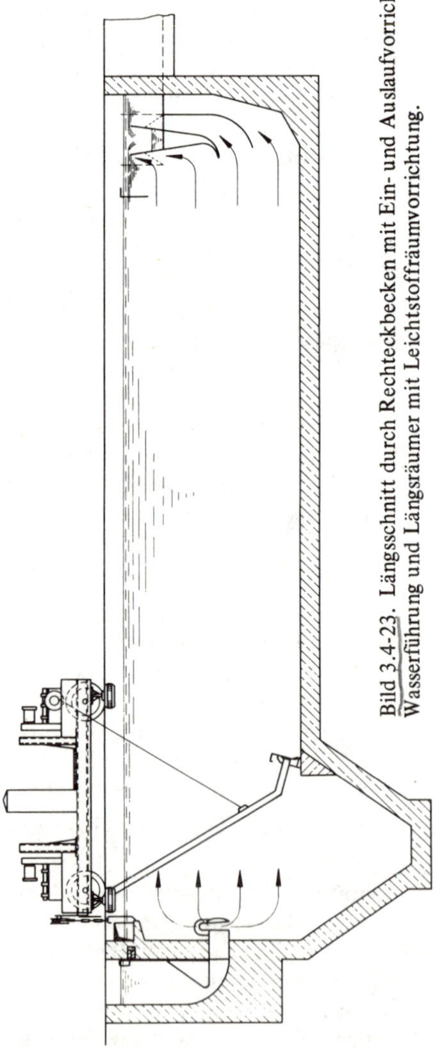

Bild 3.4-23. Längsschnitt durch Rechteckbecken mit Ein- und Auslaufvorrichtung zur verbesserten Wasserführung und Längsräumer mit Leichtstoffräumvorrichtung.

Bild 3.4-24. Leichtstoffabscheidebecken mit Längsräumer.

breite (Bild 3.4-25). Dickflüssige Öle und Fette werden durch eingebaute Heizleitungen oder durch Dampfeinblasen flüssig gehalten. Bei zeitweiligen großen Wasserspiegelschwankungen kann auch die gesamte Rinne höhenverstellt und die Leichtstoffe durch bewegliche Schläuche abgeleitet werden. Die drehbaren Rinnen sind weniger geeignet für die Erfassung sperriger Leichtstoffe, da sie bei der großen erforderlichen Überfallhöhe zu viel Wasser mit abführen.

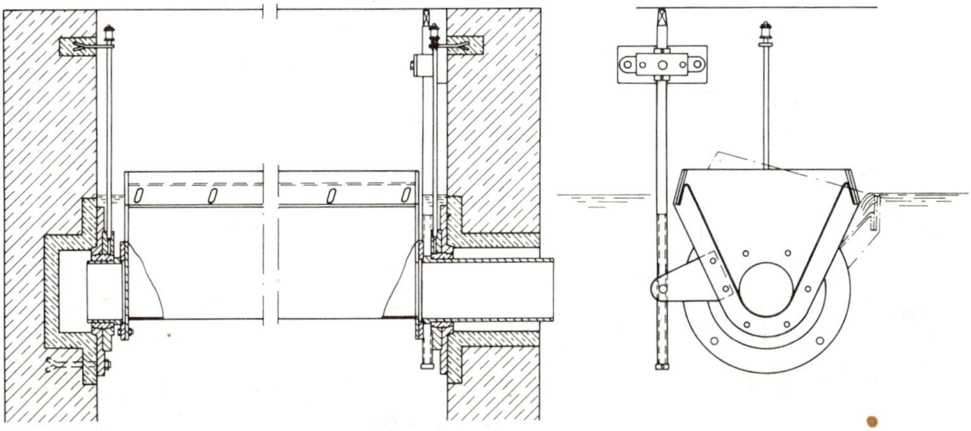

Bild 3.4-25. Drehbare Leichtstoffablaufrinne mit Spindelantrieb.

3.4.4.2.2 Ablaufrinne an Beckenquerwand

Für kleine und mittlere Beckenbreiten hat sich eine Entnahmeeinrichtung bewährt, die aus einer waagrechten 50 cm breiten Kragplatte an der Beckenstirnwand besteht und die mit dem anfahrenden Leichtstoffräumschild des Längsräumers eine Querrinne bildet. Die darin eingeschlossenen Leichtstoffe werden dann durch einen Absenkschieber abgezogen. Ihr Wassergehalt läßt sich sehr niedrig halten, wenn die erfaßten Leichtstoffe in der Querrinne mit einem Handschaber in Richtung ihres Ablaufes zusammengeschoben werden (Bild 3.4-23).

Der anfahrende Leichtstoffräumschild kann auch durch eine an der Kragplatte gegen diese abgedichtet befestigte und kippbare Überlaufkante ersetzt werden, die sich mittels eines Spindelantriebes zum Leichtstoffabzug unter den Wasserspiegel senken läßt (Bild 3.4-26). Alle diese Entnahmeeinrichtungen erfordern eine zusätzliche Bedienung. Die vordere Wand dieser Rinne wird daher auch als schräge Aufgleitrampe ausgebildet, über welche der an Schubstangen an der Räumerbrücke angelenkte Räumschild die Leichtstoffe in die Ablaufrinne hochfördert. Eine selbsttätig durch den anfahrenden Schild betätigte Vorrichtung kann die Leichtstoffe in den Sammelraum abspülen (Bild 3.4-27). In der Neufassung der DIN 19 551, Teil 1 – Kläranlagen, Rechteckbecken mit Schildräumer – wurden die im Bild 3.4-28 dargestellten Leichtstoffentnahmeeinrichtungen aufgenommen und ihre Hauptabmessungen festgelegt (68). Bei Form 3 schiebt der Leichtstoffräumschild die auf der Wasseroberfläche abgeschiedenen Leichtstoffe über eine schräge Aufgleitrampe in die Ablaufrinne, bei Form 4 bildet der angelegte Leichtstoffräumschild mit der Kragplatte die Ablaufrinne. Das Maß a gibt die Schlammtrichterlänge in Abhängigkeit von der Beckentiefe an.

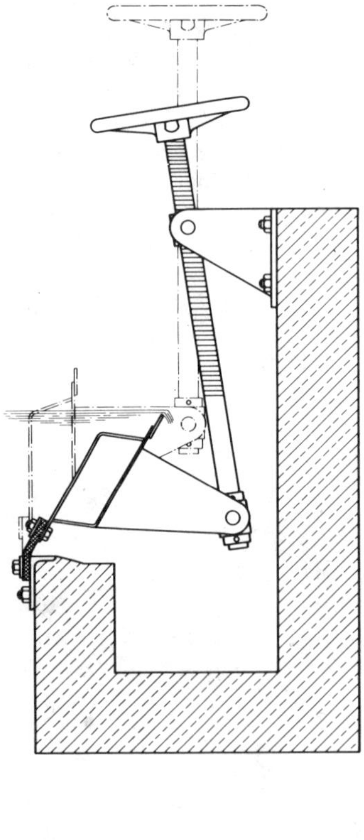

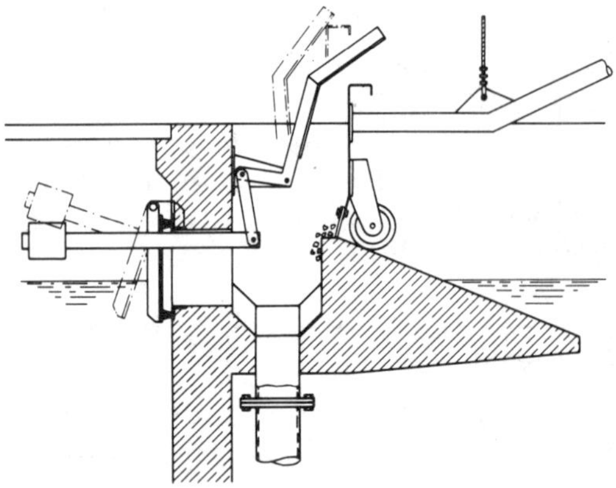

Bild 3.4-27. Feste Leichtstoffablaufrinne mit schräger Aufgleitrampe und Spülklappe.

Bild 3.4-26 (links). Kippbares Überlaufwehr mit Spindelantrieb für Leichtstoffabzug.

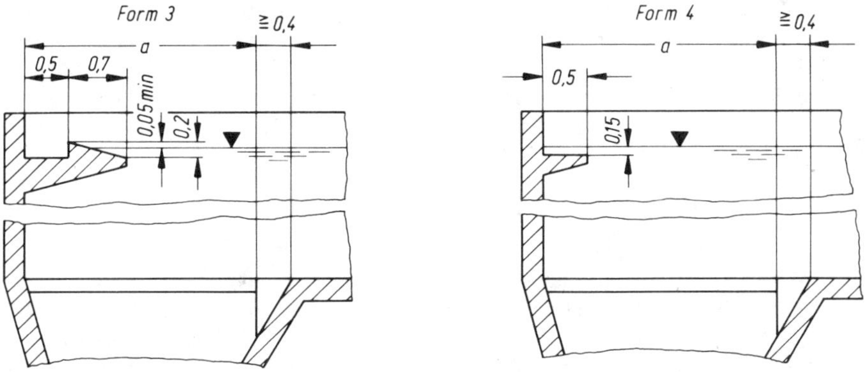


Bild 3.4-28. Leichtstoffentnahmerinne für Rechteckbecken nach DIN 19 551 Teil 1. Maße in m.

### 3.4.4.2.3 Leichtstoffräumer mit spiralförmigen Schaufeln

In Rechteckbecken ist häufig eine kontinuierliche Entnahme der in größeren Mengen anfallenden und beispielsweise durch Bandräumer oder durch die Wasserströmung am Beckenende zusammengeschobenen Leichtstoffe in eine über dem Wasserspiegel liegende Ablaufrinne erforderlich. Für diese Aufgabe können umlaufende, an einer waagrechten

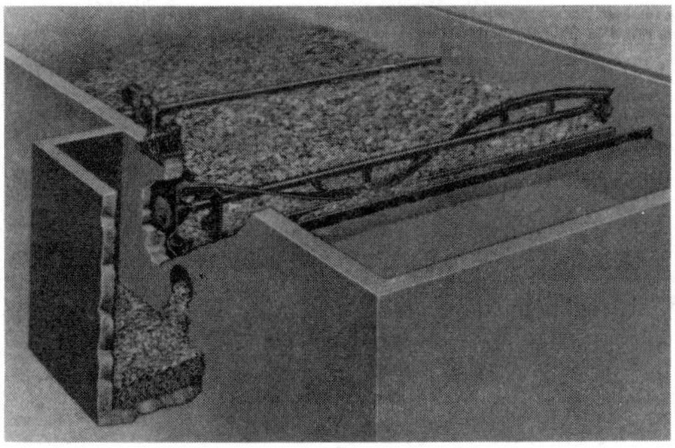

Bild 3.4-29. Leichtstoffräumer mit spiralförmiger Schaufel.

Bild 3.4-30 (rechts). Leichtstoffräumer eingebaut in Vorklärbecken (Passavant-Werke).

Welle befestigte Schaufeln verwendet werden, die sich über eine kreisbogenförmig ausgebildete Aufgleitrampe bewegen und dabei die Leichtstoffe über eine etwa 5 cm über dem Wasserspiegel liegende Kante in die Ablaufrinne fördern. Die Schaufeln sind spiralförmig ausgebildet, damit das erfaßte Wasser längs der sich langsam drehenden Schaufeln wieder ablaufen kann. Durch Änderung der Wellendrehzahl ist in einfacher Weise eine Regelung der Fördermenge möglich (Bild 3.4-29, 3.4-30).

#### 3.4.4.2.4 Leichtstoffbandräumer

Für die selbsttätige Leichtstoffräumung einzelner und mehrerer nebeneinander liegender Rechteckbecken auf der Auslaufseite werden auch Bandräumer eingebaut, deren Förderrichtung quer zur Beckenlängsachse verläuft. Diese Bandräumer bestehen aus einer oder zwei parallelen, endlosen und über dem Wasserspiegel umlaufenden Ketten oder Bändern, an denen die vor der Tauchwand auf der Beckenauslaufseite entlanggeführten, etwa 1 Meter langen Räumschilde befestigt sind. Die Schilde tauchen von oben 10–15 cm in den Wasserspiegel ein und fördern die angestauten, von der Tauchwand zurückgehaltenen Leichtstoffe über eine schräge Rampe weitgehendst entwässert in einen Sammelschacht auf der äußeren Beckenlängsseite. Der Betrieb dieser Bandräumer kann selbsttätig in Abhängigkeit von der Laufzeit der Beckenräumeinrichtung gesteuert werden.

### *3.4.4.3 Entnahmeeinrichtungen in Rundbecken*

Bei Rundbecken mit kleinen Beckendurchmessern und einem geringen Leichtstoffanfall werden im allgemeinen die durch eine Tauchwand am Beckenumfang zurückgehaltenen Leichtstoffe von einem mit der Räumerbrücke umlaufenden schräg angestellten Räumschild erfaßt und durch die radiale Wasserströmung und durch Windeinwirkung zum Beckenrand getrieben. Ein höhenbeweglicher Schildteil schiebt die Leichtstoffe über eine schräge Aufgleitrampe in einen fest an der Beckenwand angebrachten Ablauftrichter (Bild 3.4-31).

Die Leichtstoffentnahme in Verbindung mit Tauchwand und Ablaufrinnen wurde in DIN 19 552 Blatt 1 aufgenommen und in Form 1 bis 4 dargestellt (Bild 3.4-32) (68). Bei

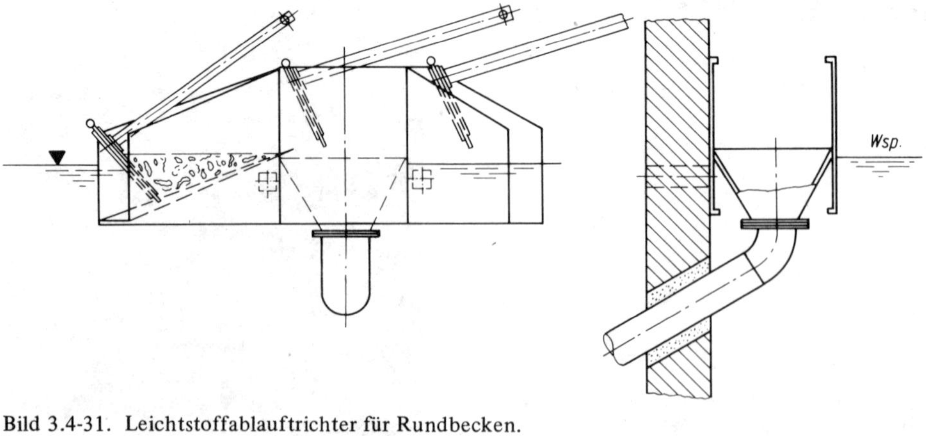


Bild 3.4-31. Leichtstoffablauftrichter für Rundbecken.

der Räumung von Leichtflüssigkeiten kann es zweckmäßig sein, die Aufgleitrampe über dem Ablauftrichter kippbar auszubilden, so daß ihre Überlaufkante während der Zuführung der erfaßten Leichtstoffe durch eine Anschlagleiste an der umlaufenden Räumerbrücke selbsttätig unter den Wasserspiegel abgesenkt wird und die Leichtstoffe über einen längeren Räumbereich mit natürlichem Gefälle in den Trichter abfließen (Bild 3.4-33). Der gleiche Effekt kann auch durch die vom Rundräumer gesteuerte Drehbewegung einer Ablaufrinne erreicht werden (Bild 3.4-34).

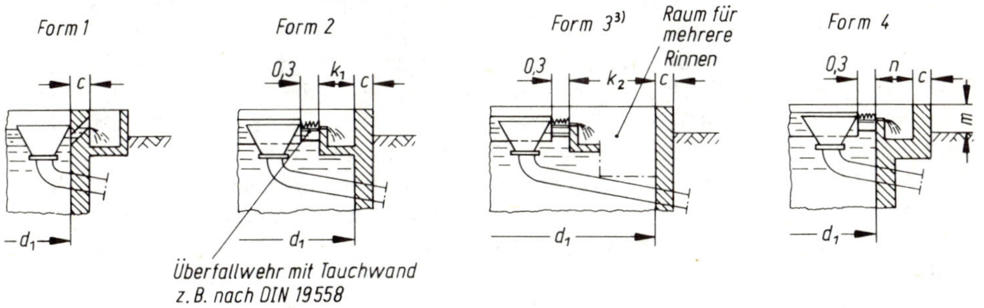


Bild 3.4-32. Leichtstoffentnahme für Rundbecken nach DIN 19 552 Blatt 1.

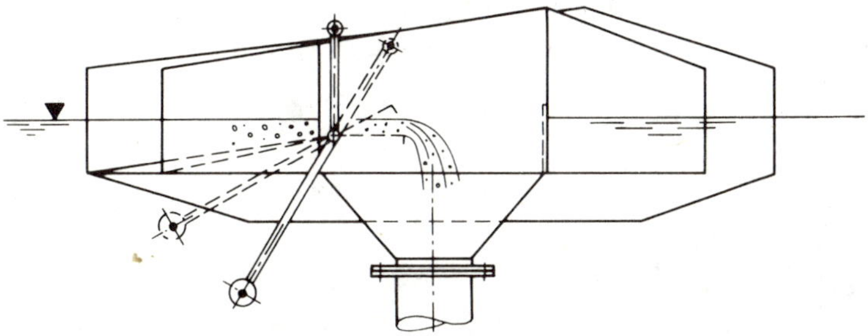

Bild 3.4-33. Leichtstoffablauftrichter mit abklappbarer Aufgleitrampe.

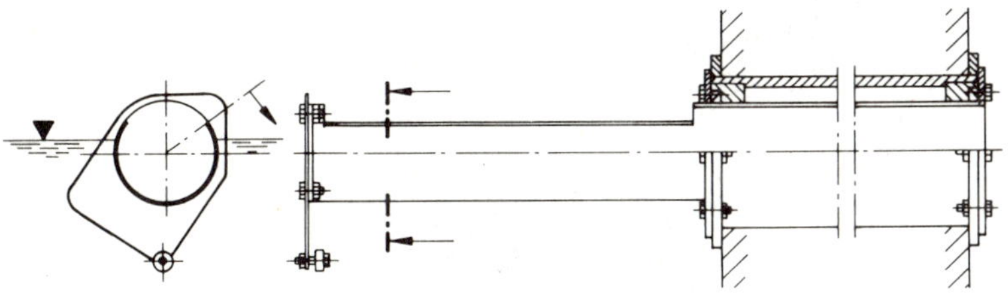

Bild 3.4-34. Drehbare Leichtstoffablaufrinne.

### 3.4.4.4 *Entnahmeeinrichtungen an fahrbaren Räumerbrücken*

Bei hohem Leichtstoffanfall, bei großen Beckenoberflächen, bei nachträglichem Einbau oder auch bei größeren Wasserspiegelschwankungen ist es oft erforderlich, die vollständigen Entnahmeeinrichtungen für die anfallenden Leichtstoffe an den längs- oder rundfahrenden Räumerbrücken anzubauen.

Bild 3.4-35 zeigt einen Längsräumer mit einer über die Beckenbreite reichenden Stahlblechrinne, die während der Räumfahrt die Leichtstoffe in jeder Wasserspiegelhöhe gegen die Beckenendwand zusammenschiebt, durch Drehen aufnimmt, durch ein Hubwerk über die Beckenkrone hochhebt und in eine Betonrinne entleert.

Eine auf Bild 3.4-36 dargestellte höhenverstellbare Entnahmeeinrichtung, die besonders für Rundräumer verwendet wird, aber auch für Längsräumer geeignet ist, schiebt die Leichtstoffe während der Räumfahrt zusammen und nimmt sie, mit Wasser gemischt, in einem Überlaufbehälter in Wasserspiegelhöhe auf. Eine Pumpe fördert daraus das Leichtstoffwassergemisch in einen Abscheidebehälter auf der Räumerbrücke, aus dem die eingedickten Leichtstoffe in einen Schacht am Beckenrand abgeführt werden. Die Leichtstoffräumschilde sind als schwimmende Hohlkörper ausgebildet und stellen sich daher selbsttätig auf den veränderlichen Wasserspiegel ein. Steht ein ausreichendes Verhältnis von Eintauchtiefe zur Förderhöhe zur Verfügung, kann zur Förderung der wirbelfreie, gegen Verstopfung und Frosteinwirkung weitgehendst unempfindliche Drucklufttheber verwendet werden. Bevorzugt kommen für die Förderung neuerdings auch Tauchpumpen zum Einsatz, die im Zulaufbehälter hängen und zur Kontrolle in bekannter Weise hochziehbar sind (Bild 3.4-37).

Bei großen Beckendurchmessern und hohem Leichtstoffanfall kann es auch zweckmäßig sein, drehbare Leichtstoffablaufrinnen, ähnlich wie sie auf Bild 3.4-25 dargestellt sind, oder U-förmige Rinnen mit einer nach vorn unter den Wasserspiegel kippbaren Rinnenvorderwand an der umlaufenden Räumerbrücke anzuordnen, die vom Beckenrand bis zum Mittelbauwerk oder über eine Teillänge reichen. Die Förderung des von den Ablaufrinnen

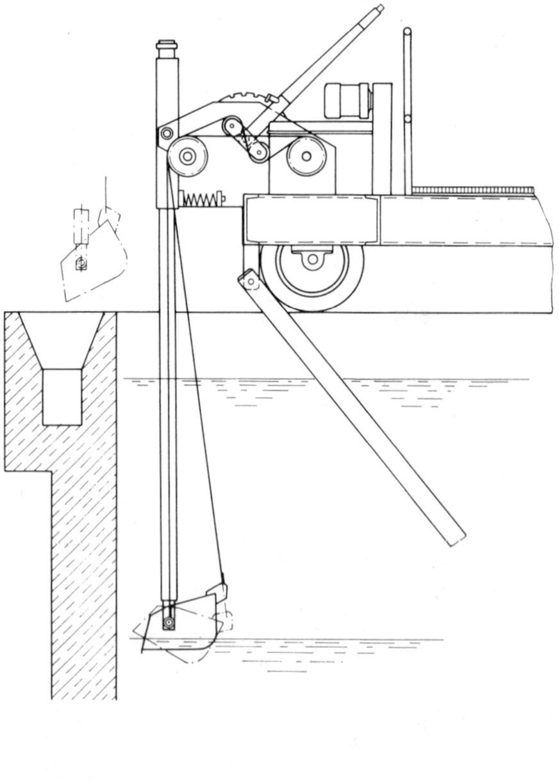

Bild 3.4-35. Leichtstoffräumung mit höhenverstellbarer und drehbarer Rinne.

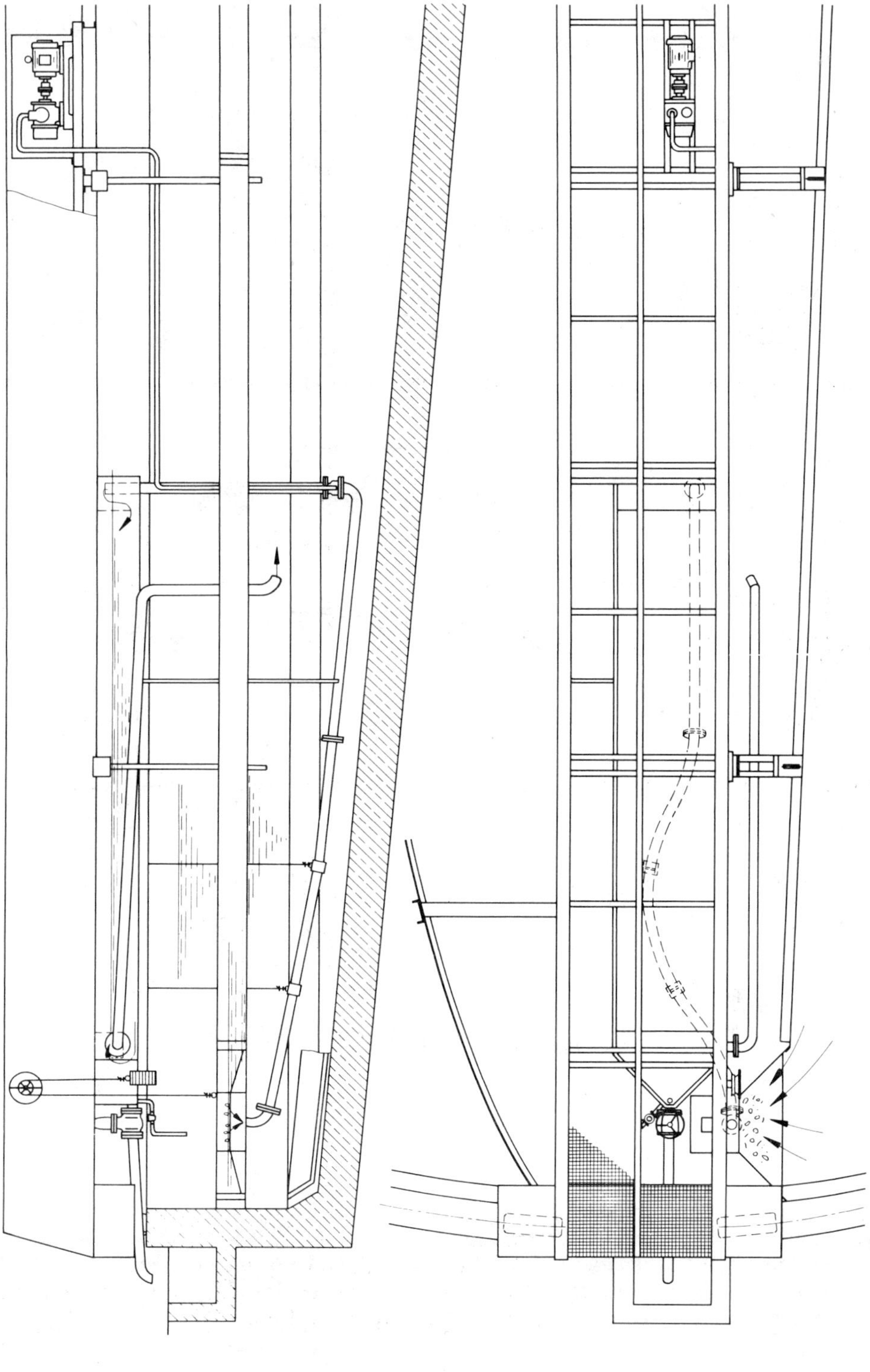

Bild 3.4-36. Rundräumer mit schwimmendem Räumschild für Leichtstoffe und Abscheidebehälter auf der Räumerbrücke.

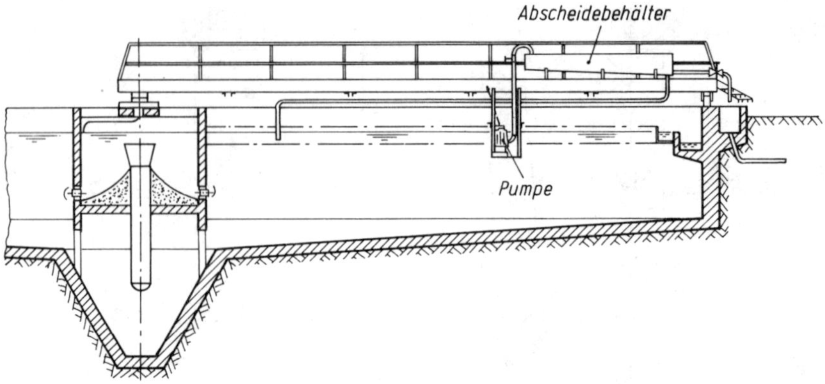


Bild 3.4-37. Rundräumer mit Tauchpumpe und Abscheidebehälter für Leichtstoffe auf Räumerbrücke.

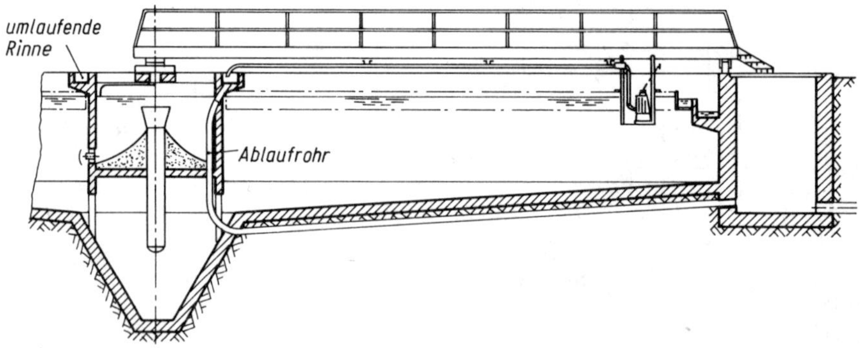


Bild 3.4-38. Rundräumer mit ortsfester Rinne am Mittelbauwerk und Dükerleitung für Leichtstoffe.

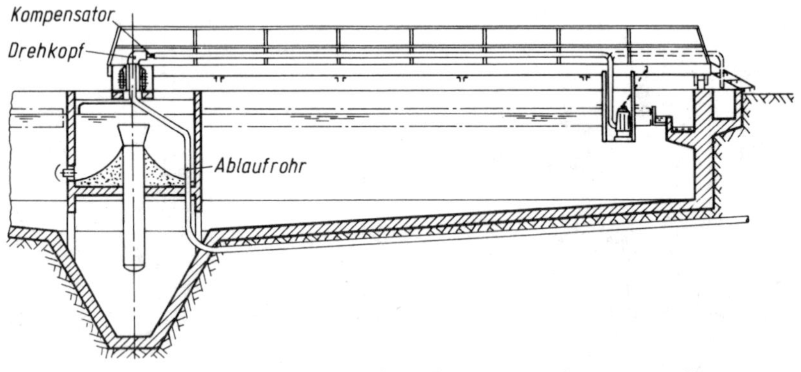


Bild 3.4-39. Rundräumer mit Drehkopf und Dükerleitung für Leichtstoffe.

aufgenommenen Leichtstoff-Wassergemisches kann entweder, wie in Bild 3.4-37 dargestellt, in einen Abscheidebehälter auf der Räumerbrücke oder über eine ringförmige ortsfeste Rinne am Mittelbauwerk (Bild 3.4-38), wahlweise über einen Drehkopf (Bild 3.4-39) durch die angeschlossene Dükerleitung zum Beckenrand erfolgen.

Bild 3.4-40. Rundräumer für Becken 70 m ⌀ mit drehbaren Leichtstoffablaufrinnen (Passavant-Werke).

Bild 3.4-41. Bandräumer für Leichtstoffe an Rundräumerbrücke.

Die Ablaufrinnen, beziehungsweise ihre kippbaren Vorderwände in Teillängen von etwa 3 m, werden zweckmäßig entsprechend dem jeweiligen Anfall und der Verteilung der Leichtstoffe auf der Wasseroberfläche einzeln nacheinander durch Spindel- oder Stellantriebe in die Entnahmestellung gebracht, um eine Überflutung und einen Rückstau zu vermeiden (Bild 3.4-40). Wenn sich auf der Wasseroberfläche von Rundbecken sehr kompakte, in kurzer Zeit sich verfestigende und nicht mehr fließfähige Leichtstoffschichten bilden, können für ihre Entnahme die in Abschnitt 3.4.4.2.4 beschriebenen Leichtstoffbandräumer eingesetzt werden. Sie sind auf der Vorderseite der umlaufenden Räumerbrücken vor der Tauchwand angeordnet. Ihre Räumschilde fördern zwangsläufig von oben eingreifend die zurückgehaltenen Leichtstoffe über eine schräge Aufgleitrampe in eine Rinne zur Weiterleitung nach einem der oben angegebenen Systeme an den Beckenrand (Bild 3.4-41). Die Räumung der auf der Wasseroberfläche abgeschiedenen Leichtstoffe in die Ablaufrinne kann auch durch umlaufende spiralförmige Schaufeln ähnlich Bild 3.4-29 und Bild 3.4-30 erfolgen.

### *3.4.4.5 Leichtstoffsperren auf Gewässern*

Die zunehmende Verwendung von Mineralölen und Mineralölerzeugnissen in ortsfesten und mobilen Anlagen, ihr Umschlag, ihre Lagerung und die zwangsläufig damit verbundenen Transportwege erhöhen ständig die Unfallgefahren, bei denen diese Stoffe auf Verkehrswege, in das Erdreich, besonders jedoch auf Oberflächengewässer gelangen können. Die bestehenden Sicherheitsvorschriften für den Transport und die Lagerung dieser Stoffe vermindern zwar das Risiko für Unfälle, können sie jedoch nicht verhindern. Es müssen daher durch die zuständigen Wasserbehörden entsprechende Maßnahmen und Vorbereitungen getroffen werden, um mögliche Schäden besonders auf dem beweglichen Medium Wasser durch schnelle und weitgehende Erfassung und Beseitigung der Schadstoffe so gering wie möglich zu halten.

Nach gegenwärtigen Schätzungen werden weltweit die Gewässer im Jahr durch etwa 2 Millionen Tonnen Öle verschmutzt, wobei etwa 75 % in industriellen Abwässern enthalten sind. Zusätzlich gelangen jährlich weitere 0,5 Millionen Tonnen Erdöl durch Versickern in die Gewässer.

Da die Dichte der meisten flüssigen Mineralölprodukte unter 1 liegt, steigen sie auf die Wasseroberfläche auf und breiten sich darauf sehr rasch auf Grund der wirksamen Schwerkraftkomponente weiträumig bis zu Filmdicken unter 0,2 mm aus. Wird dabei die Oberflächenspannung des Ölfilmes größer als die Grenzflächenreibung zwischen Öl und Wasser an der Kontaktoberfläche, dann zerreißt der Film in einzelne Tröpfchen. Weiterhin tritt eine Emulsion und Dispersion wasserlöslicher Leichtstoffe und eine Dampfbildung der niedrigsiedenden Komponenten ein. Diese Vorgänge laufen nebeneinander ab und ihr Verlauf wird durch die Zusammensetzung und Eigenschaften der Leichtstoffe und der Trägerflüssigkeit, durch die Temperaturen, die Wasserbewegung usw. bestimmt. Auf stehenden Gewässern treiben die Leichtstoffe mit etwa 3–4 % der Windgeschwindigkeit, bei fließenden Gewässern mit der Wasserströmung ab.

Für die Zurückhaltung, Erfassung und auch Rückgewinnung von größeren freigesetzten Leichtstoffmengen, vor allem Mineralölen auf Gewässern wurden mechanische, absorptive und pneumatische Sperren entwickelt, deren Anwendung von einer Reihe grundlegender Faktoren, wie örtlicher und klimatischer Verhältnisse, Gewässergröße, Tiefe, Strömung, Wellenbildung, anfallender Menge, Dichte, Flammpunkt, Beweglichkeit usw. abhängt.

#### 3.4.4.5.1 Mechanische Sperren

Die mechanischen Sperren haben die Aufgabe, Leichtstoffe, besonders Öle von Gewässern, Ufern und Küsten, Badestränden und Wasserentnahmestellen fernzuhalten, ihre Ausbreitung und Abströmung zu verhindern, sie zum konzentrischen Erfassen einzuschließen (Ringsperren) oder an geeignete Aufnahmestellen abzuleiten. Dabei soll den anfallenden Leichtstoffen der größtmögliche und dem abströmenden Wasser der geringste Widerstand entgegengesetzt werden.

##### 3.4.4.5.1.1 Schlängelsperren

Sie bestehen im allgemeinen aus starren, halbstarren oder flexiblen Schwimmkörpern in geeigneten Längen, die fest oder beweglich miteinander verbunden sind. Die Schwimmkörper, früher aus Holz oder Stahlrohren, stellt man heute bevorzugt aus abwasser- und ölbeständigen, möglichst feuerhemmenden Kunststoffen, z. B. aus Polyäthylen oder Polyurethan her. Die Rückhalteflächen der Schwimmkörper mit kreisförmigen oder rechteckigen Querschnitten werden oft durch Schürzen oder Platten vergrößert, die etwa 600 mm tief eintauchen und 300 mm über den Wasserspiegel herausragen.

##### 3.4.4.5.1.2 Schürzensperren

Die nur als Schürzen ausgebildeten Sperrwände, im allgemeinen aus beschichteten Kunststoffgeweben (Polyester, Polyamid) oder aus rostfreien Stahlbändern, werden durch Schwimmer, Seile oder Ketten in ihrer Lage gehalten. Sie sind weniger für stark bewegte oder schwankende Wasserspiegel, für Gewässer mit regem Schiffsverkehr und für einen mobilen Einsatz geeignet.

##### 3.4.4.5.1.3 Schlauchsperren

Für Gewässer mit stärkerer Wellenbewegung ist die Schlauchsperre geeignet, die aus einem flexiblen, druckfesten Schlauch mit einem Durchmesser von 200 bis 400 mm besteht, an dem eine beschwerte Kielflosse von etwa 300 bis 500 mm Tiefe befestigt ist. Der Schlauch aus beschichtetem Kunststoffgewebe bis zu 450 m Länge wird mit Druckluft oder Druckgas gefüllt und paßt sich auf Grund seiner Flexibilität sehr gut der Wellenbewegung an. Da die Schlauchsperren im ungefüllten Zustand wenig Raum in Anspruch nehmen, sind sie leicht zu transportieren und daher besonders für einen schnellen mobilen Einsatz geeignet. Sie haben weiterhin den Vorteil, daß sie bei einer Verlegung in Häfen in einfacher Weise durch Luftdruckminderung abgesenkt und dann von Schiffen überfahren werden können. Bei ortsfesten Anlagen kommen zur Füllung auch Schaumstoffe oder Kunststoffkugeln zur Verwendung. Anstelle der gewichtsbelasteten Schwimmflosse wird auch ein zweiter mit Wasser gefüllter Schlauch unterhalb des luftgefüllten Schlauches befestigt, der zur Stabilisierung und Sperrflächenvergrößerung dient. Auf dem oberen Schlauch ist nochmals ein kleinerer aufblasbarer Schlauch zur Unterstützung beim Verlegen und auch zur Rückhaltung der Leichtstoffe angeordnet.

Für den mobilen Einsatz ist die gesamte Schlauchsperre im leeren Zustand auf einem Spezialboot verpackt, das zum Einsatzort fährt. Ein geworfener Treibanker zieht die Schlauchkombination aus dem Heck des fahrenden Bootes heraus, wobei gleichzeitig ein Luftverdichter den kleinen Schlauch aufbläst, so daß die Sperre zunächst schwimmt. Nach völliger Auslegung des Stranges erfolgt automatisch innerhalb von etwa 15 Minuten die Füllung des großen Schlauches mit Luft und des unteren Schlauches mit Wasser.

### 3.4.4.5.2 Absorptionssperren

Diese Sperren bestehen aus oleophilen, schwimmfähigen Werkstoffen wie präparierte Holzwolle oder Polyurethanschaum, die in Schläuche aus Kunststoffnetzgeweben eingefüllt sind. Die Schläuche mit einem Durchmesser von 200–250 mm und 10–50 m Länge werden von einem Wasserfahrzeug ausgelegt und halten kleine Leichtstoffmengen auf ruhig strömenden Gewässern ausreichend zurück. Bei größeren Schichthöhen und stärkerer Turbulenz unterströmen die Leichtstoffe die Sperren, da die Eintauchtiefe nur 20–80 mm beträgt. Die Sperren werden nach Gebrauch entweder vernichtet oder nach dem Auspressen wieder verwendet.

### 3.4.4.5.3 Pneumatische Sperren

Die obengenannten Leichtstoffsperren können nur bei geringen Wassergeschwindigkeiten und Wellenbewegungen wirkungsvoll eingesetzt werden. Bei rechtwinkliger Anströmung kann bereits bei Geschwindigkeiten von 0,1 m/s ein Unterströmen der Sperren durch die Leichtstoffe eintreten, wenn nicht besondere Einsatzbedingungen, wie ausreichende Eintauchtiefe der Sperren und genügender Durchflußquerschnitt unterhalb der Sperren zur Vermeidung von Turbulenzen und Aufstaueffekten vorliegen. Weiterhin erfordert die Bereithaltung, die Unterhaltung, der Transport und die Verlegung besonders bei mobilen Einsätzen einen erheblichen Sach-, Personal- und Zeitaufwand, der einen schnellen Einsatz z.B. bei Ölunfällen erschwert.

An Hafeneinfahrten und an Tankerumschlagplätzen verlegte mechanische Sperren unterliegen noch der Einschränkung, daß sie bei Schiffsbewegungen geöffnet und wieder geschlossen werden müssen, wobei die bereits zurückgehaltenen Leichtstoffe wieder abdriften, wenn sie nicht vorher beseitigt wurden, und daß sie den Fluchtweg von Schiffen bei in Brand geratenen Leichtstoffen behindern. Brennende Leichtstoffe können auch die im allgemeinen aus Kunststoffen hergestellten Sperren so beschädigen, daß sie unwirksam sind. Auch bei Treibeis auf fließenden Gewässern entstehen erhebliche Probleme.

Die pneumatischen Sperren, im besonderen die Druckluftsperren, vermeiden eine Reihe der oben genannten Nachteile. Sie bestehen aus gelochten, flexiblen und starren Rohren aus Kunststoff, seltener aus Metall, die auf dem Boden des abzusperrenden Gewässers durch Gewichte oder Halterungen verankert oder in Hafenbecken zum Schutz gegen Beschädigungen durch Schiffsbewegungen in Kiesrinnen verlegt sind. Die Rohrleitungen sind an einen Luftverdichter angeschlossen. Die Wirkung der Druckluftsperren beruht auf dem Effekt, daß durch Lufteinblasung in Wasser ein spezifisch leichteres Luftwassergemisch entsteht, das durch den hydrostatischen Druck und unterstützt durch die aufsteigenden Luftblasen sich aufwärts bewegt und auf der Oberfläche in eine horizontale Wasserströmung übergeht. Solange die horizontale Wassergeschwindigkeit größer als die Ausbreitungsgeschwindigkeit der auf die Sperre zuströmenden Leichtflüssigkeiten ist, werden diese vollkommen zurückgehalten. Auch bei stärkerem Wellengang, bei hohen Windgeschwindigkeiten und bei einer Wasserströmung von 0,4 m/s haben sich Druckluftsperren bewährt, wobei allerdings ein großer Druckluftdurchsatz für die Dämpfung hoher Wellen erforderlich ist (Bild 3.4-42).

Für die Dimensionierung der Anlage, wie Anzahl, Verteilung und Querschnitt der Luftaustrittsbohrungen, Luftverbrauch und erreichbare Strömungsgeschwindigkeit an der Wasseroberfläche, sind sorgfältige Berechnungen erforderlich.

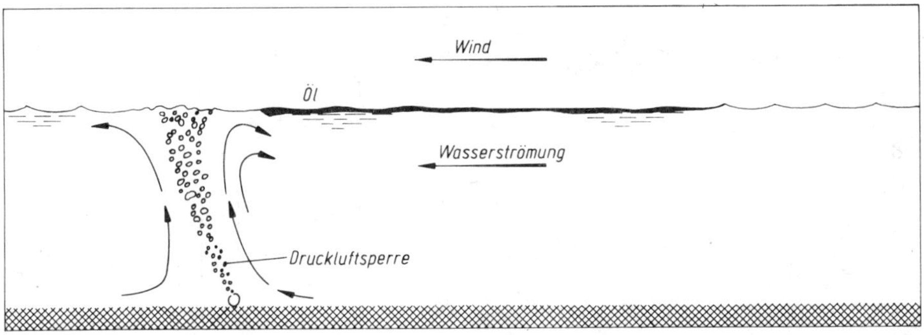


Bild 3.4-42. Druckluftsperre unter Einwirkung von Wind, Wellen und Wasserströmung (Atlas Copco).

Druckluftsperren haben den Vorteil, daß sie den Schiffsverkehr auf Gewässern nicht behindern, daß sie im Bedarfsfall in wenigen Sekunden ohne zusätzliches Bedienungspersonal betriebsbereit sind, daß sie bei beliebig schwankenden Wasserspiegeln immer bis zur vollen Wassertiefe wirksam sind, daß Wasserströmung, Wind, Eisgang und in Brand geratene Leichtstoffe ihr Rückhaltevermögen nicht wesentlich beeinträchtigen (28, 167, 51, 234).

### *3.4.4.6 Lamellenabscheider*

Bekanntlich steigen in einem Leichtstoff-Wassergemisch die spezifisch leichteren Teilchen zur Wasseroberfläche auf und vereinigen sich dort zu einer Leichtstoffschicht. Wie Versuche ergaben, tritt auch der gleiche Effekt auf, wenn diese aufsteigenden Leichtstoffteilchen auf die Unterseite einer waagrecht oder schräg in einen Abscheideraum eingestellten Platte treffen. Die Steighöhe und damit auch die erforderliche Steigzeit als auch die Sinkzeit für absetzbare Stoffe werden gegenüber herkömmlichen Abscheidern ganz wesentlich verkürzt.

Die projizierte Fläche dieser Platte wäre also der Oberfläche eines Abscheiders gleichzusetzen, wie sie sich nach Abschnitt 3.4.2 errechnet, wenn eine bestimmte Steiggeschwindigkeit und Durchflußmenge gegeben sind. Werden nun bei gleicher Breite und Wassertiefe n gleiche Platten übereinander eingebaut, könnte die Oberfläche des Abscheiders und damit die Länge bei gleichem Abscheidegrad theoretisch um das $n$-fache vermindert werden. Der Einbau der Platten erfolgt mit einer Neigung zur Beckenebene, so daß die an der Plattenunterseite abgeschiedenen Leichtstoffteilchen zur Wasseroberfläche aufsteigen und noch mitgeführte Schwerstoffe auf der Oberseite der darunter liegenden Platte zum Beckenboden abgleiten. Durch die Richtwirkung der Platten wird die gleichmäßige Verteilung der Strömung verbessert und ihre Turbulenz vermindert, vorausgesetzt, daß die Durchflußgeschwindigkeit nicht so hoch liegt.

Bild 3.4-43 zeigt den Querschnitt durch einen Lamellen- oder Parallelplattenabscheider nach dem Schwerkraftprinzip, der in ein Betonbecken eingebaut ist und gleichzeitig die Leicht- und Schwerstoffe abscheidet. Das zu reinigende Abwasser strömt zur Verminderung einer weiteren Dispergierung im freien Gefälle über eine Vorkammer zur Grobabscheidung der mitgeführten Feststoffe von oben nach unten durch das schrägstehende Paket aus wellförmigen Platten oder Lamellen, durch die eine für die Sedimentation günstige laminare Strömung und gleichmäßige Querschnittsbelastung erreicht wird. Das

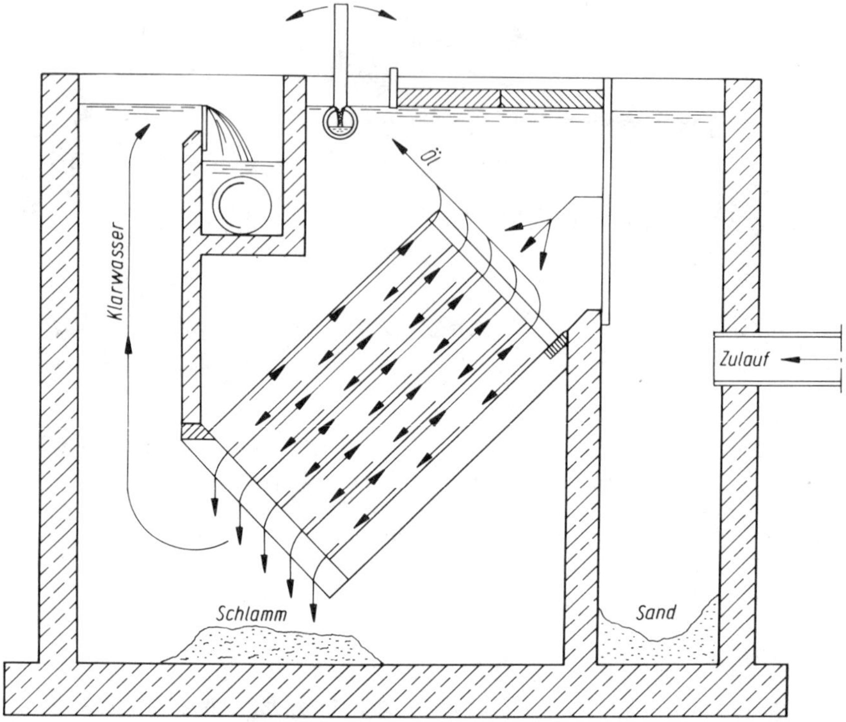


Bild 3.4-43. Lamellenabscheider Querschnitt (WABAG).

Bild 3.4-44. Lamellenabscheider für Raffinerieprozeßabwasser (WABAG).

geklärte Wasser tritt auf der Unterseite des Paketes aus und fließt über ein höhenverstellbares Überfallwehr aus der Kammer ab. Die abgetrennten Leichtstoffe steigen im Gegenstrom durch die Wellenbergquerschnitte der Lamellen nach oben auf und sammeln sich auf der Wasseroberfläche, wo sie über eine kippbare Ablaufrinne abgezogen werden. Die Schwerstoffe sinken durch die Wellentalquerschnitte im Gleichstrom nach unten und setzen sich auf dem Kammerboden ab.

Der Neigungswinkel der Paketachse wird entsprechend dem Fließverhalten der abzuscheidenden Stoffe zwischen 45° und 60° gewählt. Die formsteifen Wellplatten, im allgemeinen aus korrosionsbeständigen Werkstoffen mit glatter, reibungsgünstiger Oberfläche, sind im Abstand von 40 mm durch einen Rahmen zu genormten Paketen zusammengefaßt, die an entsprechenden Ösen durch Hebezeuge zur Montage und Kontrolle ein- und ausgebaut werden können. Entsprechend den anfallenden Wassermengen werden mehrere Kammern nebeneinander und auch gegenüberliegend angeordnet und die Zu- und Abläufe in gemeinsamen Rinnen zusammengefaßt (Bild 3.4-44) (14, 170).

### *3.4.4.7 Zentrifugalabscheider*

Die Abscheidung von Leichtstoffen aus schwereren Flüssigkeiten erfolgt nach den oben genannten einfachen Methoden durch die Auftriebskräfte im Schwerefeld. In der Trenntechnik werden auch Verfahren angewandt, die im Fliehkraftfeld mit Zentrifugalkräften arbeiten, die das Mehrtausendfache der Erdbeschleunigung betragen, dafür allerdings einen zusätzlichen Aufwand an Energie erfordern. Damit lassen sich die Trennkräfte und die Trenngeschwindigkeiten bedeutend steigern, die Abscheidezeit und der Raumbedarf erheblich vermindern. Für diese Aufgaben dienen in der Aufbereitungstechnik vielfach Zentrifugalseperatoren zur gleichzeitigen, getrennten Abscheidung von freien und auch schwach emulgierten Ölen und Fetten mit nicht zu hoher Dichte und von Schwerstoffen. Zentrifugalseperatoren sind nicht für die Trennung von stabilen Emulsionen geeignet, sie werden vielmehr den in dem Abschnitt 3.4.4.10 beschriebenen Emulsionsspaltanlagen zur konzentrierten Abscheidung der Spaltprodukte von der Spaltflüssigkeit nachgeschaltet.

Bei den Hydrozyklonen wird die unter Druck durch Düsen dem konischen Behälter tangential zugeführte Flüssigkeit infolge Geschwindigkeitserhöhung und Bahnumlenkung hohen Zentrifugalkräften ausgesetzt, wodurch eine Trennung und Abscheidung der Leichtstoffe erfolgt. Hydrozyklone nehmen wenig Raum in Anspruch und erfordern geringe Investitionskosten, haben jedoch den Nachteil, daß sie sehr mengenabhängig sind und bei Teilbelastung nicht mehr exakt abscheiden.

### *3.4.4.8 Adhäsionsverfahren*

Um Leichtstoffe, vor allem Mineralöle auf stehenden und fließenden Wasseroberflächen zu erfassen, wurden Geräte entwickelt, deren Prinzip auf der Tatsache beruht, daß die Adhäsion des Öles auf einer Körperoberfläche größer ist als die des Wassers. Derartige Geräte bestehen aus umlaufenden Trommeln, Bändern oder Scheiben, die in das ölverschmutzte Wasser eintauchen. Bei weitgehendst konstanten Wasserspiegeln und breiten Fließquerschnitten werden festeingebaute Trommeln mit einem Durchmesser von 0,6 m und einer Länge bis etwa 6 m verwendet, die mit stufenlos regelbaren Drehzahlen von 5 bis 20 pro Minute umlaufen und etwa 15 mm in den Wasserspiegel eintauchen. Das anhaftende Öl wird auf der Ablaufseite des Trommelmantels durch eine über die ganze Trommellänge reichende Kunststoffleiste in eine Rinne abgestreift, die mit einem seitlich angeordneten Behälter in Verbindung steht. Der Wirkungsgrad beträgt je nach Ölart und

Bild 3.4-45.
Trommelaufnahmegerät.

Verteilung 60 bis 90 %. Da die anfangs mitgenommenen Wasserreste auf der sich langsam drehenden Trommel wieder zurücklaufen, liegt der Wassergehalt mit etwa 5 % sehr niedrig (Bild 3.4-45).

Sollen breitere oder beliebig geformte Fließquerschnitte erfaßt werden, kommen mehrere Walzen in geeigneter Anordnung zum Einbau. Für eine Beseitigung von Ölverschmutzungen an verschiedenen Stellen, vor allem auf ruhenden Wasseroberflächen oder bei stärker schwankenden Wasserspiegeln, ist die Trommel an seitlichen Schwimmern fahrbar befestigt. Nach dem gleichen Prinzip arbeiten auch endlose, über Trommeln laufende Bänder aus spezialbehandeltem rostfreiem Stahl oder aus geeigneten Kunststoffen, deren unterer Bandteil in das Wasser eintaucht. Das auf der Bandoberfläche anhaftende Öl wird hochgefördert und an der höchsten Stelle abgestreift. Die Bänder können schräg oder senkrecht stehen. Senkrecht stehende Bänder werden bevorzugt in Sammelschächten für ölverschmutzte Abwässer mit Wasserspiegelschwankungen von mehreren Metern eingesetzt. Da die Abstreifung auf beiden Seiten des Bandtrums erfolgt, wird ein hoher Wirkungsgrad erreicht. Die Bandgeschwindigkeit ist allgemein stufenlos regelbar und beträgt im Mittel 12 m/min. Bei der Abscheidung von Mineralölen (SAE 30) wird ein Volumenstrom von etwa 50 bis max. 75 l/h je 100 mm Bandbreite erreicht. Die Bandbreite der lieferbaren Geräte beträgt 50–600 mm, bevorzugt jedoch 100 und 200 mm (Bild 3.4-46, 3.4-47).

Erfolgt der Einbau in einem durchflossenen Gerinne, wird der Fließquerschnitt in Höhe des Wasserspiegels auf die Breite des Bandes zusammengezogen. Bei breiten Gerinnen kommt die Anordnung mehrerer Bänder nebeneinander in Frage. Für größere Aufnahmemengen werden Geräte eingesetzt, die aus einer Reihe von großen parallelen Scheiben mit Durchmessern von 0,6 bis 1,2 m bestehen, welche bis zu ihrer Mitte in das ölverschmutzte Wasser eintauchen und langsam umlaufen. Zwischen den einzelnen Scheiben sitzen senkrechte Wischblätter, die das an den Scheibenflächen anhaftende Öl abstreifen und durch die hohle Achse einem Sammelbehälter zuführen. An ihrem äußeren Rand können sperrradförmig ausgebildete Aussparungen angebracht sein, in denen in achsialer Richtung verlaufende, rund um den Umfang verteilte und sich überdeckende Schaufeln angeordnet sind, ähnlich wie beim Schaufelrad eines Raddampfers. Die schrägestellten Schaufeln erzeugen während ihres Umlaufes einerseits beim Eintauchen einen bestimmten Strömungsfluß in den Scheibenzwischenraum, verhindern andererseits beim Austauchen, daß bereits erfaßte Leichtflüssigkeiten aus diesem Raum wieder austreten, und sie schützen die

Bild 3.4-46. Bandaufnahmegerät.

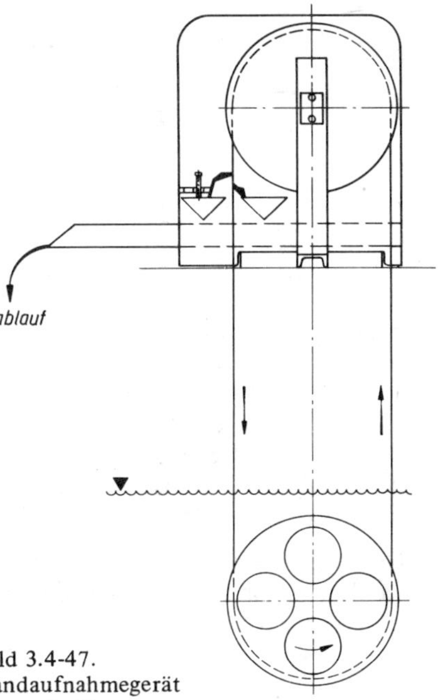


Bild 3.4-47.
Bandaufnahmegerät
Querschnitt
(*Schumacher*).

beruhigte Wasseroberfläche gegen Wellen und Windeinflüsse. Das Gerät kann sowohl ortsfest in durchflossenen Querschnitten mit geringen Spiegelschwankungen, als auch zwischen 2 Schwimmern höhenbeweglich eingebaut werden.

Arbeiten die Leichtstoffabscheide- und Aufnahmegeräte in Bereichen niedriger Außentemperaturen, ist die Anordnung geeigneter Heizeinrichtungen, z.B. Heizrohre, Dampf- und Heißwasserdüsen, Infrarotstrahler usw. erforderlich, um einen einwandfreien und stets fließenden Betrieb zu gewährleisten.

### *3.4.4.9 Koaleszenzverfahren*

Bei vielen Industrieabwässern liegt der Restgehalt von Leichtflüssigkeiten, besonders von Mineralölen in Abwässern, über dem gesetzlich vorgeschriebenen Wert, wenn die Ölteilchen in feindispergiertem Zustand in dem Ölwassergemisch enthalten sind. Da die Aufstieggeschwindigkeit dieser Ölteilchen mit einem Durchmesser unter 30 $\mu$m nur etwa 0,1 m/h beträgt, ist eine Abscheidung nach dem Schwerkraftprinzip unwirtschaftlich. Durch das Koaleszenzverfahren lassen sich viele kleine Teilchen zu großen Teilchen mit Durchmessern von mehr als 0,5 mm vereinigen, die schnell im Wasser aufsteigen und mit den bekannten Vorrichtungen von der Oberfläche abzunehmen sind. Strömt die Öl-in-Wasser-Dispersion durch einen Vliesstoff aus speziellen Fasern mit hoher Affinität zu den Kohlenwasserstoffen, dem Koaleszer, lagern sich die Ölteilchen durch die auftretenden Adhäsionskräfte an den oleophilen Fasern an und vereinigen sich zu einem Ölfilm. Bei entsprechender Dicke löst sich dieser Film auf der Austrittsseite des Koaleszers in Form von großen Öltropfen ($>$ 0,5 mm) ab, die rasch zur Wasseroberfläche aufsteigen (Bild 3.4-48) (83).

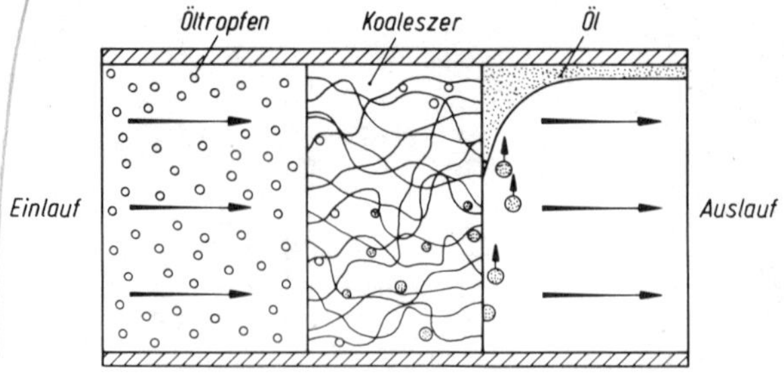


Bild 3.4-48. Koaleszer Schema.

### *3.4.4.10 Spaltverfahren*

Mit den in vorstehenden Abschnitten genannten einfachen Anlagen und Methoden auf physikalischen Grundlagen, besonders der Flüssigkeitsmechanik, lassen sich im wesentlichen nur die freien auf der Wasseroberfläche abgeschiedenen und teilweise auch koagulierte Leichtstoffe abscheiden, während die emulgierten Leichtstoffe, besonders Öle und Fette, mit diesen Methoden nicht von der Trägerflüssigkeit getrennt werden können.

Die Emulsionen bestehen aus im Wasser feinstverteilten kleinsten Leichtstoffteilchen mit weniger als eintausendstel Millimeter Durchmesser, die gleichsinnig elektrisch geladen sind, sich daher abstoßen und im Wasser in der Schwebe bleiben. Zur Brechung oder Spaltung dieser Emulsionen muß die Teilchenladung durch entgegengesetzt geladene Ionen neutralisiert werden. Hierzu verwendet man allgemein die gelösten Metallsalze der Sulfate und Chloride von Eisen, Aluminium und Magnesium, deren sich bildende Metallhydroxidflocken die winzigen Teilchen aufnehmen und sie zu größeren Teilchen vereinigen, die dann koagulierbar sind und durch Schwerkraft abgeschieden werden. Da es sich bei den Emulsionen um elektrolytische Vorgänge handelt, werden auch Verfahren angewandt, die mittels angelegter elektrischer Ströme mit niedriger Spannung die durch Zusatz von Metallsalzen leitfähig gemachten Emulsionen brechen und eine Stofftrennung herbeiführen. Diese Verfahren sind in der Praxis oft nur schwierig und nur mit einem erheblichen Chemikalien- und Energieaufwand durchführbar, besonders wenn die Leichtstoffverschmutzung des Abwassers in der Menge und Zusammensetzung starken Schwankungen unterliegt. Allgemeingültige Regeln und Verfahren können daher nicht angegeben werden. Genaue Kenntnis des Sachgebietes und eingehende Vorversuche sind für die Auswahl der geeignetsten und wirtschaftlichsten Verfahren Voraussetzung. Die von den Aufsichtsbehörden geforderten Bedingungen wie Temperaturen, *p*H-Wert und Restölgehalte für die Ableitung leichtstoffverschmutzter Abwässer und Emulsionen in den Vorfluter lassen sich oft nur durch entsprechende Vorbehandlung an der Anfallstelle und durch Anwendung von speziellen Spalt- und Trennverfahren erreichen.

In der Bundesrepublik Deutschland werden jährlich etwa 60 000 Tonnen Mineralöle und synthetische Öle zu Emulsionen für die mechanische Bearbeitung von Metallen zur Schmierung und Kühlung verarbeitet. Bei einem mittleren Ölgehalt von 5 % fällt im Jahr etwa die 20-fache Emulsionsmenge, also über 1 Million Tonnen an. Da aus Gründen einer langen Standzeit durch Zusatz von Netzmitteln, Inhibitoren, Additiven usw. sehr stabile und daher auch schwerspaltbare Emulsionen entwickelt wurden, kommt neben der Aufbereitung zur Wiederverwendung den wirtschaftlichen und umweltfreundlichen Spaltverfahren für die Abfallemulsionen eine große Bedeutung zu.

In der Technik stehen für die Spaltung von Emulsionen je nach Zusammensetzung, Menge und Eigenschaften eine Reihe von bewährten Verfahren zur Verfügung, die in der Praxis häufig nicht nur einstufig, sondern in geeigneten Kombinationen mehrstufig betrieben werden. Sie sind daher auch nicht eindeutig in ein System einzuordnen. Im wesentlichen unterscheidet man 2 Hauptgruppen, die chemische und die physikalische Spaltung.

#### 3.4.4.10.1 Chemische Spaltung

Bei der chemischen Spaltung werden die Emulsionen durch Zugabe von Säuren, speziellen Chemikalien und in begrenztem Umfang von Salzen in die Abfallprodukte Öl – Wasser – Schlamm gespalten. Die reine Salzspaltung hat kaum noch Bedeutung, da hierbei ein Spaltwasser mit hohem Salzgehalt anfällt.

Die chemische Spaltung wird normalerweise in Chargen betrieben und ist daher besonders für kleine stoßweise anfallende Emulsionsmengen geeignet. Ein Durchlaufbetrieb ist dann möglich, wenn ständig gleiche Mengen mit etwa gleicher Zusammensetzung anfallen oder wenn mehrere Chargen gesammelt und dann dosiert behandelt werden.

Chemische Spaltanlagen sind einfach in ihrem Aufbau und im Betrieb. Sie bestehen aus einem Reaktionsbehälter mit einem Rührwerk und einem nachgeschalteten Filter oder einem Schwerkraftabscheider.

#### 3.4.4.10.2 Physikalische Spaltung

Die physikalische Spaltung umfaßt einen großen Bereich der Abscheidetechnik und läßt sich in die beiden bedeutendsten Verfahren, die thermischen (Erhitzen, Verdampfen, Verbrennen) und die mechanischen Verfahren (Flotation, Ultrafiltration, Adsorption) unterteilen, die auch wieder in Kombinationen miteinander und mit anderen Verfahren betrieben werden.

#### 3.4.4.10.2.1 Thermische Spaltung

Durch Erhitzen und Verdampfen tritt bei Emulsionen aufgrund der unterschiedlichen Siedepunkte der beiden Medien Leichtstoff und Wasser eine Phasentrennung ein. Probleme können durch das Mitverdampfen von leichtflüchtigen Kohlenwasserstoffen oder durch die zu starke Bindung der Emulgatoren an das verdampfende Wasser entstehen, so daß die Nachschaltung von weiteren Trennverfahren vor der Einleitung in den Vorfluter notwendig ist, wenn das Spaltwasser nicht wieder für einen Neuansatz von Emulsionen verwendet wird.

Die thermischen Verfahren arbeiten fast ausschließlich ohne Zusatz von Chemikalien und sind durch die Verdampfung der Wasserphase für die Spaltung der stabilsten und der in ihrer Zusammensetzung und in ihren Eigenschaften häufig wechselnden Emulsionen geeignet. Die Emulgatoren, Stabilisatoren, Salze usw. bleiben in der Ölphase, deren Wassergehalt sich so weit reduzieren läßt ($\leqslant 10\%$), daß sie direkt verbrannt oder als Altöl entsprechend den gesetzlichen Bestimmungen kostenlos abgegeben werden kann. Für die thermische Spaltung von Emulsionen haben sich, entsprechend ihrer Eignung, die Tauchbrenner-, Umlauf-, Fallstrom- und Dünnschichtverdampfer in der Praxis bewährt.

Die Tauchbrenner führen die Prozeßwärme direkt der Flüssigkeitsoberfläche zu. Die Anlagen sind einfach im Aufbau und wirtschaftlich im Betrieb. Das abgeschiedene Öl kann in der Anlage zur Erhitzung mitverbrannt werden. Die Umlaufverdampfer sind für gering verschmutzte Emulsionen geeignet. Die durch Heizdampf erzeugten Brüdendämpfe wälzen im Kreislauf die vorgereinigte Emulsion über einen nachgeschalteten Zentrifugalabscheider mehrfach um, wodurch ein guter Wärmeübergang erreicht und Ablagerungen vermieden werden. Bei mehrstufigen Anlagen dienen die Brüden zum Heizen des jeweils nachgeschalteten Verdampfers, wodurch sich der Energiebedarf etwa im umgekehrten Verhältnis zur Stufenanzahl vermindert.

Die Fallstromverdampfer werden als Hochkonzentrator besonders für eine weitere Verminderung des Restwassergehaltes unter 10% für das aus vorgeschalteten Anlagen anfallende Konzentrat eingesetzt.

Dünnschichtverdampfer eignen sich für stark verschmutzte und inkrustierende Emulsionen, die in dünner Schicht über die Verdampferflächen fließen, wobei rotierende Abstreifer die Flächen ständig reinigen.

Zur direkten Verbrennung kommen im wesentlichen Spaltschlämme, Spaltöle und in Ausnahmefällen auch Abfallemulsionen.

Als Nachteil der thermischen Spaltverfahren ist zu bezeichnen, daß trotz der auch nur mit einem erheblichen Aufwand erreichbaren Wärmerückgewinnung die Energiekosten relativ hoch liegen (40).

### 3.4.4.10.2.2 Mechanische Spaltung

Zu den immer mehr an Bedeutung gewinnenden Spaltverfahren gehören die Druckentspannungs- und die Elektroflotation, die Ultrafiltration und die Adsorption, die eine Zwischenstellung einnimmt.

#### 3.4.4.10.2.2.1 Druckentspannungsflotation

Die Flotation ist ein chemisch-physikalisches Verfahren zur Abtrennung der feindispersen, im Wasser schwebenden Teilchen durch Anlagerung von Gasbläschen, die dann mit den Schwebestoffen aufgrund des geringeren spezifischen Gewichtes rasch an die Oberfläche aufsteigen und ausgetragen werden.

Freie, feindisperse und koagulierte Öle und Fette lassen sich aufgrund ihrer hydrophoben Eigenschaften direkt flotieren. Emulsionen dagegen, die sich durch ihren Gehalt an Emulgatoren ausgesprochen hydrophil verhalten, müssen zunächst z.B. durch Zusatz von Chemikalien gebrochen werden, um diese Bindung mit dem Wasser wieder aufzuheben.

Bei der Entspannungsflotation wird im Recyclingbetrieb ein mehr oder weniger großer Teilstrom des bereits in der Anlage gereinigten Abwassers in einem Druckbehälter bei etwa 6 bar oder durch Injektoren mit Luft übersättigt und dann im Flotationsbecken der Emulsion zugeführt. Dabei entspannt sich durch Verminderung des hydrostatischen Druckes die gelöste Luft schlagartig in Form von feinsten Mikroblasen und steigt mit den angelagerten Schwebeteilchen an die Oberfläche auf, wo das Flotat mit einer Räumvorrichtung, ebenso wie die auf den Beckenboden abgesunkenen Flockenschlämme, ausgetragen werden.

Die Entspannungsflotation ist ein kontinuierliches, sehr unempfindliches, wirtschaftliches und umweltfreundliches Verfahren und für die Spaltung von nahezu allen Emulsionsarten, besonders für große Mengen geeignet.

Auf Bild 3.4-49 ist das Verfahrenschema einer Anlage für Druckentspannungsflotation mit Rundbecken dargestellt. Nach Zugabe von Säuren und Laugen zur Neutralisation, von Primärflockungsmitteln und Polyelektrolyten zur Entstabilisierung in der Flockungsstufe wird das Abwasser durch einen Dücker in den Mittenverteiler des runden Flotationsbeckens gefördert, wo es sich mit dem gleichfalls an dieser Stelle zugeführten luftgesättig-

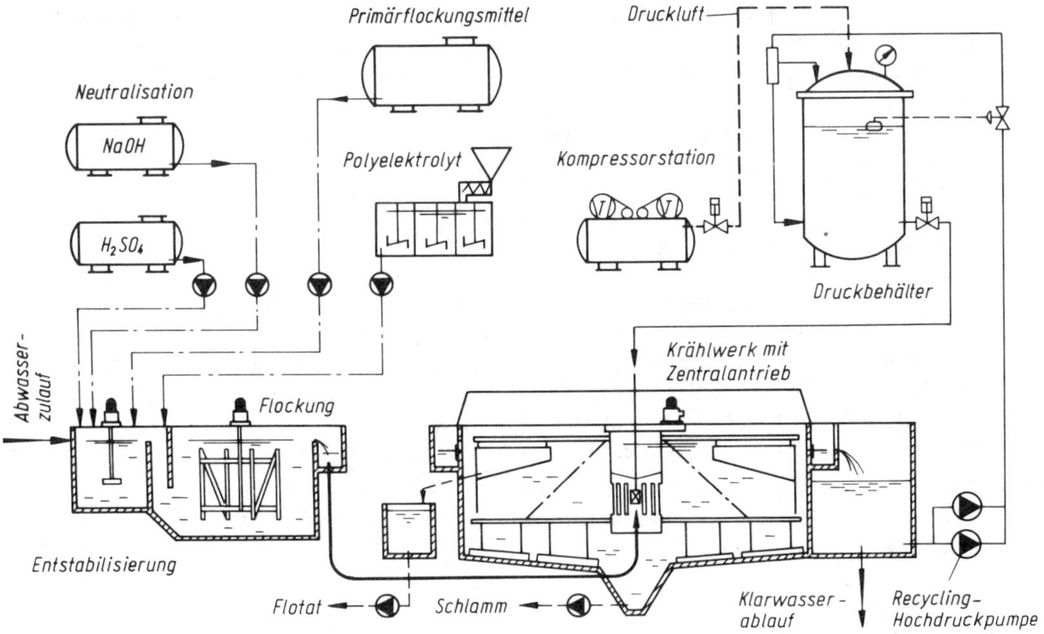


Bild 3.4-49. Druckentspannungsflotation Schema (Passavant-Werke).

Bild 3.4-50. Flotationsrundbecken (Passavant-Werke).

ten Recyclingstrom mischt und durch den Beckenquerschnitt radial zum Ablauf am Beckenumfang fließt. Das zentral angetriebene Krählwerk räumt die aufflotierten, von der Tauchwand auf der Wasseroberfläche zurückgehaltenen Leichtstoffe in die Ablaufrinne und den auf dem Beckenboden abgesetzten Flockenschlamm in den Schlammtrichter in Beckenmitte zum Abzug durch Pumpen. Das am Beckenumfang ablaufende Klarwasser wird im Kreislauf teilweise wiederverwendet, das Überschußwasser in den Vorfluter abgeleitet. Bild 3.4-50 zeigt ein Flotationsrundbecken mit Krählwerk.

#### 3.4.4.10.2.2.2 Elektroflotation

Bei der Elektroflotation fließt die durch Chemikalienzusatz spaltbar und leitfähig gemachte Emulsion in das Flotationsbecken. Dort erzeugen am Beckenboden angeordnete Elektroden mit angelegter Gleich- oder Wechselstromspannung von 10–20 Volt durch Elektrolyse kontinuierlich feinblasige Gase, vorwiegend Wasserstoff und Sauerstoff, die mit den anhaftenden Schwebeteilchen aufschwimmen und durch eine pneumatische Saugvorrichtung von der Oberfläche abgezogen werden.

Neben den unlöslichen Elektroden kommen auch Verlust- oder Opferelektroden aus Eisen, Magnesium oder Aluminium zum Einbau, die durch Bildung von Metallionen die Spaltung unterstützen.

#### 3.4.4.10.2.2.3 Ultrafiltration

Die Ultrafiltration, ein physikalisches Verfahren, kommt in steigendem Maße auch für die Trennung von Dispersionen und echten Emulsionen aus Wasser und hochmolekularen Ölen, Fetten, Emulgatoren usw. zur Anwendung. Bei dem mechanisch-dynamischen Filtrationsvorgang wird die zu trennende Emulsion nach ihrer Feinstsiebung mit einer Geschwindigkeit von etwa 3–5 m/s und einem Druck von 1,2–2,5 bar an semipermeablen Membranen mit einer Porengröße von etwa 100 Angström vorbeigeführt. Dabei passieren die kleineren Wassermoleküle und die gelösten anorganischen Salzmoleküle die Membranen, während die Makromoleküle, vor allem die Öle und auch die gebundenen Emulgatoren fast vollständig zurückgehalten werden, ohne die Membranfläche wie bei statischen Filtern zu belegen. Sie fließen in den Pumpensammelbehälter zurück und werden im Kreislauf solange wieder über die Membranen geführt, bis ein Grenzkonzentrat mit 30–70% Restwassergehalt anfällt, dessen weitere Entwässerung durch Ultrafiltration unwirtschaftlich ist. Dann wird eine neue Charge eingesetzt. Durch Zuschaltung einer Trennsäule läßt sich der Prozeß auch kontinuierlich betreiben. Das Verfahren eignet sich auch für die Rückgewinnung wiederverwertbarer Stoffe. Als Membranwerkstoffe haben sich Celluloseacetat und Polyamid bewährt. Als Nachteil der Ultrafiltration ist die Gefahr einer irreversiblen Verstopfung der Membranen zu bezeichnen. Ihrem Schutz durch eine vorgeschaltete Feinstsiebung ist daher größte Beachtung zu schenken.

#### 3.4.4.10.2.2.4 Adsorptionsverfahren

Bei diesem technisch besonders einfachen Verfahren erfolgt die Trennung leichtstoffhaltiger Abwässer und Emulsionen durch Zugabe eines nahezu neutralen Trennmittels auf der Basis einer hochdispersen hydrophoben Kieselsäure in Kombination mit Spaltsalzen und Alkalien. Das pulverförmige Trennmittel spaltet die Emulsion infolge seiner großen spezifischen Oberfläche und seiner emulsionsbrechenden oleophilen Eigenschaften und bindet adsorptiv die abgetrennten Öle.

Während des Verfahrensablaufs wird die Emulsion in Spaltbehältern mit der vorher zugesetzten Trennmittelsuspension intensiv gemischt, das Produkt dann auf Filtern entwässert und der Filterrückstand ausgetragen.

Dieses einstufige Verfahren, das im Prinzip den Spaltverfahren zuzurechnen ist, hat den Vorteil, daß die Spaltdauer nur 5 bis 10 Minuten beträgt, daß der Salzgehalt und der $p$H-Wert der Emulsion unwesentlich verändert wird und daher die Anlage, wie Spaltbehälter, Mischer, Filter und Rohrleitungen keine säurefesten Werkstoffe benötigt.

Das Verfahren ist sowohl für die Behandlung von größeren Abwassermengen mit geringem unter 300 mg/l liegendem Ölgehalt als auch für kleinere, stoßweise anfallende Mengen geeignet, wie sie zum Beispiel auf Sammelstellen von Rückständen aus Öl- und Benzinabscheidern von Tankstellen zur Anlieferung kommen. Mit einem Zusatz von 1–2 kg Trennmittel je $m^3$ Abwasser werden Restölgehalte unter 10 mg/l erreicht. Der Filterrückstand wird im allgemeinen Verbrennungsanlagen zugeführt und die veraschte unschädliche Kieselsäure auf Müllhalden deponiert.

### *3.4.5 Leichtstoffbinder*

Vor allem durch Tankerunfälle auf Gewässern und Tankwagenunfälle auf Straßen und Schienen sind Hilfsmittel bekannt und aktuell geworden, die für die Beseitigung auch großer ausgelaufener und verschütteter Leichtstoffmengen, vor allem von Mineralölen und Mineralölprodukten auf Gewässern, Straßen und Geländeböden sowie an Küsten und Häfen eingesetzt werden.

Sie bestehen aus mineralischen Stoffen meist vulkanischen Ursprungs, die durch spezielle Behandlung hydrophob und oleophil (wasserabstoßend und ölaufsaugfähig) gemacht wurden und bis zu 60% ihres eigenen Volumens an Mineralölen absorbieren können. Auf Grund ihres niedrigen Schüttgewichtes schwimmen sie auf dem verschmutzten Gewässer, verteilen sich wie ein Film und binden die Öle auf Grund ihrer starken Kapillarwirkung wasserunlöslich. Die Trägerschicht läßt sich dann leicht entfernen und durch Verbrennung unschädlich beseitigen.

Ölsinkmittel für die Ölbindung auf Gewässern sind abzulehnen, da sie sich auf dem Gewässerboden besonders in Ufernähe ablagern, nur schwer erfaßbar sind und den biologischen Zustand des Wassers erheblich beeinträchtigen können.

Die für die Schadensbekämpfung wichtigsten Eigenschaften eines Ölbinders sind das Schüttgewicht, die Kornzusammensetzung, der theoretische Ölbinderbedarf und die Schwimmfähigkeit. In der „Richtlinie für Ölbinder – Anforderungen – Prüfmethoden", herausgegeben vom Bundesministerium des Innern, überarbeitete Fassung, Stand 10. Oktober 1979, bekanntgemacht am 21. Januar 1980, Ersatz für die Fassung vom 30. Oktober 1973 sind die geltenden Vorschriften und Angaben über

1. Geltungsbereich und Einsatzmöglichkeiten
2. Anforderungen
3. Besondere Hinweise über Explosionsgefahr, Transport und Beseitigung
4. Prüfmethoden
5. Prüfzeugnis
6. Prüfungen
7. Schrifttum

festgelegt.

### *3.4.6 Anzeige- und Warngeräte*

Um Leichtstoffverschmutzungen von Gewässern, besonders von wasserwirtschaftlich genutzten Anlagen, wie Entnahmestellen von Wasserwerken, Trinkwassertalsperren und allgemein von Abläufen von Raffinerien, petrochemischen Werken, Entwässerungsanlagen usw. anzuzeigen und eine personelle Überwachung einzusparen, ist der Einsatz von Leichtstoffwarngeräten anzustreben. Sie haben die Aufgabe, bei auftretender Wasserverschmutzung Alarmsignale zu geben, die entsprechenden Maßnahmen auszulösen oder Entnahmegeräte einzuschalten. Dabei ist von Vorteil, wenn diese Geräte nur dann und so lange in Betrieb gesetzt werden, wie es die Beseitigung der Leichtstoffverschmutzung erfordert, damit die unvermeidlich mit aufgenommene Verdünnungswassermenge möglichst klein bleibt.

Neben der bereits im Abschnitt 3.4.3.1.3 beschriebenen Alarmanlage, die nur auf Leichtflüssigkeitsschichten auf ruhenden Oberflächen anspricht, kommen Geräte zur Anwendung, die nicht emulgierte Leichtstoffspuren bis zu 0,1 mg/l in normalerweise leichtstofffreien Wasserströmen und Kreisläufen anzeigen.

Der daraus entnommene Teilstrom von etwa 10 l/h wird über einen Kühler und einen gerichteten Zulauf in eine Meßkammer mit einem Überlaufwehr gefördert, in der sich die Leichtstoffspuren an der beruhigten Oberfläche des Wassers als mehrmolekulare Schicht ansammeln. Ein gebündelter paralleler Lichtstrahl fällt unter einem Winkel von 45° auf die Flüssigkeitsoberfläche auf, wobei ein Teil des Lichtes reflektiert und unter einem Winkel von 90° auf einen Fotowiderstand trifft. Bei dem Auftreten eines Leichtstoffilmes erhöht sich der Reflektionsanteil des Lichtes, der Widerstandswert der Fotozelle sinkt und der Zeiger des Anzeigeinstrumentes schlägt in den roten Bereich der Skala aus. Durch Grenzkontakte können nachgeschaltete Einrichtungen wie Alarmsignale, Warnlampen, Schieber, Entnahmeanlagen usw. betätigt werden. Bei abklingender Leichtstoffverschmutzung erfolgt wieder eine Löschung des Kontaktes.

Durch den Einbau eines Trenngefäßes vor der Meßkammer kann der spezifische Leichtstoffgehalt des Teilstromes erhöht und damit die Ansprechempfindlichkeit des Gerätes gesteigert werden. Weiterhin wirkt das Trenngefäß als Abscheider für Schwerstoffe, wie Metallspäne, Mineralien usw. Bei Temperaturen des Teilstromes über 60° ist der Meßkammer ein Kühler vorzuschalten (Bild 3.4-51, 3.4-52).

Der Einbau derartiger automatischer Anzeige- und Warngeräte in Entwässerungsanlagen, z.B. zur Ermittlung von unberechtigten Einleitern mineralöl- und lösungsmittelhaltiger Abwässer wäre vor allem wegen der wechselnden Entnahmestellen mit einem erheblichen technischen und finanziellen Aufwand verbunden. Mit einer sehr einfachen und billigen Methode können derartige Kontrollen durchgeführt werden. Eine etwa 3 mm dicke und 80 x 80 mm große Styroporplatte wird mit einem fettlöslichen Farbstoff, z.B. Sudan III beschichtet, durch eine zweite am Rand verklebte Platte abgedeckt und dieser Dedektor schwimmend in dem Abwasserstrom eingehängt. Auftretende Öl- und Lösungsmittelspuren durchdringen beide Platten, wobei der gelöste Farbstoff die obere Plattenfläche intensiv und dauerhaft rot färbt (142).

Gegen unkontrollierbaren Leckölaustritt aus unterirdisch verlegten Rohrleitungen und Behältern kommen vor allem zum Schutz des Grundwassers Quelldedektoren zur Anwendung, welche die Quellfähigkeit von bestimmten Kunststoffen ausnutzen. Durch die Volumenvergrößerung des Dedektorkörpers bei Einwirkung von Mineralölen wird ein mechanisch-elektrischer Impuls mit Signalwirkung ausgelöst. Nach einer Ölbenetzung ist jeweils der Dedektor zu ersetzen (26).

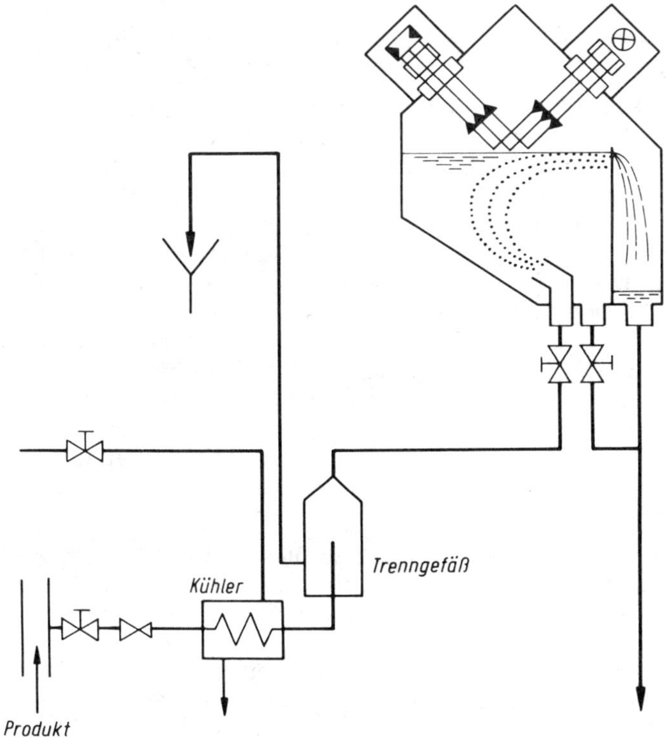


Bild 3.4-51. Ölwarngerät Schema (Bran & Lübbe).

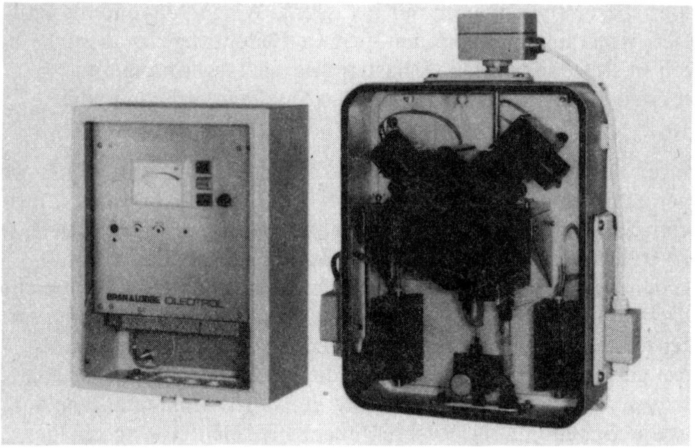

Bild 3.4-52. Ölwarn- und Anzeigegerät Oleotrol (Bran & Lübbe).

### *3.4.7 Aufarbeitung, Wiederverwendung, Verbrennung*

Vorstehende Abschnitte behandeln im wesentlichen Einrichtungen, Geräte und Verfahren zur Rückhaltung und Abscheidung von Leichtstoffen, besonders von Ölen und Fetten in Abwässern und auf Gewässern. Zum Schutz der Umwelt müssen diese zurückgehaltenen Abfallstoffe wegen ihrer schädlichen Eigenschaften und Einwirkungen mit einem mehr oder weniger großen Kostenaufwand gefahrlos beseitigt werden, soweit sie nicht oder nur bedingt wiederverwendungsfähig sind. Um die Aufwendungen für die Beseitigung der schädlichen Abfallstoffe einzusparen, unterliegen sie leicht der Gefahr, daß sie in Gewässern, in Entwässerungsanlagen oder in Bodensenken unkontrollierbar verschwinden.

Bei einem Inlandsabsatz von 1 118 000 t Schmierstoffen in der Bundesrepublik Deutschland im Jahre 1977 (lt. Bundesamt für gewerbliche Wirtschaft Hamburg) fallen rd. 531 000 t Altöl im Sinne des Altölgesetzes an, die im wesentlichen aus gebrauchten Motorenölen (53,6 %), Metallbearbeitungsölen (14,2 %), Maschinenölen (14,6 %), Getriebeölen (10,9 %) und Spindel-, Achsen- und Turbinenölen (6,5 %) bestehen. Von diesen 531 000 t Altöl wurden mit Hilfe von Kostenzuschüssen aus dem Rückstellungsfond im Rahmen des Altölgesetzes rd. 335 000 t (ohne Fremdstoffe) verwertet, davon 304 400 t in Zweitraffinerien zu Raffinaten, Destillaten, Fluxölen und Heizölen aufgearbeitet und 30 000 t verbrannt. Die gewerbliche und industrielle Wirtschaft hat in ihren Bereichen weitere 185 000 t Mineralöle wiederverwendet, regeneriert, verheizt, verbrannt oder als Abfall beseitigt. Die Verbrennung der Mineralöle und der ölhaltigen Abfallprodukte erfolgte unter weitgehender Ausnutzung ihres Energieinhaltes zur Wärmegewinnung, teilweise direkt während der Aufbereitungsprozesse. Der Gesamtanteil des zur Verbrennung kommenden Altölanfalles (ohne Fremdstoffe) zur Wärmeerzeugung und Beseitigung dürfte schätzungsweise bei etwa 60 % liegen.

An dem Altölanfall von gebrauchten Motoren- und Getriebeölen mit rd. 65 %, entsprechend 345 000 t, ist in hohem Maße der Kraftfahrzeugbetrieb beteiligt. Durch den privaten Öl- und Filterwechsel außerhalb von Werkstätten und den Verbleib von Restölen in Schrottfahrzeugen, ist mit einer teilweisen umweltschädlichen Beseitigung der in vielen kleinen Chargen anfallenden Altölmenge zu rechnen, die vor allem die Abwässer belasten dürfte. Nach Untersuchungen des Batelle-Institutes ist der Verbleib von rd. 40 000 t gebrauchter Mineralöle ungeklärt.

Auf die Dauer kommt daher allen Möglichkeiten der Erfassung, Wiederverwendung und Beseitigung von gebrauchten Mineralölen eine immer größere Bedeutung zu, da ihre Abfallprodukte die Umwelt in steigendem Maße belasten und die Gewinnung und Beschaffung vor allem der energetischen Rohstoffe aus den Quellen der Erde immer schwieriger und teurer wird.

Die in den Abscheideranlagen zurückgehaltenen Gemische aus Leichtstoffen, Ölschlamm und Abwasser werden regelmäßig innerhalb der in der DIN 1999 Teil 2 Abschnitt 5 festgelegten Zeitintervalle durch Saugewagen entleert und zu Sammelstellen transportiert, wo ihre Aufbereitung, Wiederverwertung und schadlose Beseitigung erfolgt. Diese Abfallstoffe bestehen nach eingehenden Untersuchungen im Durchschnitt aus 15–10 % Leichtflüssigkeiten, 15–10 % Ölschlamm und 70–80 % Abwasser. Daraus geht deutlich hervor, daß dieses Gemisch vor der weiteren Behandlung erneut in die 3 Hauptanteile Leichtstoffe-Ölschlamm-Abwasser getrennt werden muß. Dazu dienen Konzenteranlagen, die den Wasseranteil weitgehendst von den Leichtstoffen und den Ölschlämmen abscheiden. Sie bestehen aus Entladestelle, Schlammfang, Rückhaltebecken, Leichtstoffabscheider und Auffangbecken für die abgeschiedenen Leichtstoffe (Bild 3.4-53). Die festen Stoffe aus den Saugewagen werden bei verschiedenen Anlagen nach Abtrennung der Flüssigkeiten Mischmaschinen zugeführt und durch Zusatz von Zementbindern in einen deponierfähigen Zustand versetzt.

Das Leichtstoff-Abwassergemisch fließt über den Schlammfang und das Rückhaltebecken, das mit einer Regeleinrichtung zur Durchflußmengenbegrenzung ausgerüstet ist, in den Abscheider. Die darin auf der Oberfläche abgeschiedenen Leichtflüssigkeiten werden von einer automatischen Entnahmevorrichtung abgezogen, in das Auffangbecken gefördert

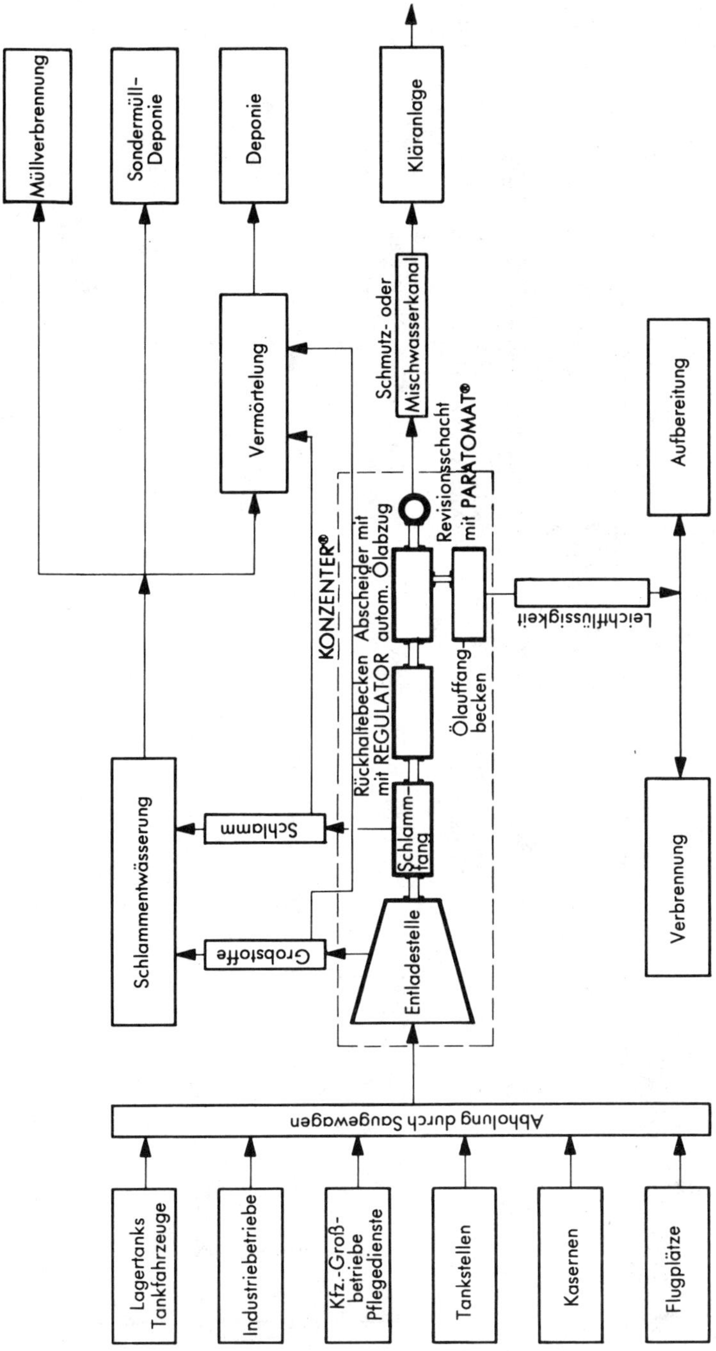


Bild 3.4-53. Konzenteranlage – Schema (Passavant-Werke).

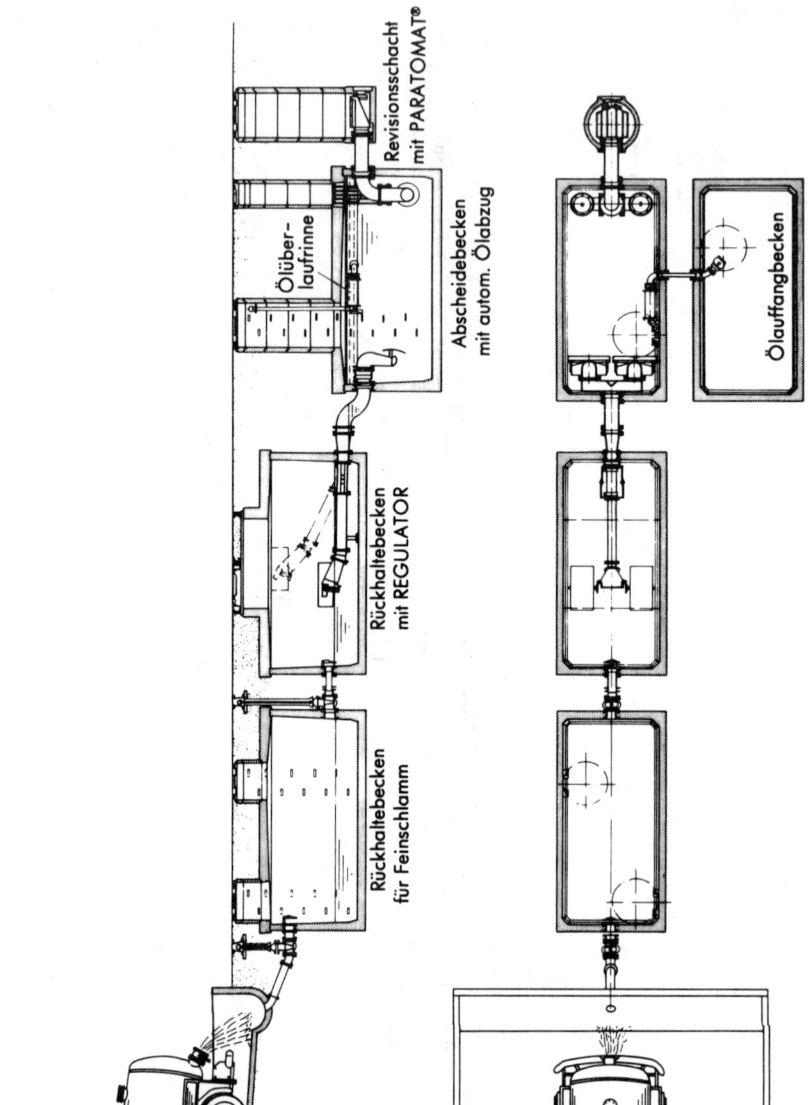


Bild 3.4-54. Konzenteranlage Längsschnitte (Passavant-Werke).

und nach Vollspeicherung den Zweitraffinerien zur Wiederaufbereitung oder Verbrennungsanlagen zur Energiegewinnung zugeführt. Die Größe der Konzenteranlagen wird durch die Anzahl und den Inhalt der täglich anfahrenden Saugewagen bestimmt (Bild 3.4-54).

Für die Aufarbeitung von Altölen in den Zweitraffinerien kommt bevorzugt das Schwefelsäure-Bleicherde-Kontaktverfahren zur Anwendung, das in physikalischen und chemischen Behandlungsstufen alle Fremd- und Zusatzstoffe entfernt und die Grundöle auf Paraffinbasis weitgehendst wiedergewinnt. 1978 wurden in der Bundesrepublik Deutschland nach Auskunft des Bundesamtes für gewerbliche Wirtschaft 97 250 t Schmierstoffe, das sind rd. 10% des Schmierstoffverbrauches durch Zweitraffinate gedeckt.

In der Zweitraffinerie werden die gesammelten und nach Arten getrennt gelagerten wiederverwertbaren Altöle durch Sedimentation vorgereinigt, gefiltert, durch Erhitzen auf ca. 130° von leichtsiedenden Bestandteilen und Wasser befreit (Trocknung), durch Behandlung mit konzentrierter Schwefelsäure ölfremde Bestandteile zerstört oder als Säureharz ausgeschieden, neutralisiert und nach Zusatz von Bleicherde filtriert, dann destilliert, desodoriert und entsprechend dem Verwendungszweck als Motoren-, Maschi-

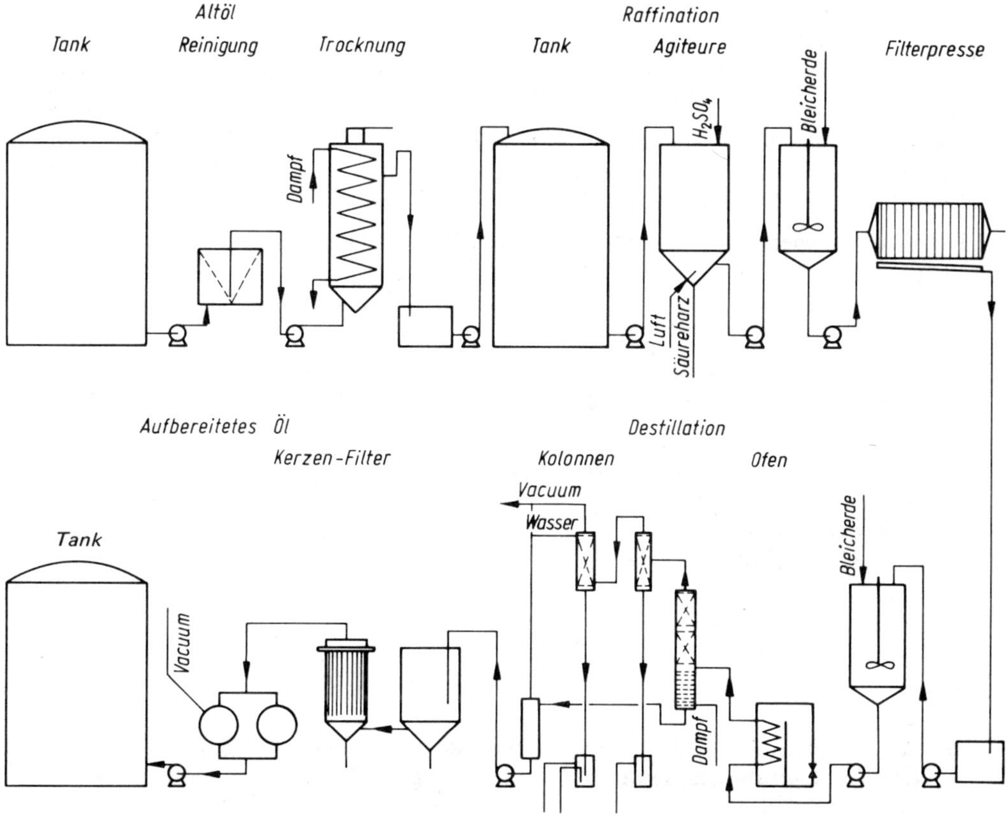


Bild 3.4-55. Schwefelsäure-Bleicherde-Kontaktverfahren – Schema.

nen-, Hydrauliköl usw. mit verschiedenen Additiven versetzt (Bild 3.4-55). Nicht mehr verwertbare Öl- und Fettrückstände kommen zur Verbrennung. Es sei hier auf den Abschnitt 10.2.1.5 Trockene Verbrennung, des Lehr- und Handbuches der Abwassser-technik 2. Auflage Band II und auf (157) hingewiesen.

Bei der Errichtung und dem Betrieb von Anlagen zur Lagerung, Abfüllung und Beförderung brennbarer Flüssigkeiten zu Lande sind die entsprechenden Vorschriften (VbF und TRbF) und die Gefahrenklassen zu beachten (217, 233).

### *3.4.8 Gesetz über Maßnahmen zur Sicherung der Altölbeseitigung (Altölgesetz)* (103)

Der Gesetzgeber hat die bedrohliche Belastung der Umwelt durch den ständig steigenden Anfall von Altölen aufmerksam verfolgt und mit dem Erlaß von Gesetzen und Verordnungen die Rechtsgrundlage für die Durchführung entsprechender Schutzmaßnahmen geschaffen. In dem Gesetz über Maßnahmen zur Sicherung der Altölbeseitigung (Altölgesetz) vom 23. Dezember 1968, das am 1. Januar 1969 in Kraft getreten ist, und der Änderung vom 24. Oktober 1979 werden zwei Hauptforderungen erfüllt:

1. Die Erfassung, Abholung und unschädliche Beseitigung von Altölen wird sichergestellt.
2. Die Kosten für die unschädliche Beseitigung werden durch Erhebung einer Ausgleichsabgabe vom Ölverbraucher und nicht vom Bundeshaushalt getragen.

Damit wird auch dem wichtigen Grundsatz des Verursacherprinzips Rechnung getragen, daß prinzipiell derjenige die Kosten einer Umweltbelastung zu tragen hat, der für ihre Entstehung verantwortlich ist.

Das Gesetz gliedert sich in folgende 4 Abschnitte, wobei dem Abschnitt 2 besondere Bedeutung für den Gewässerschutz zukommt:

1. Abschnitt – Wirtschaftliche Sicherung der Altölbeseitigung
2. Abschnitt – Überwachung des Verbleibs von Altöl
3. Abschnitt – Straf- und Bußgeldbestimmungen
4. Abschnitt – Übergangs- und Schlußbestimmungen

Zur wirtschaftlichen Sicherung der Altölbeseitigung wird ein Rückstellungsfonds gebildet, dessen Verwaltung dem Bundesamt für gewerbliche Wirtschaft obliegt (§ 1). Aus diesem Fonds können gewerbliche und sonstige wirtschaftliche Unternehmen sowie juristische Personen des öffentlichen Rechts (Städte, Gemeinden, Zweckverbände), die von anderen übernommenen Altöle gewässer-, boden- und luftunschädlich beseitigen, laufend Zuschüsse erhalten, wenn die Kosten für die Beseitigung nicht anderweitig gedeckt werden können (§ 2). Unter einer schadlosen Beseitigung ist nur die Aufarbeitung zu Zweitraffinaten und die Verbrennung zu verstehen, während die Ablagerung nach Ablauf der Übergangszeit am 31. Dezember 1970 nicht mehr im Sinne einer unschädlichen Altölbeseitigung anzusehen ist.

Die Bestimmungen über die Abnahmeregelung des anfallenden Altöles dürften wesentlich zu einer Verbesserung des Gewässerschutzes beitragen. Nunmehr können Betriebe, bei denen Altöle anfallen, z.B. Industriewerke, Reparaturwerkstätten, Tankstellen usw. gegenüber dem Bundesamt verlangen, daß

1. Altöle in Mengen ab 200 l abgeholt werden, soweit zur Sammlung und unschädlichen Beseitigung des Altöles erforderliche Einrichtungen vorhanden sind,
2. für Mengen unter 200 l das spätere Abholen vorbereitet wird.

Unter den Begriff „Altöle" fallen gebrauchte Mineralöle und gebrauchte flüssige Mineralölprodukte, ferner mineralölhaltige Rückstände aus Lager-, Betriebs- und Transportbehältern. Die Abholung erfolgt kostenlos, wenn der Anteil der Fremdstoffe einen bestimmten Wert nicht überschreitet (§ 3 Abs. 3 Nr. 2). Nach § 4 der Durchführungsverordnung vom 21. Januar 1969 (BGBl. I S. 89) ist dieser Fremdstoffanteil auf 10% begrenzt. Dabei gelten Bestandteile, die dem Mineralöl bei seiner Herstellung beigefügt werden, nicht als Fremdstoffe im Sinne dieser Vorschriften. Bei höherem Fremdstoffanteil, vor allem bei emulgierten Ölen und bei mineralölhaltigen Rückständen aus Benzin- und Heizölabscheidern besteht gegenüber dem vom Bundesamt für gewerbliche Wirtschaft beauftragten Unternehmen in gleichem Maße eine Abholverpflichtung, jedoch ist in diesen Fällen von dem Altölbesitzer an das Abholunternehmen ein in Preislisten festgelegtes Entgelt zu entrichten (§ 3 Abs. 4).

Die Mittel für den Rückstellungsfonds werden durch eine Ausgleichsabgabe aufgebracht, die vom Bundesamt in Höhe von DM 10,00 für 100 kg abgabepflichtiger mineralischer Schmieröle von den Herstellern und den Importeuren erhoben wird (§ 4 Abs. 2).

Um nach wie vor einer Umgehung dieser kostenverursachenden Maßnahmen durch eine unkontrollierte Beseitigung weitgehendst vorzubeugen, sieht das Altölgesetz in seinem 2. Abschnitt eine Nachweispflicht über den Verbleib des Altöles vor. Sämtliche Betriebe der gewerblichen und sonstigen wirtschaftlichen Unternehmen, in denen gebrauchte flüssige Mineralölprodukte oder mineralölhaltige Rückstände mit einem Mineralölgehalt von mehr als 4 v.H. in einer Menge von jährlich mindestens 500 kg anfallen, bei denen mit einem jährlichen Anfall in dieser Höhe zu rechnen ist oder die Altöle dieser Art in jährlich mindestens dieser Menge übernehmen, haben ein Nachweisbuch zu führen, in dem laufend Art, Menge und Verbleib der Altöle einzutragen sind (§ 6 Abs. 1 und 3) (siehe nachstehende **Muster** auf Seite 172).

Einzelheiten sind durch die zweite Verordnung zur Durchführung des Altölgesetzes vom 2. Dezember 1971 geregelt.

Nur Unternehmen, bei denen nach Art und Betriebsführung eine ausreichende Überwachung möglich ist, können von der Verpflichtung der Führung eines Nachweisbuches befreit werden.

Alle Unternehmen, bei denen Altöle anfallen oder die Altöle übernehmen, haben auf Verlangen der nach Landesrecht zuständigen Behörde alle die Auskünfte zu erteilen, die zur Überwachung des Verbleibens der Altöle erforderlich sind (§ 7 Abs. 1). Im Vollzug ihrer Überwachungsaufgabe sind die behördlich beauftragten Personen berechtigt, Grundstücke, Anlagen und Geschäftsräume und in besonderen Fällen auch Wohnräume des Auskunftspflichtigen zu betreten, um dort Prüfungen und Besichtigungen vorzunehmen, Proben zu entnehmen und in die geschäftlichen Unterlagen des Auskunftspflichtigen Einsicht zu nehmen (§ 7 Abs. 2). Ausgenommen von dem Geltungsbereich der §§ 6 und 7 sind die See- und Binnenschiffahrt, die deutsche Bundesbahn, Bundespost und Einrichtungen, die hoheitlichen Zwecken dienen, für die bereits internationale Übereinkommen und Sonderregelungen gelten (§ 8) (82, 103).

Anlage 1

## Muster für Nachweisbuch der Altölbesitzer

**(§ 3 Abs. 1 der Zweiten Verordnung zur Durchführung des Altölgesetzes)**

| Anfall der Altöle | | | Weitergabe der Altöle | | | | | | Eigenbeseitigung | | | | |
|---|---|---|---|---|---|---|---|---|---|---|---|---|---|
| Menge in Litern | Davon Fremdstoffe in Litern | Datum mit Bestätigung des Verantwortlichen | an abnahmepflichtiges Unternehmen | | an nicht abnahmepflichtiges Unternehmen | | lfd. Nr. des Annahmescheins Beleg | Datum mit Bestätigung des Verantwortlichen | Verbrennung Menge in Litern | Sonstige Beseitigung | | | Datum mit Bestätigung des Verantwortlichen |
| | | | Menge in Litern | Firma | Menge in Litern | Firma | | | | Menge in Litern | Art | Ort | |
| 1 | 2 | 3 | 4 | 5 | 6 | 7 | 8 | 9 | 10 | 11 | 12 | 13 | 14 |

Anlage 2

## Muster für Nachweisbuch der Altölabholer

**(§ 3 Abs. 2 der Zweiten Verordnung zur Durchführung des Altölgesetzes)**

| Übernahme der Altöle | | | | Weitergabe der Altöle | | | Beseitigung der Altöle | | | | | |
|---|---|---|---|---|---|---|---|---|---|---|---|---|
| lfd. Nr. des Annahmescheins Beleg | Menge in Litern | von Firma | Datum mit Bestätigung des Verantwortlichen | Menge in Litern | an Firma | Datum mit Bestätigung des Verantwortlichen | Aufarbeitung Menge in Litern | Verbrennung Menge in Litern | Sonstige Beseitigung | | | Datum mit Bestätigung des Verantwortlichen |
| | | | | | | | | | Menge in Litern | Art | Ort | |
| 1 | 2 | 3 | 4 | 5 | 6 | 7 | 8 | 9 | 10 | 11 | 12 | 13 |

# 3.5 Absetzbecken

## *3.5.1 Grundlagen*

### *3.5.1.1 Die Absetzgeschwindigkeit der Schwebstoffe im Abwasser*

Die absetzbaren Stoffe des Abwassers sind, abgesehen von einzelnen industriellen Abwässern, selten kugelförmig. Die im allgemeinen vorhandenen unregelmäßigen Teilchen besitzen in Beziehung zu ihrem Volumen eine größere Oberfläche als die Kugel. Sie setzen sich daher wegen der größeren Reibung langsamer als eine Kugel von gleichem Volumen ab. Da die Reibungs- und Widerstandsflächen in bezug zur Bewegungsrichtung außerdem noch wechseln, kommt eine weitere Unregelmäßigkeit hinzu. Es ist deshalb nicht möglich, die Absetzgeschwindigkeit aus dem Durchmesser der Teilchen zu errechnen.

Für kugelförmige Teilchen könnte die Sinkgeschwindigkeit nach den Gesetzen von *Stoke, Hazen, Schulz* ermittelt werden (vgl. Abschnitt 3.3.3 und 3.4.2).

In Bild 3.5-1 ist die theoretische Sinkgeschwindigkeit der Feststoffe des häuslichen Abwassers in Abhängigkeit von dem Teilchendurchmesser *d* aufgetragen. Dabei ist $\gamma_1 = 1{,}2\,g/cm^3$, $\gamma = 1{,}0\,g/cm^3$ angenommen.

Die Formeln für die Absetzgeschwindigkeit gelten nur, wenn die absetzbaren Stoffe während des Absetzvorganges keine weiteren Veränderungen erleiden. Da dieses jedoch

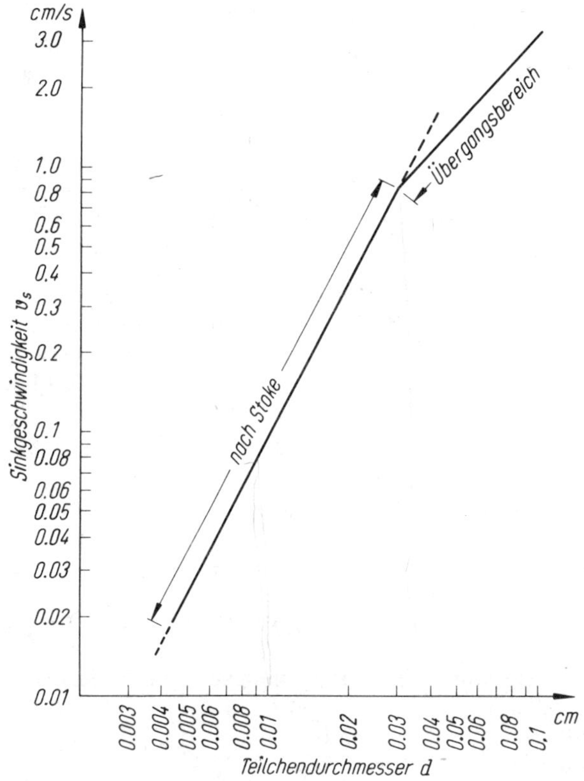


Bild 3.5-1. Theoretische Absetzgeschwindigkeit der Feststoffe des häuslichen Abwassers.

durch Flockung und andere Einflüsse im Absetzbecken geschieht, ist es bis jetzt noch nicht gelungen, die Absetzgeschwindigkeit der absetzbaren Stoffe des häuslichen Abwassers rechnerisch zu ermitteln.

In der Praxis bleibt kein anderer Weg, als die Absetzgeschwindigkeit dieser Stoffe durch Versuche zu finden. Die hierbei gewonnenen Werte werden in der Regel streuen, so daß zahlreiche Versuche und die Bildung eines Mittels erforderlich sind, um eine zufriedenstellende Absetzkurve zu erhalten.

Aus verschiedenen Untersuchungen (207, 223) ist außerdem bekannt, daß bei höherem Schlammvolumen, wie es in den Nachklärbecken bei Belebungsanlagen vorkommt, der Absetzvorgang des belebten Schlammes durch gegenseitige Beeinflussung der Schlammflocken behindert wird.

### 3.5.1.2 *Die Flächenbeschickung und die Wassertiefe*

Die Flächenbeschickung kann als die Höhe des auf die Oberfläche des Absetzbeckens aufgesetzten Wasserkörpers angesehen werden, der in einer Stunde durch das Absetzbecken fließt. Sie hat die Dimension einer Geschwindigkeit. Ihr zulässiger Wert wird durch die Absetzgeschwindigkeit der Teilchen bestimmt, die sich noch absetzen sollen. Die Flächenbeschickung ist nach folgenden Formeln zu errechnen:

$$q A = \frac{Q}{A} = \mathrm{v}_0 \left[\frac{\mathrm{m}^3/\mathrm{h}}{\mathrm{m}^2} = \mathrm{m/h}\right]$$

oder

$$q A = \frac{\mathrm{h}}{t}$$

$Q$ = Zufluß [m³/h],
$A$ = Oberfläche des Absetzbeckens [m²],
$h$ = Tiefe des Absetzbeckens [m],
$t$ = Durchflußzeit im Absetzbecken [h].

In der Bundesrepublik wurde bei nicht flockenden Schwebstoffen (Sand) vielfach nach der Flächenbeschickung und bei flockenden Stoffen nach der Aufenthaltszeit bemessen. Da das häusliche Abwasser sowohl flockende als auch nicht flockende Teile enthält, ist es schwierig, sich für die eine oder andere Bemessungsart zu entscheiden. In neuerer Zeit hat sich die Flächenbeschickung in Zusammenhang mit dem Feststoffgehalt bzw. mit dem Feststoffgehalt und dem Schlammindex als Bemessungskriterium durchgesetzt.

*Hazen* (113) stellte als erster die Theorie auf, daß die Reinigungswirkung unabhängig von der Tiefe des Absetzbeckens ist. Unter bestimmten Voraussetzungen läßt sich mit Hilfe eines Idealbeckens der Beweis für diese Theorie erbringen.

Es werden folgende Annahmen getroffen:

a) Das Absetzbecken wird in 4 Zonen, in die Einlauf-, Absetz-, Auslauf- und Schlammzone eingeteilt.
b) Die Strömungsrichtung ist horizontal. Richtung und Geschwindigkeit sind in allen Teilen der Absetzzone gleich.
c) Die Konzentration der Schwebstoffe jeder Größe ist am Beckeneinlauf in allen Punkten des Beckenquerschnittes gleich.

d) Alle Schwebeteilchen behalten ihre Gestalt, Größe und Eigenart während des Absetzvorganges und setzen sich ohne Unterbrechung ab. Für jedes Teilchen ist die Absetzgeschwindigkeit konstant.

e) Ein Teilchen gilt als abgesetzt, wenn es den Boden berührt.

Jede dieser Voraussetzungen wird in den Absetzbecken niemals vollkommen erfüllt sein. Die anschließenden Überlegungen haben deshalb hauptsächlich einen theoretischen Wert und lassen sich in der Praxis nicht voll verwirklichen.

Nehmen wir aber an, daß die obigen Annahmen zutreffen. Jedes Teilchen wird sich dann geradlinig absetzen. Alle Teilchen mit der gleichen Absetzgeschwindigkeit bewegen sich auf parallelen Bahnen. Teilchen, die sich auf parallelen Bahnen vom Einlaufende zum Boden auf der Länge $l$ bewegen, werden gleichmäßig auf dem Boden über die Länge $l$ verteilt und zu 100% entfernt. Die Absetzgeschwindigkeit der Teilchen sei mit $v_0$ bezeichnet. Sie ist gleich der Flächenbeschickung des Beckens mit der Länge $l$. Teilchen, die sich auf steileren Bahnen bewegen, haben sich zu 100% auf einer kürzeren Länge als die Beckenlänge $l$ abgesetzt. Teilchen mit einer kleineren Absetzgeschwindigkeit als $v_0$ setzen sich nur teilweise ab. Hierfür ist die Reinigungswirkung gleich dem Verhältnis der Absetzgeschwindigkeit v zur Flächenbeschickung $v_0$.

$$r = \frac{v}{v_0} = \frac{A \cdot v}{Q}$$

$r$ = Absetzwirkung,
v = Absetzgeschwindigkeit,
$v_0$ = Flächenbeschickung,
$A$ = Oberfläche des Beckens,
$Q$ = Zufluß.

Unter diesen Voraussetzungen ist die Reinigungswirkung in einem idealen Absetzbecken bei gegebenem Zufluß unabhängig von der Wassertiefe und direkt proportional der Flächenbeschickung. Unter denselben Voraussetzungen ist die Klärwirkung ebenfalls unabhängig von der Absetzzeit.

Die obigen Ausführungen sind in Bild 3.5-2 veranschaulicht. Ein Teilchen, das in der Nähe der Wasseroberfläche in die Absetzzone eintritt und eine Absetzgeschwindigkeit $v_0$ hat, wird nach einem Fließweg von der Länge $l$ den Beckenboden erreichen.

Im unteren Teil der Abbildung ist die Beckentiefe bei gleicher Zuflußmenge auf die Hälfte vermindert. Bei dem halben Querschnitt und dem halben Beckenvolumen wird bei gleichem Zufluß $Q$ die Aufenthaltszeit nur halb so groß sein wie bei Fall 1, die Fließgeschwindigkeit aber die doppelte Höhe erreichen. Die Absetzgeschwindigkeit sei unverändert. Die Teilchen mit der gleichen Absetzgeschwindigkeit werden den Beckenboden an der gleichen Stelle erreichen wie bei einem Becken mit doppelter Tiefe und doppelter Aufenthaltszeit. Die Absetzwirkung ist unvermindert.

Bild 3.5-3 zeigt, daß sich zwei Teilchen in einem tiefen und in einem flachen Becken in derselben Entfernung vom Einlauf zusammenballen und den Boden erreichen. Der ursprüngliche Abstand der Teilchen muß dabei allerdings im flachen Becken proportional den Wassertiefen kleiner sein.

Wird in das tiefe Becken ein Zwischenboden eingezogen, wie in Bild 3.5-4 dargestellt, so verdoppelt sich die Oberfläche und die Flächenbeschickung halbiert sich. Bei gleichmäßigem Zufluß kann man die Reinigungswirkung dadurch steigern.

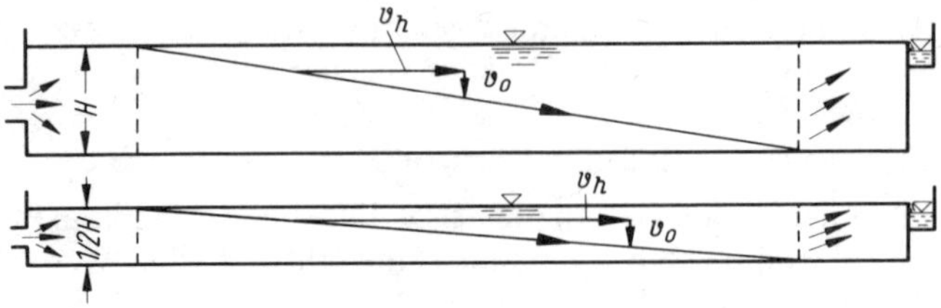


Bild 3.5-2. Das Absetzen eines Teilchens in einem Idealbecken.

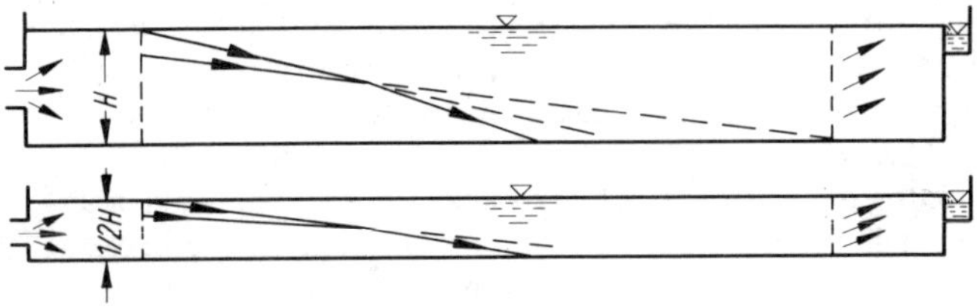


Bild 3.5-3. Das Absetzen zweier Teilchen im tiefen und flachen Becken.

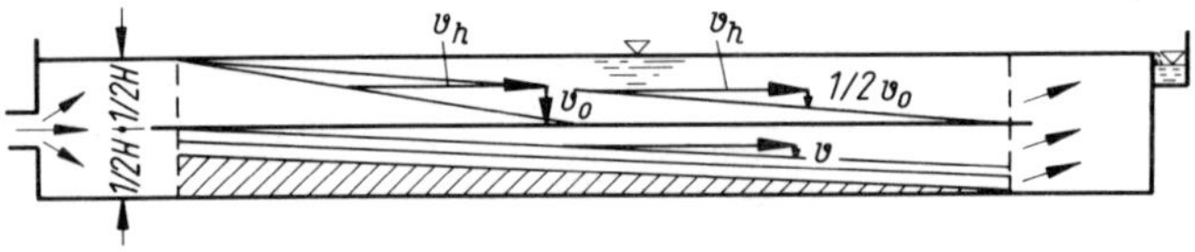


Bild 3.5-4. Das Absetzen im Absetzbecken mit Zwischenboden.

Die wirklichen Absetzbecken passen sich diesen Idealbedingungen nur unvollkommen an. Durch Turbulenz, Räumvorgang, ungleichmäßige Konzentration und Flockung wird der Absetzvorgang gestört. Der Einfluß einer solchen Störung ist oft nicht abzuschätzen.

### *3.5.1.3 Die Aufenthaltszeit oder Durchflußzeit*

Die theoretische Durchflußzeit in Absetzbecken errechnet sich aus:

$$t_R = \frac{\text{Nutzinhalt des Absetzraumes m}^3}{\text{Zufluß m}^3\text{/h}}$$

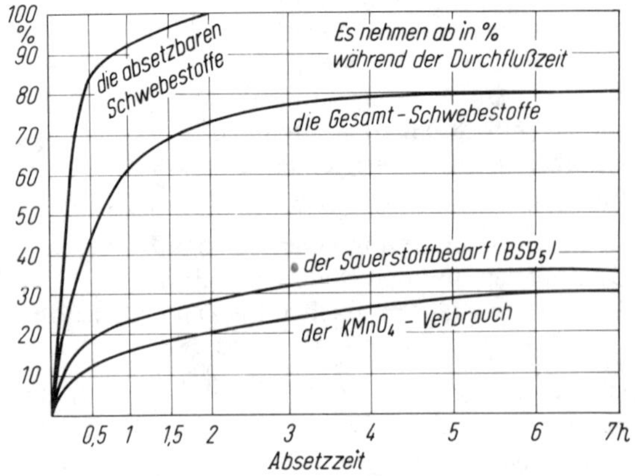


Bild 3.5-5. Wirkung der Absetzzeit auf städt. Rohabwasser nach *Sierp* (122).

In Bild 3.5-5 ist die Wirkung der Absetzzeit auf den Gehalt an absetzbaren Schwebstoffen und Gesamtschwebstoffen und auf den $BSB_5$ und den $KMnO_4$-Verbrauch im kommunalen Rohabwasser nach *Sierp* im Taschenbuch von *Imhoff* (122) dargestellt. Die absetzbaren Stoffe haben sich nach 2 Stunden Absetzzeit zu 100% abgesetzt. Der $BSB_5$ hat in derselben Zeit um 28 % abgenommen. Eine Verdoppelung der Absetzzeit in Vorklärbecken steigert die $BSB_5$-Abnahme nur um etwa 5 %. Eine Durchlaßzeit über 2 Stunden ist bei überwiegend häuslichem Abwasser nicht sinnvoll.

Heute wird bei nachfolgenden Belebungsbecken die Durchflußzeit vielfach auf 1 Stunde erniedrigt oder eine Vorklärung ganz fortgelassen, weil sich dadurch vielfach der Schlammindex des belebten Schlammes verbessert.

### *3.5.1.4 Hydraulische Vorgänge*

#### 3.5.1.4.1 Die Fließgeschwindigkeit

Die Fließgeschwindigkeit des Abwassers im Absetzbecken hat einen nicht zu unterschätzenden Einfluß auf den Absetzvorgang. Es ist aber nicht so, daß bei abnehmender Geschwindigkeit die Absetzwirkung zunimmt. Schon *Bock* und *Schwarz* sowie *Steuernagel* (siehe Leitfaden von *Dunbar* (80)) stellten fest, daß bei sehr geringen Fließgeschwindigkeiten die Reinigungswirkung in den Absetzbecken nicht oder nur unwesentlich größer war als bei Geschwindigkeiten von 2–4 cm/s. *Wiegmann* und *Müller-Neuhaus* (241) schlossen aus Versuchen, daß die Fließgeschwindigkeit bei Rundbecken nicht größer als etwa das 20fache der Sinkgeschwindigkeit der absetzbaren Stoffe sein sollte, um das Absetzen nicht durch Turbulenzen und Querströmung zu beeinträchtigen.

*Camp* (54) gibt für die Grenzgeschwindigkeit, bei der ein sich abgesetztes Teilchen wieder aufgeschwemmt wird, folgende Formel an:

$$v_c = \sqrt{\frac{8\,\beta}{f} \cdot g\,(s-1)\,d},$$

$\beta$ = Beiwert, der vom Material abhängt,
$f$ = Reibungsfaktor,
$s$ = spezifisches Gewicht des Teilchens,
$d$ = Durchmesser des Teilchens.

Nimmt man nach *Camp* an: $\beta = 0{,}04$, $f = 0{,}03$, $s = 1{,}2$, so ergibt sich für ein Teilchen von 0,05 mm Durchmesser eine kritische Fließgeschwindigkeit von $v_c = 3{,}2$ cm/s. Ein körniges Teilchen von $5 \cdot 10^{-3}$ cm Durchmesser hat nach *Fair* (vgl. (122)) eine Absetzgeschwindigkeit von 0,76 m/h und kann bei entsprechenden Verhältnissen in einem Absetzbecken zurückgehalten werden. Die theoretische Fließgeschwindigkeit in einem Absetzbecken sollte danach nicht über 3 cm/s sein, damit abgesetzte Teilchen nicht aufschwimmen. Dieser Wert fand durch Versuche von *Schmidt-Bregas* (207) seine Bestätigung.

Die kritische Geschwindigkeit, bei der sich ein Teilchen von z. B. 0,05 mm Durchmesser nicht mehr absetzt, ist geringer als die Geschwindigkeit, bei der das abgesetzte Teilchen wieder aufgeschwemmt wird. Gerade an Nachklärbecken von Belebungsanlagen ist zum Teil zu beobachten, wie kleine Schlammflocken auf Grund der hohen Fließgeschwindigkeit am Beckenboden trotz niedriger Flächenbeschickung mit in den Ablauf gelangen.

Bei sehr feinflockigem Schlamm einer Belebungsanlage gibt *Imhoff* (122) eine Grenzgeschwindigkeit von 2 cm/s an. *Müller-Neuhaus* schlägt hierfür die 30fache zulässige Flächenbeschickung vor.

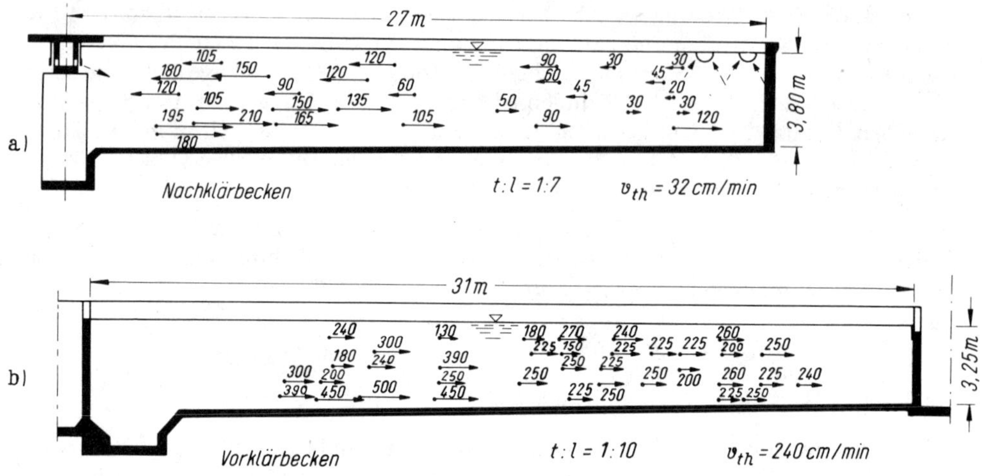


Bild 3.5-6 a u. b. In Absetzbecken gemessene Fließgeschwindigkeiten (1).

Über Fließgeschwindigkeiten, wie sie in der Praxis auftreten, berichtet *Anderson* (1). Als Beispiel sind in Bild 3.5-6 a u. b von ihm gemessene Fließgeschwindigkeiten dargestellt. Bei dem Nachklärbecken tritt in der oberen Hälfte des Beckenquerschnittes eine starke, der allgemeinen Fließrichtung entgegengesetzte Fließgeschwindigkeit auf. Die Geschwindigkeit in der Nähe des Beckenbodens ist zum Teil siebenmal so groß wie die rechnerische. Die vorgezogenen Ablaufrinnen verhindern nicht das Rückwärtsströmen im oberen Beckenquerschnitt.

Aus dem unteren Teil der Abbildung sind Fließgeschwindigkeiten in einem Vorklärbecken ersichtlich. Hier trat kein Rückwärtsströmen auf. Die maximale Geschwindigkeit war nur zweimal so groß wie die rechnerische.

Die rechnerische Fließgeschwindigkeit in einem üblichen Absetzbecken wird selten 3 cm/s = 180 cm/min erreichen. Da das Abwasser aber gerade in Bodennähe mit der zwei- bis dreifachen rechnerischen Fließgeschwindigkeit strömen kann, ist hier ein Auftreiben von Schlamm möglich.

Die rechnerische Fließgeschwindigkeit sollte für überwiegend häusliches Abwasser deshalb nicht über 1 cm/s liegen. $v_{th}$ = theoretische oder rechnerische Geschwindigkeit

$$v_{th} = \frac{Q}{F} = \frac{\text{Zufluß}}{\text{Beckenquerschnitt}}$$

### 3.5.1.4.2 Die *Reynolds*'sche und *Froude*'sche Zahl

Zur Beurteilung eines Absetzbeckens kann weiterhin die *Reynolds*'sche und die *Froude*'sche Zahl herangezogen werden.

Für den Strömungszustand (ob laminare oder turbulente Strömung) ist die *Reynolds*'sche Zahl kennzeichnend.

Allgemein ist:

$$Re = \frac{v \cdot l}{\nu}$$

v = Fließgeschwindigkeit,
$l$ = charakteristische Länge,
$\nu$ = kinetische Zähigkeit.

Für Rohrleitungen gilt dabei:

$$Re = \frac{v \cdot D}{\nu} \quad (D = \text{Rohrdurchmesser})$$

Bei Werten von $Re$ 2320 = $Re_{krit}$ geht die laminare Strömung im allgemeinen verloren und schlägt in eine turbulente Strömung um.

Für rechteckige Absetzbecken wird zweckmäßig an Stelle des Rohrdurchmessers $D$ als charakteristische Länge der hydraulische Radius $R$ der Becken eingeführt. Vergleichsweise ist für

$$R = \frac{F}{U} = \frac{\left(\frac{D^2}{2}\right) \cdot \pi}{D \cdot \pi} = \frac{D}{4}$$

zu setzen.

Die kritische *Reynolds*'sche Zahl für Absetzbecken errechnet sich dann zu

$$Re_{krit} = \frac{v \cdot R}{\nu} = \frac{2320}{4} = 580.$$

Eine hohe *Reynolds*'sche Zahl bedeutet eine große Turbulenz. Absetzbecken sollten jedoch eine möglichst geringe Turbulenz aufweisen. Ein laminares Fließen wird sich aber in den normalen Absetzbecken nicht erreichen lassen. Die *Reynolds*'sche Zahl kann durch Verminderung der Fließgeschwindigkeit und des hydraulischen Radius verkleinert werden. Außerdem ist anzustreben, die Wände der Längsabsetzbecken möglichst glatt zu gestalten und die Strömung nicht durch Pfeiler, Querschnittsänderungen usw. zu stören.

Der Einfluß der Turbulenz auf die Absetzwirkung ist noch nicht restlos geklärt. Eine Vergrößerung der Turbulenz fördert in gewissen Grenzen den Flockungsvorgang und beeinträchtigt das Absetzen. Eine Flockung kann jedoch viel besser in einem besonderen Flockungsbecken oder Flockungsteil gesteuert werden. Die Absetzbecken, insbesondere die Vorklärbecken, sollten deshalb in erster Linie im Hinblick auf das Absetzen konstruiert sein.

Die *Froude*'sche Zahl wird für die Beurteilung der Stabilität eines Fließvorganges herangezogen, wenn Schwer- und Trägheitskräfte das Fließen beeinflussen. Unter Stabilität des Fließvorganges ist hier zu verstehen, daß die Strömung nach Störungen ihre ursprüngliche Form wieder einnimmt. Je stabiler die Strömung ist, desto gleichmäßiger ist die Geschwindigkeitsverteilung über den Beckenquerschnitt und desto besser wird der hydraulische Wirkungsgrad sein. Die *Froude*'sche Zahl errechnet sich wie folgt:

$$F = \frac{v^2}{l \cdot g}$$

Wird für $l$ der hydraulische Radius eingeführt, so ist:

$$F = \frac{v^2}{R \cdot g},$$

$F$ = *Froude*'sche Zahl,
v = Fließgeschwindigkeit,
$R$ = hydraulischer Radius,
$g$ = Erdbeschleunigung = 9,81 m/s².

*Camp* (55) hat die Ergebnisse mehrerer Versuche zusammengestellt. Sie sind in Bild 3.5-7 wiedergegeben. Daraus ist ersichtlich, daß das Verhältnis der tatsächlichen zur theoretischen Durchflußzeit mit zunehmender *Froude*'scher Zahl besser wird, das heißt der hydraulische Wirkungsgrad nimmt zu.

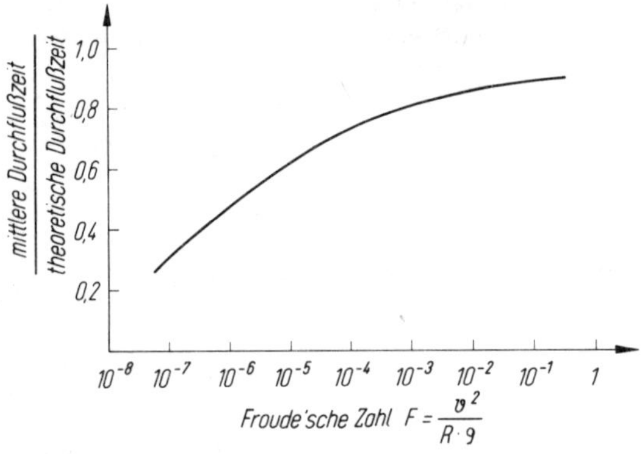


Bild 3.5-7. Der hydraulische Wirkungsgrad von Absetzbecken in Abhängigkeit von der *Froude*'schen Zahl (55).

Für eine gute Stabilität der Strömung ist eine hohe *Froude*'sche Zahl wünschenswert. Dieses läßt sich erreichen, indem man die Fließgeschwindigkeit vergrößert oder den hydraulischen Radius verkleinert. Einer Vergrößerung der Fließgeschwindigkeit steht die geforderte kleine *Reynolds*'sche Zahl entgegen. Die Verkleinerung des hydraulischen Radius wirkt sich in beiden Fällen günstig aus. Absetzbecken mit möglichst kleinem hydraulischen Radius sind deshalb eine gute Voraussetzung, um gute hydraulische Wirkungsgrade zu erzielen.

### 3.5.1.4.3 Die Dichteströmung

Die Dichte und das spezifische Gewicht des Abwassers wird durch die Temperatur und den Gehalt an gelösten und ungelösten Stoffen beeinflußt. Ein beträchtlicher Gehalt an Chloriden oder Schwebstoffen erhöht die Dichte wesentlich. Dichteunterschiede zwischen Beckeninhalt und dem zulaufenden Abwasser wirken sich in Dichteströmungen aus. Fließt Abwasser mit einer anderen Dichte als der des Beckeninhaltes in ein Absetzbecken, so wird das Abwasser im Becken durch den Zufluß nicht gleichmäßig verdrängt. Das zufließende Abwasser wird je nach seiner Dichte über oder unter dem Beckeninhalt fließen. Es kann zu ausgeprägten Walzenströmungen kommen (vgl. Bild 3.5-6a u. b) (1).

Temperaturunterschiede zwischen Zulauf und Beckeninhalt von 1 oder 2 °C verursachen schon Dichteströmungen. Theoretisch ist der Dichteunterschied zwischen Wasser von z. B. 12 und 15 °C nur 0,4 ‰. Betrachtet man die dadurch hervorgerufene Sinkgeschwindigkeit, die für eine kugelförmige Wassermasse von 1 cm Durchmesser 41 m/h beträgt, so ist es verständlich, daß schon geringe Temperaturdifferenzen eine ausgeprägte Dichte- oder Grundströmung verursachen.

Da mit derartigen Dichteunterschieden, sei es durch Differenz der Temperatur, des Schwebstoffgehaltes oder des Salzgehaltes in Absetzbecken zu rechnen ist, werden sich Dichteströmungen nicht vermeiden lassen. Es muß jedoch angestrebt werden, durch bauliche oder betriebliche Maßnahmen den Einfluß der Dichteströmung herabzumindern.

#### 3.5.1.4.4 Das gehemmte Absetzen

Setzen sich einzelne Teilchen innerhalb einer Flüssigkeit in unmittelbarer Nähe voneinander ab, so wird das Geschwindigkeitsfeld gestört und der Absetzvorgang behindert. Man spricht hier von einem gehemmten Absetzen. Der Vorgang kann z. B. in einem mit belebtem Schlamm gefüllten Standzylinder gut beobachtet werden. Die sich absetzenden Schlammflocken verdrängen Wasser und verursachen eine beträchtliche Aufwärtsströmung von Schlammflocken.

*Camp* (54) gibt an, daß die volumetrische Konzentration der Schwebstoffe 0,5 % überschreiten muß, bevor das Absetzen gehemmt wird. Das entspräche ungefähr 1000 mg/l Schwebstoffe im Abwasser. Im Abwasser der Vorklärbecken sind im allgemeinen weniger als 1000 mg/l Feststoffe (Trockenstoffbasis). Hier kann infolgedessen ein freier Absetzvorgang angenommen werden. Im Nachklärbecken von Belebungsanlagen ist der Feststoffgehalt meistens größer. Zumindest in den unteren Zonen wird hier das Absetzen der Schwebstoffe gehemmt.

*Stobbe* (223) kommt gleichfalls zu dem Ergebnis, daß die Bestimmung der Absetzgeschwindigkeit des belebten Schlammes in 1000 ml-Standzylindern nur möglich ist, wenn das Absetzvolumen 200 ml/l nach 30 Minuten Absetzzeit nicht überschreitet.

#### 3.5.1.4.5 Der Einfluß des Windes auf die Strömung

Sonne und Wind können Kurzschlußströmungen hervorrufen. Sollen diese vermieden werden, so kann man die Absetzbecken abdecken, wie es in den USA zum Teil geschieht. Während die Sonne Vertikalströmungen verursacht, können durch den Wind horizontale Oberflächenströmungen von beträchtlicher Größe auftreten.

Nach *Camp* (56) können in offenen Teichen Oberflächenströmungen von 1 bis zu 3 % der Windgeschwindigkeit vorkommen. Danach kann ein Wind z. B. von der Windstärke 3 oder mit einer Windgeschwindigkeit von etwa 8 m/s, wie er an vielen Tagen im Inlande herrscht, Oberflächenströmungen von 8 bis 24 cm/s hervorrufen. Zum Teil treten auch im Binnenlande noch erheblich größere Windgeschwindigkeiten auf, so daß bei großen Absetzbecken die Strömung empfindlich gestört werden kann. Besonders anfällig sind nach *Kehr* (137) die großen Rundbecken, bei denen das Abwasser in stärkerem Maße auf der windabgewandten Hälfte in die Ablaufrinne übertritt, wenn nicht mehrere konzentrische Abnahmerinnen vorgesehen sind. Bei schmalen Längsbecken ist der Einfluß des Windes u. U. geringer, wenn die Becken quer zur Hauptwindrichtung angeordnet werden.

### *3.5.2 Beschreibung der Absetzbeckenarten*

Die Absetzbecken sind entsprechend ihrer Funktion als Vorklärbecken, Zwischenklärbecken und als Nachklärbecken nach einer biologischen oder chemischen Reinigungsanlage zu unterscheiden. Hinsichtlich ihrer Bauform kennen wir ein- und zweistöckige Anlagen.

#### *3.5.2.1 Einstöckige Absetzbecken*

##### 3.5.2.1.1 Horizontal durchflossene Absetzbecken

a) Rechteckbecken mit mechanischer Schlammräumung

Ein an einem Räumerwagen befestigtes Schlammschild schiebt den Schlamm unter Wasser in einen Schlammtrichter. Von dort wird der Schlamm zumeist mit Wasserüberdruck abgeleitet. Der Schlamm wird mit Unterbrechungen (minimal etwa 1 Std.) geräumt. Diese Räumart ist deshalb vorwiegend für Becken geeignet, bei denen es nicht auf eine kontinuierliche Schlammzurückführung ankommt (Bild 3.5-8).

An einem endlosen Band befestigte Schilder (Kettenräumer oder Bandkratzer) schieben den Schlamm kontinuierlich in einen Schlammtrichter (Bild 3.5-9), vgl. 3.4.3.3.1.

Bei größeren Anlagen kann der durch den Längsbandkratzer zusammengeschobene Schlamm von einem durch mehrere Becken laufenden Querkratzer in einen gemeinsamen Schlammtrichter befördert werden. Dadurch lassen sich die Baukosten für die Trichter vermindern (Bild 3.5-10).

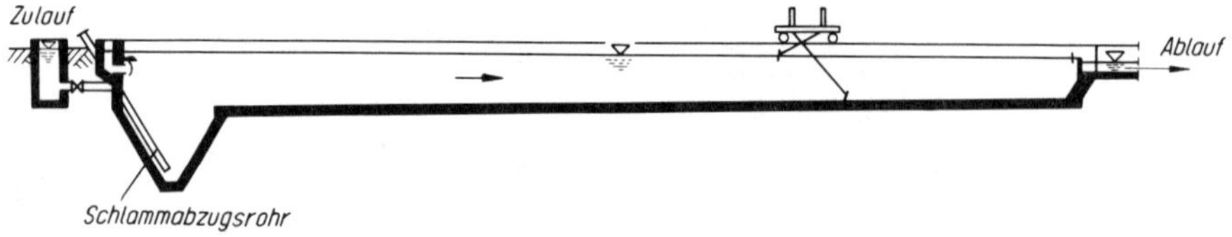


Bild 3.5-8. Längsschnitt durch ein Längsbecken mit Schlammräumerwagen.

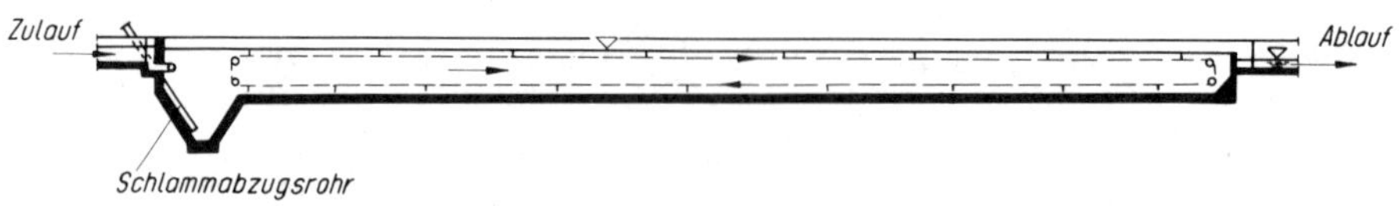


Bild 3.5-9. Längsschnitt durch ein Längsbecken mit Kettenräumer.

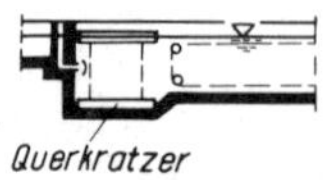


Bild 3.5-10. Schnitt durch den Einlaufteil eines Längsbeckens mit einem Querräumer.

Die Bandkratzer werden zweckmäßig über 4 Rollen geführt. Dabei laufen sie oben in Höhe des Wasserspiegels und schieben den Schwimmschlamm zusammen. Bei einer Führung nur über 3 Rollen wird die Strömung des Abwassers durch die quer durch das Becken verlaufenden Räumerschilder gestört.

Bei Längsbecken mit einer nicht durchgehenden Mittelwand kann ein umlaufender Schlammräumer verwendet werden, der nur eine Beckenhälfte überspannt. Der abgesetzte Schlamm wird dabei von der Beckensohle abgepumpt und in eine Abzugsrinne auf der Mittelwand gefördert. Der Räumer arbeitet in der Fließrichtung und gegen sie.

Durch Absaugen des Schlammes an der Beckensohle arbeitet auch der Pendelschildräumer.

Bei den beiden letztgenannten Beckenarten wird der Nutzinhalt zusätzlich durch die im hinteren Beckenteil abgesaugte Schlamm- und Wassermenge belastet.

b) Hamburgbecken (Bild 3.5-11)

Es ist ein kombiniertes Becken (138). Dem Absetzteil ist ein Flockungs- oder Belebungsbecken vorgeschaltet. Die Beckenteile sind nur durch ein Beruhigungsgitter getrennt. Das Abwasser tritt über den ganzen Beckenquerschnitt vom belüfteten Becken ins Absetzbecken. Dadurch ergeben sich hydraulische und bauliche Vorteile (vgl. Vorbelüftungsbecken in Abschn. 3.5.4.1 g).

Für das Großklärwerk Köhlbrandhöft wurden sehr lange Absetzbecken gewählt und 2 Schlammtrichter angeordnet. Bei kleineren und mittleren Größen kann auf den zweiten Schlammtrichter verzichtet werden.

c) Rundbecken (Bild 3.5-12)

Zumeist wird das Abwasser zentral eingeleitet und fließt radial zum äußeren Beckenrand. In einigen Fällen strömt das Abwasser auch in umgekehrter Richtung aus einer äußeren Zulaufrinne radial zu einem mittleren Ablauf. Bei einer anderen Beckenform fließt das Abwasser von Beckenrand zu Beckenrand. Hierdurch wird der Fließweg des Abwassers verlängert, jedoch lagert sich der Schlamm einseitig ungleichförmig ab, so daß der kreisförmig bewegte Räumer in seiner Arbeitsleistung ungleich und damit nachteilig beeinflußt wird. Eine gute Ausnutzung des Beckenraumes ist bei der letztgenannten Bauart kaum zu erreichen und die Bildung wenig durchflossener Räume (Toträume) nur schwer zu vermeiden.

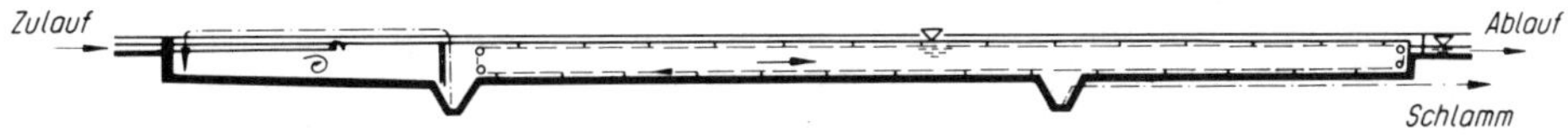


Bild 3.5-11. Längsschnitt durch ein Hamburgbecken mit 2 Schlammtrichtern.

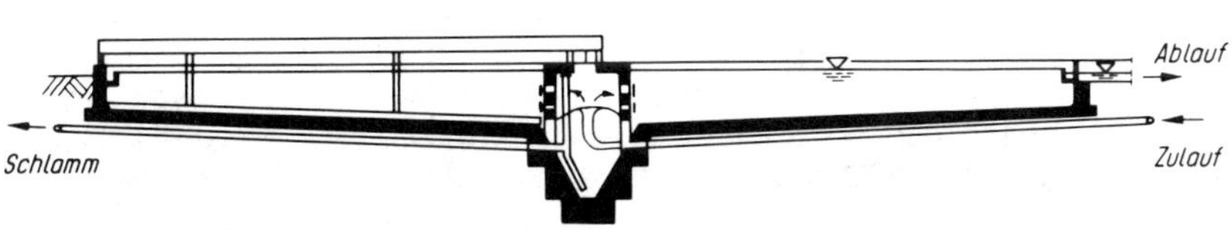


Bild 3.5-12. Schnitt durch ein Rundbecken.

Der Schlamm wird entweder durch ein Schlammschild zur Beckenmitte geschoben und aus einem Trichter abgezogen oder durch ein am Boden bewegtes Schlammrohr mit Saugöffnungen abgesogen. Die Räumvorrichtung kann an einer Brücke hängen, die sich um den Beckenmittelpunkt dreht und durch einen Antrieb am Beckenrand angetrieben wird. Daneben gibt es zentral angetriebene Räumschilder. Vgl. Abschnitt 3.4.3.4.5.

#### 3.5.2.1.2 Vertikal durchflossene Absetzbecken

a) Trichterbecken (Dortmundbecken) (Bild 3.5-13)

Das Abwasser wird in der Regel zentral zugeführt und steigt von unten nach oben. Diese Beckenform ist besonders für kleinere und mittlere Anlagen mit flockendem Schlamm geeignet, z.B. als Nachklärbecken hinter einer biologischen Stufe. Ein schwebendes Flockenfilter hält kleine Teilchen zurück, die sich sonst nicht absetzen. Der Schlamm sammelt sich in der Trichterspitze und kann durch Wasserüberdruck entfernt werden.

b) Rundbecken mit Misch- und Flockungsraum (Bild 3.5-14)

Das Abwasser fließt dem Flockungsraum zentral zu. Durch Paddel, Luft oder sonstige Vorrichtungen wird das Abwasser unter Umständen bei gleichzeitiger Zugabe von Chemikalien geflockt. Es steigt senkrecht zu den Ablaufrinnen auf, wobei sich die Schlammflocken absetzen und in den Flockungsraum zurückgelangen. Es muß darauf geachtet werden, daß Schrägwände des Beckeninneren keine zu flache Neigung haben, damit sich darauf kein Schlamm ablagert.

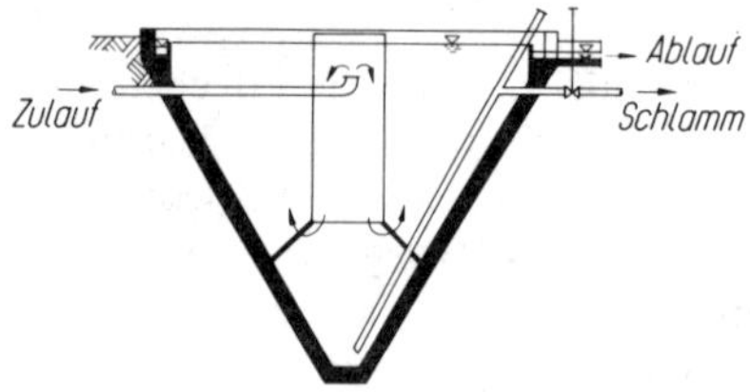


Bild 3.5-13. Schnitt durch ein Trichterbecken (Dortmundbecken).

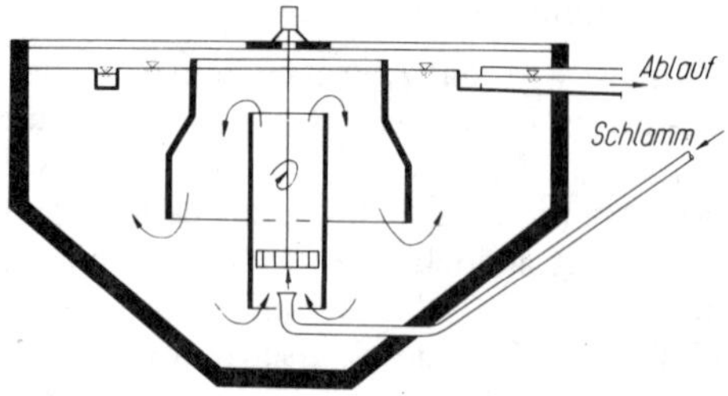


Bild 3.5-14. Schnitt durch ein Rundbecken mit Misch- und Flockungsraum.

#### 3.5.2.1.3 Anwendungsbereich der Beckenformen

Das Dortmundbecken kommt vornehmlich für kleine Verhältnisse als Nachklärbecken hinter einer biologischen Reinigung in Frage. Der Beckeninhalt liegt am besten zwischen 30 und 400 $m^3$. Bei Langbecken kann der günstigste Inhalt nach Breite und Länge der Becken zwischen 150 und 1500 $m^3$ liegen. Durch Anordnung mehrerer Becken nebeneinander ist das Langbecken aber auch besonders für große Anlagen geeignet. Bei mittleren Anlagen und auch bei großen Anlagen ist das Rundbecken ebenfalls brauchbar. Dies gilt besonders für Nachklärbecken. Nach Untersuchungen von *Dönges* (78) ist der Bau von Rechteckbecken bis zu einer Größenordnung von etwa 3000 $m^3$ Inhalt gegebenenfalls billiger als der von Rundbecken. Dem steht jedoch gegenüber, daß dem Rundbecken bessere Schlammräumungseigenschaften nachgesagt werden.

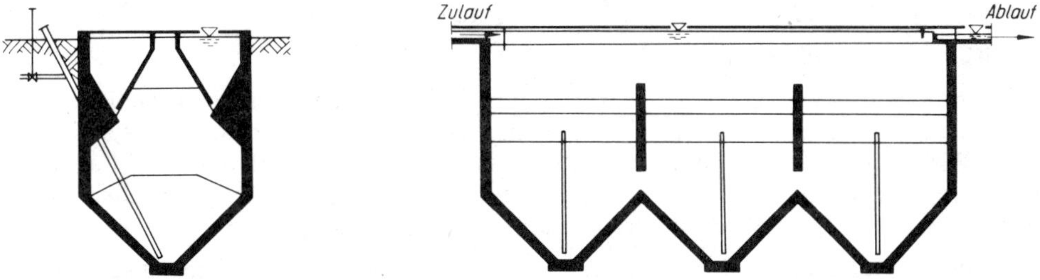


Bild 3.5-15. Quer- und Längsschnitt durch einen Emscherbrunnen.

### *3.5.2.2 Zweistöckige Absetzbecken*

#### 3.5.2.2.1 Emscherbecken (Bild 3.5-15)

Es gibt Emscherbecken mit senkrechter oder waagerechter Wasserbewegung, wobei die mit waagerechter Fließrichtung überwiegen. Bei den letzteren ist die Grundfläche des Absetzteils (Emscherrinne) rechteckig, während der Unterteil (Faulraum) rechteckig oder rund sein kann. Der Schlamm rutscht selbsttätig und ständig in den Schlammraum, wo er ausfault. Durch die Trennung des Absetzteiles vom Faulraum und dadurch, daß Schwimmschlamm und Gasblasen nicht aus dem Faulraum in den Absetzteil gelangen können, bleibt das zufließende Wasser frisch. Die schrägen Flächen des Absetzteiles müssen steil genug sein (1,7 : 1), damit der Schlamm nicht liegen bleibt.

Den Absetzteil mit einem Stauraum zu versehen, wie es teilweise geschieht, ist unzweckmäßig. Durch das Schwanken des Wasserspiegels gelangt Faulrauminhalt mit in den Ablauf. Insbesondere bei einer sauren Schlammfaulung kann es dann zu schlecht riechenden Abläufen kommen.

Emscherbecken erfordern gutes Zurückhalten des Sandes. Ist dies nicht gewährleistet, so kann durch Sandablagerungen im Faulraum das Ablassen des ausgefaulten Schlammes unmöglich sein.

Durch die aerobe Schlammstabilisierung hat die Bedeutung des Emscherbeckens nachgelassen.

### ***3.5.3 Bemessung von Absetzbecken***

Es ist nicht möglich, allgemein gültige Bemessungszahlen für Absetzbecken anzugeben. Die besonderen Eigenschaften der zu entfernenden Stoffe im Abwasser und der Verwendungszweck des Beckens müssen berücksichtigt werden.

Es ist zu unterscheiden, ob das Becken zu folgenden Zwecken dient:

- Absetzbecken bei einer nur mechanischen Abwasserreinigung
- Vorklärbecken
- Zwischenklärbecken
- Nachklärbecken
  - jeweils vor oder nach einer chemischen Fällung,
  - Tropfkörper oder Belebungsbecken.

Weiterhin ist zu berücksichtigen, ob eine Trenn- oder Mischkanalisation vorhanden und wie groß die bei Regenwetter zu behandelnde Abwassermenge ist.

### *3.5.3.1 Bemessungswerte*

#### 3.5.3.1.1 Durchflußzeiten

Entsprechend den Verwendungszwecken sollten die Durchflußzeiten den jeweiligen Erfordernissen angepaßt werden. Hinzu kommt, daß bei den Absetzbecken der hydraulische Wirkungsgrad, das heißt das Verhältnis der tatsächlichen mittleren Durchflußzeit $t_m$ zur rechnerischen Durchflußzeit $t_R$ sehr unterschiedlich ist. Im Abschnitt über den Wirkungsgrad der Absetzbecken wird hierauf noch weiter eingegangen.

Die minimale tatsächliche mittlere Durchflußzeit $t_m$ sollte bei Vorklärbecken etwa sein:

| | |
|---|---|
| Nur mechanische Reinigung | 70–80 Min. |
| Bei chemischer Fällung | 20–30 Min. |
| Bei Tropfkörpern | 70 Min. |
| Bei Belebungsanlagen | 20–30 Min. |

Die hydraulischen Wirkungsgrade sind je nach Abwasserart und Beckenform sehr unterschiedlich und liegen etwa zwischen 35 und 80%.

Als Anhalt für die Bemessung von gut gestalteten Absetzbecken können die in Tabelle 3.5-1 angegebenen rechnerischen Durchflußzeiten $t_R$ (Std.) angenommen werden. Hinzu kommt, daß die dem Absetzbecken wirklich zufließende Abwassermenge für die Bemessung zu berücksichtigten ist. Das Rücklaufwasser, bzw. der Rücklaufschlamm und unter Umständen bei Mischkanalisation das zusätzlich zu behandelnde Regenwasser, muß dem Trockenwetterzufluß der Kläranlage zugeschlagen werden. So kann z. B. bei hochbelasteten Tropfkörpern mit starkem Rücklauf die den Absetzbecken zufließende Abwassermenge doppelt so groß sein als der Zufluß der Anlage. Bei Belebungsverfahren ist der Rücklaufschlamm zu berücksichtigen.

Tabelle 3.5-1. Erforderliche rechnerische Durchflußzeiten in Std. bei Trockenwetterzufluß.

| | Vorklärbecken | Nachklärbecken | Zwischenklärbecken |
|---|---|---|---|
| Nur mechanische Reinigung | 1,7–2,5 | – | – |
| Bei chemischer Fällung | 0,5–0,8 | 2 –3 | 1 |
| Bei Tropfkörperanlagen | 1,7–2,5 | 2 –3 | 2,5 |
| Bei Belebungsanlagen | 0,5–1,0 | 2,0–3,5 | 1,5 |

Welcher Wert zu wählen ist, hängt von den Absetzeigenschaften der Schwebstoffe und dem Wirkungsgrad des Absetzbeckens ab.

In der Praxis ergibt sich, insbesondere bei Belebungsanlagen, eine größere Durchflußzeit, die sich aus der zulässigen Flächenbeschickung $q_A$ und der erforderlichen Beckentiefe errechnet.

$$\text{Durchflußzeit } t_R = \frac{\text{Wassertiefe } h}{\text{zul. Flächenbeschickung } q_A}$$

#### 3.5.3.1.2 Flächenbeschickung

*Fair* gibt für die Schwebstoffe des häuslichen Abwassers mit einem Durchmesser von 0,05 mm eine Sinkgeschwindigkeit von 0,76 m/h an. Danach dürfte die Flächenbeschikkung nur 0,76 m/h betragen, wenn sich diese Teilchen ohne Flockung absetzen sollen (s. a. Abschnitt 3.5.1.4.1).

Die zulässige Flächenbeschickung hängt wesentlich von den Absetzeigenschaften der Schmutzstoffe und vom Feststoffgehalt ab. Sie sollte möglichst geringer sein als die in der Tabelle 3.5.2 angegebenen Werte.

Tabelle 3.5-2. Zulässige Flächenbeschickung $q_A$ (m/h) bei $Q_{tz}$.

| | Vorklärbecken | Nachklärbecken | Zwischenklärbecken |
|---|---|---|---|
| Nur mechanische Reinigung | 1,5–0,8 | – | – |
| Bei chemischer Fällung | 4 –2,5 | 1,5–1,0 | > 2,5 |
| Bei Tropfkörperanlagen | 1,5–0,8 | 1,5–1,0 | > 2 |
| Bei Belebungsanlagen | 4 –2,5 | siehe Bild 3.5-17. | > 2,5 |

Auch für die zulässige Flächenbeschickung gilt das zu Tabelle 3.5-1 Gesagte. Der zu wählende Wert hängt von Absetzeigenschaften der Schwebstoffe und dem Wirkungsgrad des Absetzbeckens ab. Bei vorwiegend vertikal durchflossenen Nachklärbecken mit wirkungsvollem Schwebefilter darf die Flächenbeschickung bis zu 30% angesetzt werden.

Für vertikal durchflossene Absetzbecken ist die zulässige Flächenbeschickung die entscheidende Bemessungsgrundlage. Entgegen manchmal vertretener Ansichten ist bei diesen Becken auch bei reinem Flockenschlamm nur die Oberflächenbelastung maßgebend. Der Beckeninhalt ergibt sich dann zumeist aus der Neigung der Beckenwand (vgl. Abschnitt 3.5.3.4, Bemessung von Dortmundbecken).

### 3.5.3.1.3 Bemessungswerte der Nachklärbecken von Belebungsanlagen

Mit diesem Thema hat sich der ATV-Fachausschuß 2.5 Absetzverfahren befaßt. Die Ausführungen der folgenden Unterabschnitte 3.5.3.1.3 a-d beruhen im wesentlichen auf den im Fachausschuß erarbeiteten Unterlagen und dem Arbeitsblatt A 131 (vgl. auch Band II, 2. Aufl., S. 526).

Die biologische Abwasserreinigung nach dem Belebungsverfahren geschieht im Belebungs- und Nachklärbecken. Sie bilden verfahrenstechnisch eine Einheit.

Die Nachklärbecken erfüllen dabei folgende Aufgaben:

1. Trennung des gereinigten Abwassers vom belebten Schlamm.
2. Eindickung und Sammlung des abgesetzten belebten Schlammes.
3. Zwischenspeicherung von belebtem Schlamm, der durch erhöhten Zufluß (z.B. bei Regenwetter) aus dem Belebungsbecken verdrängt wird.

Die Wirkung des Absetzens wird u.a. bestimmt durch:

1. Schlammvolumen des eingeleiteten belebten Schlammes.
2. Flächenbeschickung der Nachklärung.
3. Schlammeigenschaften (Schlammindex)
4. Rücklaufverhältnis.

#### 3.5.3.1.3a Feststoffoberflächenbeschickung

Die Belebungsanlagen mit hohem Schlammgehalt im Belebungsbecken (z.B. bei Totalkläranlagen mit $TS_R$ ~10 mg/l) zeigten, daß trotz niedriger Flächenbeschickung von z.B. 0,5 m/h Schlammflocken in die Ablaufrinne des Nachklärbeckens getrieben wurden.

*Pflanz* (186) führte deshalb bei der Bemessung von Nachklärbecken für Belebungsanlagen eine neue Bemessungsgröße, die sogenannte Feststoffoberflächenbeschickung oder Flächenbelastung $B_F$, ein.

Er definierte sie wie folgt:

Flächenbelastung $B_F$ in kg/(m$^2$ x h)

$B_F$ = Feststoffgehalt im Belebungsbecken $TS_R$
x Flächenbeschickung $q_A$

In seinen Versuchen kam *Pflanz* je nach Absetzeigenschaften des belebten Schlammes zu zulässigen Flächenbelastungen von 1,5–4 kg/qm/h, wenn der Ablauf nicht mehr als 30 mg/l Feststoffe enthalten soll.

*Merkel* (171) ermittelte eine Kurve der Sinkgeschwindigkeit des Schlammspiegels in Abhängigkeit vom Absetzvolumen und untersuchte die Flächenbelastung nach *Pflanz* mit dieser Kurve. Er stellte dabei fest, daß die zulässige Feststoffoberflächenbelastung mit steigenden Werten $TS_R$ fällt. *Merkel* hält deshalb die Flächenbelastung für ungeeignet als Bemessungsgröße für die Klärwirkung eines Nachklärbeckens.

#### 3.5.3.1.3 b Schlammvolumenbelastung

Während *Pflanz* den Einfluß des Schlammindexes auf die Flächenbelastung anführt, aber nicht in die Formel aufnimmt, haben *Kalbskopf* und *Londong* (131) den Index in ihrer sogenannten Schlammvolumenbelastung berücksichtigt.

Sie empfehlen:

Schlammvolumenbelastung

= Flächenbeschickung $q_A$ x Feststoffgehalt im Belebungsbecken $TS_R$
x Schlammindex $ISV/1000 \leqslant 0{,}2 - 0{,}4$ (m$^3$/m$^2 \cdot$ h)

#### 3.5.3.1.3 c Vergleichsschlammvolumen und Flächenbeschickung

Es ist bekannt, daß bei einem höheren Schlammvolumen als etwa 250 ml/l der Absetzvorgang des belebten Schlammes behindert wird.

Diese Behinderung wirkt sich auch auf die Bestimmung des Schlammindexes aus.

Schlammindex $ISV$ ml/g

$ISV$ = Volumen des abgesetzten Schlammes nach 30 Minuten (ml/l)
: Trockengewicht des abgesetzten Schlammes (g/l).

Ist der Schlammgehalt größer als 250 ml/l, so ist die Bestimmung zu wiederholen. Dazu ist entsprechend den Richtlinien des Arbeitskreises „Untersuchungsverfahren für Schlamm und feste Abfallstoffe“ die Probe des Schlamm-Wasser-Gemisches zuvor mit überstehendem Wasser oder dem Ablauf des Nachklärbeckens im Verhältnis 1 + 1, 1 + 2 oder 1 + 3 zu verdünnen. Das so abgelesene Volumen wird mit dem Verdünnungsfaktor 2, 3 oder 4 multipliziert.

Das so gewonnene Schlammvolumen bezeichnen wir als Vergleichsschlammvolumen. Dieser Wert ist maßgebend für die zulässige Flächenbeschickung.

Kann bei Neuplanungen das Vergleichsschlammvolumen nicht vorher bestimmt werden, so ist es auf Grund der Bemessungsgrundlagen zu ermitteln. Es errechnet sich dann wie folgt:

Vergleichsschlammvolumen

$$VSV = TS_R \times ISV$$

$ISV$ = angenommener Schlammindex
$TS_R$ = gewählter Feststoffgehalt im Belebungsbecken

Für den anzusetzenden Schlammindex werden im Arbeitsblatt A 131 folgende Werte vorgeschlagen:

Der Inhalt des folgenden Abschnittes entspricht weitgehend dem Arbeitsblatt A 131.

| | Schlammindex in ml/g bei $B_{TS} > 0{,}05$ | bei $B_{TS} \leqslant 0{,}05$ |
|---|---|---|
| Abwasser mit geringen organisch-gewerblichen Anteilen | 100–150 | 75–100 |
| Abwasser mit hohen organisch-gewerblichen Anteilen | 150–200 | 100–150 |

Bei Belebungsanlagen ohne Vorklärung oder mit Sauerstoffbegasung können zumeist die niedrigeren Schlammindex-Werte nach vorstehender Tabelle angesetzt werden.

Eine Herabsetzung des Schlammindexes kann auch durch chemische Fällungsmittel, wie z.B. bei der Simultanfällung erreicht werden.

Das Vergleichsschlammvolumen ist maßgebend für die zulässige Flächenbeschickung. In überwiegend horizontal durchströmten Nachklärbecken ist die Flächenbeschickung in Abhängigkeit vom Vergleichsschlammvolumen nach Bild 3.5-16 zu wählen.

Um keine höheren Gehalte an absetzbaren bzw. abfiltrierbaren Stoffen im Abfluß der Nachklärung als 0,3 ml/l bzw. 30 mg/l zu erhalten, sind Schlammvolumenbeschickungen

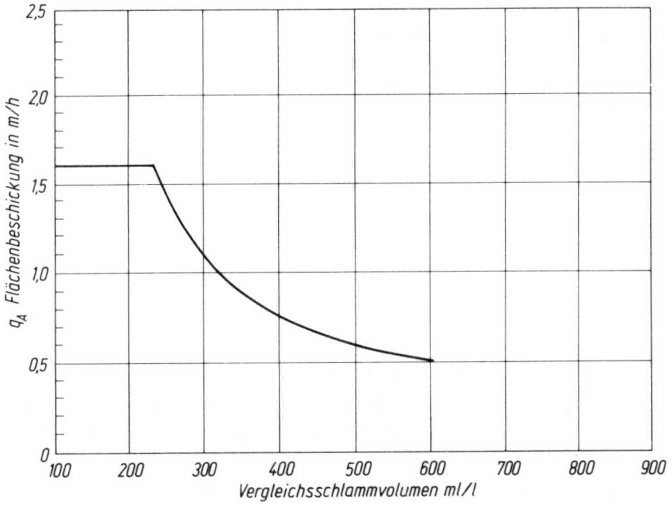


Bild 3.5-16. Zulässige Flächenbeschickung für horizontal durchströmte Nachklärbecken in Abhängigkeit vom Vergleichsschlammvolumen im Belebungsbecken.

$V_{SA}$ – als Produkt der beiden nach Bild 3.5-16 gegenläufigen Parameter, der Flächenbeschickung und dem Vergleichsschlammvolumen,

$$V_{SA} = q_A \cdot VSV = q_A \cdot TS_R \cdot ISV$$

von 300–400 l/(m² · h) einzuhalten.

Bei vorwiegend vertikal durchflossenen Nachklärbecken und Ausbildung eines geschlossenen Schwebefilters kann die Flächenbeschickung bei einem Verhältnis

Fließweg: Tiefe < 3 bis zu 30% und bei einem Verhältnis
Fließweg: Tiefe < 2 bis zu 50% höher angesetzt werden.

Aus der zulässigen Flächenbeschickung ergibt sich für den Trockenwetterzufluß die erforderliche Oberfläche zu

$$A_{NB} = \frac{Q_t}{q_A} \text{ in m}^2$$

Wächst das Schlammvolumen im Belebungsbecken z.B. durch Vergrößerung des Schlammindexes an, so muß nach Bild 3.5-16 die Flächenbeschickung entsprechend ermäßigt werden, um ein Übertreiben von Schlammflocken aus der Nachklärung zu vermeiden. Steigt umgekehrt bei Regen die Flächenbeschickung an, dann verringert sich das Schlammvolumen im Belebungsbecken durch Verlagerung der Feststoffe ins Nachklärbecken.

Bei Überschreitung der zulässigen Flächenbeschickung nach Bild 3.5-16 bei Regenwetterzufluß muß mit einer Erhöhung der absetzbaren bzw. der abfiltrierbaren Stoffe im Abfluß der Nachklärung gerechnet werden. Bei Regenwetterzufluß sollte die Flächenbeschickung bei vorwiegend horizontal durchströmten Nachklärbecken 1,6 m/h und bei vorwiegend vertikal durchströmten Nachklärbecken in Abhängigkeit vom Verhältnis Fließweg: Tiefe 2,0 bzw. 2,4 m/h und die Schlammvolumenbeschickung 600 l/(m² · h) nicht übersteigen. Größere Regenwetterzuflüsse als 2 $Q_t$ sollten vermieden werden.

### 3.5.3.1.3d Rücklaufschlamm

Eine weitere wechselseitige Beeinflussung der Betriebsverhältnisse von Belebungsbecken und Nachklärbecken ergibt sich aus dem Zusammenhang zwischen gefordertem bzw. angestrebtem Feststoffgehalt im Belebungsbecken $TS_R$, Feststoffgehalt des Rücklaufschlammes $TS_{RS}$ und Rücklaufverhältnis $RV$.

Für den Gleichgewichtszustand gilt:

$$RV = \frac{TS_R}{TS_{RS} - TS_R}$$

bzw.

$$TS_R = \frac{RV \cdot TS_{RS}}{1 + RV} \text{ in kg/m}^3$$

wie es auch Bild 3.5-17 zeigt.

Für die Bemessung der Rücklaufschlammeinrichtungen sollte ein Rücklaufverhältnis von in der Regel 1,0 bis maximal 1,5 bezogen auf den Trockenwetterzufluß berücksichtigt werden. Bei höheren Rücklaufverhältnissen kann der Absetzvorgang in der Nachklärung beeinträchtigt werden. Insbesondere bei sprunghaft steigendem Rücklaufverhältnis nimmt die Turbulenz im Nachklärbecken zu, wodurch der belebte Schlamm weiter und höher im Nachklärbecken verteilt wird.

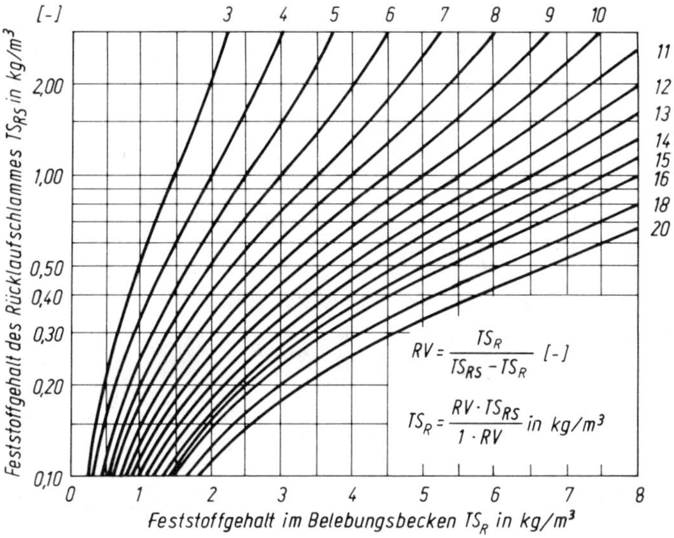


Bild 3.5-17. Erforderliches Rücklaufverhältnis in Abhängigkeit vom Feststoffgehalt im Rücklaufschlamm und im Belebungsbecken.

*Billmeier* (29) weist auf den Zusammenhang zwischen Rücklaufverhältnis und Feststoffgehalt im Ablauf von Nachklärbecken hin. Danach erhöhen sich die Feststoffe im Ablauf mit einem ansteigenden Rücklaufverhältnis.

Der Rücklaufschlammfluß ist durch Abstufung bzw. Drehzahlregelung der Pumpen so zu staffeln, daß er an wechselnde Betriebsbedingungen angepaßt werden kann. Wird bei der Bemessung des Speicherraumes von unterschiedlichen Rücklaufschlammflüssen ausgegangen, so ist eine selbsttätige Anpassung sicherzustellen.

Sofern bei Anlagen mit Nitrifikation eine erhöhte Denitrifikation durch einen höheren Rücklauf erreicht werden soll, ist es zur Entlastung der Nachklärung zweckmäßig, direkt den Abfluß des Belebungsbeckens in die Denitrifikationszone zurückzuführen.

Die im Rücklaufschlamm erreichbaren Feststoffgehalte hängen im wesentlichen von der Eindickfähigkeit und den Eindickbedingungen des belebten Schlammes in der Nachklärung ab. Die *Eindickfähigkeit* wird durch den Schlammindex *ISV* gekennzeichnet.

Die *Eindickbedingungen* hingegen sind für die Bemessung analytisch schwierig zu erfassen. Über den Eindickvorgang ist bekannt, daß der erreichbare Eindickgrad neben den Schlammeigenschaften durch die Eindickzeit und die dabei vorherrschenden Druckverhältnisse in der Schlammschicht bestimmt wird. Auf die Eindickung des belebten Schlammes an der Beckensohle sind somit die Höhe der eindickenden Schlammschicht und die Verweilzeit des Schlammes in dieser Schicht von Einfluß. Diese beiden Größen werden durch die zugeführte Feststofffracht, ihre Verteilung im Nachklärbecken, die Art der Schlammräumung, das Rücklaufverhältnis und die Form und Abmessung des Nachklärbeckens beeinflußt.

Da die Abhängigkeit des Eindickgrades des belebten Schlammes in der Nachklärung von diesen Größen funktionsmäßig nicht einheitlich festgelegt werden kann, sind in Bild 3.5-18 Kurven für die erreichbaren Feststoffgehalte des Rücklaufschlammes angegeben. Diese Kurven wurden unter Berücksichtigung von Betriebsergebnissen festgelegt.

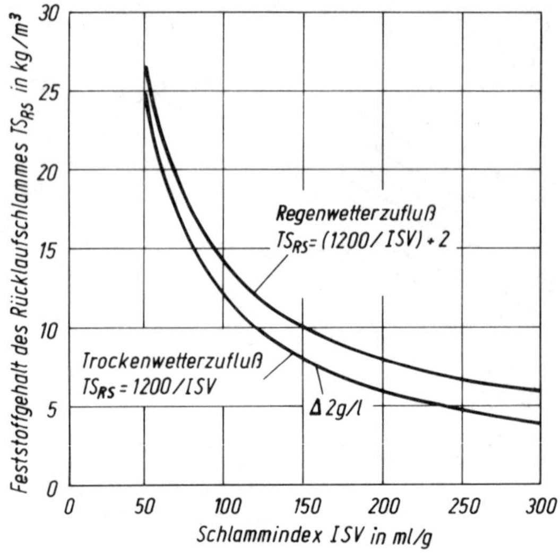


Bild 3.5-18. Feststoffgehalt des Rücklaufschlammes, der durch Eindickung in der Nachklärung erreichbar ist.

Bei der Bemessung für den Trockenwetterzufluß sollte für den Feststoffgehalt im Rücklaufschlamm im allgemeinen ein niedrigerer Wert, als nach den Kurven auf Bild 3.5-18 erreichbar, gewählt werden. Die Einhaltung eines ausreichenden Feststoffgehaltes im Belebungsbecken auch bei erhöhtem Regenwetterzufluß wird so erleichtert. Für den gewählten Feststoffgehalt des Rücklaufschlammes ist zu überprüfen, ob bei dem vorgegebenen Rücklaufverhältnis der gewünschte Feststoffgehalt im Belebungsbecken erreicht werden kann. Durch das Schlammräumsystem im Nachklärbecken muß der Transport des an der Beckensohle eingedickten Schlammes zum Abzugspunkt sichergestellt sein.

### 3.5.3.1.3e Beckentiefe

Die erforderliche Tiefe der Nachklärbecken setzt sich aus folgenden Teiltiefen zusammen:

$h_1$: Klarwasserzone
$h_2$: Trennzone
$h_3$: Speicherzone
$h_4$: Eindickzone einschließlich Räumzone

Für die Klarwasserzone ist eine Mindesttiefe von $h_1 = 0{,}50$ m vorzusehen.

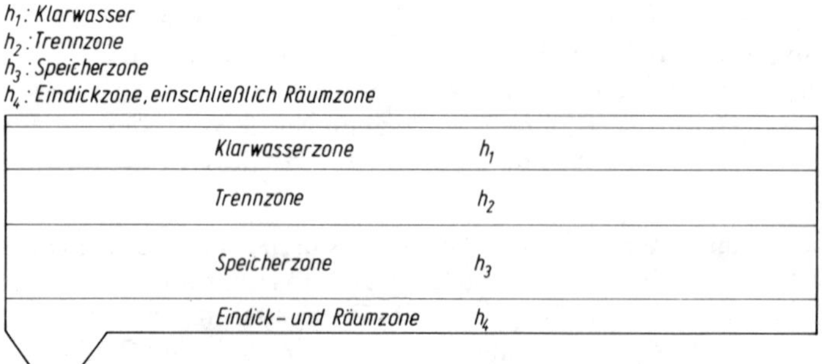


Bild 3.5-19. Tiefe von Längsbecken.

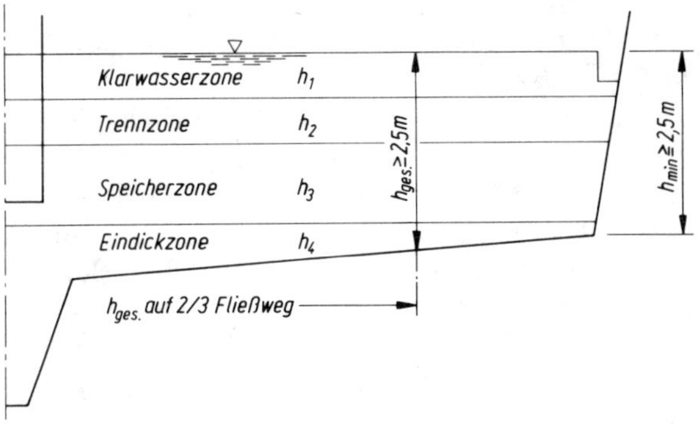


Bild 3.5-20. Tiefe von Rundbecken.

Die Trennzone, in welcher die Verteilung und Trennung des Schlamm-Wasser-Gemisches erfolgt, soll bei Trockenwetterzufluß mit einer Tiefe von $h_2 = 1{,}0$ m berücksichtigt werden. Bei Speicherzonentiefen von über 1,0 m kann im Falle des Regenwetterzuflusses $h_2$ bis auf 0,5 m ermäßigt werden, weil die Funktion der Trennzone von der Speicherzone teilweise mit übernommen wird.

Die Speicherzone mit der Höhe $h_3$ ist bei Regenwetterzufluß wegen möglicher Schlammverlagerung aus der Belebung in die Nachklärung zu berücksichtigen.

Die Tiefe der Speicherzone ergibt sich aus dem Ansatz:

$$h_3 = \frac{\Delta\, TS_R \cdot V_{BB} \cdot ISV}{500 \cdot A_{NB}} \text{ in m}$$

$\Delta\, TS_R$ ist die Differenz der Feststoffgehalte im Belebungsbecken bei Trockenwetter- und Regenwetterzufluß. Man ermittelt diese bei Vorgabe eines bestimmten Rücklaufverhältnisses mit Hilfe der Gleichung

$$TS_R = \frac{RV \cdot TS_{RS}}{1 + RV} \text{ in kg/m}^3$$

oder bei Einhaltung der zulässigen Flächenbeschickung aus dem zugehörigen Vergleichsschlammvolumen nach Bild 3.5-16 unter Berücksichtigung des Schlammindexes.

Für die Berechnung der Eindickzone gelten folgende empirische Formeln:

Vorwiegend horizontal durchströmte Nachklärbecken:

$$h_4 = \frac{TS_R \cdot ISV}{1000} \cdot (1 + RV) = \frac{VSV}{1000} \cdot (1 + RV) \text{ in m}$$

Vorwiegend vertikal durchströmte Nachklärbecken:

$$h_4 = \frac{TS_R \cdot ISV}{1000} = \frac{VSV}{1000} \text{ in m}$$

Bei vertikal durchströmten Nachklärbecken mit und ohne Schlammräumung ist als wirksame Oberfläche $A_{NB}$ die Oberfläche der Trennzone anzusetzen. Für die Speicherzone, die Eindickzone und evtl. die Trennzone können die sich durch Multiplikation der Oberflächen $A_{NB}$ mit den entsprechenden Zonentiefen $h_2$ bis $h_4$ errechneten Volumina in den Bereich des Trichters verlegt werden.

Im Hinblick auf eine gesicherte Reinigungsleistung des Belebungsbeckens ist anzustreben, daß der Feststoffgehalt im Belebungsbecken bei Regenwetterzufluß nicht unter 70% des

Trockenwetters absinkt, und die Differenz der Feststoffgehalte im Belebungsbecken bei Regenwetter zu Trockenwetter $\Delta\ TS_R$ = 1,3kg/m³ nicht übersteigt.

Die errechnete Beckentiefe $h_{ges}$ ist für horizontal durchströmte Nachklärbecken mit geneigter Beckensohle auf ²/₃ des Fließweges einzuhalten. Sie soll dort mindestens 2,50 m betragen. Bei runden Nachklärbecken darf sie an keiner Stelle 2,0 m unterschreiten.

Die Bemessung der Nachklärung von Kombibecken ist hinsichtlich der Flächenbeschikkung und der Mindesttiefen gleichfalls nach den Richtlinien vorzunehmen. Bei Belebungsanlagen mit selbsttätigem Schlammrücklauf ist ein ausreichender Rücklaufschlammfluß konstruktiv sicherzustellen.

Die Richtlinien gelten auch für die Bemessung von Nachklärbecken von Belebungsanlagen mit Sauerstoffbegasung.

Ist eine weitere Reinigungsstufe der Belebungsanlage nachgeschaltet, können höhere Gehalte an absetzbaren bzw. an abfiltrierbaren Feststoffen im Abfluß des Nachklärbeckens zugelassen werden. Sofern die nachgeschaltete biologische Stufe diese Feststoffgehalte verträgt und zurückhält, sind für Zwischenklärbecken bis zu 100% höhere Flächenbeschickungen möglich.

Im Vorstehenden wurde das Arbeitsblatt A 131 auszugsweise wiedergegeben.

In einer neueren Arbeit gibt *Detsios* (61) für die Trenn- und Eindickzone für einen Schlammindex von $ISV$ = 80 ml/g bis 150 ml/g die folgende Beziehung an:

$$h = \frac{VSR}{1000} (RV + 1) \cdot (\bar{a} \cdot q_F^2 + \bar{b} \cdot q_f) \text{ in m,}$$

wobei sich für eine Versuchsanlage für

$\bar{a}$ = 1,36 und $\bar{b}$ = 0,61 ergaben.

Er kommt dabei zu tieferen Becken als nach dem Arbeitsblatt A 131. Dies trifft besonders bei einem hohen Schlammgehalt von über 300 ml/l zu.

Für die Bemessung von vertikal durchströmten Nachklärbecken von Belebungsanlagen gibt *Resch* (193) wertvolle Hinweise.

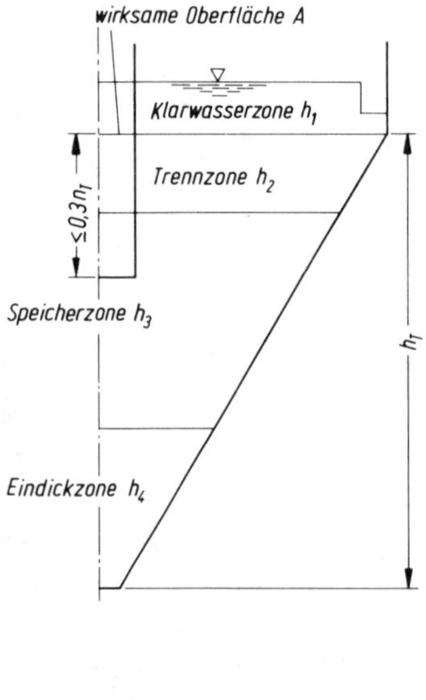


Bild 3.5-21. Tiefe von Dortmundbecken.

### 3.5.3.2 *Rechteckbecken*

#### 3.5.3.2.1 Die Länge

Bei der Dimensionierung der Absetzbecken läge es nahe, sie so zu gestalten, daß für den erforderlichen Inhalt ein Minimum an Baukosten entstünde. Ein Würfel oder eine Kugel hätte bei gegebenem Inhalt die geringste Mantelfläche und würde deshalb wenig Baumaterial erfordern. Nach diesen Gesichtspunkten wäre, unter Vernachlässigung des Bodenaushubes, das Quadratbecken am günstigsten. Der hydraulische Wirkungsgrad der Quadratbecken ist aber schlechter und die Reinigungswirkung bezüglich Schwebstoffabnahme geringer als bei Langbecken.

Hierfür gibt es verschiedene Gründe:

a) Die Ein- und Auslaufzonen eines Absetzbeckens unterliegen starken Störungen und können für die wirksame Beckenlänge nicht berücksichtigt werden. Bei einem kurzen Becken nehmen diese Zonen einen Großteil des Gesamtvolumens ein. Auch bei kleinen Anlagen sollte die Länge der Absetzbecken deshalb nicht unter 30 m betragen.
b) Die Unbeständigkeit der Strömung und die Gefahr der Kurzschlußströmung hat sich bei kurzen Becken als besonders groß erwiesen.

#### 3.5.3.2.2 Die Beckenbreite

In einem vorhergehenden Abschnitt ist die *Froude*'sche Zahl als kennzeichnend für die Stabilität der Strömung hingestellt worden. Es ist ein möglichst kleiner hydraulischer Radius anzustreben. Bei einer Forderung nach flachen Becken, wie sie im nächsten Abschnitt erhoben wird, läßt sich der hydraulische Radius jedoch nur durch verminderte Beckenbreite verkleinern. Hydraulisch würden daher sehr schmale Becken vorteilhaft sein.

Baulich ist die Forderung nach schmalen Becken schwierig zu erfüllen. Vier Absetzbecken von jeweils 2 m Breite kommen z.B. durch die Zwischenwände und die schwierigere Schlammräumung beim Bau teurer als ein Absetzbecken von 8 m Breite. Es sind wirtschaftliche und technische Untersuchungen erforderlich, um ein Optimum zu erreichen. Kann man sich nicht zu leichten, eingehängten Zwischenwänden entschließen, wird man im allgemeinen Beckenbreiten zwischen 4 und 10 m wählen. Bei einer Schlammräumung durch Bandkratzer liegt die günstige Beckenbreite bei 6 m. Bis zu dieser Breite können die Räumbalken preisgünstig aus Bohlen angefertigt werden. Bei breiteren Becken sind Stahlkonstruktionen für die Räumschilder erforderlich.

Um die Baukosten für die Zwischenwände der einzelnen Becken zu erniedrigen, ist es bei größeren Anlagen zweckmäßig, zwei bis vier Becken zu einer Gruppe zusammenzufassen. Offene Durchlässe in den Zwischenwänden verhindern bei Reparaturen das Leerpumpen eines einzelnen Beckens. Die Zwischenwände müssen dann nicht für den vollen Wasserdruck berechnet werden und sind durch leichte Platten herzustellen.

#### 3.5.3.2.3 Die Wassertiefe

Die Wassertiefe ist für waagerecht durchflossene Absetzbecken wichtig. Die Ansichten über die günstigste Wassertiefe gehen jedoch auseinander.

*Dunbar* (80) schlug für die Wassertiefe an der Einlaufseite 2 m und an der Auslaufseite 1,50 m vor. In späteren Jahren ging man zu tieferen Becken über und begründete es mit einer besseren Flockung des Abwassers.

Die Tiefe muß ausreichen, damit kein Schlamm in die Ablaufzone gelangt. Für Vorklärbecken dürften 1,5 bis 2,5 m genügen, während für Nachklärbecken von Belebungsanlagen eine Tiefe von 2 bis 3,5 m zweckmäßig ist.

Für die letztgenannten Becken sind in Abschnitt 3.5.3.1 d hinsichtlich der erforderlichen Beckentiefe Angaben gemacht.

#### 3.5.3.2.4 Das Verhältnis Wassertiefe zu Beckenlänge

Bei den Ausführungen über die Beckenlänge wurden lange Absetzbecken gefordert. Ein festes Verhältnis von Tiefe zu Länge, das für alle Fälle zweckmäßig ist, kann nicht angegeben werden. Die örtlichen Gegebenheiten und das spezielle Abwasser sind jeweils mit zu betrachten. Ein Verhältnis der Wassertiefe zur Beckenlänge von etwa 1 : 15 bis 1 : 20 dürfte im allgemeinen den heutigen Forderungen entsprechen. Bei den Hauptmaßen der Absetzbecken ist es zweckmäßig die neue DIN 19 551 zu beachten. Die Beckenlänge sollte 60 m nicht überschreiten, wenn nur ein Absetztrichter vorhanden ist.

### *3.5.3.3 Rundbecken mit vorwiegend horizontalem Durchfluß*

#### 3.5.3.3.1 Der Durchmesser

Der günstigste Beckendurchmesser dürfte bei etwa 30–40 m liegen. Bei zu- und abnehmendem Radius nimmt der hydraulische Wirkungsgrad ab. Bei kleinen Durchmessern ist der Verlust an nutzbarem Volumen für das Absetzen durch die Einlauf- und Auslaufzonen groß, und es besteht leicht die Gefahr einer Kurzschlußströmung. Es ist nicht ratsam, waagerecht durchflossene Rundbecken mit einem kleineren Durchmesser als 20 m zu bauen.

Bei sehr großen Becken treten andere Störungen in den Vordergrund. Das Abwasser fließt oft an der Beckensohle entlang und bildet dabei Wasserwalzen. Dieser Störung kann man indessen durch Einbau von zwei oder mehreren konzentrischen Abnahmeringen begegnen. Weiterhin ist die Strömung bei großen Rundbecken mit einer Überlaufkante empfindlich gegen Windeinflüsse. Bei stärkerem Wind treibt das Abwasser in Windrichtung und tritt dort vermehrt über die Ablaufrinne. Auch dieser Nachteil ist durch den Einbau mehrerer Ablaufrinnen vermeidbar.

#### 3.5.3.3.2 Die Wassertiefe

Für die Wassertiefe wird, wie bei den Längsbecken, 1,6 bis 3,50 m vorgeschlagen. Als Begrenzung der Wassertiefe zum Beckendurchmesser werden im Gegensatz zur DIN 19 552 die in Bild 3.5-22 angegebenen Werte empfohlen. Für Nachklärbecken von Belebungsanlage gilt vordringlich Abschnitt 3.5.3.1.3 d.

### *3.5.3.4 Dortmundbecken*

In Abschnitt 3.5.3.1.2 wurde schon darauf hingewiesen, daß die entscheidende Bemessungsgrundlage für Dortmundbecken die Flächenbeschickung ist. Da die Dortmundbecken keine maschinelle Schlammräumung haben, muß die Neigung der Trichterwände so steil sein, daß der Schlamm selbsttätig in die Trichterspitze rutscht. Ein allgemeiner Erfahrungswert für die Neigung ist minimal 60°. Bei der erforderlichen Oberfläche und der Neigung der Trichterwände von 60° ergeben sich dann automatisch Aufenthaltszeiten, die über 2 Stunden liegen.

Hauptmaße von Rundbecken

| Durchmesser [m] | 18 | 20 | 22 | 24 | 26 | 28 | 30 | 32 | 35 | 40 | 45 | 50 |
|---|---|---|---|---|---|---|---|---|---|---|---|---|
| Oberfläche [m²] | 254 | 314 | 380 | 452 | 531 | 616 | 707 | 804 | 962 | 1257 | 1590 | 1964 |
| Wassertiefe [m] | Beckeninhalt [m³] | | | | | | | | | | | |
| 1,6 | 458 | | | | | | | | | | | |
| 1,8 | 509 | 635 | 777 | | | | | | | | | |
| 2,0 | | 698 | 853 | 1025 | 1215 | | | | | | | |
| 2,2 | | | 929 | 1116 | 1321 | 1546 | 1791 | | | | | |
| 2,4 | | | | 1206 | 1428 | 1669 | 1932 | 2216 | 2683 | 3571 | | |
| 2,6 | | | | | 1534 | 1793 | 2073 | 2377 | 2876 | 3826 | 4930 | |
| 2,8 | | | | | | 1916 | 2215 | 2533 | 3068 | 4077 | 5248 | 6589 |
| 3,2 | | | | | | | | 2860 | 3453 | 4580 | 5885 | 7371 |

Bild 3.5-22. Empfohlene Hauptmaße von Rundbecken in Anlehnung an DIN 19 552.

### *3.5.4 Hinweise für die Gestaltung*

Die Wände der Absetzbecken sollen möglichst glatt sein, damit sie sich leicht von anhaftendem Schmutz reinigen lassen. Von dem Verputzen betonierter Wände ist dringend abzuraten und stattdessen die Verwendung glatter Schaltafeln, (Kunststoffplatten, Schalbleche und dergleichen) zu empfehlen.

Wenn eine maschinelle Schlammräumung vorgesehen ist, muß auf einen gleichmäßigen Abstand der Längswände geachtet werden. Die Sohle der Absetzbecken soll möglichst glatt und eben sein, damit der Schlammräumer keinen Schlamm liegen läßt und keine zu großen Reibungskräfte überwinden muß. Die Sohlenneigung hängt von der konstruktiven Gestaltung des Schlammräumers ab; sie wird bei Rundbecken etwa mit 1 : 15 und bei Längsbecken mit 1 : 100 angenommen. Bei dem Einbau von Bandräumern oder Saugräumern kann unter Umständen ganz auf eine Neigung verzichtet werden. Damit das Becken aber leicht ganz zu entleeren ist, empfiehlt sich eine schwache Neigung der Sohle.

Liegen die Becken tief im Grundwasser, so sind besondere Maßnahmen gegen den Auftrieb erforderlich. Eine Verhinderung des Auftreibens leerer Becken durch Betongewicht (dicke Sohle) erfordert zumeist hohe Kosten. Billiger, wenn auch nicht ganz so betriebssicher, sind Vorrichtungen, die beim Entleeren des Beckens gleichzeitig den Grundwasserstand absenken. Dieses kann durch getrennte Entwässerungsleitungen oder durch sogenannte Flutventile erfolgen. Die Klappen schließen sich bei gefülltem Becken durch den Wasserüberdruck und öffnen sich, wenn das Wasser aus dem Absetzbecken abgelassen wird und der Grundwasserspiegel höher als der Wasserspiegel im Becken steht. Man erreicht dadurch eine Senkung des umgebenden Grundwasserspiegels, vorausgesetzt, daß die Klappen zum gegebenen Zeitpunkt nicht klemmen oder sich verstopft haben und man sich mit dem Entleeren genügend Zeit läßt, damit der Grundwasserspiegel folgen kann.

Vergleichende Kostenermittlungen können zeigen, ob die „Annagelung“ der Sohle (Verankerung im Untergrund) durch Zugpfähle eine wirtschaftliche Lösung darstellt.

Schlammtrichter werden im allgemeinen am Beckenzulauf gebaut. In New York wurden auf einer Kläranlage jedoch in Nachklärbecken die Trichter am Beckenablauf angeordnet. Dadurch läuft zwar der Schlammräumer in Fließrichtung des Abwassers, aber der Schlamm, der sich hauptsächlich in den vorderen Zweidritteln der Beckenlänge ablagert, muß durch das ganze Becken transportiert werden. Die Gefahr, daß Schlamm durch die am Beckenende aufwärts gerichtete Strömung mit in den Ablauf gerät, ist besonders groß. Die Anordnung der Schlammtrichter am Beckenende scheint nur dann zweckmäßig, wenn es sich um ein Vorklärbecken mit sehr kurzer Aufenthaltszeit und großer Fließgeschwindigkeit handelt. Hier wird sich der Schlamm vorwiegend am Beckenende ablagern. Außerdem würde dann bei einer Schlammräumung entgegen der Fließrichtung die relative Geschwindigkeit zwischen dem Räumschild und dem fließenden Abwasser zu groß. Der abgesetzte Schlamm würde aufgewirbelt und mit dem fließenden Abwasser zum Teil in den Ablauf gelangen.

Der Inhalt der Schlammtrichter von Vorklärbecken kann reichlich sein, weil der Schlamm bei längerer Aufenthaltszeit eingedickt wird. Dennoch ist auch hier ein Ablassen des Schlammes nach Größe der Anlage mindestens 2–3 mal täglich zweckmäßig, damit der Schlamm nicht anfault. Bei Nachklärbecken sind jedoch große Schlammtrichter unerwünscht, da sich der belebte Schlamm nicht lange im Schlammtrichter aufhalten soll. Die Neigung der Trichterwände sollte mindestens 1,7 : 1 sein, damit vermieden wird, daß der Schlamm an den Trichterwänden haften bleibt. Besonders an dem Grat, der sich zwischen zwei Trichterwänden befindet und bekanntlich eine kleinere Neigung als diese hat, lagert sich oft Schlamm ab. Es empfiehlt sich deshalb, solche Gratkehlen zu vermeiden und durch weitgehende Ausrundungen zu ersetzen.

#### *3.5.4.1 Die Ausbildung der Einläufe*

Je weniger Ein- und Auslauf voneinander entfernt sind, desto wichtiger ist eine wirkungsvolle Gestaltung der Einläufe. Die Form des Beckeneinlaufes wirkt sich auf den hydraulischen Wirkungsgrad aus. Die Bewegungsenergie des einströmenden Wassers ist zu vernichten, da das Wasser mit einer Geschwindigkeit ankommt, die vielfach zwischen 20 und 100 cm/s und höher liegt. Bei hohen Zuflußgeschwindigkeiten im Zulauf ist es schwierig, im Beckenanfang eine ruhige, gleichmäßige Strömung zu erzielen. Bei niedrigen Fließgeschwindigkeiten können sich Schlammstoffe im Zulaufgerinne ablagern. Die zweckmäßigste Geschwindigkeit dürfte deshalb zwischen 30–40 cm/s betragen.

Die theoretische Fließgeschwindigkeit im Absetzbecken liegt im allgemeinen um 1 cm/s. Das ankommende Abwasser hat also eine Fließgeschwindigkeit, die etwa 20–100 mal so groß wie die Geschwindigkeit im Becken ist.

An eine gute Einlaufausbildung werden folgende Forderungen gestellt:

Der Zufluß in das Absetzbecken soll möglichst wenig turbulent sein.

Der Zufluß soll so gleichförmig wie möglich über den ganzen Beckenquerschnitt verteilt werden.

Das Abwasser soll in waagerecht durchflossenen Becken so zufließen, daß in der Absetzzone horizontale Strombahnen vorhanden sind.

Der Einlauf des Nachklärbeckens ist so auszubilden, daß möglichst wenig Luftbläschen aus dem Belebungsbecken in das Nachklärbecken gelangen. Bei intensiver Belüftung im

Belebungsbecken wird eine Entgasungsstrecke oder ein Entgasungsbauwerk mit Schwimmschlammabzug vor dem Nachklärbecken empfohlen.

Um das Mitreißen von Luftblasen in Dükerleitungen zu vermeiden, ist die Einlaufstrecke nicht zu steil anzuordnen. Sind vertikale Dükereinläufe nicht zu vermeiden, ist ein Leitkreuz zur Verhinderung von Einlaufwirbeln einzusetzen.

Der Dükereinlauf ist in jedem Fall durch ein Schutzgitter zu sichern. Übliche Strömungsgeschwindigkeiten in Dükerleitungen für Nachklärbecken sind 0,3 bis 1,5 m/s.

Bei der Gestaltung des Einlaufes ist zu bedenken, daß das zufließende Abwasser-Schlammgemisch eine höhere Dichte als das geklärte Abwasser besitzt, daher rasch nach unten ins Nachklärbecken einfließt und dadurch Dichteströmungen hervorruft. Die Einläufe sind konstruktiv so auszubilden, daß das Abwasser-Schlammgemisch bei Längsbecken über die Einlaufseite und bei Rundbecken mit zentrischem Einlauf radial gleichmäßig verteilt wird. Flockungsvorgänge werden durch große Einlaufbauwerke begünstigt.

Die Unterkante der Einlauföffnungen sollte wegen der Dichteströmung möglichst tief, aber oberhalb der Eindickzone, die Oberkante unterhalb der Klarwasserzone angeordnet werden. Bei vertikal durchströmten Becken darf der untere Rand des Mittelzylinders nicht mehr als 30% in den trichterförmigen Teil $h_T$ des Beckens hineinragen.

Eine große Fließgeschwindigkeit am Boden von Flachbecken (Grundströmung) soll vermieden werden.

*Camp* (56) sieht für Längsbecken eine Verteilungswand mit Öffnungen als ideal an. Diese sollen groß genug sein, um das Abwasser durchzulassen und klein genug, um die Energie gut zu vernichten.

*Wittwer* (244) erwähnt u.a. durchlöcherte Zylinder und Bretter als Einlaufanordnung. Diese durchlöcherten Einläufe können den Zufluß gut verteilen und die Energie vernichten. Bei kleinen Lochdurchmessern verstopfen die Öffnungen aber leicht.

Die in Deutschland angewendeten Einlaufformen sind zahlreich. Einige davon sind:

a) Einläufe mit Wasserführung gegen die Einlaufwand
Diese Einläufe haben eine nicht so ausgeprägte Fallwirkung wie der Überfall, aber auch hier wird das Wasser zum Teil gezwungen, in Richtung Boden zu fließen.

b) Geiger- und Stengeleinläufe
Diese in ihrem Prinzip ähnlichen Einläufe stellen einen Fortschritt dar. Das Abwasser wird aber vorwiegend in einer horizontalen Linie und nicht über der ganzen Wassertiefe zugeführt.

Es wäre besser, solche Einläufe in mehreren Reihen anzuordnen. Dabei ist es allerdings schwierig, den Zulauf so zu verteilen, daß jedes Einlaufrohr die gleiche Abwassermenge erhält.

c) Emscher-Beruhigungsgitter
*Böss* untersuchte im Auftrage der Emscher Genossenschaft verschiedene Einlaufanordnungen. Über diese Versuche berichtet *Knop* (144). Am besten bewährte sich ein Beruhigungsgitter, das wie folgt ausgebildet ist. Aus Holz oder Eisen bestehende Stäbe sind in einem Abstand voneinander angeordnet. Hinter dem ersten Gitter ist ein zweites Gitter so angebracht, daß die senkrechten Schlitze des ersten Gitters durch die Stäbe des zweiten Gitters verdeckt sind. Das Abwasser wird, durch das Beruhigungsgitter gut über die ganze Beckentiefe und Beckenbreite verteilt, dem Absetzbecken

zugeführt. Die gesamte Anordnung kann bei Bedarf noch einmal vorgesehen werden, um die Energie weiter zu vernichten.

d) In neueren Versuchen in der TU. München wurden jalousieartig angeordnete Bleche am Mittelbauwerk eines Rundbeckens mit gutem Ergebnis untersucht. Dadurch bildet sich eine Rundströmung um das Mittelbauwerk aus.

Die Einlaufformen a bis c gehen davon aus, durch Prallwirkung eine gleichmäßige Verteilung des Zulaufes über die Beckenbreite, die Formen b bis d, außerdem auch über die Beckentiefe zu bewirken.

Bei Nachklärbecken von Belebungsanlagen läßt sich dies wegen der Dichteströmung nicht erreichen. Hier ist eine Lösung ratsam, die der Bildung einer durch die Dichteunterschiede verursachten Wasserwalze entgegenwirkt.

e) In Trichterbecken wird vielfach der Zulauf durch ein zentrisches Rohr zugeleitet und durch einen Tauchzylinder verteilt.

f) Bei Kombinationsbecken (Belebungsbecken und Absetzbecken in einem Baukörper) überwiegen die Bodenschlitze. Hier ist eine besonders sorgfältige Ausbildung erforderlich, insbesondere wenn der Rücklaufschlamm durch diese Schlitze dem Belebungsbecken wieder zufließt.

g) Vorbelüftungsbecken
Obwohl Vorbelüftungsbecken nicht zu den Einlaufformen gehören, seien sie hier angeführt.

Beim Einlauf in das Belüftungsbecken ist es nicht erforderlich, den Zulauf gleichmäßig über den Beckenquerschnitt zu verteilen wie beim Absetzbecken. Dieses geschieht selbsttätig durch die Belüftungseinrichtung. Außerdem wird die große horizontale Bewegungsenergie des Abwassers vernichtet. Das Belüftungsbecken ist zweckmäßig durch ein Emscher-Beruhigungsgitter vom Absetzbecken zu trennen.

h) Querrinne
Eine gute Verteilung auf mehrere Längsbecken und eine niedrige Zulaufgeschwindigkeit kann durch eine quer angeordnete Zulaufrinne mit geringer Fließgeschwindigkeit erreicht werden. Da es dann hier aber zu Schlammablagerungen kommt, ist diese Rinne entweder zu belüften oder mit einem Schlammräumer auszurüsten.

Auf eine einfache Bekämpfung oder leichte Abzugsmöglichkeit des Schwimmschlammes in Gerinnen und Einlaufbauwerken ist zu achten.

### *3.5.4.2 Die Ausbildung des Ablaufes*

Während die Einlaufanordnung den Zulauf gleichmäßig über Beckenbreite und Beckentiefe verteilen soll, muß die Ablaufeinrichtung das Abwasser gleichmäßig über die ganze Beckenbreite abziehen. Ursprünglich wurden die Überlaufwehre und Ablaufrinnen am Ende des Absetzbeckens angeordnet. Nachdem die Dichteströmung in ihrer Bedeutung richtig erkannt war, ging man besonders in Amerika dazu über, die Ablaufrinne in das Absetzbecken vorzuziehen oder mehrere Ablaufrinnen einzubauen. Hierdurch sollte der Beckenquerschnitt besser ausgenutzt und die Abflußmenge je Meter Rinnenlänge vermindert werden.

Bei *Anderson* (1) hatten Versuche mit 2 vorgezogenen Rinnen die besten Ergebnisse.

Er empfiehlt für Ablaufrinnen, die nicht in der Zone aufsteigender Dichteströmungen liegen, eine Belastung von 35 $m^3/h$ je Meter Rinne und für solche, die sich in der Zone aufsteigender Dichteströmungen befinden, 25 $m^3/h$ je Meter nicht zu überschreiten.

Das Vorziehen der Ablaufrinnen zur Beckenmitte, bzw. der Einbau mehrerer Ablaufrinnen ist insbesondere bei tiefen, kurzen Becken, bei größeren Rundbecken oder bei vertikal durchflossenen Becken zweckmäßig. Sind zur Einhaltung der Wehrbelastung mehrere Ablaufrinnen erforderlich, so sollte der Rinnenabstand untereinander etwa gleich der Tiefe am Beckenrand sein. Bei langen Absetzbecken genügt es zumeist, insbesondere bei Vorklärbecken, wenn am Ende des Beckens eine Ablaufrinne angeordnet ist.

Diese letztgenannte Anordnung hat den Vorzug, daß die Oberfläche des Absetzbeckens nicht durch Rinnen verbaut ist und der Schlamm leicht von einem Räumerwagen entfernt werden kann.

Bei feinem flockigen Schlamm soll nach *Imhoff* (122) auf 1 m Kantenlänge nur ein Abfluß von 3–5 $m^3/h$ kommen. *Theroux* (230) berichtet von gleich guten Ergebnissen bei einer Belastung von 20 $m^3/h$ je m wie bei 35 $m^3/h$ je m. Ähnliche Erfahrungen sind auch aus der Schweiz und durch *Schmidt-Bregas* (207) bekannt.

Bei langen Absetzbecken können höhere Werte zugelassen werden. So betrug z.B. bei den Nachklärbecken Stellinger-Moor der Stadt Hamburg die Überlaufbeschickung rd. 34 $m^3/m \cdot h$ bei einem Schwebstoffgehalt im Ablauf von $< 10$ mg/l (vgl. *Sickert,* Müll/Abfall und Abwasser 9/1968). Selbst bei einer Überlaufbeschickung von 44 $m^3/m \cdot h$ und einer Flächenbelastung von 4,25 $kg/m^2 \cdot h$ wurden im Ablauf nur 20 mg/l Feststoffe festgestellt.

*Müller-Neuhaus* (175) empfiehlt, bei Vorklärbecken eine Überfallbelastung von 30 bis 50 $m^3/m \cdot h$ und bei Nachklärbecken von 5 bis 8 $m^3/m \cdot h$ nicht zu überschreiten.

Die zulässige Belastung der Überlaufkanten, die Überlaufbeschickung, hängt stark von Beckenform und Lage der Überlaufkanten und den Absetzeigenschaften des Schlammes ab. Bei Vorklärbecken kann für Trockenwetter eine Überlaufbeschickung von max. 60 $m^3/m \cdot h$ und bei Regenwetter bis zu 180 $m^3/m \cdot h$ zugelassen werden. Bei Nachklärbecken von Belebungsanlagen sollte nach A 131 die Wehrkanten-Beschickung im allgemeinen bei einseitiger Überfallkante 15 $m^3/(m \cdot h)$ und bei einer Ablaufrinne mit beidseitiger Überfallkante 10 $m^3/(m \cdot h)$ nicht überschreiten, sofern damit zu rechnen ist, daß der Schlammspiegel bis etwa 0,5 m unter Ablaufkante steigt.

Die Überlaufkanten der Ablaufrinnen sollten nachstellbar angebracht werden, da ein gleichmäßiger Überlauf sehr wichtig ist und man die Überlaufkanten nach Inbetriebnahme zumeist nachregulieren muß. Bei einer geringen Überströmungshöhe ist es schwierig, einen gleichmäßigen Ablauf zu erzielen. Daher sind in gewissem Abstand Einkerbungen zweckmäßig. Das Wasser tritt in einzelnen Strahlen über. Die Überströmungshöhe ist vergrößert, und der Wind und sonstige Unregelmäßigkeiten beeinflussen ein gleichmäßiges Überströmen weniger. Eine andere Möglichkeit ist der Einbau von Rohren. Sind die Rohre schräg angeordnet, so läßt sich dadurch eine Tauchwand ersparen.

Soll das Absetzbecken mit verschiedenen Wasserspiegelhöhen betrieben werden, also ein Stauraum vorhanden sein, so sind die Rohre so zu bemessen, daß sie nur die Trockenwettermenge ohne einen Überstau durchlassen. Wenn sich der Zufluß bei Regenwetter vergrößert, vergrößern sich auch die Reibungsverluste in den Ablaufrohren und damit erhöht sich der Wasserspiegel. *Kehr, Schmidt-Bregas* (139).

Der Ablauf kann auch durch Schlitze erfolgen. *Wiegmann* und *Müller-Neuhaus* (241) berichten von solchen Schlitzen. Sie ermöglichen, das Abwasser bei einem größeren Zufluß aufzustauen und sind gegenüber Bergsenkungen weniger empfindlich als waagerechte Überfallrinnen.

#### *3.5.4.3 Tauchwände*

In Absetzbecken ist in der Regel eine Tauchwand einzubauen.

Bei Absetzbecken ohne Tauchwand strömt eine oberste dünne Wasserschicht mit einer Geschwindigkeit, die ein Mehrfaches der Fließgeschwindigkeit im Becken beträgt, zum Ablauf. Obwohl es sich nur um eine dünne Schicht handelt, werden die Schwimmstoffe dadurch mit in den Ablauf gespült. Diese Oberflächenströmung ist sehr vom Winde abhängig. Starker Wind kann die Schwimmstoffe entgegengesetzt zur Beckenfließrichtung treiben.

Ist eine Tauchwand vorhanden, so herrscht sowohl an der Oberfläche als auch bis zu einer Tiefe, die etwa der Eintauchtiefe der Tauchwand entspricht, gewöhnlich fast keine Strömung. Deshalb sollte die Tauchwand oder die Schwimmschlammrinne nur so tief ins Wasser reichen, wie es unbedingt erforderlich ist, um zu vermeiden, daß Schwimmstoffe unter der Tauchwand hindurch in den Ablauf gelangen. Im allgemeinen reicht eine Eintauchtiefe von 20 cm aus. Der Abstand zur Überfallkante sollte mindestens 30 cm betragen.

#### *3.5.4.4 Einbauten in Absetzbecken*

Mehrfach hat man versucht, durch verschiedene Einbauten die Wirkung der Absetzbecken zu verbessern. *Camp* (56) schlägt den Einbau von Zwischenböden vor. Er führt eine wesentlich verbesserte Reinigungswirkung an, weist aber auch auf Schwierigkeiten bei der Schlammräumung hin. Je mehr Zwischenböden eingezogen werden, desto besser ist theoretisch die Reinigungswirkung. Ähnlich verhält es sich mit Parallelplattenabscheidern.

#### *3.5.4.5 Schlammablaßvorrichtungen*

Aus den Schlammtrichtern der Absetzbecken wird der Schlamm in der Regel mit Wasserüberdruck durch Rohrleitungen abgelassen. Dieses Verfahren arbeitet nur zufriedenstellend, wenn der Wasserdruck groß genug ist. Die Höhe des erforderlichen Druckes hängt von der Dichte, der Zähigkeit und dem Sandgehalt des Schlammes sowie von der Länge der Ablaßleitung ab. Bei Vorklärbecken ist eine Druckhöhe von 1,5 bis 2 m angebracht, während bei Nachklärbecken mit fortlaufendem Schlammabzug von 0,5 bis 1 m ausreicht. Bei großen Rundbecken mit langen Ablaßleitungen unter der Beckensohle ist der Anschluß einer Druckluftleitung vorteilhaft. Mit Druckluft läßt sich dann eine verstopfte Leitung schnell freispülen.

Dicht hinter dem Ablaßschieber sollte die Schlammleitung in einem offenen Schacht münden, damit der Wärter die Beschaffenheit des Schlammes und den Austritt von Wasser gut beobachten kann.

Nachdem die Meßeinrichtungen für die Schlammdichte verbessert wurden, ist es auch möglich, den Schlammabzug durch diese Einrichtungen automatisch zu steuern. Dies kann durch Schlammdichtemessungen im Schlammtrichter und im abgelassenen Schlamm geschehen.

## *3.5.5 Maschinelle Einrichtungen*

### *3.5.5.1 Die Schlammräumung*

Der auf dem Beckenboden abgesetzte Schlamm ist möglichst schnell zu entfernen, damit er nicht in Fäulnis gerät und aufschwimmt bzw. bei belebtem Schlamm an Aktivität verliert. Heute schiebt, soweit man nicht durch steile Gleitwände (z.B. Emscherbecken, Dortmundbecken) die Schwerkraft zum Schlammtransport ausnutzt, ein maschineller Räumer den Schlamm in Schlammtrichter, aus denen er entfernt wird. Die Räumvorrichtung kann verschieden ausgebildet sein. In Deutschland überwiegen bis jetzt bei Langbecken der Vorklärung Räumerwagen. Diese Wagen fahren auf der Beckenwand und schieben den Schlamm mit einem Bodenschild fort. Bei Vorklärbecken ist entweder ein zweites Schild für den Schwimmschlamm vorhanden, oder das vorhandene Bodenschild übernimmt diese Aufgabe, nachdem es bis zur Oberfläche angehoben worden ist.

Bei mehreren, nebeneinanderliegenden Becken der Vorklärung kann jedes Becken mit einem Räumer ausgerüstet sein, oder auch ein Räumerwagen mehrere Becken bedienen. Der Räumer ist im letzten Falle am Ende des Beckens querverfahrbar. Den eingesparten Baukosten stehen erhöhte Betriebskosten für die Bedienung gegenüber.

Eine andere Möglichkeit ist, den Schlamm mit Bandräumern zu räumen. An einer endlosen Kette sind Räumbalken angebracht, die den Schlamm fortschieben. In Deutschland hatte man gegen eine solche Einrichtung vielfach Bedenken. Durch die zahlreichen sich im Abwasser bewegenden Kettenglieder befürchtete man erhöhte Unterhaltungskosten. In den USA werden Bandräumer seit längerer Zeit in vielen Fällen angewandt und haben sich dort gut bewährt. Sind sie vorhanden, so läßt sich der Schlamm kontinuierlich räumen. Für Nachklärbecken von Belebungsanlagen kommen bei Langbecken im allgemeinen nur Bandräumer in Frage. Ein Räumerwagen kann zumeist den Schlamm nicht, wie erforderlich, kontinuierlich räumen und die große Schlammenge fortschaffen. Der belebte Schlamm bleibt dann zu lange im Absetzbecken liegen und wird durch Sauerstoffmangel geschädigt. Sind irgendwelche Einbauten unterhalb des Wasserspiegels oder vorgezogene Querablaufrinnen vorhanden, so sind in der Regel ebenfalls Bandkratzer erforderlich.

Eine Übersicht über die verschiedenen Schlammräumungssysteme für Nachklärbecken von Belebungsanlagen haben *E. Sickert* und *G. Annen* für den ATV-Ausschuß 2.5 zusammengestellt. Sie ist in der Tabelle 3.5-3, S. 204/205, wiedergegeben.

Die Wahl des Räumsystems hat im allgemeinen auf die Beckenbemessung einen geringen, für den Betrieb der Belebungsanlage allerdings einen größeren Einfluß.

Bei Saugräumern wird jedoch das Becken hydraulisch mehrbelastet. Bei einem üblichen Rücklaufverhältnis von 0,50 beträgt die rechnerische Beschickungszunahme im Durchschnitt 25 %. Obwohl entsprechende meßtechnische Untersuchungen bislang fehlen, sollten Nachklärbecken mit Saugräumern möglichst größer bemessen werden.

Die Geschwindigkeit des Räumers sollte bei den üblichen Absetzbecken, besonders aber bei Nachklärbecken für belebten Schlamm, möglichst klein sein, um keinen abgesetzten Schlamm aufzuwirbeln. Demgegenüber steht die Forderung, den belebten Schlamm so schnell wie möglich in das Belüftungsbecken zurückzubefördern. Eine Räumgeschwindigkeit von 1,5 cm/s–3 cm/s dürfte brauchbar sein.

Tabelle 3.5-3. Einteilung der Schlammräumungssysteme für Nachklärbecken von Belebungsanlagen.

| Beckenart | | Bezeichnung des Räumsystems | Räumung des Bodenschlammes | Räumung des Schwimmschlammes | Entnahme bzw. Weiterförderung | Verwendungsbeispiele |
|---|---|---|---|---|---|---|
| Nachklärbecken mit überwiegend vertikal gerichteter Strömung | Nachklärbecken mit Bodenschlitzverbindung zum Belebungsraum | ohne | Durch Geschwindigkeitsabnahme infolge Querschnittsvergrößerung bildet sich ein Schwebefilter. Der Belebtschlamm rutscht selbsttätig durch den Bodenschlitz zurück. | Rücknahme in den Belebungsraum durch in Wasserspiegelhöhe endende Rohre, in denen das Belüftungsaggregat einen Unterdruck erzeugt. | keine | a) kleine Überlüftungsanlagen mit Schlammstabilisierung<br>b) Aero-Accelator<br>c) Wuppertaler Becken |
| | Trichterbecken | Steigleitung | Schlammabzug aus Trichterspitze durch fest eingebaute Steigleitung in einen Schlammschacht. WS $\geqslant$ 0,5 m | ohne | mit Pumpe | Dortmundbecken |
| | | Druckluftheber | Abzug aus Trichterspitze und sofort anschließende Weiterförderung über kurze Entfernungen. | | siehe Räumung | |

Fortsetzung Seite 205

Tabelle 3.5-3. Fortsetzung

| Beckenart | | Bezeichnung des Räumsystems | Räumung des Bodenschlammes | Räumung des Schwimmschlammes | Entnahme bzw. Weiterförderung | Verwendungsbeispiele |
|---|---|---|---|---|---|---|
| Nachklärbecken mit überwiegend horizontal gerichteter Strömung | Flachbecken allgemein | Schildräumer | Ein geradliniger oder (bei Rundbecken) gebogener Bodenschild schiebt den Schlamm in Trichter oder Rinnen. | Schwimm-schlamm-schild | Mit Wasserüberdruck $\geqslant 0,5$ m über Ablaßleitung in einen Pumpensumpf, Weiterförderund mit Pumpe. | a) Rundbecken und b) Rechteckbecken } mit mäßig geneigter Sohle |
| | | Saugräumer | Der Bodenschild ist v- bzw. x-förmig aufgelöst, so daß sich der Schlamm im Schnittpunkt unter einem senkrecht angeordneten Entnahmerohr sammelt. | ohne | Mit Drucklufttheber oder Pumpe in besondere Schlammrinne oder (bei Rundbecken) in Zentralschacht mit Ablaßleitung | a) Rundbecken und b) Rechteckbecken } mit horitaler oder schwach geneigter Sohle |
| | Rechteckige Flachbecken | Kettenräumer | Räumbalken aus Holz (bis 6 m) oder Stahl werden von Ketten angetrieben und schieben den Schlamm in Trichter | Skimrinne | wie Schildräumer | a) lange Rechteckbecken<br>b) mehrstöckige Rechteckbecken |
| | | Wenderäumer | Der Räumschild ist in der Mitte pfeilförmig nach hinten gezogen. Im Knickpunkt befindet sich das Saugrohr der Entnahmepumpe. | ohne | Eine an der Räumerbrücke befestige Pumpe fördert in eine Schlammrinne auf der Mittelwand. | Es handelt sich um spezielle Saugräumer für die Rundfahrt (Wenderäumer) bzw. Hin- u. Rückfahrt (Pendelschildräumer) in Rechteckbecken mit horizontaler oder schwach quergeneigter Sohle. |
| | | Pendelschild-räumer | Die von verschieden langen Seilen gehaltenen Bodenschilde stellen sich bei Bodenreibung schräg zur Beckenlängsachse und schieben den Schlamm in eine flache Bodenrinne. | ohne | Mit Drucklufttheber oder Pumpe in eine besondere Schlammrinne. | |

Um bei großen Becken den Schlammtransport sicherzustellen, wurden bereits Schildhöhen bis 80 cm oder Saugräumer eingesetzt. In diesen Fällen sollte bei Längsbecken mit diskontinuierlicher Schlammräumung die 30 cm übersteigende Schildhöhe der Bemessungstiefe zugerechnet werden.

Der Rücklaufschlamm aus dem Nachklärbecken wird üblicherweise kontinuierlich abgezogen. Schlammtrichter und Abzugsöffnungen brauchen nicht größer zu sein als aus konstruktiven Gründen für die Sammlung und einen gleichmäßigen Abzug des Rücklaufschlammes notwendig ist. Der abgesetzte belebte Schlamm muß in jedem Fall schnell geräumt und in das Belebungsbecken zurückgeführt werden. Die Lagerzeit im Nachklärbecken soll je nach Schlammaktivität eine halbe bis eine Stunde nicht überschreiten, um Schlammauftreiben z.B. durch Denitrifikation zu begrenzen.

Für die Entfernung des Schwimmschlammes sind möglichst kontinuierliche Abzugseinrichtungen vorzusehen. Der Schwimmschlamm sollte auch direkt in Eindicker oder Faulbehälter gebracht und damit aus dem System entfernt werden können.

### *3.5.6 Der Wirkungsgrad von Absetzbecken*

Wir unterscheiden den hydraulischen Wirkungsgrad und den hinsichtlich des Absetzens der Schwebstoffe.

Den hydraulischen Wirkungsgrad errechnet man aus dem Verhältnis der tatsächlichen mittleren Aufenthaltszeit zur theoretischen.

Für die Bestimmung der tatsächlichen Aufenthaltszeit in bestehenden Absetzbecken gibt es verschiedene Verfahren und Auswertungsmethoden. Es werden dem Zulauf Leitstoffe zugegeben und deren Erscheinen im Ablauf nach Zeit und Menge bestimmt. Trägt man auf der Abszisse die Zeit und auf der Ordinate die Menge dieser Leitstoffe auf, so ergibt sich die Durchflußkurve.

Durch die von Fall zu Fall verschiedenen Grundlagen der Auswertung sind die in der Literatur angegebenen Wirkungsgrade hinsichtlich Aufenthaltszeit einzelner Klärbecken nicht ohne weiteres vergleichbar.

*Camp* (54) gibt für verschiedene Absetzbecken die jeweils für das Becken typische Verteilungs- oder Durchflußkurve an. In Bild 3.5-23 ist diese Darstellung wiedergegeben. Auf der Abszisse ist das Verhältnis der tatsächlichen Zeit zur theoretischen Aufenthaltszeit aufgetragen. Die Ordinate zeigt die relative Konzentration des benutzten Leitstoffes. Dabei ist $c$ die gemessene Konzentration und $c_0$ diejenige, die sich bei der gleichmäßigen Verteilung des Leitstoffes über den ganzen Beckeninhalt ergeben würde.

Kurve A:
ist charakteristisch für ein Mischbecken, bei dem der Einlauf unmittelbar und gleichmäßig über das Becken verteilt wird,

Kurve B:
Verteilungskurve für ein rundes Vorklärbecken mit 61 m Durchmesser

Kurve C:
Verteilungskurve für ein breites, rechteckiges Absetzbecken,

Kurve D:
Verteilungskurve für ein schmales, langes Absetzbecken,

Kurve E:
Verteilungskurve für das Modell eines Absetzbeckens mit 15 Bahnen und Leitblechen,

Kurve F:
Die Verteilungskurve wird zu einer Geraden für ein idealisiertes Becken, in dem die Geschwindigkeit überall gleich ist und der Leitstoff in gesamter Menge zur gleichen Zeit nach der theoretischen Durchflußzeit im Ablauf erscheint.

Sieht man von der Kurve A und der Linie F ab, die nur einen theoretischen Wert haben, so nimmt der hydraulische Wirkungsgrad von B nach E zu. Allein aus dem Vergleich dieser Kurven lassen sich schon Schlüsse auf den hydraulischen Wirkungsgrad der einzelnen Becken ziehen. Die Durchflußkurve soll möglichst spät beginnen und spät ihren Scheitelpunkt haben. Eine hohe, schmale Verteilungskurve mit einem Scheitelpunkt, der nahe bei der theoretischen Durchflußzeit liegt, ist am günstigsten.

*Schmidt-Bregas* (208) ermittelte aus mehreren Untersuchungen an vorhandenen Absetzbecken den hydraulischen Wirkungsgrad. Dabei ergaben sich Werte zwischen 37 und 80%. Die hydraulischen Wirkungsgrade der Rundbecken lagen im allgemeinen etwas niedriger als bei gutgestalteten Längsbecken.

Der Wirkungsgrad hinsichtlich der Reinigungswirkung hängt nicht nur von dem hydraulischen Wirkungsgrad sondern auch von den Eigenschaften des Abwassers, insbesondere der Neigung zum Flocken und den übrigen hydraulischen Verhältnissen des Absetzbeckens ab.

Vor allem bei Nachklärbecken von Belebungsanlagen können die anderen Faktoren ausschlaggebend sein.

In Bild 3.5-5 auf S. 176 ist bereits die Reinigungswirkung abhängig von der Absetzzeit angegeben. Hierbei ist die theoretische Absetzzeit als Durchflußzeit zugrunde gelegt. *Schmidt-Bregas* (208) fand die in Bild 3.5-24 dargestellte Beziehung zwischen Schwebstoffgehalt im Ablauf und der tatsächlichen mittleren Aufenthaltszeit von Absetzbecken.

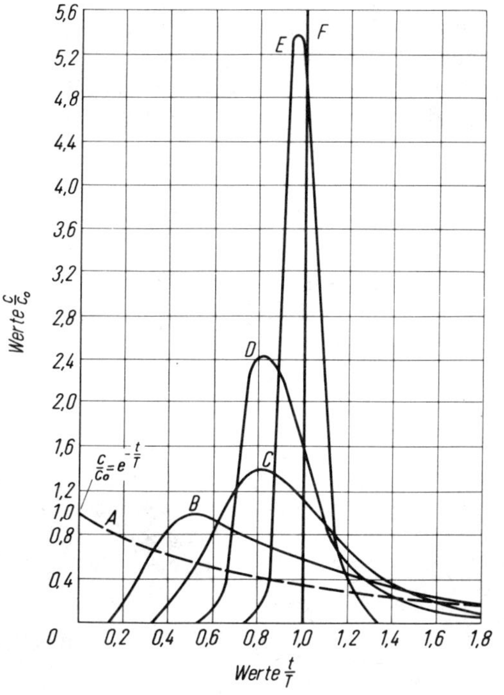


Bild 3.5-23. Hydraulisches Verhalten von verschiedenen Absetzbecken (54).

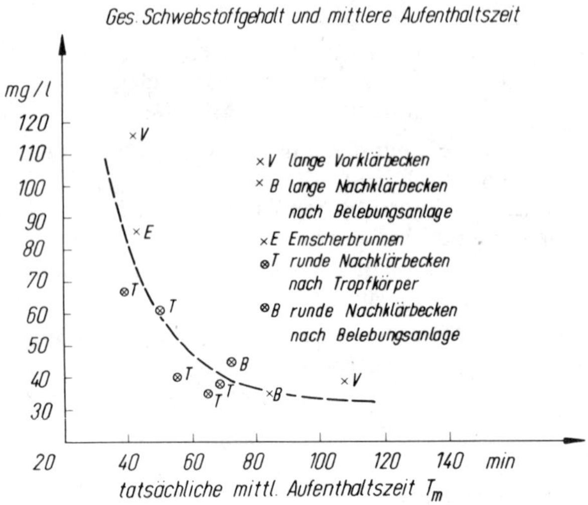


Bild 3.5-24. Gesamtschwebstoffgehalt (Trockensubstanz) im Ablauf von Absetzbecken in Beziehung zur tatsächlichen mittleren Aufenthaltszeit (208).

Hinsichtlich der Anforderungen an die Reinigungswirkung muß man den Zweck des Absetzbeckens berücksichtigen. Bei nur mechanischer Klärung sollten nicht mehr als 0,3 $cm^3/l$ absetzbare Stoffe im Ablauf verbleiben. 0,5 $cm^3/l$ genügt für Vorklärbecken vor Tropfkörperanlagen. Vor Belebungsanlagen hat die Vorklärung zumeist nur eine wirtschaftliche Bedeutung. Belebungsanlagen lassen sich sowohl ganz ohne Vorklärung als auch mit einer 1–2stündigen Vorklärung betreiben. Aus wirtschaftlichen Gründen ist hier, abgesehen von kleineren Kläranlagen mit Schlammstabilisierung, zumeist eine Vorklärung zu empfehlen, bei der der Ablauf nicht wesentlich über 1 $cm^3/l$ absetzbare Stoffe enthält.

Bei Nachklärbecken läßt sich der Wirkungsgrad genau nur durch die Ermittlung des Schwebstoffgehaltes als Trockensubstanz bestimmen. Eine Angabe in $cm^3/l$ absetzbare Stoffe ist nicht vergleichbar, da der Schlamm sehr voluminös bis dicht sein kann. Bei normalen Verhältnissen sollten nicht mehr als 0,3 $cm^3/l$ absetzbare Stoffe bzw. 30 mg/l Schwebstoffe als Trockensubstanz im Ablauf enthalten sein.

Bei der Reinigungswirkung hinsichtlich $BSB_5$ und CSB können an Absetzbecken keine Anforderungen gestellt werden, da diese Faktoren vornehmlich von den Eigenschaften des Abwassers und der biologischen Stufe abhängen.

Im allgemeinen kann aber angenommen werden, daß der $BSB_5$ mit Abnahme des Feststoffgehaltes im Ablauf abnimmt. Auch *Keefer* (136) und *Pflanz* (186) stellten den Zusammenhang zwischen Feststoffgehalt und $BSB_5$ im Ablauf fest.

### *3.5.7 Der Betrieb von Absetzbecken*

Beim Betrieb von Absetzbecken kommt es darauf an, alle Störungen im Fließ- und Absetzvorgang zu vermeiden. Bei der Beschickung wirkt sich ein intermittierender Betrieb ungünstig aus. Besonders, wenn vor dem Absetzbecken ein Pumpwerk angeordnet ist, beeinträchtigt das Ein- und Abschalten von Pumpen den Absetzvorgang nachteilig.

Der Schlamm ist bei einstöckigen Vorklärbecken mehrmals am Tage zu räumen. Liegt der Schlamm länger im Absetzbecken, so geht er leicht in saure Gärung über. Er belastet dadurch den Faulraum unnötig. Außerdem besteht die Möglichkeit, daß Schlammfladen an die Wasseroberfläche schwimmen und dort vermehrt Schwimmschlamm bilden. Bei Nachklärbecken hinter Tropfkörpern ist ebenfalls ein mehrmaliges Ablassen des Schlammes täglich zu empfehlen. Günstiger wirkt eine ständige Rückführung des Schlammes zusammen mit dem Rücklaufwasser. Bei Nachklärbecken hinter Belebungsanlagen muß der abgesetzte, belebte Schlamm ständig abgezogen und dem Belebungsbecken wieder zugeführt werden. Der Überschußschlamm läßt sich kontinuierlich oder zeitweise entfernen.

Bei Vorklärbecken ist der Schwimmschlamm regelmäßig zu beseitigen. Die Menge der Schwimmstoffe vergrößert sich bei einer Rechengutzerkleinerung und wenn ein Schlachthof mit einer Abfallzerkleinerungsmaschine angeschlossen ist.

Wird der Schwimmschlamm nicht fortlaufend beseitigt, so gelangen Schwimmstoffe mit in den Ablauf. Dadurch belastet man die biologische Stufe unnötigerweise, und es verstopfen sich bei Tropfkörpern die Öffnungen des Drehsprengers leicht.

# 4 Chemische Verfahren der Abwasserbehandlung

## 4.1 Grundlage der chemischen Verfahren

Unter den chemischen Verfahren zur Abwasserbehandlung versteht man im wesentlichen Methoden, die auf chemischen oder physikalisch-chemischen Reaktionen basieren. Sie stehen damit im Gegensatz oder Ergänzung zu den biologischen Reinigungsverfahren, in denen die Kläreffekte weitgehend durch bakterielle, enzymatisch katalysierte Stoffwechselreaktionen bedingt sind. Damit erfahren die biologischen Verfahren ihre Limitierung, da nur Stoffe erfaßt werden, die in den Stoffwechsel der Bakterien passen und innerhalb der Retentionszeit im biologischen System (Belebungsbecken, Tropfkörper) aufgenommen und umgesetzt, d.h. abgebaut werden. Bei der immer komplexer werdenden Zusammensetzung der kommunalen und vor allem der industriellen Abwässer werden die biologisch nicht erfaßbaren Restbelastungen aus den biologischen Behandlungsverfahren zunehmen. Auch aus diesem Grund kommt den chemischen Verfahren der Abwasserbehandlung eine besondere Bedeutung in der zukünftigen Sicherung des aquatischen Teils unseres Ökosystems zu.

Die chemischen Verfahren kommen für sich allein oder in Kombination mit biologischen Verfahren zur Anwendung, je nach der Art und Herkunft des Abwassers bzw. des angestrebten Reinigungseffektes.

Neben den Behandlungen der vorwiegend anorganisch belasteten Abwässer versteht man unter den chemischen Verfahren im weiteren Sinn auch die sogenannte „3. Reinigungsstufe“ oder „weitergehende Abwasserreinigung“ (advanced treatment). Es ist zu betonen, daß unter 3. Reinigungsstufe nicht nur allein die Phosphorelimination gesehen werden darf.

Prinzipiell unterscheidet man bei den chemischen Verfahren zwischen Reaktionen mit und ohne stofflichen Umsatz.

In der Anwendung auf die Erfassung der *ungelösten Stoffe* werden dabei folgende Grundoperationen zu nennen sein:

- Sedimentation
- Filtration
- Flockung
- Adsorption
- Flotation

Bei der Erfassung der *gelösten Stoffe* kennen wir folgende Grundoperationen *ohne stofflichen Umsatz,* wobei im wesentlichen physikalisch-chemische Reaktionen wirksam werden:

- Adsorption
- Extraktion
- Osmose
- Destillation

Grundoperationen zur Erfassung der *gelösten Stoffe* unter Einbeziehung von chemischen Reaktionen *mit stofflichem Umsatz* sind:

- Neutralisation
- Fällung
- Oxidation
- Reduktion
- Ionenaustausch

Diese Grundreaktionen sind aus der chemischen Analytik oder der präparativen Arbeit bekannt. Im Rahmen der Abwasserbehandlung werden sie in großtechnische Dimensionierung umgesetzt und in vielen Fällen auf verdünnte Lösungen angewendet.

Durch die spezifische Kombination der oben genannten Grundoperationen in einem Prozeßfließbild ist es möglich, Abwasserbehandlungsverfahren aufzubauen, die faktisch jede Problemstellung lösbar machen.

Die besonderen Vorteile der chemischen Verfahren gegenüber den biologischen Methoden sind in folgender Gegenüberstellung zu erkennen:

a) Das Prozeßfließbild einer biologischen Abwasserreinigung ist relativ starr; bei den chemischen Verfahren flexibel durch geeignete Kombination von verschiedenen Grundoperationen.
b) Anorganische Stoffe werden im biologischen System nur sehr wenig eliminiert (5 %), mit chemischen Verfahren ist die Beseitigung bis in den Spurenbereich möglich.
c) Von den organischen Stoffen werden bei der biologischen Reinigung nur die in den bakteriellen Stoffwechsel aufnehmbaren erfaßt. Die chemischen Verfahren sind davon unabhängig, so daß eine weitestgehende Reinigung möglich ist.
d) Gifte können die biologische Reinigung stören oder völlig unterbinden. Die chemischen Verfahren sind davon unabhängig.
e) Schwankungen in Konzentration und Menge haben einen erheblichen Einfluß auf die biologischen Systeme, nicht so bei den chemischen Verfahren. Ebenso entfällt bei den chemischen Verfahren die Adaptationszeit.
f) Die Reaktionssysteme sind in der biologischen Reinigung durch die Abhängigkeit von der Vielzahl der ökologischen Faktoren labil; die chemischen Verfahren vom System her stabil.
g) Der Raumbedarf ist für chemische Verfahren im allgemeinen wesentlich kleiner als bei biologischen Verfahren.

## 4.2 Grundoperationen

Im folgenden werden die Grundoperationen in der Reaktionsführung beschrieben und an praktischen Beispielen dargestellt. Die Operationen 4.2.1 bis 4.2.4 sind dabei Reaktionsabläufe mit stofflichem Umsatz nach der Basisformulierung:

$$\text{Abwasser} + \text{Reagenz} \rightarrow \text{Reaktionsendprodukt} + \text{Wasser}$$

Die Prozeßführung kann dabei über einen oder mehrere Reaktionsstufen erfolgen. Die Reaktionsendprodukte können wasserlöslich, wasserunlöslich-fest, wasserunlöslich-flüssig oder gasförmig sein.

Die Operationen 4.2.6 bis 4.2.10 laufen ohne chemischen stofflichen Umsatz ab. Die Basisformel ist schematisch formulierbar:

$$\left[\begin{matrix}\text{Wasser} + \\ \text{Schmutzstoffe}\end{matrix}\right] + \text{Chemikalien} \rightarrow \text{Wasser} + \left[\begin{matrix}\text{Chemikalien} + \\ \text{Schmutzstoffe}\end{matrix}\right]$$

Die chemischen Reaktionen ohne stofflichen Umsatz lassen sich nicht so einfach formulieren. Sie basieren auf komplizierten thermodynamischen oder elektrochemischen Vorgängen. Im wesentlichen handelt es sich um Adsorptions- und Absorptionseffekte bzw. um Diffusionen durch Grenzschichten.

### *4.2.1 Neutralisation*

Saure Abwässer werden mit basischen Reaktionsmitteln und alkalische Abwässer mit Säuren auf einen vorgegebenen *p*H-Bereich um den Neutralpunkt eingestellt. Im allgemeinen ist bei der Neutralisation im abwassertechnischen Sprachgebrauch nicht die exakte Einstellung des *p*H 7 zu verstehen, sondern eine Einsteuerung des *p*H-Wertes im Bereich zwischen 6,5–9. Dieser *p*H-Bereich ist für die Einleitung in Kanalisationen, Kläranlagen und Gewässern erforderlich. Bei der Reaktion zwischen Salzsäure und Natronlauge verbleibt nach der Neutralisation das wasserlösliche Endprodukt Natriumchlorid im Wasser.

$$HCl + NaOH \rightarrow NaCl + H_2O.$$

Bei der Neutralisation von Schwefelsäure mit Calciumhydroxid bildet sich Calciumsulfat, das schwerer in Wasser löslich ist. Es fällt Calciumsulfat als Schlamm aus, der in einer Sedimentationsstufe abgetrennt werden muß.

$$H_2SO_4 + Ca(OH)_2 \rightarrow CaSO_4 + H_2O$$

### *4.2.2 Fällung*

Bei der Fällung von z.B. Eisen-III-sulfat mit Calciumhydroxid

$$Fe_2(SO_4)_3 + 3\,Ca(OH)_2 \rightarrow 2\,Fe(OH)_3 + 3CaSO_4$$

entsteht durch chemischen Umsatz Eisen-III-hydroxid und Calciumsulfat. Beide sind im Wasser schwer löslich, fallen als Schlamm aus und werden abgetrennt.

### *4.2.3 Oxidation*

Als Beispiel der Oxidation sei die Reaktion von Cyaniden mit Chlor genannt. Die Gesamtreaktion läuft in 4 Stufen ab:

$$NaCN + HOCl \rightarrow NaOH + CNCl$$
$$CNCl + H_2O \rightarrow HCNO + HCl$$
$$2\,HCNO + 3\,Cl_2 + 2\,H_2O \rightarrow CO_2 + N_2 + 6\,HCl$$
$$HCl + NaOH \rightarrow NaCl + H_2O$$

Die Reaktionsprodukte sind Kohlendioxid, Stickstoff und Natriumchlorid.

### *4.2.4 Reduktion*

Als Beispiel für die Reduktion sei die Umsetzung von sechswertigem zu dreiwertigem Chrom mittels schwefliger Säure genannt, denn nur in der dreiwertigen Form bildet das Chrom ein wasserunlösliches Reaktionsprodukt.

$$2\,CrO_3 + 3\,SO_2 \rightarrow Cr_2(SO_4)_3.$$

In einer zweiten Verfahrensstufe wird das gebildete Chrom-III-Ion durch alkalische Zusätze als wasserunlösliches Hydroxid gefällt.

### *4.2.5 Ionenaustausch*

Die Ionenaustauschreaktion entspricht weitgehend der doppelten Umsetzung bzw. Neutralisation zwischen niedermolekularen Elektrolyten, z.B. Salzen. Ionenaustauscher bestehen aus granulierten Kunstharzkörpern, in denen saure oder alkalische Gruppen fixiert sind. Sie stellen unlösliche Säuren, Laugen oder Salze dar. Die in dem zu reinigenden

Wasser enthaltenen Ionen können durch eine äquivalente Menge anderer Ionen gleichen Ladungssinnes aus dem Austauscher ersetzt werden.

### 4.2.6 *Adsorption*

Die chemischen Reaktionen ohne stofflichen Umsatz lassen sich nicht so einfach formulieren, da sie teils auf Flockungswirkungen, teils auf komplizierten thermodynamischen Vorgängen beruhen, deren vollständiger Ablauf sich aus mehreren Teilstufen zusammensetzt. Im wesentlichen handelt es sich dabei um Adsorptionseffekte bzw. um Diffusionen durch Grenzschichten.

Die Adsorption läuft schematisch folgendermaßen ab:

$$\begin{bmatrix}\text{Wasser}\\ \text{Schmutzstoff}\end{bmatrix} + \text{Chemikal} \rightarrow \text{Wasser} + \begin{bmatrix}\text{Chemikal}\\ \text{Schmutzstoff}\end{bmatrix}$$

Dabei erfahren die Schmutzstoffe keine chemische Veränderung. Sie werden vielmehr auf Grund ihrer Ladung und der adsorptiven Kraft des Chemikals an dessen Oberfläche gebunden. Die Schmutzstoffe können im Wasser gelöst oder ungelöst vorliegen, sie können fest, flüssig oder gasförmig sein. Das Adsorptionsmittel, z.B. Aktivkohle, liegt in fester Form vor und zeichnet sich durch eine extrem große Oberfläche aus.

### 4.2.7 *Chemische Flockung*

Ein spezieller Fall der verfahrenstechnischen Gestaltung der Adsorption ist die chemische Flockung, wobei das Adsorptionsmittel durch eine chemische Reaktion mit stofflichem Umsatz in dem zu behandelnden Wasser gebildet wird. Das Flockungsmittel wirkt dabei in der Regel in statu nascendi. Die Reaktion läuft in zwei Stufen ab

a) Bildung des Adsorbens

$$Fe(Cl)_3 + 3\ NaOH \rightarrow \underset{\text{Adsorbens}}{Fe(OH)_3} + NaCl$$

b) Adsorptionsvorgang

$$\begin{bmatrix}\text{Wasser}\\ \text{Farbstoff}\end{bmatrix} + Fe(OH)_3 \rightarrow \text{Wasser} + \begin{bmatrix}\text{Farbstoff} +\\ Fe(OH)_3\end{bmatrix}$$

Das Reaktionsprodukt der chemischen Flockung ist hier ein Addukt aus Eisen-III-hydroxid-Flocken und Farbstoff.

### 4.2.8 *Flotation*

Während bei der chemischen Flockung die Addukte aus Flockungsmittel und Schmutzstoff ein größeres spezifisches Gewicht als Wasser haben und durch Sedimentation abgetrennt werden, sind bei der Flotation die Addukte durch Einlagerung von mikrofeinen Luftblasen spezifisch leichter als Wasser. Sie schwimmen auf und werden von der Oberfläche abgezogen.

### 4.2.9 *Extraktion*

Ohne Änderung der chemischen Zusammensetzung wechselt der spezielle Stoff aus der wässerigen Phase in eine nicht wässerige flüssige Phase, in der er ein größeres Lösungsvermögen besitzt.

$$\begin{bmatrix}\text{Wasser}\\ \text{Phenol}\end{bmatrix} + \text{Benzol} \rightarrow \text{Wasser} + \begin{bmatrix}\text{Benzol}\\ \text{Phenol}\end{bmatrix}$$

### *4.2.10 Ausblaseverfahren*

Analog der Extraktion mit nicht wässerigen Lösungsmitteln ist das Ausblasen ein Phasenaustausch zwischen Wasser und Luft oder einer anderen gasförmigen Phase, in der sich der Stoff auf Grund seines Dampfdruckes löst, z.B.:

$$\begin{bmatrix} \text{Wasser} \\ H_2S \end{bmatrix} + \text{Luft} \rightarrow \text{Wasser} + \begin{bmatrix} \text{Luft} \\ H_2S \end{bmatrix}$$

## 4.3 Praktische Anwendung verschiedener chemischer Verfahren

Nach dieser einleitenden schematischen Darstellung der chemischen Grundreaktionen der möglichen chemischen Abwasserbehandlungsverfahren sollen im folgenden die praktischen Anwendungen näher beschrieben werden.

### *4.3.1 Neutralisation*

Die Neutralisation ist die einfachste chemische Reaktion bei der Behandlung bestimmter Abwässer. Meist handelt es sich um die Neutralisation von sauren, weniger von alkalischen Abwässern. Zur Neutralisation von sauren Abwässern verwendet man basische Stoffe, z.B.

Kalk als Kalkhydrat: $Ca(OH)_2$; fest oder als Kalkmilch
Natronlauge: $NaOH$
Kalkstein: $CaCO_3$
halbgebrannter Dolomit: $CaCO_3 + MgO$
gebrannter Magnetit: $MgO$
Soda: $Na_2CO_3$

Die Auswahl des Neutralisationsmittels hängt von der Art der zu neutralisierenden Säure, von der Wassermenge usw. ab. Die Neutralisationsmittel kommen meist in 8 bis 10 %igen Lösungen zur Anwendung. In jedem Fall sollte geprüft werden, ob innerhalb des Werkes alkalische Wässer anfallen, die durch Zumischen eine Neutralisierung ergeben können.

Für schwefel- und phosphorsaure Abwässer können nur Neutralisationsmittel in flüssiger Form, z.B. Natronlauge oder Kalkmilch, verwendet werden. Feste Neutralisationsmittel, z.B. Kalkstein, sind hierfür nicht geeignet, da sich auf deren Oberfläche schwer lösliche Reaktionsprodukte ablagern und sie in kurzer Zeit unwirksam machen. Die festen Neutralisationsmittel können aber zur Behandlung von salz- und salpetersauren Abwässern verwendet werden, da die Reaktionsprodukte wasserlöslich sind.

Fallen bei der Neutralisation wasserunlösliche Reaktionsprodukte an, so muß der chemischen Behandlung eine Sedimentationsstufe folgen. Zum Beispiel muß bei der Neutralisation von schwefelsauren Wässern mit Kalk der bei der Reaktion ausfallende Gipsschlamm abgetrennt werden.

Verfahrenstechnisch wird die Neutralisation nach der zu behandelnden Abwassermenge gestaltet. Bei kleineren Wassermengen bis maximal 1 $m^3$ wird in einer Standneutralisationsanlage dem sauren Wasser solange Neutralisationsmittel zugegeben, bis der *p*H-Wert, von Hand geprüft, den Erfordernissen entspricht. Bei größeren Wassermengen wird die Neutralisation automatisch gesteuert, wobei die Zugabe des Neutralisationsmittels über eine *p*H-Meßanlage geregelt wird. Das Verfahren kann kontinuierlich oder diskontinuierlich sein. Bild 4.3-1 zeigt das Schema einer automatisch gesteuerten Durchflußneutralisationsanlage.

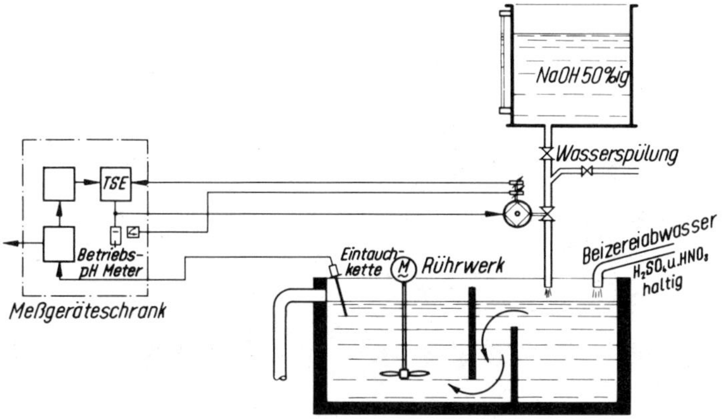


Bild 4.3-1. Durchflußneutralisation mit automatisch gesteuerter Zugabe von Lauge.

Wichtig für die automatische Steuerung der Dosierung ist der Verlauf der Neutralisationskurve *Husmann* (118). Sie sollte in dem zu regelnden *p*H-Bereich nicht zu steil verlaufen, um das Neutralisationsmittel genau dosieren zu können.

Für die Neutralisation von 1 kg Säure werden theoretisch folgende Mengen Neutralisationsmittel in kg verbraucht:

| | HCl | $H_2SO_4$ |
|---|---|---|
| NaOH (100%) | 1,1 | 0,82 |
| $Ca(OH)_2$ (90%) | 1,1 | 0,84 |

## 4.3.2 *Neutralisation und Fällung*

Die Neutralisation als Hauptverfahrensschritt verbunden mit einer Fällung findet man z.B. bei der Behandlung der sauren Beizen bzw. der Spülwässer in der eisenverarbeitenden Industrie. Diese Wässer enthalten meist Schwefelsäure oder Salzsäure, vereinzelt auch Salpetersäure, Phosphorsäure und Flußsäure. Neben den freien Säuren sind in den Beizen je nach Beizgut Salze des Eisens, Kupfers, Nickels, Zinks, Cadmiums usw. enthalten.

Die gesamte Chemie des Reinigungsverfahrens läuft in zwei Teilreaktionen ab.

a) Neutralisation der freien Säure:

$$H_2SO_4 + Ca(OH)_2 \rightarrow CaSO_4 + 2\,H_2O$$

b) Ausfällung der Metallhydroxyde:

$$FeSO_4 + Ca(OH)_2 \rightarrow Fe(OH)_2 + CaSO_4$$
$$CuSO_4 + Ca(OH)_2 \rightarrow Cu(OH)_2 + CaSO_4$$
$$ZnSO_4 + Ca(OH)_2 \rightarrow Zn(OH)_2 + CaSO_4$$

Durch Einblasen von Luft wird das zweiwertige Eisen zu dreiwertigem oxidiert und als $Fe(OH)_3$ ausgefällt.

Um die Metallionen in ausreichendem Umfang als Hydroxide zu fällen, muß der *p*H-Wert auf mindestens 8,5 einreguliert werden, wie Bild 4.3-2 zeigt. Wird dieser *p*H-Wert unterschritten, so werden Zink-, Nickel-, Eisen-II-, Cadmium-Ionen nicht in ausreichender Menge gefällt. Wird der *p*H-Wert von 8,5 überschritten, so können Aluminium-, Zink- und

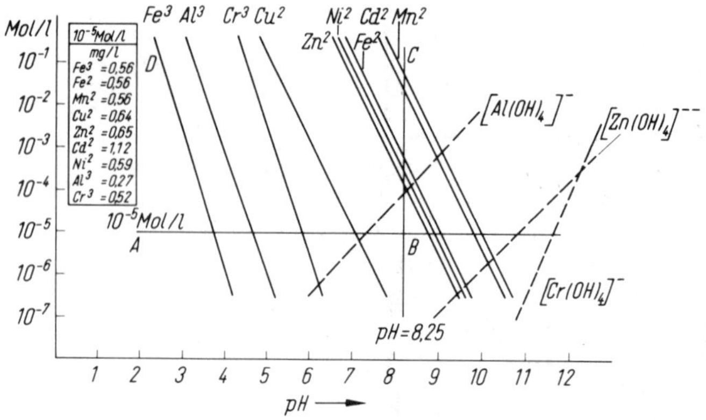


Bild 4.3-2. Löslichkeit verschiedener Metallionen in Abhängigkeit vom *p*H-Wert.

Chromhydroxid wieder in Lösung gehen. Aus dem Diagramm läßt sich auch die Notwendigkeit der Belüfung von Eisen-II-Ionen enthaltenden Lösungen bei der Fällung erklären. Das nach der Oxidation entstehende Eisen-III-Ion ist bei *p*H 8,5 quantitativ als Hydroxid gefällt.

Der theoretische Fällungsmittelverbrauch in kg für 1 kg gelöster Ionen liegt bei folgenden Mengen:

| | $Fe^{2+}$ | $Fe^{3+}$ | $Cu^{2+}$ | $Zn^{2+}$ | $Cr^{3+}$ |
|---|---|---|---|---|---|
| NaOH 100% | 1,43 | 2,14 | 1,26 | 1,22 | 2,31 |
| $Ca(OH)_2$ 90% | 1,47 | 2,20 | 1,28 | 1,25 | 2,34 |

Der Neutralisation und Fällung schließt sich die Sedimentation der wasserschwerlöslichen Reaktionsprodukte in einem Absetzbecken an.

## 4.3.3 *Oxidation und Reduktion*

Die Behandlung der Abwässer aus den Galvanikbetrieben kann als typisches Beispiel für die technische Anwendung von Oxidations- und Reduktionsreaktionen zur chemischen Abwasserbehandlung angesehen werden.

In den Galvanikbetrieben fallen saure und alkalische Wässer an, die neutralisert und von Metallionen befreit, sowie Wässer, die vor der Neutralisation getrennt vorbehandelt werden müssen. Letztere sind die cyanidhaltigen bzw. chromsäurehaltigen Wässer. Je nach der Produktion können galvanische Abwässer Salze des Eisens, Kupfers, Nickels, Zinks, Cadmiums usw. enthalten.

### 4.3.3.1 *Chromatreduktion*

Zur Entfernung des Chroms muß zunächst das sechswertige Chrom zu dreiwertigem reduziert werden. Die Chrom-III-Ionen können dann als wasserunlösliches Chrom-III-hydroxid ausgefällt werden. Als Reduktionsmittel kommen schwefelige Säure, deren Salze oder Eisen-II-Salze zur Anwendung. Bei den größeren Anlagen wird $SO_2$-Gas verwendet. Bei kleineren und mittleren Anlagen hat sich Natriumbisulfit bewährt. Die Reaktion erfolgt nach den Gleichungen:

$$2\,CrO_3 + 3\,SO_2 \rightarrow Cr_2(SO_4)_3$$
$$2\,CrO_3 + 3\,NaHSO_3 + 2\,H_2SO_4 \rightarrow Cr_2(SO_4)_3 + Na_2SO_4 + NaHSO_4 + 3\,H_2O$$

Wie aus der zweiten Gleichung hervorgeht, wird bei der Reaktion Schwefelsäure verbraucht. Aus diesem Grund muß im Reaktionsbecken eine Ansäuerung der chromathaltigen Abwässer unter Einhaltung eines *p*H-Wertes von 2,5 erfolgen.

Die Reduktion des 6-wertigen Chroms ist stark *p*H-abhängig. Bei *p*H 2,5 beträgt die Reaktionsdauer etwa 20 Minuten. Eine Verschiebung zu niedrigeren *p*H-Werten bringt zwar eine Verkürzung der Reaktionszeit, erhöht jedoch die Chemikalienkosten.

Bild 4.3-3 zeigt eine großtechnische Entgiftungsanlage für Galvanikabwässer. Die automatisch gesteuerte Chromreduktion stellt einen Verfahrensschritt der ganzen Anlage dar.

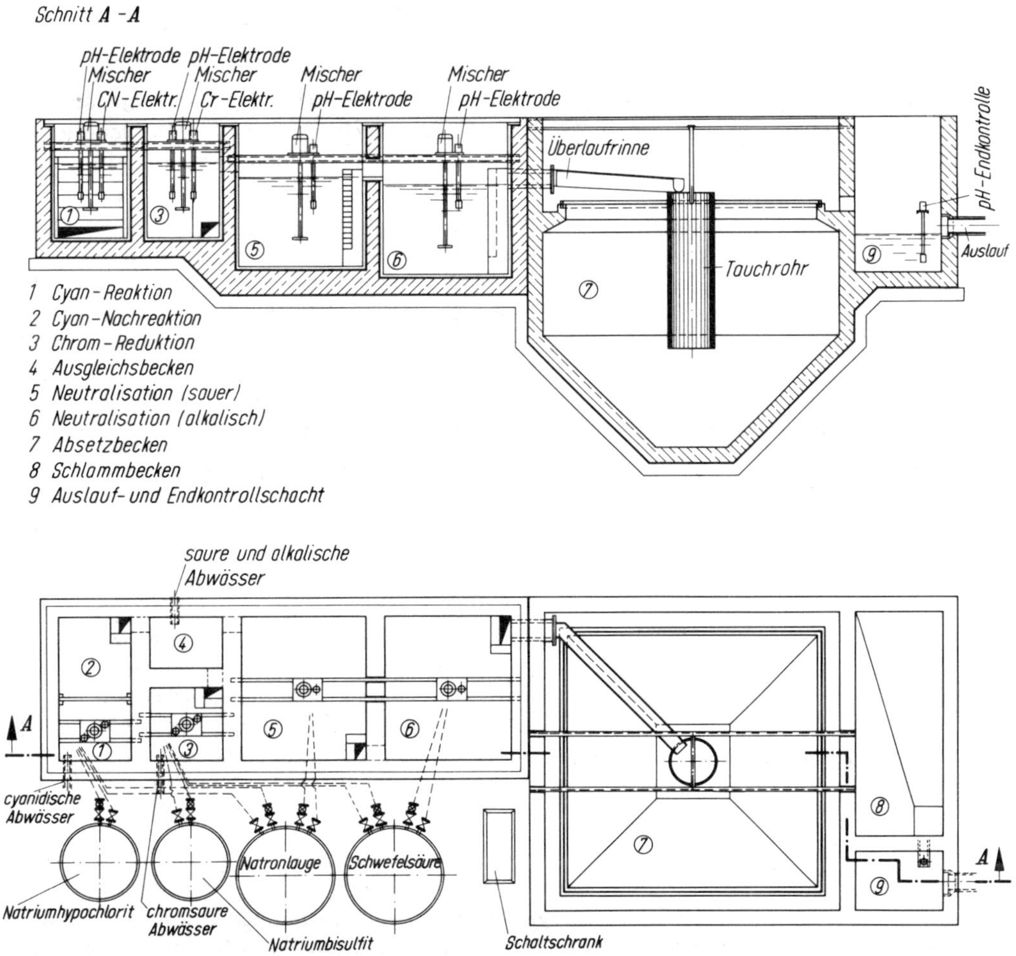


Bild 4.3-3. Schema einer Behandlungsanlage für Galvanikabwasser mit Cyanid-Oxidation Chromat-Reduktion und Fällung.

Die Zugabe der etwa 10 %igen Schwefelsäure erfolgt *p*H-gesteuert. Mit Hilfe einer Platin- bzw. Goldelektrode wird die Konzentration der Chrom-VI-Ionen gemessen und in Abhängigkeit davon das Reduktionsmittel automatisch zudosiert. Der theoretische Chemikalienverbrauch zur Entgiftung von 1 kg Chromsäureanhydrid ($CrO_3$) liegt bei 0,96 kg $SO_2$ bzw. 1,56 kg $NaHSO_3$.

#### *4.3.3.2 Cyanidoxidation*

Die Unschädlichmachung der Cyanide auf dem Wege der Oxidation erfolgt in den alkalischen Abwässern technisch mit Chlorgas. Bei geringeren Abwassermengen können als Oxidationsmittel auch Natriumhypochlorid oder Chlorwasser verwendet werden. Die Reaktion läuft über drei Stufen ab:

$$NaCN + HOCl \rightarrow NaOH + CNCl$$
$$CNCl + H_2O \rightarrow HCNO + HCl$$
$$2\,HCNO + 3\,Cl_2 + 2\,H_2O \rightarrow 2\,CO_2 + N_2 + 6\,HCl.$$

Die Reaktion ist stark *p*H-abhängig. Bei einem *p*H-Wert von 11 beträgt die Reaktionszeit etwa 40 Minuten. Für die Alkalisierung wird Natronlauge über eine automatische *p*H-Wert-Steuerung zugegeben. Bei der Anwendung von 3 Teilen Chlor auf 1 Teil Cyanid-Ionen geht die Oxidation bis zur Gleichung 2, d.h. bis zum Cyanat und bei der Anwendung von etwa 6 Teilen Chlor auf 1 Teil Cyanid-Ionen bis zu Stickstoff und Kohlendioxid, entsprechend Gleichung 3.

Die Cyanidentgiftungsstufe im großtechnischen Betrieb geht aus Bild 4.3-3 hervor. Die aus dem Betrieb kommenden cyanhaltigen Abwässer werden in gesonderter Leitung zu dem Reaktionsbecken geführt. Bei kleineren Abwassermengen erfolgt die Oxidation mit Hilfe von Natriumhypochlorid oder Chlorwasser. Hierfür müssen jedoch erhebliche Vorräte gelagert werden. Die handelsübliche Bleichlauge enthält etwa 14 % aktives Chlor. Zur Anwendung kommt eine etwa 8 %ige Lösung. Bei größeren Abwassermengen, z.B. über 20 $m^3$/Std., ist die Verwendung von Chlorgas wirtschaftlicher. Bei der Anwendung von Chlorgas sind die speziellen Schutzvorschriften zu beobachten.

Für die vollständige Oxidation bis zum Stickstoff werden für 1 kg Cyanid-Ionen theoretisch 6,8 kg Chlor benötigt.

Die Zugabe des Oxidationsmittels wird durch elektrische Meßeinrichtungen gesteuert.

Nach der Cyanid-Oxidation und der Chromat-Reduktion werden die alkalisch bzw. sauer reagierenden Wässer zusammengeleitet und gemeinsam mit den übrigen Betriebsabwässern einer Neutralisation und Fällung der Metall-Ionen unterzogen. Je nach dem Überwiegen des sauren bzw. alkalischen Abwasseranteils muß Säure bzw. Natronlauge zudosiert werden, um zu einem optimalen *p*H-Wert zu kommen, bei dem die Metall-Ionen als Hydroxide weitestgehend ausfallen. In den meisten Fällen wird ein *p*H-Wert von 8,2–8,5 notwendig sein. Aus der Neutralisations- und Fällungsstufe fließt das Wasser-Schlamm-Gemisch in das Absetzbecken, in dem die örtlich zu beseitigenden Metallhydroxidschlämme abgetrennt werden.

### *4.3.4 Ionenaustausch*

Ionenaustauscher sind Kunstharzkörper mit sauren oder alkalischen Gruppen. Die aus dem Abwasser zu entfernenden Ionen werden durch eine äquivalente Menge unschädlicher Ionen gleichen Ladungssinnes aus dem Austauscher ersetzt. Charakteristisch ist, daß eine der beteiligten Ionenarten im Gerüst des Ionenaustauschers gebunden ist. Auf dem

Sektor der chemischen Abwasserreinigung finden Ionenaustauscher vor allem bei der Reinigung von verdünnten Spülwässern aus der metallverarbeitenden Industrie Anwendung. Hierbei werden nicht nur die Schwermetall-Ionen aus dem Abwasser entfernt, sondern auch durch geeignete Wahl des Anionenaustauschers die Anionen der in den Beizen verwendeten Säuren, z.B. Cyanid-, Chromat-, Phosphat-, Fluorid-, Nitrat-, Chlorid-, Sulfat-Ionen usw.

Für die Behandlung konzentrierter Abwässer, z.B. der Beizbäder, mit einem Gehalt von mehr als 10 Grammäquivalent pro $m^3$ eignet sich das Ionenaustauschverfahren wegen der sehr schnell aufeinanderfolgenden Regenerationsintervalle nicht.

Das Fließbild einer Behandlung von Konzentraten und Spülwässern unter der Anwendung von Ionenaustauschern sollte wie folgt sein: Die Konzentrate werden in bekannter Form unter Zusatz von basischen Materialien wie Natronlauge, Kalkhydrat usw. neutralisiert und die Metall-Ionen als Hydroxide ausgefällt. Das aus der Sedimentation ablaufende Klarwasser kann den Spülwässern, die nur wenig belastet sind, zugemischt und mit diesen auf der Ionenaustauschanlage behandelt werden.

In bestimmten Zeitabständen müssen Ionenaustauscher regeneriert werden, wobei mit Säuren bzw. Basen oder Salzlösungen die am Ionenaustauscher gebundenen Schwermetalle bzw. Säure-Ionen wieder entfernt werden. Hierfür fallen stark belastete Konzentrate an. Der Ionenaustausch stellt somit eine Anreicherung dieser Belastungsstoffe dar. Die Behandlung der Konzentrate erfolgt in herkömmlicher Weise durch Neutralisation und Ausfällung der gelösten Metall-Ionen als Hydroxide. Die von den Metallhydroxiden befreiten Wässer aus der Regeneratbehandlungsstufe können nun ihrerseits wieder dem Spülwasser vor Aufgabe auf den Ionenaustauscher zugemischt werden. Durch die geschlossene Kreislaufführung ist es möglich, aus dem gesamten Wasserkreislauf eines metallverarbeitenden Betriebes nur den Schlamm zu entfernen und das voll entsalzte Wasser wieder in den Betrieb zurückzunehmen.

### *4.3.5 Adsorption*

Von den verschiedenen möglichen Absorbentien hat die A-Kohle in zahlreichen Prozeßfließbildern zur Behandlung von industriellen Abwässern technische Anwendung gefunden.

Aktivkohle ist ein speziell hergestelltes Adsorptionsmittel mit einer großen inneren Oberfläche bis zu 1000 $m^2$ pro g. Mit ihr können organische Substanzen aus dem Abwasser eliminiert werden. Maßgebend für die Adsorptionsfähigkeit der einzelnen organischen Moleküle ist deren Molekulargewicht und Hydrophilität. Im allgemeinen kann man sagen, daß große Moleküle adsorptiv besser gebunden werden als kleine. Weiterhin gilt, je mehr hydrophile Seitenketten ein Molekül besitzt, z.B. –OH, –COOH, $-NH_2$ und $-SO_3H$, desto schlechter ist es an Aktivkohle adsorbierbar.

So werden z.B. Methanol, Essigsäure und Benzolsulfonsäure nicht adsorbiert, während Methylenchlorid, Chlorbenzol, Anilin mit A-Kohle aus dem Wasser entfernt werden können.

Die Adsorption an Pulverkohle kann nach dem Einrührverfahren erfolgen; das ist jedoch nur dann einstufig anwendbar, wenn der Adsorptionskoeffizient sehr hoch ist. Anderenfalls muß das Verfahren mehrstufig durchgeführt werden. Bei dem Einrührverfahren bereitet die Entfernung der pulverisierten A-Kohle mitunter Schwierigkeiten, auch ist die Regenerierung problematisch.

Beim Säulenverfahren wird das Abwasser über mit gekörnter A-Kohle gefüllte Filter geleitet. Beim Durchfließen der Filterschicht werden die organischen Substanzen nach und nach adsorbiert; es liegt ein Gegenstromverfahren mit unendlich vielen Stufen vor.

Die gekörnte A-Kohle kann regeneriert werden, z.B. durch Auslaugen mit geeigneten Lösungsmitteln, durch Ausdämpfen oder thermisch durch Abbrennen.

Die Einstellung des Adsorptionsgleichgewichtes ist abhängig von der Reaktionskinetik, die durch Transportphänomene innerhalb der A-Kohle bestimmt wird. Neben den Adsorptionsporen sind größere Poren als Transportporen vorhanden, in denen die adsorbierten organischen Substanzen in das Innere hinein gebracht werden können.

Normalerweise kann die A-Kohle mit etwa 10–80 % ihres Eigengewichtes an organischem Material beladen werden.

### *4.3.6 Chemische Flockung*

Die chemische Flockung findet bei einer Vielzahl von Abwässern zwecks Entfernung feindisperser, kolloidaler Stoffe Anwendung, die dazu neigen, leicht adsorbiert zu werden. Wirkungsmäßig stellt sie nur eine Teilreinigung des Abwassers dar, so daß sie in vielen Fällen durch biologische Verfahren ergänzt werden muß. Über solche Verfahrenskombinationen wird in Band IV, Abschnitt 3 berichtet.

Das Reaktionsschema der chemischen Flockung ist einfach. Das Adsorptionsmittel wird entweder in fertiger Form zugegeben oder im Abwasser durch chemische Reaktion mit stofflichem Umsatz erzeugt. An den Oberflächen des Adsorptionsmittels lagern sich auf Grund von elektrochemischen Reaktionen die adsorptionsfähigen Stoffe an bzw. werden fein verteilte Stoffe im Zuge des Flockungswachstums eingeschlossen.

Als Flockungsmittel kommen die vor allem in statu nascendi wirksamen Hydroxide des Aluminiums und des Eisens sowie hochmolekulare organische Stoffe in Betracht. Letztere werden insbesondere zur Förderung der Flockenbildung, d.h. als sogenannte Flockungshilfsmittel benutzt.

Für die Erzeugung der Aluminiumhydroxid- oder Eisen-III-Hydroxidflocken werden Aluminiumsulfat, Eisen-III-Chlorid und in der Hauptsache wegen des billigen Preises Eisen-II-Sulfat (Heptahydrat) verwendet. Zur Bildungsreaktion der Hydroxidflocken, bei der die Säurekomponente des Salzes frei wird, wird in der Regel die Alkalität des Abwassers ausgenützt. Unter Umständen ist aber auch noch ein Zusatz von basischem Material wie Natronlauge oder Kalkmilch erforderlich. Bei der Verwendung zweiwertiger Eisensalze benötigt man neben der Durchmischung der Reagentien mit dem Abwasser noch eine Intensivbelüftung, um das zweiwertige Eisen in Eisen-III-Hydroxid überzuführen, da das Eisen nur in dieser Form bei *p*H-Werten unter 8,2 praktisch quantitativ als Hydroxidflocke ausfällt. Außerdem ist die Flockungswirkung des dreiwertigen Eisens wesentlich größer als die des zweiwertigen.

Eine besondere Verfahrensform der Eisenflockung stellte das Niersverfahren dar, bei dem das wirksame Hydroxid durch innigen Kontakt des Abwassers mit metallischem Eisen in feinkörniger Form, z.B. Eisenspänen, in dem zu reinigenden Abwasser selbst erzeugt wird. Das Eisen geht hierbei auf Grund seines Lösungsdruckes und gewisser aggressiver Bestandteile des Abwasser, z.B. Kohlensäure, in Lösung und wird im weiteren Verlauf des Prozesses zu Eisen-III-Hydroxid umgesetzt.

Als Beispiel für die großtechnische Anwendung der chemischen Abwasserreinigung auf der Basis der adsorptiven Flockung sind Kläranlagen im Niersgebiet (126) zu nennen, auf denen ein kompliziertes Gemisch von häuslichem und industriellem Abwasser von Textil-, Papier- und Lederfabriken behandelt wird. Nach einer mechanischen Vorklärung wird das vor allem durch Farbstoffe und feinste Schmutzstoffe belastete Wasser in einem Reaktionsbecken mit Eisensulfat gemischt und dabei Luft eingetragen. Aus einer nachgeschalteten Sedimentationsstufe läuft das Abwasser weitgehend entfärbt und zu einem großen Teil von feindispersen und kolloiden Stoffen befreit in die biologische Hauptstufe ab.

Die Flockung als chemische Vorbehandlungsstufe einer biologischen Abwasserreinigung findet auch bei der Reinigung von Papierabwässern und Abwässern der Nahrungsmittelindustrie Anwendung, vor allem dann, wenn die Abwässer gemeinsam mit häuslichen Abwässern auf Tropfkörpern behandelt werden sollen. Hierdurch wird vermieden, daß sich die Tropfkörper mit Faserstoffen, Fetten und Schleimen zusetzen, die durch eine normale mechanische Vorklärung nicht zurückgehalten werden. Weitere Anwendungsbeispiele findet man bei der Behandlung von Abwässern der Ölraffinerien, die im Abwasser feinverteilten Öltröpfchen lagern sich an die Hydroxidschlämme an. Gute Erfolge mit der chemischen Vorbehandlung nach diesen Verfahren hat man auch bei der Behandlung von Lederfabrik-Abwässern, Schlachthofabwässern und Abwässern der Nahrungsmittelindustrie erzielt.

*Jaegers* (125) konnte bei Fischmehlfabriken mit 100 mg/l $FeCl_3$ und 2500 mg Kalk/l eine chemische Flockung erzielen und damit den $BSB_5$ des Rohwassers um 50 % herabsetzen. Zur Behandlung von Molkereiabwässern (214) setzt *Dienert* 100–1000 mg Kalk/l je nach Grad der Säuerung und 50–200 mg/l Eisen- oder Aluminiumsulfat zu. *Warrik* gibt 400 mg/l Eisensulfat und 900 mg/l Kalk zu, wodurch er eine BSB-Abnahme zwischen 50 und 70 % erreicht. *Burrough* flockt die Milcheiweißstoffe mit Schwefelsäure bei *p*H 4,5–4,9 aus.

Um bei Stärkefabriken (215) die biologischen Anlagen nicht zu groß bauen zu müssen, empfiehlt sich die Vorbehandlung in einer Fällungsstufe mit Kalk und Eisen- oder Aluminiumsulfat. Die besten Erfolge erhielt man bei Temperaturen zwischen 55 und 70 °C. Bei der Anwendung von Eisen-Heptahydrat rechnet man mit 250 mg/l. Bei Konservenfabriken (216) können chemische Vorbehandlungsstufen ebenfalls sehr wirkungsvoll sein. Bei der Konservierung von roten Rüben fallen stark gefärbte und hoch belastete Abwässer an. Durch Zugabe von 2 g/l Kalk und 500 mg/l Eisensulfat wurde eine 90 %ige Reinigung erzielt. Für die Behandlung von Abwässern aus der Verarbeitung von gelben Rüben erreichte man gute Erfolge mit 800 mg/l Kalk und 400 mg/l Eisensulfat. Bei der Erbsenverarbeitung fallen Wässer mit kolloiden Verunreinigungen an, die zu etwa 75 % durch Fällung mit Kalk und Eisensulfat entfernt werden können.

In gleicher Weise ist chemische Vorbehandlung von Wollwaschwässern möglich. Eine der größten Anlagen dieser Art befindet sich in Bradford. Die Wollfett-Wasseremulsion und das gesamte häusliche Abwasser werden mit Schwefelsäure bis zur sauren Reaktion gegen Methylorange versetzt und in Trennbecken geleitet. Hier scheidet sich das Wollfett auf der Oberfläche ab. Das entfettete Abwasser wird mit Eisensulfat und Kalk von emulgierten Fetten befreit und dann der biologischen Reinigung zugeführt.

Durch die Anwendung von hochmolekularen, synthetischen Flockungsmitteln ist es möglich, die technischen und wirtschaftlichen Betriebsergebnisse zu verbessern. Die Wirkung dieser Flockungsmittel läßt sich am Beispiel von Derivaten der Polyacrylsäure gut erläutern. Acrylsäureamid mit der folgenden Struktur

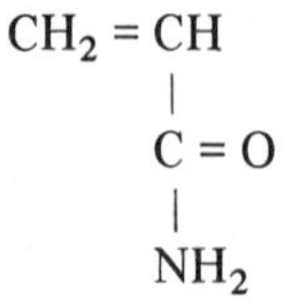

kann unter bestimmten Bedingungen zu Polyacrylsäureamid polymerisieren.

Das Polymerisat ist kettenförmig aufgebaut:

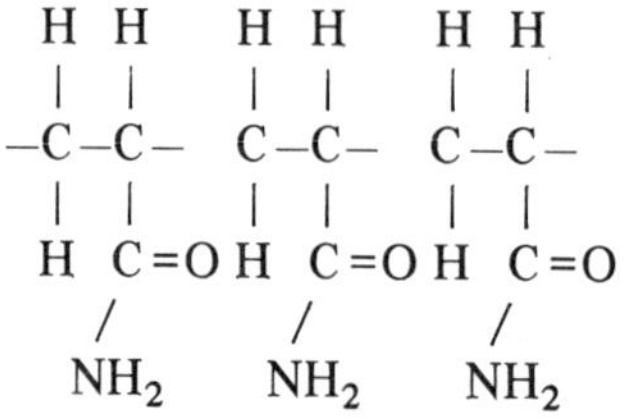

Diese Verbindung ist wasserlöslich. Wenn man nun einen Teil der Amidgruppen in einem derartigen, in wäßriger Lösung fadenförmigen Molekül durch freie Carboxylgruppen ersetzt, so zeigt das gleichfalls faden- bzw. kettenförmige Polymerisat folgenden Aufbau:

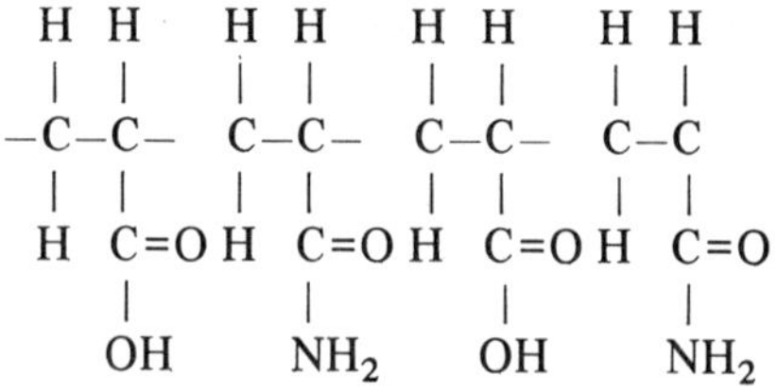

Bei den beiden Polymerisationsprodukten lassen sich folgende Unterschiede feststellen: Polyacrylsäureamid mit der Carbonamidgruppe $-$ $CONH_2$ $-$ verhält sich in wäßriger Lösung elektrisch neutral, es ist „nicht ionogen“. Die in ihr Natriumsalz überführten Carbonsäuregruppen bei der Polyacrylsäure dagegen dissoziieren im Wasser, und es verbleibt an der Carboxylgruppe ein negativ geladenes Sauerstoffatom. Dadurch liegt ein „anionaktives“ Flockungsmittel vor. Eine wichtige Kenngröße eines derartigen synthetischen Flockungsmittels ist seine Kettenlänge und damit die Anzahl aktiver Gruppen je Moleküleinheit. Je mehr aktive Gruppen ein Molekül enthält, desto besser kommt es zu einer Reaktion zwischen Flockungsmittel, Molekül und den Abwasserbestandteilen. Ein Polyacrylsäureamid mit einem Molekulargewicht von etwa 7 Millionen baut sich aus rund 100 000 Bausteinen auf. Es enthält demnach bis zu 100 000 aktive Gruppen. Die chemische Industrie bietet synthetische Flockungsmittel mit Molekulargewichten von über 10 Millionen an. Solche Stoffe lassen sich in ihren Ladungseigenschaften optimal für jedes Abwasser und jeden Einsatz herstellen. Die erforderlichen Zusatzmengen synthetischer Flockungsmittel sind mit 1 $g/m^3$ sehr gering; daher sollte das Mittel immer in stark verdünnter wäßriger Lösung zugesetzt werden. Außerdem muß man auf eine gute Durchmischung im Absetzbecken achten. Grundsätzliche Voraussetzung für eine erfolgreiche Anwendung in Abwässern von Beizereien und Galvanisierungsbetrieben ist jedoch immer die vorherige Neutralisation und Entgiftung. Mit den synthetischen Flockungsmitteln lassen sich ja nur diejenigen Verunreinigungen abscheiden, die vorher in Feststoff-Form überführt worden sind. Durch Flockungsmittelzugabe läßt sich eine wesentliche Steigerung der Sedimentationsgeschwindigkeit erreichen, was eine erhebliche Senkung des Investitionsbedarfs durch Verwendung kleinerer Kläraggregate bedeutet.

### *4.3.7 Extraktion*

Ein typisches Anwendungsbeispiel der Extraktion in der chemischen Abwasserreinigung ist die Entphenolung von Kokereigaskondensaten. Die Gaskondensate fallen bei der Kühlung der Koksofengase an. Sie enthalten Teer, stickstoffhaltige organische Basen, Ammonium- und Schwefelverbindungen, Cyanwasserstoff, Schwefelwasserstoff und auch Phenole in Konzentrationen von 1–4 g/l.

Um die Phenole aus den Gaskondensaten zu extrahieren, sind mehrere technische Verfahren bekannt, von denen nachfolgend zwei beschrieben werden, und zwar das seit etwa 40 Jahren bewährte Benzol-Laugeverfahren der Emschergenossenschaft und das neuere Phenosolvanverfahren.

Das Fließbild eines Benzol-Laugeverfahrens nach *Pott* und *Hilgenstock* ist in Bild 4.3-4 dargestellt. Das phenolhaltige Gaskondensat wird in Kiesfiltern (2) und einem Teerwascher (3) von Feststoffen und teerigen Bestandteilen befreit. Die Phenole werden im statischen Wascher (4) mit Benzol im Gegenstrom extrahiert. Das phenolhaltige Benzol wird in den Laugewaschern (6) regeneriert und im Kreislauf in den Wascher (4) zurückgegeben. Die Phenolatlauge wird außerhalb der Anlage in Werken der Teerindustrie gespalten und die Phenole zur verkaufsfertigen Form aufgearbeitet. Die regenerierte Lauge (Natronlauge) kommt zur Entphenolungsanlage zurück.

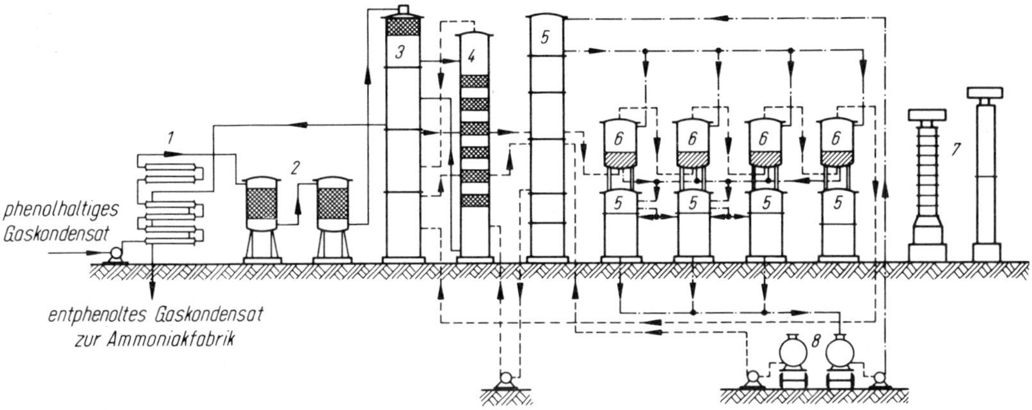


| | | | | | | | |
|---|---|---|---|---|---|---|---|
| —— | Gaskondensat | 1 | Wärmeaustauscher u. Kühler | 4 | Phenolwascher | 7 | Schmutzbenzoldestillation |
| ---- | Benzol | 2 | Kiesfilter | 5 | Scheide- u. Stapelbehälter | 8 | Verladung |
| —·— | Natron- bzw. Phenolatlauge | 3 | Teerwascher u. Behältersäule | 6 | Laugewascher | | |

Bild 4.3-4. Schema der Phenolgewinnung nach dem Benzol-Lauge-Verfahren (Emschergenossenschaft).

Es laufen folgende chemische Reaktionen in der Entphenolungsanlage und im Aufarbeitungswerk ab:

Entphenolungsanlage

$$1.\ \begin{bmatrix}\text{Gaskondensat}\\ \text{Phenole}\end{bmatrix} + [\text{Benzol}] \rightarrow [\text{Gaskondensat}] + \begin{bmatrix}\text{Benzol}\\ \text{Phenole}\end{bmatrix}$$

$$2.\ \begin{bmatrix}\text{Benzol}\\ \text{Phenole}\end{bmatrix} + [\text{NaOH}] \rightarrow [\text{Benzol}] + \begin{bmatrix}\text{NaOH}\\ H_2O\\ \text{Na-phenolate}\end{bmatrix}$$

Aufarbeitungswerk

$$3.\ \begin{bmatrix}\text{NaOH}\\ H_2O\\ \text{Na-phenolate}\end{bmatrix} + [CO_2] \rightarrow \begin{bmatrix}\text{NaOH}\\ Na_2CO_3\\ H_2O\end{bmatrix} + \text{Phenole}$$

$$4.\ Na_2CO_3 + Ca(OH)_2 \rightarrow 2\ NaOH + CaCO_3.$$

Das Phenosolvanverfahren folgt dem nachstehenden Reaktionsschema und dem Fließbild in Bild 4.3-5.

$$1.\ \begin{bmatrix}\text{Gaskondensat}\\ \text{Phenole}\end{bmatrix} + [\text{Phenosolvan}] \rightarrow [\text{Gaskondensat}] + \begin{bmatrix}\text{Phenosolvan}\\ \text{Phenole}\end{bmatrix}$$

$$2.\ \begin{bmatrix}\text{Phenosolvan}\\ \text{Phenole}\end{bmatrix} \underset{\text{destill.}}{\rightarrow} [\text{Phenosolvan}] + [\text{Phenol}]$$

Unter Phenosolvan ist hier Isopropyläther zu verstehen.

Das phenolhaltige Wasser wird in Kiesfiltern (3) vorgereinigt. Die Extraktion mit Hilfe von Phenosolvan erfolgt in mehrstufigen Extraktoren (4). In den Destillationskolonnen (6) und (8) wird das Lösungsmittel von den Phenolen abgetrennt und kehrt in den Kreis-

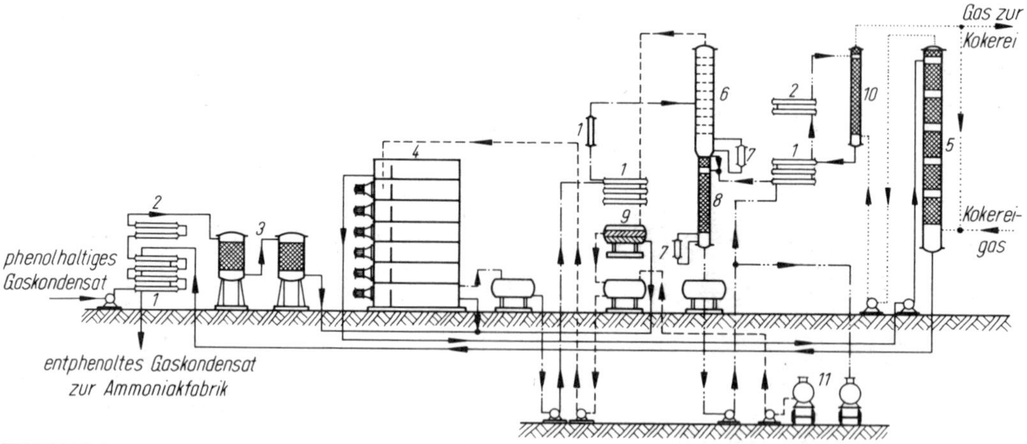


| | | | | | | | | | | | |
|---|---|---|---|---|---|---|---|---|---|---|---|
| —— | Gaskondensat | —·— | Phenolöl | 1 | Wärmeaustauscher | 4 | Extrakteur | 7 | Destillierblase | 10 | Waschkolonne |
| --- | Lösungsmittel | ······· | Kokereigas | 2 | Kühler | 5 | Ausgasekolonne | 8 | Strippingkolonne | 11 | Verladung |
| —·— | Extrakt | | | 3 | Kiesfilter | 6 | Destillierkolonne | 9 | Scheidebehälter | | |

Bild 4.3-5. Schema der Phenolgewinnung nach dem Phenolsolvanverfahren.

lauf zurück. Die im Wasser zum Teil verbleibenden Lösungsmittelanteile werden in der Kolonne (5) und (10) ausgegast, z.B. mit Kokereigas, und zurückgenommen.

Das Rohphenolöl wird fraktioniert destilliert, um die Phenole in verkaufsfähige Form zu bringen.

Für diese beiden Verfahren lassen sich nach *Bischofsberger* und *Wurm* (30) folgende Grundwerte angeben:

So lassen sich im Benzol-Lauge-Verfahren im Mittel 93 % der Phenole extrahieren, d.h. bei einer Phenolkonzentration im Rohwasser um 2000 mg/l verbleiben im Ablauf der Entphenolungsanlage um 140 mg/l Phenole. Mit dem Phenosolvanverfahren ist es möglich, Wascheffekte um 99,5 % zu erreichen. Ziemlich unabhängig von der Eingangskonzentration liegen dann im Auslauf der Entphenolungsanlage Konzentrationen an Phenolen unter 10 mg/l vor.

Maßgeblich für die Extraktion ist der Verteilungskoeffizient der Phenole zwischen der wässerigen und der Lösungsmittelphase.

### *4.3.8 Ausblaseverfahren*

Leicht flüchtige Stoffe, die zum Teil auch stark geruchsintensiv sind, wie organische Lösungsmittel, Chlorkohlenwasserstoffe, Aldehyde, Merkaptane, Schwefelwasserstoff, Blausäure usw., können durch Ausblasen (Strippen) aus der wässerigen Phase weitgehend entfernt werden. Der Phasenaustausch erfolgt in Kolonnen oder Waschern im Gegenstrom mit einem Überschuß der Gasphase, die Luft oder ein inertes Gas, z.B. Stickstoff sein kann. Höhere Temperaturen beschleunigen den Ausblasevorgang. Das Verfahren wird auf Konzentrate und Dünnwässer angewendet und ist meist in den Prozeß integriert. Es stellt somit eine konkrete Vorbehandlung des Abwassers an Ort und Stelle dar. In vielen Fällen lassen sich die ausgeblasenen Komponenten an z.B. A-Kohle adsorbieren, von dieser wieder abdestillieren und wiedergewinnen. In großem Umfang wird das Ausblaseverfahren zur Behandlung von Teilströmen in der petrochemischen Industrie zur Behandlung von merkaptanhaltigen Wässern angewendet.

### *4.3.9 Flotation*

Die Flotation ist eine wirkungsvolle Grundoperation, um leichte Feststoffe mit ungenügenden Sedimentationseigenschaften abzutrennen. Im Gegensatz zur altbekannten Form der Flotation mit der Anlagerung von Makroblasen an ein schweres kleines Feststoffteilchen wie z.B. bei der Kohlewäsche oder der Erzflotation, wird in der Anwendung auf Abwasser an ein großvolumiges sehr leichtes Feststoffteilchen eine Vielzahl von Mikroblasen angelagert, die das Teilchen zum Aufschwimmen bringen. Die Gasblasen werden in statu nascendi wirksam. Wasser wird mit Luft bei 4–5 bar übersättigt; bei der Entspannung über ein Drosselventil bilden sich die Mikroblasen, die den Flotationseffekt bewirken. Bei einem Sättigungsdruck um 4–5 bar stehen dann rd. 60 ml Gasvolumen pro Liter bei der Entspannung zur Verfügung. Aus diesem Grund spricht man auch von Überdruckflotation. Es können nur ungelöste Stoffe flotiert werden. Deshalb ist es notwendig, auch kolloidal gelöste Abwasserkomponenten vorher zu größeren Haufwerken unter Verwendung von Eisen- oder Aluminiumsalzen sowie Polyelektrolyten zu flocken. Das Verfahren ist mit besonderem Vorteil dort anzuwenden, wo feindisperse Öle, Fette, Eiweiße und Fasern auftreten, d.h. bei Abwässern der Nahrungsmittelindustrie. Es können bis zu

80–95 % der Öle, Fette und Eiweiße und bis zu 60–80 % des $BSB_5$ auch aus Konzentraten im Rahmen einer Flotation abgetrennt werden. Die Flotation ist auch geeignet, um kurzfristig Stoßbelastungen von organischen Suspensa, z.B. aus Brauereien, Schlachthöfen und Ölfabriken abzufangen, um die nachfolgende biologische Abschlußreinigung nicht zu überlasten. Die Überdruckflotation wurde auch als Nachkläreinheit bei biologischer Reinigung eingesetzt, wobei vor allem bei leichten Belebtschlämmen eine gute Eindickung verbunden war. Die Oberflächenbelastung der Flotationsbecken liegt mit bis zu 6–8 m/h recht hoch. Eine Variante ist die elektrolytische Erzeugung der Transportblasen an Opferelektroden bei 20 A und 6 V. Die Elektroflotation wird bevorzugt bei der Behandlung von ölhaltigen Abwässern in der metallverarbeitenden Industrie angewendet, wobei das Verfahren auch zweistufig geführt wird.

Die Flotation mit Makroblasen wird in der Erzaufbereitung, der Kohlewäsche sowie in der Zellstoff- und Papierindustrie seit langem benutzt. Die chemische Grundlage beruht auf einer Hydrophobierung der Feststoffteilchen und der Sammlung in einem aufschwimmenden Schaum unter Zusatz von oberflächenaktiven Stoffen. Auch bei der Faserstoff-Rückgewinnung in der Zellstoffindustrie werden Flotationsöle zugesetzt, die die großen Luftblasen an den Fasern festhalten und den Flotationseffekt ermöglichen.

# 5 Vorarbeiten für die Kläranlagenplanung

Die Entwurfsplanung von Kläranlagen bedarf eingehender Vorarbeiten. Einen schematischen Überblick über die einzelnen Arbeitsschritte gibt Bild 5.1-1.

## 5.1 Vorermittlung

### *5.1.1 Ziel der Vorermittlung*

Zur Vorermittlung gehören Untersuchungen über den Standort und das Einzugsgebiet einer Kläranlage sowie die Beschaffung vollständiger und zuverlässiger Unterlagen für die Wahl eines betriebssicheren Abwasserreinigungsverfahrens und zur wirtschaftlichen

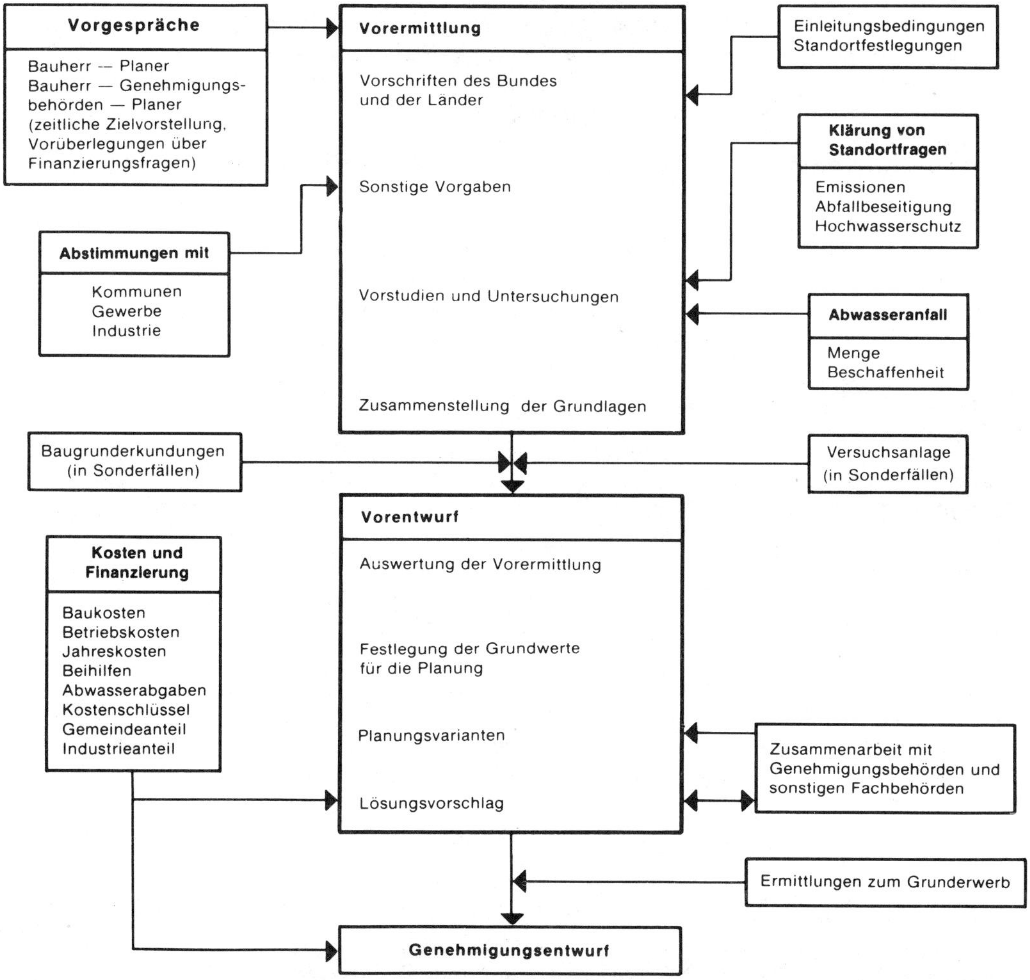


Bild 5.1-1. Schematische Darstellung des Ablaufs der Vorarbeiten für die Kläranlagen-Planung in Anlehnung an (16).

Bemessung der Abwasserreinigungs- und Schlammbehandlungsanlagen. Nach Abschluß der Vorermittlung kann mit der Aufstellung des Vorentwurfs die eigentliche Entwurfsplanung beginnen.

Die nachstehenden Hinweise gelten grundsätzlich für alle Kläranlagen. Beim Entwurf von Industriekläranlagen müssen aber zumeist noch spezielle Gesichtspunkte berücksichtigt werden. Vorermittlungen sind nicht nur für die weiterhin zu verwirklichenden Neuanlagen notwendig, sondern auch für zukünftig verstärkt vorzunehmende Erweiterungen bzw. Erneuerungen bestehender Anlagen.

### *5.1.2 Vorschriften des Bundes und der Länder*

Die Planung für eine Kläranlage wird durch verschiedene gesetzliche Regelungen abgesteckt, die nachstehend kurz zu erläutern sind. Zu Beginn der Vorermittlung ist zu prüfen, inwieweit die genannten Vorschriften für den konkreten Planungsfall zutreffen.

#### *5.1.2.1 Wasserwirtschaftliche Rahmenpläne* (§ 36 WHG) (99)

Zur Sicherung der für die Entwicklung der Lebens- und Wirtschaftsverhältnisse notwendigen wasserwirtschaftlichen Voraussetzungen stellen die Länder für Flußgebiete oder Wirtschaftsräume oder für Teile von ihnen wasserwirtschaftliche Rahmenpläne auf. Ein solcher Plan berücksichtigt den nutzbaren Wasserschatz, die Erfordernisse des Hochwasserschutzes sowie die Reinhaltung der Gewässer und bringt damit die wasserwirtschaftliche Rahmenplanung und die Erfordernisse der Raumordnung miteinander in Einklang.

#### *5.1.2.2 Bewirtschaftungspläne* (§ 36 b WHG) (99)

Soweit die Ordnung des Wasserhaushalts es erfordert, stellen die Länder zur Bewirtschaftung der Gewässer Pläne auf, die den Nutzungserfordernissen Rechnung tragen. In den Bewirtschaftungsplänen für oberirdische Gewässer sind insbesondere festgelegt die Nutzungen, denen das Gewässer dienen soll, die Merkmale, die das Gewässer in seinem Verlauf aufweisen soll, und die erforderlichen Maßnahmen, um diese Merkmale zu erreichen.

#### *5.1.2.3 Abwasserbeseitigungspläne* (§ 18 a WHG) (99)

Die Länder stellen nach überörtlichen Gesichtspunkten Pläne zur Abwasserbeseitigung auf. In diesen Plänen sind insbesondere die Standorte für bedeutsame Anlagen zur Behandlung von Abwasser, deren Einzugsbereich, die Grundzüge für die Abwasserbehandlung sowie die Träger der Maßnahmen festgelegt.

#### *5.1.2.4 Reinhalteordnungen* (§ 27 WHG) (99)

Die Landesregierungen oder die von ihnen bestimmten Stellen können durch Rechtsverordnung für oberirdische Gewässer oder Gewässerteile Reinhalteordnungen erlassen. Darin wird insbesondere festgelegt, daß bestimmte Stoffe nicht zugeführt werden dürfen, bestimmte Stoffe, die zugeführt werden, bestimmten Mindestanforderungen genügen müssen und welche sonstigen Einwirkungen abzuwehren sind, durch welche die Beschaffenheit des Wassers nachteilig beeinflußt werden kann.

#### *5.1.2.5 Anforderungen an das Einleiten von Abwasser* (§ 7a WHG) (99)

Eine Erlaubnis für die Einleitung von Abwasser in ein Gewässer darf nur erteilt werden, wenn Menge und Schädlichkeit des Abwassers so gering gehalten werden, wie dies bei Anwendung der jeweils in Betracht kommenden Verfahren nach den allgemein anerkannten Regeln der Technik (vgl. § 18b WHG) möglich ist. Die Bundesregierung erläßt mit Zustimmung des Bundesrates allgemeine Verwaltungsvorschriften über Mindestanforderungen an das Einleiten von Abwasser. Beispielsweise wurden solche Anforderungen an das Einleiten von kommunalem Abwasser erlassen (23).

#### *5.1.2.6 Länderwassergesetze* (LWG)

Die Wassergesetze der Länder füllen den im Wasserhaushaltsgesetz des Bundes (99) vorgeschriebenen Rahmen aus und ergänzen das Wasserhaushaltsgesetz durch landeseigene Regelungen.

#### *5.1.2.7 Abwasserabgabengesetz* (AbwAG) (98)

Für das Einleiten von Abwasser in ein Gewässer ist eine Abgabe zu entrichten. Die Höhe der Abgabe richtet sich nach der Schädlichkeit des Abwassers. Bei einem Wirtschaftlichkeitsvergleich verschiedener Abwasserbehandlungsverfahren ist gegebenenfalls auch die Abwasserabgabe zu berücksichtigen.

#### *5.1.2.8 Raumordnungs- bzw. Gebietsentwicklungspläne der Länder*

Die Aufstellung dieser „regionalen Pläne“ obliegt den regionalen Planungsgremien. In einer konkreten Darstellung der anzustrebenden langfristigen Gesamtentwicklung der Planungsregion geben die Pläne die Ziele der Raumordnung und Landesplanung wieder. Aufgezeigt werden u.a. die gegenwärtigen Verhältnisse, die Planungen und die beabsichtigten Maßnahmen auf den Gebieten „Wasser“, „Land- und Forstwirtschaft“, „Verkehrswege“, „Wohnungs- und Siedlungswesen“.

### *5.1.3 Sonstige Vorgaben*

#### *5.1.3.1 Gemeindliche Entwicklungsplanung*

Die Ergebnisse einer von der Gemeinde beschlossenen Entwicklungsplanung sind in Bauleitplänen berücksichtigt. Als solche gelten der Flächennutzungsplan und der Bebauungsplan.

Sofern für ein Gemeindegebiet keine Bauleitpläne vorliegen, sind die Ergebnisse eines beschlossenen Entwicklungsplanes für die Aufstellung von abwassertechnischen Entwürfen maßgebend.

#### *5.1.3.2 Größe des Einzugsgebietes*

Das Einzugsgebiet einer Kläranlage wird gewöhnlich aufgrund von kommunalen, verbands- oder landespolitischen Gebietsgrenzen festgelegt. Manchmal erweist sich allerdings aus wirtschaftlichen bzw. wasserwirtschaftlichen Gründen eine Ausweitung des Einzugsgebietes über diese Grenzen hinaus als zweckmäßig oder sogar notwendig. Zu Beginn einer Vorplanung sollten zunächst die vorhandenen Entwässerungsgebiete betrachtet werden.

Nach der Abschätzung von zukünftigen Entwicklungen können sich jedoch für die Festlegung des Einzugsgebietes Erweiterungen des Entwässerungsnetzes oder ein Anschluß zusätzlicher Entwässerungsgebiete ergeben.

Für die erste Festlegung des Einzugsgebietes einer Kläranlage genügen im allgemeinen folgende Unterlagen:

Kartenmaterial über die natürlichen und künstlichen Teilentwässerungsgebiete mit topographischen Angaben,
Bauleitpläne der Gemeinden,
gegebenenfalls Pläne über vorhandene und geplante angrenzende Kläranlageneinzugsgebiete.

Aus diesen Unterlagen sollten die Vorfluterverhältnisse, mögliche Lagen des Kläranlagengeländes, zulässige Abwassereinleitungsstellen, Lage und Ausdehnung von Hochwasserschutzgebieten sowie Wassergewinnungszonen ersichtlich sein.

### *5.1.3.3 Struktur des Einzugsgebietes*

Ermittlungen über die Struktur des Einzugsgebietes schaffen eine Übersicht über bestehende Entwässerungs-, Abwasservorbehandlungs- und Kläranlagen, über bereits vorliegende Planungen sowie über alle vorhandenen Abwassererzeuger und deren Abwässer. Darüber hinaus soll auch die zukünftige abwassertechnische Entwicklung im Einzugsgebiet für Bevölkerung, Gewerbe, Industrie und Landwirtschaft erkundet werden.

Die vorhandene Einwohnerzahl kann in der Regel aufgrund statistischer Unterlagen der Gemeinden ausreichend genau ermittelt werden. Bei Einzugsgebieten mit starkem Fremdenverkehr, Erholungs- und Kurheimen oder anderen Einrichtungen mit wechselndem Belegungsgrad (z.B. Campingplätze) ist eine entsprechende Belastung für die Kläranlage mit zu berücksichtigen.

Die Ermittlung der zukünftigen Einwohnerzahlen im Einzugsgebiet kann mit Hilfe einer geschätzten jährlichen Bevölkerungszuwachsrate erfolgen, die z.B. von *Imhoff* für Kleinstädte mit 1 %, für Großstädte mit 3 % und für Industriestädte mit 10 % angegeben wird (122). Diese Zuwachsraten sind nur als Richtwerte anzusehen und sollten zumindest an Hand statistischer Jahrbücher über die Bevölkerungsentwicklung der letzten Jahre überprüft werden.

Bei der Berechnung der zukünftigen Bevölkerungszahlen auf Grund einer Zuwachsrate wird die Zinseszinsformel angewendet:

$$E_n = E \cdot \left(1 + \frac{p}{100}\right)^n$$

Es sind:

$E$ = vorhandene Einwohnerzahl
$E_n$ = Einwohnerzahl in $n$ Jahren
$p$ = Zuwachsrate in %
$n$ = Anzahl der Jahre

In kleineren Gemeinden, besonders in der Nähe von Großstädten, in Industriebezirken oder bei Ansiedlung neuer Industrie- und Gewerbebetriebe ist heute die Wachstumsrate höher als oben angegeben, während Großstädte und ältere Industriestädte die genannten Zuwachsraten bei weitem nicht mehr erreichen. Infolge soziologischer und wirtschaftlicher Entwicklungen der letzten Jahre sind zudem städtebauliche Veränderungen eingeleitet worden, die zur Auflockerung alter Stadtkerne und zum Bau neuer Randsiedlungen und Trabantenstädte mit Laden- und Einkaufszentren führen. Mit statistischen Unterlagen allein ist dies nicht zu erfassen. Bauleitpläne der Städte und Gemeinden, aus denen mit der festgelegten Bebauungsdichte auf die endgültige Bevölkerungszahl geschlossen werden kann, geben in diesen Fällen einen besseren Anhalt.

Ermittlungen über die Bevölkerungsentwicklung sollten sich in der Regel auf einen Zeitraum von 20 bis 30 Jahren erstrecken. Fehlen gesicherte Unterlagen für eine solche langfristige Prognose, so kann ein stufenweiser Ausbau der Reinigungsanlage für kürzere Zeiträume sinnvoll sein.

#### *5.1.3.4 Einleitungsmöglichkeiten*

Zur Beurteilung des Vorfluters sind Erkenntnisse und vorliegende Messungen über die Wasserstände und Wasserführungen auszuwerten. Dabei erfolgt eine Aufstellung von Wasserstands- und Wassermengendauerlinien und die Bestimmung der nach DIN 4049 definierten Abflüsse, insbesondere der Niedrigwasserabflüsse wie NNQ und MNQ. Fehlen bei kleinen Vorflutern statistische Unterlagen, sind entsprechende rechnerische Ermittlungen unter Ansatz spezifischer Abflußspenden und gegebenenfalls Messungen durchzuführen. Für ausgebaute Vorfluter kann notfalls die Abflußkurve rechnerisch bestimmt werden. Wertvolle Anhaltspunkte, vor allem über die Hoch- und Niedrigwasserführung ergeben häufig eine Besichtigung der örtlichen Verhältnisse und Erkundigungen bei Anliegern des Kläranlagengeländes.

Gelegentlich sind Bestimmungen der Fließgeschwindigkeiten in der Bach- und Flußstrecke unterhalb der Einleitungsstelle, die Ermittlung von Abflußprofilen sowie Angaben über Staustrecken und Wehre erforderlich. Diese Werte sind neben der Belastung und Beschaffenheit des Vorfluters wichtige Grundlagen für Gewässergüteuntersuchungen.

Darüber hinaus sind Erhebungen über Art und Umfang der Nutzung des Vorfluters, über die Lage vorhandener oder geplanter Entnahmestellen für Trinkwasser, industrielles Brauchwasser, Kühlwasser sowie Viehtränken, Badeplätze und Erholungsgebiete anzustellen.

### *5.1.4 Vorstudien und Untersuchungen*

#### *5.1.4.1 Standortfragen*

Im Gegensatz zur Wasserversorgung, wo sich weiträumige Hochdruckverbundnetze zwischen Aufbereitungsgelände und den Verbrauchsschwerpunkten bewährt haben, ist der Kläranlagenstandort wegen der aufwendigen Freispiegelkanäle viel stärker an die Siedlungsschwerpunkte gebunden. In der Regel wird die Kläranlage am Tiefpunkt des Entwässerungsnetzes in der Nähe des Vorfluters angeordnet. Dessen Leistungsfähigkeit und die geforderte Gewässergüte beeinflussen in starkem Maße den Kläranlagenstandort. Bei Vorflutern mit geringer Wasserführung kann die Restverschmutzung im Kläranlagenablauf für die Gewässergüte bestimmend sein. In solchen Fällen wird möglicherweise durch einen überlangen Ablaufkanal bis zu einem leistungsfähigeren Gewässerabschnitt Abhilfe geschaffen. Bei starker Inanspruchnahme des Wasserhaushalts besteht dabei aber die Gefahr einer Austrocknung des Gewässers. Eine wesentliche wasserwirtschaftliche Forderung ist deshalb die ausreichende Leistungsfähigkeit des Vorfluters.

Ein Standort oberhalb einer Flußstaustrecke bedeutet in vielen Fällen Eutrophierungsgefahr für den Vorfluter, wenn nicht besondere verfahrenstechnische Maßnahmen auf der Anlage selbst getroffen werden können.

Einfluß auf die Standortwahl von Kläranlagen nimmt auch eine benachbarte Trinkwassergewinnungsanlage. Wenn keine Verschiebung des Standortes stromabwärts möglich ist, kann man sich manchmal mit einer entsprechenden Verlegung der Einleitungsstelle mittels eines langen Ablaufkanals behelfen.

Das Kläranlagengelände muß einen Hochwasserschutz bieten. Eine Überflutung des Geländes würde nicht nur den Betrieb der Anlage unterbrechen, sondern zu erheblichen Schäden an den maschinen- und elektrotechnischen Einrichtungen führen.

Bei einer Standortfestlegung ist die Möglichkeit, benachbarte Entwässerungsgebiete mit anzuschließen, zu berücksichtigen. Wirtschaftliche und abwassertechnische Vorteile können bei einer solchen Regionalisierung der Abwasserbeseitigung erzielt werden, weil mit wachsender Anlagengröße eine Degression der spezifischen Bau- und Betriebskosten, eine erhöhte Betriebssicherheit durch das Vorhandensein paralleler Anlagenteile und besserer Ausgleichsmöglichkeiten für die Abwasserbeschaffenheit und nicht zuletzt besser auszubildendes Personal gegeben sind (242).

Eine gelegentlich vorgeschriebene, in aller Regel auch anzustrebende Mitbehandlung industrieller Abwässer kann standortbestimmend sein. Erfahrungen haben gezeigt, daß eine gemeinsame Behandlung von kommunalem und industriellem Abwasser aus der Sicht des Gewässerschutzes vorteilhaft ist (124).

Die Topographie des Entwässerungsgebietes legt die Fließrichtung im Kanalnetz weitgehend fest und entscheidet darüber, ob ein Gebiet entweder überhaupt nicht angeschlossen und damit nicht bebaut werden kann, oder ob erhebliche Zusatzaufwendungen für Transportleitungen und Pumpwerke bzw. sogar eigene Kläranlagen notwendig sind.

Eine wesentliche Voraussetzung für den Kläranlagenstandort ist die Erschließungsmöglichkeit des Geländes. Die Zufahrt und die Straßenfläche des Geländes selbst müssen für schwere Bau- und Betriebsfahrzeuge ausbaubar sein.

Einen standortbestimmenden Problemkreis bilden die von einer Kläranlage ausgehenden Emissionen. Trotz aller dem Stand der Technik entsprechenden Maßnahmen zur Verminderung von Emissionen können nämlich Belastungen schutzbedürftiger Nutzungen auftreten. Dieses hat der für die Bauleitplanung geltende „Abstandserlaß“ für das Land Nordrhein-Westfalen (172) impliziert. Die darin angegebenen Mindestabstände der nächsten Wohnbebauung von Kläranlagen sind lediglich als Richtwerte anzusehen, von denen in begründeten Fällen durchaus abgewichen werden kann. Es sind vor allem in dicht besiedelten Gebieten häufig keine geeigneten Kläranlagenstandorte mit solchen Abständen zur Wohnbebauung zu finden. Als mögliche Emissionen von Kläranlagen sind Gerüche, Geräusche und in selteneren Fällen Wasserdampffahnen von Reststoffverbrennungsanlagen zu nennen.

Es sind auch Standortbedingungen hinsichtlich des Flächenbedarfs und des Baugrundes zu erfüllen.

Der Flächenbedarf moderner Kläranlagen wird in (122) angegeben mit:

1,30 $m^2$/E bei 1 000 bis 10 000 angeschlossenen Einwohnern
0,65 $m^2$/E bei 10 000 bis 50 000 angeschlossenen Einwohnern
0,39 $m^2$/E bei 50 000 bis 100 000 angeschlossenen Einwohnern

Eine neuere Untersuchung über den Platzbedarf (75) stellt den Ausnutzungsgrad des Geländes besonders heraus. Dieser läßt sich allerdings frühestens im Stadium des Vorentwurfs näher abschätzen. Entsprechend große und geeignete Geländeflächen lassen sich heute kaum mehr finden, vor allem, wenn es sich um zentrale Kläranlagen in engen Flußtälern handelt. Hin und wieder behilft man sich dann mit einer geländemäßigen Trennung von Kläranlage und Schlammbehandlungsanlage, obwohl dabei durch Transport- oder Leitungskosten wirtschaftliche Nachteile und außerdem betriebliche Erschwernisse entstehen. Bei der Ermittlung des Flächenbedarfs von Kläranlagen sind stets Erweiterungsflächen zu berücksichtigen, um später notwendige zusätzliche Behandlungsstufen unterbringen zu können.

Die bautechnischen Anforderungen an den Standort einer Kläranlage beziehen sich im wesentlichen auf Baugrund- und Grundwasserverhältnisse. In dieser Hinsicht vorhandene Standortnachteile können gewöhnlich nur mit einem erheblichen finanziellen Mehraufwand ausgeglichen werden. Gegebenenfalls ist eine Baugrunderkundung erforderlich, damit bei der Aufstellung des Vorentwurfs bereits erste Erkenntnisse über Gründungsmöglichkeiten vorliegen.

#### *5.1.4.2 Niederschlagswasserbehandlung*

Das Kanalnetz und die Kläranlage bilden ein einheitliches System. Deshalb ist die Kläranlagenplanung auf die bestehende bzw. zu erstellende Kanalisation abzustimmen. Dabei interessiert vor allem auch die Ableitung und Behandlung des Niederschlagswassers. Aus einer Behandlung dieses Abwassers im Kanalnetz oder auf dem Kläranlagengelände ergeben sich Konsequenzen für die Abwassermengencharakteristik im Kläranlagenzulauf, die zu verarbeitenden Schmutzfrachten und die entstehenden Schlammengen.

#### *5.1.4.3 Schlammbeseitigung*

Eine besondere Beachtung verlangt die schadlose Beseitigung des bei der Abwasserreinigung anfallenden Klärschlamms sowie der gegebenenfalls mitzubehandelnden Fremdschlämme. Dabei beeinflussen örtliche Möglichkeiten häufig die Wahl des Verfahrens zur Schlammbehandlung. Wegen der gegenüber früheren Jahren verschärften Anforderungen an die Schlammbeschaffenheit bei landwirtschaftlicher Unterbringung wird in manchen Fällen zwecks besserer Ausnutzung vorhandener Deponieflächen eine starke Schlammkonzentrierung notwendig. Das führt dann zwangsläufig zur Anwendung maschineller Entwässerungsanlagen. Die technische Sicherheit und Verfügbarkeit einer solchen Anlage verlangt eine gewisse Mindestgröße. Außerdem ist eine geordnete Deponie nur bei größeren Anlagen sinnvoll und wirtschaftlich, wodurch sich dann die Zusammenfassung mehrerer Anlagen zu einem Schlammverbund anbietet. In manchen Fällen kann auch der Einsatz einer mobilen maschinellen Entwässerungsanlage vorgesehen werden.

Die Anwendung kombinierter Schlamm – Müll – Beseitigungsverfahren sowie eine Schlammveraschung ist gegebenenfalls zu überprüfen.

#### *5.1.4.4 Abwassermenge*

Eine maßgebende Größe für die Bemessung von Kläranlagen ist die zulaufende Abwassermenge, die durch den häuslichen und industriellen Schmutzwasseranfall sowie durch in das Kanalnetz eindringendes Fremdwasser bestimmt wird. Bei Regenwetter ergibt sich eine Vervielfachung des im Kanalnetz abfließenden Abwassers. Im Rahmen der Vorermittlung für den Kläranlagenentwurf erfolgt eine Auswertung für die niedrigste, höchste und mittlere Zuflußmenge. Diese Werte sind für die Bemessung der Klärbauwerke, für die hydraulische Berechnung der Zuleitungskanäle, Rohrleitungen, Düker, Überfälle und der Wassermengenmeßeinrichtungen erforderlich.

Eine Ermittlung des Abwasserzuflusses kann rechnerisch erfolgen. Das geschieht mit Hilfe eines spezifischen Schmutzwasseranfalls pro Einwohner oder Produktionsgut nach Angaben aus der Literatur (22) bzw. Abwasserstatistik (221) oder durch Erhebungen über den Wasserverbrauch der Bevölkerung, des Gewerbes und der Industrie aufgrund der Fördermengen der Wasserwerke. Außerdem sind Fremdwasserzuschläge zu berücksichtigen, ebenso das Niederschlagswasser, das wie im Entwässerungsentwurf anzusetzen ist. In der Regel wird die bei Regenwetter in der Kläranlage zu behandelnde maximale Abwassermenge auf die 2-fache Trockenwettermenge begrenzt (7). Nach Möglichkeit ist die Abwassermenge durch Messung zu ermitteln. Diese liefert genauere Werte als die rechnerische Bestimmung. Die Meßstellen sollen die Abwasserzuflüsse am Ende der bestehenden Sammelsysteme erfassen. Schwierigkeiten mit einer zeitlichen Überlagerung von Zuflüssen aus verschiedenen Entwässerungsgebieten können so am sichersten ausgeschaltet werden. Meßstellen sollten zweckmäßigerweise an Hauptentwässerungskanälen, Abwasserdruckrohrleitungen sowie an den Einleitungsstellen der Abwässer gewerblicher und industrieller Betriebe eingerichtet werden.

Das jeweils zu wählende Meßverfahren muß unter Berücksichtigung der Abwassereigenschaften und Abwasserinhaltsstoffe wie Schlämme, Faserstoffe, Salze und Säuren genügend genau und sicher sein. Gebräuchliche Meßmethoden und Meßeinrichtungen sind Schwimmermessungen für Näherungswerte, Flügelmessungen, Meßwehre, Venturikanäle, Meßblenden, induktive- und Ultraschall-Durchflußmesser. Zuverlässige Ergebnisse können nur durch Messungen über längere Zeitabschnitte erzielt werden. Der Einsatz von selbsttätig registrierenden Meßgeräten ist daher frühzeitig zu prüfen. Die gewonnenen Meßergebnisse ermöglichen eine Auftragung von Wasserstands- und Wassermengenganglinien. Bei einer getrennten Auswertung für Wochentage bzw. Sonn- und Feiertage sind die täglich zu erwartenden Schwankungen des Abwasseranfalls direkt ablesbar. In den durch Meßgeräte aufgezeichneten Tagesganglinien sind darüber hinaus sämtliche Abflußspitzen erfaßt, die durch kurzzeitige Abgabe von gewerblichem und industriellem Abwasser, Einschaltung von Pumpwerken oder durch Regenabflußspitzen entstehen können. Die Zuflußmengenganglinien sind auch Grundlage für die Bemessung von Regenrückhalte- und Abwasserausgleichsbecken vor der Kläranlage. Bei stoßweisem Anfall konzentrierter oder toxischer Abwässer bieten solche Becken betriebliche Vorteile durch den möglichen Ausgleich der Verschmutzungs- oder Giftkonzentrationen. Werden die mittleren Tageszuflußmengen nach ihrer Größe geordnet und graphisch aufgetragen, ergibt das eine Wassermengendauerlinie. Die Addition der Einzelwerte einer Jahreswassermengendauerlinie liefert den Jahresabfluß. Wassermengendauerlinien geben Auskunft über die Über- oder Unterschreitungsdauer bestimmter Abflüsse.

Als Bemessungswassermenge für die Kläranlage wird zumeist der Mittelwert des Trockenwetterzuflusses während der Tagesstunden zwischen 8 und 20 Uhr gewählt. Bei Ansatz spezifischer Tages-Abwassermengen sind je nach Größenklasse der Kläranlage unterschiedliche Faktoren für die Ermittlung der Bemessungswassermenge zu berücksichtigen (22).

Bei Mischkanalisation wird die zu reinigende maximale Abflußmenge durch die Anforderungen an die Beschaffenheit der in den Vorfluter einzuleitenden Abwässer bestimmt.

Neuere Erkenntnisse haben dazu geführt, daß ein 90 %iger Rückhalt der biologisch abbaubaren Abwasserinhaltsstoffe in der Kläranlage gefordert wird (7). Die Extremwerte der Zuflußmenge sind von besonderer Bedeutung für die Festlegung der unteren Auslegungsgröße von Pumpen, Meßeinrichtungen, Abwasserbehandlungseinheiten sowie für die Überprüfung der zulässigen Fließgeschwindigkeiten in Rohrleitungen und Rinnen der Kläranlage.

Für die Ermittlung der Abwasserabgabe ist von der Jahresschmutzwassermenge auszugehen. Die aus Abwassermengenmessungen erhaltenen Ergebnisse müssen dafür nach einem vorgeschriebenem Rechenverfahren ausgewertet werden.

### *5.1.4.5 Abwasserbeschaffenheit*

Die Wahl des Abwasserreinigungsverfahrens wird entscheidend durch die Abwasserbeschaffenheit bestimmt. Es sind deshalb entsprechende Untersuchungen (Analysen) durchzuführen. Die Proben hierfür sollten möglichst aus der zusammengeführten Abwassermenge entnommen werden. Bei Probenahmen aus Teilströmen ist die Überlagerung zu berücksichtigen. Als Verschmutzungsparameter des Abwassers werden üblicherweise untersucht:

> *p*H-Wert, absetzbare, gelöste und ungelöste Stoffe, chemischer und biochemischer Sauerstoffbedarf, Stickstoffverbindungen, Phosphate.

Im Einzelfall bleibt zu überprüfen, ob weitere Parameter untersucht werden müssen.

Erhebungen über das Abwasser aus der Industrie sind ebenfalls vorzunehmen. In Anlehnung an (58) wären dabei folgende Punkte zu berücksichtigen:

- eine Erläuterung des Fabrikationsprozesses,
- eine Darstellung der Wasser-/Abwasserströme,
- die stündlich, täglich, jährlich abfließenden Abwassermengen,
- die Frachten ausgewählter Abwasserinhaltsstoffe,
- Roh- und Hilfsstoffe für abwasserproduzierende Fabrikationsprozesse,
- eine Beschreibung der Abwasservorbehandlungseinrichtungen,
- die Einrichtungen zur Messung und Kontrolle des Abwassers,
- die Sicherheitsvorkehrungen bei der Lagerung und Handhabung wassergefährdender Stoffe,
- die Lage des Betriebes zum Vorfluter bzw. zu den Abwasseranlagen (Kanalisation und Reinigungsanlage) der Gemeinde.

Mitzubehandelnde Fremdschlämme (z.B. aus Kleinkläranlagen) sind nach Menge und Beschaffenheit zu erfassen.

Abwasser- und Schlammuntersuchungen sollten grundsätzlich von Fachleuten durchgeführt werden, die auf dem Abwassergebiet über einschlägige Erfahrungen verfügen.

Die zukünftige Entwicklung (z.B. infolge Veränderung bzw. Ausweitung der Produktion sowie eines Strukturwandels in Industrie und Gewerbe) ist bei der Beurteilung der Untersuchungsergebnisse zu berücksichtigen.

### ***5.1.5 Ergebnisse der Vorermittlung***

Eine Zusammenstellung der Ergebnisse erfolgt zweckmäßig in tabellarischer Form nach Ausbauzeiten untergliedert (z.B. jetzt und später) und sollte enthalten:

Einwohner,
Einwohnergleichwerte,
Abwasseranfall (l/E · d),
Trockenwettermenge (häusliches Abwasser, gewerbliches und industrielles Abwasser, Fremdwasser),
Zulaufcharakteristik (Stundenmittel),
Regenwettermenge,
Fremdschlämme,
Angaben über Verschmutzung.

Bei der Planung sind im Einzelfall die jeweils besonders zu beachtenden Kriterien – z.B. hydraulische und bautechnische Randbedingungen – kurz und prägnant herauszustellen.

## 5.2 Vorentwurf

### *5.2.1 Ziel des Vorentwurfs*

Mit Hilfe eines Vorentwurfs soll in Abstimmung zwischen Bauherren und Fachbehörden unter den zur Wahl stehenden abwassertechnischen Entwurfsvarianten die wasserwirtschaftlich, technisch und wirtschaftlich günstigste Lösung gefunden werden. Er ist die Basis für den Genehmigungsentwurf und den baureifen Entwurf.

### *5.2.2 Festlegung der Grundwerte*

#### *5.2.2.1 Auswertung der Vorermittlung*

Unter Berücksichtigung der Ergebnisse aus der „Vorermittlung", insbesondere der geforderten Reinigungsleistung, der Niederschlagswassermitbehandlung, der Betriebssicherheit, der örtlichen Gegebenheiten des ausgewählten Standortes (Baugrund, Grundwasserstand etc.) und der zu erwartenden Wirkungen auf die Umwelt müssen Klär- und Schlammbehandlungsverfahren sowie die Lage und Höhe der Klärbauwerke festgelegt werden.

#### *5.2.2.2 Mögliche Klärverfahren*

Die Wahl des Abwasserreinigungsverfahrens wird entscheidend durch Beschaffenheit und Menge des Abwassers, den geforderten Reinigungsgrad sowie durch die örtlichen Verhältnisse bestimmt. Dabei ist die biologische Reinigung als Regelfall zu bezeichnen.

Die Mitbehandlung industrieller und gewerblicher Abwässer, die besonders stark verschmutzt sind oder für den Abwasserreinigungsprozeß bzw. das Gewässer schädliche Stoffe enthalten, erfordert in der Regel eine Vorbehandlung oder die Anwendung spezieller verfahrenstechnischer Schritte.

Zuverlässige Angaben über Abwasserbehandlungsmöglichkeiten und erreichbare Reinigungsleistungen sind erforderlichenfalls durch Versuchsanlagen im labor- bzw. halbtechnischen Maßstab zu gewinnen (s. Abschnitt 5.3).

#### *5.2.2.3 Schlammbehandlung*

Die Auswahl des Verfahrens zur Schlammbehandlung wird durch die Eigenschaften des Schlammes und durch die Möglichkeit der endgültigen Unterbringung der Rückstände bestimmt, wobei der technischen Reife (Verfügbarkeit und Betriebssicherheit) der Verfahren besondere Beachtung zu schenken ist. Wenn Versuchsanlagen für die Abwasserreinigung betrieben werden, ist sinnvollerweise auch die Schlammbehandlung in das Untersuchungsprogramm einzubeziehen.

#### 5.2.2.4 *Erweiterungen*

Für spätere Erweiterungen der Kläranlage aufgrund vergrößerter Abwassermengen bzw. Schmutzfrachten oder infolge eines gewünschten höheren Reinigungsgrades sind selbst dann Reserveflächen vorzusehen, wenn die Planung langfristig erfolgt. Der in der Vergangenheit aus wirtschaftlichen Gründen gelegentlich vorgenommene stufenweise Ausbau von Abwasserreinigungsanlagen verliert im Hinblick auf die zunehmenden Schwierigkeiten in der Genehmigungspraxis an Bedeutung.

### 5.2.3 *Planungsvarianten*

Die zahlenmäßig großen und komplexen Einflußfaktoren machen häufig systematische Studien erforderlich. In diesen Fällen wird eine technisch und wirtschaftlich gründliche Planungskonzeption auch die Aufstellung von Lösungsvarianten für die Bemessung und Gestaltung der Kläranlage einbeziehen. Bei einer solchen Untersuchung sind verfahrens-, bau- und/oder maschinentechnische Planungsgrundzüge zu variieren. Nur die abschließenden Ergebnisse sollten Bestandteil des Vorentwurfs werden. Für Zwischenermittlungen genügt eine konzeptmäßige Ausarbeitung.

#### 5.2.3.1 *Technische Lösungsmöglichkeiten*

Mit Hilfe der wesentlichen Bemessungsparameter einer Kläranlage wie Durchflußzeiten, Oberflächenbeschickungen, Schlamm- und Raumbelastungen etc. sind die Größen der Klärbauwerke zu ermitteln. Ferner ist eine überschlägige hydraulische Berechnung vorzunehmen, um die Fließverhältnisse und die höhenmäßige Zuordnung der einzelnen Bauwerke generell festzulegen.

Die diversen Möglichkeiten der Anordnung der einzelnen Anlagenteile im Lageplan sind zu erarbeiten. Hierbei gilt es, die Topographie des Geländes, besondere örtliche Gegebenheiten wie Abstand zur nächsten Bebauung, Lage von Vorflutern, Straßen, anderer Verkehrswege sowie überörtlicher Versorgungsleitungen und dergleichen zu beachten. Zu diesen Betrachtungen gehören auch Untersuchungen über die optimale Zuordnung der einzelnen Bauwerke zueinander. Hier sind besonders die Fließwege, die Länge von Leitungen, die notwendigen Wege des Bedienungspersonals etc. zu berücksichtigen.

Die Höhenanordnung wird durch den bereits festliegenden Zulaufkanal, die Wasserspiegellagen des Vorfluters, die Gefälleverluste innerhalb der Anlage und die Geländehöhen bestimmt. Hier ist die Kläranlage unter Berücksichtigung der Baugrundverhältnisse und insbesondere des Grundwasserstandes einzupassen. Die höhenmäßige Anordnung der Bauwerke hat Einfluß auf die Jahreskosten der Kläranlage.

#### 5.2.3.2 *Anlage- und Betriebskosten*

Anhand der erfolgten größenmäßigen Auslegung der Kläranlagenteile und der Planunterlagen sind Schätzungen der Investitionskosten vorzunehmen. Bei der Aufstellung eines Kostenüberschlags geben in der Literatur aufgeführte Einheitspreise in DM/m$^3$ Betriebseinheit (z.B. DM/m³ Beckeninhalt) einen ersten Anhalt. Dabei ist jedoch der jeweilige Baukostenindex zu berücksichtigen. Die Investitionskosten einer Kläranlage werden in zunehmendem Umfang durch die elektro- und maschinentechnische Ausrüstung mitbestimmt. Bei unterschiedlichen Betriebsausrüstungen ist es daher wichtig, realistische Abschätzungen der Liefer- und Montagekosten vorzunehmen. Abschreibungssätze sind sinnvoll anhand von Betriebserfahrungen zu wählen.

Neben der Baukostenberechnung ist auch eine überschlägige Betriebskostenberechnung durchzuführen. Diese muß Angaben über Personalkosten, Betriebs- und Wartungsmittel sowie über Stromkosten enthalten. Hierzu sind im Einzelfall Richtwerte aus der Literatur in kritischer Abwägung heranzuziehen.

Abschließend hat eine Berechnung der Jahreskosten zu erfolgen. Diese setzen sich aus den Kosten für Kapitaldienst und Abschreibung der Bauwerke mit Ausrüstungen sowie den Betriebskosten zusammen.

#### *5.2.3.3 Gegenüberstellung der untersuchten Planungsvarianten*

Um zu der geeigneten Lösung zu kommen, ist in der Regel eine technische und wirtschaftliche Gegenüberstellung der Varianten erforderlich. Bei der technischen Bewertung ist die Betriebssicherheit mit zu berücksichtigen, falls wesentliche verfahrenstechnische Unterschiede vorliegen. Im Hinblick auf eine stets einwandfreie Reinigungswirkung der Anlage bedürfen auch die Belange der Wartung und Überwachung einer besonderen Berücksichtigung.

Die Anlage muß so gestaltet sein, daß zur Erzielung des geforderten Reinigungseffektes ein möglichst geringer Aufwand an Investitions- und Betriebskosten erforderlich wird. Höhere Baukosten können auch durch Einsparungen bei den Betriebskosten gerechtfertigt sein. Am wirtschaftlichsten ist die Entwurfsvariante mit den geringsten Jahreskosten. Die wasserwirtschaftlichen Gesichtspunkte müssen bei der Gegenüberstellung der Variantenlösungen berücksichtigt werden und haben in aller Regel den Vorrang.

### *5.2.4 **Lösungsvorschlag***

Der Vorschlag stellt die bestmögliche Lösung der Planungsaufgabe dar. Er wird als das Ergebnis der mit dem Bauherrn und den Fachbehörden abgestimmten Gesamtbeurteilung der weiteren Entwurfsplanung zugrunde gelegt.

Der Umfang des Lösungsvorschlages ist von der Größe und Schwierigkeit des Projektes abhängig. In jedem Fall soll er folgende Entwurfsgrundlagen enthalten:

Erläuterungsbericht,
überschlägige abwassertechnische und hydraulische Berechnung,
Lagepläne,
Höhenplan,
generelle Darstellung der Bauwerke (Bauwerksskizzen),
Kostenüberschlag.

Aus dem Erläuterungsbericht sollen in knapper Form die Größe und die Struktur des Einzugsgebietes, Einzelheiten über den Kläranlagenstandort, die Vorflutverhältnisse, der Abwasseranfall, die Abwasserbeschaffenheit sowie der erforderliche Reinigungsgrad des Abwassers hervorgehen. Die untersuchten Planungsvarianten und die Gründe, die zur Wahl des Lösungsvorschlags führten, sind kurz zu erläutern.

Die überschlägige abwassertechnische Berechnung soll – ohne ins Detail zu gehen – Angaben über die Bemessungswassermenge, den Schlammanfall, die Belastung der Betriebseinheiten sowie die Größe der erforderlichen Bauwerke für die Abwasser- und Schlammbehandlung enthalten. Zur Bestimmung des gesamten Höhenverlustes zwischen Zulaufkanal und Vorfluter ist anhand von Erfahrungswerten über die Einzelverluste der Klärstufen und verbindenden Leitungen eine überschlägige hydraulische Berechnung aufzustellen. Sie ist Grundlage für den Höhenplan.

An Lageplänen sind ein Übersichtsplan, Maßstab = 1 : 25 000 bis 1 : 10 000, und ein Lageplan der Kläranlage, Maßstab = 1 : 500 bis 1 : 200, beizufügen. Aus dem Übersichtsplan sollen der Vorfluter, die Einleitungsstelle sowie das Einzugsgebiet der Kläranlage und aus dem Lageplan die Anordnung der einzelnen Bauwerke zueinander ersichtlich sein.

Im Höhenplan ist neben der Geländelinie die Wasserspiegellinie in den Klärstufen und im Ablaufkanal bis zum Vorfluter aufzutragen. Der Längsschnitt sollte die Einzelbauwerke wie Rechen, Sandfang, Vorklärbecken, biologische Reinigungsstufe, Nachklärbecken u.a. nur schematisch darstellen. Er erhält den Höhenmaßstab 1 : 100 und den Längenmaßstab des Lageplanes. Liegen Erkenntnisse über den Baugrund und die Grundwasserstände vor, sind diese in den Höhenplan mit aufzunehmen.

Von den wichtigsten Betriebseinheiten sollten unmaßstäblich, jedoch grob vermaßt, Bauwerksskizzen angefertigt werden.

Die Zusammenstellung der überschlägig ermittelten Bau-, Betriebs- und Jahreskosten erfolgt in tabellarischer Form.

## 5.3 Versuchsanlagen und Versuchstechnik

### *5.3.1 Begriffsbestimmung*

Wegen der Vielschichtigkeit und Kompliziertheit der Vorgänge sind die Verfahren zur Abwasser- und Schlammbehandlung fast ausschließlich empirisch und zum großen Teil durch Versuche entwickelt worden. Der Erkenntnisstand ist inzwischen so weit fortgeschritten, daß für gewöhnliches Abwasser und normale Bedingungen eine Abwasserbehandlungsanlage i.a. ohne vorausgehende Versuche erstellt werden kann. Liegen aber außergewöhnliche Verhältnisse vor (Klima, Lage, Abwasserbeschaffenheit, Kostengründe), so ist vorab die Durchführung von Versuchen zweckmäßig. Versuche werden angestellt, um

1.1. die Grundlage eines Behandlungsverfahrens mit dem Ziel einer möglichst allgemeingültigen Aussage zu erforschen. Hierfür wird i.a. eine mehr oder weniger große Zahl parallel laufender Versuchsanlagen vergleichbarer Art eingesetzt. Die Versuche können sehr aufwendig sein und erfordern entsprechend ausgebildetes Fachpersonal und einen hohen meßtechnischen Aufwand.

1.2. ein bestimmtes Verfahren oder Gerät auf seinen möglichen Einsatz hin zu überprüfen. Solche Versuche sind meist einfacher und mit geringeren Mitteln durchzuführen. Zur besseren Beurteilung sollte dennoch, wenn möglich, auf Vergleichsuntersuchungen nicht verzichtet werden. Voneinander unabhängige Parallelanlagen ermöglichen den Vergleich von Systemen oder Verfahren und zeigen die Auswirkungen verfahrenstechnischer oder betrieblicher Modifikationen. Hierzu zählen auch die Versuche, die in Vorbereitung für den Bau einer Kläranlage an dem zukünftigen Standort und mit dem speziellen Abwasser durchgeführt werden.

Nach der Art des Betriebes unterscheidet man ferner:

2.1. Standversuche (diskontinuierlich): Sie geben Aufschluß über das Verhalten einer Substanz und ihre Veränderung mit der Zeit. Zum Beispiel kann man sich über die Abbaubarkeit, die Restverschmutzung und den zeitlichen Verlauf des biologischen Abbaus der organischen Substanz eines Abwassers auf diese Weise rasch und einfach Einblick verschaffen.

2.2. Die endgültige Aussage über die Bemessung erhält man jedoch zuverlässiger durch Versuche im Durchlaufbetrieb (kontinuierlich), bei denen die Einflüsse der Schwankungen in der Abwasser- bzw. Schlammbeschaffenheit wirksam werden können. Hierdurch werden die Grundlagen für die vorzusehende Sicherheit in der Bemessung geschaffen und Aussagen über die Betriebssicherheit eines Verfahrens ermöglicht.

Wichtig ist aber auch, den richtigen Maßstab für die Versuche zu wählen, damit zum einen die Aussage über das Versuchsergebnis möglichst repräsentativ ist, zum anderen die Kosten nicht unnötig hoch getrieben werden.

3.1. Versuche im Labormaßstab (Bild 5.3-1 und 5.3-2) dienen der Orientierung und liefern Anhaltswerte über die generelle Eignung eines bestimmten Behandlungsverfahrens. Sie sind zum Teil etwas problematisch, weil das Abwasser häufig Stoffe enthält, die Verstopfungen in Leitungen und Dosierpumpen verursachen. Aus diesem Grunde sind in vielen Fällen

3.2. Versuche im halbtechnischen Maßstab (Bild 5.3-3 und 5.3-4) den Laborversuchen vorzuziehen. Mit ihnen lassen sich vor allem die Auswirkung verschiedener verfahrenstechnischer Modifikationen besser beurteilen.

3.3. Versuche im technischen Maßstab (Bild 5.3-5 und Bild 5.3-6) werden erforderlich, wenn bestimmte Systeme getestet und vor allem die Kosten der Behandlung und die Betriebssicherheit überprüft werden sollen.

Ziel und Zweck einer Versuchsanlage liegen in der Schaffung von Grundlagen zur Bemessung und optimalen Auslegung der Behandlungsanlage. Sie eröffnet daher die Möglichkeit, wirtschaftliche Vorteile durch Energie- oder Betriebsmitteleinsparungen, verminderte Anlagekosten und erhöhte Betriebssicherheit zu erreichen. Der finanzielle Aufwand für die Versuchsanlage ist deshalb (in Grenzen) berechtigt; man rechnet, wenn es sich bei der geplanten Kläranlage um eine größere handelt, mit etwa 1–2 % der Anlagekosten. Die Einrichtung einer Versuchsanlage sollte jedoch nicht zum Prinzip erhoben werden. Die aus bereits bestehenden Versuchs- und Betriebsanlagen vorliegenden Erkenntnisse geben vielfach ausreichende Informationen.

### *5.3.2 Versuchstechnik*

Versuchsanlagen können häufig mit sehr einfachen Mitteln erstellt werden. Wichtig ist jedoch, daß entscheidende Details richtig umgesetzt werden. Von allzu primitiver Ausstattung muß jedoch abgeraten werden, wenn hierdurch Betriebsstörungen entstehen können, welche die Aussagekraft der angestrebten Ergebnisse beeinträchtigen. So treten bei geringen Wassermengen sehr leicht Verstopfungen auf, ein Hauptproblem bei Versuchen mit Abwasser. Für die Förderung sind daher glatte, flexible und durchsichtige Kunststoffleitungen vorteilhaft. Als Pumpen kommen je nach Menge und Art des Fördermediums Kreiselpumpen, Exzenterschneckenpumpen, Membranpumpen oder auch Schlauchpumpen zum Einsatz. Da bei Versuchsanlagen die Betriebseinstellungen i.a. variiert werden

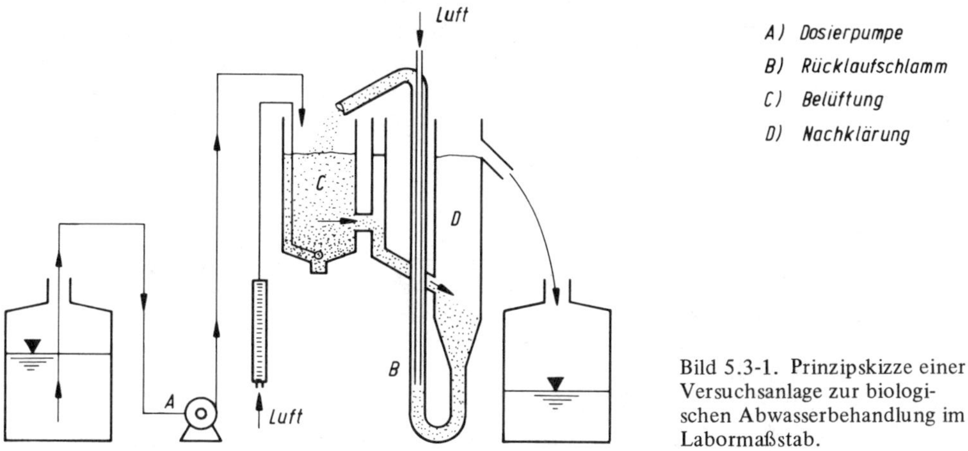


Bild 5.3-1. Prinzipskizze einer Versuchsanlage zur biologischen Abwasserbehandlung im Labormaßstab.

Bild 5.3-2. Ansicht der Labor-Versuchsanlage.

sollen, sind entsprechende Vorkehrungen hierfür unerläßlich. Pumpen sollten, wenn möglich, regelbar sein. Ein Angleichen bei zu großen Fördermengen an die gewünschte Beschickungsmenge ist aber auch durch Abschlagen möglich. Damit verschiedene Anlagenteile miteinander kombiniert oder umgangen werden können, sind genügend Absperrschieber, Abzweige und gegebenenfalls Leitungen mit Schnellkupplungen vorzusehen.

Besonderes Augenmerk verdient die Ausstattung mit Meßgeräten, möglichst mit einer kontinuierlichen Registrierung, sowohl zur Kontrolle des Prozesses als auch für Regelvorgänge. Häufig scheitert ein Vergleich unterschiedlicher Betriebsparameter an dem Unvermögen, die nicht betroffenen Parameter konstant zu halten. Um eindeutige Aussagen aus den Versuchsergebnissen herleiten zu können, gilt beim Vorhandensein sonst gleich ausgerüsteter Parallelanlagen meistens der Grundsatz, nur eine Bedingung zu verändern, alle anderen in beiden Anlagen gleich zu halten. Während eine Regelung i.a. keine wesent-

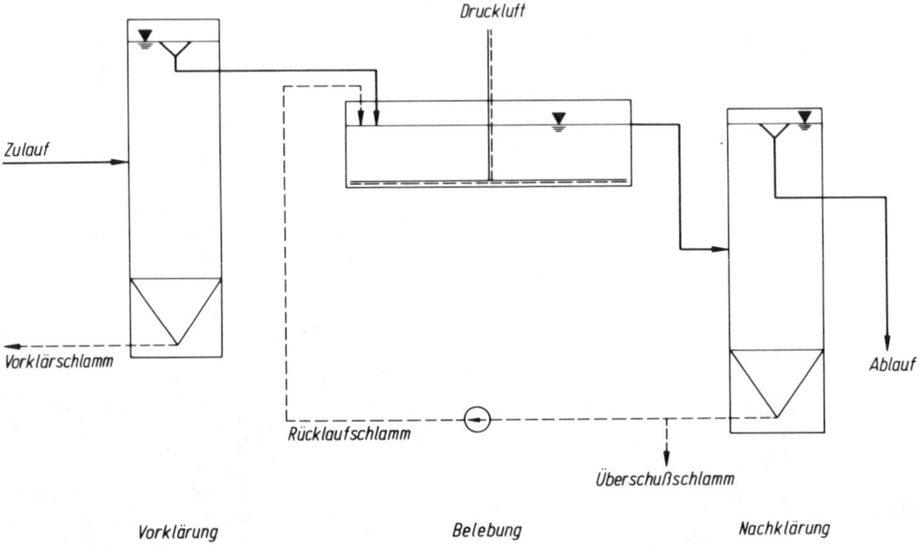


Bild 5.3-3. Prinzipskizze einer Versuchsanlage zur biologischen Abwasserbehandlung im halbtechnischen Maßstab.

Bild 5.3-4. Ansicht der Versuchsanlage im halbtechnischen Maßstab.

lichen Probleme aufwirft, sind die Meßgeräte, auf denen ein solcher Regelkreis aufgebaut wird, besonders kritisch zu betrachten. Im Zweifelsfalle empfiehlt sich eine endgültige Beschaffung erst nach Bewährung. Dabei sollte mit den Herstellerfirmen Kontakt gehalten werden.

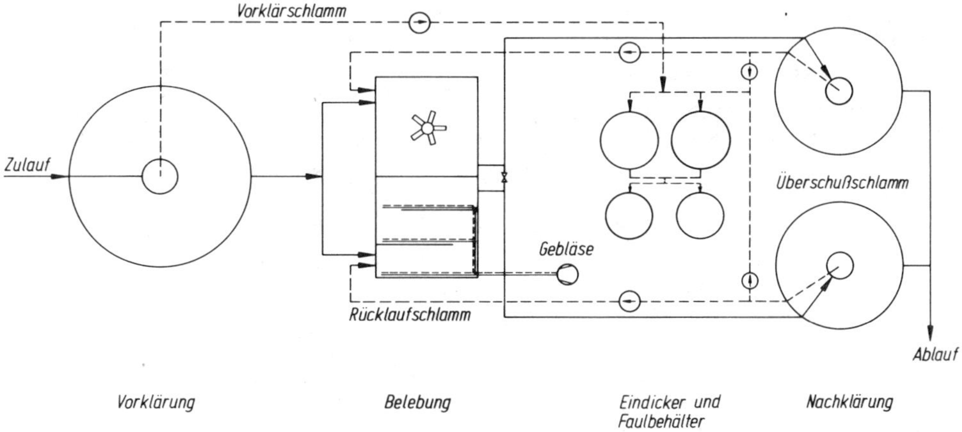


Bild 5.3-5. Prinzipskizze einer Versuchsanlage zur biologischen Abwasserbehandlung im technischen Maßstab.

Bild 5.3-6. Ansicht der Versuchsanlage im technischen Maßstab.

Die beste Versuchsanlage ist sinnlos, wenn nicht genügend geübtes Personal für Wartung, Betrieb, Reparaturen, Probenahmen, Analysen und Auswertung zur Verfügung steht. Automatische Meß- und Regeleinrichtungen können, soweit sie sich im Dauerbetrieb bewährt haben, teilweise das Personal ersetzen. Die Dauer einer Versuchsperiode richtet sich nach dem Gegenstand der Versuche und darf nicht zu knapp angesetzt werden, weil sonst gelegentliche oder typische Schwankungen in der Abwasser-(Schlamm-)beschaffenheit nicht erfaßt werden. Zur Protokollierung der Versuche sollten alle eventuell wichtigen Betriebs- und Analysendaten festgehalten werden.

Der Neuling auf dem Gebiet des Abwasserversuchswesens erwartet, durch Versuche eine „Ja-Nein"-Antwort auf die technische Fragestellung zu erhalten. Bedingt durch die Komplexheit der Materie streuen die Versuchsergebnisse aber meistens so stark, daß oftmals die Versuchsvarianten keine signifikanten Unterschiede zeigen. Bisweilen steht einem Vorteil einer Variante auch ein Nachteil entgegen. Vor „Wunschdenken" sollte man sich in solchen Fällen hüten. Bei der Auswertung der Analysenergebnisse ist zu berücksichtigen, daß Menge und Beschaffenheit des Abwassers oder Schlammes Schwankungen unterliegen. Unter diesem Gesichtspunkt sind Angaben über den prozentualen Wirkungsgrad oft irreführend, weil er nicht konstant, sondern konzentrationsbedingt ist. In graphischen Darstellungen scheue man sich nicht, statt einer Geraden oder Kurve den Streubereich aufzuzeigen. Häufig sind Ergebnisse, vor allem von biologischen Abbauversuchen, nicht rekonstruierbar, weil sie von sehr vielen Faktoren abhängen.

Ziel der Versuche ist die Schaffung von Bemessungsgrundlagen. Im Idealfall werden die Versuchsergebnisse mit Kostenangaben aus Überschlagsrechnungen verknüpft. Wenn eine genügende Anzahl von Versuchsergebnissen vorliegt, kann ihre Auswertung nach mathematisch-statistischen Gesichtspunkten vollzogen werden, zum Beispiel durch eine Korrelationsrechnung zur Überprüfung, ob zwischen zwei Merkmalen eine Beziehung besteht. Darüber hinaus ist es üblich, über die Darstellung der Häufigkeitsverteilung zu einer Beurteilung des Reinigungseffektes und der Stabilität des Reinigungsprozesses zu kommen. Eine solche Art der Auswertung beinhaltet und bewertet alle Meßergebnisse gleichermaßen. Dabei ist die statistische Sicherheit einer Aussage um so größer, je mehr Einzelwerte für die Auswertung zur Verfügung stehen.

Werden Versuchsanlagen als Pilotanlagen für später zu bauende Klärstufen errichtet, sollten diese möglichst bis zur Fertigstellung der Kläranlage weiter betrieben werden, besonders dann, wenn durch Wandlung der wirtschaftlichen Struktur des Einzugsgebietes oder die unvorhersehbare Produktionsumstellung eines Industriebetriebes Veränderungen von Menge und Beschaffenheit des Abwassers (Schlammes) möglich sind. Die Versuchsanlage hat dann die Funktion, das Abwasser zu kontrollieren und gegebenenfalls Schutzmaßnahmen, z.B. gegen toxisch wirkende Stöße, zu erproben und festzulegen.

### *5.3.3 Probenahmetechnik*

Aufgrund der Tatsache, daß die Erkenntnisse über die bei der Abwasserreinigung ablaufenden Vorgänge empirisch gewonnen werden, ist der Probenahmetechnik eine wesentliche Bedeutung beizumessen (85):

1. Stichproben

   Als Stichprobe wird das Teilvolumen eines Wasserkörpers bezeichnet, das zu einem beliebig festgesetzten Zeitpunkt aus dem Gesamtvolumen (Bach, Klärbecken, Kanal usw.) entnommen wird. Um solche Zufallsergebnisse bei nur einmaligem Schöpfen der Probe einzuschränken, ist es zweckmäßig, die Stichprobe durch mehrmaliges Schöpfen gleicher Teilvolumina aus dem zu untersuchenden Wasserkörper in einem größeren Gefäß zu sammeln. Nach dem Durchmischen der vereinigten Teilvolumina im Sammelgefäß entnimmt man daraus die für die weitere Untersuchung benötigte Probemenge.

2. Mischproben

   Im Unterschied zu Stichproben werden Mischproben aus mehreren Teilproben als zeit- oder mengenproportionale oder als örtliche Mischproben hergestellt. Diese unterliegen keiner so großen Zufälligkeit wie Stichproben und liefern daher bei ihrer Untersuchung ein i.a. repräsentatives Ergebnis.

   Die Proben werden entweder von Hand als über einen längeren Zeitraum geschöpfte Stichproben, besser aber durch Probenahmeautomaten gezogen. Bei zeitproportionalen Mischproben werden in zeitlich gleichen Abständen konstante Teilvolumen entnommen und zu einer Mischprobe vereinigt. Mengenproportionale Mischproben sind über bestimmte Zeiträume zusammengefaßte Einzelproben, die im Verhältnis zur Wassermenge entnommen werden.

Bei Stich- oder Mischproben ist zu entscheiden, ob die im Zulauf einer Anlage auftretenden Qualitätsunterschiede ihrer zeitlichen Abfolge nach bewertet werden sollen. Wird dies für erforderlich gehalten, so sind korrespondierende Proben zu verwenden.

Zwischen der Entnahme und der Untersuchung einer Probe kann in Abhängigkeit von der Zeit der Zustand einer Probe entscheidenden Veränderungen unterliegen. Diese lassen sich zum Teil nicht mehr rückgängig machen. Durch geeignete Maßnahmen der Probenkonservierung ist es bei einigen Qualitätsmerkmalen des Wassers (z.B. $BSB_5$) jedoch möglich, diese Veränderungen weitgehend zu vermeiden. Andere Qualitätsmerkmale lassen sich hingegen nicht konservieren. Dies gilt vor allem für das Gemisch aus gelösten und ungelösten Anteilen. Aus diesem Grunde sollte die Trennung von gelösten und ungelösten Anteilen an Ort und Stelle sofort im Anschluß an die Probenahme durchgeführt werden. Für die Trennung kommt im wesentlichen der Absetzvorgang oder die Filtration in Frage.

3. Rohwasserprobe

   Als Rohwasserprobe bezeichnet man die Probe eines Wassers ohne weitere Aufbereitungsschritte. Sie enthält folglich auch die ungelösten Anteile. Ihre Untersuchung ist in der Regel nur nach Homogenisieren möglich.

4. Sedimentierte Probe

   Sollen in einem Wasser gelöste bzw. Schwebstoffe getrennt von den absetzbaren Inhaltsstoffen ermittelt werden, so ist hierfür die sedimentierte Probe zu verwenden. Diese erhält man durch Absitzenlassen der Feststoffe eines Wassers. Im allgemeinen ist die Absetzdauer auf zwei Stunden festgelegt. Bei Belebtschlamm-Wasser-Gemischen beträgt die Sedimentationsdauer hiervon abweichend 30 Minuten.

5. Filtrierte Probe

   Sollen in einem Wasser nur die gelösten Stoffe bestimmt werden, die Schwebstoffe dagegen mit den absetzbaren Stoffen ausgeschlossen werden, so ist die filtrierte Probe zu wählen.

Welche Art der Probenahme jeweils anzuwenden ist, hängt davon ab, was untersucht werden soll. So sind z.B. Rohwasserproben zweckmäßig, wenn der Erfolg eines Sedimentationsprozesses charakterisiert werden soll. Bei der Bewertung der biologischen Elimination der Abwasserverschmutzung kann die Einbeziehung der sedimentierbaren und gegebenenfalls auch abfiltrierbaren Stoffe zu Fehlinterpretationen führen, wenn nämlich schlechte Reinigungsergebnisse ihren Ursprung in der Dimensionierung der Nachklärbecken haben. Andererseits liefert die Analyse von Rohwasserproben die im Hinblick auf die Wirkung der gesamten Behandlungsstufen und die Belastung des Vorfluters einzige repräsentative Aussage. Bei Versuchsanlagen ist jedoch zu bedenken, daß die Absetzbecken häufig eine schlechtere Klärwirkung haben als Betriebsanlagen. Für eine saubere Bilanzierung erscheint es daher richtig, möglichst filtrierte Proben zu verwenden, gleichzeitig aber auch den Gehalt an abfiltrierbaren Stoffen mitzubestimmen.

Aber nicht nur auf der Wasserseite, sondern auch bei der Bestimmung der Schlammfeststoffe sind die Folgen der Probenahmeart zu bedenken. Wird beispielsweise der Belebtschlammgehalt von einer nichtfiltrierten Probe ermittelt, kann das Meßergebnis erheblich verfälscht werden, wenn das Abwasser größere Mengen gelöster Salze enthält. Bei der Festlegung von Art und Umfang der Proben sollte man sich daher vorab überlegen, durch welche Komponenten die Meßergebnisse beeinflußt werden können, damit entweder Fehler richtig bewertet oder aber ausgeschaltet werden können.

### *5.3.4 Ausgewählte Probleme der Versuchstechnik*

Es ist nicht möglich, alle Fragen zu versuchstechnischen Verfahrensvarianten umfassend zu beantworten. Es können nur die wichtigsten, immer wiederkehrenden Problemschwerpunkte angesprochen werden. Ebensowenig sollen an dieser Stelle die Versuchen zugrunde liegenden wissenschaftlichen Erkenntnisse, die an anderen Stellen des vorliegenden Lehr- und Handbuches der Abwassertechnik (23) behandelt werden, wiederholt werden, wenn es nicht ausdrücklich für das Verständnis der Versuchstechnik erforderlich ist.

#### *5.3.4.1 Hydraulische Untersuchungen*

In vielen Fällen ist die Durchfluß- oder Reaktionszeit ein Hauptparameter für die Bemessung von Abwasserbehandlungsanlagen. Werden Becken infolge ungünstiger hydraulischer Voraussetzungen nur unvollständig durchströmt, kann der Eliminationsgrad hierdurch beeinträchtigt werden. Aus diesem Grunde ist die Kenntnis über das Verweilzeitverhalten von besonderer Bedeutung für die Beurteilung von Abwasserbehandlungsanlagen.

Die versuchstechnische Ermittlung des Verweilzeitverhaltens erfolgt i.a. durch eine Stoßmarkierung. Dagegen wird die Verdrängungsmarkierung aus Kostengründen nur selten angewendet. Für eine solche Markierung werden z.B. Fluorescein, Lithium, Kochsalz oder auch Radionukleide eingesetzt. Gemessen werden die zeitlich abhängigen Konzentrationen an der Stelle, über die eine Aussage gemacht werden soll, je nach Markierungsart durch Photometer, Atomabsorptionsspektrometer, Leitfähigkeitsmesser oder einen Strahlungsdetektor. Bild 5.3-7 zeigt beispielhaft den zeitlichen Verlauf einer Stoßmarkierung und die sich daraus ergebende Verteilungssummenkurve als Einheitsflächenintegral der Konzentrationen über die Zeit. Die Verteilungssumme $F(t)$ wird ermittelt aus

$$F(t) = \frac{\sum_{0}^{t} C(t) \cdot \Delta t}{\sum_{0}^{\infty} C(t) \cdot \Delta t},$$

wobei das Flächenintegral $J$ die während der gesamten Versuchsdauer erfaßten Teilkonzentrationen repräsentiert:

$$J = \sum_0^\infty C(t) \cdot \Delta t$$

Die mittlere Durchflußzeit $\tau_0$ wird aus dem statischen Moment

$$\tau = \frac{1}{J} \cdot \sum_0^\infty t^n \cdot C(t) \cdot \Delta t$$

berechnet, indem $n = 1$ gesetzt wird. Der Mittelwert ist danach das gewogene Mittel oder der Schwerpunkt der Verteilungsfunktion. Darüber hinaus kann die Standardabweichung $\sigma_0$ als ein charakteristisches Zeitmaß für die Breite der $C(t)$-Verteilung angegeben werden:

$$\sigma_0 = (\tau_{(n=2)} - \tau^2_{(n=1)})^{1/2}$$

Weitere charakteristische Merkmale der Meßkurve $C(t)$ und der Verteilungssumme $F(t)$ sind die Zeitpunkte

- $t_0$, zu dem erstmals, z. B. nach der Injizierung ($t = 0$) von Radionukleiden, an der Meßstelle eine meßbare Traceraktivität registriert wird.
- $t_m$, als zeitliche Lage einer lokalen maximalen Aktivitätskonzentration, und
- $t_{50}$, zu dem 50 % der an einer Meßstelle registrierten Gesamtaktivität diese passiert hat, fälschlicherweise auch als praktische Durchflußzeit bezeichnet.

Durch einen Vergleich der gemessenen Aufenthaltszeit mit der theoretischen Verweilzeit erhält man den Ausnutzungsgrad des Beckens.

Je nach Art der Nutzung und Auslegung unterscheidet man als Grenzbereiche idealdurchmischte und pfropfendurchströmte Becken. In der Praxis wird man stets ein Zwischenstadium vorfinden, das entweder der einen oder der anderen Strömungsart mehr entspricht. Bei mehreren idealdurchmischten Rührkesseln nähert sich mit zunehmender Kaskadenzahl das Verweilzeitverhalten dem eines pfropfendurchströmten Beckens.

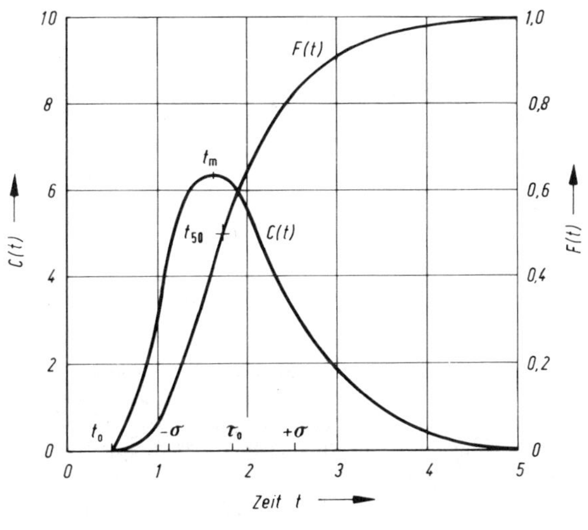


Bild 5.3-7. Verweilzeitverhalten von Klärbecken.

Bild 5.3-8. Ansicht eines Strömungsmeßflügels mit Richtungsanzeige.

Neben dem Mischverhalten sind die Strömungsgeschwindigkeiten von besonderem Interesse, sei es, um sicher zu gehen, daß Ablagerungen da, wo sie, wie im Belebungsbecken, nicht erwünscht sind, vermieden oder aber, daß beim angestrebten Absetzvorgang bestimmte Strömungsgeschwindigkeiten nicht überschritten werden. Darüber hinaus dient die Messung von Strömungsgeschwindigkeiten auch der Bestimmung von Durchflußmengen. Je nach den vorliegenden Geschwindigkeitsverhältnissen werden im niedrigen Strömungsbereich Thermosonden, bei höheren Geschwindigkeiten Strömungsmeßflügel, gegebenenfalls auch Schwimmer verwendet. Sehr hohe Geschwindigkeiten können auch durch den Staudruck (Pitotrohr) gemessen werden. In der Abwassertechnik kann in der überwiegenden Anzahl der Fälle der Informationsbedarf durch Geschwindigkeitsmeßflügel abgedeckt werden (Bild 5.3-8).

Bei der Übertragung von Modellversuchen auf den technischen Maßstab ist vor allem im hydraulischen Bereich zu beachten, daß dabei Modellgesetze anzuwenden sind. Je nach-

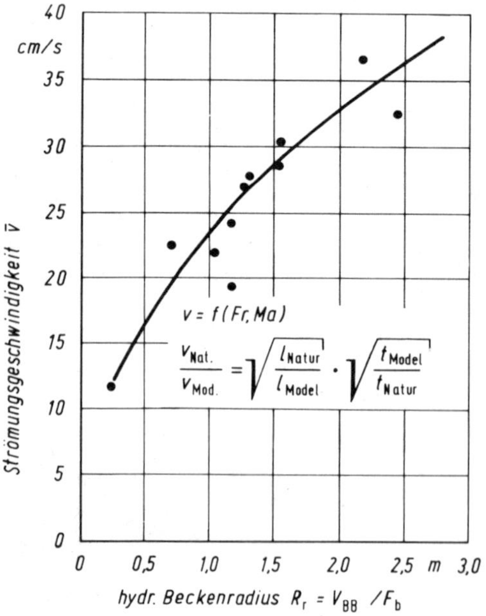


Bild 5.3-9. Beispiel für die Anwendung der Modellgesetze – Strömungsgeschwindigkeiten an der Beckensohle von Kreiselbelüfterbecken in Abhängigkeit von den Beckenabmessungen.

dem, welche Kräfte und Eigenschaften vornehmlich wirksam werden, sind die Versuchsergebnisse mit Hilfe der entsprechenden Kennzahlen umzurechnen (206). Wenn bei Strömungsvorgängen überwiegend Trägheits- und Schwerkräfte wirksam werden, können die Ergebnisse von Modellversuchen nach dem *Froude*'schen Modellgesetz berechnet werden. Für die Übertragbarkeit der Reibung ist hingegen die *Reynold*-Zahl maßgebend, während die Oberflächenspannung durch die *Weber*'sche Kennzahl erfaßt wird. Für Wellenbewegungen kann die aus der Gasdynamik bekannte *Mach*-Zahl angewendet werden. Über diese hinaus finden weitere Kennzahlen, wie z.B. die *Galilei*- oder *Newton*-Zahl, Verwendung, die ihrerseits aus den vorgenannten Kennzahlen abgeleitet sind oder Funktionen von diesen darstellen. Häufig werden auch Kombinationen der verschiedenen Kennzahlen herangezogen, wenn nicht nur eine Kraftgröße dominant, sondern mehrere Kräfte gleichzeitig beeinflussend wirksam werden (Bild 5.3-9). Die große Schwierigkeit für den Auswertenden besteht in der richtigen Abschätzung der Einflüsse und Kräfte. Eine falsche Auswahl kann auch zu falschen Interpretationen führen. Die Anwendung von Modellgesetzen allein ist noch keine Garantie für die Richtigkeit der damit getroffenen Aussage.

### *5.3.4.2 Untersuchungen zur Elimination der Abwasserverschmutzung*

#### 5.3.4.2.1 Auswerteverfahren

Um eine Aussage über die Effektivität von Abwasserreinigungsverfahren zu erhalten, ist es erforderlich, die analytisch gefundenen Versuchsergebnisse zu bewerten. Für eine Bilanzierung kann man entweder von den Konzentrationen ausgehen und hieraus den prozentualen Kläreffekt ermitteln.:

$$\eta = \frac{x_{iZ} - x_{iA}}{x_{iZ}} \cdot 100 \text{ in } \%$$

mit

$x_{iZ}$ = Zulaufkonzentration
$x_{iA}$ = Ablaufkonzentration
$\eta$ = Wirkungsgrad

oder die Frachten verwenden, indem die Konzentrationen mit den jeweiligen Abwassermengen multipliziert werden. Da von Versuchsanlagen, die über einen längeren Zeitraum betrieben werden, i.a. eine ganze Reihe von Versuchsergebnissen vorliegen, die, aufgrund von Schwankungen in der Abwasserbeschaffenheit und in der Klärwirkung, voneinander abweichende Ergebnisse aufweisen, ist eine weitere Aufbereitung der Versuchsergebnisse erforderlich.

In erster Näherung kann man das arithmetische Mittel $\overline{x}$ aus den verschiedenen Untersuchungsergebnissen $x_i$ bilden. Doch enthalten Mittelwerte keine Information darüber, ob z.B. geforderte Grenzwerte eingehalten werden können und wie die Stabilität eines Reinigungsverfahrens zu beurteilen ist. Aus diesem Grunde ist es sinnvoll, die Versuchsergebnisse auch statistisch auszuwerten (110, 187). Im allgemeinen kann man davon ausgehen, daß bei störungsfreiem Betrieb die Zu- und Ablaufkonzentrationen arithmetisch oder logarithmisch normalverteilt sind, wobei die logarithmische Verteilung meist die bessere Anpassung ergibt. Die Auswertung kann sowohl mathematisch als auch graphisch durchgeführt werden. Die graphische Auswertung ist zwar etwas ungenauer, wegen der einfachereren Handhabung und besseren Anschaulichkeit ist sie jedoch in vielen Fällen geeigneter und damit der mathematischen Auswertung vorzuziehen. Hierfür trägt man die Meßergebnisse in ein Wahrscheinlichkeitsnetz ein und zieht durch die Punkte die Ausgleichsgerade.

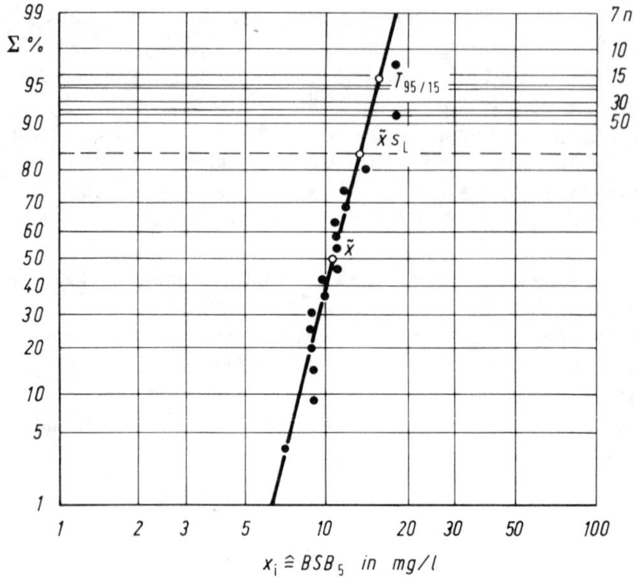


Bild 5.3-10. Beispiel für die statistische Auswertung von Versuchsergebnissen.

Abzulesen sind dann Zentralwert, Streufaktor und Toleranzgrenze. In Bild 5.3-10 ist ein Beispiel für dieses Auswerteverfahren gegeben. Nach Erstellung der Summenhäufigkeitskurve können für die Ermittlung der Leistungsbilanz die Toleranzgrenze $\tilde{x} \cdot S_L$, die 80 %-Werte oder auch die Zentralwerte $\tilde{x}$ der Zu- und Ablaufverteilung benutzt werden.

Folgende Fragen können durch Versuche geklärt werden:

a) der Eliminationsgrad der Abwasserinhaltsstoffe,
b) das geeignete Verfahren,
c) die Optimaleinstellung und die Abbauleistung in Abhängigkeit von der Belastung,
d) erforderliche Hilfsmaßnahmen,
e) Betriebssicherheit und
f) Kosten.

Für den Betrieb von Versuchsanlagen ist vor allem sicherzustellen, daß die Anlagen den verfahrenstechnischen Anforderungen genügen. Bei den Versuchen selbst werden Probleme durch systematisches Vorgehen eingegrenzt. Dies geschieht am besten durch Vergleichsbetrachtungen von Parallelanlagen. Dabei sollte, wenn möglich, immer nur ein Parameter variiert werden.

### 5.3.4.2.2 Absetzverfahren

Die Wirkung eines Absetzbeckens wird bestimmt durch seine Abmessungen, die Gestaltung des Ein- und Auslaufes sowie die Ausbildung der zur Entfernung der Sedimente installierten Schlammräum- und -abzugseinrichtungen. Die Abmessungen ergeben sich aus der gewünschten Durchflußzeit, der angestrebten Flächenbeschickung oder Schlammvolumenbelastung. Darüber hinaus ist der Art und Beschaffenheit des Abwassers eine weitere Bedeutung beizumessen, da z.B. Dichteunterschiede infolge von Temperaturdifferenzen oder unterschiedlichen Salzgehalten das Absetzverhalten beeinträchtigen können.

Zur besseren Beurteilung der Klärwirkung kann es aber auch sinnvoll sein, die Vorgänge im Becken selbst zu analysieren. Hierzu gehört die Aufnahme von Schwebstoffprofilen und die Verteilung der abgelagerten Schlammschicht auf dem Beckenboden. Schwebstoffprofile werden i.a. von aus verschiedenen Tiefen entnommenen Proben erstellt (Bild 5.3-11). Durch Interpolation lassen sich hieraus Linien mit gleichem Schwebstoffgehalt bilden (Bild 5.3-12). Mit zunehmender Verbesserung der Meßgeräte können solche Profile aber auch direkt durch die Messung der Trübung ermittelt werden. Die Verteilung der Schlammablagerungen auf der Beckensohle läßt sich durch das Aufstellen von zylindrischen Gefäßen während eines durch die Räumung nicht gestörten Zeitintervalles feststellen.

Für die überwiegende Mehrheit der Untersuchungen über das Absetzverhalten sollte der großtechnische Maßstab vorgezogen werden, weil, durch eine Vielzahl unterschiedlicher Einflußfaktoren bedingt, vor allem im Labor- aber auch im halbtechnischen Maßstab keine voll befriedigenden Ergebnisse zu erzielen sind. Absetzanlagen werden zwar vorwiegend über die Flächenbeschickung dimensioniert, doch hat die Beckentiefe nach den allgemeinen Erfahrungen eine nicht zu vernachlässigende Bedeutung (29). Aus diesem Grunde empfiehlt es sich, auch bei Anlagen im halbtechnischen Maßstab für Absetzbecken eine Tiefe von zumindest 2 m vorzusehen. Dies hat zur Folge, daß solche Versuchsbecken i.a. vertikal durchströmt werden, auch wenn für den großtechnischen Maßstab eine horizontale Strömungsrichtung vorgesehen ist.

Der Absetzeffekt wird im allgemeinen über die Bilanz der abfiltrierbaren Stoffe ermittelt. Der Rückhalt läßt sich aber auch durch Messung der anfallenden Schlammengen und Konzentrationen bei bekanntem Abwasserdurchsatz in kg/m³ Abwasser ausdrücken.

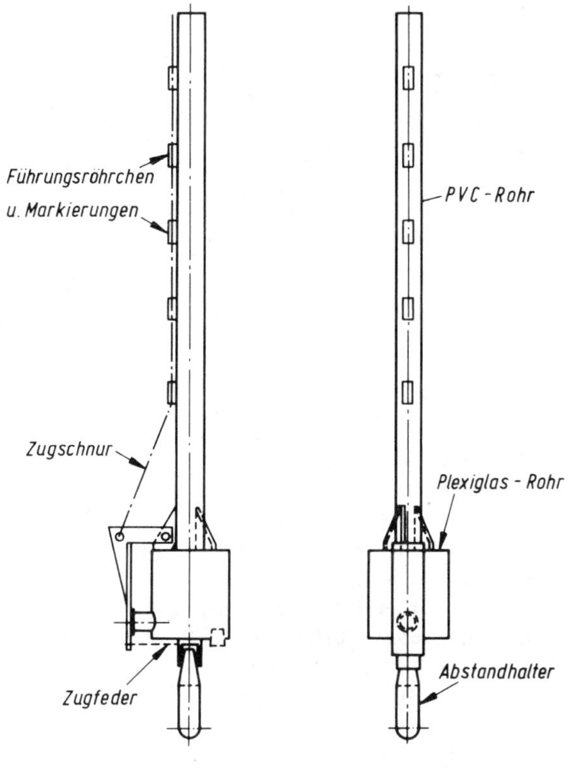


Bild 5.3-11. Schnittzeichnung eines Gerätes zur Entnahme von Proben aus unterschiedlichen Wassertiefen.

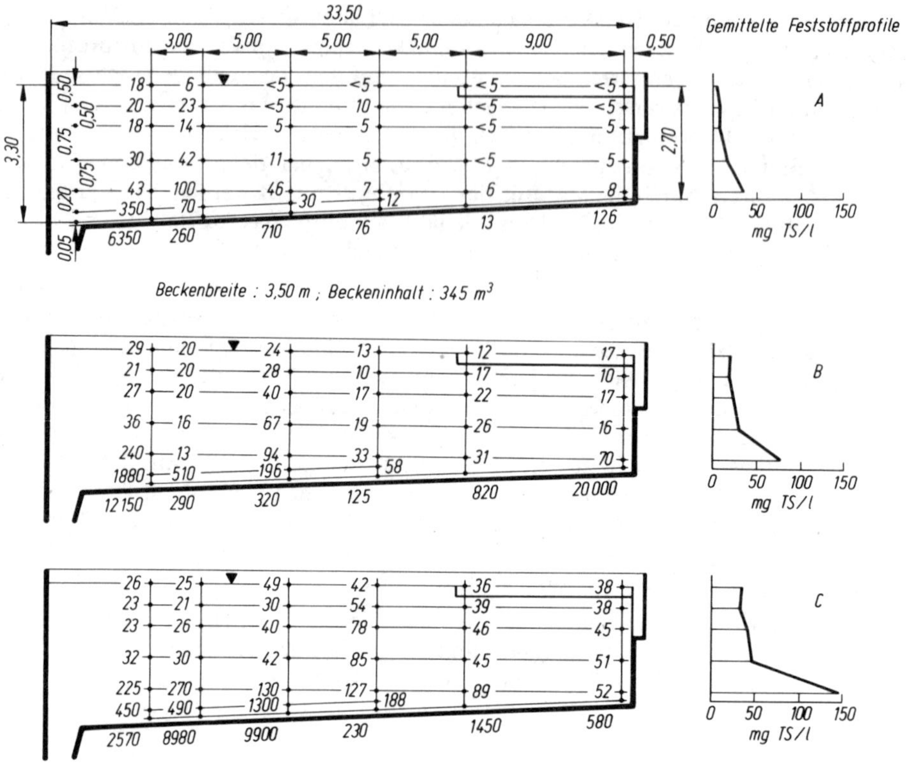


| | | A | B | C | |
|---|---|---|---|---|---|
| Flächenbeschickung | $q_F$: | 0 | 0 | 0 | m/h |
| | $q_{RS}$: | 0,2 | 0,5 | 0,8 | m/h |
| Schlammindex | $I_{SV}$: | | ~ i.M. 85 ml/g | | |
| Schlammgehalt im Belebungsbecken | $TS_R$: | | ~ i.M. 3,25 g/l | | |

Bild 5.3-12. Beispiel für die Auswertung von Probennahmeergebnissen – Feststoffverteilung in Nachklärbecken.

### 5.3.4.2.3 Biologische Abwasserreinigung

Zu den biologischen Abwasserreinigungsverfahren sind sowohl die aeroben als auch die anaeroben Verfahren zu zählen. Ziel der biologischen Abwasserreinigung ist es, nicht oder nur schlecht sedimentierbare, kolloidale und gelöste Abwasserinhaltsstoffe zu eliminieren. Bei Anlagen zur biologischen Abwasserreinigung spielt in den meisten Fällen der Maßstab nur eine untergeordnete Rolle, wenn man die maßstabsbedingten Unsicherheiten und Fehler bei der Analytik berücksichtigt. Aus diesem Grunde sollte man sich z.B. davor hüten, eine ungenügende Absetzwirkung eines den maßstäblichen Erfordernissen nicht so gut entsprechenden Nachklärbeckens dem biologischen Verfahren zuzuschreiben. Das bedeutet, nicht Rohwasserproben sind zu untersuchen und auszuwerten, sondern sedimentierte Proben, durch die solche Unzulänglichkeiten eliminiert werden.

Versuchsanlagen sollten, wenn möglich, an Ort und Stelle der geplanten Kläranlage mit dem speziellen Abwasser betrieben werden. Dies gilt besonders dann, wenn beim Transport und der Lagerung unkontrollierte Zersetzungen eintreten können, die eine Verfälschung des Reinigungsergebnisses erwarten lassen.

Bevor Ergebnisse für die Auswertung der Versuche herangezogen werden, sollte für die Versuchsanlage eine ausreichende Einarbeitungszeit vorgesehen werden. Wie lang diese sein muß, hängt vom Verfahren und von den zu untersuchenden Abwasserinhaltsstoffen ab. Im wesentlichen wird die Einarbeitungszeit von den Generationszeiten der für den biologischen Abbau verantwortlichen Mikroorganismen vorgegeben. Generell benötigen Anaerobier eine längere Einarbeitungszeit als aerobe Verfahrensarten. So kann die Einarbeitungszeit beim anaeroben Belebungsverfahren mehrere Monate dauern. Dieser Vorgang läßt sich jedoch verfahrenstechnisch verkürzen, indem zunächst eine größere Versuchseinheit in Betrieb genommen wird, aus der dann Biomasse für kleinere Anlagen, die mit höheren Konzentrationen an belebtem Schlamm gefahren werden sollen, entnommen werden kann. Die Einarbeitungszeit beim aeroben Verfahren beträgt im allgemeinen 4 bis 6 Wochen. Längere Einarbeitungszeiten sind anzusetzen, will man eine Biozönose dazu bringen, größere Mengen schwer abbaubarer Inhaltsstoffe zu eliminieren. Hierzu muß häufig die Versuchsanlage mit einem üblichen Abwasser angefahren und die spezifische Abwasserverschmutzung mit langsam sich steigernden Raten zugegeben werden, damit eine Adaption der Biomasse erfolgen kann. Die Einarbeitungszeit von Belebungsanlagen läßt sich verkürzen, wenn organische oder auch anorganische Flockungsmittel zugegeben werden.

Auch für die Versuche selbst ist ein genügend langer Zeitraum je Versuchseinstellung vorzusehen, weil biologische Anlagen auf Veränderungen, die die Biologie beeinflussen, verhältnismäßig träge reagieren. Im allgemeinen sollten Versuchseinstellungen zumindest zwei Wochen, wenn erforderlich aber auch mehr, beibehalten werden. Zur Beurteilung der biologischen Umwandlung von Stickstoffverbindungen ist z.B. ein wesentlich längerer Zeitraum vorzusehen, da hier eine starke Temperaturabhängigkeit besteht.

Beim Belebungsverfahren ist die Beckenform so zu wählen, daß die Durchmischung des Reaktors gewährleistet ist. Zu- und Ableitungen müssen so liegen, daß keine Kurzschlußströmungen entstehen. Die Querschnitte der Leitungen und die Förderorgane müssen für die vorgesehenen Durchflußmengen ausreichend sicher bemessen werden. Da Reaktor und Nachklärbecken eine verfahrenstechnische Einheit bilden, ist auf eine gesicherte Schlammräumung in der Nachklärung und Schlammrückführung in das Belebungsbecken Wert zu legen. Wesentliche Betriebsparameter sind der Gehalt an Biomasse, durch den die Schlammbelastung vorgegeben wird, und beim aeroben Verfahren die Sauerstoffversorgung. Beide sind zu regeln. Je nach Bedeutung und Größe der Versuchsanlagen kann dies auch automatisch durch die Installation von Regelkreisen geschehen (203). Der Schlammgehalt wird im allgemeinen über den Schlammabzug gesteuert, gegebenenfalls genügt es, den Schlamm einmal pro Tag von Hand abzulassen. Die Sauerstoffversorgung, die bei kleineren Anlagen wegen der einfacheren Handhabung meist als Druckbelüftung durchgeführt wird, ist so hoch anzusetzen, daß sie auch im unbeaufsichtigten Zustand die an sie gestellten Anforderungen erfüllt. Kleine Versuchsanlagen werden daher häufig mit Sauerstoffgehalten betrieben, die über den wirtschaftlich vertretbaren Sauerstoffgehalten von Betriebsanlagen liegen. Dennoch muß der als wesentlicher Betriebsparameter geltende Sauerstoffverbrauch gemessen werden. Hierbei ist zu berücksichtigen, daß beim biologischen Prozeß nicht nur eine Elimination der organischen Kohlenstoffverbindungen stattfindet, sondern auch mit abnehmender Belastung eine zunehmende Oxidation des Stickstoffes und der Suspensa.

Zur Ermittlung des tatsächlichen Sauerstoffverbrauches kann man bei bekanntem Eintragsvermögen der Belüftereinheiten von der gemessenen Belüfterleistung ausgehen. Doch können hierbei, vor allem bei kleineren Versuchsanlagen, erhebliche, maßstabsbedingte Fehler auftreten. Um solches auszuschließen, ist es genauer, die Sauerstoffzehrungsraten entweder im Labor, siehe Bild 5.3-13, oder auch in der Betriebsanlage zu bestimmen. Wenn möglich, ist nach der Höhe von Grundatmung, Substratatmung und Sauerstoffverbrauch für die Stickstoffumwandlung zu unterscheiden. Bei der Ermittlung von Zehrungsraten werden Abwasserproben einschließlich des entsprechenden Anteils an belebtem Schlamm aufbelüftet. Anschließend wird die Abnahme des Sauerstoffgehaltes über die Zeit gemessen und auf den Gehalt an Biomasse bezogen, so daß sich als Dimension für die Zehrungsrate kg $O_2$/kg $TS_R \cdot h$ ergibt.

Bei den Versuchen zur biologischen Abwasserreinigung können folgende Parameter variiert werden:

1. Schlammbelastung durch Veränderung,
1.1. der Reaktionszeit bei konstantem Belebtschlammgehalt
1.2. oder der Belebtschlammgehalt bei konstanter Reaktionszeit,
2. Sauerstoffgehalt,
3. Rücklaufschlammverhältnis,
4. Zugabe von Nährsalzen und anderen Stoffen zur Unterstützung des Prozesses.

Beurteilungskriterien sind der Reinigungsgrad, die Betriebssicherheit und die Wirtschaftlichkeit.

Da die Sauerstoffzufuhr beim Belebungsverfahren ein Hauptkostenfaktor ist, sind wirtschaftlich arbeitende Belüftungssysteme von besonderem Interesse. Um verschiedene Belüfterarten miteinander vergleichen zu können, werden daher Sauerstoffeintragsversuche durchgeführt. Da eine modellmäßige Übertragung wegen des zum Teil großen Einflusses von Randparametern nur schwer möglich ist, werden für diese Untersuchungen im

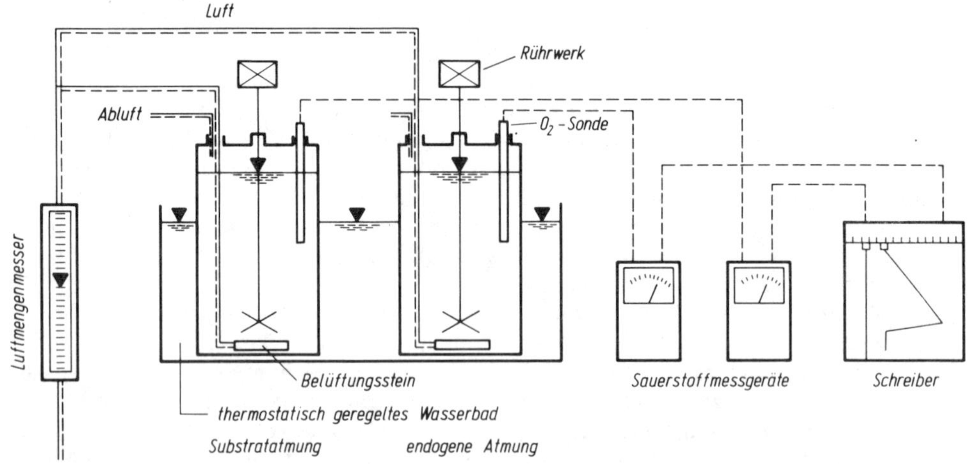


Bild 5.3-13. Prinzipskizze einer Einrichtung zur Bestimmung des Zehrungsverhaltens von belebtem Schlamm.

allgemeinen Systeme in Originalgröße, also im technischen Maßstab, verwendet. Sinn und Zweck von Belüftungsversuchen ist die Ermittlung der Sauerstoffeintragskapazität (OC), der hydraulischen Umwälzleistung und des Energieverbrauches einschließlich der Regelbarkeit unter definierten Bedingungen, d.h., in Leitungswasser bei bekanntem Druck und bekannter Temperatur. Obwohl die vorliegenden Daten bereits sehr umfangreich sind, sind Versuche gerechtfertigt, wenn es sich um ein neues oder nicht hinreichend bekanntes System oder neue Bedingungen des Einsatzes handelt. Die Übertragung auf Betriebsbedingungen (Abwasser, belebter Schlamm) ist jedoch problematisch, weil die Eigenart des jeweiligen Abwassers, sowie die Aktivität des entsprechenden belebten Schlammes von entscheidendem Einfluß sein können.

Die Durchführung der Sauerstoffeintragsversuche erfolgt zweckmäßigerweise nach der vom ATV-Arbeitsausschuß 2.6 empfohlenen Arbeitsanleitung für die Bestimmung der Sauerstoffzufuhr von Belüftungssystemen in Reinwasser (15). Die Sauerstoffzufuhr unter Standardbedingungen $OC_{10}$ in $g/m^3 \cdot h$ ergibt sich aus der Menge an Sauerstoff, die in einer h in einem $m^3$ Reinwasser bei 10 °C Wassertemperatur unter einem Druck von 1,0 bar und einer konstanten Sauerstoffkonzentration von 0 $g/m^3$ gelöst wird. Der Sauerstoffertrag, $OP_{10}$ in kg/kWh, über den der Leistungsvergleich möglich ist, bezieht den Sauerstoffeintrag auf den hierfür erforderlichen Leistungsaufwand. Die Sauerstoffgehalte werden durch drei in unterschiedlicher Beckentiefe angebrachte Sauerstoffelektroden bestimmt. Der Sauerstoffeintrag wird ermittelt aus dem Sauerstoffanstieg eines zuvor sauerstofffrei gemachten Wassers, indem auf halblogarithmischem Papier die von der Belüftungszeit abhängigen prozentualen Sauerstoffdefizite aufgetragen werden. Aus der Neigung der Ausgleichsgeraden läßt sich die Belüftungskonstante des Versuchs bestimmen (Bild 5.3-14):

$$k_L \cdot a_T = \frac{60}{t} \cdot 2{,}303 \text{ in } h^{-1}$$

Die Sauerstoffzufuhr unter Standardbedingungen erhält man aus folgender Gleichung:

$$OC_{10} = k_L \cdot a_T \cdot c_{s10} \cdot \frac{k_{10}}{k_T} \cdot \frac{c_{eW} \cdot c_{sV}}{c_s \cdot c_{eV}} \text{ in } g/(m^3 \cdot h)$$

mit

$k_L \cdot a_T$ = Belüftungskonstante in $h^{-1}$
$c_{s10}$ = Sauerstoffkonzentration bei Sättigung unter Standardbedingungen in $g/m^3$
$k_{10}/k_T$ = Temperaturfaktor = $1{,}02^{(10-T)}$
$\frac{c_{eW} \cdot c_{sV}}{c_s \cdot c_{eV}}$ = Korrekturfaktor, durch den vom theoretischen Wert abweichende Versuchsergebnisse berücksichtigt werden.

Der Sauerstoffertrag unter Standardbedingungen ergibt sich aus:

$$OP_{10} = \frac{OC_{10} \cdot V_{BB}}{P \cdot 1000} = \text{in kg/kWh}$$

mit

$V_{BB}$ = Nutzinhalt des Belebungsbeckens in $m^3$
$P$ = Leistungsaufnahme in kW.

Inzwischen sind das Belebungsverfahren selbst und die hiermit zu erzielenden Reinigungsergebnisse weitgehend bekannt. Daher konzentriert sich das Interesse heute vorwiegend auf verfahrenstechnische Varianten zur weiteren Optimierung des Prozesses. So kann z.B. durch den Betrieb mehrstufiger Anlagen oder Anlagenteile den zum Teil sich verfahrens-

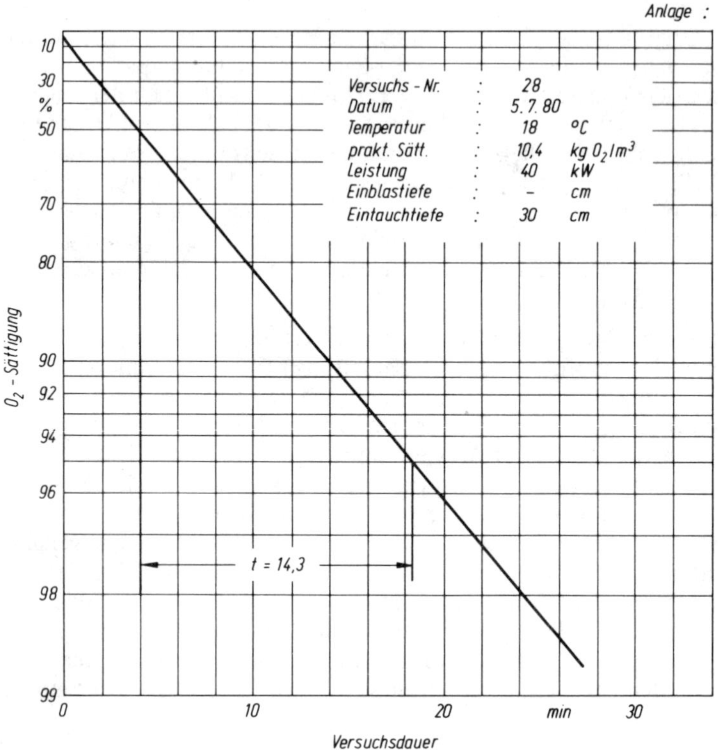


Bild 5.3-14. Beispiel für die Ermittlung des Sauerstoffein- und -ertrages von Belüftungseinrichtungen.

Belüftungskonstante: $k_L \cdot a_T = \frac{60}{t} \cdot 2{,}303$ $[h^{-1}]$

Sauerstoffzufuhr: $OC_{10} = k_L \cdot a_T \cdot C_{s10} \cdot \frac{k_{10}}{k} \cdot \frac{C_{ew} \cdot C_{sV}}{C_s \cdot C_{eV}}$ $\left[\frac{g}{m^3 \cdot h}\right]$

Sauerstoffertrag: $OP_{10} = \frac{OC_{10} \cdot V_{BB}}{P \cdot 1000}$ $\left[\frac{kg}{kWh}\right]$

$$k_L \cdot a_T = \frac{60}{14{,}3} \cdot 2{,}303 = 9{,}66 \quad [h^{-1}]$$

$$OC_{10} = 9{,}66 \cdot 11{,}33 \cdot 0{,}86 \cdot \frac{9{,}4 \cdot 10{,}40}{9{,}54 \cdot 10{,}25} = 94{,}1 \quad \frac{g}{m^3 \cdot h}$$

$$OP_{10} = \frac{94{,}1 \cdot 780}{40 \cdot 1000} = 1{,}83 \quad \frac{kg}{kWh}$$

technisch gegenläufigen Erfordernissen besser Rechnung getragen werden. Bei mehrstufigen Anlagen werden Belebungsstufen auch mit Tropfkörpern kombiniert. Tropfkörper sind Festbettreaktoren. Bei ihnen sind die Variationsmöglichkeiten sehr viel geringer als beim Belebungsverfahren. Wesentliche Variationsmöglichkeiten sind Raumbeschickung und Rückpumprate. Eine gegenüber dem Belebungsverfahren zusätzliche Variante ergibt sich aus dem Füllmaterial. Bei Versuchen mit aeroben Festbettraktoren ist allerdings zu beachten, daß die Versuchseinheiten größer und vor allem höher sein müssen als beim Belebungsverfahren, weil die Verweilzeit des Abwassers im Tropfkörper im wesentlichen eine Funktion der Tropfkörperhöhe ist. Eine Abweichung hiervon bilden rotierende Festbettreaktoren.

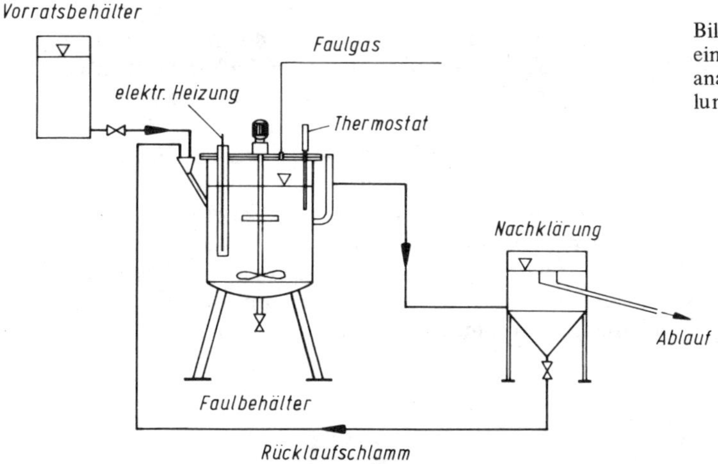


Bild 5.3-15. Prinzipskizze einer Versuchsanlage zur anaeroben Abwasserbehandlung.

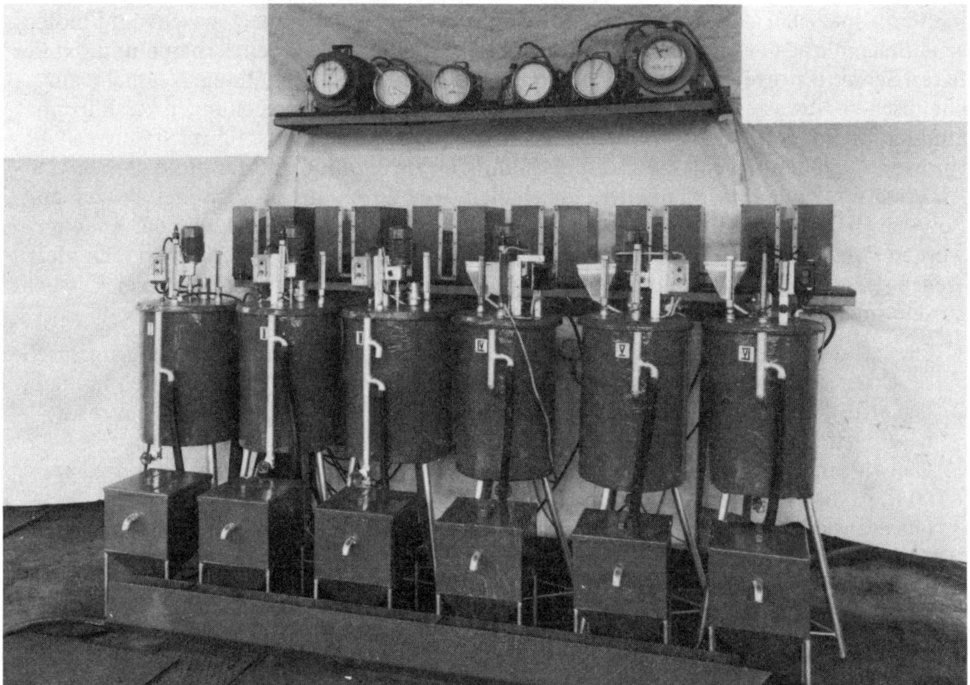

Bild 5.3-16. Ansicht einer Reihe parallel betriebener Versuchsanlagen zur anaeroben Abwasserbehandlung.

Für Versuche zum anaeroben Abbau gelöster Abwasserverschmutzungen ist darauf zu achten, daß als wesentlicher Betriebsparameter eine Temperierung des Reaktorvolumens vorgenommen werden muß. Bei Anlagen, die nach dem anaeroben Belebtschlammverfahren betrieben werden, ist darüber hinaus auch für eine ausreichende Umwälzung Sorge zu tragen. Im allgemeinen genügen bereits recht kleine Versuchseinheiten, um genügend aussagekräftige Ergebnisse zu erhalten (Bild 5.3-15 und 5.3-16).

Der Eliminationseffekt biologischer Abwasserreinigungsverfahren wird im allgemeinen über die Summenparameter $BSB_5$, CSB und org. C ermittelt. In vielen Fällen wird der $BSB_5$ als alleiniges Maß für den Reinigungsgrad herangezogen. Dies mag für eine grobe Bilanzierung ausreichen, doch muß bedacht werden, daß der $BSB_5$ der unsicherste Wert ist, da zu seiner Bestimmung nicht immer adaptierte Bakterien verwendet werden und auch die verwendeten Verdünnungsverhältnisse zu unterschiedlichen Resultaten führen können. Neben diesen Summenparametern wird die Sauerstoffbelastung des Vorfluters auch durch die oxidierbaren Stickstoffverbindungen ($NH_4$ und org. N) bestimmt, die beim biologischen Abwasserreinigungsprozeß mehr oder weniger gut eliminiert werden. Da diese vom Sauerstoffbedarf eines Rohabwassers her gesehen sehr oft gleichwertig mit dem $O_2$-Bedarf für den Abbau der organischen Kohlenstoffverbindungen sind, gehört zu einer Abwasseranalyse auch die Stickstoffbilanz.

#### 5.3.4.2.4 Chemische Abwasserreinigung

Eine chemische Abwasserreinigung wird im allgemeinen nur für die Elimination eines oder mehrerer spezieller Abwasserinhaltsstoffe angewendet, weil die mechanische und biologische Behandlung der im Abwasser vorwiegend enthaltenen sedimentierbaren und oxidierbaren Schmutzstoffe zumeist billiger ist als eine chemische Behandlung. Versuche zur chemischen Abwasserreinigung werden, soweit es sich um Untersuchungen zur Phosphatelimination handelt, vorzugsweise im technischen Maßstab durchgeführt. Standversuche sind vor allem dann, wenn die Phosphatfällung in Verbindung mit der biologischen Abwasserreinigung erfolgt, nicht zu empfehlen, weil durch den biologischen Prozeß erst Poly- zu Orthophosphaten aufgeschlossen und damit fällbar gemacht werden. Zudem werden Phosphate auch ohne den Zusatz von Fällmitteln teilweise biologisch eliminiert. Wegen der zumeist recht hohen Kosten für die Chemikalien sind besonders hier Versuche zur Optimierung des Verfahrens zu empfehlen. Es ist zu ermitteln:

1. Die Art der Fäll- oder Flockungsmittel (Kalk, Metallsalze, Säuren, Laugen, organische Substanzen), die entweder allein oder in Kombinationen angewandt werden können.
2. Die erforderliche Mindestdosierung, bezogen auf die Abwassermenge oder ihre zu beseitigenden Inhaltsstoffe und die Reaktionszeit.
3. Die wirkungsvollsten Hilfsvorrichtungen zur Unterstützung des Reaktionsprozesses (z.B. Rühren) nach Intensität und Dauer.
4. Die eventuellen Auswirkungen der Fällung oder Ausflockung auf die Prozesse der Abwasser- und Schlammbehandlung (biologische Reinigung, Faulung, Entwässerung, Verbrennung).

Erschwert wird die konsequente Durchführung des an sich schon umfangreichen Programmes durch die unter Umständen täglich wechselnde Abwasserbeschaffenheit. Verkürzen kann man die Versuchszeit, wenn man bekannte Reaktionsmechanismen bei den Versuchen bereits berücksichtigt. So ist z.B. der Fällmittelbedarf bei den Fe- und Al-Salzen weitgehend von der Phosphatfracht abhängig. Es ist daher nicht zu empfehlen, die Fällmitteldosierung mit der Wassermengenganglinie zu korrelieren oder unabhängig von der Tageszeit stets die gleiche Fällmittelmenge zuzugeben. Vor den eigentlichen Versuchen sollte man daher die P-Frachtganglinie über den Tagesverlauf und auch über die Wochentage ermitteln und die Fällmitteldosierung hierauf abstellen (205).

Beurteilungskriterien für den Erfolg sind neben dem erreichten P-Eliminationsgrad der Aufwand an Chemikalien, die Kosten für Energie, Personal und Sachmittel sowie die Investitionskosten.

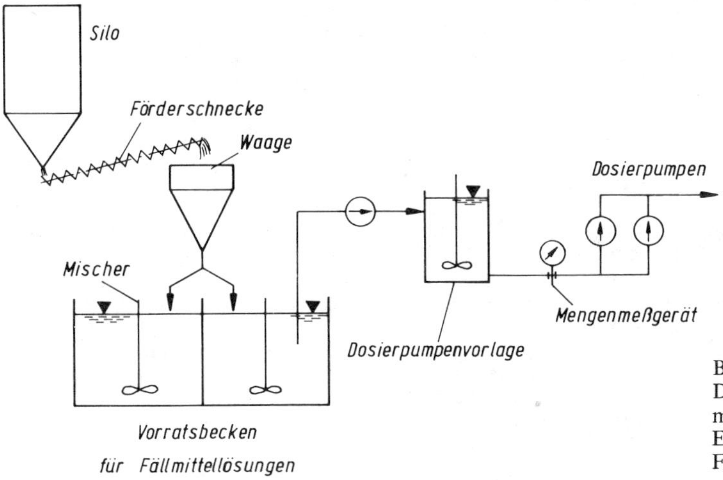


Bild 5.3-17. Schematische Darstellung einer Fällmitteldosierstation für den Einsatz unterschiedlicher Fällmittel.

Darüber hinaus wird sich in den meisten Fällen auch ein Einfluß auf die übrigen Abwasserverschmutzungsparameter sowie Menge und Charakter des anfallenden Klärschlammes feststellen lassen. Der technische Aufwand für die Fällversuche kann beträchtlich sein, wenn man die Fällmittelstation für Lagerung, Aufbereitung und Dosierung unterschiedlicher Chemikalien erstellt. Das Bild 5.3-17 zeigt die schematische Darstellung einer solchen Anlage, die für Versuche im großtechnischen Maßstab errichtet wurde (205).

#### 5.3.4.2.5 Sonstige Reinigungsverfahren

Über die bereits beschriebenen, vorwiegend verwendeten Reinigungsverfahren hinaus gibt es noch eine Reihe weiterer Verfahren oder Verfahrenskombinationen der „weitergehenden Abwasserreinigung", die insbesondere bei industriellen Abwässern Anwendung finden. Diese Verfahren kommen da zum Einsatz, wo es sich um biologisch resistente oder toxisch wirkende Stoffe handelt oder wo wertvolle Inhaltsstoffe durch eine Wiederaufbereitung selektiv abgetrennt werden können. Die nachstehende Tabelle gibt einen Überblick über die bedeutendsten Verfahren und deren Anwendung:

Tabelle 5.3-1. Verfahren der weitergehenden Abwasserreinigung (95).

| Bezeichnung | Kurzbezeichnung des Verfahrens | Anwendung |
|---|---|---|
| Adsorption | Durch Molekularkräfte bewirkte Anlagerung von Stoffen an Phasengrenzflächen. Die Anlagerung kann mit einer anschließenden chemischen Reaktion gekoppelt sein. Das bekannteste Adsorptionsmittel ist Aktivkohle | Entfernung von Kohlenhydraten, Proteinen, Fetten, chlorierten Kohlenwasserstoffen und aromatischen Verbindungen |
| Chlorung | Die Zugabe von Chlorgas oder anderer oxidierend wirkender Chlorverbindungen zum Abwasser | Entkeimung – Oxidation unerwünschter Inhaltsstoffe |

Fortsetzung Seite 260

Tabelle 5.3-1. Verfahren der weitergehenden Abwasserreinigung (95) (Fortsetzung)

| Bezeichnung | Kurzbezeichnung des Verfahrens | Anwendung |
|---|---|---|
| Elektrodialyse | Trennung gelöster Stoffe nach ihrer Teilchengröße infolge Diffusion durch poröse Trennwände (Membranen) mit Hilfe von elektrischer Energie | Entsalzung von industriellem Abwasser – Rückgewinnung von Wertstoffen |
| Elektrolyse | Zersetzung von dissoziierten Lösungen durch elektrischen Strom | Abscheidung von Metallen aus dem Abwasser |
| Flotation | Alternativ zur Sedimentation angewendetes aerobes Verfahren zur Entfernung von im Abwasser enthaltenen Schwebestoffen. Dabei werden diese durch die natürliche geringere oder durch Luftblasenanlagerung künstlich verringerte Dichte zum Aufschwimmen gebracht | Abtrennung von schwer sedimentierbaren Feststoffen aus dem Abwasser |
| Flockung | Verfahren zur Erzeugung von Flocken mit dem Ziel, schwer zu entfernende suspendierte Schmutzstoffe durch Sedimentation oder Flotation abzutrennen | Erzeugung von sedimentier- oder flotierfähigen Makroflocken |
| Filtration | Entfernung suspendierter oder geflockter Feststoffe aus dem Abwasser durch Zurückhalten auf beständigen Filtermedien | Abscheidung von Feststoffen aus dem Abwasser |
| Ionenaustausch | Die Bindung von im Abwasser gelösten Ionen an Festkörper, welche selbst ionische Gruppen tragen. Dabei werden andere, gleichsinnig geladenen Ionen freigesetzt. Der Austausch ist in den meisten Fällen reversibel | Beseitigung von Restmengen (z.B. Farbstoffen) aus dem Abwasser, Abwasserentsalzung |
| Katalytische Oxidation | Chemische Oxidation mittels Katalysator. Dabei findet keine Veränderung des Katalysators statt | Reinigung schwieriger Abwässer, z.B. aus Gerbereien oder Textilfabriken |
| Mikrosiebung | Zurückhaltung von Schwebestoffen durch Siebgewebe der Maschenweite 0,015–0,065 mm | Rückhaltung von Bakterienflocken im Ablauf |
| Ozonisierung | Zugabe von Ozon zum Abwasser | Entkeimung |
| Ultrafiltration | Entfernung und Anreicherung von feinsten organischen Feststoffteilchen bis in den kolloidalen Bereich von $10^{-6}$ mm mittels auf einer Stützschicht aufgelegten Filterpapiers | Abtrennung makromolekularer Stoffe bei Wertstoff-rückgewinnungsverfahren, z.B. Stärkerückgewinnung |
| Umkehrosmose | Abtrennung gelöster Stoffe (z.B. Ionen) durch semipermeable Membranen unter Anwendung eines äußeren Druckes | Aufkonzentrieren und Abtrennen von wertvollen Wasserinhaltsstoffen, z.B. bei der Metallverarbeitung |

Um die Eignung und Wirksamkeit solcher Verfahren zu überprüfen, empfiehlt es sich, vor einer Anwendung Versuche durchzuführen, da man nur in den wenigsten Fällen den Erfolg von vornherein garantieren kann. Zudem lassen sich zumeist erst nach dem Vorliegen der Versuchsergebnisse die bei einem bestimmten Verfahren entstehenden Kosten abschätzen. Generelle Empfehlungen für die Versuchsdurchführung können wegen der Vielschichtigkeit der Verfahren und Ansprüche an den Reinigungseffekt nicht gegeben werden, doch sollte der Maßstab möglichst groß gewählt werden, damit maßstabsbedingte Fehler ausgeschlossen werden können. Im übrigen empfiehlt es sich, eng mit den jeweiligen Herstellern oder Vertreiberfirmen zusammenzuarbeiten.

### *5.3.4.3 Schlammbehandlung*

#### 5.3.4.3.1 Allgemeine Hinweise

Als Folge der Abwasserreinigung ergibt sich die Notwendigkeit zur Behandlung der dabei anfallenden Schlämme. Welches Verfahren hierfür angewendet werden kann, hängt von der Möglichkeit zur Unterbringung der Restprodukte und den entstehenden Kosten ab. Generell kann davon ausgegangen werden, daß der Aufwand zur Entwässerung der Schlämme mit zunehmendem Endfeststoffgehalt ansteigt. Versuche, die zur Klärung dieser Fragen durchgeführt werden, haben sich mit dem Ziel „angestrebter Stabilisierungsgrad, Endfeststoffgehalt und Konsistenz für eine Verwertung oder Deponie und Kosten des Behandlungsverfahrens“ zu befassen.

#### 5.3.4.3.2 Anaerobe und aerobe Stabilisation

Bei beiden Verfahren spielt der Maßstab, der bei den Versuchen angewendet wird, für die Beurteilung des erreichbaren Stabilisierungsgrades eine untergeordnete Rolle, wenn die für das Verfahren wichtigen Betriebsparameter eingehalten werden können. Voraussetzung für die anaerobe Stabilisation, die Faulung, sind neben einem geeigneten Nährstoffangebot, Luftabschluß, Dunkelheit, eine Temperatur von über 4 °C, ein schwachalkalischer Bereich und eine genügende Reaktionszeit. Durch Standversuche kann zunächst ein Aufschluß über die Faulfähigkeit erzielt werden. Dabei ist die Temperatur möglichst konstant zu halten, d.h. die Versuche werden zweckmäßigerweise in einem temperierten Wasserbad angesetzt. Einen brauchbaren Aufschluß über die tatsächlich anzustrebenden Betriebsparameter kann man jedoch nur durch Versuche im zumindest halbtechnischen Maßstab erhalten (Bild 5.3-18). Wichtig ist auch hier eine Thermostatisierung, außerdem muß für eine ausreichend hohe Schlammumwälzung gesorgt werden. Untersucht werden kann der Einfluß von

Faulraumbelastung (kg org. TS/$m^3$ Faulrauminhalt · d),
Faulzeit (d),
Temperatur (°C),
Nährstoffzusätzen und
Giften

auf den Stabilisierungsgrad, der gemessen wird über die Differenz des Glühverlustes im Zu- und Ablauf der Versuchsanlage. Von Bedeutung ist weiterhin der Gasanfall, der mit Hilfe einer Gasuhr bestimmt wird. Die ermittelten Gasmengen bezieht man auf 1 kg org. TS des eingesetzten Schlammes. Weitere Aufschlüsse sind über eine Analyse des Faulgases ($CH_4$, $CO_2$, $N_2$, $H_2$) zu erhalten. In vielen Fällen genügt es, die $CO_2$-Entwicklung zu verfolgen, da hieraus der Methananteil abgeschätzt werden kann.

Für die aerobe Stabilisierung gelten naturgemäß andere Betriebsparameter. Der Stabilisierungsgrad kann entweder über die Atmungsintensität (Zehrungsmessungen) oder auch durch das Schlammalter angegeben werden. Wichtig ist, daß die Anlagen ausreichend mit

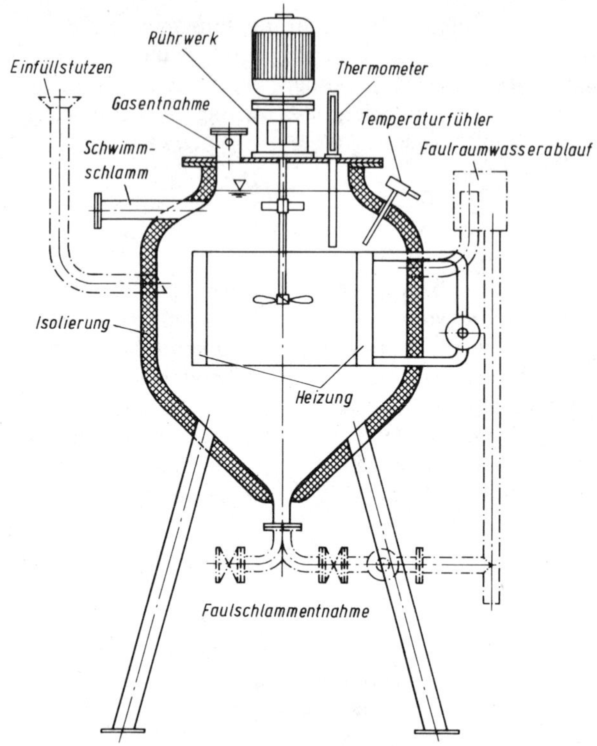


Bild 5.3-18. Querschnitt durch eine Versuchsanlage zur anaeroben Schlammstabilisation.

Sauerstoff versorgt werden. Darüber hinaus sind als Betriebsparameter der Feststoffgehalt und die meist durch die Abwasser- und Außentemperatur vorgegebenen, schwankenden Temperaturen des Stabilisierungsbeckens von Bedeutung. Zu untersuchen ist der Einfluß von

Raumbelastung (kg org. TS/$m^3$ · d),
Temperatur (°C) und der dabei entstehende
Sauerstoffbedarf (kg $O_2$/$m^3$ · d bzw. kg $O_2$/kg org. TS),

den man im kleineren Maßstab durch Zehrungsversuche ermitteln kann.

### 5.3.4.3.3 Eindickung

Für nahezu jeden Schlammbehandlungsprozeß ist die vorherige Eindickung des Schlammes vorteilhaft, da die Effektivität der nachfolgenden Verfahren um so besser ist, je höher der Feststoffgehalt des zu behandelnden Schlammes ist.

Auch bei der Eindickung können zunächst zur allgemeinen Orientierung Standversuche durchgeführt werden. Für die statische Eindickung sind durchsichtige Gefäße von 30 bis 50 cm Durchmesser und Füllhöhen zwischen 1,0 und 1,5 m zweckmäßig. Ausgehend von der Anfangsfeststoffkonzentration, die im Labor bestimmt wird, kann über die Abnahme der Schlammspiegelhöhen die Feststoffgehaltszunahme rechnerisch ermittelt werden. Am Ende der Versuche ist es zweckmäßig, den tatsächlichen Endfeststoffgehalt mit dem errechneten Wert zu vergleichen. Dies geschieht, indem das Überstandwasser abgezogen und aus dem verbleibenden eingedickten Schlamm eine Mischprobe entnommen wird.

Die Ergebnisse von Versuchen im Durchlaufbetrieb weichen in den meisten Fällen von den aus Standversuchen ermittelten Ergebnissen ab, weil der Feststoffgehalt über die Höhe der Schlammschicht nicht konstant ist. Infolge des mit zunehmender Eindickertiefe stärker werdenden Kompressionsdruckes nimmt der Feststoffgehalt mit der Eindickertiefe zu, so daß Schlämme, die aus einem kontinuierlich betriebenen Eindicker entnommen werden, im allgemeinen einen höheren Feststoffgehalt aufweisen als Schlämme, die in einem Standversuch eingedickt werden. Dies gilt jedoch nur insoweit, wie eine Eindickung durch Störfaktoren nicht verzögert oder behindert wird. Hierzu zählen vor allem biologische Umsetzungsprozesse, bei denen Gase entstehen, die dem Kompressionsdruck entgegenwirken. Darüber hinaus können durch Turbulenzen bei der Beschickung, durch Wandreibung und Brückenbildung die Betriebsergebnisse von Durchlaufeindickern beeinträchtigt werden.

Infolge des Einflusses der Eindickerhöhe sind statische Eindickversuche im Durchlaufbetrieb möglichst mit ähnlichen Eindickerhöhen durchzuführen, die den Verhältnissen im Großmaßstab weitgehend entsprechen. Dagegen kann die Größe der Oberfläche als unbedeutend bezeichnet werden. Wegen des Wandreibungseinflusses sollten aber auch hier keinesfalls Behälter mit weniger als 30 cm Durchmesser verwendet werden. Zu variieren ist bei den Eindickern:

Feststoffflächenbelastung ($kg/m^2 \cdot d$),
Eindickerhöhe, bzw. Tiefe der Schlammschicht (m)
und eventuelle Hilfsmittel wie Krählwerke und
Flockungsmittelzugabe (g/kg TS)

Protokolliert werden sollten zudem Temperatur und *p*H-Wert.

Die Ergebnisse der Versuche werden über die Zunahme der Feststoffkonzentrationen miteinander verglichen. Wegen der Unterschiedlichkeit der Anfangskonzentrationen ist die Volumenabnahme von relativer Bedeutung. Schließlich ist auch der Schwebstoffgehalt im Überlauf des Eindickers ein weiteres Kriterium für die Belastbarkeit des Eindickers.

Die Eindickung von Schlämmen mit Hilfe einer Flotation empfiehlt sich vor allem dann, wenn Schlämme sehr leicht sind und dadurch ohnehin zum Aufschwimmen neigen oder wenn es darauf ankommt, die Schlämme in möglichst frischem Zustand aufzubereiten. Darüber hinaus kann eine Eindickung durch Siebverfahren und durch Zentrifugieren vorgenommen werden. Da all diese Verfahren artspezifische Besonderheiten aufweisen, empfiehlt es sich, die Versuche in Zusammenarbeit mit den Fachfirmen vorzunehmen.

#### 5.3.4.3.4 Konditionierung und Entwässerung

Eine weitergehende maschinelle Entwässerung von Abwasserschlämmen ist ohne eine gleichzeitige Konditionierung aus technischen und wirtschaftlichen Gründen in den meisten Fällen nicht möglich. Im Zusammenhang mit dem Test maschineller Entwässerungsverfahren ist daher stets auch die Frage nach der dazugehörigen Konditionierung zu stellen. Es ist zu unterscheiden nach

chemischer Konditionierung mit Hilfe organischer oder
anorganischer Konditioniermittel,
mechanischer Konditionierung, bei der gerüstbildende
Konditioniermittel zugegeben werden,
und thermischer Konditionierung.

Zum Testen der optimalen Vorbehandlung für Frisch- als auch für Faulschlämme sind Art, Menge und gegebenenfalls auch Kombination der Konditioniermittel sowie deren Misch- und Einwirkzeit zu untersuchen. Während die Versuche zur chemischen und mechanischen Konditionierung mit relativ einfachen Mitteln durchgeführt werden können, sind Versuche zur thermischen Behandlung zumeist überaus aufwendig, weil im Hochtemperaturbereich mit höheren Drücken gearbeitet werden muß (Bild 5.3-19 und 5.3-20). Bei der thermischen Konditionierung sind vorwiegend Temperatur und Reaktionszeit die den Entwässerungsprozeß beeinflussenden Parameter (114).

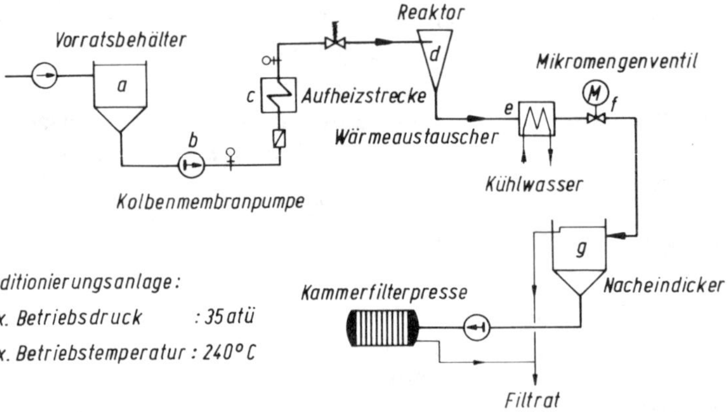


Bild 5.3-19. Prinzipskizze einer Versuchsanlage zur thermischen Schlammkonditionierung.

Bild 5.3-20. Ansicht einer Versuchsanlage zur thermischen Schlammkonditionierung.

Bevor für Versuche Entwässerungsmaschinen eingesetzt werden, empfiehlt es sich, für die generelle Beurteilung des Entwässerungsverhaltens der Schlämme mit und ohne vorherige Konditionierung den spezifischen Filterwiderstand zu untersuchen (20). Der Filterwiderstand wird durch einen Entwässerungsversuch bestimmt. Hierfür kann die in Bild 5.3-21 dargestellte Einrichtung verwendet werden. Der Filterwiderstand berechnet sich aus den in der folgenden Gleichung enthaltenen Einzelparametern wie folgt:

$$r = 2\,p \cdot Fi^2 \cdot \frac{1}{\eta} \cdot \frac{1}{c} \cdot b \left(\frac{1}{\text{cm}^2}\right)$$

Hier bedeuten:

$p$ = Filtrationsdruck $\left(\frac{P}{\text{cm}^2}\right)$

$\eta$ = dynamische Zähigkeit des Filtrats $\left(\frac{P \cdot s}{\text{cm}^2}\right)$

$c$ = Faktor zur Berücksichtigung des Feststoffgehaltes

$b$ = Steigung der Geraden, die sich aus dem Entwässerungsverlauf ergibt $\left(\frac{s}{\text{cm}^6}\right)$

$Fi$ = Filteroberfläche ($\text{cm}^2$)

Da die Linearität der einzelnen Faktoren nicht immer gegeben ist, empfiehlt es sich, die Ausgangsbedingungen für vergleichende Untersuchungen möglichst konstant zu halten. Der Filterwiderstand wird dann primär durch den Faktor $b$ bestimmt. Dieser wird nach der auf Bild 5.3-22 dargestellten Weise berechnet. Ein Parameter, der den Filterwiderstand beeinflußt, den aber diese Formel nicht berücksichtigt, ist die Kompressibilität der Schlämme. Die Kompressibilität läßt sich jedoch dadurch ermitteln, indem man den Logarithmus des spezifischen Filterwiderstandes in Abhängigkeit vom Logarithmus verschiedener Drücke aufträgt und die Neigung der Ausgleichsgeraden bestimmt. Über die Kompressibilität läßt sich abschätzen, ob besser Druck- oder Saugfilter zum Einsatz kommen sollen. Bei hoher Kompressibilität steigt der Filterwiderstand mit zunehmendem Druck stark an, so daß eine Druckfiltration weniger geeignet ist.

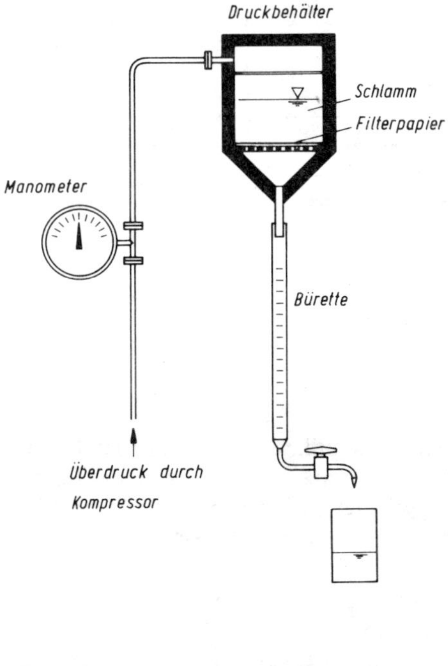


Bild 5.3-21. Apparatur zur Bestimmung des spezifischen Filterwiderstandes mit Überdruck.

Bild 5.3-22. Beispiel zur Ermittlung des spezifischen Filterwiderstandes.

Bestimmung des spezifischen Filterwiderstandes $r$ — Vers.-Nr.

1. Versuchskonstanten

1.1 Filtrationsdruck $\Delta p = 8000\ p/\text{cm}^2$

1.2 Filterfläche $Fi = 38{,}5\ \text{cm}^2$

1.3 Schlammtemperatur $= 16\,°\text{C}$

1.3.1 $\eta = 1{,}12 \cdot 10^{-5}\ p \cdot \text{s/cm}^2$

2. Formel

$$r = 2 \cdot \frac{\Delta p \cdot Fi^2}{c \cdot \eta} \cdot b \quad \text{cm}^{-2}$$

Durch Einsetzen der Versuchskonstanten (1) ergibt sich:

$$r = 2{,}372 \cdot 10^7 \cdot \frac{b}{c \cdot \eta}\ \text{cm}^{-2}$$

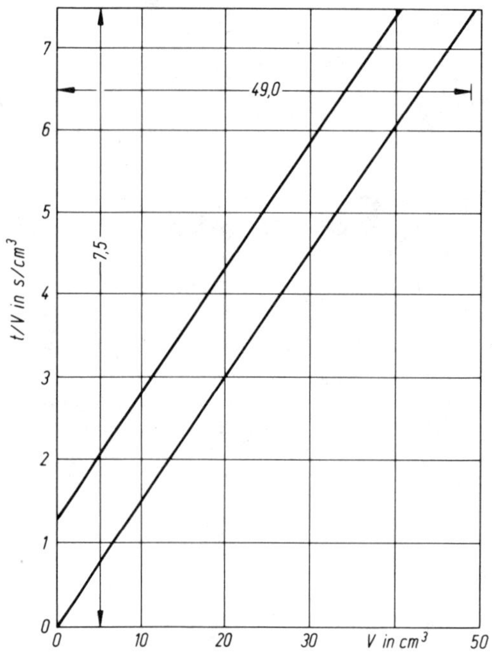


| Filtrationszeit $t$ | Filtrationsvolumen | |
|---|---|---|
| $t$ | $V$ | $t/V$ |
| s | cm³ | s/cm³ |
| Vorfiltration | | |
| | | |
| | | |
| | | |
| Meßfiltration | | |
| 0 | 0 | |
| 30 | 10,2 | 2,94 |
| 60 | 15,9 | 3,77 |
| 90 | 20,4 | 4,41 |
| 120 | 24,2 | 4,95 |
| 150 | 27,4 | 5,47 |
| 180 | 30,4 | 5,92 |
| 210 | 33,2 | 6,32 |
| 240 | 35,6 | 6,74 |
| 270 | 38,0 | 7,10 |
| 300 | 40,2 | 7,46 |

3. Variable Größen

3.1 Ges. Tr.substanz TS = 5,26 Gew. %

3.2 $\text{TS}/100 - \text{TS} = c = \frac{5{,}26}{94{,}74} = 0{,}05552$

3.3 $b = \frac{\Delta t/V}{\Delta V} = \frac{7{,}5}{49{,}0} = 0{,}153\ \ \text{s/cm}^6$

4. Meßergebnis

$r = 5{,}8 \cdot 10^{12}\ \text{cm}^{-2}$

Nach dem spezifischen Filterwiderstand findet auch die kapillare Saugzeit (CST = Capillary Suction Time) Verwendung (25). Der CST-Wert ist primär eine Funktion des Feststoffgehaltes. Die Steigung, die sich aus der Auftragung des CST-Wertes in Abhängigkeit vom Feststoffgehalt ergibt, kann als Maß für die Beurteilung der Entwässerbarkeit heran-

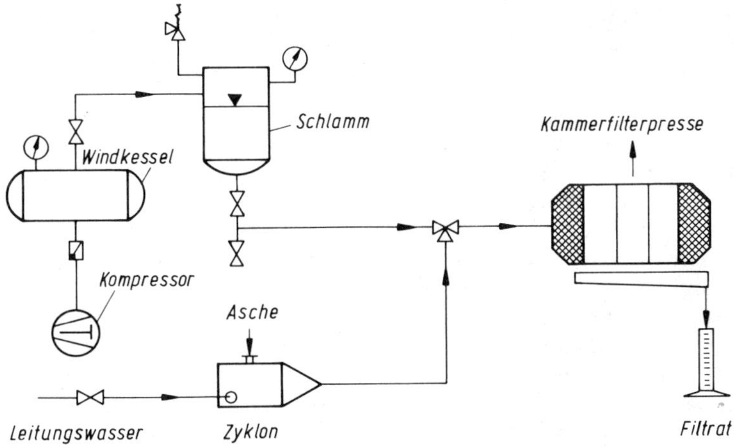


Bild 5.3-23. Versuchsanordnung zur Schlammentwässerung mit einer Kammerfilterpresse.

gezogen werden. Sowohl für den spezifischen Filterwiderstand als auch für den CST-Wert gilt, daß die Filtrierfähigkeit mit fallendem Meßwert ansteigt.

Am einfachsten sind Entwässerungsversuche mit einer Kammerfilterpresse durchzuführen. Mit der auf Bild 3.5-23 dargestellten Versuchsanordnung lassen sich Ergebnisse erzielen, die dem Großmaßstab weitgehend vergleichbar sind. Die Beschickung der Presse und das Aufbringen des Preßdruckes erfolgt am besten über Druckluft. Voraussetzung für eine Entwässerung in Kammerfilterpressen ist, daß ein fester Schlammkuchen erzeugt wird, der sich vom Filtertuch problemlos ablösen läßt. Unterstützt werden kann dies durch das Aufbringen einer Precoatschicht.

Bei allen anderen Filtrationsverfahren, bei denen das Entwässerungsprodukt eine weichere Konsistenz aufweisen darf, reicht als Anhalt für eine Dimensionierung im allgemeinen das Ergebnis aus der Bestimmung des Filterwiderstandes. Je nach Bedarf sollte der Filterwiderstand durch Saug- oder Druckfiltration ermittelt werden. Für die Beurteilung werden folgende Kriterien herangezogen:

erzielbarer Endfeststoffgehalt bzw. Restfeuchte (%),
Entwässerungszeit (min oder h) und
Filterleistung (kg TS/$m^2$ · h).

Während durch Laborversuche die Filtrierbarkeit recht gut bestimmt werden kann, ist der Einsatz von Laborzentrifugen zur Ermittlung des Zentrifugalverhaltens und zur Dimensionierung von Betriebsanlagen mit erheblichen Unsicherheiten behaftet. Besonders schwierig ist es, den kontinuierlichen Betrieb einer Zentrifuge nachzuvollziehen. Aus diesem Grunde sollten Versuche mit Zentrifugen im technischen Maßstab durchgeführt werden. Beurteilungskriterien sind:

Durchsatzmenge ($m^3$/h),
Feststoffgehalt bzw. Restfeuchte (%) und
Abscheidegrad (% oder mg/l).

#### 5.3.4.3.5 Trocknung und Verbrennung

Eine maschinelle Trocknung oder eine Verbrennung von Klärschlamm wird vor allem wegen der damit verbundenen Kosten nur selten durchgeführt. Besteht aber die Notwendigkeit, ein solches Verfahren z.B. zur Bewältigung von Deponieproblemen anzuwenden, ist es durchaus empfehlenswert und richtig, Versuche durchzuführen, da die Zusammensetzung der Klärschlämme, nicht zuletzt bedingt durch industrielle Einflüsse, nicht einheitlich ist.

Sowohl die Trocknung als auch die Verbrennung von Klärschlamm setzt einen weitgehenden Entwässerungsgrad voraus, da die Kosten primär durch den Wassergehalt des Schlammes bestimmt werden. Probleme ergeben sich beim Korrosionsschutz der Anlagenteile und der Desodorierung der Abgase. Bei einer Verbrennung ist weiterhin das Brennverhalten des Schlammes, das durch den Aschegehalt und den Heizwert bestimmt wird, von besonderer Bedeutung. Zur richtigen Dimensionierung des Ofens sind zudem Aussagen über die Temperaturverhältnisse im Ofen und das Schmelzverhalten der Asche wichtig. Von besonderem Interesse ist aber auch die Frage nach dem Verbleib der im Schlamm enthaltenen Schadstoffe – wie viel wird in die Asche eingebunden und wieviel Schadstoffe sind im Abgas noch enthalten. Die Beantwortung dieser Fragen ist nicht zuletzt für die Auslegung der Abgasreinigung von Bedeutung.

Da der Versuchsbetrieb sehr aufwendig und teuer ist, begnügt man sich in den meisten Fällen mit einzelnen Kontrollversuchen. Diese werden am einfachsten in einer bestehenden Anlage durchgeführt, zu der eine für einen Brennversuch ausreichende Menge an Klärschlamm hinzutransportieren ist. Wegen der Vielschichtigkeit und der Kompliziertheit des Ofenbetriebes können solche Versuche nur vom Fachmann durchgeführt werden.

#### *5.3.4.4 Untersuchungen zur Emissionsminderung*

In zunehmendem Maße werden auch im Bereich der Abwassertechnik Untersuchungen zur Minderung der Emission von Geräuschen und Gerüchen erforderlich. Während die Stärke der Geräusche durch Schallpegelmesser relativ einfach zu bestimmen ist und in den meisten Fällen auch die Maßnahmen zur Schalldämmung keine sonderlichen Probleme aufweisen, ist die Ermittlung von Gerüchen mit erheblichen Unsicherheiten behaftet. Es gibt zur Zeit keine objektiven Verfahren, durch die Gerüche gemessen werden können. Es ist zumeist auch kaum möglich, alle riechenden Substanzen in ihrer Summenwirkung analytisch genau zu erfassen, noch führt die Ermittlung bestimmter Leitparameter zum gewünschten Erfolg. Aus diesem Grunde wurde eine sensorische Analysenmethode entwickelt (111), bei der eine Riechergruppe das Verhältnis von Testluft zu geruchsfreier Luft ermittelt, bei dem kein oder gerade noch ein Geruch wahrnehmbar ist. Bei diesem Testverfahren wird aber lediglich eine Geruchsschwelle festgestellt, nicht aber der spezifische Geruch ermittelt, der letzten Endes als unangenehm empfunden wird. Darüber hinaus besteht die Gefahr, daß durch den Eigengeruch der Meßapparaturen eine Verfälschung des Geruchscharakters eintritt. Eine andere Alternative ist, die Gesamtheit der flüchtigen Kohlenwasserstoffe mit einem FID-Gerät zu messen. Hierdurch ist zwar keine echte Analyse der Gerüche möglich, doch kann die Wirksamkeit von Behandlungsverfahren durch Vergleichsuntersuchungen abgeschätzt werden.

Die Geruchsintensität wird bestimmt durch die Menge an beladener Luft $Q_L$ und die Konzentration der in dieser Luft enthaltenen geruchsaktiven Stoffe $S_G$. Besonders schwierig ist es, die Luftmenge zu bestimmen, wenn kein klar definierter Volumenstrom vorhanden ist. Man muß dann versuchen, entweder durch Aufstellung von Gebläsen einen solchen zu erzeugen, oder aber über andere Parameter die Luftmenge zu ermitteln. Bei sauerstoffzehrenden Substanzen kann man die Luftmenge z.B. über die Sauerstoffkonzentrationsverhältnisse berechnen (204).

# 6 Kläranlagenplanung

## 6.1 Allgemeines

In diesem Abschnitt wird als nächster Planungsschritt der Genehmigungsentwurf behandelt. Er dient zur Vorlage bei der zuständigen Behörde und ist die Grundlage für die Genehmigung. Die Planung geht von dem Lösungsvorschlag des Vorentwurfs (Abschnitt 5.2.4) aus, der nach Abwägung aller wichtigen siedlungswasserwirtschaftlichen und wirtschaftlichen Faktoren zustande kam. Es ist eine Form des Entwurfs anzustreben, die eine fachtechnische Prüfung durch die zuständigen Behörden erleichtert. Der ATV-Fachausschuß 2.11 gibt in seinem 2. Arbeitsbericht (17) Hinweise für die Aufstellung des Genehmigungsentwurfs. In Abschnitt 6.7 (Umfang des Genehmigungsentwurfs) wird darauf näher eingegangen. Eine schematische Darstellung des Planungsablaufs für den Genehmigungsentwurf ist im Bild 6.1-1 wiedergegeben. Die Bedeutung einer gut organisierten

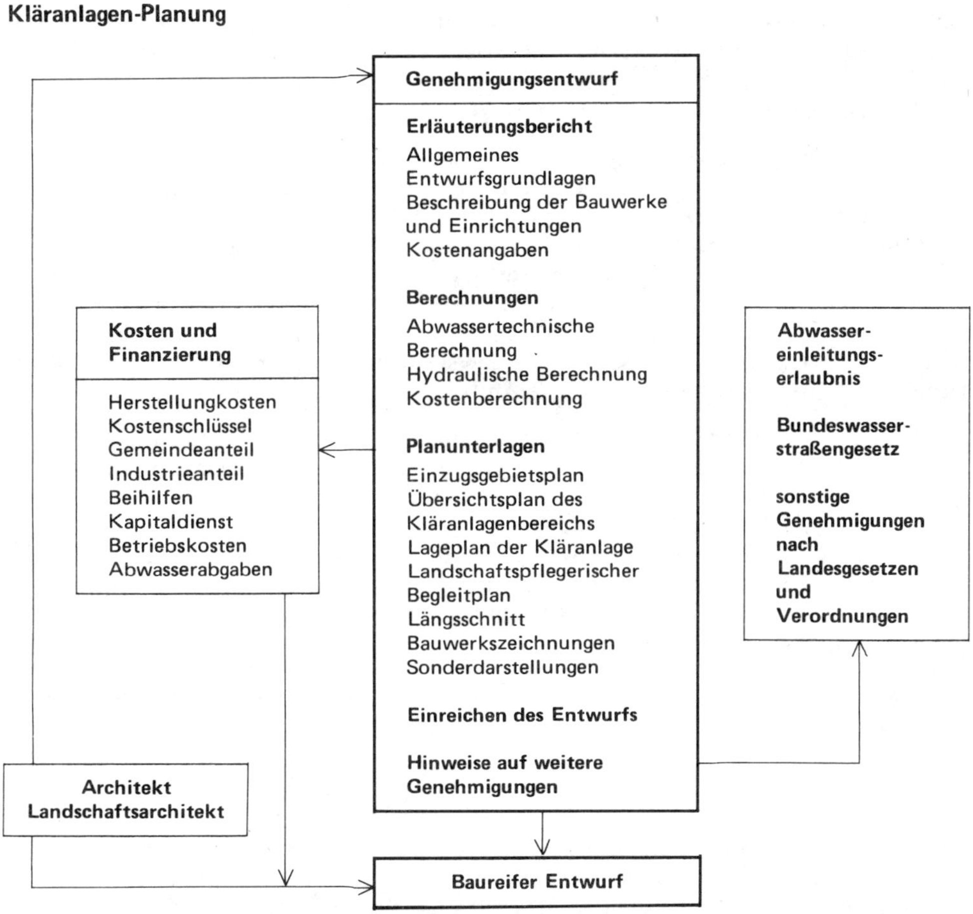


Bild 6.1-1. Schematische Darstellung des Planungsablaufs für den Genehmigungsentwurf in Anlehnung an (17).

Planung wurde inzwischen als eine Möglichkeit zur Rationalisierung der Ingenieurleistung erkannt. Das kommt auch zum Ausdruck durch die Bestrebungen der Länder, Richtlinien für die Entwurfsgestaltung herauszugeben. Als Beispiel wird der Entwurf (Gelbdruck) einer Richtlinie für die Vorlage prüffähiger Kläranlagenentwürfe zur Genehmigung nach § 45 LWG/§ 58 LWG-Entwurf durch das Land Nordrhein-Westfalen angeführt (236).

Die Entwürfe sind auf der Grundlage der allgemein anerkannten Regeln der Technik (DIN, ATV-, DVGW-Richtlinien, UVV, VDE-Vorschriften) aufzustellen und nach den jeweils geltenden landesrechtlichen Vorschriften auf dem vorgeschriebenen Dienstweg einzureichen. Da im Regelfall die Träger öffentlicher Belange bereits im Rahmen der Vorermittlung gehört werden, bietet es sich zur Abkürzung und Vereinfachung des Genehmigungsverfahrens an, nach Abstimmung mit der Aufsichtsbehörde den Beteiligten gleichzeitig die für eine individuelle Beurteilung notwendigen Planunterlagen zu übersenden.

Die für die Kläranlagenplanung wichtigsten Deutschen Normen sind im Schrifttum aufgeführt (68).

Das ATV-Regelwerk Abwasser enthält alle Arbeits-, Merkblätter und Hinweise der Abwassertechnischen Vereinigung e.V. (ATV) und des Deutschen Verbandes für Wasserwirtschaft und Kulturbau e.V. (DVWK) (4, 5, 6, 7, 8, 9). Es wird in unregelmäßiger Folge durch neu erscheinende Arbeitsblätter ergänzt.

Abwasserbehandlungsanlagen sind Einrichtungen, die dazu dienen, die Schadwirkung des Abwassers zu vermindern oder zu beseitigen und den anfallenden Klärschlamm für eine ordnungsgemäße Beseitigung aufzubereiten (238). Der Neubau und die wesentliche Veränderung solcher Anlagen bedürfen nach den meisten Landeswassergesetzen einer Genehmigung. Die Einleitung von Abwasser in ein Gewässer ist nach dem Gesetz zur Ordnung des Wasserhaushalts (Wasserhaushaltsgesetz – WHG) (99) eine Benutzung des Gewässers, die nur nach Erteilung einer Erlaubnis durch die Wasserbehörde zulässig ist. Über das Verfahren zur Zulassung von Abwasseranlagen sowie zur Erteilung einer Erlaubnis für die Einleitung von Abwasser wird in Band III, 2. Auflage, Abschnitt F, eingehend berichtet.

Für Bauwerke in und an Gewässern sowie innerhalb von Überschwemmungsgebieten sind Genehmigungen nach den entsprechenden Landeswassergesetzen einzuholen. Für Anlagenteile in und an Bundeswasserstraßen ist eine strom- und schiffahrtspolizeiliche Genehmigung nach § 31 Bundeswasserstraßengesetz – WaStrG – (52) erforderlich. Die örtliche Schutzgebietsverordnung ist für Bauwerke innerhalb von Wasserschutzgebieten zu beachten. In weiteren Sonderfällen wie z.B. bei einer Anlagenplanung innerhalb eines Landschaftsschutzgebietes sind besondere Genehmigungen einzuholen.

Der Entwurf darf nicht im Widerspruch zu den Vorschriften des Gesetzes zum Schutz vor schädlichen Umwelteinwirkungen durch Luftverunreinigungen, Geräusche, Erschütterungen und ähnliche Vorgänge – BImSchG – (102) stehen.

Die aufgrund der bauaufsichtlichen Bestimmungen erforderlichen Nachweise werden in der Regel für die wasserwirtschaftliche Prüfung nicht gefordert.

Der Bund und die Länder beteiligen sich mit Beihilfen an der Finanzierung des Investitionsbedarfs im Bereich der kommunalen Abwasserwirtschaft. Der geprüfte Genehmigungsentwurf ist auch Bestandteil des Antrags auf Gewährung von Finanzierungsmitteln der öffentlichen Hand (Beihilfen von Bund und Ländern). Einzelheiten sind aus dem Band III, 2. Auflage, Abschnitt F, zu entnehmen.

## 6.2 Abwassertechnische Planung

Eine Kläranlage wird üblicherweise für einen Zeitraum von 25–30 Jahren geplant. Eine wichtige Frage dabei ist, ob die Anlage sofort für den Planungsendzustand ausgebaut wird oder ob zunächst ein Teilausbau erfolgt. Die Erfahrung zeigt, daß in der Mehrzahl der Fälle ein sofortiger Endausbau Vorteile bietet, vor allem, wenn man an die Schwierigkeiten einer späteren Erweiterung der Anlage denkt. Bei einem vorgesehenen Teilausbau ist der wirtschaftlich sinnvollste Zeitpunkt für die Erstellung der zweiten Ausbaustufe durch eine Kostenrechnung zu ermitteln (211).

Gemäß ATV-Arbeitsblatt A 128 (7) werden die Kläranlagen, die einer Mischkanalisation nachgeschaltet sind, bei Regen nur noch mit $2\,Q_s + Q_f$ beschickt. Die bei dieser Konzeption notwendige Niederschlagswasserbehandlung führt zu einem erhöhten Anfall an Rechengut, Sand und Schlamm. Bei der Bemessung der Anlagenteile ist dies zu berücksichtigen. Damit werden die gegenseitigen Abhängigkeiten beim Betrieb des Kanalnetzes und der Kläranlage deutlich. Daraus folgt, daß auch für das System Kanalnetz/Kläranlage aufeinander abgestimmte Planungsgrundlagen beachtet werden müssen.

Die schadlose Beseitigung der in den Kläranlagen zurückgehaltenen Reststoffe (Schlamm, Rechen- und Sandfanggut) ist eine wichtige und schwierige Aufgabe. Man muß herausstellen, daß in Zukunft in diesem Bereich ein Schwerpunkt der Planungsarbeit liegt, um in der Öffentlichkeit durchsetzbare Lösungsmöglichkeiten zu finden. Durch den hohen Umfang der Reststoffe, den Mangel an geeigneten Deponieflächen und das veränderte Umweltbewußtsein muß heute besonders in den Ballungsgebieten in zunehmendem Maße von den kostspieligen künstlichen Verfahren der Schlammbehandlung Gebrauch gemacht werden. Für Kläranlagen mit entsprechendem Umfeld ist der natürliche Stoffkreislauf nach wie vor die sinnvollste Lösung, sofern in dem Schlamm keine Stoffe enthalten sind, die über die Nahrungskette zu einer Gefährdung von Mensch und Tier führen können. Eine Wiederverwendung (Recycling) des Rechen- und Sandfanggutes scheidet aufgrund der Beschaffenheit dieser Stoffe aus. Hierfür kommt eine Deponierung und gegebenenfalls für das Rechengut eine Verbrennung infrage. Es ist in jedem Falle anzustreben, daß das Konzept zur schadlosen Beseitigung der beim Klärprozeß anfallenden Reststoffe in seiner zeitlichen Verfügbarkeit ebenso gesichert ist wie in seiner technischen Funktionsfähigkeit und Betriebssicherheit. Bild 6.2-1 zeigt den Lageplan eines größeren Klärwerks mit Schlammentwässerung und -veraschung.

Ausführliche Hinweise für die abwassertechnische Bemessung von Einzelbauwerken einer Kläranlage sind in anderen Abschnitten des Lehr- und Handbuches enthalten. Als Beispiel einer länderspezifischen Ausarbeitung von Planungs- und Bemessungsgrundsätzen für Kläranlagen wird auf den Entwurf (Gelbdruck März 1981) des Landes Nordrhein-Westfalen (237) verwiesen. Diese umfangreiche Ausarbeitung wird zur Zeit in der Fachwelt eingehend diskutiert. Generell sollten bundeseinheitliche Grundsätze angestrebt werden.

Einzelne Anlagenteile sind bezüglich der Bemessung in einem gewissen Grade voneinander abhängig. Zur Verdeutlichung der verschiedenen Abhängigkeiten und des Grades der Beeinflussung ist die Erstellung eines Bemessungs- und Verfahrensschemas zweckmäßig. Dieses sollte neben den wichtigsten Bemessungswerten für die einzelnen Anlagenteile (wie z.B. Pumpwerke, Klärbauwerke, Schlammstabilisierung, -entwässerung und -verbrennung) auch eine Darstellung der Abwasser- und Schlammwege (z.B. Umlaufkanäle, Rücklauf-, Überschuß- und sonstige Schlammleitungen, Leitungen für Trübwasser, Konditionierungsmittel u.a.) enthalten. Die verfahrenstechnischen Schemata sind eine gute Basis für die Festlegung der Meß- und Regelstellen sowie des Grades der Automation.

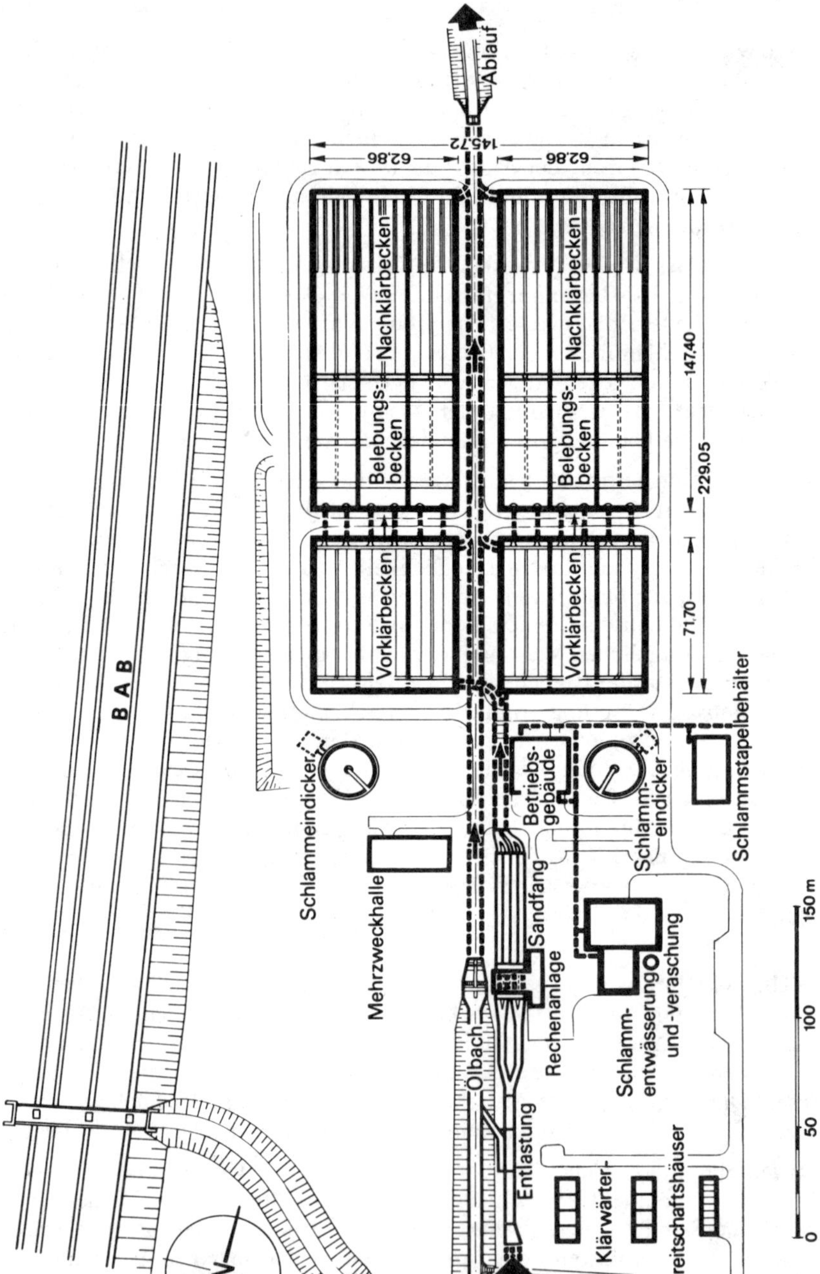


Bild 6.2-1. Lageplan des Klärwerks Bochum-Ölbachtal mit Schlammentwässerung und -veraschung (Archiv Ruhrverband).

In Fällen starker Schwankungen von Menge und Verschmutzung des zulaufenden Abwassers – z.B. durch saisonale Einflüsse – kann die Einschaltung eines Misch- und Ausgleichsbeckens wirtschaftlich sein. Dieses kommt besonders dann vor, wenn große Industriebetriebe angeschlossen sind, bei denen ein Ausgleich des Abflusses nicht realisierbar ist (38).

Vor Beginn der Kläranlagenplanung ist eine topographische Aufnahme des Geländes durchzuführen. Sämtliche Höhenangaben sollten dabei auf NN bezogen werden. Die Lagebeschreibung und die Höhe (hierfür sollte eine schriftliche Bestätigung der zuständigen Behörde vorliegen) des Anschlußbolzens sind im Lageplan des Entwurfs anzugeben. Zur Feststellung der Grenzen des zukünftigen Kläranlagengeländes ist eine amtliche Einmessung erforderlich. Ist das Kanalnetz zum Zeitpunkt der Planung bereits ganz oder teilweise ausgebaut, so empfiehlt sich in jedem Falle die Durchführung eines Kontrollnivellements, um vor unliebsamen Überraschungen sicher zu sein. Den Angaben über die Wasserspiegellagen des Vorfluters, die Wasserstandsdauerlinie usw. können zwischenzeitlich überholte Höhenordinaten zugrunde liegen. Auch hier ist ein neues Nivellement zur Überprüfung dieser Daten vorzunehmen.

Für die Aufstellung des Genehmigungsentwurfs sind Baugrunderkundungen auf einen Umfang zu beschränken, daß daraus grundlegende Entscheidungen über die Gründungsart und die Höhenlage der Bauwerke abgeleitet werden können. Im Rahmen der Vorermittlung (Abschnitt 5.1) bereits durchgeführte Baugrunduntersuchungen bedürfen gegebenenfalls der Erweiterung. Darüber hinausgehende Untersuchungs- und Auswertungsprogramme für spezielle Aufgabenstellungen des Erd- und Grundbaus erfolgen erst im Rahmen der Bauplanung.

## 6.3 Maschinen- und elektrotechnische Planung

Zu einer optimalen Entwurfslösung gehört auch die maschinen- und elektrotechnische Planung, die gleichzeitig mit der abwasser- und bautechnischen Bearbeitung des Projektes durchzuführen ist, da hier mannigfache konstruktive Abhängigkeiten bestehen. So wird z.B. die Größe einer Schlammfördereinrichtung nicht nur von dem täglichen Schlammanfall, sondern auch vom Inhalt des Speicherraumes der Schlammtrichter oder der Eindicker beeinflußt.

### *6.3.1 Maschinentechnische Planung*

Die maschinentechnische Planung umfaßt alle maschinellen und installationstechnischen Einrichtungen. Hierbei sind auch die erforderlichen Reserveaggregate sowie die Möglichkeit für eine spätere Erweiterung zu berücksichtigen. Für den verfahrenstechnischen Ablauf wichtige Aggregate sind in das unter Abschnitt 6.2 erwähnte Verfahrensschema aufzunehmen. Auf die verschiedenen maschinentechnischen Einrichtungen und ihre Bemessung wird jeweils in den speziellen Abschnitten des Lehr- und Handbuches näher eingegangen. In die Planung sind auch die Maßnahmen zum Schutz der Umwelt einzubeziehen. Mit Hilfe eines Berechnungsverfahrens (173) kann man die zu erwartenden Geräuschemissionen in der Nachbarschaft schon im Planungsstadium abschätzen. Ein wesentliches Planungsziel moderner Anlagen ist die Minimierung von Fremdenergie und ein möglichst hoher Ausnutzungsgrad der durch den Klärprozeß entstehenden Eigenenergie (243).

### *6.3.2 Elektrotechnische Planung*

Die elektrotechnische Planung soll Auskunft geben über Anzahl und Anschlußwerte der einzelnen Motoren, Größen und Abmessungen von Schaltanlagen und gegebenenfalls Transformatoren, Querschnitte der wichtigsten Kabel, Automation der Anlage (Meß- und Regeltechnik), Beleuchtung usw. Die ermittelten Bemessungswerte sind Grundlage für die Verhandlungen mit dem zuständigen EVU.

Für die einschlägige Berechnung der elektrischen Anlagen und für die Wirtschaftlichkeitsberechnungen genügt die Ermittlung des Anschlußwertes als der Summe der Nennleistungen der einzelnen Verbraucher.

Zur Sicherstellung der Energieversorgung einer Kläranlage ist der Anschluß an das öffentliche Versorgungsnetz möglichst über zwei getrennte Kabel anzustreben. Auch bei einer Eigenerzeugungsanlage ist ein Anschluß an das öffentliche Netz – zumindest mit einem Kabel – zu empfehlen, damit in Notfällen Energie gegebenenfalls mit vermindertem Anschlußwert vom EVU bezogen werden kann.

Eine Möglichkeit zur Notversorgung der Kläranlage (oder wesentlicher Teile) mit elektrischer Energie bieten Ersatz-Erzeugungsaggregate. Ihr Einsatz sollte auf Sonderfälle – in Abhängigkeit von der Größe und dem Standort der Anlage – beschränkt bleiben. Näheres zum Thema Energiewirtschaft der Abwasserbehandlungsanlagen s. Band III, 2. Auflage, Abschnitt C.

Ziel des Einsatzes von Steuerungs- und Regeltechnik auf Kläranlagen ist die Verbesserung der Reinigungsleistung bei hoher Prozeßstabilität, die Reduzierung der Betriebskosten sowie eine Einsparung an Investitionskosten durch eine intensivere Ausnutzung der Reaktionsräume. Bei den bestehenden Anlagen ist der Grad der Automation zur Zeit sehr unterschiedlich. Während bei kleinen Anlagen kaum Instrumentierungen anzutreffen sind, ist die automatische Überwachung einzelner größerer Klärwerke relativ weit fortgeschritten. Durch steigende Energie- und Personalkosten dürften sich die Zukunftschancen für die Automation stark verbessern.

Über Meß- und Regeltechnik zur Überwachung und Automation von Kläranlagen wird im Band III, 2. Auflage, Abschnitt D, ausführlich berichtet. Der ATV-Fachausschuß 2.13 „Automatisierung von Kläranlagen" hat zu diesem Sachgebiet bisher zwei Arbeitsberichte (18, 19) veröffentlicht.

Die Messung der in der Kläranlage behandelten Abwassermenge soll am Ablauf der Anlage erfolgen. Sie ist eine notwendige Grundlage für die Ermittlung der Jahresschmutzwassermenge als wesentlicher Faktor zur Berechnung der Abwasserabgabe. Die Wahl des Meßsystems ist von der Größe und Bedeutung der Kläranlage abhängig.

## 6.4 Lageplangestaltung

Die Voraussetzungen für ein geeignetes Kläranlagengelände sind bereits unter „Standortfragen" (Abschnitt 5.1.4.1) und „Technische Lösungsmöglichkeiten" (Abschnitt 5.2.3.1) der Erarbeitung des Vorentwurfs aufgeführt worden.

Der Einfluß der topographischen Gegebenheiten auf die Lageplangestaltung ist sehr groß. Daher ergeben sich für die Anordnung der einzelnen Bauwerke häufig mehrere Möglichkeiten. Dabei sind nicht nur technische und wirtschaftliche, sondern auch gestalterische Gesichtspunkte zu berücksichtigen. Bei abschüssigem Gelände ist es z.B. zweckmäßig,

Rechteckbecken nach den Höhenschichtlinien auszurichten, um so unnötige Erdbewegungen zu vermeiden. Schmale lange Grundstücke – wie sie in engen Flußtälern vorkommen – erfordern eine Anordnung der einzelnen Behandlungsstufen hintereinander, also eine Längsentwicklung der Anlage.

Sofern keine anderen Zwänge bei der Zuordnung der Bauwerke zueinander vorliegen, sollte man besonders darauf achten, daß die Fließwege zwischen den einzelnen Behandlungsstufen möglichst kurz und somit die Gefälleverluste gering sind. Die Länge der verbindenden Leitungen hat einen nicht zu unterschätzenden Einfluß auf die Höhe der Baukosten. Das Prinzip der Trassenbündelung ist bei der Leitungs- und Kabelführung ebenfalls zu beachten. Zur besseren Betriebsüberwachung sind die notwendigen Wege des Personals kurz zu halten.

Läßt die Konzeption der Kläranlage es zu, so sind die einzelnen Behandlungsstufen in zwei oder mehrere „Straßen" aufzuteilen, damit bei Wartungs- und Reparaturarbeiten die Außerbetriebnahme einzelner Becken oder „Straßen" (z.B. Vorklär-, Belebungs- und Nachklärbecken) möglich ist. Nur bei der Dimensionierung der Gerinne und Leitungen ist die in einem solchen Falle auftretende größere hydraulische Beaufschlagung nachzuweisen. Die sonstigen Belastungsänderungen der in diesen Ausnahmefällen weiter betriebenen Anlagenteile bleiben unberücksichtigt.

Für eine spätere Erweiterung der Kläranlage sind selbst dann Reserveflächen vorzusehen, wenn die Planung langfristig erfolgt. Das dafür vorgesehene Gelände sollte durch den jetzigen Entwurf möglichst wenig zerstückelt und auch durch Leitungen nicht zerschnitten werden. Die für die Erweiterung vorgesehenen Flächen sind zweckmäßigerweise in den Lageplan einzutragen. Hierdurch soll jedoch keine Festlegung auf ein bestimmtes Reinigungsverfahren erfolgen. Es ist dafür Sorge zu tragen, daß neuen abwassertechnischen Erkenntnissen und zukünftigen planerischen Ideen nichts im Wege steht.

Zur Auswahl der besten Lösungsmöglichkeit für die Lageplangestaltung sind einige Varianten gegenüberzustellen und kritisch zu betrachten. Man trägt dabei am zweckmäßigsten die Grundrisse der einzelnen Klärbauwerke maßstabgerecht auf und variiert die Lösung anhand der Geländeaufnahme.

Bei der Gestaltung des Lageplans unterscheidet man allgemein zwischen einer Längs- und einer Querentwicklung der Anlage.

Bei einer Längsentwicklung wird nur ein relativ schmaler Geländestreifen benötigt. Es ist hier möglich, die Fließstrecken zwischen den einzelnen Klärbauwerken extrem kurz zu halten. Eine spätere Erweiterung der Gesamtanlage oder einzelner Anlagenteile kann parallel dazu erfolgen. Bei großen Anlagen wirken sich jedoch die langen Wegestrecken für das Personal erschwerend auf den Betrieb aus. Eine Längsentwicklung erscheint daher vorwiegend bei kleinen und mittleren Anlagen mit nur einer biologischen Stufe zweckmäßig. Bild 6.4-1 zeigt eine in Längsrichtung erstellte Kläranlage. Parallel zur Beckengruppe ist die für eine spätere Erweiterung der Anlage freigehaltene Geländefläche deutlich erkennbar.

Ist der topographische Einfluß nicht so bedeutend, so stehen bautechnische, wirtschaftliche und betriebliche Gesichtspunkte bei der Lageplangestaltung im Vordergrund. In solchen Fällen bietet sich ein in Querrichtung – also in die Breite – entwickelter Grundriß (Bild 6.4-2) an. Die Fließstrecken zwischen den Klärbauwerken können dabei länger werden. Kostengünstig ist, daß unmittelbar nebeneinander angeordnete Bauwerke in einer gemeinsamen Baugrube erstellt werden können. Entsprechende Freiflächen für eine spätere Erweiterung der einzelnen Anlagenteile sind hier genau einzuplanen.

Bild 6.4-1. Kläranlage Schalksmühle (Längsentwicklung). Freigegeben Regierungspräsident Düsseldorf Nr. 08 M 10.

Bild 6.4-2. Kläranlage Belecke (Querentwicklung). Freigegeben Regierungspräsident Düsseldorf Nr. 08 K 40.

Bild 6.4-3. Kläranlage Bestwig-Velmede (kompakte Lageplangestaltung). Freigegeben Regierungspräsident Düsseldorf Nr. 08 M 4.

Bild 6.4-4. Kläranlage Meinerzhagen-Windebruch (Kombinationsbecken).

Eine noch kompaktere Gestaltung des Lageplans mit Anordnung der Klärbauwerke in Blockbauweise ist zu empfehlen, wenn für das Kläranlagengelände nur eine beschränkte Fläche zur Verfügung steht oder schwierige Baugrund- bzw. Grundwasserverhältnisse zu einer Umspundung der Baugrube zwingen. Die Erweiterung einzelner Anlagenteile ist bei einer solchen Lösung jedoch nur unter erhöhten Aufwendungen möglich. Bild 6.4-3 zeigt als Beispiel die Zusammenfassung der Vorklärung, der Belebung und der Nachreinigung zu einer baulichen Einheit.

Kompaktkläranlagen oder Kombinationsbecken können bei kleinen bis mittelgroßen Anlagen zu einer Verringerung des Platzbedarfs beitragen (Bild 6.4-4).

In Zukunft werden Planungsaufgaben an den Ingenieur herangetragen, um bestehende Anlagen zu erweitern. Dann ist die Lageplangestaltung zusätzlich von der Weiterführung des Betriebes und der sinnvollen Einbeziehung vorhandener Kläranlagenteile abhängig. Ein Beispiel für eine Vielzahl von Erweiterungsstufen ist das Klärwerk Hagen (Bild 6.4-5).

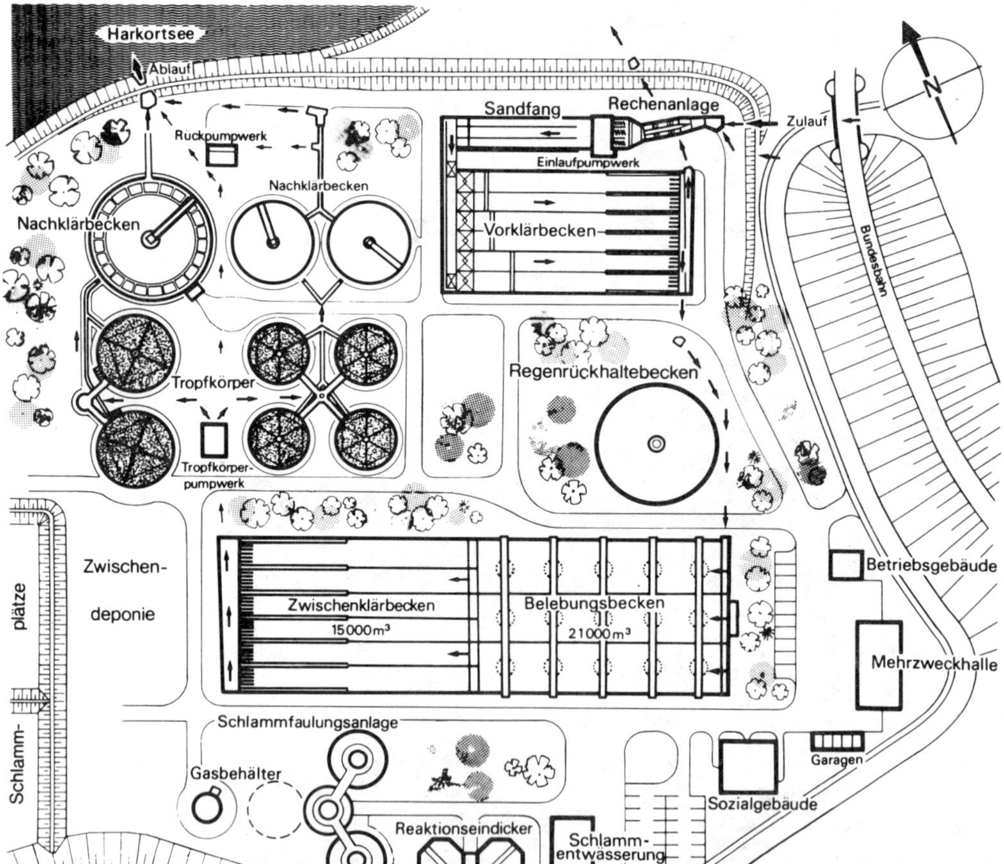


Bild 6.4-5. Lageplan des Klärwerks Hagen (Archiv Ruhrverband).

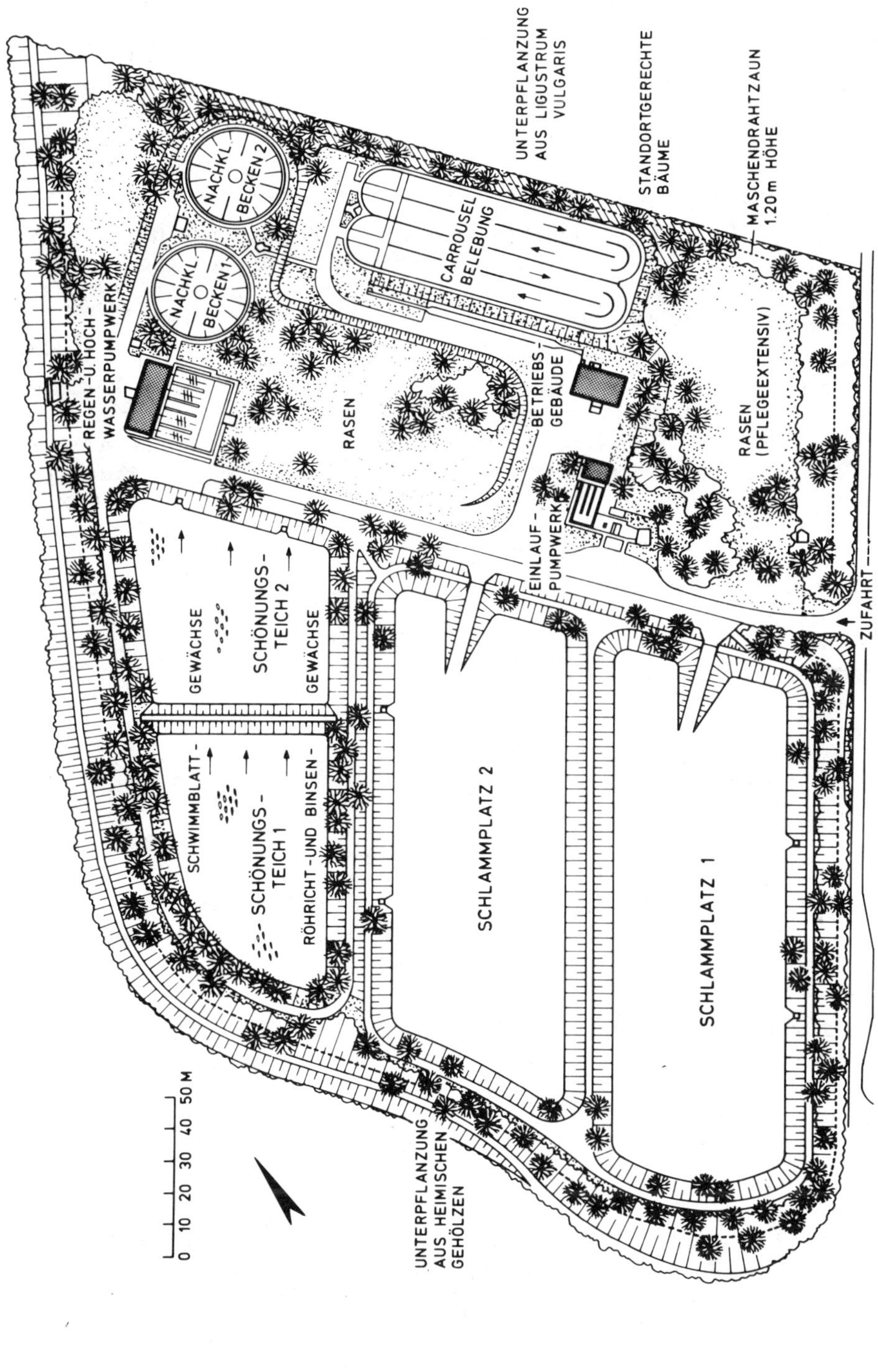


Bild 6.4-6. Landschaftspflegerischer Begleitplan (Archiv Ruhrverband).

Dieses wurde im Laufe von 70 Jahren 13 mal erweitert. Hierüber haben *Budich* und *Dohmann* berichtet (48).

Der Ausbau der Fahrwege auf dem Kläranlagengelände ist auf ein Minimum zu beschränken. Wichtig ist, daß Rechen und Sandfang, Fällungsstation, Maschinenräume, Bauwerke der Schlammbehandlung sowie Deponieflächen mit entsprechenden Fahrzeugen gut erreichbar sind. Auch die Möglichkeit einer An- und Abfuhr von Flüssigschlämmen ist im Interesse eines betrieblichen Schlammverbundes zu berücksichtigen. In jedem Falle muß ein ausreichend bemessener Wendeplatz für LKW's oder eine Umfahrt vorgesehen werden. Auch die Kurvenradien sind den Betriebserfordernissen anzupassen.

Nur die häufig befahrenen Wege sind voll auszubauen. Die Befestigung selten befahrener Wege sollte nur provisorisch erfolgen. Zu allen Betriebs- und Meßstellen sind Fußwege anzulegen. Für sie ist die kürzest mögliche Linienführung zu wählen, um so Umwege für das Personal bzw. Trampelpfade durch die begrünten Flächen zu vermeiden.

Die Kläranlage ist durch eine zweckmäßige Bepflanzung in die Landschaft einzupassen. Im Bundesnaturschutzgesetz (BNatSchG) heißt es, daß der Verursacher eines Eingriffs in die Landschaft zu verpflichten ist, vermeidbare Beeinträchtigungen von Natur und Landschaft zu unterlassen. Ist dieser Grundsatz nicht voll zu verwirklichen so müssen Maßnahmen des Naturschutzes und der Landschaftspflege einen Ausgleich schaffen. Als ausgeglichen kann ein Eingriff gelten, wenn nach seiner Beendigung keine erhebliche oder nachhaltige Beeinträchtigung des Naturhaushalts zurückbleibt und das Landschaftsbild landschaftsgerecht wiederhergestellt oder neu gestaltet ist (179). Nach § 8 Abs. 4 Bundesnaturschutzgesetz (104) sowie den entsprechenden Ländergesetzen hat der Planungsträger einen landschaftspflegerischen Begleitplan (Bild 6.4-6) in Text und Karte aufzustellen. Dieser Plan ist Bestandteil des zu genehmigenden Entwurfs. Die Bepflanzung nach Art und Umfang ist im Rahmen des später aufzustellenden Bauentwurfs in Abstimmung mit der unteren Naturschutzbehörde festzulegen.

## 6.5 Gebäudeplanung

### *6.5.1 Allgemeines*

Neben den der Abwasser- und Schlammbehandlung dienenden Bauwerken wie Becken und Behälter gehören zumindest zu größeren Kläranlagen auch mehrere Hochbauten. Diese lassen sich unterscheiden in Betriebsgebäude, Rechenhaus, Gebläsestation, Gebäudeteile von Pumpwerken, Schlammentwässerungs- und gegebenenfalls Schlammverbrennungsgebäude sowie Gaskraftstation, Werkstatt und Garagen.

Die Standorte werden im Rahmen der Lageplangestaltung der Kläranlage (Abschnitt 6.4) festgelegt. Entscheidend sind dabei eine sinnvolle Zuordnung zu den Bauwerken und eine entsprechende Anlage von Zuwegen bzw. Zufahrten.

Bei der Planung der Hochbauten ist besonderer Wert auf eine gute städtebauliche Einbindung zu legen, weil von außerhalb des Kläranlagengeländes im allgemeinen nur die Gebäude ins Blickfeld rücken. Ein besonderes Augenmerk erfordern auch in architektonischer Hinsicht die aufragenden Faulbehälter. Hauptelemente für eine harmonische Ausbildung dieser Baukörper sind ihre Formgebung sowie die Gestaltung der Fassade. Im Regelfall strebt man an, Betriebsgebäude und Faulbehälter zu einer gestalterischen Einheit zu verbinden. Hierfür gibt Bild 6.5-1 Anregungen. Vor allem bei größeren Kläranlagen empfiehlt sich deshalb die Einschaltung eines erfahrenen Architekten.

Bild 6.5-1. Kläranlage Belecke, Zuordnung von Betriebsgebäude und Faulbehälter (Archiv Ruhrverband).

### 6.5.2 *Hinweise für die Betriebsgebäudegestaltung*

Das betrieblich erforderliche Hochbauvolumen ist im wesentlichen von der Größe der Kläranlage abhängig. Bei einer kleinen Anlage, die vielleicht nur wenige Stunden am Tag gewartet werden muß, wird man sich auf ein kleines Betriebsgebäude beschränken. Dieses Gebäude erhält zweckmäßigerweise je einen Aufenthalts-, WC- und Wasch- sowie Geräteraum (Bild 6.5-2).

Mittelgroße Kläranlagen bieten gewöhnlich die Möglichkeit, das Betriebsgebäude mit Maschinen- und Installationsräumen zusammenzufassen. Im einzelnen sind für das Betriebsgebäude folgende Räume zu berücksichtigen:

Betriebsüberwachung und Schaltwarte
kleiner Schreibraum mit Telefonanschluß
Trafo- und Mittelspannungsraum mit Zugang von außen
Gasmeßraum mit Zugang von außen
Heizungsraum (evtl. mit Öllager)
Werkstatt und Geräteraum mit Zugang von außen
Laborraum
WC-Raum
Wasch- und Duschraum
Umkleideraum
Aufenthaltsraum

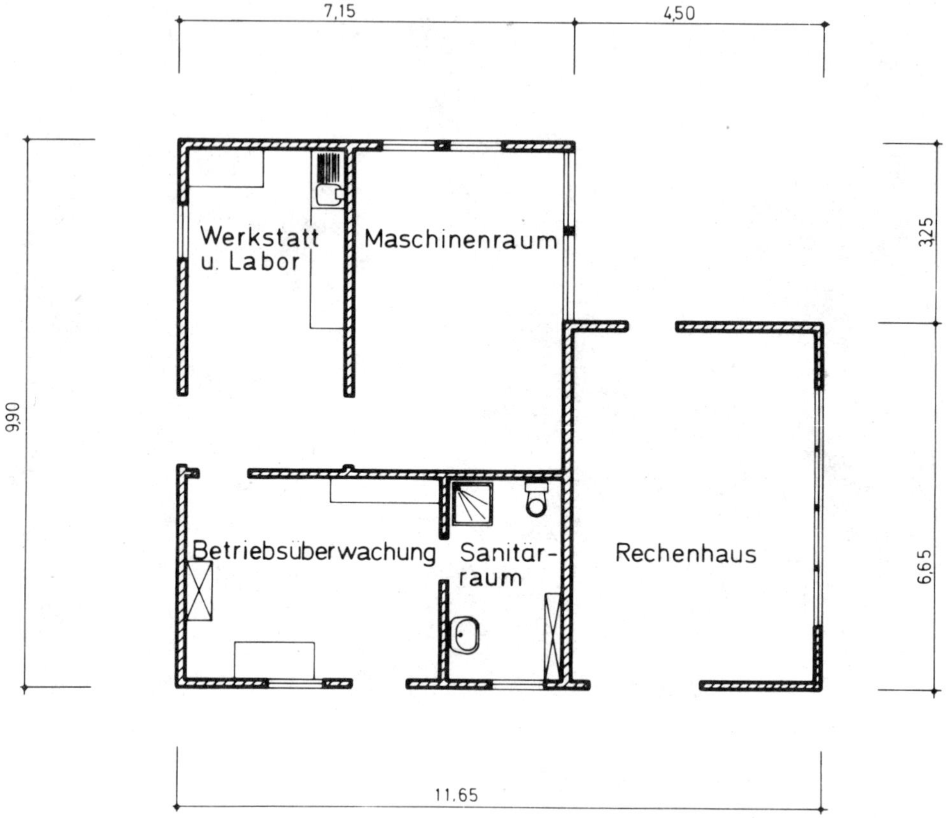


Bild 6.5-2. Grundriß des Betriebsgebäudes einer kleineren Kläranlage (Archiv Ruhrverband).

Die Größe der technischen Räume ist dem jeweiligen Bedarf anzupassen. Bei der Auslegung der Sozialräume sollte von Richtgrößen ausgegangen werden, wie sie in der Arbeitsstättenverordnung (49) festgelegt sind. Die Zuordnung der Funktionsräume eines mittelgroßen Betriebsgebäudes ist beispielhaft aus Bild 6.5-3 zu ersehen.

Große Kläranlagen erfordern im allgemeinen mehrere Gebäude, zum Teil sogar mehr als ein Betriebsgebäude. Die Anordnung der Gebäude erfolgt nach den Erfordernissen des Kläranlagenbetriebes. Wegen der bei diesen Anlagen zu erwartenden häufigen Besichtigungen sind zweckmäßigerweise ein Besucher- und Vortragsraum mit WC sowie ausreichende Parkplätze vorzusehen.

Für die Unterbringung und Zuordnung der verschiedenen Räume ist von Bedeutung, wieviel Geschosse das betreffende Gebäude aufweist. Angestrebt wird im allgemeinen eine eingeschossige Ausbildung, weil sich praktisch alle genannten Räume im Erdgeschoß unterbringen lassen. In manchen Fällen bietet sich aber aus bestimmten Gründen eine Unterkellerung des Gebäudes und/oder die Anordnung eines Obergeschosses an. Dann ist zu überlegen, welche der Räume unter Gelände bzw. im Obergeschoß sinnvoll untergebracht werden können. Für den Keller kommen dabei die lärmemittierenden Pumpen- und Gebläseräume sowie der Heizungsraum in Frage. Im Obergeschoß lassen sich ohne

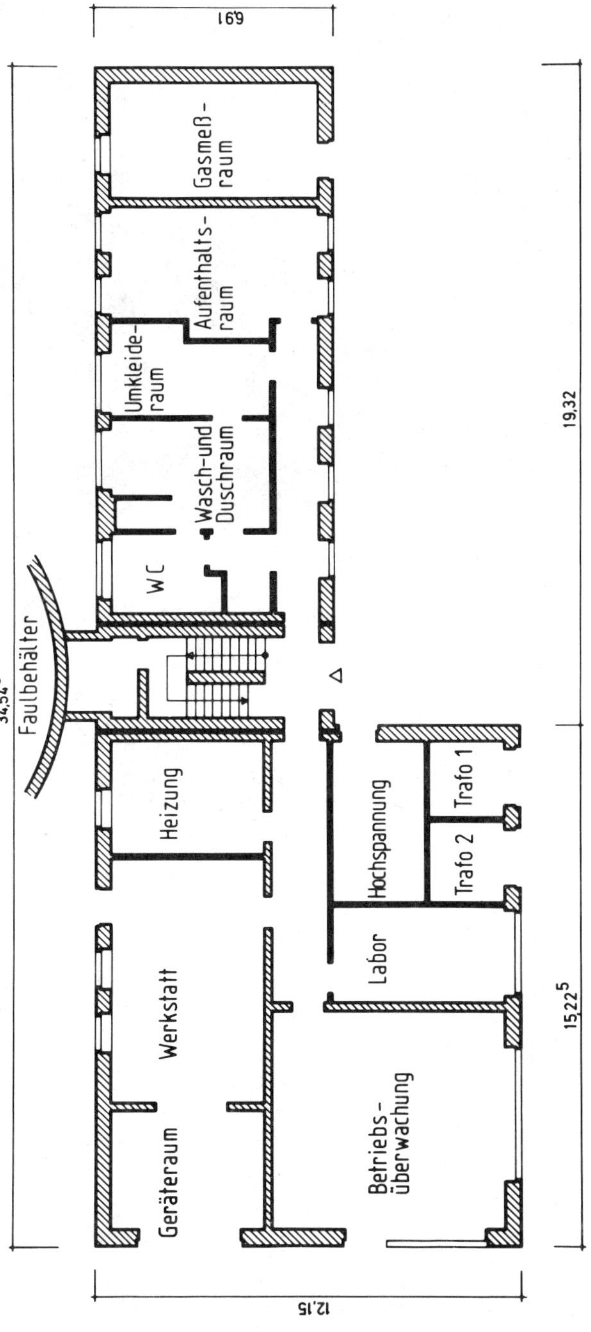


Bild 6.5-3. Grundriß des Betriebsgebäudes einer mittelgroßen Kläranlage (Archiv Ruhrverband).

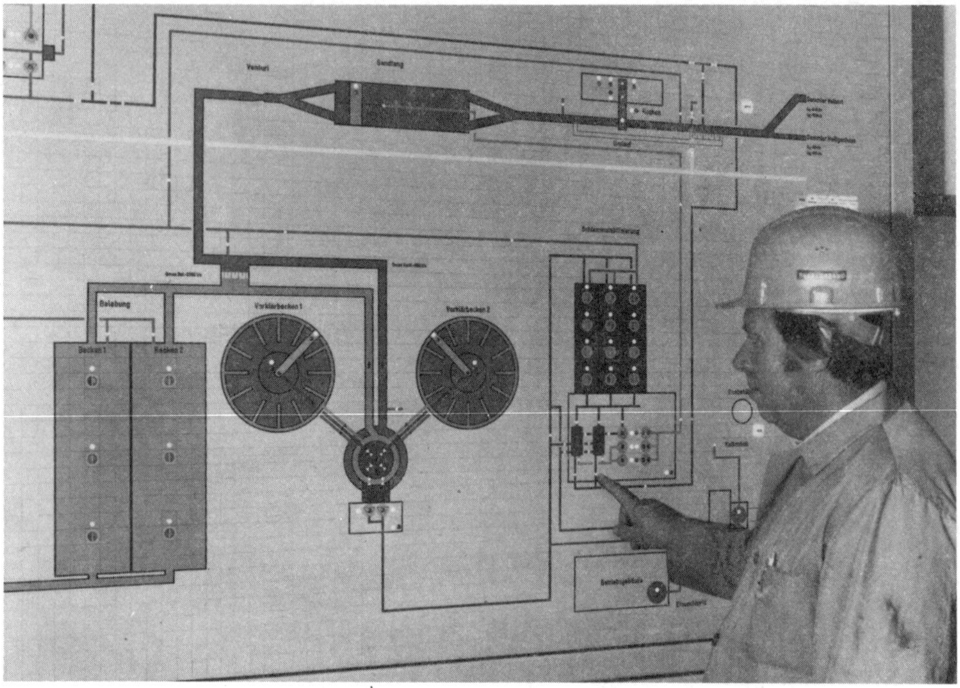

Bild 6.5-4. Kläranlage Abtsküche, Schaubild (Archiv Ruhrverband).

weiteres die Betriebsüberwachung, das Labor und Sozialräume unterbringen. Eine zentrale Betriebsüberwachung wird durch ein Schaubild, das den jeweils aktuellen Betriebszustand aller wesentlichen Anlagenteile anzeigt, erleichtert (Bild 6.5-4).

### 6.5.3 *Planungsgrundlagen*

Bei der Gebäudeplanung sind verschiedene Regeln und Vorschriften zu beachten. Bauliche Erfordernisse, wie z.B. die Ausbildung und Anordnung von Treppen oder Fluchtwegen gehen aus den einzelnen Landesbauordnungen hervor. Darüber hinaus sind die einschlägigen Unfallverhütungsvorschriften, wie z.B. die Sicherheitsregeln für Abwasserbehandlungsanlagen (50) einzuhalten.

Besondere Schallschutzmaßnahmen sind dann zu treffen, wenn lärmemittierende Räume wie Pumpen- und Gebläseräume in der Nähe von Aufenthaltsräumen angeordnet werden. In jedem Fall ist dabei aktiver Lärmschutz durch Maßnahmen am lärmerzeugenden Aggregat selbst zu betreiben.

Die Planung der Heizungs-, Lüftungs- und Klimatechnik sollte nur durch einen Fachingenieur erfolgen. Auch die Gassicherheitstechnik ist beim Entwurf durch einen Sonderfachmann gebührend zu berücksichtigen.

Bei der Gebäudeplanung müssen auch energieeinsparende Maßnahmen wie eine entsprechende Wärmedämmung bedacht werden. Das gilt auch für solche Kläranlagen, bei denen zunächst nur eine Nutzung des anfallenden Faulgases zu Heizzwecken vorgesehen ist.

## 6.6 Hydraulische Planung

### *6.6.1 Allgemeines*

Die hydraulische Berechnung ist eine der wichtigsten Ingenieuraufgaben im Rahmen der Kläranlagenplanung, weil die einwandfreie Funktion der Anlage einen richtigen Gefälleverlauf des Abwassers voraussetzt. Darüber hinaus kann nur mit Hilfe einer solchen Berechnung die wirtschaftlich und betriebstechnisch optimale Höhenlage der Klärbauwerke ermittelt werden. Unter anderem sind dabei folgende Optimierungsziele von Bedeutung:

Einsparung eines Abwasserpumpwerks
Energiekostenminimierung durch möglichst geringe Förderhöhen des Abwassers, sofern eine Abwasserhebung erforderlich ist
Erzielung größerer Unabhängigkeit von Hochwasserständen des Vorfluters durch optimal geringe Fließhöhenverluste innerhalb der Anlage

Im Rahmen des Vorentwurfs ist eine überschlägige hydraulische Berechnung ausreichend. Dagegen erfordert die Entwurfsplanung möglichst genaue hydraulische Nachweise.

Einen Überblick über die bei einer Kläranlagenplanung zweckmäßigen hydraulischen Bemessungsschritte mit entsprechenden Anwendungsbeispielen gibt ein Bericht der ATV-Arbeitsgruppe 2.11.1. (11). In dieser Veröffentlichung sind auch Werke der Standardliteratur und in Sonderfällen zu berücksichtigende Literaturstellen angegeben.

Die hydraulische Berechnung findet ihren Niederschlag im hydraulischen Längsschnitt durch die Kläranlage, aus dem alle maßgebenden Wasserspiegellagen sowie die örtlichen Verlusthöhen ersichtlich sind.

Die vorliegende Ausarbeitung beschränkt sich im Interesse einer zusammenfassenden Information auf wesentliche Hinweise und Grundsätze.

### *6.6.2 Abwassertechnische Bedingungen*

Aufgrund ihrer Lage ergibt sich für eine Kläranlage die wasserspiegelmäßige Einbindung zwischen Zulaufkanal und Vorfluter unter Einschaltung eines eventuell erforderlichen Abwasserhebewerks. Während die Höhenlage des Zulaufkanals durch die Kanalnetzberechnung festliegt, ist die Auslaufhöhe von den Hochwasserständen des Vorfluters abhängig. In Abstimmung mit den zuständigen Wasserwirtschaftsbehörden ist deshalb ein Hochwasserspiegel festzulegen, bis zu dem die Kläranlage noch betrieben werden muß. Bei darüber hinausgehenden Hochwasserständen wird die Anlage ganz oder teilweise außer Betrieb genommen.

Die bei mehrgleisigem Ausbau von Behandlungsstufen mögliche Außerbetriebnahme einzelner Klärbauwerke erfordert den Nachweis, daß bei solchen außergewöhnlichen Betriebszuständen die im Betrieb verbleibenden Bauwerke die erhöhte Beaufschlagung hydraulisch verkraften können.

Bereichsweise sind für Kanäle und Gerinne zur Vermeidung von Ablagerungen nach Möglichkeit Mindestfließgeschwindigkeiten einzuhalten. Das gilt für die Fließstrecken des nicht abgesetzten Abwassers und für Schlammleitungen und -gerinne. Die hydraulische Berechnung erfolgt für die verschiedenen hydraulischen Belastungszustände. Dabei sind folgende Bemessungswassermengen (gegebenenfalls zusätzlich die jeweiligen Rücklaufschlammengen) anzusetzen:

jetzige mittlere Nachtwassermenge,
jetzige Trockenwettermenge,
spätere Trockenwettermenge,
spätere Regenwettermenge.

Bei der Bemessung der Schlammwege ist von den maximalen Mengen an Rücklauf-, Überschuß-, Roh- und Faulschlamm auszugehen. Die unterschiedlichen Fließgeschwindigkeiten dieser Fördermedien, die Größe und Betriebsweise der zu installierenden Förderaggregate sowie die schon erwähnten Mindestfließgeschwindigkeiten sind dabei besonders zu beachten.

### *6.6.3 Hydraulische Bedingungen*

Im Hinblick auf möglichst geringe Höhenverluste finden hydraulische Überlegungen auf zweierlei Weise Eingang in die Planung einer Kläranlage. Das geschieht zum einen durch die hydraulisch günstige Gestaltung der einzelnen Bauwerke, zum anderen durch ihre optimale höhenmäßige Einbindung.

Bei der Gestaltung von Anlagenteilen sind hydraulische Gesetzmäßigkeiten zu berücksichtigen. Zunächst interessiert dabei, wie die Höhenverluste entstehen. Örtlich konzentrierte Verluste werden durch die Form eines Bauwerks oder Bauwerksteiles und die an dieser Stelle auftretende Fließgeschwindigkeit bedingt, während kontinuierliche Verluste durch die Rauhigkeit und die Länge des Fließweges sowie die Fließgeschwindigkeit entstehen. In jedem Fall sollten scharfe umströmte Kanten, enge Krümmungen und unnötig hohe Fließgeschwindigkeiten vermieden werden.

Verbindungsgerinne und Rohrleitungen sollen bei größtmöglichem Querschnitt so kurz wie möglich gehalten werden. Dabei ist auch zu prüfen, inwieweit Bauwerke ohne Verbindungsgerinne und unmittelbar hintereinander angeordnet werden können.

Die optimale Anpassung der Höhenlagen der einzelnen Anlagenteile erfordert eine sorgfältige hydraulische Berechnung. Für alle Gerinne sind die Wassertiefen an den „Nahtstellen" zu ermitteln. Bei Rohrleitungen gilt das sinngemäß für die Druckhöhen. Unter Berücksichtigung der örtlichen Verluste sind die Anlagenteile dann so aneinander zu fügen, daß die Höhendifferenzen der Wasserspiegel so gering wie möglich bleiben.

Aufgabe der hydraulischen Berechnung ist nicht nur die Höhenoptimierung, sondern auch die Ermittlung der optimalen Funktion bestimmter Klärwerksteile. Beispiele hierfür sind die Steuerung eines Langsandfanges, die gezielte Abwassermengenaufteilung bei parallelgeschalteten Klärbauwerken und die Bemessung der Schlammleitungen.

Der Strömungszustand in einer Kläranlage kann für die hydraulische Berechnung als *stationär* angesehen werden, d.h., eine zeitliche Veränderung des Fließvorgangs wird nicht berücksichtigt.

Die Gerinneströmungen im Bereich einer Kläranlage sind im allgemeinen *ungleichförmig*, weisen also unterschiedliche Wassertiefen am Anfangs- und Endquerschnitt auf. Bei einer überschlägigen hydraulischen Berechnung kann Normalabfluß (gleichförmige Strömung) angenommen werden. Die hieraus resultierenden Wasserspiegelhöhen liegen normalerweise auf der sicheren Seite.

Bis auf örtlich begrenzte Ausnahmen (z.B. Überfälle) ist der Abfluß in der gesamten Kläranlage *strömend*. Daraus ergibt sich, daß die Berechnung entgegen der Fließrichtung erfolgen muß. Fließwechsel, wie sie bei vollkommenen Überfällen und Venturikanälen mit Wechselsprung auftreten, stellen eine Entkoppelung des hydraulischen Systems dar. Von solchen Stellen ausgehend ist also unabhängig von den unterhalb herrschenden Strömungsverhältnissen zu rechnen.

Für die hydraulische Kläranlagenplanung kann das Abwasser als *inkompressible und Newton'sche Flüssigkeit* (reines Wasser) angesehen werden. Lediglich bei Schlämmen mit höheren Feststoffgehalten ist das von reinem Wasser abweichende Widerstandsverhalten zu berücksichtigen.

## 6.7 Umfang des Genehmigungsentwurfs

Der Genehmigungsentwurf besteht aus dem Erläuterungsbericht, den Berechnungen und den Planunterlagen. Mit der Genehmigungsbehörde ist abzustimmen, wieviel Entwurfsausfertigungen einzureichen sind. Bei den nachstehenden Ausführungen wurde im wesentlichen auf den 2. Arbeitsbericht des ATV-Fachausschusses 2.11 (17) zurückgegriffen.

### *6.7.1 Erläuterungsbericht*

Allgemeines

Hier sind Angaben zu machen über den Träger der Maßnahme, die Veranlassung zur Entwurfsaufstellung, Beschlüsse des Gemeinde- oder Stadtrates, Auflagen der Aufsichtsbehörden sowie Bindungen aus Verträgen (öffentlich und privatrechtlich). Auf bereits vorliegende Entwürfe (Anlagen zur Abwasserableitung und -behandlung) einschließlich des Vorentwurfs (Abschnitt 5.2) ist hinzuweisen.

Zusammenfassend soll auf die unter Abschnitt 5.2.4 „Lösungsvorschlag" geleisteten Vorarbeiten eingegangen werden. Zu erläutern sind die Gesamtsituation, die Abgrenzung des Einzugsgebietes (Kanalisationsgebiete, Entscheidung für Einzel- oder Gruppenkläranlage, Zuleitungs-, Verbindungs- und Ableitungskanäle, Pumpwerke), die bestehenden wasserwirtschaftlichen Verhältnisse sowie der Standort der Kläranlage (allgemeine Lage, Erschließung des Kläranlagengeländes).

Entwurfsgrundlagen

In tabellarischer Form sind gemäß Abschnitt 5.1.5 „Ergebnisse der Vorermittlung" aufzuführen: anzuschließende Einwohner und Einwohnergleichwerte, Abwasseranfall (l/E · d), Trockenwettermenge (häusliches Abwasser, gewerbliches und industrielles Abwasser, Fremdwasser), Zulaufcharakteristik (Stundenmittel), Regenwettermenge, Fremdschlämme, Angaben über Verschmutzung usw. Die wasserwirtschaftliche Konzeption sowie das gewählte Behandlungsverfahren sind ausführlich zu begründen. Nur bei allgemein unbekannten Behandlungsverfahren ist eine kurze Funktionsbeschreibung erforderlich.

Beschreibung der Bauwerke und Einrichtungen

Die einzelnen Teile der Kläranlage sind nach Art, Größe, Abmessungen und Anzahl, nach Besonderheiten der konstruktiven Ausbildung und Bauausführung sowie nach ihrer maschinellen und elektrischen Ausrüstung kurz zu beschreiben.

Kostenangaben

Die Ergebnisse der Kostenberechnung gemäß Abschnitt 6.7.2 sind in Kurzform – gegebenenfalls in tabellarischer Form – anzugeben und zu erläutern.

### *6.7.2 Berechnungen*

Abwassertechnische Berechnung

Es sind Angaben über die benutzte Fachliteratur und die angewandten Bemessungsformeln zu machen. Hierunter fallen auch Firmendruckschriften und dergleichen. Die Berechnungsbeiwerte sind zu erläutern.

Für jedes Bauwerk der verschiedenen Anlagenteile einer Kläranlage wie

Regenwasserbehandlung,
Misch- und Ausgleichsbecken,
Pumpwerke,
mechanische Behandlung,
biologische Behandlung einschließlich Nach- bzw. Zwischenklärung,
weitergehende Abwasserbehandlung,
Schlammbehandlung,

sind die Anzahl, die Abmessungen und das Volumen der Becken, Behälter, Kammern usw. nachzuweisen. Die Bauwerke sind skizzenhaft darzustellen und mit den wesentlichen Abmessungen zu versehen. Ferner sind für jeden Anlagenteil auch spezifische Einzelnachweise zu führen wie z.B. für ein Vorklärbecken: Durchflußzeit ($t_R$), Oberflächenbeschikkung ($q_F$), Schlammanfall, Volumen und Speicherzeit von Schlammtrichtern usw.

Hydraulische Berechnung

Es ist erforderlich, im Rahmen des Genehmigungsentwurfs eine hydraulische Berechnung aufzustellen. Die Ergebnisse dieser Berechnung werden in einem Längsschnitt durch die Kläranlage und den Ablaufkanal dargestellt (Wasserspiegellagen).

Kostenberechnung

Von entscheidender Bedeutung für die Höhe der Kosten ist der Zeitpunkt der Kostenberechnung. Deshalb ist der zugrundeliegende Kostenstand anzugeben.

Die Zusammenstellung der Kosten soll möglichst übersichtlich in tabellarischer Form erfolgen.

Anlagekosten

Hierbei sind im einzelnen folgende Positionen zu erfassen: Grunderwerb, Erschließung (Kosten für Zufahrt, Strom- und Wasseranschluß, Vorflutsicherung, Abbruch- und Planierungsarbeiten, Wegenetz u.ä.), Einzelbauwerke einschließlich Wärterwohnhaus (getrennt nach bautechnischem Teil und maschinentechnischem Teil), elektrotechnische Ausrüstung einschließlich Schalt- und Überwachungsanlagen, Wasserhaltung, wasserbauliche Maßnahmen und Hochwasserschutz, Umzäunung und gärtnerische Gestaltung, Ingenieurgebühren (z.B. Baugrunduntersuchung, Bauentwurf, Statik, architektonische Gestaltung, Vermessung, örtliche Bauleitung, Bauoberleitung, Bepflanzungsplanung), sonstige Baunebenkosten (Genehmigungen usw.), Gesamtkosten. Die Gesamtkosten sind absolut und spezifisch (bezogen auf E + EG und gegebenenfalls $m^3$ Abwasser pro Tag) anzugeben.

Jahreskosten

Hierzu gehören: Kapitaldienst (Zinsen, Tilgung, ohne Zuschüsse), Abschreibung bzw. Rücklagen für Ersatzbeschaffung der Gesamtanlagen gemäß AfA-Richtwerten, Instandsetzung, Wartung und Betrieb getrennt nach Personal- und Sachkosten, Kosten für Treib- und Brennstoffe, Kosten für chemische und anderweitige Abwasser- und Schlammbehandlung, sonstige Kosten (z.B. für Trinkwasser, Laborbedarf usw.); ferner Kosten für Verwaltung, Überwachung (gemäß LWG) und Abwasserabgabe.

Die Berechnung des Gesamt-Jahresenergieverbrauchs soll in kWh und die der spezifischen Verbrauchswerte in kWh/kg $BSB_5$-Abbau und kWh/$m^3$ Abwasser erfolgen.

Die Gesamt-Jahreskosten sind wie die Anlagekosten absolut und spezifisch (bezogen auf E + EG und gegebenenfalls $m^3$ Abwasser pro Tag) anzugeben.

### *6.7.3 Planunterlagen*

Alle für die Genehmigung erforderlichen Planunterlagen sind prüffähig anzufertigen. Für die Darstellung in den Planunterlagen sind die einschlägigen DIN-Normen in ihrer jeweils gültigen Fassung weitestgehend anzuwenden.

Einzugsgebietsplan

Maßstab 1 : 25 000 oder 1 : 10 000
Der Einzugsgebietsplan soll das Entwässerungsgebiet darstellen und einen Überblick über die sonstigen wasserwirtschaftlichen Nutzungen geben.

Insbesondere sind darzustellen:
- festgesetzte Wasser- und Heilquellenschutzgebiete, Wassergewinnungs- und Badeanlagen sowie Kläranlagen. Geplante Wasserschutzgebiete und andere Gebiete mit Nutzungsbeschränkungen sind nur in Ausnahmefällen in den Plan einzutragen.
- Vorfluter (Namen, Fließrichtung, amtliche Flußkilometrierung) mit den Grenzen der Überschwemmungsgebiete
- Einleitstelle (*n*) des Vorhabens, sonstige Abwassereinleitungen
- Kläranlage mit Einzugsgebiet
- vorhandene und geplante Zuleitungs- und Verbindungssammler sowie Pumpwerke mit zugehörigem Einzugsgebiet
- Regenbecken und Regenüberlaufbauwerke

Übersichtsplan des Kläranlagenbereichs

Maßstab 1 : 2500, 1 : 1000 oder 1 : 500
Darzustellen sind insbesondere die maßgebenden Höhen in m ü. NN, die Hauptmaße der Kläranlage, das Wegenetz, die möglichen Erweiterungsflächen, die Ableitung(en) zum Vorfluter, die Bezeichnung und Grenzen der umliegenden Grundstücke sowie das Grundstücksverzeichnis.

Lageplan der Kläranlage

Maßstab 1 : 500 bis 1 : 100
Er soll die Anordnung der einzelnen Bauwerke zueinander nebst Abmessungen, das Wegenetz sowie die verbindenden Leitungen für Abwasser und Schlamm enthalten.

Landschaftspflegerischer Begleitplan

Maßstab 1 : 1000 bis 1 : 100
Für die Prüfung der nach § 8 Absatz 4 des Bundesnaturschutzgesetzes (BNatSchG) sowie der entsprechenden Ländergesetze erforderlichen Maßnahmen des Naturschutzes und der Landschaftspflege reicht ein landschaftspflegerischer Begleitplan aus.

Längsschnitt

Der Längsschnitt durch die Kläranlage und den Ablaufkanal ist im Höhenmaßstab 1 : 100 und im Längenmaßstab des Lageplans zu erstellen. Vorzugsweise wird ein Verzerrungsmaßstab von 1 : 5 angewandt. Der Plan soll die in der hydraulischen Berechnung ermittelten Wasserspiegellagen enthalten. Weitere Längsschnitte sind gegebenenfalls für die Schlammwege – insbesondere im Freispiegelbereich – erforderlich.

Bauwerkszeichnungen

Maßstab 1 : 200 bis 1 : 50
Alle wichtigen Bauwerke sind im Grundriß und in verschiedenen Schnittebenen (Längs- und Querschnitte) darzustellen. Die Schnitte müssen in zwei Dimensionen mit Maßen versehen sein. Wichtige Konstruktionshöhen sind auf NN bezogen anzugeben. Für Hochbauten sind Ansichten beizufügen.

Sonderdarstellungen

Bei besonders komplizierten Behandlungsverfahren können schematische Darstellungen zweckmäßig sein.

# 7 Bauplanung

## 7.1 Allgemeines

Aufgabe der Bauplanung ist es, alle Unterlagen zu beschaffen, die für die Herstellung betriebsbereiter Anlagen benötigt werden.

Grundlage der Planung sind

a) der gemäß Abschnitt 6 aufgestellte Entwurf, der nicht nur die Verfahrenstechnik der Anlagen beschreibt, sondern auch die Hauptabmessungen ihrer Teile festlegt und
b) die im Rahmen der Vorarbeiten gewonnenen Kenntnisse über Topographie, Baugrund- und Grundwasserverhältnisse des Anlagengeländes.

Darauf aufbauend kann die Planungsaufgabe in folgenden Teilschritten gelöst werden:

1. Erarbeiten der Bemessungsgrundlagen wie:
   Lastannahmen aus Verkehrslast,
   Erddruck,
   Auftrieb,
   Grundwasserströmung und
   gegebenenfalls Bergbaueinwirkungen.
2. Entwerfen der Bauteile soweit, daß alle Abmessungen festliegen, die durch den Genehmigungsentwurf und die oben genannten Lastannahmen beeinflußt werden.
3. Aufstellen eines Rahmenterminplanes.
4. Beantragen der gemäß Bauordnung und Landeswassergesetz nach Genehmigung und Planfeststellung des Entwurfes noch notwendigen Genehmigungen und eventuellen Gestattungen.
5. Entwurf, Ausschreibung und Vergabe der Maschinen- und Elektroausrüstung.
6. Herstellen der Ausführungsunterlagen für die Bauteile durch Übernahme aller Ergänzungen, die durch den Anschluß der Maschinenteile, Elektroinstallationen und wegen der gewählten Baustoffe und Verfahren erforderlich werden.
7. Ausschreibung und Vergabe der Bauarbeiten.

Die Planungsaufgabe ist ausreichend gelöst, wenn die Qualität der Ausführungsunterlagen die Herstellung und Abrechnung der Anlage innerhalb der vorgesehenen Fristen ohne nachträgliche Änderung des Bauvertrages oder seiner Grundlagen und in zufriedenstellender Bauausführung sicherstellt.

Die besten Voraussetzungen dafür sind gegeben, wenn der Betreiber der Anlagen selbst über ausreichend qualifizierte Planungsgruppen verfügt, die Erfahrungen aus dem Betrieb vorhandener Anlagen nutzbringend verwerten können. Gleichwertige Ergebnisse dürfen auch von Ingenieurbüros erwartet werden, die durch Tätigkeit auf diesem Gebiet über umfangreiche Spezialkenntnisse des Entwurfes und der Bauausführung von Kläranlagen verfügen. Ihr Einsatz dürfte immer dort anzuraten sein, wo der Bau einer Kläranlage nur die Ausnahme unter den verschiedenartigen Aufgaben eines Bauherrn bildet.

## 7.2 Bemessungsgrundlagen der Bauwerke

### *7.2.1 Untersuchung der Baugrund- und Grundwasserverhältnisse*

Die im Zuge der Entwurfsbearbeitung ausgeführten Baugrunderkundungen erlaubten grundlegende Entscheidungen, z.B. über Gründungsart und Höhenlage der Bauwerke. Die dafür notwendigen Bohrungen ermöglichten die Einrichtung von Grundwasserpegeln, deren Messungen zur Zeit der Bauplanungen über einen Zeitraum von wenigstens zwei Jahren ausgewertet werden können und im Vergleich mit den Ganglinien benachbarter Beobachtungsstellen, wie sie z.B. von den Wasserbehörden unterhalten werden, und unter Berücksichtigung der meteorologischen Verhältnisse im Beobachtungszeitraum einen brauchbaren Aufschluß über die möglichen Grundwasserbewegungen im Baugelände geben. Daraus wiederum ist die Entscheidung abzuleiten, ob die Bauwerke durch die Auftriebskräfte des Grundwassers zu belasten sind oder ob z.B. mit Hilfe von Dräns unter den Beckensohlen sowohl die Wasserhaltung während der Bauzeit erleichtert als auch das Entstehen unzulässiger Auftriebskräfte bei späteren Reparaturzuständen zu verhindern ist.

Ebenso sind die Ergebnisse der Grundwasserbeobachtungen wesentlich für die Dimensionierung von Wasserhaltungsanlagen. Sie sind zu ergänzen durch Angaben über den Schichtenaufbau des Untergrundes und die Wasserdurchlässigkeit dieser Schichten. In Einzelfällen, in denen die Durchlässigkeitsbeiwerte nicht ausreichend genau aus Bodenproben ermittelt werden können oder die Aussagekraft der so gewonnenen Werte wegen eines zu heterogenen Schichtenaufbaues nicht ausreicht, sind Pumpversuche durchzuführen, um ausreichende Werte für den Entwurf von Wasserhaltungsanlagen zu finden. Diese Werte sind zusätzlich auch dann von Nutzen, wenn in ausreichender Menge und Qualität vorhandenes Grundwasser zur Brauchwasserversorgung der Anlage dienen soll und dafür Entnahme- und Verteilungsanlagen zu entwerfen sind.

Nachdem durch den Entwurf Lage, Form und Größe der Anlagenteile festgelegt wurde, sind an den Bauwerksstandorten zusätzliche Bodenuntersuchungen auszuführen, bei denen – neben ergänzenden Erkundungen des Schichtenaufbaues und gegebenenfalls örtlicher Besonderheiten bei gespannten Grundwasserstockwerken – aus gestörten und ungestörten Bodenproben alle für die Bauwerksbemessung notwendigen Kennwerte ermittelt werden. Es sind dies vor allem Angaben über das Reibungs- und Kohäsionsverhalten der als Baugrund und als Baustoff vorgesehenen Böden, über deren Gewichte, Steifezahlen und ihr Setzungsverhalten, über die Beeinflussung ihrer Zustandsform durch Änderung des Poren- und Wassergehaltes sowie – vorwiegend bei den als Baustoffe für Hinterfüllungen und Verkehrswege vorgesehenen Böden – über deren Verdichtbarkeit und die dafür notwendige Energie. Für diese Böden sind mithin Proctorkurven aufzustellen und es ist eine wesentliche Erleichterung für die spätere Bauüberwachung, wenn diese Proctorkurven sofort in Beziehung gebracht werden zu der Schlagarbeit von leichten Rammsonden, mit denen dann sehr einfach überprüft werden kann, ob auch in der praktischen Ausführung die mögliche und geforderte Bodenverdichtung erreicht wurde (vgl. auch Abschnitt 8.2.2).

Grundwasserproben, die bei diesen Bodenuntersuchungen und auch aus den früher eingerichteten Beobachtungsbrunnen gewonnen werden, sind qualitativ daraufhin zu untersuchen, ob ihre Inhaltsstoffe betonschädlich im Sinne der DIN 4030 sind. Diese Untersuchungsergebnisse sind wesentlich bei der Auswahl sowohl der Baustoffe als auch der Bauteilabmessungen. Ist die Grundwasserbewegung unbedeutend, werden die Schadstoffe nur in geringer Menge an die Baukörper herangeführt. Schäden können dann durch etwas größere Bauteilabmessungen oder auch durch dickere und zementreichere Unterbetonschichten verhindert werden.

Weitere Angaben über Art und Umfang der notwendigen Bodenuntersuchungen finden sich in DIN 1054 und den anderen einschlägigen Normen. Darüber hinaus bieten (63, 64) und (210) dem Planer wertvolle Hilfen.

Mit der Durchführung dieser Untersuchungen werden die Bauherrn in vielen Fällen geeignete Baugrundsachverständige betrauen. Jedoch sollte die Beschäftigung dieser und auch anderer Sonderfachleute auf schwierige Einzelfälle beschränkt bleiben, in denen die Sachkenntnisse der Planungsingenieure nicht ausreichen, damit nicht an die Stelle notwendiger Einzeluntersuchungen überflüssige Routinegutachten treten, die trotz der dafür ausgeführten, kostenaufwendigen Arbeiten nur geringe zusätzliche Erkenntnisse für die Bemessung der Bauwerke bringen.

Ebenso ist es unumgänglich, daß jeder Sonderfachmann einen hinreichend sachverständigen Gesprächspartner in der Planungsgruppe findet, der nicht nur die Arbeitsergebnisse z.B. des Bodengutachters kritisch würdigt, sondern der sie auch in zweckdienlicher Aufbereitung z.B. an den mit der statischen Berechnung der Bauwerke beauftragten Sonderfachmann weitergibt und überwacht, daß sie dort ihrem Sinn entsprechend berücksichtigt worden sind.

### *7.2.2 Baustoffe – Wahl der Betonzusammensetzung*

Die in Kläranlagen herzustellenden Baukörper lassen sich trotz ihrer vielfältigen Einzelformen auf wenige Bauwerkstypen zurückführen, nämlich
Becken,
Gerinne,
Behälter und
Hochbauten.

Auf die Erörterung von Hochbauten kann im Rahmen dieses Abschnittes verzichtet werden.

Hauptbaustoff aller übrigen Kläranlagenbauteile ist der Stahlbeton, neben dem die früher häufig angewendete Spundwandbauweise für Klärbecken ebenso untergeordnete Bedeutung hat, wie die gelegentlich anzutreffenden geböschten Erdbecken mit Dichtungen aus Kunststoffolien oder den – wegen der für rationellen Geräteeinsatz zu geringen Bauteilabmessungen – sehr kostenaufwendigen Asphaltbelägen.

Zusammensetzung und Eigenschaften des Betons müssen abgestimmt sein mit den erwünschten oder notwendigen Abmessungen der einzelnen Bauteile. Es ist zweckmäßig, wenn die Bauteilbemessung auf der Grundlage von Kenntnissen der Betoneigenschaften erfolgt, die in den speziellen Anwendungsfällen erwünscht sind.

Zu den wesentlichen Merkmalen des Betons gehört nämlich die Möglichkeit, seine Eigenschaften den in jedem Einzelfall vorhandenen Anforderungen weitgehend anzupassen, so daß dem Planer hier nicht ein Baustoff mit festliegenden Kennwerten, sondern ein breit gefächertes Stoffsystem zur Verfügung steht.

In Abwasseranlagen sind von Beton folgende Eigenschaften zu fordern:

Er muß beständig sein gegen die Angriffe

- des Abwassers
- des Grundwassers und aggressiver Böden
- aller denkbaren Witterungseinflüsse und – in Grenzen – gegen Tausalzbeanspruchung.

Von den Fahrbahnen für Räumerbrücken wird Verschleißfestigkeit erwartet. Alle Bauteile sollen wasserdicht sein und überall muß die Bewehrung dauerhaft geschützt werden.

Von etwas geringerer Bedeutung sind dagegen die Druckfestigkeit des Betons und die Dauer seiner Festigkeitsentwicklung.

Diese Bedingungen können erfüllt werden durch:

a) die Wahl ausreichend großer Bauteilabmessungen, in denen Beton steifer Konsistenz fachgerecht eingebracht und verdichtet werden kann,
b) richtige Wahl der Stahlüberdeckung. Bei zu geringen Überdeckungsmaßen wird sie schon durch unerhebliche Fehler beim Einbau der Bewehrung geringer als die zulässige Eindringtiefe von Wasser, und bei zu großen Überdeckungen entsteht die Gefahr von Rißbildungen außerhalb des Bewehrungsnetzes,
c) die Verwendung möglichst mörtelarmer Betone, bei denen zusätzlich niedriger Zementgehalt und niedriger Wasser-Zement-Wert die Schwindneigung verringern. Werden solche mörtelarmen Betone außerdem mit hohen Anteilen verschleißfester Zuschläge des Körnungsbereiches 16–32 mm hergestellt, so ist auch die notwendige Verschleißfestigkeit der Räumerfahrbahnen ohne weitere Maßnahme gegeben, da schon nach kurzer Betriebszeit die Eigenschaften der Fahrbahnoberflächen allein von den Zuschlagkörnern bestimmt werden,
d) die Wahl von Mehlkorngehalten, die ausreichende Verarbeitbarkeit des Frischbetons und vollständige Dichtigkeit des Festbetons fördern, jedoch keinesfalls so hoch sein dürfen, daß die Verwitterungsbeständigkeit der Oberflächen beeinträchtigt wird,
e) den Einsatz von Zementen mit hohem Sulfatwiderstand, niedriger Hydratationswärme und geringer Hydratationsgeschwindigkeiten, weil dadurch die Wärmespannungen im Frischbeton ebenso günstig beeinflußt werden können, wie die Beständigkeit des Festbetons und
f) die Nachbehandlung frisch betonierter Bauteile, bei der sowohl der Verlust von Feuchtigkeit als auch größere Temperaturunterschiede innerhalb von Bauteilen so lange verhindert werden, bis die Festigkeit des Betons ausreicht, um die Schrumpf-, Schwind- und Temperaturspannungen schadlos aufnehmen zu können.

Weitere Angaben über Betone, die sich im Kläranlagenbau bewährten, sind u.a. aus (190) und (27) zu entnehmen. Die hier ausgesprochenen Empfehlungen gelten für alle Kläranlagenbauteile aus Beton und Stahlbeton.

Einschränkungen sind lediglich bei Spannbetonbehältern und vergleichbaren Teilen zu machen, bei denen die Festigkeit des Betons größere Bedeutung erhält als die anderen hier aufgezählten Eigenschaften. Da aber auch in diesen Fällen die Aggressionsbeständigkeit ebenso zu sichern ist, wie Rißbildung infolge von Wasserverlust und Temperaturbeanspruchung des Frischbetons zu vermeiden sind, muß hier noch höherer Aufwand für geeignete Bewehrung, Nachbehandlung und gegebenenfalls zusätzliche Schutzmaßnahmen an den Betonoberflächen getrieben werden, wenn die Festigkeitsanforderungen die Herstellung von Betonen mit höheren Zementgehalten oder ähnliche Maßnahmen erzwingen.

Zusätzliche Schutzmaßnahmen an Betonoberflächen sind im übrigen bei sachgemäß hergestellten Bauteilen nur dann erforderlich, wenn mit starken Angriffen im Sinne der DIN 4030 zu rechnen ist. Näheres hierüber findet sich z.B. in (231).

### *7.2.3 Lastannahmen und Lastfälle*

Neben den durch DIN 1055 vorgeschriebenen Lastannahmen sind insbesondere für Klärbecken noch Regelungen erforderlich, welche Lasten in den statischen Berechnungen zu berücksichtigen sind. Hinsichtlich der in die Rechnung einzuführenden Lastfälle bieten die „Empfehlungen des Arbeitsausschusses Ufereinfassungen“ (63) wertvolle Hinweise, die auch beim Bau von Kläranlagen sinngemäß angewendet werden können.

### *7.2.3.1 Grundwasserüberdruck*

Sofern nicht der seltene Fall eintritt, bei dem der Grundwasserspiegel über den Betriebswasserspiegel in Becken ansteigt, ist Grundwasserüberdruck nur in Bau- und Reparaturzuständen bei entleerten Becken zu berücksichtigen.

Ist dabei die Aufnahme der Kräfte durch das Eigengewicht der Beckenkonstruktion und eventuell mitwirkender Erdlasten wirtschaftlich nicht vertretbar, so sind die Überdrücke durch Grundwasserabsenkung zu vermindern. Zur Ableitung des Wassers werden häufig Dränsysteme neben und unter den Beckensohlen verlegt.

Die Auftriebssicherheit der Becken sollte auch dann den Wert 1,0 nicht unterschreiten, wenn die unter den Beckensohlen liegenden Dräns versagen und das Wasser lediglich über solche Dränstränge abgezogen wird, die zugänglich neben den Sohlen liegen und bei Bedarf instandgesetzt werden können.

Aus dieser Bedingung ergibt sich nicht nur die Lage der Dränleitungen, sondern auch die Restdruckhöhe des Grundwassers, die als Belastung der Beckensohlen in die Rechnung einzuführen ist.

### *7.2.3.2 Erddruck*

Gemäß DIN 1055, Erläuterungen zu Teil 2, bestimmen u.a. Beweglichkeit und Steifigkeit des Baukörpers darüber, ob aktiver Erddruck oder Ruhedruck anzusetzen sind.

Die Längswände von Klärbecken erfüllen gewöhnlich die Voraussetzungen für den Ansatz des aktiven Erddruckes, jedoch sollte an allen Eckbereichen und in der Einflußzone aller Aussteifungen grundsätzlich der Erdruhedruck als Wandbelastung angesetzt werden. Darüber hinaus sollte in jedem Falle überprüft werden, ob die zur Erzeugung des aktiven Erddruckes erforderliche Wandbewegung schadlos aufgenommen werden kann oder möglicherweise zur Beeinträchtigung, z.B. einer Maschinenausrüstung führt. Die Grenzen zwischen den Bereichen, in denen mit unterschiedlichen Erddrücken gerechnet wird, sind zweckmäßigerweise durch Dehnungsfugen in den Bauteilen zu bilden.

### *7.2.3.3 Verkehrslasten und Lasten aus Maschinenausrüstungen*

Bei Ermittlung der Erddruckgrößen sollte für alle Bereiche, in die während des Anlagenbetriebes ein Fahrzeug gelangen kann, die Geländeauflast durch einen Kranwagen berücksichtigt werden. Den Entwicklungstendenzen im Straßenbrückenbau folgend wird man häufig das Lastbild des SLW 60 nach DIN 1072 dafür wählen.

Diese Verkehrslast ist aber nur dort anzusetzen, wo sie eine wirkliche Belastung darstellt und keinesfalls dort, wo sie z.B. bei geschlossenen Kanälen zu einer Momentenverminderung an den Rahmenstielen führen kann. Die Verkehrslasten aus den Räumeinrichtungen der Becken sind vom Maschinenlieferanten anzugeben, jedoch sind diese Angaben daraufhin zu prüfen, ob die Verkehrslasten auf den begehbaren Teilen der Räumerbrücken gemäß DIN 1055, Teil 3, ausreichend hoch unter Berücksichtigung möglicher Montagelasten in Reparaturlastfällen darin enthalten sind. In gleicher Weise sind auch die aus der Schlammbelastung der Räumschilde resultierenden Reibungskräfte zwischen Räumerlaufrädern und -fahrbahnen zu überprüfen, wobei zusätzlich auch die Übertragung der Antriebskräfte bei Nässe und im Winterbetrieb sowie die zulässige Pressung der Betonflächen durch die Laufräder nachzuweisen sind. Es sei darauf hingewiesen, daß in vielen

Fällen, in denen Klage geführt wird, die Wandköpfe von Klärbecken hielten den Lasten aus den Räumern nicht Stand, die Ursache der Schäden in Laufradgrößen zu suchen war, deren Pressungen auf den Beton den gemäß DIN 1045, Abschnitt 17.3.3, zulässigen Bereich überschritten.

Weitere Bauwerksbelastungen aus Maschinenausrüstungen, die besondere Aufmerksamkeit verdienen, sind die dynamischen Beanspruchungen von Bauteilen und darunter vor allem die Belastung der Tragkonstruktionen von Kreiselbelüftern.

Hier sind zu berücksichtigen:

a) die Stoßbelastung beim Anfahren und Stillsetzen der Belüfter,
b) die Schwingungsbeanspruchung der Tragkonstruktion während des Betriebes, unter Einschluß der Einflüsse fertigungsbedingter Unwucht sowie von Belastungen durch an die Belüfter angelagerte Schmutzstoffe (Lumpen, Eis o.ä.) und
c) die Belastung der Belüfter durch das von ihnen geförderte Wasser. In den meisten Fällen handelt es sich hierbei um eine Auftriebsbelastung, die in Überlagerung mit den oben genannten Schwingungskräften größer werden kann als die statischen Auflagerkräfte leichter Tragkonstruktionen.

Die Größe der dynamischen Belastung hat in einigen Fällen – unabhängig von Belüftertyp – rd. 40 % der statischen Last betragen.

### *7.2.3.4 Lastfälle*

Für die Klärbecken sind die oben angeführten Lasten in wenigstens folgenden Fällen zu kombinieren:

a) Gebrauchslastfall:
Das Becken ist mit Wasser gefüllt.
Erdhinterfüllung, Verkehrslast und gegebenenfalls Belastung durch einen Grundwasserspiegel oberhalb der Beckensohle sind vorhanden.
b) Bauzustand:
Das Becken ist leer.
Erdhinterfüllung ist vorhanden, der Grundwasserspiegel jedoch abgesenkt.
c) Reparaturzustand:
wie b), jedoch kann zusätzlich ein Grundwasserüberdruck vorhanden sein.
d) Außergewöhnlicher Lastfall
(z.B. bei der Ausführung von Erweiterungsbauten in einer Kläranlage):
Das Becken ist gefüllt, jedoch ist keine Erdhinterfüllung vorhanden.

Als weiterer Berechnungsfall muß in Bergbaugebieten noch die Belastung infolge von Bergsenkungen berücksichtigt werden (174).

## 7.3 Ausführungsentwurf der Bauwerke und ihrer Ausrüstung

Der Ausführungsentwurf der Bauwerke kann nur dann in seiner Qualität befriedigen, wenn er in enger Zusammenarbeit zwischen Bau-, Maschinen- und Elektroingenieuren erarbeitet wird. Sie müssen gemeinsam, unter Beachtung der oben genannten Bemessungsgrundlagen die Hauptabmessungen der Bauwerke und den Platzbedarf ihrer Ausrüstung derart festlegen, daß die für die Vergabeverfahren benötigten Zeichnungen angefertigt werden können.

In diesem Stadium der Arbeit ist auch die Entscheidung zu fällen, ob die Maschinenaufträge vor oder nach dem Rohbauauftrag zu vergeben sind. Um das Anlagekapitel für die Ausrüstung nicht unnötig früh zu binden und um Probleme bei der Festlegung der Gewährleistungsfristen zu vermeiden, wird jeder Bauherr bestrebt sein, die Maschinenaufträge erst zu vergeben, wenn mit der Bauausführung schon begonnen wurde und die Montage der gesamten Einrichtung erst unmittelbar vor Inbetriebnahme abzuschließen. Dieser Wunsch läßt sich auch bei dem Bau von Klärbecken verwirklichen, deren Maße nach DIN 19 551 und DIN 19 552 festgelegt und auf die Maschinenausrüstung abgestimmt sind. Seine Erfüllung bringt dagegen erhebliche Nachteile, sobald die Konstruktion von Maschinen oder Bauteilen spezielle Anforderungen stellt.

In solchen Fällen kann die erste Fassung der Bauzeichnungen nur als Unterlage für die Maschinenausschreibung dienen.

Es ist Aufgabe des Maschineningenieurs, Art und Platzbedarf der gewählten Ausrüstungen so weit vorauszubestimmen, daß die Innenabmessungen aller Bauwerke verbindlich festgelegt werden können. Der so abgesteckte Rahmen muß jedoch für die an den anschließenden Maschinenausschreibungen beteiligten Firmen genügend Spielraum lassen, daß diese sowohl ihre eigenen Konstruktionsideen verwirklichen als auch kostengünstige Serienprodukte anbieten können.

Es hat sich deshalb immer wieder als zweckmäßig und auch als wirtschaftlich vertretbar herausgestellt, in diesem Stadium der Planung die Abmessungen derjenigen Bauteile großzügig zu wählen, die vorwiegend der Unterbringung maschineller und elektrotechnischer Ausrüstungen dienen. Schließlich sei auch darauf hingewiesen, daß schon zu diesem Zeitpunkt die baulichen Voraussetzungen für später eventuell notwendig werdende Erweiterungen einzelner Anlagenteile vorgesehen werden müssen.

Aufgrund dieser Unterlagen werden die Maschinenaufträge vorbereitet und vergeben, so daß die Forderungen der Anlagenausrüstungen bei der Ausführungsplanung der Baubereiche berücksichtigt werden können.

In den danach erteilten Aufträgen können die oben angeführten Nachteile hinsichtlich der Kapitalbindung und Gewährleistungsfristen durch geeignete Vereinbarungen über Zahlungs- und Montagetermine gering gehalten werden. Es bereitet auch selten Schwierigkeiten, den Beginn der Gewährleistungsfrist auf den Betriebsbeginn der Anlage zu legen, wenn der Bauherr die Haftung für Schäden in der Zeit zwischen Montageende und Betriebsbeginn übernimmt und zu seinen Lasten eine Zustandskontrolle der Ausrüstungen vor Beginn der Gewährleistungsfrist ausführen läßt.

Einzelheiten der Ausschreibung und Vergabe dieser Ausrüstungen sind in Abschnitt 7.6 dargestellt.

Die anschließend in Zusammenarbeit mit den Maschineningenieuren von den Bauplanern hergestellten Zeichnungen erhalten alle Angaben, die für die Vergabe der Bauleistungen erforderlich sind. Dazu gehören:

a) die verbindlichen Bauwerksabmessungen,

b) alle wesentlichen Einbauteile, Wand- und Deckendurchbrüche, Rohrdurchführungen und Verankerungselemente für später anzuschließende Teile und

c) Angaben über notwendige Verguß- oder Zweitbetonarbeiten.

## 7.4 Terminplanung

### *7.4.1 Rahmenterminplan*

Zu Beginn der Bauplanung sind meist nur grobe Zielvorstellungen von Dauer und Abschluß der Anlagenherstellung vorhanden. Diese sind gleichlaufend mit der Erarbeitung des Ausführungsentwurfes in einen Terminplan umzusetzen, der in seiner ersten Fassung nur zeigt, welche Gruppen von Einzelleistungen zum Erreichen dieses Zieles zu erbringen sind und wie die Ausführung dieser Leistungen sachlich und zeitlich miteinander verknüpft ist. Der so geschaffenen Rahmenplan ermöglicht ein Urteil darüber, ob das gesteckte Ziel mit vertretbarem Aufwand erreicht werden kann. Nach gegebenenfalls erforderlicher Anpassung an die Bedingungen der Wirtschaftlichkeit oder der verfügbaren Planungskapazität wird er für alle weiteren Ablaufplanungen verbindlich.

Werden also später Einzelterminpläne verändert, so darf dadurch der Rahmenplan nur in Ausnahmefällen beeinflußt werden.

### *7.4.2 Ablaufplan*

Der Rahmenplan ist mit Fortgang der Entwurfsbearbeitung zunehmend mit Einzelterminen auszufüllen, die wiederum in ein Netz von Abhängigkeiten einzuordnen sind. Es hängt nun von der Größe der zu planenden Anlage ab, ob man sich bei dieser Ablaufplanung der bekannten Systeme, wie z.B. CPM, PERT, MPM u.ä., bedient, die vollen Nutzen aber erst dann bringen, wenn der Zeitablauf der Arbeiten mit Hilfe eines Elektronenrechners optimiert, und wenn später der Planablauf ebenfalls mit Rechnerhilfe überwacht und bei Bedarf der Plan korrigiert wird.

In den weitaus meisten Fällen reicht es aus, wenn – ähnlich dem altbekannten Balkenplan – die Einzelfristen des vorgesehenen Arbeitsablaufes über einem Zeitmaßstab aufgetragen und durch Pfeile miteinander verbunden werden, die die Abhängigkeiten der einzelnen Tätigkeiten voneinander ebenso aufzeigen wie die Pufferzeiten, die zwischen diesen Tätigkeiten vorhanden sind.

Diese Einzelpläne bedürfen der ständigen Überarbeitung während der gesamten Planungs- und Ausführungszeit.

Einerseits sind sie dem Planungsablauf folgend zu verfeinern durch Angaben über Einzelgewerke. Steht z.B. zur Zeit der Bauausschreibung nur ein Termin für die Rohbaufertigstellung eines Betriebsgebäudes in dem Plan, so wird er einige Wochen später Angaben enthalten müssen, wann der Anstrich der fertig ausgebauten Räume auszuführen ist. Daneben sind diese Pläne aber auch häufig an geänderte Verhältnisse anzupassen, und es muß kein Nachteil für den Gesamtablauf der Arbeiten sein, wenn z.B. ungewöhnlich schlechte Witterungsverhältnisse zu der Verschiebung von Einzelterminen führen. Wesentlich ist, daß anhand der im Plan aufgezeigten Abhängigkeiten alle Folgen einer solchen Änderung erkannt und berücksichtigt werden können.

## 7.5 Ausführungsunterlagen

Ausführungsentwurf und Terminplan sind wesentliche Grundlagen für die Vergabe der Leistungen an die ausführenden Firmen. Die darin enthaltenen Angaben müssen für die Kalkulation der Leistungen ausreichen. Die Abrechnung der danach vergebenen Leistungen darf sich von den vorauskalkulierten allenfalls infolge der gemäß VOB zulässigen Verschiebungen in den Mengen der Einzelleistungen unterscheiden.

Trotz dieser hohen Anforderungen liegen zur Zeit der Bauausschreibung gewöhnlich keine verbindlichen Ausführungsunterlagen vor, sondern es werden erst später die statische Berechnung und die zugehörigen Zeichnungen angefertigt, die aber zur Erfüllung des oben skizzierten Anspruches in allen Einzelheiten auf die Festlegungen des Ausführungsentwurfes Rücksicht zu nehmen haben.

Dieser Weg ist gangbar, solange bei der Aufstellung des Ausführungsentwurfes die Ergebnisse der statischen Berechnung genügend genau vorausgeschätzt werden. Er hat den Vorteil, daß Bauausführung und Herstellung der Ausführungsunterlagen um nur kleine Fristen zeitlich versetzt nebeneinander ablaufen können, und er eröffnet die Möglichkeit, die nie ganz vermeidbaren Änderungswünsche von Maschinen- und Elektroausrüstern der Anlage noch schadlos während der Zeit der Bauausführung zu berücksichtigen, solange sie im Rahmen des Ausführungsentwurfes liegen.

Zu den Ausführungsunterlagen gehören aber auch die technischen Vorschriften der Bauausschreibung und darunter ganz besonders die Zusätzlichen Technischen Vorschriften (ZTV).

Diese enthalten:

- Vorschriften für die Herstellung des Betons entsprechend den Angaben in Abschnitt 7.2.2.
- Vorschriften für die Erdarbeiten, z.B. in Anlehnung an die ZTVE der Straßenbauverwaltung (92).
- Vorschriften über die Art der zu verwendenden Schalung, z.B. mit dem Ziel, daß abwasserberührte Betonteile glatte, leicht zu reinigende Oberflächen erhalten.
- Vorschriften über Lage und Ausbildung von Arbeitsfugen und Schalungsverankerungen.
- Vorschriften über zulässige Maßtoleranzen, deren eindeutige Definition durch die Vermaßung jedes Bauwerksteiles auf ein übergeordnetes Achssystem möglich wird. Die Größe der zulässigen Toleranzen wird in den meisten Fällen durch die Anforderungen der Maschinenausrüstung bestimmt.

## 7.6 Ausschreibung und Vergabe

### *7.6.1 Allgemeines*

Planungsarbeiten führt der Auftraggeber oder ein von ihm beauftragtes Ingenieurbüro aus. Im Gegensatz dazu müssen aber die Bau- und Ausrüstungsarbeiten an Unternehmungen vergeben werden.

Für die Vergabe einer Leistung ist es erforderlich, den Arbeitsumfang in einer Leistungsbeschreibung zu erfassen und diese Beschreibung einem interessierten Firmenkreis zur Angebotsabgabe zu übergeben. Durch die eingereichten Angebote mit den im Wettbewerb gebildeten Preisen ist es möglich, den Ausführungsauftrag zu einem angemessenen Preis zu erteilen und so der Forderung nach Wirtschaftlichkeit zu genügen.

Da die Herstellungskosten einer Baumaßnahme auch von der Qualität einer Leistungsbeschreibung abhängig sind, muß die Beschreibung folgende Forderungen erfüllen:

1. Sie muß alle Leistungen erfassen und sämtliche preisbestimmenden Faktoren nennen.
2. Der Text der Beschreibung muß von allen Bietern im gleichen Sinne verstanden werden

und in Verbindung mit den anderen Ausschreibungsgrundlagen eine zweifelsfreie Kalkulation ermöglichen.

3. Die eventuell bei der Abrechnung einer Leistung auftretenden Probleme müssen erkannt und durch Einführung vereinfachender Abrechnungsvorschriften berücksichtigt werden.

### *7.6.2 VOB und VOL*

Bauleistungen sind Bauarbeiten jeder Art, und zwar mit und ohne Lieferung der Stoffe. Diese Arbeiten gehören zum Geltungsbereich der – Verdingungsordnung für Bauleistungen – (68), kurz – VOB – genannt. Die Lieferung und Montage maschineller und elektrotechnischer Ausrüstungen sind dagegen dem Geltungsbereich der – Verdingungsordnung für Leistungen – (233a), der – VOL –, zugeordnet.

Sollten Zweifel darüber bestehen, ob als Ausschreibungsgrundlage die VOB oder die VOL zu wählen ist, sind die Angaben im – Vergabehandbuch für die Durchführung von Bauaufgaben des Bundes im Zuständigkeitsbereich der Finanzbauverwaltungen – (66), kurz – VHB –, zu beachten.

Die VOB gliedert sich in

Teil A:
Allgemeine Bestimmungen für die Vergabe von Bauleistungen, DIN 1960,

Teil B:
Allgemeine Vertragsbedingungen für die Ausführung von Bauleistungen, DIN 1961 und

Teil C:
Allgemeine Technische Vorschriften für Bauleistungen

Öffentliche Auftraggeber müssen bei der Vergabe von Bauleistungen die Bestimmungen der VOB/A beachten. Demzufolge sind auch, entsprechend VOB/A, § 10, in den Verdingungsunterlagen die VOB/B und VOB/C als Vertragsbestandteile aufzunehmen. Es ist richtig, wenn auch private Auftraggeber so verfahren, da sonst das BGB mit seinen nicht immer für den Bauvertrag erschöpfenden Bestimmungen Gültigkeit erhält. Eine spätere Berufung auf die Bestimmungen der VOB ist nicht möglich, wenn sie nicht bereits als Vertragsgrundlage genannt wurden.

Im Band II dieses Lehr- und Handbuches wird unter Abschnitt 1 die Ausschreibung zum Bau einer Kanalisationsanlage behandelt. Eine Durchsicht dieses Abschnittes wird empfohlen, da in ihm Einzelheiten und Grundlagen aus dem Geltungsbereich der VOB enthalten sind, auf die hier lediglich hingewiesen wird, um so Wiederholungen zu vermeiden.

Die VOL besteht aus

Teil A:
Allgemeine Bestimmungen für die Vergabe von Leistungen und

Teil B:
Allgemeine Bedingungen für die Ausführung von Leistungen.

Außerdem sind hier Bedingungen größerer Auftraggeber, wie Bundesbahn, Bundespost u.ä. veröffentlicht, deren Durchsicht von Interesse sein kann.

Wie die VOB muß auch die VOL in den Verdingungsunterlagen als Vertragsbestandteil genannt werden, um so Gültigkeit zu erhalten.

## *7.6.3 Ausschreibung von Bauleistungen*

### *7.6.3.1 Ausschreibungsgrundlagen*

Die Ausschreibungsgrundlagen sind, von wenigen Ausnahmen abgesehen, auch Kalkulationsgrundlagen. Sie sollen also mit der Leistungsbeschreibung den Interessenten übergeben werden. Bei umfangreichen Gutachten oder ähnlichem ist es dagegen üblich, diese nur auf Anforderung zu übersenden oder dem Bieter die Einsicht zu gestatten. Wesentliches aus diesen Gutachten muß aber in der Leistungsbeschreibung enthalten sein.

*Übersichts- und Lagepläne* geben Aufschluß über die Lage der Bauwerke, die örtlichen Verhältnisse, die Zufahrten, die Baustelleneinrichtungsflächen, die Anschlüsse für Wasser und Strom oder dergleichen.

Ergebnisse von *Baugrunduntersuchungen* sind als Schichtenverzeichnisse darzustellen, die auch die Grundwasserstände zeigen. Werden größere Wasserhaltungen im Zuge der Bauarbeiten erforderlich, sollten Grundwasserbeobachtungen und Pumpversuche durchgeführt und die Ergebnisse mitgeteilt werden.

Die *Zeichnungen der Bauwerke* müssen sämtliche Einzelheiten und Bauwerksabmessungen enthalten. Ist zum Zeitpunkt der Ausschreibung die statische Bearbeitung noch nicht abgeschlossen, ist durch eine exakte Vorbemessung zu gewährleisten, daß sich später keine Querschnitte ändern, da hierdurch nachträgliche Preiskorrekturen des Angebotes erforderlich werden. Einbauteile, wie Rohrstutzen, Profilstähle u.ä., sind darzustellen, durch eine Positionsnummer zu kennzeichnen und in eine auf der Zeichnung anzulegenden Stückliste aufzunehmen. Diese Stückliste enthält jeweils eine Spalte für die Positionsnummern, die Teilbezeichnungen, die Lieferanten und die auszuführenden Arbeiten. Bei großen Bauvorhaben ist es zweckmäßig, diese einmal festgelegten Positionsnummern auch bei den anderen dazugehörenden Ausschreibungen zu verwenden. Außerdem müssen sämtliche Aussparungen, Schlitze u.ä. in den Zeichnungen eingetragen sein. Die gewünschten Oberflächen von Betonteilen und damit die Schalungsarten sind in der Leistungsbeschreibung genau anzugeben. Es empfiehlt sich, jeder Schalungsart eine Signatur zuzuordnen und in den Zeichnungen die einzelnen Betonflächen mit den jeweiligen Signaturen zu versehen. Durch diese Festlegung werden bei der Bauausführung unterschiedliche Auslegungen der Leistungsbeschreibung vermieden. Sind Bewehrungspläne vorhanden, so soll es dem Bieter freigestellt werden, diese beim Auftraggeber einzusehen. Wichtig ist es aber, in die Zeichnungen größerer Bauwerke die vorgegebenen Arbeitsfugen einzutragen.

Werden auch *Leitungen* verlegt, sind diese so darzustellen, daß ihre Lage im Gelände und ihre Tiefe unter der Geländeoberfläche zu ersehen ist. Die Pläne müssen die Leitungsabmessungen und -werkstoffe sowie Armaturen, Formstücke, Anschlüsse, Rohrwiderlager, Schachtbauwerke u.ä. enthalten. Weiter sollen sie kreuzende Leitungen, Kabel und Straßen sowie benachbarte Bauwerke zeigen.

### *7.6.3.2 Leistungsbeschreibung mit Leistungsverzeichnis*

Diese Art der Leistungsbeschreibung ist die Regel. Nach VOB/A, § 9, Nr. 8, wird hier im Leistungsverzeichnis die gesamte Leistung so aufgegliedert, daß sich kalkulierbare Einzelleistungen ergeben. Für diese durch Positionsnummern gekennzeichneten Einzelleistungen werden vom Bieter Einheitspreise angeboten. Durch Berücksichtigung der ebenfalls vorgegebenen Menge ergibt sich jeweils der Preis der einzelnen Position und somit der Preis der gesamten Bauleistung. Abgerechnet wird jedoch entpsrechend VOB/B, § 2, Nr. 2, nach den tatsächlich ausgeführten Leistungen. Daraus folgt, daß die Abrechnungssumme der Auftragssumme u.a. auch nur bei genau ermittelten Massen entsprechen wird. Weiter werden dadurch spätere Preisverhandlungen vermieden, die nach VOB/B, § 9, Nr. 3, möglich sind, wenn die für eine Position ausgeführte Menge um mehr als 10% von der ausgeschriebenen Menge abweicht.

Die Leistungsbeschreibung ist nach VOB/A, §§ 9 und 10, aufzustellen. Ein weiterer Anhalt wird durch das – VHB – und durch den Bericht Nr. 4/1971 der – Kommunalen Gemeinschaftsstelle für Verwaltungsvereinfachung – (147) gegeben.

Bestandteile einer Leistungsbeschreibung sind demnach, neben dem Leistungsverzeichnis, die Allgemeinen Vertragsbedingungen für die Ausführung von Bauleistungen, die VOB/B, und die Allgemeinen Technischen Vorschriften für Bauleistungen, die VOB/C. Wie später erwähnt, können die allgemeinen Vertragsbedingungen durch zusätzliche und besondere Vertragsbedingungen und die allgemeinen technischen Vorschriften durch zusätzliche technische Vorschriften ergänzt werden.

Nachstehend wird auf die einzelnen Bestandteile einer Leistungsbeschreibung eingegangen, wie sie z.B. für eine Kläranlage aufgestellt werden kann. Dabei ist zu beachten, daß nur realisierbare und objektbezogene Forderungen in die Leistungsbeschreibung aufgenommen werden, um so überhöhte Einheitspreise in den Angeboten zu vermeiden.

Angebot

Diese als Druck vorgeheftete Deckseite enthät die Objektbezeichnung, Vertragsbestandteile, Erklärungen, Bindefrist u.ä. sowie die Unterschrift des Bieters.

Allgemeine Leistungsbeschreibung

Dieser Abschnitt sollte immer in eine Leistungsbeschreibung aufgenommen werden, obwohl er durch die VOB/A nicht vorgegeben ist.

Einmal sind hier allgemeine, die vorliegende Bauaufgaben betreffende Angaben zu machen wie

Art und Umfang der Leistung, Lage und Zugang der Baustelle, vorhandene Anlagen im Baustellenbereich, Boden- und Wasserverhältnisse, ausgeführte Vorarbeiten sowie zeitlicher und vorgegebener Ablauf der Arbeiten.

Des weiteren soll dieser Abschnitt ergänzende technische Angaben zu den im Leistungsverzeichnis aufgeführten Positionen enthalten, wenn sie allgemeiner Art sind und für mehrere Positionen Gültigkeit haben. Dadurch gelingt es, die früher oft umfangreichen und Wiederholungen enthaltenen Positionstexte auf das Wesentliche zu kürzen. Weiter erscheint es richtig, wenn auch bei der Aufstellung von Standardleistungstexten den Positionen allgemeingültige Aussagen vorangestellt werden.

Sind beim Auftraggeber als Ergänzung der VOB/C für bestimmte Arbeiten – Zusätzliche technische Vorschriften – vorhanden, so sind diese ebenfalls hier beizufügen. Zusätzliche technische Vorschriften, die für alle Bauvorhaben eines Auftraggebers Gültigkeit haben, können z.B. für Beton- und Stahlbetonarbeiten, Erdarbeiten, Rohrverlegearbeiten u.ä. aufgestellt werden.

Abschließend muß dieser Abschnitt die Nebenleistungen enthalten. Das sind solche Leistungen, die in den Abschnitten 4 der VOB/C nicht enthalten sind und die auch nicht als Positionen im Leistungsverzeichnis erscheinen.

Leistungsverzeichnis

Das Leistungsverzeichnis enthält die in einzelne Positionen zerlegte Leistung entsprechend VOB/A, § 9, Nr. 8, und bildet somit den Kern der gesamten Leistungsbeschreibung. Eine Durchsicht der VOB/C ist vor der Aufstellung dieses Abschnittes unerläßlich. Die Texte für die einzelnen Positionen können frei formuliert werden. Ist eine Textverarbeitung über eine EDV-Anlage vorgesehen, so ist das mit Hilfe der – Standardleistungsbücher – (67) möglich, die vom gemeinsamen Ausschuß „Elektronik im Bauwesen" (GAEB) in Verbindung mit dem Deutschen Verdingungsausschuß für Bauleistungen (DVV) aufgestellt wurden. Standardleistungsbücher erfassen jeweils ein Gewerk und liegen für die wesentlichen Gewerke vor. Hier sind die gewünschten Leistungstexte aus vorgegebenen Einzeltexten zusammenzusetzen, wobei aber nur die dazugehörenden Leistungsnummern in Formulare eingetragen werden. Eine EDV-Anlage druckt später wieder die Klartexte aus. Für schwierige Tiefbauwerke wird es erforderlich, zusätzlich freigewählte Texte aufzustellen, die jedoch gleichzeitig mit den verschlüsselten Texten eingespeichert werden können.

Große Auftraggeber sind inzwischen dazu übergegangen, Musterleistungsverzeichnisse aufzustellen, die auf ihre Belange zugeschnitten sind und auch den Einsatz von EDV-Anlagen ermöglichen.

Allgemein kann gesagt werden, daß der Einsatz von EDV-Anlagen vorteilhaft ist. Als Nachteil ist aber zu werten, daß bei der Aufstellung die bereits erfaßten Leistungstexte lediglich in Form von Leistungsnummern vorliegen und dadurch nicht ohne weiteres lesbar sind, wenn nicht mit Hilfe eines Bildschirmes gearbeitet werden kann.

Bei umfangreichen Baumaßnahmen soll jedes Bauwerk in einem gesonderten Abschnitt des Leistungsverzeichnisses erfaßt werden, damit die Einzelleistungen übersehbar sind und sicher kalkuliert werden können.

Inwieweit Positionen als Zulagepositionen aufzunehmen sind, ist der VOB/C zu entnehmen. Als Alternativpositionen sind solche Leistungen zu kennzeichnen, die anstelle anderer Leistungen ausgeführt werden können. Ist die Ausführung einer Leistung noch unbestimmt, wird diese Position als Eventualposition in das Leistungsverzeichnis aufgenommen. Zulage-, Alternativ- und Eventualpositionen sind in den Texten entsprechend zu kennzeichnen. Von Alternativpositionen wird nur der Einheitspreis angeboten.

Das Bild 7.6-1 zeigt den Kopf eines üblichen Formblattes für Leistungsverzeichnisse. Hier sind jeweils Einzelspalten für die Pos.-Nr., die Menge, den Gegenstand sowie den Einheits- und Gesamtpreis vorgegeben. Das Blatt ist durch die Aufnahme aller Bestandteile einer Position sehr schlecht ausgenutzt und sollte deshalb nur für kleinere Ausschreibungen verwendet werden. Zweckmäßig ist es, für größere Ausschreibungen das Formblatt Leistungsverzeichnis entsprechend Bild 7.6-2 zu benutzen. Es enthält nur noch zwei Spalten, und zwar für die Pos.-Nr. sowie für den Gegenstand einschließlich der Menge. Die Ergänzung dazu bildet das Preisverzeichnis, dessen Inhalt aus Bild 7.6-3 ersichtlich ist. Durch diese beiden speziellen Verzeichnisse wird einmal das Leistungsverzeichnis übersichtlich und zum anderen das spätere Nachrechnen der Angebote vereinfacht. Weiter bringt die bessere Ausnutzung der einzelnen Seiten eine Verminderung der Seitenzahlen und damit auch der Druckkosten.

Wurde das Leistungsverzeichnis insgesamt mit frei gewählten Texten aufgestellt und soll aber trotzdem eine EDV-Anlage eingesetzt werden, so sind jetzt aus dem Preisverzeichnis die Pos.-Nr., die Kurzbezeichnungen und die Mengen zu entnehmen und für die spätere rechnerische Prüfung der Angebote einzuspeichern.

| Lfd. Nr. | Stück-zahl | Gegenstand | Preis je Einheit | | Betrag | |
|---|---|---|---|---|---|---|
| | | | DM | Pf | DM | Pf |
| | | Übertrag | | | | |

Bild 7.6-1. Ausschnitt: Formblatt Leistungsverzeichnis.

| **Leistungsverzeichnis**<br>Bauvorhaben: | Firmenstempel | Seite |
|---|---|---|

| Pos.-Nr. | Menge und Gegenstand |
|---|---|
| | |

Bild 7.6-2. Ausschnitt: Formblatt Leistungsverzeichnis (größere Ausschreibungen).

| **Preisverzeichnis**<br>Bauvorhaben: | Firmenstempel | Seite |
|---|---|---|

| Pos.-Nr. | Kurzbezeichnung | | | Menge/Einheit | | EP in DM | Betrag in DM |
|---|---|---|---|---|---|---|---|
| | Einheitspreis in Worten<br>1000 DM | 100 DM | 10 DM | 1 DM | Pf | Korrektur | Korrektur |
| | | | | | | | |
| | | | | | | | |
| | | | | | | | |

Bild 7.6-3. Ausschnitt: Preisverzeichnis.

Zeichnungsverzeichnis

Die zu der Leistungsbeschreibung gehörenden Zeichnungen sind Vertragsbestandteile und in einer Liste aufzuführen. Aus der Liste muß eindeutig hervorgehen, um welche Zeichnungen es sich handelt.

Besondere Vertragsbedingungen

Nach VOB/A, § 10, ist es möglich, die Allgemeinen Vertragsbedingungen, also die VOB/B, durch besondere und zusätzliche Vertragsbedingungen zu ergänzen. Diese Ergänzungen werden bei großen Bauvorhaben in der Regel erforderlich. Dabei beziehen sich die besonderen Vertragsbedingungen auf das hier herzustellende Objekt. In ihnen können folgende Punkte geregelt werden:

Vom Auftraggeber beigestellte Unterlagen, Beistellung von Stoffen, Versorgungsanschlüsse, Lager- und Arbeitsflächen, Straßen im Baustellenbereich, Angaben zur Sicherung gegen Unfallgefahren, Wasserstände, Ausführungsfristen und Bauzeitenplan, Vertragsstrafe, Abnahme, Gewährleistung, Besondere Abrechnungsvorschriften, Stundenlohnarbeiten, Abschlagszahlungen und Sicherheitsleistungen.

Zusätzliche Vertragsbedingungen

Zusätzliche Vertragsbedingungen gelten im Gegensatz zu den besonderen Vertragsbedingungen für alle Bauvorhaben eines Auftraggebers und sind oft schon als Drucke vorhanden. Bei der Aufstellung und der regelmäßigen Überprüfung des Vertragstextes ist die Mitarbeit eines Juristen empfehlenswert, um so zu verhindern, daß vorgegebene Bedingungen im Zweifelsfall undurchsetzbar sind. In diesem Zusammenhang wird auf das Gesetz zur Regelung des Rechts der Allgemeinen Geschäftsbedingungen (AGB-Gesetz) verwiesen. Die zusätzlichen Vertragsbedingungen können allgemein gültige Regelungen enthalten über:

Vergütung, Ausführungsunterlagen, Veröffentlichungen und Besichtigungen, Tagesberichte, Beistellung von Stoffen, Bauleitung, Berufsgenossenschaft, Baustelleneinrichtungsplan, Straßen-, Wege-, Lager- und Arbeitsplatzbenutzung, Mitbenutzung fremder Gerüste und Betriebseinrichtungen, vorhandene Anlagen des Auftraggebers, Baustellenräumung, Nachunternehmer, Behinderung der Ausführung, Verteilung der Gefahr bei Hochwasser, Wettbewerbsbeschränkungen, Kündigung, Haftung, Mitteilung von Bauunfällen, Vertragsstrafe, Abnahme, Rechnungen, Leistungsfeststellungen und Abrechnungszeichnungen, Stundenlohnarbeiten, Zahlungsweise, Abschlagszahlungen, Abtretung, Erstattungen, Sicherheitsleistung, Geschäftsbedingungen des Auftragnehmers, Vertragsänderungen und Abmachungen sowie Gerichtsstand.

Aufgliederung der Angebotssumme

Bei großen Auftragssummen hat der Bieter auf einem beigefügten Vordruck die Angebotssumme und die auf die unmittelbaren Kosten der Teilleistungen und auf die Gemeinkosten der Baustelle entfallenden Anteile zu nennen. Weiter müssen hier noch die einzelnen Zuschläge und die Mehrwertsteuer angegeben werden. Diese Angaben sind für die Angebotswertung entsprechend Abschnitt 7.6.7 von Bedeutung.

Aufgliederung der Einheitspreise

Hier ist von einigen vorgegebenen und wichtigen Positionen vom Bieter anzugeben, aus welchen Teilkosten sich die angebotenen Einheitspreise zusammensetzen.

### 7.6.3.3 *Leistungsbeschreibung mit Leistungsprogramm*

Entsprechend VOB/A, § 9, Nr. 10 bis 12, wird neben der Ausführung auch die Entwurfsaufstellung eines Bauwerkes vom Bieter gefordert. Dafür hat der Auftraggeber ein Leistungsprogramm aufzustellen, in dem sämtliche Grundlagen und Forderungen enthalten sein müssen.

Wenn es auf den ersten Blick auch wirtschaftlich und zweckmäßig erscheinen mag, Entwurf und Ausführung miteinander zu verbinden, so ist es aber schwierig, für eine große Baumaßnahme ein Leistungsprogramm aufzustellen, das alle Forderungen enthält. Außerdem wird zwangsläufig bei dieser Art der Leistungsbeschreibung die Firmenbeteiligung klein sein, da nur wenige Bauunternehmungen in der Lage sind, Arbeiten zu übernehmen, die eigentlich zum Gebiet des Auftraggebers gehören. Ob unter diesen Gegebenheiten noch der gewünschte Wettbewerb erreicht wird, ist zu bezweifeln.

Allgemein gilt, daß Leistungsbeschreibungen mit Leistungsprogramm für den Bau von Kläranlagen wenig sinnvoll sind. Dagegen kann es richtig sein, für spezielle Einzelbauwerke wie z.B. Faulbehälter oder Brücken, diese Art der Ausschreibung zu wählen, um durch Angebote von Spezialfirmen wirtschaftliche und technisch optimale Lösungen zu erhalten.

## 7.6.4 *Ausschreibung von Leistungen nach VOL*

### 7.6.4.1 *Allgemeines*

Bei Baumaßnahmen muß vornehmlich die maschinen- und elektrotechnische Ausrüstung nach der VOL ausgeschrieben werden. Diese Ausschreibungen entsprechen im Prinzip dem in Abschnitt 7.6.3.3 genannten Sonderfall einer Bauausschreibung, nämlich der Ausschreibung mit Leistungsprogramm, da auch hier in der Regel lediglich die Forderungen an eine zu erbringende Leistung genannt werden, ohne aber eine bestimmte Lösung vorzugeben. Der Verzicht des Auftraggebers auf eigene Konstruktionen erlaubt es dem Bieter, seine Möglichkeiten voll auszuschöpfen und dadurch ein für den Auftraggeber wirtschaftliches Angebot auszuarbeiten. Werden aber die Forderungen des Auftraggebers bei der Ausschreibung der Leistungen nicht lückenlos erfaßt und nicht durch einen vollständige Beschreibung der Gegebenheiten ergänzt, wird später die Angebotsprüfung zeigen, daß das angebotenen Objekt nur unvollkommen den Vorstellungen des Auftraggebers entspricht. Muß jetzt der Leistungsumfang erweitert werden, sind Preisverhandlungen unumgänglich, da eine erneute Ausschreibung oft unzweckmäßig ist oder aus zeitlichen Gründen ausscheidet.

### 7.6.4.2 *Leistungsbeschreibung*

Als Ausschreibungsgrundlagen dienen auch hier Übersichts- und Lagepläne, die die in Abschnitt 7.6.3.1 genannten Einzelheiten zeigen sollen. Weiter sind der Leistungsbeschreibung die Bauwerkszeichnungen beizufügen, wenn sie für die hier ausgeschriebenen Konstruktionen von Bedeutung sind. Soweit erforderlich, sind auch die Maßtoleranzen zu nennen, die für die Bauausführung zugelassen waren.

Für die Aufstellung der Leistungsbeschreibung sind im wesentlichen die VOL/A, §§ 10 und 11, zu beachten. Angaben über den Aufbau einer Leistungsbeschreibung fehlen in der VOL, da diese auch weitgehend von der ausgeschriebenen Leistung abhängt. Es erscheint aber trotzdem zweckmäßig, die Leistungsbeschreibungen nach Regeln aufzustellen, wie sie im Abschnitt 7.6.3.2 genannt sind. Dabei sollte jedoch das Leistungsverzeichnis die Positionen nur noch in einem kurzgefaßten Text enthalten, der sich wiederum auf die an anderer Stelle aufzuführenden und für mehrere Positionen geltenden Forderungen bezieht.

In der Leistungsbeschreibung sind aus den in Abschnitt 7.6.4.1 genannten Gründen die Forderungen und Gegebenheiten lückenlos aufzuführen. Wenn auch auf eine beispielhafte Aufzählung von möglichen Vertragsbedingungen verzichtet wird, sollen doch nachstehend einige spezielle Hinweise auf zu regelnde Einzelheiten gegeben werden:

- Übergabetermine von statischen Berechnungen, Konstruktionszeichnungen, Aussparungsplänen usw.
- Zufahrtsmöglichkeiten, Unterhalten des Baugeländes.
- Hebezeuggestellung, Personalgestellung für das Abladen gelieferter Teile, Gerüstbau.
- Umfang des Korrosionsschutzes.
- Übernahme von Verguß- und Erdarbeiten.
- Tagwasserhaltung, Schutz gegen Witterungseinflüsse.
- Gestellung von Strom und Wasser.
- Pauschalvergabe der Montage, Verrechnungssätze für eventuelle Stundenlohnarbeiten.
- Abnahme- und Gewährleistungsfristen

### *7.6.5 Arten der Vergabe*

Die drei Möglichkeiten der Ausschreibung werden in der VOB/A bzw. VOL/A, § 3, genannt. Daraus geht hervor, daß die – öffentliche Ausschreibung – die Regel ist. In diesem Falle ist es erforderlich, die wesentlichen Punkte einer Leistung in einer Verdingungsanzeige zu erfassen und diese öffentlich bekanntzumachen. Die VOB/A, § 17, und VOL/A, § 18, geben beispielhaft an, welche Angaben Verdingungsanzeigen enthalten können.

Von einer bestimmten und vom zuständigen Bundesminister festgelegten Summe ab, müssen Leistungen innerhalb der Europäischen Gemeinschaft ausgeschrieben werden. Dafür ist die Verdingungsanzeige nach einem vorgegebenen Schema aufzustellen und im – Amtsblatt der Europäischen Gemeinschaft – in Luxemburg zu veröffentlichen.

Bei öffentlichen Ausschreibungen kann für die Vervielfältigung der Ausschreibungsunterlagen eine Entschädigung gefordert werden. Die Höhe dieser Erstattung richtet sich nach den von den einzelnen Länderministerien festgelegten Sätzen.

Neben der öffentlichen Ausschreibung sind auch beschränkte und freihändige Vergaben möglich. Da hierdurch aber eine Wettbewerbsbeschränkung vorgenommen wird, können diese Ausschreibungsformen nur in Sonderfällen, z.B. bei kleineren Auftragssummen oder speziellen Leistungen, vertreten werden.

### *7.6.6 Eröffnungstermin und Angebotsprüfung*

Der Ablauf der Submission ist durch die VOB/A und VOL/A, jeweils § 22, festgelegt. Eine Teilnahme von Bietern an dem Eröffnungstermin ist bei Angeboten nach der VOB zulässig, bei Angeboten nach der VOL aber nicht erlaubt. Für die Niederschrift des Eröffnungstermins sind Vordrucke zu verwenden. Ein Muster dafür enthält das – VHB –. Die spätere Einsichtnahme in die Niederschrift ist den Bietern nur dann gestattet, wenn die Ausschreibung zum Geltungsbereich der VOB gehört.

Die vorliegenden und gültigen Angebote sind zuerst rechnerisch zu prüfen. Die so ermittelten endgültigen Angebotssummen werden ebenfalls in die Niederschrift eingetragen.

Durch die zusätzliche Aufstellung eines Preisspiegels, der wesentliche Einheitspreise aller Bieter in einer übersehbaren Aufstellung zeigt, wird eine Angebotswertung erleichtert.

Wirtschaftlich ist es, bei Ausschreibungen mit einer großen Anzahl von Positionen für die rechnerische Prüfung und die Anfertigung eines Preisspiegels eine EDV-Anlage einzusetzen. Die Grundlage dafür ist durch die in Abschnitt 7.6.3.2 beschriebene Einspeicherung der Daten gegeben. Nach der Aufnahme der angebotenen Einheits- und Gesamtpreise in die EDV-Anlage ist lediglich zu einer ausgedruckten Fehlerliste Stellung zu nehmen, damit dann im nächsten Maschinenlauf die rechnerische Prüfung abgeschlossen werden kann. Von den gewünschten Angeboten wird gleichzeitig ein Einheitspreisspiegel ausgedruckt, der alle Positionen mit den Mengenangaben und die Einheits- sowie Gesamtpreise enthält. Jedem Einheitspreis ist weiter eine Platzziffer und eine Prozentzahl zugeordnet, die vom niedrigsten angebotenen Einheitspreis innerhalb dieser Ausschreibung ausgehen. Die hier aufgezeichneten Möglichkeiten über den Einsatz von EDV-Anlagen beziehen sich auf das – Integrierte Datenverarbeitungssystem für das Bauwesen –, das vom Ingenieurbüro *Josef Rüping,* Düsseldorf, entwickelt wurde.

### *7.6.7 Angebotswertung und Auftragserteilung*

Entsprechend dem in der VOB/A, § 3, genannten Grundsatz der Vergabe ist die Wertung der Angebote nach § 25 vorzunehmen. Nach Nr. 2 werden einmal nur die Angebote derjenigen Bieter berücksichtigt, die für die Erfüllung der vertraglichen Verpflichtungen die notwendige Sicherheit bieten: Unter diesen Angeboten soll der Zuschlag auf das Angebot erteilt werden, das unter Berücksichtigung verschiedener und dort genannter Gesichtspunkte als das annehmbarste erscheint und nicht den niedrigsten Angebotspreis haben muß. Diese Grundsätze gelten auch für den Bereich der VOL sinngemäß. Die für Bauleistungen gültige Baupreisverordnung Pr.-Nr. 1/72 sagt weiter aus, daß Wettbewerbspreise grundsätzlich angemessen sind, soweit sie nicht in einem auffälligen Mißverhältnis zur Leistung stehen. Das Wertungsverfahren ist im – VHB – in allen Einzelheiten beschrieben.

Müssen im Zuge der Angebotswertung Verhandlungen mit Bietern geführt werden, so ist das in dem in VOB/A, § 24, und VOL/A, § 23, genannten Umfang in Ausnahmefällen zulässig. Kann nach den vorliegenden Angeboten kein Auftrag erteilt werden, gelten die entsprechenden Vorschriften der VOB und VOL.

Der Auftrag ist innerhalb der in der Leistungsbeschreibung genannten Bindefrist zu erteilen. Er darf keine Bedingungen enthalten, die nicht bereits in der Leistungsbeschreibung angegeben oder mit dem Bieter vorab besprochen worden sind. Dieser Auftrag sollte von dem Auftragnehmer bestätigt werden.

Ist eine Sicherheitsleistung vereinbart und soll diese nach Auftragserteilung übergeben werden, ist sie mit dem Auftragsschreiben anzufordern.

Im Hinblick auf eventuelle spätere Preisverhandlungen bei der Prüfung von Nachtragsangeboten kann es bei großen Bauvorhaben zweckmäßig sein, bereits in der Leistungsbeschreibung vom Auftragnehmer die Hinterlegung der Originalkalkulation des Hauptangebotes zu vereinbaren. Dabei wird aber dem Auftragnehmer verbindlich zugesichert, daß die versiegelte Kalkulation nur in seinem Beisein geöffnet und eingesehen wird. An die Übergabe dieser Kalkulation ist in dem Auftragsschreiben ebenfalls zu erinnern.

# 8 Baudurchführung

Die in Abschnitt 7 geschilderten Voraussetzungen für eine ordnungsgemäße Baudurchführung können zusammengefaßt werden wie folgt:

- Die Planung des Bauwerkes muß bis ins Detail abgeschlossen sein.
- Dem Bauauftrag muß eine erschöpfende und lückenlose Leistungsbeschreibung zugrunde liegen. Sie muß so aufgebaut sein, daß bei der Abrechnung der Arbeiten keine Meinungsverschiedenheiten über ihre Auslegung auftreten.
- Ebenso umfassend und eindeutig müssen die Vertragsbestimmungen sein.
- Einen wichtigen Teil dieser Vertragsbestimmungen bilden die Vorgaben über den Terminablauf der Bauarbeiten, die mit vertretbarem Aufwand realisierbar sein müssen.

Sind diese Voraussetzungen gegeben, so bestehen die Aufgaben der Bauleitung des Auftraggebers darin:

a) die Arbeiten verschiedener Gewerke zu koordinieren,
b) die Qualität der Arbeitsausführung zu überwachen und
c) die geleisteten Arbeiten aufzumessen und abzurechnen.

## 8.1 Koordination der Arbeiten

Die Vertretung des Bauherrn hat auf dessen Baustellen die Voraussetzungen dafür zu schaffen, daß die Arbeiten aller für die Herstellung einer Gesamtanlage notwendigen Einzelgewerke in den vorgegebenen Fristen unbehindert ausgeführt werden können.

Will man den Bauleiter mit dieser Aufgabe nicht überfordern und will man die Gesamtherstellungszeit einer Anlage so kurz wie möglich halten, so müssen ihm die in Abschnitt 7.4 beschriebenen Terminpläne in die Hand gegeben werden.

Diese sind zu Beginn jeder Baumaßnahme wiederum durch Einzelpläne jedes Auftragnehmers zu ergänzen, für die zweckmäßigerweise eine Darstellung gewählt wird, die der in Abschnitt 7.4 beschriebenen entspricht. Damit wird dem Bauleiter ein schneller Überblick über den Terminstand einer Gesamtanlage und die Möglichkeit gegeben, Folgen von Terminüberschreitungen abzuschätzen und Schäden daraus gering zu halten oder ganz zu verhindern.

## 8.2 Qualitätskontrolle

Unter den zahlreichen Fachgebieten, auf denen der Bauherr die Güte der für ihn erbrachten Leistungen zu überwachen hat, haben folgende drei Bereiche beim Bau von Kläranlagen besonders große Bedeutung:

Maßkontrolle,
Überwachung von Erdarbeiten und
Betonarbeiten.

Sie werden an dieser Stelle ausschließlich behandelt.

### *8.2.1 Maßkontrolle der Bauwerke*

Wie schon in Abschnitt 7.5 angedeutet wurde, muß der Bauvertrag Angaben über die bei der Bauwerksherstellung zulässigen Maßtoleranzen enthalten. Diese sind für alle an der

Herstellung der Anlage Beteiligten verbindlich und müssen deshalb ebenso mit den für die Maschinenausrüstung zuständigen Firmen vereinbart werden.

In der Praxis soll das zur Folge haben, daß der ausführende Bauunternehmer Schalpläne erhält, in denen die Maßketten jedes Bauteiles an ein übergeordnetes Achssystem angebunden sind. Dieses Achssystem und die zugehörigen Höhenfestpunkte müssen auf der Baustelle vermarkt und dem Bauunternehmer vor Baubeginn übergeben werden.

Der Bauleiter muß schon bei Fertigstellung der Schalungen und vor dem Betonieren die Lage der Bauteile zu diesem Achssystem überprüfen und diese Prüfung im Laufe der Bauzeit häufig wiederholen. Es muß davor gewarnt werden, jedes Bauteil nur mit dem zuerst hergestellten Abschnitt auf die Hauptachse einzumessen und alle Folgemaße von den Bauwerkskanten her zu nehmen.

Diese Messungen sind auch während der Betoniervorgänge von Beckenwänden und dergleichen fortzusetzen, indem man mit Hilfe von Theodoliten kontrolliert, ob Schalungen gegebenenfalls unter dem Druck des Frischbetons ausweichen. Ferner sind die Messungen nicht auf die Bauwerkskonturen zu beschränken, sondern müssen sich ebenso auf Aussparungen, Ankerschienen und andere Anschlußstellen für Maschinenteile erstrecken.

Bei der Maschinenmontage kann man häufig den Aufwand für die Messungen ganz erheblich einschränken, wenn die Bauwerke maßhaltig sind und wenn man sich zusätzlich eine Reihe von Achspunkten im Bauwerksbeton selbst vermarkt hat, von denen aus die Maschinenteile mit einfachen Hilfsmitteln genau ausgerichtet werden können.

### *8.2.2 Erdarbeiten*

Bei der Überwachung von Erdarbeiten sind im wesentlichen drei Aufgabenbereiche zu unterscheiden:

1. Die Beurteilung der angetroffenen Boden- und Grundwasserverhältnisse und ihr Vergleich mit den Angaben, die aus den vorangegangenen Baugrunduntersuchungen gewonnen und sowohl den statischen Berechnungen als auch den Bauverträgen zugrunde gelegt wurden.
2. Die Überwachung aller Aushubarbeiten und die Herstellung von Erdböschungen.
3. Die Leitung von Bauwerkshinterfüllungen und der Herstellung von Erdbauwerken.

Während es sich bei der an zweiter Stelle genannten Aufgabe – der Überwachung von Aushubarbeiten – vor allem um ein organisatorisches Problem handelt, bei dem die Vertreter des Bauherrn oft Schwierigkeiten haben, eine konsequente Beachtung der einschlägigen Unfallverhütungsvorschriften durchzusetzen, verlangen die beiden anderen Aufgaben weitergehende bodenmechanische Kenntnisse vom Bauleiter. In vielen Fällen muß er einfache Baugrunduntersuchungen anstellen, die um so umfangreicher und sorgfältiger sein müssen, je mehr die Tragfähigkeit des Baugrundes beansprucht wird. Es genügt nicht, nach Herstellung der Aushubsohle festzustellen, daß dort der Boden so ansteht, wie es für die statische Berechnung angenommen wurde, sondern der Bauleiter muß sich auch davon überzeugen, ob dieser Boden auch bis in die Tiefe ansteht, in der er zur Aufnahme der zusätzlichen Spannungen aus der Bauwerkslast beansprucht wird. Zu dieser Feststellung genügt in vielen Fällen schon die Entnahme einiger Bodenproben mit der Schlitzsonde und die Untersuchung der Lagerungsdichte durch eine Reihe von Rammsondierungen. Diese Rammsonde, die zur Standardausrüstung jeder Bauaufsicht größerer Ingenieurbaustellen ebenso selbstverständlich gehören sollte, wie dies im Straßenbau schon der Fall ist, leistet auch bei der Überwachung von Hinterfüllungsarbeiten wertvolle Dienste.

Weiter muß während der Bauausführung in größeren Abständen untersucht werden, ob Wassergehalt und Raumgewicht des eingebauten Materials den vorgeschriebenen Verdichtungswerten der zugehörigen Proctorkurve zugeordnet sind. Für diese Untersuchung werden auf der Baustelle ein Densitometer mit Gummiblase für die Feststellung des Volumens einer aus dem Boden entnommenen Probe, eine einfache Küchenwaage zur Ermittlung des Probengewichtes und ein C-M-Gerät benötigt, in dem mit Hilfe einer Karbidpatrone auf einfache Weise der ungefähre Wassergehalt der Probe festgestellt werden kann.

Noch wichtiger und in sehr kurzen Abständen durchzuführen sind aber Rammsondierungen mit dem Künzelstab. Es ist zwar mit vertretbarem Aufwand möglich, aber durchaus nicht immer notwendig, diese Sonde so zu eichen, daß aus der Schlagzahl bei der Untersuchung sofort die Lagerungsdichte des Bodens abgelesen werden kann. Meist genügt es aber, festzustellen, ob die Schlagzahlen, die an einer Stelle mit bekannter und ausreichender Lagerungsdichte gemessen wurden, auch in allen übrigen Bereichen erreicht werden.

Durch diese einfache Untersuchung stellt man nicht nur fest, ob die Verdichtung auf der gesamten untersuchten Fläche gleichmäßig war, sondern auch, ob gegebenenfalls die gewählten Schütthöhen für das eingesetzte Verdichtungsgerät zu groß waren, so daß die Lagerungsdichte an der Oberfläche jeder Lage zwar ausreicht, mit der Tiefe der Schüttlage aber unzulässig stark abnimmt.

### *8.2.3 Betonarbeiten*

#### *8.2.3.1 Herstellen des Betons*

In Abschnitt 7.2.2 wurden die Anforderungen an den Beton in Kläranlagen geschildert. Sie führen dazu, daß er im Normalfall als B II wasserundurchlässig gemäß DIN 1045, Abschnitt 6.5, hergestellt wird.

Der Umfang der dafür notwendigen Überwachung ist in DIN 1045, besonders aber in DIN 1084, beschrieben. Es ist zu empfehlen, daß die Vertreter der Bauherrn sich – unabhängig von der Tätigkeit der Güteschutzgemeinschaften – von der Einhaltung dieser Vorschriften vergewissern, da sich die Arbeit der Güteschutzstellen zwangsläufig auf eine Kontrolle von Aufzeichnungen und einige wenige Stichproben beschränken muß.

Vorteilhaft erscheint die in DIN 1045 und 1084 vorgesehene statistische Auswertung der Würfeldruckproben, die einen ausgezeichneten Überblick über Qualitätsschwankungen sämtlicher in ein Bauwerk eingebrachten Betone gibt und damit eine sichere Bewertung einzelner Prüfergebnisse erlaubt.

Eine statistische Auswertung ist in den Normen zwar generell nur für Baustellenbeton B II, Transportbeton und Beton in Fertigteilwerken vorgesehen, aber es kann nur empfohlen werden, sich bei der Qualitätskontrolle auch von B I, der nach Eignungsprüfung zusammengesetzt ist, ebenfalls dieses Hilfsmittels zu bedienen.

Liegt erst einiges statistisch ausgewertetes Material vor, so kann dies auch mit Nutzen bei der Festlegung von Vorhaltemaßen in weiteren Eignungsprüfungen benutzt werden. Weitere Einzelheiten über Methoden und Verwendungsmöglichkeiten der statistischen Auswertung von Prüfungen sind in der Literatur(135) und (31) enthalten.

Die vornehmste Aufgabe des Bauleiters bleibt jedoch die Überwachung des Betons bei der Herstellung und beim Einbau. Kann er dabei Fehler verhindern, ist er der Sorge enthoben, Konsequenzen aus mangelhaften Prüfergebnissen ziehen zu müssen.

Die Überwachung der Betonherstellung ist in erster Linie eine Überwachung der Mischungszusammensetzung.

Sind die Zugabeeinrichtungen der Betonieranlage für alle Mischungskomponenten in Ordnung und entsprechen die verwendeten Stoffe in ihren Eigenschaften und ihrer Zusammensetzung denjenigen, die für die Eignungsprüfung benutzt wurden, so kann sich die Kontrolle des Mischungsverhältnisses im Normalfall auf die Überwachung des Wasser-Zement-Wertes beschränken. Denn auch ohne eine Änderung der Wasserzugabe kann dieser Wert infolge von Wassergehaltsschwankungen in den Zuschlagstoffen – besonders im Sand 0–2 mm – erheblich verändert werden. Dies sei an einem Beispiel erläutert:

Es soll Beton mit einer Rohdichte von rd. 2400 kg/m³ hergestellt werden. Laut Eignungsprüfung beträgt der Sandanteil 725 kg/m³, das Gesamtwasser 137 l/m³ und der Zementgehalt 300 kg/m³. Der Wassergehalt des Sandes ist mit 3 Vol-% gemessen worden, infolgedessen lautet die Mischanweisung:

| | | |
|---|---|---|
| Es sind | 115 l/m³ | Wasser und |
| | 748 kg/m³ | Sand (feucht) zuzugeben. |

Tatsächlich beträgt die Eigenfeuchte des Sandes aber zeitweise 6 %. Wird die Mischanweisung nicht geändert, so beträgt in diesem Fall die tatsächliche Zugabe

| | |
|---|---|
| 160 l/m³ | Gesamtwasser und |
| 703 kg/m³ | Sand (trocken), |

d.h., der Wasser-Zement-Wert ist von

$$\frac{137}{300} = 0{,}457 \text{ auf } \frac{160}{300} = 0{,}53 \text{ gestiegen.}$$

Durch die gleichzeitige Abnahme des effektiven Sandgehaltes um 22 kg/m³ ist die Betonmischung erheblich grobkörniger und damit schlechter verarbeitbar geworden. Eine fortlaufende Kontrolle der Zuschlagstoffeigenfeuchte und ihre Berücksichtigung bei der Mischungszusammensetzung ist deshalb unumgänglich. Wird sie unterlassen, so darf man mit Sicherheit erwarten, daß das Baustellenpersonal unverzüglich versuchen wird, die von ihm festgestellte schlechtere Verarbeitbarkeit des Frischbetons durch eine weitere Erhöhung des Wassergehaltes auszugleichen und dadurch den Fehler noch zu vergrößern.

Die Messung der Zuschlagstoffeigenfeuchte ist im übrigen ohne viel Aufwand möglich, wenn man sich dazu des bekannten C-M-Gerätes bedient.

Einen Hinweis auf die Mischungszusammensetzung geben selbstverständlich auch die auf der Baustelle üblichen Konsistenzmessungen des Frischbetons in Verbindung mit der nach DIN 1084 vorgeschriebenen Bestimmungen des W/Z-Wertes.

Sobald sich nämlich zeigt, daß Konsistenzmaß und W/Z-Wert nicht mehr im gleichen Verhältnis zueinander stehen, wie es in der Eignungsprüfung ermittelt wurde, muß auf grundlegende Fehler bei der Mischungszusammensetzung geschlossen werden.

#### *8.2.3.2 Schalung*

Von ausschlaggebendem Einfluß auf die Güte der Betonoberfläche ist die Ausbildung der Schalungstragkonstruktion. Seitdem die Industrie Schalungsträger mit großer Steife und Tragfähigkeit auf den Markt gebracht hat, ist es möglich, auch hohe Wände ohne horizontale Arbeitsfugen zu betonieren. Wendet man jedoch diese Schalungssysteme an, so wird man nicht umhin können, deren mögliche Durchbiegung rechnerisch nachzuweisen. Und hat man die zur Aufnahme der Auflagerkräfte und zur Beschränkung der Durchbiegung erforderlichen Ankerpunkte festgelegt, so muß man das geeignete Verankerungssystem finden. Bei dessen Auswahl ist folgendes zu beachten:

Jeder Schalungsanker, der durch eine Betonwand hindurchgeführt wird, ist eine Gefahr für die Wasserdichtigkeit des Betons und beeinträchtigt die Güte der Betonoberfläche. Es sollten deshalb die Ankerstäbe profiliert und gegebenenfalls mit aufgeschweißten Blechscheiben versehen sein, die einen Wasserdurchtritt neben den Stäben behindern. Die Köpfe der im Beton verbleibenden Ankerteile sollten um das Maß der Betonüberdeckung über der Bewehrung hinter der Betonoberfläche liegen. Der Durchmesser der konischen Ankerhülsen ist an der Betonoberfläche so klein wie möglich zu halten. Als Verschluß erscheint am besten geeignet der Schraubverschluß nach DIN 18 216, Abschnitt 3, da er wesentlich höhere Sicherheit gegen das ungleichmäßige Nachgeben einzelner Verankerungsstellen bietet als Keilverschlüsse.

## 8.3 Aufmaß und Abrechnung

Der für Aufmaß und Abrechnung einer Baumaßnahme erforderliche Arbeitsaufwand wird wesentlich bestimmt durch die Güte der Leistungsbeschreibung und Ausführungszeichnungen.

Je geringer der Leistungsanteil ist, der mit Hilfe örtlicher Aufmaße am Bauwerk festgestellt werden muß, um so mehr kann das Bauleitungspersonal von Routinearbeiten bei der Mengenermittlung entlastet werden.

Da es nicht sinnvoll ist, die Pauschalvergütung von Bauleistungen anzustreben und damit jegliche Anpassung der Bauausführung an vertraglich nicht vorausbestimmte örtliche und zeitliche Verhältnisse zum Gegenstand von Nachtragsverhandlungen zu machen, gehört zu jeder Bauabrechnung die Ermittlung der Abrechnungsmengen. Der dafür erforderliche Arbeitsaufwand kann geringgehalten werden, wenn:

a) alle für die Mengenansätze benötigten Maßzahlen aus den Bauzeichnungen abzulesen sind,
b) die Grenzen zwischen den einzelnen Leistungspositionen im Bauvertrag klar beschrieben und in den Zeichnungen einfach aufzufinden sind und
c) die Mengen dieser Positionen mit Hilfe einfacher mathematischer Ansätze berechnet werden können.

Mengenansätze sind in den meisten Fällen manuell zu erfassen. Lediglich bei Erdarbeiten und in einzelnen Fällen bei der Bewehrung von Stahlbetonteilen ist es bisher möglich, schon die Ausgangswerte für diese Berechnung bei Herstellung der Ausführungsunterlagen so aufzubereiten, daß auch dieser Teil der Abrechnung mit Hilfe von EDV-Anlagen ausgeführt wird.

In fast allen Fällen kann aber die nachfolgende Mengenberechnung einer solchen Rechenanlage übertragen und so das Bauleitungspersonal von zeitaufwendigen Rechenarbeiten entlastet werden. Die – Richtlinien für die elektronische Bauabrechnung – (93) kurz – REB – sind dabei zu beachten. In ihr sind Verfahrensbeschreibungen enthalten, die die einzelnen Berechnungsarten mit den jeweiligen Anweisungen zeigen.

Nach Prüfung der Mengenberechnung durch den Auftraggeber ist die Schlußzahlung zu leisten. Für deren Berechnung kann auch wieder eine EDV-Anlage eingesetzt werden, wobei der Arbeitsablauf demjenigen bei der Bearbeitung von Abschlagsrechnungen entspricht, wie er im folgenden Abschnitt beschrieben wird.

## 8.4 Zahlungen

Die Vorschriften über Abrechnung und Zahlung von Bauleistungen sind in der VOB/B, §§ 14 und 16, niedergelegt. Für den Bereich der Leistungen gilt die VOL, §§ 15 und 17.

Bei großen Bauvorhaben ist es zweckmäßig, in den besonderen oder zusätzlichen Vertragsbedingungen (siehe auch Abschnitt 7.6.3.2) festzulegen, in welchen Abständen Abschlagszahlungen gewährt werden und welche Mindestsumme die einzelne Rechnung erreichen muß. Dabei ist aber zu berücksichtigen, daß für den Auftragnehmer ungünstige Zahlungsbedingungen sich zweifellos in den angebotenen Einheitspreisen niederschlagen müssen.

Eine kurzfristige und rationelle Bearbeitung und Prüfung von Rechnungen ist durch den Einsatz von EDV-Anlagen möglich. Als Grundlage dient hier der eingespeicherte Auftrag. Für jede neue Abschlagsrechnung wird gemeinsam nur der Mengenzuwachs der einzelnen Positionen nach der letzten Rechnungslegung erfaßt und in Formulare eingetragen. In den Recheninstituten des Auftragnehmers und Auftraggebers werden diese Eingabewerte in Lochkarten erfaßt, die zur Datenaufnahme benötigt werden. Die beiden EDV-Anlagen führen danach die Berechnungen durch und drucken anschließend getrennt je eine Abschlagsrechnung aus, die den Zuwachs und alle vorher erbrachten Leistungen berücksichtigt. Von dieser neu ermittelten Gesamtsumme werden bisher geleistete Zahlungen und ein eventueller Sicherheitseinbehalt abgezogen, so daß abschließend der zu zahlende Betrag ausgeworfen wird. Stimmen die in beiden Rechnungen genannten Beträge überein, kann der Auftraggeber die Zahlung vornehmen, da die Rechnung des Auftragnehmers durch den von ihm erstellten EDV-Ausdruck geprüft wurde. Eventuelle Abweichungen in den Schlußbeträgen sind leicht zu erfassen und zu korrigieren.

# 9 Handhabung des Abwasserabgabengesetzes

## 9.1 Gesetzliche Grundlagen

### *9.1.1 Einleitung*

Der vorliegende Abschnitt über die Handhabung des Abwasserabgabengesetzes (AbwAG) wendet sich an alle, die mit dem Betrieb von Kläranlagen zu tun haben und die sowohl an der verwaltungsmäßigen Entstehung und Durchführung der Abwasserabgabe interessiert sind als auch die Ergebnisse von Betriebsmessungen in den Vollzug einbringen wollen. Die Verknüpfung beider Bereiche ist Voraussetzung zur Erlangung von Abgabegerechtigkeit. Deshalb befaßt sich fast die Hälfte der folgenden Abschnitte mit der Auswertung von Messungen des Kläranlagenbetriebes im Zusammenhang mit der Abwasserabgabe.

Die aufgezeigten Wege haben sich in der Praxis in vielen Fällen bereits bewährt. Allerdings ist es erforderlich, das dazu benötigte Wissen von Grund auf zu erlernen. Die erforderlichen Hilfen hierzu werden im Folgenden angeboten.

Dabei sind Erfahrungen und Ergebnisse aus der Arbeit des ATV-Fachausschusses 2.4 „Instrumente zur Handhabung des Abwasserabgabengesetzes" entscheidend mit verwendet.

Dem Umweltbundesamt sei an dieser Stelle gedankt, daß es die Arbeiten in einer für alle Beteiligten so hilfreichen Weise gefördert hat.

### *9.1.2 Vorgeschichte*

Die fast 50 %ige Zunahme der Belastung der Gewässer in der Bundesrepublik Deutschland in den Jahren 1957 bis 1969 veranlaßte die Bundesregierung 1974, den Entwurf eines Gesetzes über Abgaben für das Einleiten von Abwasser in ein Gewässer einzubringen (97). In der Begründung (65) heißt es in aller Offenheit, daß die bisherigen gesetzlichen Regelungen nicht ausgereicht haben, die Probleme zu lösen. Trotz der Vorschriften des Wasserhaushaltsgesetzes und der Landeswassergesetze, aufgrund deren die Einleitung schädlicher Abwässer aus Gründen des Wohls der Allgemeinheit verboten oder nur unter Festsetzung von Auflagen an die Beschaffenheit des Abwassers zugelassen ist, wären die Wasserbehörden nicht in der Lage gewesen, die zur Reinhaltung unserer Gewässer erforderlichen Maßnahmen durchzusetzen. Dafür werden folgende Gründe genannt: Für die Wasserbehörden sei es oft schwierig, wenn nicht unmöglich, die von den Einleitern von Abwasser gegen strenge Einleitungsbedingungen vorgebrachten, oft auch nur „vorgeschobenen" Einwände hinreichend zu beurteilen; die entscheidenden Behörden stünden häufig in einem Konflikt mit anderen, in der Regel regionalen Interessen und Zielen. Die Abwasserabgabe werde nach der Schädlichkeit des eingeleiteten Abwassers, also nach dem Verursacherprinzip, erhoben und zwar unabhängig von der Größe und dem Gütezustand des Gewässers, in das eingeleitet wird. Abgabefreiheit träte dann ein, wenn die Reststoffe, die das Abwasser noch enthält, generell als unschädlich angesehen werden können. Das sei der Fall, wenn sie so reduziert sind, daß das gereinigte Abwasser in seiner Beschaffenheit der Güteklasse 2 der Vorfluters entspricht. Die chemischen Parameter dieser Güteklasse sind etwa $BSB_5$ = 2–6 mg/l; $NH_4$-N < 0,3 mg/l und $O_2$-Minima > 6 mg/l.

Als Grundlage der Festsetzung der Abgabe sollte die Selbstveranlagung der Abgabpflichtigen in einer Abgabeerklärung dienen. Ab einer Ausbaugröße von etwa 3000 EGW sollte die Schädlichkeit durch Messungen ermittelt werden.

### *9.1.3 Bundesgesetz 1976*

Das 1976 nach zweijähriger Beratung vom Bundestag verabschiedete „Gesetz über Abgaben für das Einleiten von Abwasser in Gewässer" (98) enthält 18 Paragraphen und damit weniger als die Hälfte des Entwurfs von 1974. Es soll (59) für die „Zukunft eine wirksame Reinhaltung der Gewässer erreichen und die Kostenlast für die Vermeidung, die Beseitigung und den Ausgleich von Gewässerbelastungen gerechter verteilen. Die Abwasserabgabe soll insbesondere in die Richtung wirken,

- in stärkerem Maß als bisher Kläranlagen zu bauen,
- den Stand der Abwasserreinigungstechnik zu verbessern,
- abwasserarme oder abwasserlose Produktionsverfahren zu entwickeln und einzusetzen,
- Güter, die nur abwasserintensiv hergestellt werden können, sparsamer zu verwenden."

Zugleich soll der Wettbewerbsvorteil derjenigen abgebaut werden, die bisher kostenlos die Gewässerverschmutzungen und damit ohne Gegenleistung ein knappgewordenes Gut in Anspruch nehmen beziehungsweise schädigen.

Die 1974 vorgesehene Veranlagung aufgrund von Messungen wurde weitgehend verlassen.

Das Gesetz ist 1978 in Kraft getreten und Teil des gesetzlichen Instrumentariums zur Verbesserung der Gewässergüte (Bild 9.1-1).

Das Gesetz enthält folgende grundsätzliche Entscheidungen (59):

- Für das Einleiten von Abwasser in ein Gewässer ist vom Einleiter an den Staat eine Abgabe zu zahlen.
- Die Abgabe wird erhoben für Schmutzwasser, Niederschlagswasser und Kleineinleitungen.
- Die Abgabe richtet sich grundsätzlich nach der Menge und spezifischen Schädlichkeit des Abwassers.
- Die Abgabe wird in der Regel auf der Grundlage des die Einleitung zulassenden Bescheids ermittelt.

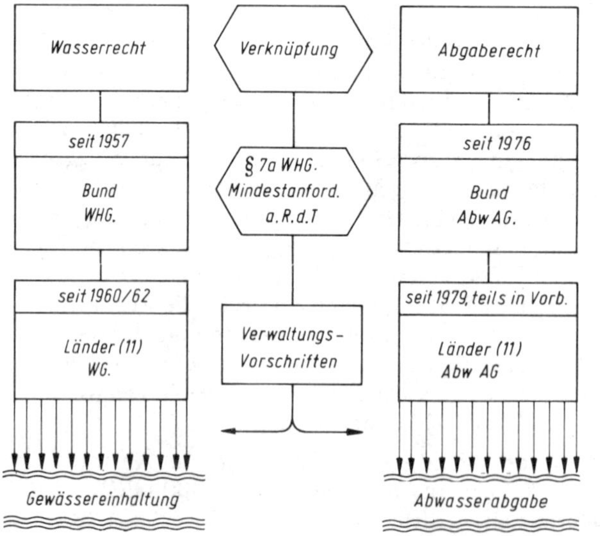


Bild 9.1-1. Gesetzliches Instrumentarium zur Verbesserung der Gewässergüte 1957 bis 1980. Abwassereinleitungen werden ab 1981 abgabepflichtig.

- Die Abgabepflicht beginnt 1981.
- Das Aufkommen aus der Abgabe dient dem Gewässerschutz.
- Härteregelungen verhindern, daß die Abgabe für bestimmte Bereiche oder einzelne Betriebe ruinös wird.

Die gesetzliche Übergangsfrist bis zur Erhebung der ersten Abgabe hat drei Jahre betragen.

In dieser Frist sollten die die Einleitung zulassenden Bescheide an das Abwasserabgabengesetz angepaßt und die hierauf beruhenden Abgabebescheide erlassen werden.

Auch war den Abgabepflichtigen in dieser Übergangsphase Gelegenheit geboten, sich auf den späteren Vollzug des Abwasserabgabengesetzes vorzubereiten.

### *9.1.4 Ländergesetze*

Die Anpassung der die Einleitung zulassenden Bescheide an die Abwasserabgabe setzt gesetzliche Landesregelungen voraus. Diese liegen für Nordrhein-Westfalen bereits vor (238). Die übrigen Bundesländer sind zur Zeit damit befaßt. Ein rechtskräftig angepaßter Bescheid ist in der Bundesrepublik bei Abfassung des Manuskriptes nicht bekannt geworden.

### *9.1.5 Planspiele 1978–1980*

In der seit 1978 laufenden Übergangsfrist hat das Bundesministerium des Innern durch das Umweltbundesamt von der ATV begleitete bundesweite Planspiele zur Handhabung des Instrumentariums des Abwasserabgabengesetzes gefördert (13). Dabei hat es sich gezeigt, daß ein Mindestmaß an Abgabegerechtigkeit nur unter Beteiligung der Abgabepflichtigen erreicht werden kann. Diese müssen sich auch bei der Bescheidslösung Aufschluß über die Belastungsverhältnisse und die Reinigungsleistung ihrer Kläranlagen verschaffen. Allerdings wurde die Handhabung des Gesetzes dadurch vereinfacht, daß mit den Messungen nur noch Grundlagenmaterial beigebracht werden muß. Wegen dieser Vereinfachung muß von den Abgabebeteiligten ein gewisses Ungenauigkeitsspektrum in Kauf genommen werden. Für die Abgabebehörde bedeutet dies eine Arbeitserleichterung. Dem Abgabepflichtigen ist von dieser Seite her die meßtechnische Eigenkontrolle des Betriebs seiner Kläranlage anempfohlen. Die Verpflichtung dazu findet zunehmend Eingang in die Wassergesetze der einzelnen Bundesländer. Die im Planspiel gewonnenen Erfahrungen ersetzen vorläufig die noch fehlenden Erfahrungen im praktischen Vollzug. Auf sie wird deshalb vielfach zurückgegriffen.

### *9.1.6 Bescheid*

Der die Einleitung zulassende Bescheid wird in der Regel aus einem wasserrechtlichen und einem abgaberechtlichen Teil bestehen. Grundsätzlich kann die Abgabe an das erteilte Recht gekoppelt sein. Da sich dies aber auf die Bereitschaft, die wasserwirtschaftlich wünschenswerten Reservekapazitäten zu schaffen und vorzuhalten, nachteilig auswirkt, haben sich unter dem Einfluß der Planspielergebnisse in jüngster Zeit die Auffassungen zur Bescheidslösung gewandelt.

Es liegt nun in der Hand des Einleiters, welchen Erlaubnisumfang er für seine Abwassereinleitung anstreben möchte (60). Nach Bild 9.1-2 (Seite 319) bieten sich folgende Möglichkeiten an:

- Gestaffelte Befugnis
  Sie kann dann angestrebt werden, wenn die Entwicklung der Abgabefracht, die in der Zukunft anfällt, in bestimmten Abschnitten voraussehbar ist.

– Vorläufig eingeschränkte Befugnis
  Der Erlaubnisumfang wird zwar beantragt, wie er gegen Ende der Erlaubnisdauer in Betracht zu ziehen ist, gleichzeitig aber der Antrag gestellt, die Benutzung vorerst auf einen bestimmten geringeren Umfang zu beschränken.
– Verzicht auf Ausübung der Befugnis
  Ein teilweiser Verzicht auf die Erlaubnis für eine bestimmte Zeitdauer ist auch möglich.

### *9.1.7 Eigenkontrolle*

Die von der Bundesregierung im Gesetzentwurf genannten Gründe, warum die Wasserbehörden bis heute nicht in der Lage gewesen sind, die zur Reinhaltung der Gewässer erforderlichen Maßnahmen durchzusetzen, müssen nach den Ergebnissen der Planspiele ergänzt werden. Danach hat sich gezeigt, daß der Stand des Vollzugs des Wasserrechts in den Bundesländern noch unterschiedlich ist und daß sich das Abwasserabgabengesetz dort am leichtesten vollziehen lassen wird, wo die Abgabepflichtigen bisher schon von der Möglichkeit einer Eigenkontrolle Gebrauch machten und die Wasserwirtschaftsverwaltungen bereit waren, die Abgabepflichtigen als Gewässerbenutzer in die Verantwortung der Eigenkontrolle zu entlassen und deren Ergebnisse zu verwerten (13).

Wenn auch dem Abwasserabgabengesetz zur Zeit die ursprünglich angestrebte finanzielle Anreizwirkung verlorengegangen ist, so hat es doch bundesweit die Einsicht der Kläranlagenbetreiber angeregt und gefördert, daß die Eigenkontrolle/Selbstkontrolle/Selberüberwachung des Kläranlagenbetreibers in Zukunft zu den Pflichten eines jeden Kläranlagenbetreibers gehört.

### *9.1.8 Abgrenzung*

Das Abwasserabgabengesetz berührt nicht nur Fragen des Rechts und der Verwaltung, sondern ebensolche der Technik, auf die sich die folgenden Abschnitte beschränken.

In ihnen wird die Entstehung der Abwasserabgabe beschrieben, wie sie in Bild 9.1-3 schematisch dargestellt ist. Das Schema folgt dem inneren technischen Zusammenhang und nicht den Paragraphen des Abwasserabgabengesetzes. Wo erforderlich, wird auf sie verwiesen. Auch werden – wenn es zum Verständnis beiträgt – kurze, technische Hinweise gegeben.

Vorteilhaft ist es sicherlich, den Gesetzestext stets parallel zu lesen.

Wenn Elemente der Entstehung der Abwasserabgabe an sich gleichrangig sind und in Bild 9.1-3 nebeneinander stehen, werden zur Förderung der Übersichtlichkeit die kürzer abzuhandelnden Elemente vorgezogen. Die Reihenfolge in der Behandlung entspricht damit nicht ihrer Wertigkeit.

Im Zusammenhang mit der Abwasserabgabe hat die Auswertung von Betriebsmessungen eine besondere Bedeutung. Diese liegt darin, daß der Betriebsablauf nicht nur wie seither meßtechnisch verfolgt wird, sondern aus den Meßergebnissen – also aus der Vergangenheit – Voraussagen auf die zukünftige Entwicklung des Betriebes abgeleitet werden müssen. Auf die Auswertung von Betriebsmessungen wird deshalb gründlich eingegangen.

Nicht behandelt wird dagegen die der Verwaltung zugeordnete Abwälzung der Abwasserabgabe, auf die hier in 9.8 nur kurz eingegangen wird.

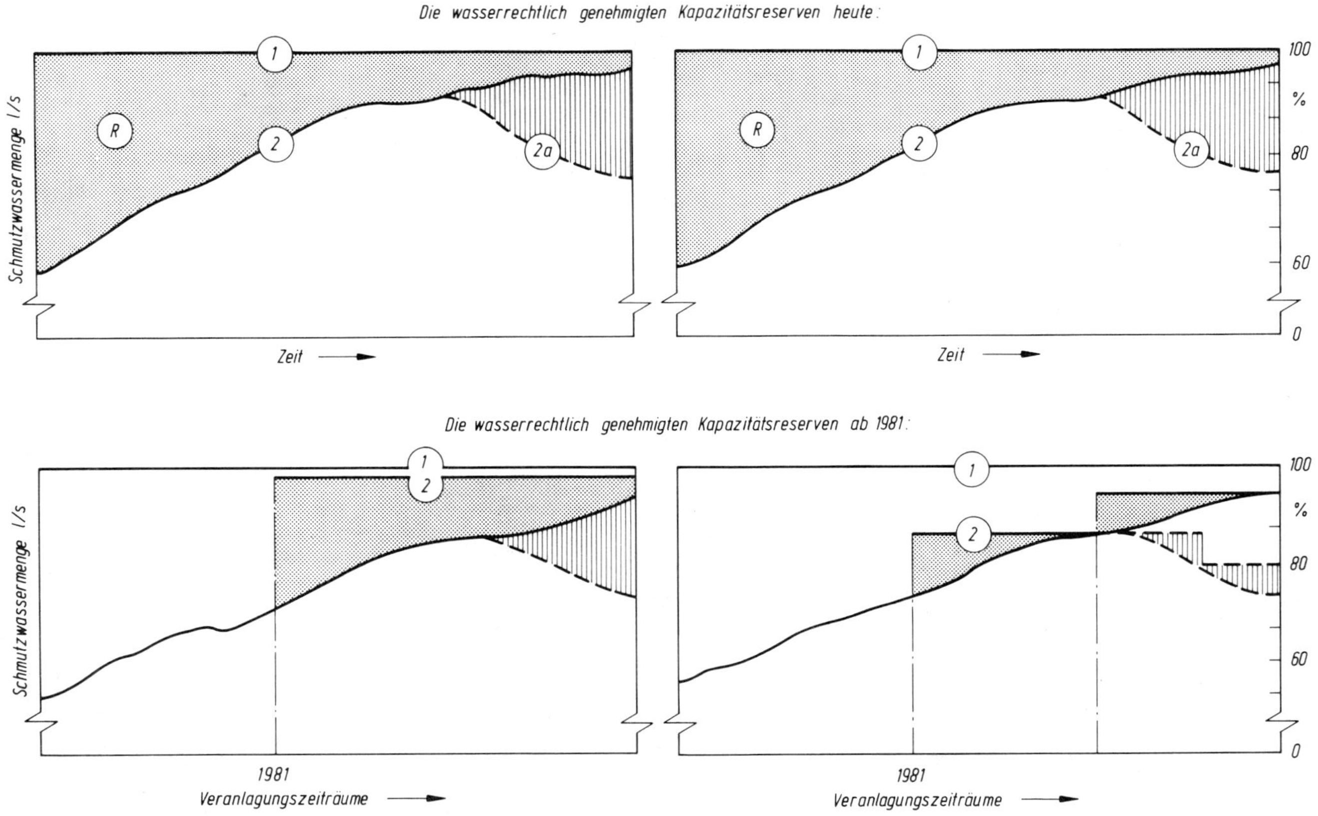


Bild 9.1-2. Nach Wasserrecht genehmigte Kapazitätsreserven müssen nicht abgabepflichtig sein.
Aus der Differenz zwischen dem Erlaubnisniveau (1) des die Einleitung zulassenden Bescheids und dem Einleitungsniveau (2) entsprechend der Kläranlagenauslastung ergibt sich (2a) eine Kapazitätsreserve (*R*) die zu- oder abnehmen kann.

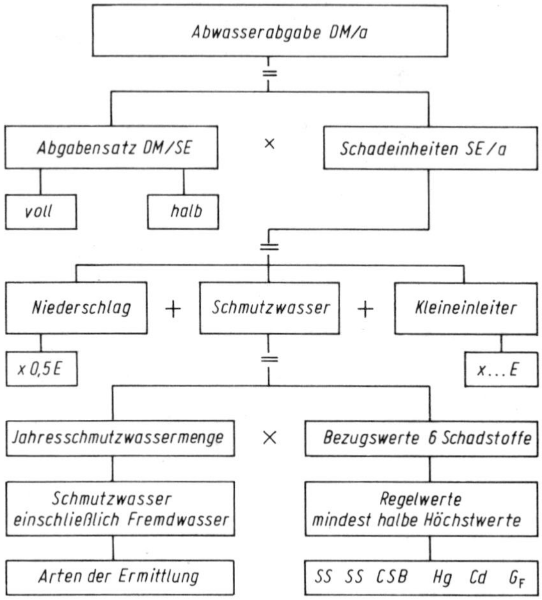


Bild 9.1-3. Die Abwasserabgabe, ihre Elemente und ihre Entstehung.

## 9.2 Abgabesatz

Nach dem Schema Bild 9.1-3 entsteht die Abwasserabgabe durch Multiplikation von den Faktoren Schadeinheiten (Abschnitt 9.3) und Abgabensatz. Da dieser kurz abgehandelt werden kann, wird er zunächst besprochen.

### *9.2.1 Voller Satz*

Der Abgabesatz ist gesetzlich festgelegt. Für eine Übergangszeit ist er gestaffelt. Er beträgt nach § 9 (4) AbwAG

| ab 1. Januar 19 . . | 81 | 82 | 83 | 84 | 85 | 86 |
|---|---|---|---|---|---|---|
| DM/Schadeinheit | 12 | 18 | 24 | 30 | 36 | 40 |

Von der Tendenz her ist zu beobachten, daß selbst diese geringen Abgabesätze ausreichten, der Abwasserreinigung in der Bundesrepublik erhebliche Impulse zu verleihen. Auch ist zu bedenken, daß die Abwasserabgabe eben nur eine zusätzliche gesetzgeberische Maßnahme für den Gewässerschutz neben den allgemein geltenden wasserrechtlichen Vorschriften ist.

### *9.2.2 Halber Satz*

Die Verknüpfung der gesetzlichen Vorschriften des Wasserrechts und der Abwasserabgabe erfolgt nach Bild 9.1-1 durch die Mindestanforderungen zu § 7a WHG.

Wer die Mindestanforderungen einhält, zahlt nach § 9 (5) AbwAG für die Schadeinheiten aus eingeleitetem Schmutzwasser nur den halben Abgabesatz.

### *9.2.2.1 Mindestanforderungen*

Zur Festlegung von Mindestanforderungen sind einige Verwaltungsvorschriften bereits erlassen. Weitere sind in Arbeit.

In den Verwaltungsvorschriften sind auch die Bedingungen genannt, unter denen die jeweiligen Mindestanforderungen als eingehalten gelten. Auf diese Prüfvorschriften wird verwiesen (86).

Der Begriff „Mindest"-Anforderung deutet darauf hin, daß in Bedarfsfällen auch höhere wasserrechtliche Anforderungen gestellt werden können. Ist dies der Fall, müssen die höheren Anforderungen eingehalten sein, bevor der Abgabesatz für Schadeinheiten aus eingeleitetem Schmutzwasser halbiert werden darf.

### *9.2.2.2 Planspielerfahrungen*

An der Halbierung des Abgabesatzes waren die am Planspiel beteiligten Abgabepflichtigen besonders interessiert. Sie untersuchten in vielen Fällen ihre Aussichten und Möglichkeiten, den 50 %igen Nachlaß zu erlangen. Sie lernten die Prüfvorschriften der Mindestanforderungen anzuwenden und die Einhaltungschancen abzuschätzen.

Im Verlauf der Planspiele kam u.a. die Frage auf, ob z.B. eine $BSB_5$-Überschreitung der Mindestanforderung zu einem Verlust der ganzen Halbierung oder – allgemeiner – ob die Überschreitung eines Parameters der Mindestanforderungen als Überschreitung der gesamten Mindestanforderungen gewertet wird. Im Sinne der Abgabengerechtigkeit hat sich die Rechtsauffassung dahin entwickelt, daß parameterbezogen halbiert wird und für die Halbierung nur der für die Abgabe maßgebliche Parameter bedeutsam wird. Am Beispiel des BSB erläutert heißt dies, daß eine $BSB_5$-Überschreitung zu keinem Halbierungsverlust führt, weil der BSB kein abgaberelevanter Parameter ist.

Für den Fall, daß bei einzelnen Einleitungen die Halbierung von Mindestanforderungen von noch ausstehenden Verwaltungsvorschriften abhängig ist, sollte in der Übergangszeit davon ausgegangen werden, daß an ihre Stelle wasserrechtliche Überwachungswerte treten, deren Einhaltung dann die Halbierung bewirkt.

## 9.3 Schadeinheiten

Zur Berechnung der Abwasserabgabe ist nach dem Abgabesatz der zweite wichtige Faktor die Schadeinheit SE (Bild 9.1-3). Sie ist in der Abwassertechnik ein neuer, aber naheliegender Begriff.

Die Meßeinheit für die Schadeinheit ist die Fracht, d.h. die Menge eines bestimmten Stoffes, der in das Gewässer eingeleitet wird.

Jede Fracht, so auch die Schadeinheit, erhält ihren Wert dadurch, daß sie auf eine Zeit bezogen ist. Die im Abwasserabgabengesetz gewählte Zeiteinheit ist aus abrechnungstechnischen Gründen das Kalenderjahr. Dabei wird davon ausgegangen, daß in dieser Zeit die Schadeinheiten mit einer gewissen Gleichmäßigkeit und nicht stoßweise eingeleitet werden. Die zugelassene Schwankungsbreite innerhalb der Jahresfracht ist durch Bestimmungen des AbwAG geregelt, die in 9.3.3.2.1 erläutert werden.

Näherungsweise kann eine Schadeinheit = 365 Einwohnergleichwerten gesetzt werden. Wenn diese Angabe bei einigen Schadstoffgruppen auch nicht unmittelbar zutrifft, so hat doch die Schmutzfracht des ungereinigten häuslichen Abwassers bei der Schadeinheit eines Einwohners pro Jahr Pate gestanden (59).

Die Auseinandersetzung mit dem Begriff der Schadeinheit hat die Fachwelt gezwungen, das Kontrollsystem von Abwassereinleitungen neu zu überdenken. Dies gilt für das Wasserrecht oder Abgabenrecht ebenso wie für die Eigenkontrolle.

Das Gesetz nennt drei Arten von Schadeinheiten, nämlich für

| | | |
|---|---|---|
| Niederschlagswasser | § 7 | AbwAG |
| Kleineinleiter und | § 8 | AbwAG |
| Schmutzwasser | § 2, 3, 4 | AbwAG |

In dieser Reihenfolge werden sie im Folgenden erläutert.

### *9.3.1 Schadeinheiten für verschmutztes Niederschlagswasser*

Die aus Regenentlastungsanlagen in ein Gewässer eingeleitete jährliche Schmutzfracht ist in vielen Fällen etwa gleich groß wie die aus den Abläufen mechanisch-biologischer Kläranlagen. Da es das Ziel des Abwasserabgabengesetzes ist, derartige Gewässerbelastungen mit einer Abgabe zu belegen, ist die Einleitung von verschmutztem Niederschlagswasser abgabepflichtig.

Zur Verwaltungsvereinfachung werden die Schadeinheiten für verschmutztes Niederschlagswasser pauschal ermittelt. Die Pauschalierung erfolgt auf der Grundlage der Zahl der angeschlossenen Einwohner und einem Vom-Hundert-Satz, der aus dem zuvor genannten Vergleich mit der Einleitung von gereinigtem häuslichem Abwasser herrührt. Er beträgt 12 % bzw. 0,12. An dieser Zahl ist noch erkennbar, daß der Gesetzgeber seinerzeit von einer 90 %igen – genauer 88 %igen – Reinigungsleistung mechanisch-biologischer Kläranlagen ausgegangen ist. Daß diese Reinigungsleistung in der Zwischenzeit von vielen Kläranlagen weit übertroffen wird, ist für die seinerzeitige Festschreibung des Verschmutzungsanteils von verschmutztem Niederschlagswasser ohne Belang.

$SE_{\text{Niederschlagswasser}} = 0{,}12\ E.$

Die Abwasserabgabe für Niederschlagswasser wird in der Regel für jede Einleitungsstelle, also für jeden Regenauslaß/Regenüberlauf/Regenwasserbehandlungsanlage mit dem dazugehörigen Einzugsgebiet und dem auf ihn entfallenden Bevölkerungsanteil getrennt berechnet. Diese Berechnungsart ist vor allem in großen Einzugsgebieten von Verbandsanlagen nützlich oder sogar erforderlich, weil hier die Einleitungsstellen und damit die Kostenträger des Schmutzwassers mit denen von verschmutztem Niederschlagswasser selten identisch sind.

#### *9.3.1.1 Ermäßigung für Niederschlagswasser*

Weil die Abwasserabgabe nur für die Belastung eines Gewässers mit Schmutzstoffen, nicht dagegen für die Einleitung von Wasser an sich gezahlt werden muß, ist es folgerichtig, daß der Gesetzgeber es nach § 7 (2) AbwAG zugelassen hat, daß die Zahl der Schadeinheiten bei Rückhaltung von Niederschlagswasser und -behandlung ermäßigt wird. Die Höhe der Ermäßigung ist den Ländern überlassen und muß von diesen gesetzlich geregelt werden.

### *9.3.2 Schadeinheiten für Kleineinleitungen*

Der Grundsatz des Abwasserabgabengesetzes, nach dem die Körperschaften für die Einleitungen auf ihrem Gebiet nach dem Grad der Verunreinigung abgabepflichtig sind, würde bei großflächigen Gemeinden mit vielen Streusiedlungen o.ä., die nicht an ein zentrales Kanalisationsnetz angeschlossen sind, zu einem der eingehenden Abwasserabgabe unangemessen hohem Verwaltungsaufwand führen. Um diesen einerseits zu vermeiden, andererseits aber auch alle Bürger in den Pflichtenkreis zum Gewässerschutz einzubeziehen, hat der Gesetzgeber bei Kleineinleitungen die Pauschalierung vorgesehen. Pauschaliert wird auf der Grundlage der nicht an die Kanalisation angeschlossenen Einwohner, die mit 50 % ihres Verschmutzungsanteils angesetzt werden.

$SE_{Kleineinleiter} = 0{,}5$ E.

Für den Fall, daß dieser Pauschalierungssatz nicht der regionalen Bedeutung entspricht, hat der Bund es den Ländern überlassen, etwas Anderes zu bestimmen.

### *9.3.3 Schadeinheiten für Schmutzwasser*

Der an sich sehr allgemeine und umfassende Begriff des Schmutzwassers wird durch das Abwasserabgabengesetz auf einzelne Parameter begrenzt, die allerdings einen großen Bereich der Schädlichkeit für die Gewässer abdecken (59).

Es sind dies

- die absetzbaren Stoffe
- die oxidierbaren Stoffe und
- die Giftigkeit des Abwassers.

Vom Schädlichkeitsbegriff nicht erfaßt werden andere schädliche Stoffe und Wirkungen wie z.B. Ammonium-Stickstoff, Wärme, Radioaktivität, Krankheitserreger und Salzbelastung.

Dagegen wurden im Verlauf des Gesetzgebungsverfahrens zwei Einzelstoffe, nämlich

- Quecksilber und
- Cadmium

als besonders gefährliche Stoffe in die Abwasserbewertung einbezogen (59).

Die Schadeinheit für Schmutzwasser ist also keine Einzelzahl, sondern die Summe aus fünf Schadstoffgruppen:

Schadeinheiten für Schmutzwasser

= Schadeinheiten für absetzbare Stoffe
+ Schadeinheiten für oxidierbare Stoffe
+ Schadeinheiten für Quecksilber
+ Schadeinheiten für Cadmium
+ Schadeinheiten für Fischgiftigkeit.

Jeder Schadstoffgruppe ist in der Anlage A zum Gesetz eine Menge *M* zugeordnet, welche bei Abfluß innerhalb eines Jahres als eine Schadeinheit bewertet wird.

| Schadstoffgruppe nach Anlage A AbwAG | Menge *M* pro Jahr 1 SE |
|---|---|
| Absetzbare Stoffe | 1 $m^3$ Schlamm |
| Oxidierbare Stoffe | 45,5 kg CSB |
| Quecksilber | 20 g Hg |
| Cadmium | 100 g Cd |
| Giftigkeit | *) |

*) Entfällt bei häuslichem Abwasser; bei Industrieabwasser 0,3 $G_F$ je 1000 $m^3$ Jahresmenge.

Die Problematik beim Vollzug des Abwasserabgabengesetzes liegt nun darin, die Schadstoffe möglichst wirklichkeitsnah und auf wirtschaftliche Weise zu ermitteln. Hierzu favorisiert das Abwasserabgabengesetz die sogenannte Bescheidslösung, nach der die Werte, aus denen die Schadeinheiten berechnet werden, dem die Abwassereinleitung zulassenden Bescheid zu entnehmen sind. Die Sorge, daß diese Werte wirklichkeitsnah in den die Abwassereinleitung zulassenden Bescheid hineinkommen, hat der Gesetzgeber dabei dem Abgabepflichtigen unausgesprochen überlassen. Will dieser Abgabegerechtigkeit erlangen, bleibt ihm nichts anderes übrig, als sich durch Messungen der Eigenkontrolle über die Meßdaten zu den einzelnen Schadstoffgruppen selber Aufschluß zu geben und diese in die Bescheidsumstellung und den späteren fortlaufenden Vollzug einzubringen.

Weil die Eigenkontrolle eine von den Kläranlagenbetreibern zu bejahende, selbstverständliche Pflicht sein sollte, diese in weiten Teilen der Bundesrepublik aber im Gefolge des Abwasserabgabengesetzes jetzt erst richtig erkannt wird, gibt das Gesetz Impulse in die richtige Richtung. Daß hierbei unterschieden werden muß nach Kläranlagengrößenklassen und Regionen, braucht als Selbstverständlichkeit nicht weiter ausgeführt zu werden.

Die Jahresmenge der Schadeinheiten errechnet sich nach den Vorschriften des Abwasserabgabengesetzes durch Multiplikation einer Wassermenge mit Schadstoffkonzentrationen. Beide sind tages- und jahreszeitlichen Schwankungen unterworfen, die in dieser Form in die Abgabenberechnung aber nicht eingehen:

Zur Erfassung der Wassermenge ist der Begriff der Jahresschmutzwassermenge geschaffen worden.

Schadstoffkonzentrationen werden durch ein System von Bezugs- bzw. Regel- und Höchstwerten erfaßt.

Durch Multiplikation der Jahresschmutzwassermenge mit den Bezugswerten der Schadstoffgruppen ergeben sich die Schadeinheiten der einzelnen Schadstoffgruppen für das Schmutzwasser.

Für denjenigen, dem diese Berechnungsart zu ungenau ist, sieht das Gesetz die Möglichkeit vor, durch Messungen genauere Werte nachzuweisen.

In der dreijährigen Vorbereitungszeit auf den Vollzug des Abwasserabgabengesetzes haben selbst Großeinleiter von dieser Möglichkeit Abstand genommen, weil mit dem hohen Kostenaufwand auch keine größere Genauigkeit erzielt werden würde als durch das zuvor geschilderte Bescheidsverfahren.

Allerdings setzt dieses solide Grundlagen für die wirklichkeitsnahe Festlegung der Jahresschmutzwassermenge und der Bezugswerte für die fünf Schadstoffgruppen voraus. Ihnen sind die folgenden, ausführlichen Abschnitte gewidmet.

### *9.3.3.1 Jahresschmutzwassermenge $Q_{s,a}$*

Die Jahresschmutzwassermenge $Q_{s,a}$ ist kraft Gesetzes dem Bescheid zu entnehmen. Da dieser Faktor in die Berechnung aller Schadstoffgruppen eingeht, ist er mindestens ebenso wichtig wie der der einzelnen Schadstoffkonzentrationen selber. Es wäre deshalb fahrlässig, ihn nur aus angenommenen Werten zu ermitteln. In der Praxis hat sich deshalb bereits eine Vielzahl von praktikablen Berechnungsverfahren ergeben.

Zunächst aber ist der Begriff des Schmutzwassers nach dem Gesetzesverständnis zu erläutern.

### 9.3.3.1.1 Schmutzwasser einschließlich Fremdwasser

Schmutzwasser im Sinne des Abwasserabgabengesetzes ist das durch häuslichen, gewerblichen, landwirtschaftlichen oder sonstigen Gebrauch in seinen Eigenschaften veränderte und das bei Trockenwetter damit zusammen abfließende Wasser. Damit ist klar, daß jede Art von Fremdwasser in der Kanalisation, seien es Grundwassereintritte durch Undichtigkeiten, eingeleitete Dränungen oder ständig fließende und über die Kanalisation abgeleitete Oberflächenwasser, mit unter den Schmutzwasserbegriff fallen. Das Gleiche gilt für alle anderen, an sich nicht verschmutzten Einleitungen, wie z.B. Kühlwasser. Alle diese Wasserarten sind dadurch, daß sie in die Kanalisation eingeleitet und in dieser über die Kläranlage dem Vorfluter zugeleitet werden, gesetzlich als Schmutzwasser zu betrachten.

Überlegungen, unverschmutztes, in der Kanalisation ständig fließendes Wasser aus der Kanalisation fernzuhalten, führen – so eigenartig es zunächst klingen mag – zwar zu einer Herabsetzung des Abflusses, damit aber noch nicht unmittelbar zu einer Verminderung der Schädlichkeit. Denn die Ermäßigung der Wasserfracht durch Fernhalten der unverschmutzten Abwasserarten führt auf der anderen Seite zunächst zu einer Erhöhung der Schadstoffkonzentrationen, weil ja nun das Verdünnungswasser fehlt. Das Produkt aus Wasserfracht und Schadstoffkonzentration bleibt nämlich in diesen beiden Fällen vorerst theoretisch gleich.

Allerdings ist es trotzdem nützlich, Fremdwasser der Kläranlage fernzuhalten, weil biologische Prozesse bei unverdünntem Zufluß wirkungsvoller ablaufen und deshalb eine Ermäßigung der Restverschmutzung erwartet werden kann, die nun ihrerseits gewissermaßen abgabeermäßigend wirkt.

Durch die Begriffsbestimmung des Schmutzwassers ist aber auch klargestellt, daß Niederschlagswasser kein Teil des Schmutzwassers ist. Die Jahresschmutzwassermenge muß also ohne Niederschlagswasser ermittelt werden.

Hier liegt eine besondere Aufgabe bei der Ermittlung der Jahresschmutzwassermenge. Denn ist es noch einfach, einen an- und nachlaufenden Regen im Kläranlagenzufluß zu erkennen, so kann die Ausscheidung von nachlaufendem Regen aus großen Einzugsgebieten, ein Vorgang, der gelegentlich Tage dauern kann, Mühe bereiten. Dies sollte indes nicht überbewertet werden, weil – rein theoretisch – bereits mit einem einzigen echten Trockenwettertag pro Jahr durch Multiplikation mit 365 die Jahresschmutzwassermenge ermittelt werden könnte.

In der Praxis werden aber sicher mehrere Arten von Abflußtagen – z.B. nach Wochentagen oder nach Jahreszeiten – gebildet werden, um die Jahresschmutzwassermenge möglichst genau zu erfassen.

### 9.3.3.1.2 Ermittlung

Zur Ermittlung der möglichst praxisnahen und damit abgabegerechten Jahresschmutzwassermenge sind im Verlauf der Planspiele zum Abwasserabgabengesetz verschiedene Möglichkeiten diskutiert bzw. erprobt worden (13).

Die Jahresschmutzwassermenge kann danach ermittelt werden aufgrund

1. eines angenommenen spezifischen Reinwasserverbrauchs,
2. eines gemessenen mittleren Reinwasserverbrauchs im Entwässerungsgebiet,
3. wie 1. oder 2. unter Hinzufügung eines pauschalen Fremdwasseranfalls,
4. des den Einwohnern bei den Entwässerungsgebühren angerechneten Abwasseranfalls,

5. der im wasserrechtlichen Bescheid enthaltenen Trockenwettermenge (l/s) unter Verwendung eines Faktors ($F$) bei der Hochrechnung auf das Jahr (für Wochentage z.B. $F_1 = 14$ h/d, für Feiertage z.B. $F_2 = 12$ h/d),
6. der im Kläranlagen-Betriebstagebuch angegebenen Jahresabwassermenge (abzüglich Regenwasser),
7. von aufsummierten Abflußmengen auf der Kläranlage unter Abzug von Niederschlagswasser,
8. einer statistischen Verteilungsanalyse für repräsentative Messungen bei Trockenwetterabfluß,
9. der Förderung der Trockenwetterpumpe an Tagen ohne Regenwasserpumpbetrieb (bei Kläranlagen mit Abwasserpumpwerken; keine Schneckenpumpen),
10. eines mittleren Tageswertes nach Betriebsbericht,
11. mittlerer Tageswerte, getrennt nach Arbeitstagen und Wochenenden,
12. von Monatsmittelwerten, die über das Jahr
    a) aus Trockenwettertagen,
    b) aus Werktags-, Sonnabend- und Sonntagswerten,
    c) aus Werktags-, Sonnabend- und Sonntagswerten

    monatsweise aufsummiert werden,
13. direkter Messung,
14. summierender Mengenmessung über Stromverbrauch oder Betriebsstunden von Pumpen,
15. eine Entleerung von Behältern nach Erreichen eines bestimmten Füllstandes,
16. der Hochrechnung aus einzelnen Tageswerten, wobei mindestens 10 zuverlässige, über mehrere Werktage verteilte Meßwerte zur Auswertung zur Verfügung stehen sollten,
17. von Tagesmeßergebnissen aus 24-Stunden-Werten und Mittelbildung zur Hochrechnung auf die Jahresschmutzwassermenge,
18. von Meßergebnissen über kürzere Zeiträume, wenn eine gesicherte Hochrechnung auf Tageswerte möglich ist, wobei sich die Meßdauer nach den Schwankungen des Schmutzwasseranfalls richtet,
19. des Reinwasserverbrauchs unter Berücksichtigung von Eigenförderung, Fremdbezug, Wassergehalten der eingesetzten Rohstoffe und Wasserverluste durch die Produktion und das Produkt,
20. eines angenommenen branchenspezifischen Abwasseranfalls bei Kenntnis der Wasserbilanz mehrerer Betriebe derselben Branche bei gleicher Abwasserentstehungsart.

Von der Länderarbeitsgemeinschaft Wasser LAWA wurden davon bereits als zulassungsfähig erachtet (13) die Ermittlung aufgrund

- von Tagesmeßergebnissen bei Trockenwetter,
- von Tagesmeßergebnissen nach dem Dichtemittel,
- des Abwasseranfalls, der der Umlage der Entwässerungsgebühren zugrunde liegt,
- eines angenommenen spezifischen Abwasseranfalls.

Beispiele zur Ermittlung der Jahresschmutzwassermenge werden in 9.5 abgehandelt.

#### 9.3.3.1.3 Plausibilitätskontrolle

Für die ermittelte Jahresschmutzwassermenge empfiehlt sich auf jeden Fall eine Plausibilitätskontrolle. Denn abgesehen von den Fremdwassereinleitungen muß die Jahresschmutzwassermenge immer noch in einem bestimmten Verhältnis zur abgegebenen Jahrestrinkwassermenge stehen, im günstigsten Fall sogar mit ihr identisch sein. Dieser Idealfall ist allerdings noch nicht bekannt geworden. Dagegen zeigt ein Vergleich des auf den Einwohner umgerechneten jährlichen Trinkwasserverbrauchs und des korrespondierenden Schmutzwasseranfalls den zusätzlichen Fremdwasserabfluß, der erheblich sein und bis zum Mehrfachen des Trinkwasserverbrauchs betragen kann.

#### 9.3.3.1.4 Genauigkeit der Mengenmeßgeräte

Selbst bei noch so sorgfältiger Auswertung der Betriebsmessungen zur Ermittlung der Jahreswassermenge kann das Ergebnis nicht genauer sein als die Meßgenauigkeit der Durchflußmengenmeßgeräte auf den Kläranlagen. Deren Meßgenauigkeit verfeinert sich zwar ständig, doch sind auch noch viele Meßgeräte älterer Bauart und diese nicht immer am vorteilhaftesten technischen Ort in Betrieb. Ungenaue Messungen sind die Folge. Solange es Abweichungen sowohl nach oben als auch nach unten gibt und davon ausgegangen werden kann, daß diese sich ausgleichen, ist hiergegen wenig einzuwenden. Meßgeräte, die tendenziös aber ständig entweder immer zuviel oder stets zu wenig messen, genügen den Anforderungen zur Ermittlung der Jahresschmutzwassermenge nicht. Sie sollten überprüft oder gegen modernere Geräte ausgewechselt werden.

Wassermengenmeßgeräte werden traditionell am Einlauf der Kläranlage angeordnet, weil hier in der Regel Platz und Gefälle zur Verfügung stehen. Der Nachteil, daß die Messungen durch die mitgeführten Verunreinigungen und Ablagerungen in der Meßstrecke erschwert werden, wird dabei in Kauf genommen.

Mit der zunehmenden Reinigungsleistung der Kläranlagen und den steigenden Anforderungen an die Meßgenauigkeit muß aber auch die Möglichkeit erwogen werden, Mengenmeßgeräte in den Ablauf einzubauen. Weil hier die Messung von groben Verunreinigungen in der Regel unbeeinflußt ist, kann sich diese Art der Wassermengenmessung der entsprechenden im Trinkwasserbereich annähern und damit genauer und betriebssicherer werden.

#### 9.3.3.1.5 Überwachung

Die Überwachung der Jahresschmutzwassermenge kann sich nach (110) nur auf die Kontrolle der Durchflußmeßeinrichtungen und auf die Messung einer kurzzeitigen Durchflußmenge beziehen. Sofern die abgabebedeutsamen Angaben im zulassenden Bescheid keine Begrenzung der Durchflußwerte auf kurze Zeiträume vorsehen, ist demnach nur eine Überwachung von wasserrechtlich zugelassenen Spitzendurchflußwerten bei Trockenwetter möglich.

Soll dennoch eine Auswertung der behördlich vorgenommenen Kurzzeitmessungen zur Kontrolle der Jahresschmutzwassermenge erfolgen, ist zu bedenken, daß die zu erwartenden wenigen Überwachungsmessungen des Durchflusses kaum ein repräsentatives Bild für die Jahresschmutzwassermenge ergeben. Diese Messungen können deshalb nur den Sinn haben, die vorgelegten Messungen der Eigenkontrolle auf Plausibilität zu prüfen. Gleiches gilt, wenn die Jahresschmutzwassermenge aufgrund von Schätzungen oder aufgrund des Frischwasserverbrauchs ermittelt wurde.

### *9.3.3.2 Bezugswert BW*

Um die mit der Jahresschmutzwassermenge $Q_{s,a}$ in das Gewässer eingeleitete Schadstoffmenge $M$ für die Schadstoffgruppen einzeln zu berechnen, werden in den die Einleitung zulassenden Bescheid Konzentrationsangaben aufgenommen, mit denen die Jahresschmutzwassermenge jeweils multipliziert werden muß. Sie werden Bezugswert *BW* genannt. Diese Bezeichnung ist in der Abwassertechnik neu. Sie soll – etwas untechnisch – besagen, daß die mit der Jahresschmutzwassermenge transportierte Fracht auf diesen Wert ‚bezogen' ist.

| $Q_{s,a}$ | x | *BW* | = | *M* |
|---|---|---|---|---|
| Jahres-schmutzwassermenge $Q_{s,a}$ | x | Schad-stoffkonzentration *BW* | = | Schad-stoffmenge pro Jahr |
| $\frac{m^3}{a}$ | x | $\frac{kg}{m^3}$ | = | $\frac{kg}{a}$ |

Die Bezugswerte *BW* werden von der Abgabebehörde festgesetzt. Doch wird sie dabei ebensowenig wie bei der Festsetzung der Jahresschmutzwassermenge theoretisch vorgehen können, sondern die tatsächlichen Verhältnisse berücksichtigen müssen. Dies kann sie nur, wenn der Abgabepflichtige seinerseits das Grundlagenmaterial für die Festsetzung des Bezugswertes *BW* beibringt.

Der Bezugswert *BW* ist wie auch die Jahresschmutzwassermenge keine Meßgröße. Beiden ist vielmehr gemeinsam, daß sie aus einer Anzahl von Meßwerten ermittelt werden müssen.

#### 9.3.3.2.1 Regelwert *RW*, Höchstwert *HW*

Zur Bestimmung bzw. Festsetzung des Bezugswertes *BW* führt das Abwasserabgabengesetz zwei weitere Begriffe ein, deren Bezeichnungen aussagen, was mit ihnen gemeint ist und aus denen der Bezugswert *BW* alternativ abgeleitet wird: Es sind dies der Regelwert *RW* und der Höchstwert *HW*. Beides sind konzentrationsanaloge Größen.

Der Zusammenhang zwischen dem Bezugswert *BW* einerseits und dem Regelwert *RW* und dem Höchstwert *HW* andererseits ist gesetzlich so definiert:

Der Bezugswert *BW* ist entweder der Regelwert *RW* selber, mindestens aber der halbe Höchstwert *HW*. Der Abgabepflichtige kann hierüber selber entscheiden.

Mit den Begriffen Regelwert *RW* und Höchstwert *HW* übernimmt das Abwasserabgabengesetz mit neuem Namen bekannte abwassertechnische Größen und ordnet ihnen einen abgabebedeutsamen Inhalt zu:

- Der Regelwert *RW* wird als der im Mittel einzuhaltende Wert definiert, d.h. das arithmetische Mittel aller Proben soll diesen Wert nicht übersteigen.
- Der Höchstwert *HW* darf nach der gesetzlichen Definition höchstens einmal im Kalenderjahr überschritten werden.

Mit dem System von Regelwert *RW* und Höchstwert *HW* läßt sich das gesamte Betriebsgeschehen einer Kläranlage ausreichend genau beschreiben, weil alle Konzentrationsmessungen um den Regelwert *RW* als mittlere Konzentration herum streuen, also den Regelwert *RW* sowohl unterschreiten als auch überschreiten, per Definition der Höchstwert *HW* von allen Meßwerten jedoch höchstens einmal im Jahr überschritten werden darf (Bild 9.3-1).

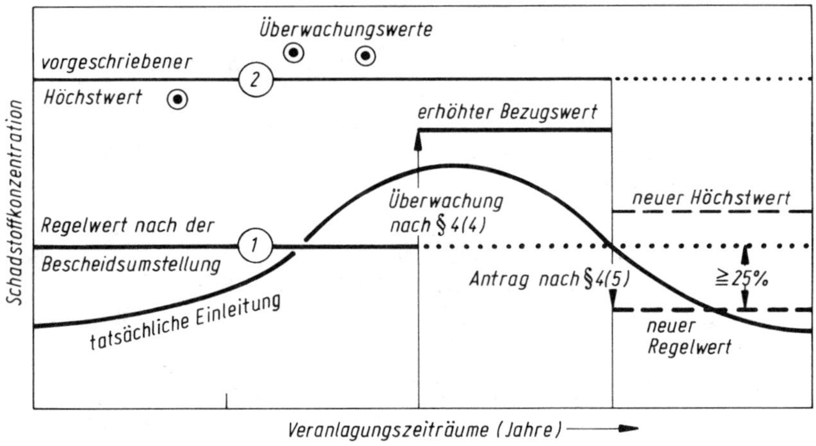


Bild 9.3-1. Zusammenhang von Bezugswert *BW*, Regelwert *RW* und Höchstwert *HW*.
Der Regelwert (1) kann beantragt oder festgesetzt werden.
Der Höchstwert (2) darf nur einmal im Jahr überschritten werden.
Der Regelwert ist der abgaberechtliche Bezugswert, der Höchstwert der Kontrollwert.
Die tatsächlichen Schadstoffkonzentrationen können vom Regelwert erheblich abweichen. Überschreiten sie den Höchstwert mehr als einmal im Jahr, wird der Bezugswert nach der Formel

$$BW = RW = \frac{1}{n}\ \Sigma\ (HW\text{-Überschreitungen})$$

automatisch heraufgesetzt.
Die Ermäßigung des *RW* ist durch Erklärung nach § 4 (5) AbwAG oder durch Nachweis mit einem zugelassenen Meßprogramm nach § 5 AbwAG möglich.

Die Entstehung und das Zusammenwirken von Bezugswerten, Regel- und Höchstwerten und Meßwerten der Eigenkontrolle wird in 9.6 erläutert.

Sowohl der Regelwert *RW* als auch der Abstand zwischen Regelwert *RW* und Höchstwert *HW* charakterisieren jeweils den Betriebszustand einer Kläranlage.

Einen niederen Regelwert *RW* werden z.B. Kläranlagen beanspruchen können, die eine gute Reinigungsleistung erbringen. Mit höheren Regelwerten *RW* werden sich Kläranlagen abfinden müssen, deren Reinigungsleistung weniger befriedigt.

In der durch den Höchstwert *HW* gekennzeichneten Schwankungsbreite der Meßergebnisse um den Regelwert *RW* drückt sich die Stabilität des Kläranlagenbetriebes aus. Sie ist eine direkte Folge der Pufferkapazität. Ist diese groß, werden Tagesschwankungen und Stoßbelastungen besser als bei kleiner oder gar fehlender Pufferkapazität aufgefangen.

Die Pufferkapazität ist im allgemeinen eine direkte Folge der Raum- oder Schlammbelastungen. Den niederen Werten ist die größere Pufferkapazität und damit auch der stabilere Betrieb zugeordnet.

Betriebsmessungen lassen sich unter besonderer Beachtung von Regel- und Höchstwerten auf verschiedene Weise auswerten, worauf in 9.4 allgemein näher eingegangen wird.

#### 9.3.3.2.2 Überwachungswert

Nachdem der Bezugswert das arithmetische Mittel aus vielen Messungen ist, kann dieser Wert weder bei der Eigenkontrolle noch bei der Überwachung kontrolliert werden. Dagegen kann aber sogar mit stichprobenartigen Messungen festgestellt werden, ob der Höchstwert *HW* eingehalten wird. Aus diesem Grunde ist der Höchstwert *HW* gleichzeitig der gesetzliche Überwachungswert.

Der Abgabepflichtige wird im allgemeinen bestrebt sein, einen möglichst niedrigen Regelwert *RW* und einen möglichst hohen Höchstwert *HW* zu erhalten. Damit die gesetzliche Absicht auf diese Weise nicht hintergangen wird, gilt die Regelung: Bezugswert *BW* = Regelwert *RW* nur solange, wie der halbe Höchstwert *HW* kleiner oder gleich dem Regelwert *RW* ist.

Diese Regelung wurde getroffen, um zu vermeiden, daß zum Zweck der Ersparnis von Abwasserabgaben zwar niedrige Regelwerte *RW,* aber hohe Höchstwerte *HW* beantragt werden.

#### 9.3.3.2.3 Überschreiten des Höchstwertes *HW*

Stellt die Aufsichtsbehörde aufgrund von Überwachungsmessungen fest, daß der im Bescheid festgelegte Wert nicht eingehalten wird, so kann sie mit Mitteln des allgemeinen Wasserrechts dagegen einschreiten. Dadurch würde sich aber nicht in jedem Fall eine der Einleitung entsprechende Änderung der Höhe der Abwasserabgabe ergeben (59).

Um die Höhe der Abwasserabgabe mit der tatsächlichen Einleitung von Schädlichkeitswerten möglichst in Einklang zu bringen, sieht § 4 (4) AbwAG vor, daß unter bestimmten Voraussetzungen von der Behörde festgestellte höhere Werte auch zu höheren Bezugswerten *BW* führen. Diese Voraussetzungen sind gegeben, wenn der Höchstwert *HW* während eines Jahres mehr als einmal überschritten wurde. Der erhöhte Bezugswert *BW* ist dann die Summe des Bezugswertes *BW* des Bescheides und des arithmetischen Mittels der Differenz, um die die gemessenen Werte den im Bescheid festgelegten Höchstwert *HW* überschreiten. Beispiel in 9.6

### *9.3.4 Schadstoffgruppen*

Von den sechs durch das Abwasserabgabengesetz eingeführten Schadstoffgruppen zählten seither nur die absetzbaren Stoffe zu den Betriebsmessungen auf Kläranlagen.

Zumindest auf den größeren Kläranlagen wird als Abgabenparameter die Messung des Chemischen Sauerstoffbedarfs CSB hinzukommen. Soweit auf den Kläranlagen keine eigenen Labors mit chemisch ausgebildetem Personal vorhanden sind, können CSB-Messungen auch nach Feldmethoden durch das dafür eingewiesene Betriebspersonal selber durchgeführt werden. Allerdings muß dann ein größeres Ungenauigkeitsspektrum in Kauf genommen werden.

Die Messungen des Quecksilbers und des Cadmiums sind komplizierter und können nur in dafür besonders eingerichteten Labors durchgeführt werden.

Die Messung der Fischgiftigkeit ist an sich umkompliziert, setzt aber umfangreichere Erfahrungen voraus.

Die Analysenverfahren für alle sechs Schadstoffgruppen haben sich in der zurückliegenden Zeit rasch weiterentwickelt. Der gegenwärtige Entwicklungsstand ist in DIN-Vorschriften vorläufig festgeschrieben.

In den Planspielen zur Abwasserabgabe (13) wurden Erfahrungen zu den einzelnen Schadstoffgruppen gesammelt. Eine Zusammenfassung der Erkenntnisse wird im folgenden gegeben.

#### *9.3.4.1 Absetzbare Stoffe bei einem organischen Anteil von mindestens 10 %*

a) Bedeutung

Die Zurückhaltung der absetzbaren Stoffe im Ablauf einer Kläranlage ist – abgesehen von betrieblichen Sonderzuständen – maßgeblich von der hydraulischen Belastung des Nachklärbeckens abhängig. Absetzbare Stoffe im Ablauf einer Kläranlage weisen in der Regel auf eine verbesserungsbedürftige Absetzanlage hin. Aber selbst bei funktionierendem Nachklärbecken kann nicht immer ausgeschlossen werden, daß geringe Mengen von Feststoffen in den Ablauf gelangen.

Die meßtechnische Aufgabe besteht deshalb darin, sowohl größere als auch kleinere Mengen von absetzbaren Stoffen zu erfassen.

Das zur Anwendung vorgesehene Bestimmungsverfahren des Volumens der absetzbaren Stoffe mittels *Imhoff*trichter wurde im wesentlichen für die Bestimmung größerer Mengen absetzbarer Stoffe entwickelt. Für die heute erreichbaren geringen und geringsten Mengen von absetzbaren Stoffen ist diese einfache Methode überfordert.

b) Vorabzug

Bei der Bestimmung der Schädlichkeit sind nach Anlage zu § 3 AbwAG A (1) von den absetzbaren Stoffen 0,1 Milligramm je Liter abzuziehen.

c) Meßtechnik

Es liegt vor: DIN 38 409 – H 9 – 2, Entwurf Februar 1980.
Summarische Wirkungs- und Stoffkenngrößen (Gruppe H).
Bestimmung des Volumenanteils der absetzbaren Stoffe in Wasser und Abwasser (H 9).

d) Planspielerfahrungen

Die Planspiele haben gezeigt, daß das verhältnismäßig einfache Betriebskontrollverfahren zur Bestimmung des Volumens der absetzbaren Stoffe für abgabenrechtliche Zwecke überfordert ist. Eine Ausweitung dieses Bestimmungsverfahrens, wie es zur Normung vorgeschlagen wurde, läßt nur bei höheren Werten an absetzbaren Stoffen eine größere Analysensicherheit erwarten.

Im Planspiel Niedersachsen wurden bei Messungen auf 36 Kläranlagen zwar Schwankungen zwischen 10 ml und „Spuren" festgestellt. In 85 % der Fälle liegen die Werte jedoch unter der abgabenbedeutsamen Freigrenze von 0,1 ml/l. Gleiches konnte im Planspielbereich Baden-Württemberg festgestellt werden. In beiden Fällen ist damit eine Sicherheit gegen den Verlust der Abgabenhalbierung für die Schadeinheiten der absetzbaren Stoffe aber noch nicht gegeben.

Ein Vergleich von Werten aus handgeschöpften und automatisch entnommenen Stichproben hat gezeigt, daß nahezu keine Übereinstimmung der aus diesen Proben bestimmten absetzbaren Stoffe besteht. Dies ist von besonderer Bedeutung bei schubweisem Anfall von absetzbaren Stoffen infolge starker Schwankungen der Abwassermenge bzw. der absetzbaren Stoffe in der Nachklärung.

### *9.3.4.2 Absetzbare Stoffe bei einem organischen Anteil von weniger als 10%*

a) Bedeutung
Nur für spezielle Gewerbe- und Industriebetriebe.

b) Vorabzug
wie bei Ziffer 9.3.4.1.

c) Meßtechnik
Es liegt vor: DIN 38 409 – H 9 – 2, Entwurf Februar 1980.
Summarische Wirkungs- und Stoffkenngrößen (Gruppe H).

d) Planspielerfahrungen
keine.

### *9.3.4.3 Chemischer Sauerstoffbedarf CSB*

a) Bedeutung
Jede biologische Abwasserreinigung hinterläßt Restsubstanzen, die biologisch nur noch schwer, d.h. erst in sehr langen Zeiträumen oder gar nicht mehr, abbaubar sind. Deren Menge ist von der Zusammensetzung des Abwassers abhängig.

In häuslichem Abwasser ist diese Menge gering. Bei kommunalen Abwässern mit einem Anteil an bestimmten Industrieabwässern und in bestimmten Industrieabwässern können sich die Anteile biologisch schwer abbaubarer Substanzen erhöhen. Dies hat zur Folge, daß die nach einer biologischen Reinigung verbleibende Restmenge an organischen Substanzen zunimmt.

Um nicht nur die über den $BSB_5$ erfaßten, biologisch leichter abbaubaren Stoffe, sondern auch die biologisch schwerer abbaubaren Stoffe zu erfassen, wird die Menge der organischen Stoffe im Abwasserabgabengesetz nicht als biochemischer Sauerstoffbedarf BSB, sondern als chemischer Sauerstoffbedarf CSB gemessen.

Als Schiedsmethode ist das ISO-Verfahren*) entwickelt worden, das zwischen Bund, Ländern, BDI, VCI und ATV als endgültige Analysenmethode anerkannt**) worden ist. Diese Methode wird den Verwaltungsvorschriften nach § 7a WHG zugrunde gelegt. Die in der 1. Schmutzwasser-VwV und in der 2. Abwasser-VwV angeführten Analysenverfahren werden demnächst ausgetauscht.

Neben der Schiedsmethode wurden in den Planspielen auch einfachere Verfahren zur angenäherten Bestimmung des CSB im Rahmen der Eigenkontrolle eingeführt. Diese Feldmethoden sind inzwischen von den Geräteherstellern weiterentwickelt worden.

b) Vorabzug
Bei der Bestimmung der Schädlichkeit sind nach Anlage zu § 3 AbwAG A (1) vom CSB 15 Milligramm je Liter Abwasser abzuziehen.

c) Meßtechnik
Es liegt vor:

– bis zu einem Chloridgehalt von 1 g/l die Analysenvorschrift vom 10. 1. 1980 der Anlage zur 2. Abw-VwV, GMBL. 1980, S. 111.

---

*) ISO = *I*nternational *S*tandardization *O*rganisation.

**) Zu unterscheiden sind Abwässer mit einem Chloridgehalt bis zu 1 g/l und über 1 g/l. Für Chloridwerte bis 1 g/l ist die Methode im Gemeinsamen Ministerialblatt am 10. 1. 1980 veröffentlicht worden. Für Chloridwerte über 1 g/l wird demnächst eine Methode in den Abwasser-VwV zu § 7a WHG veröffentlicht werden.

– bis zu einem Choridgehalt über 1 g/l wird die Analysenvorschrift in den noch zu erlassenden Abwasserverwaltungsvorschriften im GMBL. mitgeteilt (zur Zeit ist sie im Umweltbundesamt erhältlich).

d) Planspielerfahrungen

Planspielerfahrungen zur CSB-Schiedsmethode (GMBL. 1980, S. 111)

– Die Schiedsmethode läßt sich gut handhaben und kommt dadurch den Bedürfnissen eines größeren Betriebslabors entgegen.
– Bei ihrer Anwendung werden von Labor zu Labor immer noch Unterschiede in den Meßergebnissen festgestellt. Die Fortbildung des Laborpersonals und die Schaffung von anerkannten Schiedslabors sind unerläßlich.
– Messungen mit der Schiedsmethode sollten nur von ausgebildetem Personal vorgenommen werden.

Planspielerfahrungen zu den CSB-Feldmethoden:

– Die derzeitig angebotenen Geräte sind mit vorbereiteten Reagenzgläschen, Aufschlußblock und photometrischer Bestimmung im Grundsatz für eine einfache und schnelle CSB-Abschätzung geeignet. Jedoch sind die Lieferungen der vorbereiteten Reagenzröhrchen und die allgemeinen Service-Leistungen mancher Lieferanten nicht immer einwandfrei. Daher sollten sich die Lieferanten einer freiwilligen Qualitätskontrolle unterziehen.
– Vergleichsmessungen mit der Schiedsmethode ergaben für den Ablauf kommunaler Kläranlagen eine zufriedenstellende Übereinstimmung.
– Auch bei den untersuchten Industrieabwässern konnte eine befriedigende Übereinstimmung verzeichnet werden.
– Eine signifikante Störung der CSB-Bestimmung durch Chloride konnte bei den untersuchten Abwässern nicht beobachtet werden.
– Die Rücknahme und Aufarbeitung verbrauchter Reagenzien durch den Gerätelieferanten erfolgte bis jetzt ohne Schwierigkeiten.
– Unfälle beim Umgang mit den säuregefüllten Reagenzröhrchen sind nicht aufgetreten.
– Nach Auskunft der Fachgruppe Abwasser der Bundesarbeitsgemeinschaft der Unfallversicherungsträger der öffentlichen Hand kann Kläranlagenbetriebspersonal nach entsprechender Ausbildung diese CSB-Bestimmung im Rahmen der Eigenkontrolle selbst vornehmen.

Entsprechend dem Bedürfnis, bei fehlenden CSB-Werten eine Schätzung aus $BSB_5$- und/oder $KMnO_4$-Werten vorzunehmen, wurden auch $BSB_5$- und $KMnO_4$-Werte gemessen. Darüber hinaus sollte durch Betriebsmessungen festgestellt werden, mit welchen Auswirkungen bei Schwankungen der Ablaufwerte und der Probenahmedauer zu rechnen ist. Dabei hat sich ergeben:

– Die Mehrzahl der gut ausgebauten oder nicht voll ausgelasteten Kläranlagen mit überwiegend häuslichem Abwasser und ohne merkliche Einflüsse von Gewerbe und Landwirtschaft liegt unter den Mindestanforderungen der 1. Schmutzwasser-VwV.
– Die Ablaufwerte aus 24-Stunden-Sammelproben sind tageszeitlichen Schwankungen unterworfen, die bei überlasteten Anlagen aber eine Überschreitung der Mindestanforderungen der 1. Schmutzwasser-VwV zur Folge haben können.
– CSB-Werte aus 2-h-Mischproben und korrespondierenden Stichproben lassen bei kommunalen Kläranlagen im allgemeinen keine großen Unterschiede erwarten.

- Die Schätzung von Ablauf-CSB-Werten über $BSB_5$-Werte ist viel unsicherer als über $KMnO_4$Werte. Das CSB/$BSB_5$-Verhältnis schwankt von Anlage zu Anlage und hängt von Kläranlagensystem, Auslastungsgrad und Art des Rohabwassers ab.
- Bei Industrieabwasser ist eine allgemeingültige Schätzung der Ablauf-CSB-Werte weder über das CSB/$BSB_5$-Verhältnis noch über das CSB/$KMnO_4$-Verhältnis möglich. In speziellen Fällen kann dies jedoch durchaus möglich sein.

### *9.3.4.4 Quecksilber*

a) Bedeutung

Bei der Mehrzahl der Abwassereinleitungen wurde dem Quecksilber bislang nur wenig Aufmerksamkeit geschenkt. Diese Schadstoffgruppe ist u.a. wegen der in Japan beobachteten schweren Schäden an Mensch und Tier in das Abwasserabgabengesetz aufgenommen worden.

Ging man bisher davon aus, daß die Stoffgruppen Quecksilber und Cadmium hauptsächlich für Industrieabwassereinleitungen bedeutsam sind, so scheinen sich auch bei kommunalen Einleitungen über etwa 50 000 EGW selbst bei Konzentrationswerten in der Größenordnung der Nachweisgrenze noch Schadeinheiten zu ergeben.

b) Vorabzug

Gemäß § 4 (1) AbwAG kann auf Festsetzung verzichtet werden, wenn weniger als 1 kg/a Hg zu erwarten ist.

c) Meßtechnik

Es liegt vor: DIN 38 406, H 12.2.3, Norm Mitte 1980.
Kationen (Gruppe E).
Bestimmung des Quecksilbers (E 12) (Gesamtquecksilber).

d) Planspielerfahrungen

Die Prüfung der Stoffgruppe Quecksilber hat im Planspiel sowohl bei Einleitungen im kommunalen als auch im industriellen Bereich ergeben:

- Kommunale Einleiter unter etwa 50 000 EGW werden in der Regel keine abgabenbedeutsamen Mengen an Hg einleiten.
- Bei kommunalen Einleitern über etwa 50 000 EGW wird die Jahresschmutzwassermenge so groß, daß sich daraus selbst bei Konzentrationswerten in der Größenordnung der Bestimmungsgrenze Schadeinheiten ergeben können.

### *9.3.4.5 Cadmium*

a) Bedeutung

wie 9.3.4.4.

b) Vorabzug

Gemäß § 4 (1) AbwAG kann auf Festsetzung verzichtet werden, wenn weniger als 10 kg/a Cd zu erwarten sind.

c) Meßtechnik

Es liegt vor: DIN 38 406 – H 19.2.1.2.2
Kationen (Gruppe E).
Bestimmung des Cadmiums (E 19) (Gesamtcadmium).

d) Planspielerfahrungen

wie 9.3.4.4.

### *9.3.4.6 Giftigkeit gegenüber Fischen*

a) Bedeutung
wie 9.3.4.4.

b) Vorabzug
keiner.

c) Meßtechnik
Das Testverfahren wird zur Zeit präzisiert und modifiziert. Eine zusätzliche Normung ist vorgesehen.

d) Planspielerfahrungen
Über die Messung der Giftigkeit gegenüber Fischen liegen bisher wenig Erfahrungen vor. Schwierigkeiten bei der Hälterung der Fische und bei der Beschaffung von gesundem Fischmaterial sowie die aufwendige Handhabung dieses Tests haben nahezu alle Planspielbeteiligten von der Durchführung abgehalten. Die mit $G_F = 4$ festgestellten Werte der Fischgiftigkeit für die Abwässer einer größeren Stadt sind die einzigen bemerkenswerten Ergebnisse im Planspiel.

In Baden-Württemberg wurde in einem Fall der Ablauf einer kommunalen Kläranlage wegen seiner hohen Ammoniumgehalte auf Fischgiftigkeit untersucht. Auch dieser Sonderfall hat selbst bei Einsetzen der Fische in das Konzentrat keine Fischgiftigkeit ergeben.

## 9.4 Messungen

Im Bereich der Abwasserabgabe muß zwischen drei Arten von Messungen unterschieden werden. Es sind dies

– Überwachungsmessungen der staatlichen Aufsichtsbehörden nach Wasserrecht und Abgabenrecht,
– Eigenkontrollmessungen und
– Messungen aufgrund eines zugelassenen Meßprogramms.

a) Überwachungsmessungen nach Wasserrecht und Abgabenrecht sind nicht von gleicher Bedeutung, denn die durch Überwachungsmessungen festgestellten Grenzwertüberschreitungen können im Wasserrecht Straftatbestände sein, im Abgabenrecht dagegen nur zu einer Erhöhung der Abgabe führen. In keinem Fall ist das Eine also durch das Andere abgegolten (59).

Auch die Kostentragung der Überwachungsmessungen kann unterschiedlich sein. Die nach Wasserrecht werden in der Regel dem Überwachten angelastet, die nach Abgabenrecht können nach § 13 (1) AbwAG als Teil des Vollzugs aus dem Abgabeaufkommen finanziert werden.

b) Überwachungsmessungen sind hoheitliche Aufgaben. Sie sind deshalb im Gegensatz zu den Betriebsmessungen zur Erörterung hier nicht geeignet. Einige gegenseitige Abhängigkeiten müssen aber noch erwähnt werden.

c) Ein wichtiges Unterscheidungsmerkmal zwischen den Messungen der Überwachung und den Betriebsmessungen der Eigenkontrolle ist ihre Häufigkeit. Die der Überwachung sind in der Regel Stichproben- oder Kurzzeitmessungen. Das Charakteristikum der Eigenkontrollmessungen ist Langzeit und Kontinuität.

Auch in den Anforderungen an die Genauigkeit unterscheiden sich die Messungen der Überwachung und Eigenkontrolle. Die der Überwachung müssen exakt, gewissermaßen justitiabel sein, während es bei Betriebsmessungen weniger auf die absolute Exaktheit und Genauigkeit ankommt als darauf, daß die Messungen kontinuierlich und stets in gleicher Weise vorgenommen werden.

Bei Betriebsmessungen wird ein gewisses Ungenauigkeitsspektrum in Kauf genommen. Es kann durch exakte Kontrollmessungen korrigiert werden. Diese Korrektur ist für Betriebsmessungen indes nicht unbedingt erforderlich, weil die wesentliche Aussage von Betriebsmessungen die Verfolgung von Veränderungen von Betriebszuständen ist.

Überwachungsmessungen sind im System der Betriebsmessungen Kontrollpunkte, die nur in seltenen Fällen exakt mit den Betriebsmessungen übereinstimmen. Aufeinanderfolgende Kontrollmessungen sollten aber die gleiche Tendenz wie die Betriebsmessungen aufweisen.

Wichtig ist in beiden Fällen das untersuchte Probengut. Der Aufsichtsbehörde bleibt es zwar unbenommen, eigene Proben auf jede Art und zu jeder Zeit zu ziehen. Es sollte aber ein Gebot der Fairnis sein, das für Überwachungsmessungen gezogene Probengut zwischen Aufsicht und Betreiber zu teilen. Der Betreiber wird dann sowohl seine eigenen Messungen als auch die Überwachungsmessungen vom gleichen Probengut in die Messungen der Eigenüberwachung mit einbeziehen können.

Die Aufsichtsbehörde wird auch zu prüfen haben, ob und auf welche Weise sie aus Gründen der Kostenersparnis auf Kläranlagen vorhandene, fest installierte automatische Probenahmegeräte für ihre Zwecke mit verwendet.

d) Messungen aufgrund eines zugelassenen Meßprogramms sind ihrem Charakter nach Betriebsmessungen oder Teile davon mit besonderen Anforderungen. Auf sie wird unter 9.4.1.1 näher eingegangen.

### *9.4.1 Betriebsmessungen allgemein*

Betriebsmessungen/Eigenmessungen zur Kontrolle des Leistungsstandes von Kläranlagen sind ein vom Abwasserabgabengesetz zunächst völlig unabhängiger Bestandteil der Sorgfaltspflicht der Betreiber von Kläranlagen aller Arten und Größenklassen. Die erforderlichen Meßgeräte werden vom Fachhandel angeboten. Die notwendigen Kenntnisse vermittelt dem Betriebspersonal von Klärwerken die ATV in ihren Grund-, Facharbeiter und Meisterkursen und nachbarschaftsweise auch die ATV-Klärwärterfortbildung.

Messungen zur Kontrolle von Klärwerken durch das Betriebspersonal gehören seit langem zu den allgemein üblichen Maßnahmen der Eigenüberwachung.

Der hohe Stellenwert der Eigenkontrolle und der daraus resultierenden Betriebsmessungen bei der Abwasserabgabe ist allgemein betrachtet aus dem Mitwirkungsbedürfnis der Abgabepflichtigen und dem Bedarf nach Schätzungsunterlagen für die festsetzenden Behörden herzuleiten. Von der speziellen abgabenrechtlichen Betrachtungsweise her ist die Eigenkontrolle für den Betreiber eine sichere Grundlage bei der Ermittlung von Regel- und Höchstwerten, der Einhaltung der Mindestanforderungen und bei Bedarf auch für die Abwälzung der Abwasserabgabe.

Es ist deshalb zu erwarten, daß die Abgabebeteiligten den vorteilhaften Umgang mit Betriebsmessungen erkennen und dafür sorgen, daß Betriebsergebnisse im notwendigen Umfang vorliegen.

Schätzungen zukünftiger Betriebsdaten für kommunale Einleiter aufgrund vorangegangener Jahresmeßreihen können übrigens auch sehr aussichtsreich mit dem Meßprogramm nach § 5 AbwAG konkurrieren.

Wie notwendig die rasche Einführung der Eigenkontrolle aus abgaberechtlicher Sicht ist, hat sich bei den Planspielvorbereitungen gezeigt. In einem Planspielbereich, in dem die Eigenkontrolle erst noch im Aufbau begriffen ist, hat es die im Planspiel federführende Wasserwirtschaftsverwaltung wegen des erheblichen Datenrückstandes durch die fehlende Eigenkontrolle und wegen des fehlenden Kenntnisstandes des Betriebspersonals auf den Kläranlagen übernommen, auch die Eigenkontrolle zu simulieren.

Diese an sich widersprüchliche Vorgehensweise zeigt jedoch, daß der Vollzug des Abgabengesetzes mit Überwachungsmessungen allein nicht gemeistert werden kann, daß vielmehr die Eigenkontrolle ein unverzichtbares Element für diesen ist.

Die meisten Bundesländer haben der Bedeutung von Betriebsmessungen für den Gewässerschutz dadurch Rechnung getragen, daß sie entweder bereits Vorschriften erlassen haben, solche vorbereiten oder empfehlen. Wünschenswert wäre es aber auch, wenn der Gedanke der Eigenkontrolle von den kommunalen Spitzenverbänden stärker unterstützt würde.

#### *9.4.1.1 Meßprogramme nach* § 5 AbwAG

Jeder Abgabepflichtige hat nach § 5 AbwAG die Möglichkeit, ein Meßprogramm zu beantragen.

Damit sollen Grundlagen für die Ermittlung der Schadeinheiten geschaffen werden. Demzufolge müssen mit den Ergebnissen der Messungen die Jahresschmutzwassermenge und die Bezugswerte ermittelt werden können.

Mit den gewonnenen Meßergebnissen kann der Abgabepflichtige dann eine nachträgliche Korrektur des nach § 4 (1) AbwAG ergangenen Bescheides erwirken, vorausgesetzt, daß die Regelwerte um 25 % unterschritten werden.

Ein zweckentsprechendes Meßprogramm ist in (13) vorgeschlagen (Bild 9.4-1, Seite 338).

Wenn ein Meßprogramm nach § 5 AbwAG beantragt wird, sollte vor der Zulassung zwischen den Beteiligten geklärt werden, welche zusätzlichen Anforderungen an vorhandene Meßeinrichtungen zu richten sind und wie bereits laufende Betriebsmessungen in ein Meßprogramm eingebaut werden können.

Zu einem Meßprogramm ist es im Planspiel nicht gekommen. Alle Beteiligten waren übereinstimmend der Meinung, daß die Durchführung eines Meßprogramms wegen der damit verbundenen Kosten und nicht absehbaren Folgen wohl nur in Sonderfällen in Frage kommt.

### *9.4.2 Betriebsmessungen als Informationsquelle*

a) Betriebsmessungen im Rahmen der Eigenkontrolle dienen u.a. der Verfolgung und Wiedergabe des Betriebsgeschehens. Hierzu werden die Meßergebnisse in Betriebstagebücher eingetragen. Aus der Folge dieser Zahlen und ihrer Wertung lassen sich die verschiedensten Fragestellungen beantworten. Diese ganz allgemeine Aussage ist auch für Betriebsmessungen auf Kläranlagen gültig, die je nach Art und Größe der Kläranlage und des Interesses der Betreiber mehr oder weniger umfangreich und spezifiziert sein können.

| Parameter | Meß- und Probenahme technik | Größenklassen nach Verw. Vorschrift MA<br>1 | <br>2 | <br>3 | Bemerkungen |
|---|---|---|---|---|---|
| Menge (Durchfluß) | Meß-<br>-stelle<br>-system<br>-frequenz<br>-protokoll | Ablauf<br>Meßwehr<br>kontinuierlich<br>handsch./<br>Schreiber | Ablauf<br>mit Zählwerk<br>kontinuierlich<br>handsch./<br>Schreiber | Ablauf<br>und Schreiber<br>kontinuierlich<br>Schreiber | Meßprogramm und rationelle Betriebsführung sind aufeinander abzustimmen |
| Absetzbare Stoffe | Probenahme-<br>-art<br>-frequenz | geschöpfte oder automatisch entnommene Stichprobe<br>--------- | <br>täglich zu wechselnden Zeiten | <br>--------- | |
| CSB | Probennahme-<br>-art<br>-frequenz<br>im Ablauf | mind.<br>handgesch.<br>--------- | mind.<br>zeitproport.<br>täglich zu wechselnden Zeiten | mind.<br>durchfl. prop.<br>--------- | z.B.<br>2-h-Mischprobe<br>24-h-Mischprobe |
| Cd<br>Hg<br>$G_F$ | Probenahme-<br>-art<br>-frequenz<br>im Ablauf | wie bei CSB, jedoch bei $G_F$ als Stichprobe | | | |

1 Kläranlagen bis 100 SE
2 Kläranlagen 100–1000 SE
3 Kläranlagen über 1000 SE

Bild 9.4-1. Vorschlag für Meßprogramme nach § 5 AbwAG nach den Größenklassen der 1. Schmutzwasser-VwV.

Betriebsmessungen auf Kläranlagen gehören – ganz allgemein gesehen – inzwischen zu den allgemein anerkannten Regeln der Technik. Dies muß nun auch bald für die Auswertung von Betriebsmessungen gelten.

b) Der Auswertung von Betriebsmessungen ist durch das Abwasserabgabengesetz eine wichtige neue Bedeutung zugewachsen. War es seither im wesentlichen die Aufgabe der Auswertung, Zurückliegendes zu dokumentieren, besteht die neue, zusätzliche Aufgabe jetzt darin, aus der Dokumentation der Vergangenheit Voraussagen über Betriebsergebnisse der Zukunft zu machen. In diesem Sinn sind Regelwert *RW*, Höchstwert *HW* sowie der aus beidem abgeleitete Bezugswert *BW* und die für die Halbierung so bedeutsame Mindestanforderung *MA* nichts anderes als aus der Vergangenheit abgeleitete Voraussagen von konzentrationsanalogen Größen, die in Zukunft im Mittel eingehalten oder nicht überschritten werden sollten.

c) Im Planspiel wurde auf viele Arten versucht, die Zusammenhänge zwischen den Mittelergebnissen und Streuungen einer Meßreihe und der sich daraus ergebenden abgaberechtlichen Bewertung aufzuzeigen.

Entsprechend den verschiedenen Gruppen wurde versucht, Darstellungen zu finden, die für das Bauamt, für den Betriebsingenieur und für die Verwaltung der Abgabebeteiligten gleichermaßen verständlich sind.

Für den technischen Berater der Abgabebeteiligten sind weitergehende Hinweise über die mathematisch-statistische Behandlung von Ergebnissen aus Betriebsmessungen erforderlich.

Die ingenieurmäßige Auswertung von Betriebsergebnissen erfolgt am besten mit den Mitteln der Statistik.

### *9.4.3 Arten der Auswertung*

Im folgenden werden an ein und demselben Beispiel verschiedene Arten der Auswertung mit zunehmendem Informationsgehalt praxisnah erläutert. Verwendet wird hierzu eine Zahlenfolge.

Sie lautet:

| | | | | | | | | | | | | | | | | | |
|---|---|---|---|---|---|---|---|---|---|---|---|---|---|---|---|---|---|
| 7 | 9 | 10 | 15 | 9 | 9 | 14 | 11 | 11 | 12 | 9 | 11 | 9 | 11 | 10 | 18 | 18 | 12 |

Diese Zahlenfolge ist in der Reihenfolge ihres natürlichen Auftretens dem Betriebstagebuch eines Klärwerks entnommen (187). Sie könnte ebensogut länger oder kürzer sein und aus anderen, z.B. höheren oder niedrigeren Zahlen bestehen. Jede Zahl stellt also ein Meßergebnis dar, das für einen der 5 Schadparameter (siehe Abschnitt 9.3.3) in einem bestimmten Zeitraum (z.B. in einem Jahr) in zeitlicher Aufeinanderfolge ermittelt wurde. Das würde an dem Grundsatz der folgenden Erklärungen nichts ändern. Wichtig ist nur, daß die Zahlenfolge auf natürliche Weise entstanden ist und keine mutwilligen Eingriffe oder Umstellungen vorgenommen wurden.

#### *9.4.3.1 Auswertung in Zahlengruppen*

Die erste Art der Auswertung ist ganz vom abwassertechnischen Zweckdenken geprägt. Gefragt ist in einfacher Weise, wieviel Zahlen einen bestimmten Wert überschreiten und wieviel Zahlen den gleichen Wert unterschreiten.

Beiden Gruppen kann eine spezielle Aussage zugeordnet werden, z.B. an wieviel Tagen im Jahr ein Grenzwert überschritten wurde oder ob Messungen im Sommer oder im Winter zu höheren Ergebnissen führen, usw.

Im Falle der Abwasserabgabe sind z.B. die Durchflußmessungen in zwei große Gruppen, nämlich die ohne Regenwassereinfluß und die mit Regenwassereinfluß, zu trennen.

Zur Anwendung dieser Auswertungsmethode sind Zahlenfolgen in zwei Gruppen zu teilen, die von einem bestimmten Grenzwert getrennt werden. Unterhalb dieses Grenzwertes interessiert z.B. bei der Jahresschmutzwassermenge das Mittel, oberhalb des Grenzwertes scheiden bei der Jahresschmutzwassermenge die Werte aus der Betrachtung aus.

Beispiel:

In der oben genannten Zahlenfolge sollen alle Zahlen $> 10$ ausscheiden. Es sind dies die Zahlen 15 14 11 11 12 11 11 18 18 12.

Die restliche Zahlenfolge heißt dann 7 9 10 9 9 9 9 10.

Die Zahlenfolge besteht jetzt aus 8 Zahlen. Die Summe ist 72. Das Mittel ist $72 : 8 = 9$.

Diese den einfachen Rechnungsarten nahe Auswertung kann vom Klärwerkspersonal, welches einen Grundkurs erfolgreich bestanden hat, durchgeführt werden. In Zweifelsfällen wird eine gewisse Beratung durch Kollegen mit weitergehender Ausbildung wünschenswert und zweckmäßig sein.

### *9.4.3.2 Auswertung in Zahlenfolgen*

Zahlenfolgen lassen sich, wenn ihre Schwankungsbreite nicht zu groß ist, gut mit dem Auge sozusagen auf einen Blick erfassen und abschätzen. Es werden kleinste und größte Zahlen rasch erkannt, auch die häufigste Zahl und die ihr nach oben und unten benachbarten. Diese Art der Auswertung wird bevorzugt da angewendet, wo Betriebsergebnisse ohne finanzielle Folgen zu Einheitsaussagen zusammengefaßt werden, wie dies z.B. bei einem Leistungsvergleich der Fall ist. Hier wird aus den Eigenkontrollmessungen der Restverschmutzung des Kläranlagenablaufs eine Kennziffer gemittelt, welche die Reinigungsleistung der Kläranlagen mit einer Zahl beschreibt und aus denen Kennziffern für Flußgebiete und noch größere Flächen abgeleitet werden können. Die auf diese Art ermittelten Kennziffern haben das Interesse der Öffentlichkeit gefunden und sich als politisches Führungsinstrument erwiesen.

Die Aussagen einer Zahlenfolge können nicht exakter sein als die einzelnen Zahlen der Folge selber. Je größer die Zahlenfolge ist, desto mehr gleichen sich Ungenauigkeiten aus. Voraussetzung ist – worauf bereits hingewiesen wurde – daß an den Zahlenfolgen und ihrer Auswertung nicht willkürlich herummanipuliert wurde, sondern sie ohne besondere Auswahl und ohne besondere Schwerpunktsverschiebung in der Reihenfolge ihrer natürlichen Entstehung weiterverarbeitet werden.

Beispiel:

Die oben angeführte Zahlenfolge hat erkennbar viele Werte zwischen 9 und 11. Einige Werte tendieren nach unten. Zwei hohe Ausreißer werden das Mittel etwas erhöhen. Der Leser möge seine Fähigkeit zur Abschätzung des mittleren Wertes der obigen Zahlenfolge selber überprüfen. Das Mittel, nämlich die Summe der Zahlen geteilt durch ihre Anzahl, liegt etwas über 11.

Die einfache Art der Auswertung von Betriebsmessungen als Zahlenfolge dient vorzugsweise auch der schnellen Erfassung von Betriebszuständen. Sie ist gewissermaßen das „Hausmittel" des Betriebspersonals zur Früherkennung von Veränderungen, die sich auf den Betrieb und damit auf die Abgabe nachteilig auswirken können.

Diese Art der Auswertung bereitet dem Betriebspersonal bei fachgerechter Einweisung nach Überwindung von geringen Anfangsschwierigkeiten in der Regel keine Mühe. Allerdings sollte ihm von Zeit zu Zeit Gelegenheit gegeben werden, die Ergebnisse mit einem erfahrenen Gesprächspartner zu diskutieren.

### *9.4.3.3 Auswertung als arithmetisches Mittel*

Von der dritten Art der Auswertung einer Zahlenfolge wurde wegen ihrer Einfachheit ohne besondere Erwähnung bereits Gebrauch gemacht, doch soll sie hier aus Gründen der Vollständigkeit noch einmal erwähnt werden.

Eine Zahlenfolge kann für bestimmte Zwecke durch ihr arithmetisches Mittel repräsentiert werden. Hierzu ist aus der Zahlenfolge die Summe zu bilden und diese durch die Anzahl der Messungen zu teilen.

Beispiel:

Die Summe der oben angeführten 18 Zahlen
7 9 10 15 9 9 14 11 11 12 9 11 9 11 10 18 18 12 beträgt 205.

Um das arithmetische Mittel dieser Zahlenfolge zu erhalten, wird durch die Zahl der Einzelglieder – in diesem Fall 18 – dividiert.

Das arithmetische Mittel ist also 205 : 18 = 11,38.

Der Mittelwert läßt die Streuungen außer Acht, nämlich die Frage, wie groß und wie häufig Überschreitungen und Unterschreitungen sind. Insofern ist der arithmetische Mittelwert in der Abwassertechnik vorsichtig und nur dort zu verwenden, wo damit kein Schaden angerichtet wird. So kann z.B. der Mittelwert eines Kläranlagenablaufs von 25 mg/l $BSB_5$ wohl als unschädlich angesehen werden, doch wo in ihm hohe Überschreitungen und diese möglicherweise noch häufig enthalten sind, dürfte das Gewässer doch gefährdet sein. Damit z.B. die Ablaufkonzentration 25 mg/l $BSB_5$ nicht überschritten wird, muß das arithmetische Mittel deutlich unter dieser Zahl liegen.

Weil sowohl die Jahresschmutzwassermenge als auch die Bezugswerte ihrer Entstehung und ihrem Verständnis nach Mittelwerte sind, ist die Auswertung als arithmetisches Mittel trotz aller Einfachheit in der Abwasserabgabe wichtig. Die Mittelbildung kann dem fachlich ausgebildeten Klärwerkspersonal zugemutet werden. Als Hilfsmittel steht der Taschenrechner zur Verfügung.

### *9.4.3.4 Auswertung als Ganglinie*

Die vierte Art der Auswertung von Messungen ist die Form einer Ganglinie. Wie der Name sagt, wird der Gang der Messungen durch eine Linie dargestellt, d.h. die Meßpunkte werden in ein Diagramm eingetragen und mit einer Linie untereinander verbunden. Diese Art hat den Vorteil, daß der Betrachter keine Einzelmessungen mehr zu erfassen braucht, sondern nur einen Linienzug, der die Meßpunkte miteinander verbindet.

Die Verbindung von zwei Meßpunkten gibt nur dann das Geschehen wirklich wieder, wenn die durch die Verbindungslinie bedingten Zwischenpunkte auch tatsächlich den Betriebsergebnissen entsprechen würden. Das tun sie exakt bei automatisch geschriebenen Ganglinien wie z.B. der Wassermengenmessung. Bei aus Einzelpunkten zusammengesetzten Ganglinien ist dieses Verfahren aber fragwürdig. Korrekter ist es deshalb, die Meßpunkte zwar aufzutragen, die Verbindungslinien aber wegzulassen. Zum Vorteil des Verständnisses erfaßt das Auge den auseinandergezogenen Punkthaufen auch ohne Verbindungslinien verhältnismäßig leicht, so daß sich diese Art der Auswertung für Betriebsmessungen geradezu anbietet. Diese Form der Auswertung hat als Leistungsbild oder Kontrollkarte in die Betriebsüberwachung Eingang gefunden.

Beispiel:

Die Meßwerte der obigen Zahlenfolge werden in ein dafür eingerichtetes Netzpapier eingetragen (Bild 9.4-2, Seite 342).

Das Auge erfaßt nicht nur den Schwerpunkt in der Gegend von etwas über 10, sondern auch die zeitliche Folge besonders der extremen Messungen, was für die Abschätzung des Risikos von Höchstwertüberschreitungen bedeutungsvoll sein kann.

Die Auswertung von Betriebsmessungen als Ganglinien in einem Diagramm besteht eigentlich aus zwei Teilen, nämlich der Auftragung und der Deutung der Messung.

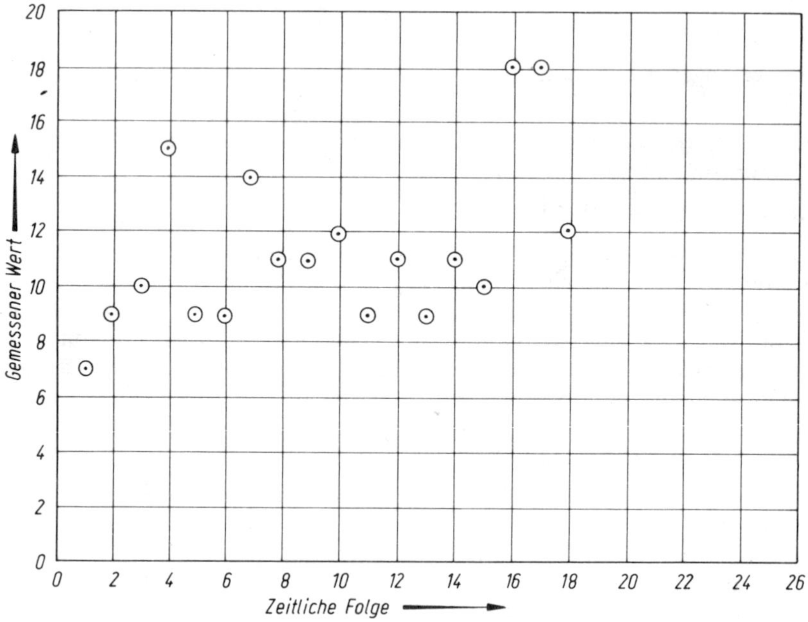


Bild 9.4-2. Betriebsmessungen als Ganglinie.
Beispiel für die Meßwerte 7 9 10 15 9 9 14 11 11 12 9 11 9 11 10 18 18 12.
Auftragung in der zeitlichen Reihenfolge ihres natürlichen Entstehens.
Erläuterung s. 9.4.3.4.

Die Auftragung ist eine rein mechanische Arbeit, die dem Betriebspersonal der Erfahrung nach keine Schwierigkeiten bereitet. Die Verwendung von Buntstiften für die Meßergebnisse einer zusammengehörenden Zahlengruppe ist von Vorteil.

Anders ist es mit der Deutung, weil hierzu eine umfassende Erfahrung gehört. Auch führt der ständige Umgang mit ein und derselben Ganglinie zur Gewöhnung, die für die Erkennung von kurz- oder langfristigen Änderungen nicht immer vorteilhaft ist.

Als bewährtes Mittel zur Förderung der Aussagekraft haben sich Fachgespräche erwiesen.

Mit knappen fachlichen Erklärungen sind Ganglinien auch für die Beschlußgremien des Kläranlagenbetreibers ein geeignetes Informationsmittel sowohl über den aktuellen Betriebszustand als auch dessen langfristige Entwicklung. Als solche sind sie nachgerade ein unverzichtbares Mittel bei der Auswertung von Betriebsmessungen zur Kontrolle der Abwasserabgabe.

Die Auswertung als Ganglinien ist außerdem eine Vorform für die folgenden drei Auswertungsarten.

### *9.4.3.5 Auswertung im Blockdiagramm*

Die fünfte Art der Auswertung hat vordergründig zunächst keinen unmittelbaren Bezug zur Abwassertechnik und zur Abwasserabgabe, doch sind die folgenden Abschnitte 9.4.3.6 und 9.4.3.7 ohne Kenntnis dieser Grundlage nicht verständlich.

Bei der Auswertung im Blockdiagramm werden die Meßgrößen aus ihrem natürlichen Zusammenhang und damit ihrer Entstehung herausgenommen und nach ihrer Größe in aufsteigender Reihenfolge sortiert. Bei dieser Art wird zwar die Reihenfolge der Entstehung verwischt, es wird dafür aber die Häufigkeit der Meßergebnisse besser erkennbar. Die Häufung oder die Häufungen sind zwar nicht das arithmetische Mittel, weil dies sowohl von rechts als auch von links von den übrigen Meßergebnissen beeinflußt wird, doch erlauben die Häufungen bereits sehr wohl, das Mittel abzuschätzen. Auch ist zu erkennen, ob die Meßergebnisse mehrere Teilschwerpunkte oder nur einen Einzelschwerpunkt haben. Haben sie mehrere Teilschwerpunkte, wird von Mehrgipfeligkeit gesprochen.

Beispiel:

Die oben genannten Betriebsmessungen sollen in ein Blockdiagramm aufgetragen werden. Aus ihm ist ersichtlich, wie oft eine Zahl (z.B. die Zahl 9) oder ein Bereich von Zahlen (z.B. der Bereich zwischen 8,5 und 9,5) in einer Zahlenfolge auftreten.

Die oben angeführte Zahlenfolge ist also in aufsteigender Größe zu sortieren, die Häufigkeit der einzelnen Zahlen auszuzählen und diese Häufigkeit über dem zugeordneten Meßwert in Einzelpunkten aufzutragen. Sortiert lautet die oben angeführte Zahlenfolge:

7 – 9 9 9 9 9 – 10 10 – 11 11 11 11 – 12 12 – 14 – 15 – 18 18.

Jede Zahl erhält im Blockdiagramm einen Punkt, z.B. stehen über dem Meßwert 9 fünf Punkte, weil diese Zahl fünfmal auftritt, usw.

Die übereinanderstehenden Punkte werden in einzelnen Kästchen zusammengefaßt, woraus sich das Gesamtbild des Blockdiagramms ergibt (Bild 9.4-3).

Werden die Mitten der einzelnen Blöcke miteinander verbunden, ergibt sich ein Streckenzug, der um so eher zu einer Kurve wird, je feiner die Blockbreite gewählt wurde. In vielen Fällen haben diese Kurven die Gestalt einer Glocke, warum sie auch Glockenkurven genannt werden. Je deutlicher die Symmetrie der Glockenkurve ausfällt, je gleichmäßiger sind die Meßergebnisse zwischen Maxima und Minima verteilt. Wird das Wort „gleichmäßig" durch das Wort „normal" ersetzt, ist eine Zahlenmenge, die in einem Blockdia-

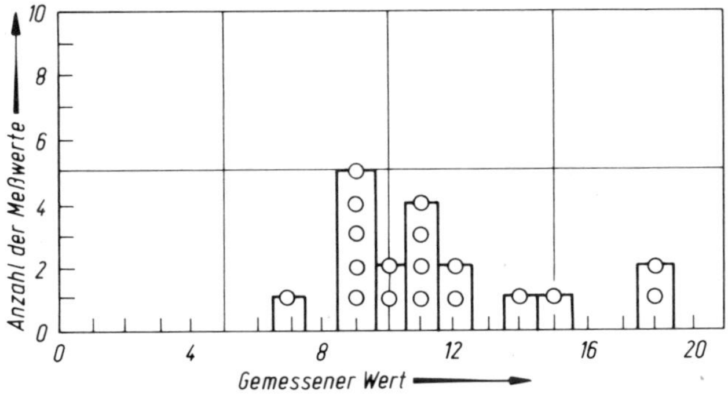


Bild 9.4-3. Betriebsmessungen im Blockdiagramm.
Beispiel nach Bild 9.4-2, Zahlen jedoch in aufsteigender Reihenfolge der Größe nach geordnet:
7 – 9 9 9 9 9 – 10 10 – 11 11 11 11 – 12 12 – 14 – 15 – 18 18.
Gruppenweise Auftragung nach der Zahl vorkommender Meßwerte.
Erläuterung s. 9.4.3.5.

gramm von einer solchen Glockenkurve umfahren werden kann, im mathematischen Sinne normalverteilt. Diese „Normalverteilung“ spielt bei Auswertung von Betriebsmessungen in 9.4.3.7 eine Rolle.

### *9.4.3.6 Auswertung als Summenlinie*

Die sechste Art der Auswertung als Summenlinie ist ebenso wie die vorangegangene im Blockdiagramm zunächst ohne direkten Bezug zur Abwasserabgabe. Die Kenntnis der Zusammenhänge zwischen dem Blockdiagramm und der Summenlinie ist aber eine große Hilfe für das Verständnis der in 9.4.3.7 abschließend zu besprechenden Auswertung im Wahrscheinlichkeitsnetz.

Die Darstellung der Betriebsmessungen als Summenlinie ist eine Fortführung des Blockdiagramms in der Weise, daß die einzelnen Blöcke nun nicht nur nebeneinander, sondern wie in Bild 9.4-4 nebeneinander/übereinander aufgetragen werden. In dieser aufsteigenden Punktfolge ist andeutungsweise ein S zu erkennen. Es beginnt mit einem von Null herkommenden, schwach ansteigenden unteren Ast, der dort, wo sich die Meßergebnisse häufen, steiler wird und oben, wo sie wieder geringer werden, flach ausläuft. Dieses S kann die verschiedensten Formen annehmen. Sie sind für die jeweils dargestellten Meßreihen und eben nur für diese charakteristisch. Das Herausarbeiten dieser Charakteristik ist eine wichtige Aufgabe bei der Auswertung von Betriebsmessungen, weil sie der einfache Schlüssel zum Verständnis der Zahlenfülle ist.

Diese allgemeine Aussage läßt sich bereits auf Bild 9.4-4 selber anwenden. Wieso, so darf nämlich gefragt werden, hört das gedachte S unten bei 7 und oben bei 18 auf? Offensicht-

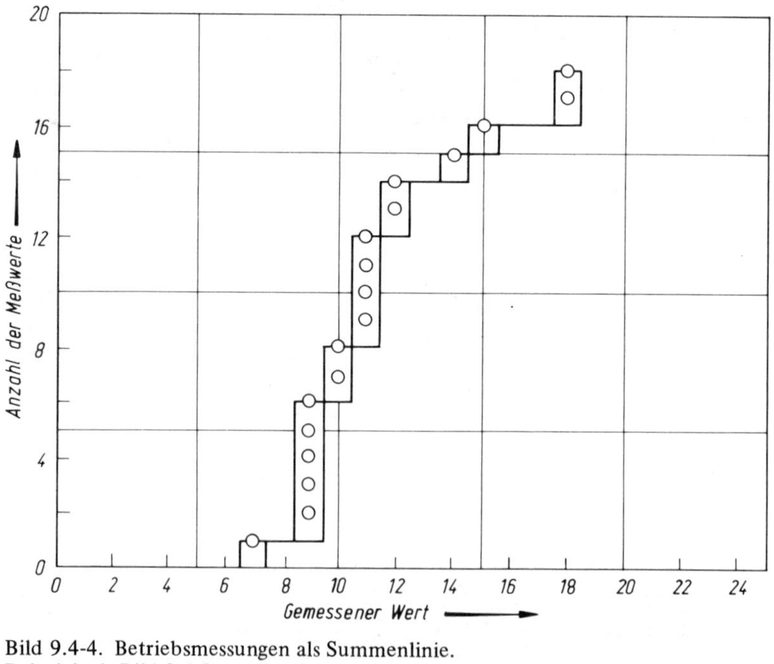


Bild 9.4-4. Betriebsmessungen als Summenlinie.
Beispiel wie Bild 9.4-2 und 9.4-3, jedoch Auftrag fortlaufend nach der Zahl der gemessenen Werte. Erläuterung s. 9.4.3.6.

lich gehören zu dieser Meßreihe sowohl noch niedrigere als auch höhere Ergebnisse, die nur noch nicht aufgetreten sind. Aussagen über deren Häufigkeit bleiben unbeantwortet.

Die Form der Summenlinien wird maßgeblich auch von der Art des Wertenetzes beeinflußt, in dem die Meßergebnisse eingetragen werden. So ist das in Bild 9.4-4 gewählte z.B. in beiden Achsenrichtungen linear. Außer dieser Einteilung lassen sich auch andere, z.B. logarithmische Einteilungen anwenden, die zu einer Streckung des S führen. Eine besonders vorteilhafte Einteilung des Wertenetzes ist das „Wahrscheinlichkeitsnetz", welches in 9.4.3.7 besprochen wird.

### *9.4.3.7 Auswertung im Wahrscheinlichkeitsnetz*

a) Das Ziel der Auswertung von Betriebsmessungen im Zusammenhang mit dem AbwAG ist nach 9.4.3.6 nicht nur deren in die Vergangenheit reichende Dokumentation, sondern die Beantwortung der sehr viel weitergehenden Frage, welche Regel- und Höchstwert *RW* und *HW* bei diesen Betriebsmessungen angemessen sind, ob und wie die Mindestanforderungen *MA* eingehalten werden und mit welcher Wahrscheinlichkeit dies alles geschieht. Allgemeiner ausgedrückt besteht die Aufgabe darin, Aussagen über die Ergebnisse einer möglichen Grundgesamtheit von 365 Meßtagen mit einer sehr viel kleineren Teilmenge von z.B. 50 und weniger zu machen. Eine solche Teilmenge wäre etwa bei wöchentlich verschobenen Meßtagen zu erwarten, wenn sie nicht noch verkleinert wird durch Ausfall wegen Urlaub, Krankheit, dringender Wartungs- und Reparaturarbeiten und Fehlmessungen.

Die eingangs gestellte, in die Zukunft gerichtete Frage kann dank der Vorarbeiten von *J. Pöpel* (187) und *D. Groche* (110) unter Verwendung zurückliegender Betriebsergebnisse mit den Methoden der angewandten Statistik im Wahrscheinlichkeitsnetz (wird anschließend erklärt) beantwortet werden. Aus Hochrechnungen, Trendanalysen oder sehr viel naheliegenderen Beispielen sind dem Leser die Anwendungsfälle dieser Methode vertraut. Wenn er z.B. wochenlang morgens zwischen 6 und 7 Uhr aufgewacht ist, ist es wahrscheinlich, daß er es auch künftig tun wird. Oder: Wenn der Benzinverbrauch eines Autos im Durchschnitt von Kurz- und Langstreckenfahrten von Sommer- und Winterbetrieb bei 10 l/100 km lag, wird er es – extreme Maximas und Minimas einkalkuliert – aller Wahrscheinlichkeit nach auch zukünftig tun. Dieses naheliegende und einfache Beispiel mit seinen vielen Variationen und Analogien trägt sehr zum Verständnis von einfachen statistischen Aussagen bei, die in ihren Ursachen aber gleichermaßen komplex sind. Hier wie dort ist der Ausgangspunkt der Betrachtung eine abgeschlossene Einheit (Auto/Kläranlage); hier wie da unterliegen diese Einheiten den verschiedensten und wechselhaften Einflüssen und hier wie da antworten sie darauf mit Betriebsergebnissen, die mit großer Wahrscheinlichkeit innerhalb einer gewissen, aber eben nicht beliebigen Schwankungsbreite liegen.

Um das Ziel der Auswertung von Betriebsmessungen im Wahrscheinlichkeitsnetz zu erreichen, ist es erforderlich, das Auswerteverfahren so zu vereinfachen, daß es nicht nur von Betriebsleitern großer Kläranlagen, sondern auch von Klärmeistern und Klärfacharbeitern durchgeführt werden kann. Diese Vereinfachung hat stattgefunden. Viele Tests haben ergeben, daß sie praktikabel ist. Die vereinfachte Auswertung wird im folgenden erklärt.

b) Der Auswertung von Betriebsergebnissen im Wahrscheinlichkeitsnetz liegt die Einsicht zugrunde, daß die Meßergebnisse „normalverteilt" sind. Sie geht für große Kläranlagen auf *J. Pöpel* (187) zurück. *D. Groche* hat sie für mittlere und kleinere Kläranlagen bestätigt. Eine Erklärung der Normalverteilung wurde am Ende von 9.4.3.5 gegeben.

Die älteste Erklärung der Normalverteilung hat *Moivre* (1667–1754) (200) gegeben. Sie besagt allgemein, daß „eine Summe von vielen, unabhängigen, beliebig verteilten Zufallsvariablen (immer) angenähert normalverteilt ist". Angenähert deshalb, weil die Normalverteilung natürlich auch mathematisch exakt beschrieben werden kann, Meßergebnisse diese Exaktheit aber nur angenähert erreichen.

Eine Normalverteilung stellt sich also ein, wenn

- die Meßergebnisse von vielen voneinander unabhängigen und gleich wirksamen Faktoren bestimmt sind, was im Klärwerksbetrieb der Fall ist.
- die Meßergebnisse in der Folge ihrer natürlichen Entstehung belassen werden, also keine mutwillige Auswahl stattgefunden hat, was in jedem Fall erreichbar ist und wenn
- eine große Zahl von Meßergebnissen vorliegt, was entweder sowieso der Fall ist oder herbeigeführt werden kann.

Für die vorliegenden Betrachtungen sind noch zwei weitere Kriterien zu ergänzen: die große Zahl von Meßergebnissen sollte einen möglichst langen Zeitraum umfassen und bei der hier zugrundeliegenden Normalverteilung wird Symmetrie, also keine einseitige, mehrgipfelige oder gar schiefe Symmetrie unterstellt.

c) Die Bezugsgrößen von Wahrscheinlichkeitsangaben sind Prozente der Grundgesamtheit, mit der die Ereignisse eintreten. Bei der Auswertung von Betriebsmessungen können das z.B. Unter- oder Überschreitungstage von Grenzwerten sein. Aktuell ist die Frage beim Höchstwert, der bei Überwachungsmessungen nur einmal pro Jahr folgenlos überschritten werden darf.

Eng verknüpft mit dem Begriff der Wahrscheinlichkeit ist das Risiko, mit dem z.B. eine Überschreitung erwartet werden muß. Es kann im Wahrscheinlichkeitsnetz abgeschätzt werden.

Beträgt die Wahrscheinlichkeit, daß ein Höchstwert eingehalten wird, z.B. 99 %, verbleibt ein Risiko der Überschreitung von 1 % oder pro Jahr 3,65 Überschreitungstagen. Das im Verantwortungsbereich des Betreibers liegende Risiko bei einer 99 %igen Einhaltewahrscheinlichkeit ist also gar nicht so gering, wie es auf den ersten Blick erscheinen mag.

d) Das Wahrscheinlichkeitsnetz (Bild 9.4-5) zur Auftragung der dafür aufbereiteten Betriebsergebnisse hat eine logarithmisch geteilte Abszisse (waagrecht) und eine nach dem *Gauß*'schen Fehlerintegral in Summenprozente geteilte Ordinate (senkrecht). Es kann vom Fachhandel bezogen werden.

Die Abszisse ist für alle Parameter geeignet, so z.B. für die hier besonders interessierenden Meßwerte des CSB mit der Einheit in mg/l.

Die Ordinateneinheit ist der Summenprozentwert, welcher nach der von (187) empfohlenen Formel von *Tukey* aus den Betriebsergebnissen zunächst berechnet werden muß. Die Berechnung erfolgt tabellarisch. Sie wird im nächsten Abschnitt erläutert.

Der Nutzen des Wahrscheinlichkeitsnetzes besteht darin, daß normalverteilte Meßergebnisse sich hier zu einer Geraden strecken. Sie wird Verteilungsgerade genannt. Sie kann über den Bereich der eigentlichen Meßergebnisse hinaus verlängert werden und

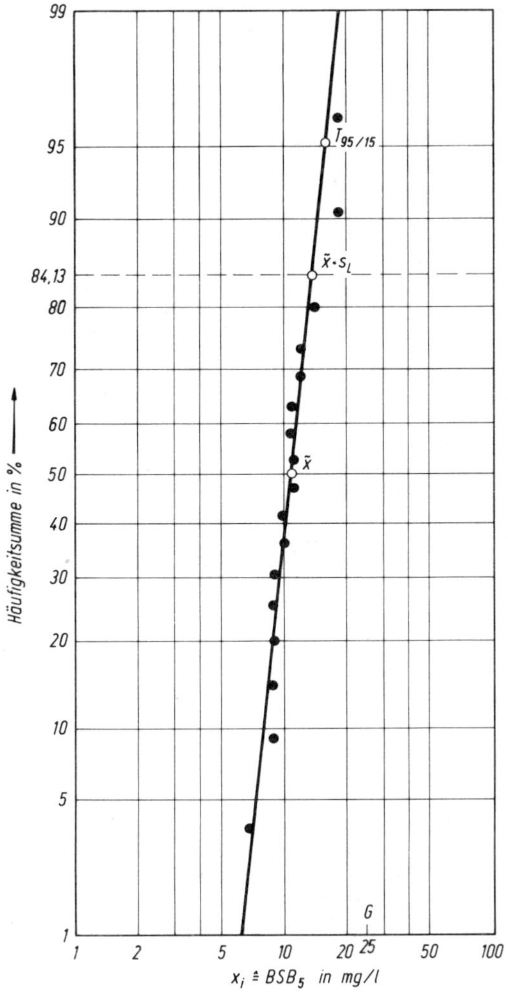


$$\Sigma \% = 100 \frac{3i - 1}{3n + 1}$$

| $i$ | $3i - 1$ | $x_i$ | $\Sigma \%$ |
|---|---|---|---|
| 1 | 2 | 7 | 3,6 |
| 2 | 5 | 9 | 9,1 |
| 3 | 8 | 9 | 14,5 |
| 4 | 11 | 9 | 20,0 |
| 5 | 14 | 9 | 25,5 |
| 6 | 17 | 9 | 30,9 |
| 7 | 20 | 10 | 36,4 |
| 8 | 23 | 10 | 41,8 |
| 9 | 26 | 11 | 47,3 |
| 10 | 29 | 11 | 52,7 |
| 11 | 32 | 11 | 58,2 |
| 12 | 35 | 11 | 63,6 |
| 13 | 38 | 12 | 69,1 |
| 14 | 41 | 12 | 74,5 |
| 15 | 44 | 74 | 80,0 |
| 16 | 47 | 15 | 85,5 |
| 17 | 50 | 18 | 90,9 |
| 18 | 53 | 18 | 96,4 |

Kläranlage: Aidlingen

Ergebnis:

$n$ = 18
$3n + 1$ = 55
$\tilde{x}$ = 10,7 mg/l
$\tilde{x}\, s_L$ = 13,4 mg/l
$s_L$ = 1,25
$T_{95/15}$ = 16 mg/l

Bild 9.4-5. Betriebsmessungen im Wahrscheinlichkeitsnetz.
Beispiel wie Bild 9.4-2 bis 9.4-4, jedoch nach tabellarischer Aufbereitung der Meßwerte. Sie ordnen sich jetzt entlang einer Verteilungsgeraden. Weitere Erläuterungen in 9.4.3.7.

gibt auf diese Weise Antwort auf die Frage, mit welcher Wahrscheinlichkeit Betriebsergebnisse, die noch gar nicht gemessen wurden, zu erwarten sind.

e) Die Verteilungsgerade ist im Verteilungsnetz durch zwei Eigenschaften festgelegt. Diese sind

- die Links-/Rechtslage, gekennzeichnet durch den Mittelwert, um den die Verteilungsgerade gewissermaßen gedreht werden kann; Linkslage ist gleichbedeutend mit niederen, Rechtslage gleichbedeutend mit hohen Werten.
- die Neigung, gekennzeichnet durch den Winkel, den die Verteilungsgerade mit der Abszisse einschließt: Je steiler, je stabiler, je flacher, je labiler der Betrieb.

Mit der Links-/Rechtslage und der Neigung der Verteilungsgeraden lassen sich im Wahrscheinlichkeitsnetz einfach und übersichtlich die Betriebszustände von Kläranlagen aussagekräftig beschreiben (Bild 9.4-6).

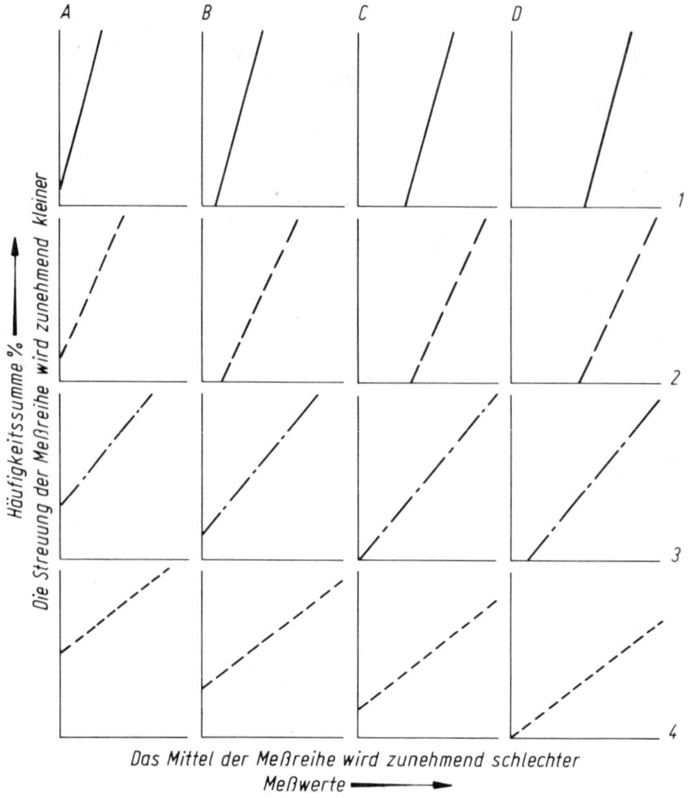


Bild 9.4-6. Typisierung von Verteilungsgeraden im Wahrscheinlichkeitsnetz.
Die Schräglage drückt die Streuung der Meßergebnisse aus. Je schräger die Gerade liegt, je größer ist die Streuung, also die Abweichungen einzelner Messungen vom Mittelwert. Das Umgekehrte gilt in gleicher Weise. Je steiler die Verteilungsgerade liegt, je geringer sind die Abweichungen der einzelnen Messungen vom Mittelwert. Zum Beipiel ist der stabile Betrieb einer großräumigen Belebungsanlage durch eine steile Verteilungsgerade gekennzeichnet, der Betrieb einer überlasteten und Belastungswechseln ausgesetzten Tropfkörperanlage dagegen durch eine flachliegende.
Die Rechts-/Links-Lage der Verteilungsgeraden im Wahrscheinlichkeitsnetz zeigt die Höhe der Zahlenwerte an. Entsprechend der natürlichen Ziffernfolge ist die linke Seite des Wahrscheinlichkeitsnetzes den niederen, die rechte Seite den hohen Meßwerten zugeordnet.
Durch Überlagerung der Schräglage und der Rechts-/Links-Lage ergeben sich die verschiedensten Verteilungsgeraden, die nun typisiert werden können. Sie reichen von links/steil = niedere Meßwerte mit geringer Schwankungsbreite bis rechts/flach = hohe Meßwerte mit großen Schwankungen.
Zur Betriebssicherung muß links/steil angestrebt werden, weil rechts/flach bereits die Notwendigkeit der nächsten Ausbaustufe ankündigt.

f) Die Entstehung der Verteilungsgeraden wird schrittweise am Beispiel von Bild 9.4-5 unter Verwendung der 18 Zahlen nach 9.4.3 erklärt.

Das Bild enthält das bereits besprochene Wahrscheinlichkeitsnetz und zur Aufbereitung der Meßergebnisse eine Tabelle mit vier Spalten.

1. Spalte
Sie ist mit *i* überschrieben. *i* sind die fortlaufenden Nummern der Messungen, in diesem Beispiel enden sie bei 18, in Bild 9.6-4, Seite 366/367, bei 50.

2. Spalte
Sie ist mit $3\,i - 1$ bezeichnet. Damit ist eine von der Nummerierung der Messung abhängige Rechnung vorgeschrieben. Sie lautet in der ersten Reihe = $(3 \cdot 1 - 1) = 2$, in der zweiten Reihe = $(3 \cdot 2 - 1) = 5$ und so fort bis zur 18. Reihe = $(3 \cdot 18 - 1) = 53$. Da diese Rechnungen für alle Auswertungen stets die gleichen sind, sind sie in den in Bild 9.4-5 und Bild 9.6-4 enthaltenen Tabellen bereits vorgedruckt.

3. Spalte
Bezeichnung $x_i$. Sie steht für das einzutragende Meßergebnis, Index $i$ bezieht sich auf die Nummerierung der Meßergebnisse in Spalte 1.

4. Spalte
Sie ist gekennzeichnet mit $\Sigma\,\%$ = Summe Prozent. Diese Werte müssen errechnet werden (s.u.).

Unter Verwendung dieser Tabelle erfolgt die Aufbereitung der Meßergebnisse nun in fünf Schritten:

1. Schritt
Entscheiden, welche Zahlenfolge der Betriebsergebnisse dargestellt werden soll.
Im vorliegenden Fall sind es die 18 Zahlen nach 9.4.3.

2. Schritt
Diese Zahlen in aufsteigender Folge ordnen wie aus 9.4.3.5 bekannt. Die so geordneten Zahlen in die Tabelle Spalte $x_i$ eintragen.

3. Schritt
Die „Summe Prozent" in der 4. Spalte nach darüber angegebener Formel berechnen. Achtung! Diese Berechnung ist völlig unabhängig von den eigentlichen Meßergebnissen. In die Rechnung geht nur die Nummer $i$ des Meßergebnisses und deren Anzahl $n$ ein:

Der Zähler $3\,i - 1$ ist in Spalte 2 bereits errechnet. Der Nenner $3\,n + 1$ ist eine Konstante, im vorliegenden Fall = $3 \cdot 18 + 1 = 55$.

Einzutragen ist also in die

1. Reihe $(100 \cdot 2) : 55 = 3{,}6$
2. Reihe $(100 \cdot 5) : 55 = 9{,}1$
3. Reihe $(100 \cdot 8) : 55 = 14{,}5$
usw. bis
18. Reihe $(100 \cdot 53) : 55 = 96{,}4$

4. Schritt
Aus der Tabelle sind jetzt die Werte der Spalten $x_i$ und $\Sigma\,\%$ paarweise in das Wahrscheinlichkeitsnetz zu übertragen, also 7/3,6 bis 18/96,4. Daß das letzte Meßergebnis ebenso wie die Durchnummerierung 18 heißt, ist zufällig und ohne Bedeutung.

5. Schritt
Durch die Punktefolge wird eine Ausgleichsgerade gelegt, um die die Meßpunkte nun herumpendeln. Die Verlängerung der Ausgangsgeraden reicht in Bereiche hinein, in denen Meßergebnisse zwar noch ausstehen, die aber zu erwarten sind. Die statistische Häufigkeit ihres Auftretens kann an der Ordinate abgelesen werden. Abweichungen der eingetragenen Meßpunkte von der Ausgleichsgeraden sind in diesem Zusammenhang nicht von wesentlicher Bedeutung. Sie können vor allem in den Endbereichen sowohl unten als auch oben recht beträchtlich sein (Bild 9.6-5, Seite 369).

g) Der Informationsgehalt der Ausgleichsgeraden ist groß. Vergleiche Beispiel Bild 9.4-5.

- Die Links-/Rechts-Lage ist in diesem Fall ein Zeichen für gute Betriebsergebnisse. Eine noch weiter nach links verschobene Ausgleichsgerade ist kaum denkbar, wohl aber als Zeichen schlechterer Ergebnisse eine Verschiebung nach rechts.
- Die Neigung ist steil als Zeichen einer geringen Schwankungsbreite der Betriebsergebnisse. Der Betrieb ist also stabil. Flachere Neigungen müßten gegenteilig und damit schlechter berurteilt werden.
- Der bei 50 % abzulesende Wert heißt Medianwert. Er ist im Beispiel $\tilde{x}$ = 10,7 mg/l. Er würde die als Glockenkurve aufgetragenen Meßergebnisse in zwei gleichgroße Flächenhälften der Glocke teilen. Neben dem Medianwert $\tilde{x}$ kennt die Statistik noch das Dichtemittel $x_D$ als häufigsten Wert und den Mittelwert $\bar{x}$ als arithmetisches Mittel. Unter der hier stets zugrunde gelegten Annahme einer Normalverteilung sind innerhalb einer gewissen Bandbreite alle drei Werte etwa gleich, so daß der bei 50 % abzulesende Meßwert von 10,7 dem arithmetischen Mittelwert nach 9.4.3.3 tatsächlich sehr ähnlich ist.

Aus dem 50 %-Wert kann der Regelwert abgeleitet werden. Ob er mit diesem auch identisch ist, ergibt die folgende Höchstwertbetrachtung:

- Wegen des Zusammenhanges von Bezugswert – Regelwert – Höchstwert ist das Doppelte des 50 %-Wertes zu bilden. Es ist 2 x 10,7 = 21,4. Danach ist zu fragen, wie groß die diesem Meßwert zugeordnete Summenhäufigkeit ist. Sie liegt im Beispiel Bild 9.4-5 jenseits des Netzes, also bei über 99 %. Das heißt, daß der Wert 21,4 in über 99 % aller Fälle unterschritten wird. Die Überschreitungshäufigkeit liegt damit unter 1 % aller Fälle, was mit der Prüfbestimmung für den Höchstwert bei sehr geringem Überschreitungsrisiko wohl zu vereinbaren ist.
- Die Betrachtung dieses Beispiels zeigt aber auch, daß nur bei sehr stabilem Betrieb von $BW = RW = 0{,}5\ HW$ Gebrauch gemacht werden kann. Bei flacheren Verteilungsgeraden, also instabilerem Betrieb, wird *HW* zum Ausgangspunkt der Überlegungen und $0{,}5\ HW = RW$ über der 50 %-Marke liegen.

### *9.4.3.8 Zusammenfassung*

Im Vorstehenden sind sieben Arten der Auswertung von Betriebsmessungen besprochen, die je nach Kläranlagengröße und Fragestellung einzeln, teilweise oder zusammen mit dem Abwasserabgabengesetz zusammenhängen (Bild 9.4-7). Alle Arten sind in der Praxis

| Abschnitt 9.4.3 | Auswertung in | Eignung für | | | |
|---|---|---|---|---|---|
| | | $Q_{s,a}$ | *BW* | *HW* | *MA* |
| 9.4.3.1 | Zahlengruppen | + + | – | – | – |
| 9.4.3.2 | Zahlenfolgen | | Schätzung | | |
| 9.4.3.3 | Arithmetisches Mittel | + + | +/– | – | + + |
| 9.4.3.4 | Ganglinie | | Schätzung | | |
| 9.4.3.5 | Blockdiagramm | + | + | – | – |
| 9.4.3.6 | (Summenlinie) | | Vorstufe zu 7. | | |
| 9.4.3.7 | Wahrscheinlichkeitsnetz | + | + + | + + | – |

+ + gut geeignet – nicht geeignet.

Bild 9.4-7. Arten der Auswertung von Betriebsmessungen. Vorzugsweise Anwendung im Bereich der Abwasserabgabe.

erprobt und werden in der Praxis benötigt. Dort, wo der Bezug zur Praxis wegen fehlender Voraussetzungen noch nicht gegeben ist, sollte er als Lernziel angestrebt werden.

Alle Arten der Auswertung hängen selbstverständlich auch untereinander zusammen. Bei den drei graphischen Methoden wird der Zusammenhang durch den Vergleich in Bild 9.4-8 deutlich.

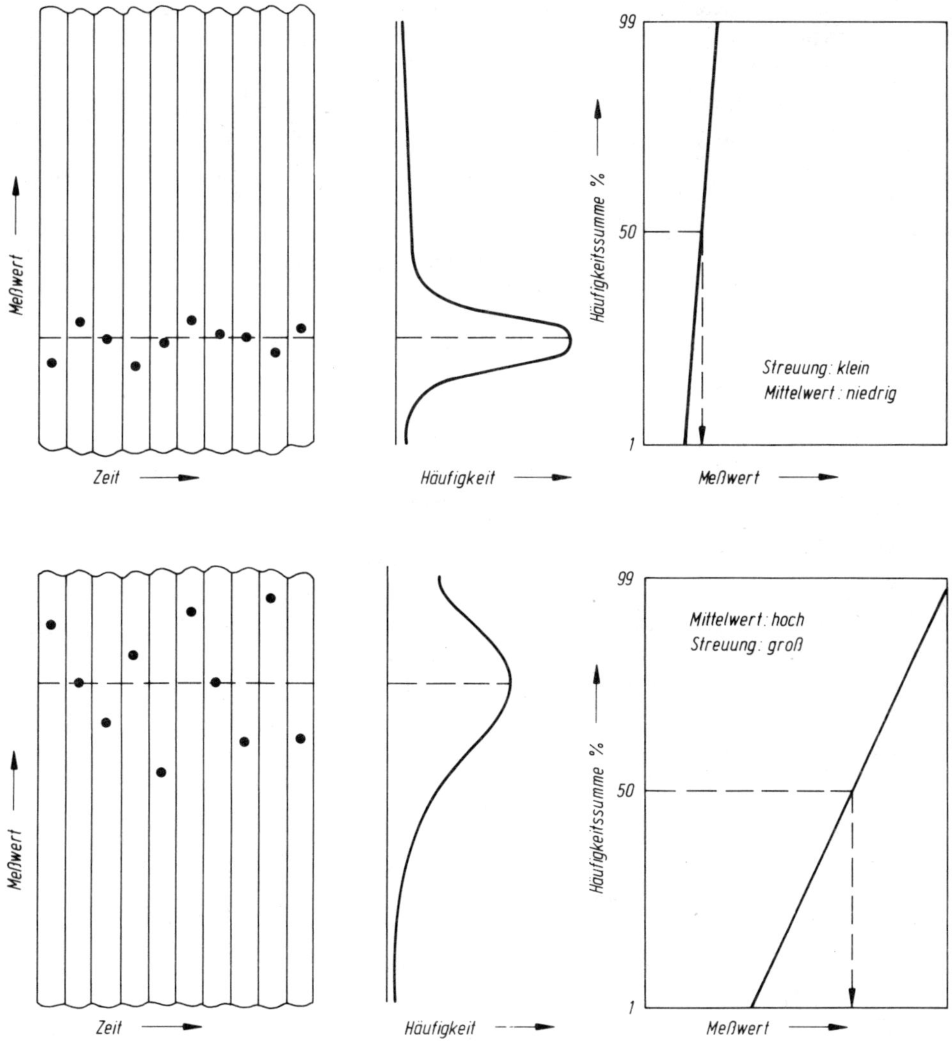


Bild 9.4-8. Zusammenhang von
Ganglinie in Leistungsbild/Kontrollkarte (links)
Blockdiagramm mit Glockenkurve als Hüllkurve (Mitte) und
Verteilungsgerade im Wahrscheinlichkeitsnetz (rechts).
oben: Streuung klein, Mittelwert niedrig
unten: Streuung groß, Mittelwert hoch

## 9.5 Anwendung der Auswertung von Betriebsmessungen zur Ermittlung und Kontrolle der Jahresschmutzwassermenge $Q_{s,a}$

Nachdem die Bedeutung von Betriebsmessungen für einen geordneten Betrieb von Kläranlagen ausführlich dargelegt ist und die Arten der Auswertung beschrieben sind, sollen diese Kenntnisse jetzt auf den Bereich der Abwasserabgabe und hier zunächst auf die Ermittlung und Kontrolle der Jahresschmutzwassermenge $Q_{s,a}$ angewendet werden.

Dabei muß im Grunde genommen zwischen zwei Phasen unterschieden werden: der einleitenden Bescheidsumstellung und dem dann fortwährenden Vollzug. Was zunächst zur Beibringung von Bescheidsgrundlagen erforderlich ist, dient später der Eigenkontrolle und zum Nachweis von Veränderungen.

Beide Phasen sind sich in Bezug auf die Auswertung von Betriebsmessungen ähnlich, so daß sie gemeinsam behandelt werden können. –

In Abschnitt 9.3.3.1 wurde erläutert, warum die Jahresschmutzwassermenge im eigentlichen Sinn kein Meßwert ist, sondern eine Festsetzung. Die Grundlagen hierfür können nach 9.3.3.1.2 auf vielerlei Art ermittelt werden. Einige davon wurden im Planspiel bevorzugt und wirklichkeitsnah erprobt. Die in (12) und (246) mitgeteilten Ergebnisse werden auch nachfolgend verwendet.

### *9.5.1 Ermittlung aus dem Abfluß bei Trockenwetter*

Der im Abwasserabgabengesetz zur Bestimmung der Jahresschmutzwassermenge verwendete Begriff des Trockenwetters ist mit den Betriebsmessungen über Angaben zur Witterung verbunden. Sie leiten traditionell die Eintragungen im Betriebstagebuch ein. Beispiel Bild 9.5-1. Trockenwettertage sind an der Eintragung „trocken“ zu erkennen. Eine andere, etwas genauere Festlegung kann mit der täglichen Niederschlagshöhe erfolgen, die Trockenwetter- von Regenwettertagen trennt, auf sie müssen sich die Abgabebeteiligten unter Abwägung aller örtlichen Gegebenheiten vorher einigen.

Die Jahresschmutzwassermenge wird nun in der Art bestimmt, daß die Abflußtage und Abflußmenge bei Trockenwetter aufsummiert werden, daraus die mittlere Trockenwettertagesmenge bestimmt und diese auf das Jahr hochgerechnet wird.

Beispiel:

a) Kleines Entwässerunsgebiet

| | | |
|---|---|---|
| Anzahl der Tage mit Wetterart „trocken“ und „Frost“ | = | 180 d |
| Sume aller dazugehörigen Tagesabflüsse | = | 900 000 m³ |
| Mittlere Trockenwettertagesmenge | = | $\frac{900\,000\ m^3}{180\ d} = 5\,000\ m^3/d$ |
| Jahresschmutzwassermenge | = | $5\,000\ m^3/d \times 365\ d/a$ |
| | = | $1{,}825$ Mio $m^3/a$ |

b) Großes Entwässerungsgebiet

| | | |
|---|---|---|
| Anzahl der Tage, bei denen im Entwässerungsgebiet am Ablesetag $N < 0{,}5$ mm und am Vortag $N < 0{,}1$ mm Niederschlag registriert wurden | = | 130 d |
| Summe aller dazugehörigen Tagesabflüsse | = | 1 300 000 m³ |
| Mittlere Trockenwettertagesmenge | = | $\frac{1\,300\,000\ m^3}{130\ d} = 10\,000\ m^3/d$ |
| Jahresschmutzwassermenge | = | $10\,000\ m^3/d \times 365\ d/a$ |
| | = | $3{,}65$ Mio $m^3/a$ |

**Wetterschlüssel für das Wetter des gesamten Tages:**

trocken = 1; Frost = 2; Regen = 3; Gewitter = 4; Schneeschmelze = 5; Schneefall = 6

| | | | | | Zulauf | | | | | Absetzbare Stoffe | | | | |
|---|---|---|---|---|---|---|---|---|---|---|---|---|---|---|
| | | | | | | | Abwassermenge | | | | | | | |
| Datum | Wochentag | Uhrzeit | Wetter | Lufttemperatur | Temperatur | *p*H-Wert | Zeiger-Ablesung | Zähler-Ablesung | Tages-differenz | Zulauf Vorklärbecken (nach 2 h) | Ablauf Vorklärbecken (nach 2 h) | Ablauf Tropfkörper (2 h) / Schlamm-volumen in Belebungs. (30 min) | Ablauf Nachklärbecken (nach 2 h) | Sichttiefe im Nachklärbecken |
| | | | | °C | °C | | l/s | $m^3$ | $m^3$ | ml/l | ml/l | ml/l | ml/l | cm |
| 1 | 2 | 3 | 4 | 5 | 6 | 7 | 8 | 9 | 10 | 11 | 12 | 13 | 14 | 15 |
| 1. | | | | | | | | | | | | | | |
| 2. | | | | | | | | | | | | | | |
| 3. | | | | | | | | | | | | | | |
| 4. | | | | | | | | | | | | | | |
| 5 ... | | | | | | | | | | | | | | |
| ... 29 | | | | | | | | | | | | | | |
| 30. | | | | | | | | | | | | | | |
| 31. | | | | | | | | | | | | | | |
| | | | | | | | | | | | | | | |

Monats-summen: 1) ☐ 2) ☐ 3) ☐ 4) ☐ Sp. 2 des Jahresberichtes

: Zahl der Tage mit Wetter 1 oder 2 = ☐

= ☐ Schmutzwasser-Tagesmittel für Zeile $b_2$ der Auswertung × Zahl der Tage des Monats = ☐ Monatsschmutz-Wassermenge

1) Zahl der Tage mit Wetter 3, 4, 5 oder 6
2) Zahl der Tage mit Wetter 1 oder 2
3) Summe aller Tage:
4) Summe der Tage mit Wetter 1 oder 2

Bild 9.5-1. Betriebstagebuch für kleine und mittlere Kläranlagen. Eingerichtet auch zur Bestimmung der Jahresschmutzwassermenge über Monatsmittelwerte durch Einbeziehung aller durch die Witterungsangaben „trocken“ oder „Frost“ gekennzeichneten Messungen.

Bild 9.5-2. Monatsmittelwert aus Werktags-, Sonnabend- und Sonntagswerten.

Kläranlage ______ Jahr ______

Trockenwetterabfluß für Monat ______ Februar ______

| Datum | | Werktage m³/d | Samstage m³/d | Sonntage m³/d | Trockenwettertage |
|---|---|---|---|---|---|
| So | 1 | | | 14 000 | 14 000 |
| Mo | 2 | 18 000 | | | 18 000 |
| Di | 3 | 14 000 | | | 14 000 |
| Mi | 4 | 10 000 | | | 10 000 |
| Do | 5 | 14 000 | | | 14 000 |
| Fr | 6 | 17 000 | | | 17 000 |
| Sa | 7 | | 16 000 | | 16 000 |
| So | 8 | | | 14 000 | 14 000 |
| Mo | 9 | 17 000 | | | 17 000 |
| Di | 10 | 20 000 | | | 20 000 |
| Mi | 11 | 22 000 | | | 22 000 |
| Do | 12 | 12 000 | | | 12 000 |
| Fr | 13 | | | | – |
| Sa | 14 | | | | – |
| So | 15 | | | 10 000 | 10 000 |
| Mo | 16 | 22 000 | | | 22 000 |
| Di | 17 | 17 000 | | | 17 000 |
| Mi | 18 | 19 000 | | | 19 000 |
| Do | 19 | 19 000 | | | 19 000 |
| Fr | 20 | 19 000 | | | 19 000 |
| Sa | 21 | | 17 000 | | 17 000 |
| So | 22 | | | 14 000 | 14 000 |
| Mo | 23 | 19 000 | | | 19 000 |
| Di | 24 | 17 000 | | | 17 000 |
| Mi | 25 | 17 000 | | | 17 000 |
| Do | 26 | 17 000 | | | 17 000 |
| Fr | 27 | 16 000 | | | 16 000 |
| Sa | 28 | | 15 000 | | 15 000 |
| So | 29 | | | 13 000 | 13 000 |
| Summe pro Monat (m³) | | 326 000 | 48 000 | 65 000 | 439 000 |
| Anzahl der Trocken-wettertage | | 19 | 3 | 5 | 27 |
| Tagesmittelwert (m³/d) | | 17 158 | 16 000 | 13 000 | 16 256 |

## *9.5.2 Ermittlung aus mittleren Tageswerten*

Bei Kläranlagen mit über das Jahr nahezu gleichbleibender Abwasserganglinie bei Trockenwetter bzw. Anlagen an die nur Wohngebiete angeschlossen sind, kann aus dem Betriebstagebuch eine repräsentative Woche aus einer Trockenwetterperiode ausgewertet werden. Der Wochenwert wird auf das Jahr hochgerechnet.

Fortsetzung Bild 9.5-2.

| Monat | mittl. Werktag $m^3/d$ | | mittl. Samstag $m^3/d$ | | mittl. Sonntag $m^3/d$ | | $m^3$/Monat |
|---|---|---|---|---|---|---|---|
| Januar | 22 x 15 900 | + | 4 x 4 000 | + | 4 x 10 000 | = | 405 800 |
| Februar | 22 x 17 158 | + | 4 x 16 000 | + | 4 x 13 000 | = | 493 476 |
| März | 22 x 14 955 | + | 4 x 13 250 | + | 4 x 10 750 | = | 425 010 |
| April | 22 x 13 316 | + | 4 x 11 500 | + | 4 x 6 333 | = | 364 284 |
| Mai | 22 x 14 438 | + | 4 x 10 750 | + | 4 x 7 750 | = | 391 636 |
| Juni | 22 x 13 778 | + | 4 x 11 250 | + | 4 x 8 750 | = | 383 116 |
| Juli | 22 x 14 938 | + | 4 x 12 400 | + | 4 x 8 000 | = | 410 236 |
| August | 22 x 12 789 | + | 4 x 12 750 | + | 4 x 8 500 | = | 366 358 |
| September | 22 x 14 067 | + | 4 x 13 000 | + | 4 x 8 500 | = | 395 474 |
| Oktober | 22 x 14 350 | + | 4 x 12 000 | + | 4 x 10 250 | = | 404 700 |
| November | 22 x 14 688 | + | 4 x 13 000 | + | 4 x 4 000 | = | 391 136 |
| Dezember | 22 x 14 111 | + | 4 x 11 667 | + | 4 x 8 000 | = | 389 110 |
| Jahresschmutzwassermenge $m^3/a$ | | | | | | | 4 820 336 |

Beispiel:

Aus dem Betriebstagebuch ergeben sich
Tagesabwassermengen für die Zeit von

| | |
|---|---|
| Montag bis Freitag = 2 500 + 2 000 + 2 000 + 2 400 + 2 100 | = 11 200 $m^3$ |
| Samstag | = 1 800 $m^3$ |
| Sonntag | = 1 500 $m^3$ |
| Repräsentativer Wochenwert | = 14 500 $m^3$ |
| Jahresschmutzwassermenge = 14 500 $m^3$/Woche x 52 Wochen/a | = 754 000 $m^3$/a |

### *9.5.3 Ermittlung eines mittleren Monatswertes*

Im Betriebstagebuch sind sämtliche Tagesabflußmengen in $m^3/d$ und die dazugehörige Wetterart bzw. Niederschlagshöhe eingetragen. Entsprechend dem vorigen Beispiel werden die bei Trockenwetter verzeichneten Tagesabflußwerte zur Auswertung verwendet. Um dabei auch die Besonderheiten durch Gewerbe und Industrie besser zu erfassen und saisonale Mengenschwankungen genauer einzurechnen, werden Monatsmittelwerte gebildet und über das Jahr aufsummiert. Dabei kann auf verschiedene Weise vorgegangen werden, wobei am besten eine Listenberechnung durchgeführt wird. Die Ermittlungsweise nach Bild 9.5-2 wurde in den Planspielen mit gutem Erfolg erprobt.

### *9.5.4 Ermittlung aus einer Jahresdauerlinie*

Für Kläranlagen mit großen Einzugsgebieten und schwer überschaubaren Fließverhältnissen (Staukanäle, Regenüberlaufbecken, lange Nachlaufzeiten) lassen sich Trockenwetter- und Regenwetterabfluß nicht immer eindeutig unterscheiden. In diesem Fall werden die Abflußwerte am besten einer generellen Auswertung unterzogen.

Im Betriebstagebuch sind die Tagesabflußmengen in $m^3/d$ für ein ganzes Jahr verzeichnet. Die Werte werden ihrer Größe nach geordnet und über der Zeitachse aufgetragen. Auf diese Weise entsteht die Jahresdauerlinie der Kläranlagenabflüsse (Bild 9.5-3). Man erhält

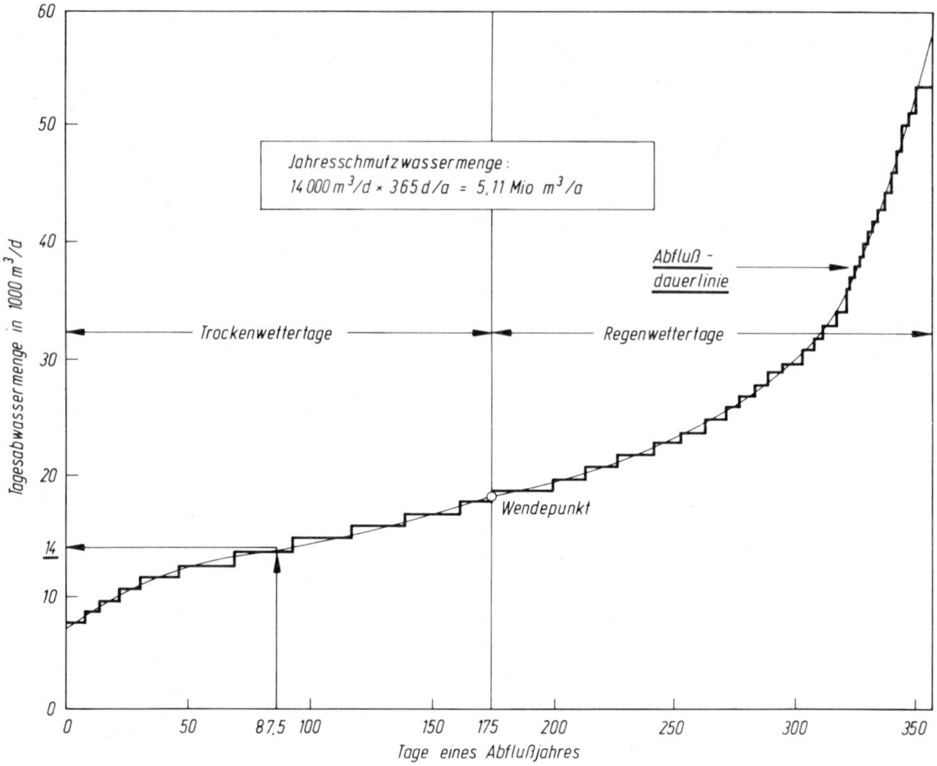


Bild 9.5-3. Jahresdauerlinie der Tagesabwassermenge $Q_d$.
Beispiel einer Auswertung für die Jahresschmutzwassermenge.
Andere Auslegungen sind möglich (s. 9.5.1.4).

eine treppenförmige Kurve, die bei Vorhandensein aller 365 Tageswerte einen nahezu glatten Kurvenzug ergibt. Auf der Zeitachse läßt sich die Grenze zwischen niederschlagsfreien Tagen und Tagen mit Niederschlägen eintragen. In den meisten Fällen ist dies annähernd die Abszisse des Wendepunktes der Jahresdauerlinie. Zweckmäßig sollte dieser Zeitpunkt für das betreffende Jahr und die jeweilige Region einheitlich z.B. vom Deutschen Wetteramt, festgelegt werden.

Zur Ermittlung der Jahresschmutzwassermenge wird der Ordinatenwert der halbierten „Zeitgrenze" als mittlerer Trockenwetterabfluß abgegriffen und auf das Jahr hochgerechnet.

### 9.5.5 *Ermittlung aus einer statistischen Verteilungsanalyse*

Im Betriebstagebuch sind sämtliche Tagesabwassermengen einschließlich der Tage mit Regenwetterabfluß in m³/d eingetragen. Die Meßwerte werden ihrer Größe nach gruppiert und in Klassen eingeteilt. Die Klassenbreite muß vorher aus größter und kleinster Tagesabwassermenge und Anzahl der auswertbaren Tage wie im nachfolgenden Beispiel bestimmt werden. Dann werden in einer Strichliste diesen Klassen die Meßwerte durch Auszählung zugeordnet (Bild 9.5-4).

| Klassenbreite × 1000 $m^3/d$ | Klassenmitte × 1000 $m^3/d$ | Strichliste für die Anzahl der Werte pro Klasse | Klassenhäufigkeit |
|---|---|---|---|
| 3,6– 4,5 | 4 | II | 2 |
| 4,6– 5,5 | 5 | III | 3 |
| 5,6– 6,5 | 6 | IIII | 4 |
| 6,6– 7,5 | 7 | 𝍸 I | 6 |
| 7,6– 8,5 | 8 | 𝍸 𝍸 | 10 |
| 8,6– 9,5 | 9 | 𝍸 𝍸 II | 12 |
| 9,6–10,5 | 10 | 𝍸 𝍸 𝍸 | 15 |
| 10,6–11,5 | 11 | 𝍸 𝍸 𝍸 𝍸 | 20 |
| 11,6–12,5 | 12 | 𝍸 𝍸 𝍸 𝍸 II | 22 |
| 12,6–13,5 | 13 | 𝍸 𝍸 𝍸 𝍸 𝍸 𝍸 𝍸 II | 37 |
| 13,6–14,5 | ▶ 14 | 𝍸 𝍸 𝍸 𝍸 𝍸 𝍸 𝍸 𝍸 𝍸 𝍸 𝍸 I | 56 |
| 14,6–15,5 | 15 | 𝍸 𝍸 𝍸 𝍸 𝍸 𝍸 𝍸 𝍸 III | 43 |
| 15,6–16,5 | 16 | 𝍸 𝍸 𝍸 II | 17 |
| 16,6–17,5 | 17 | 𝍸 𝍸 𝍸 𝍸 𝍸 II | 27 |
| 17,6–18,5 | 18 | 𝍸 𝍸 II | 12 |
| 18,6–19,5 | 19 | 𝍸 𝍸 III | 13 |
| 19,6–20,5 | 20 | 𝍸 | 5 |
| 20,6–21,5 | 21 | 𝍸 II | 7 |
| 21,6–22,5 | 22 | 𝍸 III | 8 |
| 22,6–23,5 | 23 | IIII | 4 |
| 23,6–24,5 | 24 | III | 3 |
| 24,6–25,5 | 25 | IIII | 4 |
| 25,6–26,5 | 26 | 𝍸 | 5 |
| 26,6–27,5 | 27 | I | 1 |
| 27,6–28,5 | 28 | 𝍸 I | 6 |
| 28,6–19,5 | 29 | II | 2 |
| 29,6–30,5 | 30 | III | 3 |
| 30,6–31,5 | 31 | II | 2 |
| 31,6–32,5 | 32 | II | 2 |
| 32,6–33,5 | 33 | I | 1 |
| 33,6–34,5 | 34 | | |
| 34,6–35,5 | 35 | II | 2 |
| 35,6–36,5 | 36 | I | 1 |
| 36,6–37,5 | 37 | I | 1 |
| 37,6–38,5 | 38 | | |
| 38,6–39,5 | 39 | I | 1 |
| 39,6–40,5 | 40 | I | 1 |

Bild 9.5-4. Strichliste der Tagesabwassermengen zur statistischen Verteilungsanalyse. Beispiel.

Beispiel:

Anzahl der auswertbaren Tage $N$ = 358

Größte Tagesabwassermenge $Q_{max}$ = 30 000 $m^3/d$

Kleinste Tagesabwassermenge $Q_{min}$ = 4 000 $m^3/d$

Klassen (breite)

$$= \frac{Q_{max} - Q_{min}}{N}$$

$$= \frac{30\,000\ m^3/d - 4\,000\ m^3/d}{358} = 1\,378\ m^3/d$$

gewählt = 1 000 $m^3/d$

Dichtemittel nach Strichliste = 14 000 $m^3/d$

Jahresschmutzwassermenge = 14 000 $m^3/d$ x 365 = 5,11 Mio $m^3/a$

Ergibt die Strichliste wegen mehrerer Spitzen eine Mehrdeutigkeit und sind Regenwettereinflüsse mit Sicherheit nicht die Ursache, kann dies z.B. auf saisonale Mengenschwankungen zurückzuführen sein. In diesem Fall empfiehlt sich eine Mittelbildung durch Gewichtung der beiden festgestellten Dichtemittel und der zugehörigen Klassenhäufigkeit.

| | |
|---|---|
| Beispiel: | Annahmen, ohne Bild |
| Dichtemittel I | = 15 000 $m^3/d$ |
| zugehörige Klassenhäufigkeit | = 80 (Annahme; ohne Bild) |
| Dichtemittel II | = 25 000 $m^3/d$ |
| zugehörige Klassenhäufigkeit | = 50 (Annahme, ohne Bild) |
| Gewichtetes Dichtemittel | $= \frac{15\,000 \times 80 + 25\,000 \times 50}{80 + 50}$ |
| | = 18 850 $m^3/d$ |
| Jahresschmutzwassermenge | = 18 850 $m^3/d \times 365$ = 6,88 Mio $m^3/a$ |

### *9.5.6 Ermittlung im Wahrscheinlichkeitsnetz*

Möglicherweise wird die Größe des Faktors „Jahresschmutzwassermenge“ in besonders gelagerten Einzelfällen eine über die Abschnitte 9.5.1 bis 9.5.5 hinausgehende Genauigkeit erfordern. Hierfür steht die Auswertung im Wahrscheinlichkeitsnetz nach 9.4.3.7 zur Verfügung, denn auch das jährliche Zahlenkollektiv der Tagesschmutzwassermenge erfüllt alle Voraussetzungen für eine statistische Auswertung.

Unter Einbeziehung der 365 Tagesergebnisse pro Jahr ist allerdings eine Mehrgipfeligkeit der Normalverteilung zu erwarten, wovon ein Gipfel dem Trockenwetterabfluß, weitere den häufigsten Regenereignissen zugeordnet sind. Diese Art der Ermittlung wird auf Spezialfälle beschränkt bleiben. Im Planspiel sind sie nicht erprobt und hier werden sie zunächst nicht weiter behandelt.

### *9.5.7 Zusammenfassung*

Sowohl der Begriff als auch die Arten der Ermittlung und Kontrolle der Jahresschmutzwassermenge durch Auswertung von Betriebsmessungen sind in der Abwassertechnik neu. Trotzdem kann allen Bedarfsfällen mit plausiblen Methoden entsprochen werden, denn sowohl die Messungen, aus denen die Jahresschmutzwassermenge ermittelt wird, als auch die Methoden der Auswertung gehören seit langem zu den allgemein anerkannten Regeln der Technik. Eine vernünftige Anwendung dieser Regeln wird nach den Ergebnissen der Planspiele immer zu einer beiderseits befriedigenden Abgabengerechtigkeit führen.

## 9.6 Anwendung der Auswertung von Betriebsmessungen zur Ermittlung und Kontrolle der Schadstoffparameter

Die Ermittlung und Kontrolle der Schadstoffparameter ist, auch wenn das Abwasserabgabengesetz gerade dies aus historischen Gründen zu umgehen versuchte, nun doch von ihm mehr oder weniger erzwungen. Auf alle Fälle ist es eine Folge des Gesetzes, daß dem Abgabepflichtigen gar nichts anderes übrig bleibt, als das Betriebsgeschehen seiner Kläranlage nun nicht nur selber meßtechnisch zu verfolgen, sondern die Ergebnisse auch für seine Bedürfnisse der Abgabenminimierung fortlaufend auszuwerten. Diese Aufgabe haben viele am Planspiel beteiligten Abgabepflichtigen interessiert übernommen. In (246) sind die Ergebnisse an einem besonders umfangreichen CSB-Beispiel zusammengefaßt, dem auch hier gefolgt werden soll.

### *9.6.1 Schadstoffparameter aus einfacher arithmetischer Auswertung*

Diese Art der Auswertung kann angewandt werden, wenn nur wenige Meßwerte vorliegen. Der sich ergebende arithmetische Mittelwert kann als der im Mittel eingehaltene Wert angesehen und somit als Regelwert im Sinne des § 4 (1) AbwAG verwendet werden. Es besteht aber auch die Möglichkeit, den Bezugswert aus der Hälfte des gemessenen höchsten Wertes zu ermitteln.

#### *9.6.1.1 Bezugswert aus dem arithmetischen Mittel*

Es liegen nur wenige 2-h-Mischproben aus Eigenkontroll- und behördlichen Überwachungsmessungen vor.

Beispiel:

| | |
|---|---|
| Probenanzahl | = 10 |
| CSB-Werte aus Eigenkontrolle | = 80, 50, 90, 60, 70, 80, 50, 90 mg/l $O_2$ |
| Überwachung | = 60, 70 mg/l $O_2$ |

$$\text{arithmetisches Mittel aller Werte} = \frac{\text{CSB-Werte}}{10} = \frac{700}{10} = 70 \text{ mg/l } O_2$$

Diskussion:

Aus den vorliegenden 10 Meßwerten ergibt sich ein im Mittel eingehaltener CSB-Wert von 70 mg/l $O_2$. Dieser Wert kann als Regelwert zugrunde gelegt werden. Der Betreiber muß sich jedoch darüber im Klaren sein, daß wegen der geringen Anzahl an Meßwerten, die zudem aus 2-h-Proben ermittelt wurden, das „wahre“ Betriebsmittel wahrscheinlich einen höheren oder niedrigeren Wert hat. Für eine etwas genauere Auswertung der 2-h-Mischproben kann der Mittelwert auch als „gewogenes Mittel“ unter Zuhilfenahme der während der Probennahme gemessenen 2-h-Wassermengen über die CSB-Fracht errechnet werden.

Zur Festlegung des Höchstwertes wird der Betreiber gut daran tun, die im Gesetz vorgesehene Möglichkeit voll auszuschöpfen, d.h. Höchstwert wird der doppelte Regelwert.

Damit ergibt sich für die Werte des obigen Beispiels:

| | | |
|---|---|---|
| Regelwert | $RW$ = 70 mg/l $O_2$ | |
| Höchstwert | $HW$ = 2 x 70 | = 140 mg/l $O_2$ |
| Bezugswert | $BW$ = Regelwert | = 70 mg/l $O_2$ |

#### *9.6.1.2 Bezugswert aus dem halben Höchstwert*

Mit den vorstehenden Meßergebnissen aus 9.6.1.1 könnte der abgabenbedeutsame Bezugswert auch über den Höchstwert ermittelt werden:

| | |
|---|---|
| Höchstwert $HW$ | |
| = gemessener höchster Wert | = 90 mg/l $O_2$ |
| Bezugswert $BW$ | |
| = 90 : 2 = | = 45 mg/l $O_2$ |

Diese für den Abgabepflichtigen günstigen Veranlagungswerte lassen sich mit den Bestimmungen des Abwasserabgabengesetzes formal in Einklang bringen. Es ist jedoch nicht anzunehmen, daß die festsetzende Behörde die Hälfte des gemessenen höchsten Wertes einer Reihe aus nur wenigen Messungen als Bezugswert (45 mg/l $O_2$) anerkennt, wenn er von dem Mittel der Meßergebnisse (70 mg/l $O_2$) erheblich nach unten abweicht. Auch würde damit das Verursacherprinzip unterlaufen, weil die tatsächliche, mittlere Belastung des Gewässers durch den Einleiter nicht bei 45 mg/l $O_2$ liegt.

### *9.6.1.3 Bezugswert nach HW-Überschreitung*

Im Beispiel 9.6.1.2 ist für den Betreiber das Risiko größer, daß durch festgestellte Überschreitungen des Höchstwertes der Bezugswert von amtswegen hochgesetzt wird:

| | |
|---|---|
| Höchstwert *HW* nach 9.6.1.2 | = 90 mg/l $O_2$ |
| Überwachungswerte nicht mehr 60, 70 wie in 9.6.1.1 sondern beispielsweise | = 120, 110, 130 mg/l $O_2$ |
| Erhöhter Bezugswert nach § 4 (4) AbwAG | |
| = Alter Bezugswert | = 45 |
| + Mittlere Höchstwertüberschreitungen | $+ \frac{30 + 20 + 40}{3}$ |
| | = 75 mg/l $O_2$ |

## *9.6.2 Schadstoffparameter im Leistungsbild/Kontrollkarte*

Das Leistungsbild ist für das Betriebspersonal zur Darstellung von Betriebsergebnissen eingeführt worden. Die Kontrollkarte dient der Qualitätsüberwachung im Industriebetrieb. In beiden Fällen werden die Meßergebnisse entsprechend ihrer zeitlichen Folge in ein Diagramm eingetragen. Auch können wasserrechtlich vorgeschriebene Grenzwerte aufgenommen werden.

Liegen aus vorangegangenen Zeiten Meßreihen vor, lassen sich daraus Betriebsmittelwert und Warngrenzen eintragen, für deren Ermittlung zuvor eine, wenn auch einfache mathematisch-statistische Berechnung notwendig ist. Soweit aus vorangegangenen Veranlagungen nach dem Abwasserabgabengesetz Regel- und Höchstwerte bekannt sind, können diese ebenfalls als Beurteilungskriterium für die laufenden Betriebsergebnisse eingetragen werden.

Werden die Meßwerte sofort eingetragen und in ihrem Trend beurteilt, können gegebenenfalls betriebliche Maßnahmen vorgenommen werden, die eine Überschreitung der Bezugslinien vermeiden helfen. Ist das Leistungsbild für ein Abgabejahr abgeschlossen, lassen sich endgültige Aussagen über die abgabebedeutsamen Werte machen.

Als Beispiel wurden die CSB-Werte von einer mechanisch-biologisch-chemischen Kläranlage ausgewertet, Bild 9.6-1. Aus den im Planspiel durchgeführten Untersuchungen liegen etwa 175 Messungen für die 1. Jahreshälfte 1980 vor. Der Kläranlage werden durch Industrie und Gewerbe schwer abbaubare CSB-Verbindungen in stark schwankenden Konzentrationen zugeleitet. Die untersuchten Proben wurden als 24-h-Sammelproben durchflußproportional am Auslauf entnommen und analysiert.

Die Ergebnisse sind in eine Kontrollkarte eingetragen, wobei die bei Regenwetter gemessenen Werte besonders gekennzeichnet sind. Für eine abschließende Bewertung muß die Kontrollkarte natürlich bis zum Jahresende weitergeführt werden. Sie soll hier an Stelle einer Jahres-Kontrollkarte diskutiert werden.

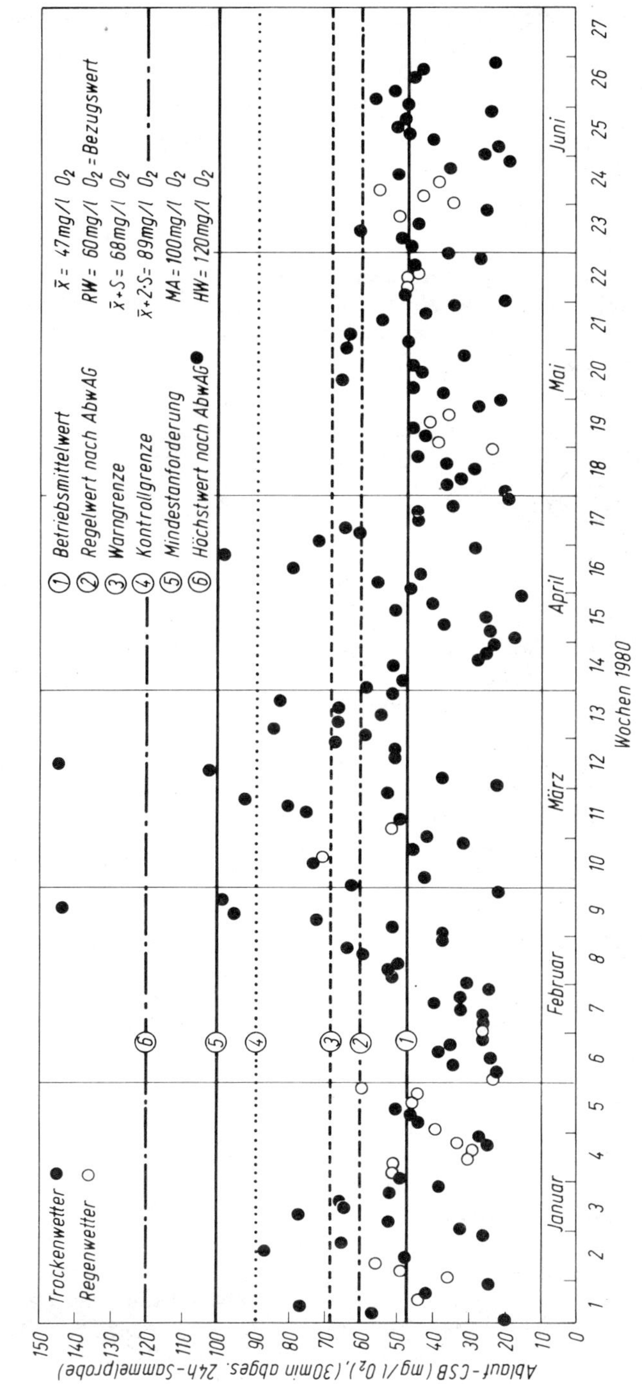


Bild 9.6-1. CSB-Ablaufwerte einer mechanisch-biologisch-chemischen Kläranlage in der Kontrollkarte.

Das Beispiel und seine Diskussion ist trotz des dreistufigen Ausbaues der Kläranlage, der Industrieeinflüsse und eines Betriebslabors, in dem die Proben analysiert wurden, für Kläranlagen aller Ausbau- und Belastungszustände und Größenklassen, also auch für mittlere und kleine Kläranlagen, gültig. Deren Betriebsergebnisse sehen im Leistungsbild ja nicht anders aus, höchstens, daß nicht so viele Meßergebnisse vorliegen und diese etwas ungenauer sind. Mit beiden Einschränkungen läßt sich nämlich ein ähnliches Ergebnis erzielen, was in 9.6.4 noch gezeigt wird.

#### *9.6.2.1 Mittelwert: Warn- und Kontrollgrenze*

Bei unvoreingenommener Betrachtung der Meßwerte läßt sich in grober Näherung der Mittelwert bei 50 mg/l $O_2$ einordnen. Die Berechnung des arithmetischen Mittelwertes ergibt einen Betrag von $\bar{x} = 47{,}3$ mg/l $O_2$. (Berücksichtigt man nur die 137 Trockenwetter tage, ergibt sich eine kaum nennenswerte Verschiebung des Mittelwertes auf 48,6 mg/l $O_2$).

Die Bandbreite der Meßergebnisse kennzeichnet die Streuung der Ablaufwerte. Sie kann als Standardabweichung aus den $N$ Einzelwerten $x_i$ und ihrem Mittelwert $\bar{x}$ berechnet werden.

$$s = \sqrt{\frac{\Sigma\,(x_i - \bar{x})^2}{N - 1}}$$

Mittelwert und Standardabweichung lassen sich auf dafür eingerichteten Taschenrechnern rasch ermitteln.

Mit der Standardabweichung $s$ lassen sich zwei zur Beurteilung der Meßergebnisse wichtige Angaben machen. Es sind dies die Warngrenze $(\bar{x} + s)$ und die Kontrollgrenze $(\bar{x} + 2\,s)$, wobei die Begriffe bereits selber erklären, was sie aussagen.

Mit den vorliegenden Werten ergeben sich:

| | | |
|---|---|---|
| Mittelwert | $\bar{x}$ | = 47,3 mg/l $O_2$ |
| | | = (48,6 mg/l $O_2$ bei Trockenwetter) |
| Standardabweichung | $s$ | = 21,1 mg/l $O_2$ |
| Warngrenze | $W$ | = $\bar{x} + s \cong 68$ mg/l $O_2$ |
| Kontrollgrenze | $K$ | = $\bar{x} + 2\,s \cong 90$ mg/l $O_2$ |

Mit diesen Parametern ist die unter den gegebenen Abwasserzulaufverhältnissen und dem praktizierten Reinigungsverfahren erzielte und erzielbare Ablaufqualität für den CSB beschrieben. Der Betreiber kann demnach für die Zukunft außer der Mittelwertlinie auch die Warn- und Kontrollgrenzen als diejenigen Qualitätslinien eintragen, deren zeitweise häufiges Überschreiten auf unerwünschte Prozeßeinflüsse schließen läßt.

Den Begriffen der Warngrenze und der Kontrollgrenze sind statistische Prozentzahlen zugeordnet, mit denen diese Werte eingehalten bzw. überschritten werden. Bei der Warngrenze sind es 68 % Einhaltung bzw. 32 % Überschreitung, bei der Kontrollgrenze 95 % Einhaltung und 5 % Überschreitung. Nun kennt die Statistik aber nicht nur eine Grenze, sondern deren zwei, nämlich eine untere und eine obere, zwischen denen sich die Einhaltung bzw. Überschreitung abspielt. Die untere spielt im vorliegenden Fall keine Rolle, wohl aber die obere, auf die nun bei der Warngrenze eine 32/2 = 16 % Überschreitungshäufigkeit und bei der Kontrollgrenze eine 5/2 = 2,5 % Überschreitungshäufigkeit entfällt. Für die Praxis bedeutet dies, daß bei 360 Messungen im Jahr 16 % oder 58 Werte über der Warngrenze und 2,5 % oder etwa 9 Werte über der Kontrollgrenze liegen werden, wenn die Einflüsse auf die Streuung der Ablaufergebnisse zufallsbedingt sind.

### 9.6.2.2 *Abgabebedeutsame Werte und Überwachungsmessungen*

Den Kläranlagen-Betreiber interessiert nun der Zusammenhang zwischen den aus Betriebsmessungen abgeleiteten Qualitätslinien, den daraus zu ziehenden Schlüssen für die abgabenbedeutsamen Werte und den Überwachungsmessungen. Als Entscheidungshilfe sind hierfür in Bild 9.6-1 der in 9.6.2.1 genannte Mittelwert (durchgezogene Linie) und die Warngrenze (strich-punktierte Linie) und die Kontrollgrenze (punktierte Linie) eingetragen.

#### 9.6.2.2.1 Mindestanforderung

Die Mindestanforderungen sind, falls nicht anders im Wasserrecht entschieden, in der 1. Schmutzwasser-VwV für Größenklasse 3 und 24-h-Sammelproben mit CSB = 100 mg/l $O_2$ angegeben. Es ist also zu prüfen, ob in der dargestellten Betriebszeit diese *MA* eingehalten wurden. Hierzu ist für die *MA* im Bild 9.6-1 eine weitere Qualitätslinie (durchgezogener Strich) eingetragen. Nur Werte oberhalb dieser Linie überschreiten den CSB 100 mg/l $O_2$. Bei einem Betriebsmittelwert von rd. 50 mg/l CSB liegt die Anlage offensichtlich nicht auf der unsicheren Seite. Dies ist aber nur eine schwache Aussage über die Einhaltung der *MA*.

#### 9.6.2.2.2 Risiko der *MA*-Überschreitung

Wegen der verhältnismäßig großen Streuung der CSB-Ablaufwerte liegt die Kontrollgrenze von 90 mg/l $O_2$ nahe am Wert der Mindestanforderung. Da zu erwarten ist, daß etwa 9 Werte pro Jahr die Kontrollgrenze überschreiten, muß damit gerechnet werden, daß unter Umständen einige der über die Einhaltung der Mindestanforderung entscheidenden 5 staatlichen Überwachungswerte über dem zugelassenen Wert der Mindestanforderung zu liegen kommen. Der Betreiber tut deshalb gut daran, das Betriebsgeschehen so zu steuern, daß die Kontrollgrenze nicht erreicht oder überschritten wird.

#### 9.6.2.2.3 Bezugswert = Regelwert

Der abgabenbedeutsame Bezugswert läßt sich entweder über den Regelwert oder den halben Höchstwert ermitteln. Nimmt man als Regelwert den im Mittel eingehaltenen Wert, ergibt sich als Bezugswert aus dem Betriebsmittelwert ein Betrag von 47 mg/l $O_2$ oder gerundet 50 mg/l $O_2$. Damit ergibt sich als abgabebedeutsamer Höchstwert ein Betrag von 100 mg/l $O_2$.

#### 9.6.2.2.4 Bezugswert = halber Höchstwert

Nimmt man als Bezugswert den halben Höchstwert und geht dabei vom höchsten gemessenen 24-h-Wert aus (144 mg/l $O_2$), ergibt sich 144 : 2 = 72 mg/l $O_2$ oder gerundet ein Betrag von 70 mg/l $O_2$ als Bezugswert.

#### 9.6.2.2.5 Risiko der *HW*-Überschreitung

Der niedere Bezugswert von 50 mg/l $O_2$ hat eine entsprechend niedrigere Abgabe zur Folge. Dabei muß in Kauf genommen werden, daß bei Überwachungsmessungen mehr als einmalige Überschreitungen des zugehörigen Höchstwertes von 100 mg/l $O_2$ festgestellt werden. Umgekehrt ergibt der höhere Bezugswert von 70 mg/l gegenüber dem Wert von 50 mg/l $O_2$ eine um 40 % höhere Abgabe bei geringerem Überschreitungsrisiko des zugehörigen Höchstwertes von 140 mg/l $O_2$.

9.6.2.2.6 Entscheidungen

Da das Abwasserabgabengesetz die für den Betreiber günstigste Lösung mit einem Bezugswert von 50 mg/l $O_2$ und einem Höchstwert von 140 mg/l $O_2$ nicht zuläßt, wird die beste Lösung in der Mitte liegen, so daß sich für das Beispiel folgende abgabenbedeutsamen Werte für den CSB ergeben:

Regelwert $RW =$ 60 mg/l $O_2$
Höchstwert $HW =$ 120 mg/l $O_2$
Bezugswert $BW =$ 60 mg/l $O_2$

### *9.6.3 Schadstoffparameter im Wahrscheinlichkeitsnetz bei großer Probenzahl*

Die in Bild 9.6-1 dargestellten 175 Meßergebnisse wurden nach (246) auch im Wahrscheinlichkeitsnetz ausgewertet. Dadurch konnten die Aussagen gestrafft werden, allerdings unter Verlust des zeitlichen Zusammenhanges. Diese Auswertung wird als Beispiel im folgenden besprochen.

*9.6.3.1 Verteilungsgerade*

Die 175 Meßergebnisse werden in aufsteigender Reihenfolge geordnet, im Zehnerschritt in Klassen eingeteilt, die Klassenhäufigkeit ausgezählt, zur Summenhäufigkeit aufaddiert und diese als Prozent der Gesamtzahl der Messung, nämlich 175, angegeben. Bild 9.6-2. Die errechnete prozentuale Summenhäufigkeit wird über der oberen Klassengrenze in ein Wahrscheinlichkeitsnetz eingetragen. Die Punkte ordnen sich im logarithmisch geteilten Wahrscheinlichkeitsnetz entlang einer Geraden (Bild 9.6-3).

| Klassengrenzen unten oben | Klassenhäufigkeit | Summenhäufigkeit Absolut | % |
|---|---|---|---|
| 11– 20 | 6 | 6 | 3,4 |
| 21– 30 | 30 | 36 | 20,6 |
| 31– 40 | 32 | 68 | 38,9 |
| 41– 50 | 48 | 116 | 66,3 |
| 51– 60 | 26 | 142 | 81,1 |
| 61– 70 | 13 | 155 | 88,6 |
| 71– 80 | 8 | 163 | 93,1 |
| 81– 90 | 4 | 167 | 95,4 |
| 91–100 | 4 | 171 | 97,7 |
| 101–110 | 2 | 173 | 98,8 |
| 111–120 | 0 | 173 | 98,8 |
| 121–130 | 0 | 173 | 98,8 |
| 131–140 | 0 | 173 | 98,8 |
| 141–150 | 2 | 175 | 100 |

Bild 9.6-2. Summenhäufigkeit der in Klassen eingeteilten Ergebnisse einer Meßreihe mit 175 CSB-Ablaufwerten.

### *9.6.3.2 Abgabebedeutsame Parameter*

Soll als Bezugswert der Regelwert herangezogen werden, ist es naheliegend, den Betriebsmittelwert zu verwenden. Ohne weitere Berechnung kann dazu der bei einer Summenhäufigkeit von 50 % abzulesende Medianwert $\tilde{x}$ = 42 mg/l $O_2$ verwandt werden. Mit den in Bild 9.6-3 angegebenen Formeln läßt sich darüber hinaus der besser zutreffende Mittelwert $\bar{x}$ = 46 mg/l $O_2$ errechnen.

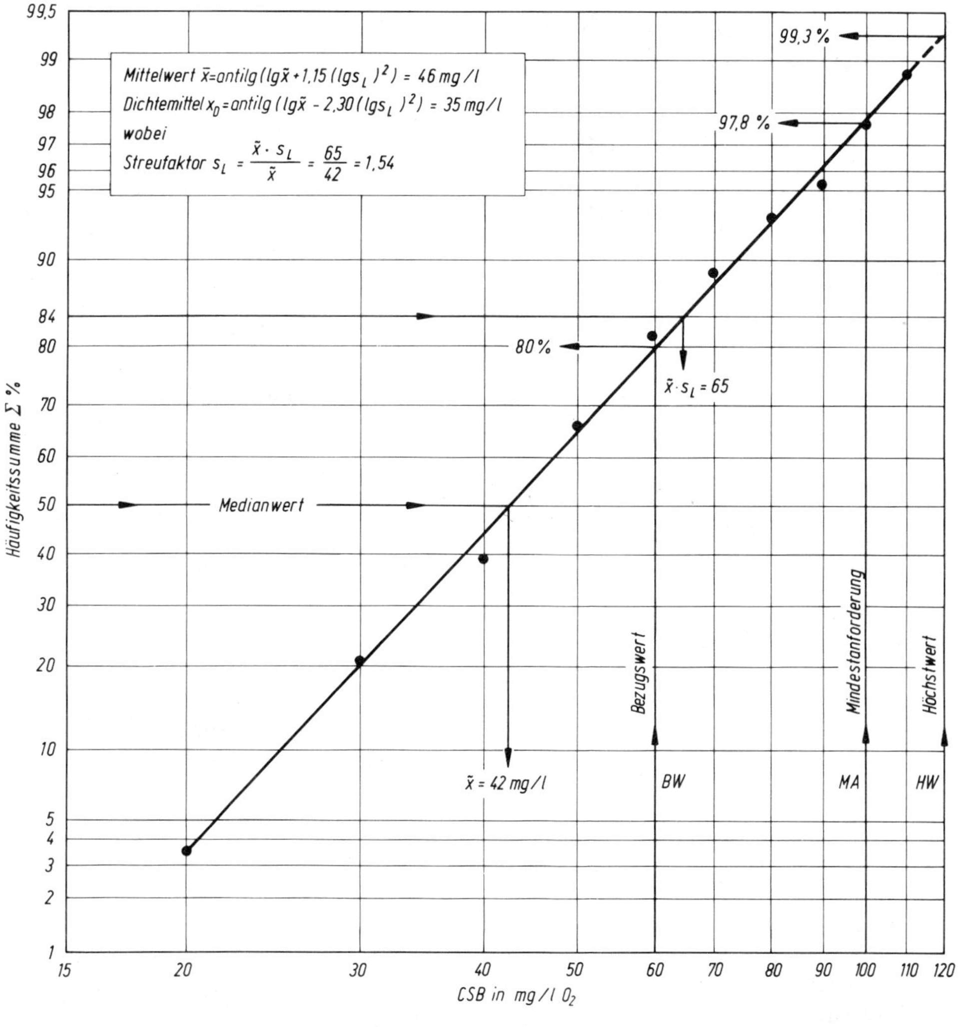


Bild 9.6-3. Betriebsergebnisse im Wahrscheinlichkeitsnetz mit logarithmisch unterteilter CSB-Achse.

Bild 9.6-4. CSB-Betriebsmessungen im Auswertevordruck nach *Groche* (110).
Ergänzende Erläuterungen zum Vordruck in 9.4.3.7 und Bild 9.4-5, Seite 347.

| lfd. Nr. $i$ | $3i-1$ | $x_i$ | Σ % | lfd. Nr. $i$ | $3i-1$ | $x_i$ | Σ % |
|---|---|---|---|---|---|---|---|
| 1 | 2 | 20 | 2,35 | 26 | 77 | 92 | 90,59 |
| 2 | 5 | 21 | 5,88 | 27 | 80 | 98 | 94,11 |
| 3 | 8 | 22 | 9,41 | 28 | 83 | 98 | 97,64 |
| 4 | 11 | 24 | 12,94 | 29 | 86 | | |
| 5 | 14 | 25 | 16,46 | 30 | 89 | | |
| 6 | 17 | 26 | 20,00 | 31 | 92 | | |
| 7 | 20 | 30 | 23,52 | 32 | 95 | | |
| 8 | 23 | 33 | 27,06 | 33 | 98 | | |
| 9 | 26 | 34 | 30,59 | 34 | 101 | | |
| 10 | 29 | 37 | 34,11 | 35 | 104 | | |
| 11 | 32 | 38 | 37,64 | 36 | 107 | | |
| 12 | 35 | 40 | 41,18 | 37 | 110 | | |
| 13 | 38 | 43 | 44,71 | 38 | 113 | | |
| 14 | 41 | 44 | 48,23 | 39 | 116 | | |
| 15 | 44 | 45 | 51,76 | 40 | 119 | | |
| 16 | 47 | 48 | 55,29 | 41 | 122 | | |
| 17 | 50 | 49 | 58,82 | 42 | 125 | | |
| 18 | 53 | 49 | 62,35 | 43 | 128 | | |
| 19 | 56 | 50 | 65,88 | 44 | 131 | | |
| 20 | 59 | 50 | 69,41 | 45 | 134 | | |
| 21 | 62 | 50 | 72,94 | 46 | 137 | | |
| 22 | 65 | 64 | 76,47 | 47 | 140 | | |
| 23 | 68 | 77 | 80,00 | 48 | 143 | | |
| 24 | 71 | 82 | 83,52 | 49 | 146 | | |
| 25 | 74 | 87 | 87,00 | 50 | 149 | | |

$n = 28$

$\Sigma\,\% = \frac{100}{(3n+1)} \cdot (3i-1)$

$3n+1 = 85$

$100 : (3n+1) = 1{,}176$

Zentralwert $\tilde{x}$ = 44 (aus Grafik)

$\tilde{x} \cdot s_L$ = 70 (aus Grafik)

Streufaktor $s_L = \frac{\tilde{x} \cdot s_L}{\tilde{x}} = 1{,}59$

Auswertung wie Bild 9.4-5

Klärwerk: X-Hausen
Messung: Ablauf NK
Zeit: 1. Halbjahr 1980
gefertigt: Unterschrift

### 9.6.3.3 *Entscheidungen*

Geht man von 46 mg/l $O_2$ oder gerundet 50 mg/l $O_2$ als Regelwert aus, ergeben sich für den zugehörigen Höchstwert von 100 mg/l $O_2$ dieselben Überlegungen wie im vorangegangenen Beispiel. Wie bereits vorgeschlagen, ist es unter den gegebenen Betriebsverhältnissen aber am besten, die Veranlagung nach dem Abwasserabgabengesetz mit einem Bezugswert von 60 mg/l $O_2$ und einem zugehörigen Höchstwert von 120 mg/l $O_2$ zu beginnen (Bild 9.6-3).

Fortsetzung Bild 9.6-4.

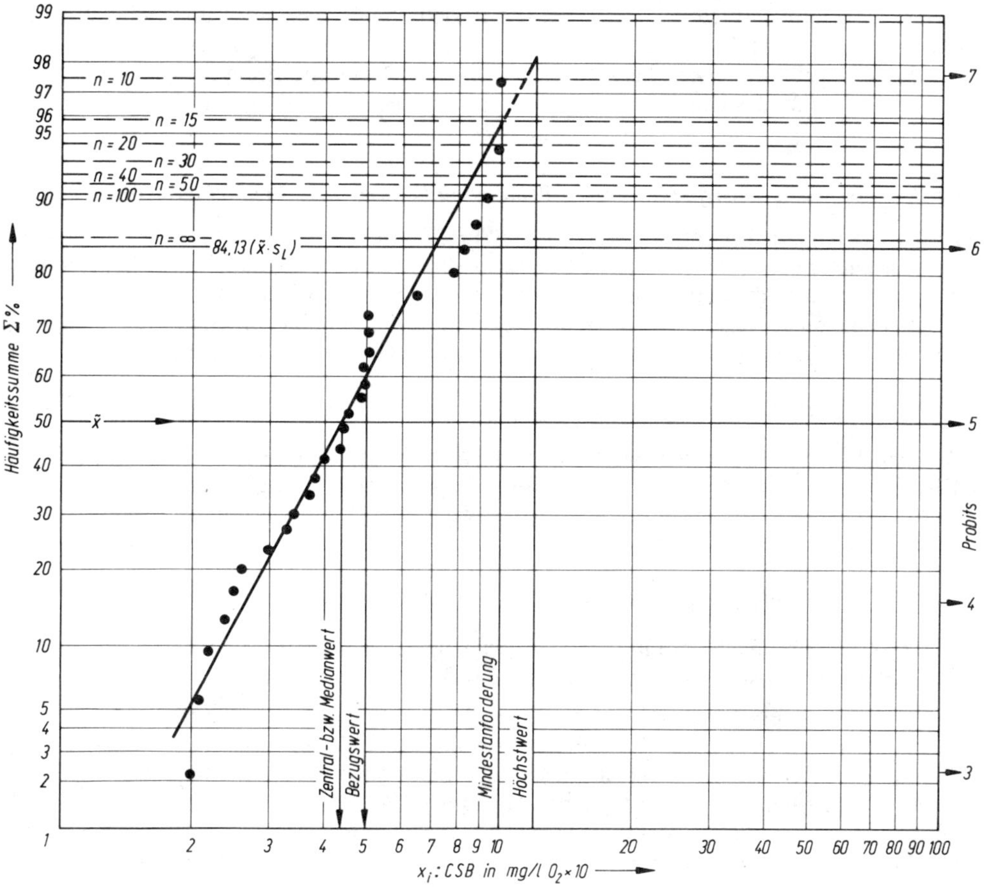


### 9.6.3.4 *Auswirkungen*

Trägt man in das Wahrscheinlichkeitsnetz Bezugswert, Mindestanforderung und Höchstwert ein, lassen sich an den Schnittpunkten mit der Verteilungsgeraden die zugehörigen Werte der Summenhäufigkeit ablesen. Es ergibt sich, daß für die festgestellte Streuung (= Neigung der Verteilungsgeraden) die CSB-Werte voraussichtlich überschreiten:

| | |
|---|---|
| den Bezugswert | 20 % aller Werte oder<br>73 von 365 Werten im Jahr |
| die Mindestanforderung | 2,2 % aller Werte oder<br>8 von 365 Werten im Jahr |
| den Höchstwert | 0,7 % aller Werte oder<br>3 von 365 Werten im Jahr |

#### 9.6.3.5 *Risiko*

Ob Mindestanforderung und Höchstwert eingehalten wurden, hängt von den Meßergebnissen der staatlichen Überwachung ab. Die statistische Aussage im Wahrscheinlichkeitsnetz ist zwar allein schon eine sehr wichtige Aussage, doch muß in die Analyse auch die aus der Kontrollkarte ersichtliche zeitliche Folge der Überschreitung einbezogen werden. Jedenfalls wächst das Überschreitungsrisiko mit der Häufung von hohen Ergebnissen der Betriebsmessungen und mit zunehmender Überwachungsdichte.

### 9.6.4 *Schadstoffparameter im Wahrscheinlichkeitsnetz bei kleiner Probenzahl*

Selten werden zur Auswertung wie in 9.6.3 175 Betriebsmessungen zur Verfügung stehen und das auch noch in einem halben Jahr. Daß eine solche Meßdatenfülle zur Beurteilung von Betriebszuständen auch nicht erforderlich ist, soll jetzt gezeigt werden. In 9.4.3.7 wurde ja davon ausgegangen, daß in der Regel nur 50 Ergebnisse pro Jahr oder weniger und also für ein halbes Jahr wie im Beispiel etwa die Hälfte zur Verfügung stehen.

#### 9.6.4.1 *Verkleinerung der Probenzahl*

Aus den 175 Betriebsmessungen wurden, beginnend vom ersten Untersuchungstag und im Rhythmus von 5, 6 und 7 Tagen, insgesamt 28 Meßwerte herausgenommen. Dieser Meßwertumfang eines halben Jahres entspricht etwa den 50 Jahreswerten, die das Betriebspersonal bei konsequenter Eigenkontrolle beibringen würde.

#### 9.6.4.2 *Verteilungsgerade*

Die 28 Werte sind nach dem in (110) vorgeschlagenen schematisierten Verfahren im Wahrscheinlichkeitsnetz ausgewertet (Bild 9.6-4, Seite 366/367).

Die Auswertung ergibt für die Ausgleichsgerade aus 28 Werten Übereinstimmung mit der Lage und Neigung der Ausgleichsgeraden von allen 175 Werten entsprechend Bild 9.6-3. Damit läßt sich zeigen, daß die Ausgleichsgerade mit einer wöchentlichen Messung genau so gut zu ermitteln ist wie mit täglichen Messungen. Allerdings fällt gegenüber Bild 9.6-3 eine gewisse Streuung der Meßpunkte auf, von der aber in 9.4.3.7 gesagt ist, daß sie bei der Auswertung einer kleineren Zahl von Meßergebnissen nicht ungewöhnlich ist und auch bei noch größerer Streuung vor allem in den beiden Endbereichen (über 90% und unter 10%) hingenommen werden kann. Schon in (187) ist darauf aufmerksam gemacht, wie verzerrt sich bereits eine beispielsweise nur 5 % Abweichung vom exakt zu erwartenden Verteilungswert auswirkt (Bild 9.6-5).

### 9.6.5 *Zusammenfassung*

Zu der Auswertung von Betriebsergebnissen im Leistungsbild/Kontrollkarte, aus denen die zeitliche Folge von Meßergebnissen ersichtlich ist, ist nun die Auswertung im statistischen Wahrscheinlichkeitsnetz hinzugekommen. Deren Verteilungsgerade gibt Aufschluß über die im Abgabenbereich interessierende Wahrscheinlichkeit, mit der Betriebswerte einer Kläranlage eingehalten wurden oder in näherer Zukunft auch eingehalten werden.

Der Umgang mit der Auswertung ist einfache Rechenarbeit, die sich jeder Interessierte aneignen kann.

Mit der statistischen Auswertung von Betriebsergebnissen hat ein weiterer Bereich der Kläranlagen-Eigenkontrolle Eingang in die Praxis gefunden.

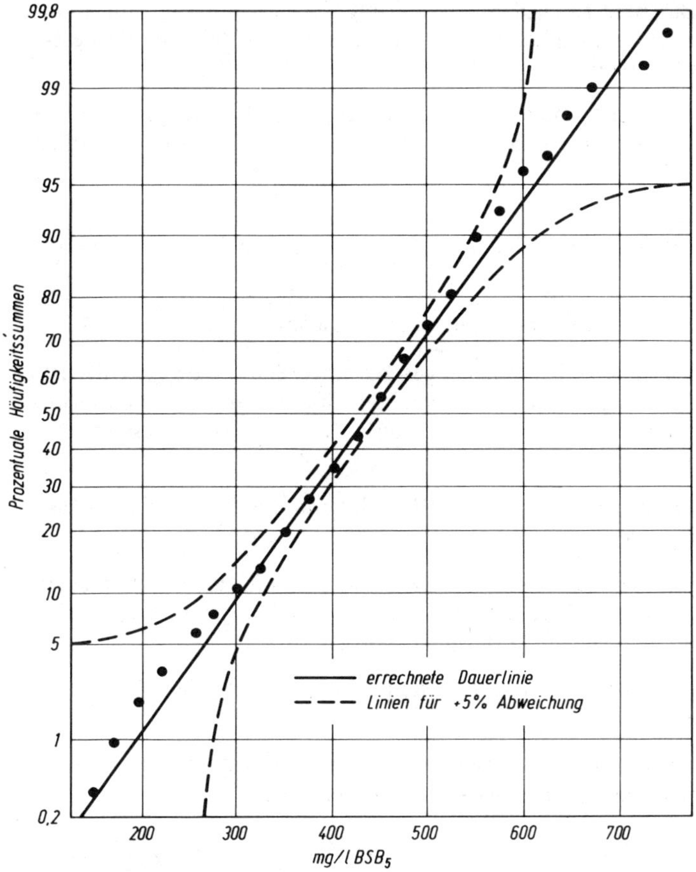


Bild 9.6-5. Dauerlinie des Ablaufs einer Vorklärung im Wahrscheinlichkeitsnetz mit der Eintragung einer 5 % Abweichung (187).
Beachte die Verzerrung im Bereich unter 10 % und über 90 %!

## 9.7 Berechnungsbeispiele

Die Berechnung der Abwasserabgabe erfolgt nach einem Schema, das bereits den vorangegangenen Erklärungen zugrunde lag (Bild 9.1-3, Seite 320).

Die Berechnung selber ist einfach, die dazu erforderlichen Vorarbeiten sind oft umfangreicher. Folgende aktuelle Angaben werden benötigt:

Für Schmutzwasser-SE

- Jahresschmutzwassermenge $Q_{s,a}$
- Bezugswerte *BW*
- Höchstwerte *HW*
- Mindestanforderungen *MA*

Diese Angaben sind dem Bescheid zu entnehmen und mit Überwachungsmessungen nach Wasserrecht und Abgabenrecht auf Einhaltung der Höchstwerte *HW* und der Mindestanforderungen *MA* zu kontrollieren.

In der Eingangsphase der Bescheidsumstellung ist dies aber noch nicht möglich. Die Werte müssen deshalb zunächst, wie in den vorangegangenen Abschnitten beschrieben, ermittelt oder angenommen werden.

Für Niederschlagswasser-SE:
– Zahl der an die Einleitungsstelle des Niederschlagswassers angeschlossenen Einwohner

Für Kleineinleiter-SE:
– Zahl der nicht an eine Kanalisation angeschlossenen Einwohner

Beide Einwohnerzahlen müssen wirklichkeitsnah geschätzt werden. Eine gute Hilfe ist es, dazu von den fortgeschriebenen Gesamteinwohnerzahlen auszugehen und sie anteilsmäßig so auf die Entwässerungsgebiete und Anschlußarten aufzuteilen, daß ihre Gesamtsumme wieder die aufgeteilte Zahl ergibt.

Wenn die Berechnungsunterlagen zusammengestellt sind, kann mit der Ermittlung der Schadeinheiten begonnen werden.

Die Schadeinheiten für Schmutzwasser, Niederschlagswasser und Kleineinleiter müssen getrennt berechnet werden, weil für jede Art eine andere Ermäßigungsregelung gilt. Der Gang der Rechnung wird in den folgenden Beispielen vorgeführt.

Die Berechnung der Jahresmengen an Schadstoffen erfolgt in der jeweiligen Einheit der Tabelle in 9.3.3, Seite 323).

Damit die Ergebnisse zugleich auch als Richtwerte verwendet werden können, sind sie nach Möglichkeit als Einheitsbeispiele jeweils auf 1000 E bezogen.

Beispiel 1

| | |
|---|---|
| Art | Schmutzwasser nach mechanisch-biologischer Reinigung |
| Einleitung | eine |
| angeschlossen | 1000 E |

Berechnungsgrundlagen nach Bescheid

| | | | |
|---|---|---|---|
| Jahresschmutzwassermenge | $Q_{s,a}$ | = | 84 000 m³/a[1]) |
| Absetzbare Stoffe | *BW* | = | 0,2 ml/l |
| | *HW* | = | 0,4 ml/l |
| | *MA* | = | 0,3 ml/l |
| Oxidierbare Stoffe | *BW* | = | 80 mg/l |
| | *HW* | = | 160 mg/l |
| | *MA* | = | 100 mg/l |

[1]) angenommen sind:
365 Tage Trockenwetterabfluß = 365 d · 1000 E · 0,15 m³/E, d = 54 750 m³/a
+ 169 Tage Fremdwasserzufluß im Mittel etwa 2 l/s = 29 250 m³/a

Berechnung der Schadeinheiten

Absetzbare Stoffe aS

| | | | |
|---|---|---|---|
| *HW* nicht überschritten | | | |
| daher | *BW* | = | 0,2 ml/l |
| | ./. Vorabzug | = | 0,1 ml/l |
| | Rechenwert | = | 0,1 ml/l |
| | | = | 0,1 $l/m^3$ |
| | | = | $10^{-3} \cdot 0{,}1\ m^3/m^3$ |
| Jahresmenge $84\,000\ m^3 \cdot 10^{-3} \cdot 0{,}1\ m^3/m^3$ | | = | 8 $m^3$ |
| Schadeinheiten $8\ m^3 \cdot 1\ SE/m^3$ | | = | 8 SE |

Oxidierbare Stoffe CSB

| | | | |
|---|---|---|---|
| *HW* nicht überschritten | | | |
| daher | *BW* | = | 80 mg/l |
| | ./. Vorabzug | = | 15 mg/l |
| | Rechenwert | = | 65 mg/l |
| | | = | 65 $g/m^3$ |
| | | = | $10^{-3} \cdot 65\ kg/m^3$ |
| Jahresmenge $84\,000\ m^3 \cdot 10^{-3} \cdot 65\ kg/m^3$ | | = | 5 460 kg/a |

Nach Anlage zu § 3 sind anzurechnen:

die Zahl der Schadeinheiten je volle Meßeinheit

Schadeinheiten 5 400 kg/a : 100 kg/2,2 SE = 119 SE

Zusammenstellung

| | | | |
|---|---|---|---|
| Absetzbare Stoffe | aS | = | 8 SE |
| Oxidierbare Stoffe | CSB | = | 119 SE |
| Gesamt | | = | 127 SE |

Abwasserabgabe für Schmutzwassereinleitung

| | | | |
|---|---|---|---|
| 1981 | 127 SE · 12,– DM/SE | = | 1 524,00 DM/a |
| 1986 | 127 SE · 40,– DM/SE | = | 5 080,00 DM/a |

oder auf den Einwohner bezogen

| | | | |
|---|---|---|---|
| 1981 | 1524,– DM/a : 1000 E | = | 1,52 DM/E, a |
| 1986 | 5080,– DM/a : 1000 E | = | 5,08 DM/E, a |

Bei Einhaltung der Mindestanforderungen *MA* des jeweiligen Schadstoffparameters halbieren sich Abgabensätze und damit die Ergebnisse der entsprechenden Schadstoffe.

Beispiel 2

| | |
|---|---|
| Art | wie Beispiel 1 |
| Einleitung | wie Beispiel 1 |
| angeschlossen | halbes Ortsgebiet |

Diesem Beispiel liegt die Annahme zugrunde, daß eine Gemeinde durch eine Wasserscheide geteilt ist und für die auf diese Weise getrennten Einzugsgebiete je eine eigene Kläranlage betreibt.

Es sind also 2 Schmutzwassereinleitungen abgabepflichtig, die beide getrennt nach Beispiel 1 berechnet werden müssen.

---

Beispiel 3

| | |
|---|---|
| Art | wie Beispiel 1 |
| Einleitung | wie Beispiel 1 |
| angeschlossen | mehrere Einzugsgebiete |

Diesem Beispiel liegt die Annahme zugrunde, daß mehrere, in sich abgeschlossene, oft räumlich auseinanderliegende Einzugsgebiete in einen oder auch mehrere zu einer Kläranlage führenden Schmutzwassersammler entwässern.

Beispiele sind Nachbargemeinden, die eine gemeinsame Kläranlage betreiben, und Gruppenklärwerke.

So umfangreich die Entwässerungssysteme auch sein mögen, wenn das in ihnen anfallende Abwasser in einer gemeinsamen Kläranlage gereinigt wird, haben sie alle zusammen nur eine gemeinsame Schmutzwassereinleitung, deren Abgabe nach Beispiel 1 und 4 berechnet wird.

Die sich anschließende Aufgabe der Verteilung, Weitergabe und Abwälzung der Abwasserabgabe wird zu einer späteren Zeit ausführlich behandelt. Zur Erlangung von Abgabegerechtigkeit wird die Abwälzung in der Regel nach dem Verursacherprinzip erfolgen müssen.

---

Beispiel 4

| | |
|---|---|
| Art | Überwiegend industrielles Schmutzwasser |
| Einleitung | eine |

Berechnungsgrundlagen nach Bescheid

| | | | | |
|---|---|---|---|---|
| Jahresschmutzwassermenge | $Q_{s,a}$ | = | 84 000 | $m^3/a$ |
| Absetzbare Stoffe aS | *BW* | = | 0,1 | ml/l |
| | *HW* | = | 0,2 | ml/l |
| | *MA* | = | ... | ml/l |
| Oxidierbare Stoffe CSB | *BW* | = | 80 | mg/l |
| | *HW* | = | 160 | mg/l |
| | *MA* | = | ... | mg/l |

| | | | | |
|---|---|---|---|---|
| Quecksilber Hg | *BW* | = | 0,05 | mg/l |
| | *HW* | = | 0,10 | mg/l |
| | *MA* | = | . . . | mg/l |
| Cadmium Cd | *BW* | = | 0,2 | mg/l |
| | *HW* | = | 0,4 | mg/l |
| | *MA* | = | . . . | mg/l |
| Fischtoxizität $G_F$ | $G_F$ | = | 8 | |

Berechnung der Schadeinheiten

Absetzbare Stoffe aS

| | | | | |
|---|---|---|---|---|
| *HW* nicht überschritten, daher | *BW* | = | 0,1 | ml/l |
| | ./.Vorabzug | = | 0,1 | ml/l |
| | Rechenwert | = | 0 | ml/l |
| Jahresmenge | | = | 0 | $m^3/a$ |
| Schadeinheiten | | = | 0 | $SE_{aS}$ |

Oxidierbare Stoffe CSB

| | | | | |
|---|---|---|---|---|
| *HW* nicht überschritten daher | *BW* | = | 80 | mg/l |
| | ./.Vorabzug | = | 15 | mg/l |
| | Rechenwert | = | 65 | mg/l |
| | | = | 65 | $g/m^3$ |
| | | = | $10^{-3} \cdot 65$ | $kg/m^3$ |
| Jahresmenge 84 000 $m^3/a \cdot 10^{-3} \cdot 65\ kg/m^3$ | | = | 5 460 | kg/a |
| Schadeinheiten 5 400 kg/a : 100 kg/2,2 SE | | = | 119 | $SE_{CSB}$ |

Quecksilber Hg

| | | | | |
|---|---|---|---|---|
| *HW* nicht überschritten daher | *BW* | = | 0,05 | mg/l |
| | | = | 0,05 | $g/m^3$ |
| Jahresmenge 84 000 $m^3/a \cdot 0{,}05\ g/m^3$ | | = | 4 200 | g/a |
| Schadeinheiten 4 200 g/a : 20 g/SE | | = | 210 | $SE_{Hg}$ |

Cadmium Cd

| | | | | |
|---|---|---|---|---|
| *HW* nicht überschritten daher | *BW* | = | 0,2 | mg/l |
| | | = | 0,2 | $g/m^3$ |
| Jahresmenge 84 000 $m^3/a \cdot 0{,}2\ g/m^3$ | | = | 16 800 | g/a |
| Schadeinheiten 16 800 g/a : 100 g/SE | | = | 168 | $SE_{Cd}$ |

Fischgiftigkeit $G_F$

| | | | | |
|---|---|---|---|---|
| Verdünnungsfaktor | | = | 8 | |
| Jahresmenge 84 000 $m^3/a \cdot 8$ | | = | 672 000 | $m^3/a$ |
| Schadeinheiten 672 000 $m^3/a \cdot 0{,}3 \cdot 10^{-3}$ | | = | 202 | $SE_{G_F}$ |

| Zusammenstellung | | | | SE |
|---|---|---|---|---|
| Absetzbare Stoffe | aS | = | 0 | SE |
| Oxidierbare Stoffe | CSB | = | 119 | SE |
| Quecksilber | Hg | = | 210 | SE |
| Cadmium | Cd | = | 168 | SE |
| Fischgiftigkeit | $G_F$ | = | 202 | SE |
| Gesamt | | = | 699 | SE |

Abwasserabgabe für Schmutzwassereinleitung

| | | | |
|---|---|---|---|
| 1981 | 699 SE · 12,– DM/SE | = | 8 388,00 DM |
| 1986 | 699 SE · 40,– DM/SE | = | 27 960,00 DM |

oder auf den m³ Abwasser bezogen

| | | | |
|---|---|---|---|
| 1981 | 8 388,– DM/a : 84 000 $m^3$/a | = | 0,10 DM/$m^3$ |
| 1986 | 27 960,– DM/a : 84 000 $m^3$/a | = | 0,33 DM/$m^3$ |

Liegen Mindestanforderungen vor, und werden diese eingehalten, halbieren sich die entsprechenden Abgabesätze und damit die Kosten.

---

Beispiel 5

| | |
|---|---|
| Art | Niederschlagswasser |
| Entwässerung | Mischsystem |
| Vorreinigung | keine |
| Einleitung | eine |
| angeschlossen | 1 000 E |

SE = 0,12 · 1 000 E = 120 SE

Volle Abwasserabgabe:

| | | | |
|---|---|---|---|
| 1981 | 120 SE · 12,– DM/SE | = | 1 440,00 DM/a |
| 1986 | 120 SE · 40,– DM/SE | = | 4 800,00 DM/a |

oder auf den Einwohner bezogen

| | | | |
|---|---|---|---|
| 1981 | 1 440,– DM/a : 1 000 E | = | 1,44 DM/E, a |
| 1986 | 4 800,– DM/a : 1 000 E | = | 4,80 DM/E, a |

Ermäßigung bei Schmutzrückhaltung nach Länderregelung

---

Beispiel 6

| | |
|---|---|
| Art | Kleineinleiter |
| Einleitung | nicht an die Kanalisation angeschlossen |
| berechnet für | 1 000 E |

SE = 0,5 · 1 000 E = 500 SE

Abwasserabgabe

| | | | |
|---|---|---|---|
| 1981 | 500 SE · 12,– DM/SE | = | 6 000,00 DM |
| 1986 | 500 SE · 40,– DM/SE | = | 20 000,00 DM |

oder auf den Einwohner bezogen

| | | | |
|---|---|---|---|
| 1981 | 6 000,– DM/a : 1 000 E | = | 6,00 DM/E, a |
| 1986 | 20 000,– DM/a : 1 000 E | = | 20,00 DM/E, a |

Die Länder können durch Gesetz anderes bestimmen.

---

Beispiel 7

wie Beispiel 1, aber

Heraufsetzung des *BW* für CSB wegen *HW*-Überschreitung

Berechnungsgrundlagen

| | | | | |
|---|---|---|---|---|
| Nach Bescheid waren für oxidierbare Stoffe CSB | *BW* | = | 80 | mg/l |
| | *HW* | = | 160 | mg/l |
| | *MA* | = | 100 | mg/l |

Bei der Überwachung innerhalb eines Jahres wurden folgende Konzentrationen gemessen:

| Datum | 21. 4. | 10. 6. | 14. 8. | 8. 9. | 10. 10. | 12. 11. | 20. 12. |
|---|---|---|---|---|---|---|---|
| mg/l $O_2$ | 90 | 240 | 180 | 220 | 195 | 95 | 60 |

| | |
|---|---|
| Überschreitungen 80 + 20 + 60 + 35 | = 195 |
| arithmetisches Mittel 195 : 4 | = 49 |
| *BW* alt | = 80 |
| *BW* neu = *BW'* | = 129 |

Damit werden

| | | |
|---|---|---|
| Bezugswert | *BW'* neu | = 129 |
| Regelwert | *RW'* neu | = 129 |
| Höchstwert | *HW'* neu | = 258 |
| Mindestanforderungen | *MA* bleiben | 100 |

Berechnung der Schadeinheiten

Oxidierbare Stoffe CSB

| | | | | |
|---|---|---|---|---|
| Neuer Bezugswert nach vorstehender Berechnung: | *BW'* | = | 129 | mg/l |
| | ./.Vorabzug | = | 15 | mg/l |
| | Rechenwert | = | 114 | mg/l |
| | | = | 114 | g/m³ |
| | | = | $10^{-3} \cdot 114$ | kg/m³ |
| Jahresmenge 84 000 m³ · $10^{-3}$ · 114 | | = | 9 580 | kg/a |
| Schadeinheiten 9 500 kg/a : 100 kg/2,2 SE | | = | 209 | SE |

Zusammenstellung

| | | | |
|---|---|---|---|
| Absetzbare Stoffe wie Beispiel 1 | = | 8 | SE |
| Oxidierbare Stoffe CSB | = | 209 | SE |
| Gesamt | | 217 | SE |

Abwasserabgabe für Schmutzwassereinleitung nach Heraufsetzung des Bezugswertes für CSB

| | | | | |
|---|---|---|---|---|
| 1981 | 217 SE · 12,– DM/SE | = | 2 604,00 | DM/a |
| 1986 | 217 SE · 40,– DM/SE | = | 8 680,00 | DM/a |

oder auf den Einwohner bezogen

| | | | |
|---|---|---|---|
| 1981 | 2 604,– DM/a : 1 000 E | = | 2,60 DM/E, a |
| 1986 | 8 680,– DM/a : 1 000 E | = | 8,68 DM/E, a |

| | | | |
|---|---|---|---|
| Die Halbierung der Schadeinheiten für die oxidierbaren Stoffe ging verloren, weil das Mittel aus den letzten fünf Überwachungsmessungen (180 + 220 + 195 + 60) | = | 150 | mg/l |
| beträgt und damit die *MA* | = | 100 | mg/l |
| überschreitet. | | | |

## 9.8 Abwälzung

Im Fachausschuß 4.1 „Gebühren und Beiträge" des Hauptausschusses 4 der Abwassertechnischen Vereinigung e.V. ATV sind unter Beteiligung kommunaler Fachleute des Deutschen Städtetages und des Deutschen Städte- und Gemeindebundes Hinweise zur Abwälzung der Abwasserabgabe auf Kanalbenutzer und Kleineinleiter erarbeitet worden. Sie sind als Arbeitsbericht in der *Korrespondenz Abwasser* Nr. 8/80, S. 559 ff., und in Nr. 1/81, S. 12 ff., veröffentlicht.

Behandelt sind:

I. Pflicht der Gemeinde zur Zahlung der Abwasserabgabe

II. Abwälzung der von der Gemeinde für eigene Einleitungen zu zahlenden Abwasserabgabe auf Kanalbenutzer
   1. Schmutzwasser
   2. Wegfall der Abgabehalbierung nach § 9 (5) AbwAG
   3. Niederschlagswasser

III. Abwälzung der von der Gemeinde zu zahlenden Abwasserabgabe auf Kleineinleiter

IV. Notwendige Satzungsregelungen
   1. Entwässerungssatzung
   2. Entwässerungsgebührensatzung
   3. Satzungsregelung für Kleineinleiter
   4. Inkrafttreten der Satzungen

Sobald in der Verwaltungspraxis ausreichende Erfahrungen im Umgang mit dem Abwasserabgabengesetz vorliegen, wird auch die Abwälzung der Abwasserabgabe im ATV Handbuch behandelt.

## 9.9 In Abschnitt 9 verwendete Kurzzeichen

| | |
|---|---|
| a | Jahr |
| aS | Absetzbare Stoffe |
| BSB | Biochemischer Sauerstoffbedarf |
| $BW$ | Bezugswert |
| Cd | Cadmium |
| CSB | Chemischer Sauerstoffbedarf |
| d | Tag |
| E | Einwohner |
| EGW | Einwohnergleichwerte |
| $F$ | Faktor |
| g | Gramm |
| $G_F$ | Fischgiftigkeit |
| $HW$ | Höchstwert |
| $i$ | Fortlaufende Nummern der Messung |
| h | Stunde |
| Hg | Quecksilber |
| $K$ | Kontrollgrenze |
| kg | Kilogramm |
| l | Liter |
| $M$ | Menge, Schadstoffmenge |
| $MA$ | Mindestanforderungen |
| $m^3$ | Kubikmeter |
| $n$ | Anzahl der Messungen |
| $N$ | Niederschlagshöhe |
| $NH_4$-N | Ammonium-Stickstoff |
| $O_2$ | Sauerstoff |
| $Q_d$ | Tagesschmutzwassermenge |
| $Q_{s,a}$ | Jahresschmutzwassermenge |
| $RW$ | Regelwert |
| $s$ | Standardabweichung |
| s | Sekunde |
| SE | Schadeinheit |
| $W$ | Warngrenze |
| $x_i$ | Meßergebnis mit fortlaufender Nummer $i$ |
| $\bar{x}$ | Mittelwert |

# Schrifttumverzeichnis


(1) *Anderson, N. E.:* Design of Settling Tanks for activated sludge. Sewage Works Journal, Vol. XVII (1945), S. 50.

(2) Anonym: Summary report: Advanced waste treatment research program July 1964 – July 1967. U.S. Department of the Interior, Fed. Wat. Poll. Control Administration, Publ. W. P-20-AWTR-19.

(3) Anonym: Zur Sache 3/71, Umweltschutz (I), Presse- und Informationszentrum des Deutschen Bundestages, Bonn (1971).

(4) ATV-Arbeitsblatt A 106: Merkblatt für die Planung eines Klärwerkes, Neuauflage 1971 (unveränderter Text), 5/62.

(5) ATV-Arbeitsblatt A 122: Grundsätze für Bemessung, Bau und Betrieb von kleinen Kläranlagen mit aerober biologischer Reinigungsstufe für Anschlußwerte zwischen 50 und 500 Einwohner. 12/74.

(6) ATV-Arbeitsblatt A 126: Grundsätze für die Bemessung des biologischen Teils von Kläranlagen nach dem Belebungsverfahren mit gemeinsamer Schlammstabilisierung bei Anschlußwerten zwischen 500 und 10 000 Einwohnergleichwerten. 5/77.

(7) ATV-Arbeitsblatt A 128: Richtlinien für die Bemessung und Gestaltung von Regenentlastungen in Mischwasserkanälen. 5/77.

(8) ATV-Arbeitsblatt A 131: Grundsätze für die Bemessung von einstufigen Belebungsanlagen mit Anschlußwerten über 10 000 Einwohnergleichwerten. 11/81.

(9) ATV-Arbeitsblatt A 135: Grundsätze für die Bemessung von einstufigen Tropfkörpern und Scheibentauchkörpern mit Anschlußwerten über 500 Einwohnergleichwerten. (In Vorbereitung).

(10) ATV-Arbeitsgruppe 1.3.2: Regenbecken, Regenüberläufe. Behandlung des Regenabflusses beim Trennverfahren, Zeitschrift Korrepondenz Abwasser, Heft 1 (1980), S. 49–53.

(11) ATV-Arbeitsgruppe 2.11.1: Hydraulische Berechnung von Kläranlagen. 1. Arbeitsbericht: Hydraulische Planung von Kläranlagen. (Erscheint in Kürze).

(12) ATV-Berichte, Heft 32: ATV-Jahreshauptversammlung Mainz 1980. Neue Instrumente des Gewässerschutzes.

(13) ATV-Fachausschuß 2.4: Instrumente zur Handhabung des Abwasserabgabengesetzes. Arbeitsbericht zur ATV-Jahreshauptversammlung 1980 in Mainz. ATV-Loseblattsammlung 1–1980.

(14) ATV-Fachausschuß 2.5: Absetzverfahren. Abscheider mit lamellen- und kastenförmigen Durchflußprofilen. Zeitschrift Korrespondenz Abwasser, Heft 11 (1980), S. 773 ff.

(15) ATV-Fachausschuß 2.6: Arbeitsanleitung für die Bestimmung der Sauerstoffzufuhr von Belüftungssystemen in Reinwasser. Zeitschrift Korrespondenz Abwasser, Heft 8 (1979), S. 416–423.

(16) ATV-Fachausschuß 2.11: 1. Arbeitsbericht (Vorermittlung und Vorentwurf). Zeitschrift Korrespondenz Abwasser, Heft 7 (1979), S. 378–382.

(17) ATV-Fachausschuß 2.11: Entwurf und Bau von Kläranlagen. 2. Arbeitsbericht: Genehmigungsentwurf. Zeitschrift Korrespondenz Abwasser, Heft 5 (1982), S. 335–337.

(18) ATV-Fachausschuß 2.13: Automatisierung von Kläranlagen. 1. Arbeitsbericht: Einsatz von Prozeßrechnern auf Kläranlagen. Zeitschrift Korrespondenz Abwasser, Heft 5 (1977); S. 154–158.

(19) ATV-Fachausschuß 2.13: Automatisierung von Kläranlagen. 2. Arbeitsbericht: Sauerstoffkonzentrationsmessung, Regelung und Steuerung der Sauerstoffzufuhr. Zeitschrift Korrespondenz Abwasser, Heft 2 (1979), S. 78–102.

(20) ATV-Fachausschuß 3.1: Bestimmung des spezifischen Filterwiderstandes von Klärschlamm. Zeitschrift Korrespondenz Abwasser, Heft 10 (1971).

(21) ATV: Handbuch für Klärfacharbeiter. Verlag Hirthammer, München. 3. Auflage (1978).

(22) ATV: Lehr- und Handbuch der Abwassertechnik, Wassergütewirtschaftliche Grundlagen, Bemessung und Planung von Abwasserableitungen, 3. Auflage, Band I (1982), Verlag Wilhelm Ernst u. Sohn, Berlin, München.

(23) ATV: Lehr- und Handbuch der Abwassertechnik, 2. Auflage, Band II (1975) und Band III (1978), Verlag Wilhelm Ernst u. Sohn, Berlin, München.

(24) *Ball, J. E.; Humenick, M. J.:* Highpurity oxygen in biological treatment of municipal wastewater. Journal WPCF, 44. Jg. (1972), S. 65.

(25) *Baskerville, R. C.; Gale, R. S.:* A simple automation instrument for determining the filtrability of sewage sludges. Journal of the Institute of Water Pollution Control, No. 2 (1968).

(26) *Becker, S.; Heitmann, H.:* Ölwarngeräte in der Wassergütekontrolle. Zeitschrift Wasserwirtschaft-Wassertechnik, Heft 3 (1977), S. 77.

(27) Beton Verlag, Düsseldorf: Beton-Information, „Hinweise zur Herstellung von Beton in Kläranlagen". Heft 5 (1979), S. 54.

(28) *Beynon, L. R.:* Britische Entwicklungen bei der Erfassung und Rückgewinnung von ausgelaufenem Erdöl. Zeitschrift Wasser, Luft und Betrieb, Heft 5 (1978), S. 241 ff.

(29) *Billmeier, E.:* Verbesserte Bemessungsvorschläge für horizontal durchströmte Nachklärbecken von Belebungsanlagen. Berichte aus dem Institut für Wasserwirtschaft und Gesundheitsingenieurwesen der TH München, Heft 21, (1978).

(30) *Bischofsberger, W.; Wurm:* Über die Wirtschaftlichkeit verschiedener Entphenolungsverfahren. Zeitschrift Industrieabwässer (1960), S. 15–23.

(31) *Blaut:* Stichprobenprüfpläne und Annahmekennlinien für Beton. Heft 233 des Deutschen Ausschusses für Stahlbeton (1973), Verlag Wilhelm Ernst u. Sohn, Berlin, München.

(32) *Blunk, H.:* Beitrag zur Berechnung von Sandfängen. Zeitschrift Gesundheitsingenieur, Heft 40 (1933), S. 478 ff.

(33) *Böhnke, B:* Volkswirtschaftlicher Aufwand für die Wasserversorgung sowie für die Beseitigung flüssiger und fester Abfallstoffe. Zeitschrift Wasser, Luft und Betrieb. 15. Jg. (1971), S. 294 (wie vor, jedoch mit dem Zusatz: „bis zum Jahre 2000" in „Umweltschutz – eine Aufgabe unserer Zeit", IWL-Vortragsreihe 18. Mai 1971).

(34) *Böhnke, B.:* Das Adsorptions-Belebungsverfahren. Zeitschrift Korrespondenz Abwasser, Heft 2 (1977).

(35) *Böhnke, B.:* Erfahrungen aus zweistufigen Versuchsanlagen und Folgerungen für die Verfahrenstechnik". Schriftenreihe Gewässerschutz, Wasser, Abwasser, Band 42 (1980), S. 463–494.

(36) *Böhnke, B.:* Weitergehende Abwasserreinigung zur Sicherung der Trinkwasserversorgung aus Oberflächenwasser. Zeitschrift GWF-Wasser/Abwasser, Heft 11 (1978), S. 534–541.

(37) *Böhnke, B.:* Belüftete Abwasserteiche (Theoretische Grundlagen, Erweiterungsmöglichkeit von Kläranlagen, weitergehende Reinigung). Schriftenreihe Gewässerschutz, Wasser, Abwasser, Band 59.

(38) *Born, R.:* Über die Theorie und Berechnung von Misch- und Ausgleichsanlagen für industrielle Abwässer. Zeitschrift Industrieabwässer (1964), S. 2/15, Deutscher Kommunalverlag, Düsseldorf.

(39) *Braha, A.:* Projektierung von Langsandfängen mit konstanter Durchflußgeschwindigkeit. Zeitschrift GWF, Heft 12 (1971), S. 607.

(40) *Bradke, H. I.:* Emulsionsspaltanlagen. In: Taschenbuch der Abwasserbehandlung, Band 2: Technik 1977, S. 242 ff. Herausgeber: Dr. L. Hartinger.

(41) *Brix, J.; Imhoff, K.; Weldert, B.:* Die Stadtentwässerung in Deutschland, I. Band (1934), Verlag Gustav Fischer, Jena.

(42) *Brix, J.; Imhoff, K.; Weldert, B.:* Die Stadtentwässerung in Deutschland, II. Band (1934), Verlag Gustav Fischer, Jena.

(43) *Brunner, P. G.:* Belastung der Gewässer durch künstliche Ableitung von Niederschlägen, Belastung durch Abwasser und Trennkanalisation. Berichte der ATV, Nr. 25, Kasseler Tagung 1971, S. 75–96.

(44) *Buchner, A. et al.:* Düngemittel und Umweltschutz. In: Ullmanns Enzyklopädie der technischen Chemie, 4. Auflage, Band 10 (1975), Seite 250 ff.

(45) *Bucksteeg, W.:* Schaffung geeigneter Grundlagen zur vergleichenden Bewertung organisch und mineralisch verschmutzter Abwässer. Schriftenreihe des Deutschen Arbeitskreises Wasserforschung (DAW), Heft 9 (1965), Verlag Erich Schmidt, Berlin.

(46) *Bucksteeg, W.; Thiele, H.:* Möglichkeiten zur experimentellen Ermittlung der Einwohnergleichwerte für industrielle Abwässer. Zeitschrift GWF, Heft 36 (1957), S. 909.

(47) *Bucksteeg, W.:* Charakteristik und Behandlung des Abwassers. Sonderdruck aus Handbuch der Lebensmittelchemie (1970), Verlag Springer, Berlin, Heidelberg, New York.

(48) *Budich, H. G.; Dohmann, M.:* Das Klärwerk Hagen. Technische Mitteilungen, Organ des Hauses der Technik e.V. Essen, Heft 5 (1980), S. 327–334.

(49) Bundesanstalt für Arbeitsschutz und Unfallforschung, Dortmund: „Arbeitsstätten", Vorschriften und Richtlinien (1980).

(50) Bundesarbeitsgemeinschaft der gemeindlichen Unfallversicherungsträger (BAGUV): Sicherheitsregeln für Abwasserbehandlungsanlagen, GUV 17.5. (Ausgabe 1978).

(51) Bundesministerium des Inneren, Bonn, Beirat: Lagerung und Transport wassergefährdender Stoffe. Sofortmaßnahmen bei Mineralölunfällen, 2. Auflage (1975).

(52) Bundeswasserstraßengesetz (WaStrG) vom 2. IV. 1968 (BGBl. II, S. 173).

(53) *Burchard, C. H.; Groche, D.:* Handbuch einfacher Messungen und Untersuchungen auf Klärwerken. 4. Auflage (1982), Verlag Hirthammer, München.

(54) *Camp, T. R.:* Sedimentation and the design of settling tanks. Zeitschrift Transactions ASCE 111 (1946), S. 895 ff.

(55) *Camp, T. R.:* Study of the rational design of settling tanks. Sewage Works Journal (1936), S. 742.

(56) *Camp, T. T.:* Studies of sedimentation basin design. Zeitschrift Sewage Industrial Wastes, Heft 23 (1953), S. 1.

(57) *Cillie, G. G. et al.:* Anaerobic digestion – IV. The application of the process in waste purification. Zeitschrift Water Research 3 (1969), S. 623.

(58) *Conrad, T. H.:* Schwierigkeiten bei der Reinigung industrieller Abwässer-Wasser-Abwasser-Abfälle. 7. Fachtagung – Pro Aqua – Pro Vita 1977 in Basel, Band 7 A-BAG Brummer Verlag AG, Zürich, (1978).

(59) *Dahme, H.:* Abwasserabgabengesetz, Einführung und Erläuterungen. WEKA-Verlag, 8901 Kissing (1976).

(60) *Dahme, H.:* Wasserrechtliche Zulassung und Abwasserabgabe. Referat 1.2 bei der ATV-Jahreshauptversammlung 1980 in Mainz. Bericht in (12).

(61) *Detsios, M.:* Untersuchungen über die erforderliche Tiefe von horizontal durchströmten rechteckigen Nachklärbecken von Belebungsanlagen. Veröffentlichungen des Institutes für Siedlungs- und Industrie-Wasserwirtschaft der Technischen Universität Graz, Band 8 (1982).

(62) Deutsche Einheitsverfahren zur Wasser-, Abwasser- und Schlammuntersuchung (8. Lieferung) bzw. DIN-Normen, Verlag Chemie GmbH Weinheim/Bergstr. (1979).

(63) Deutsche Gesellschaft für Erd- und Grundbau: „Empfehlungen des Arbeitsausschusses Ufereinfassungen", 5. Auflage (1975), Verlag Wilhelm Ernst u. Sohn, Berlin, München.

(64) Deutsche Gesellschaft für Erd- und Grundbau: „Technische Jahresberichte des Arbeitsausschusses Ufereinfassung". (Erscheinen jährlich im Heft 12 der Zeitschrift Bautechnik), Verlag Wilhelm Ernst u. Sohn, Berlin, München.

(65) Deutscher Bundestag, Drucksache 7/2272.

(66) Deutscher Bundesverlag, Bonn: Vergabehandbuch für die Durchführung von Bauaufgaben des Bundes im Zuständigkeitsbereich der Finanzbauverwaltungen (1973). (Wird nach den Erfordernissen überarbeitet).

(67) Deutsches Institut für Normung e.V. (DIN): Standardleistungsbuch für das Bauwesen (StLB). Beuth Verlag, Köln, Berlin.

(68) Deutsches Institut für Normung e.V. (DIN): DIN-Normen (Deutsches Normenwerk):
DIN 1045: Bestimmungen für die Ausführung von Bauten aus Stahlbeton.
DIN 1054: Baugrund, zulässige Belastung des Baugrunds, Erläuterungen.
DIN 1055: Lastannahmen für Bauten, Eigenlasten und Reibungswinkel, Bodenkenngrößen, Verkehrslasten, Wind- und Eislast.
DIN 1072: Straßenbrücken-Wegbrücken, Lastannahmen.
DIN 1084: Überwachung (Güteüberwachung) im Beton- und Stahlbetonbau, Fertigteile, Transportbeton.
DIN 1960: VOB, Teil A, Allgemeine Bestimmungen für die Vergabe von Bauleistungen.
DIN 1961: VOB, Teil B, Allgemeine Vertragsbedingungen für die Ausführung von Bauleistungen.
DIN 1986: Teil 1 bis 4: Entwässerungsanlagen für Gebäude und Grundstücke, Technische Bestimmungen für den Bau, Bestimmungen für die Ermittlung der lichten Weiten

und Nennweiten für Rohrleitungen, Regeln für den Betrieb, Verwendungsbereiche von Abwasserrohren und Formstücken verschiedener Werkstoffe.
DIN 1999: Teil 1 bis 3: Abscheider für Leichtflüssigkeiten, Benzinabscheider, Heizölabscheider, Baugrundsätze, Bemessung, Einbau und Betrieb, Prüfungen.
DIN 4030: Beton in betonschädlichen Wässern und Böden, Richtlinien für die Ausführung.
DIN 4040: Fettabscheider, Baugrundsätze.
DIN 4041: Fettabscheider, Einbau, Größe und Schlammfänge, Richtlinien.
DIN 4042: Fettabscheider, Prüfung.
DIN 4043: Heizölsperren- Heizölabscheider, Baugrundsätze, Einbau, Betrieb, Prüfung.
DIN 4045: Abwasserwesen, Fachausdrücke und Begriffserklärungen.
DIN 4049: Hydrologie, Begriffe, quantitativ; Gewässerkunde, Fachausdrücke und Begriffserklärungen, Teil II, qualitativ.
DIN 4261: Blatt 1: Kleinkläranlagen. Anwendung, Bemessung, Ausführung und Betrieb. Anlagen ohne Abwasserbelüftung.
DIN 18 216: Schalungsanker für Betonschalungen, Begriffe, Anforderungen, Prüfung.
DIN 19 520: Abwasser aus Krankenanstalten, Richtlinien für die Behandlung.
DIN 19 525: Abwasserwesen, Richtlinien für die Entwurfsbearbeitung.
DIN 19 551: Teil 1: Kläranlagen, Rechteckbecken mit Schildräumer, Hauptmaße.
DIN 19 551: Teil 2: Kläranlagen, Rechteckbecken mit Bandräumer, Hauptmaße.
DIN 19 551: Teil 3: Kläranlagen, Rechteckbecken als Sandfänge mit Saugräumer, Hauptmaße.
DIN 19 552: Teil 1: Kläranlagen, Rundbecken mit Schildräumer, Hauptmaße.
DIN 19 552: Teil 2: Kläranlagen, Rundbecken mit Saugräumer, Hauptmaße.
DIN 19 552: Teil 3: Kläranlagen, Rundbecken als Eindicker mit Zentralantrieb, Hauptmaße.
DIN 19 553: Kläranlagen, Tropfkörper mit Drehsprenger, Hauptmaße.
DIN 19 554: Teil 1: Kläranlagen, Rechenbauwerk mit geradem Rechen, Hauptmaße.
DIN 19 554: Teil 2: Kläranlagen, Rechenbauwerk mit Bogenrechen, Hauptmaße.
DIN 19 555: Kläranlagen, Sicherheitstritt für Abwasserreinigungsanlagen.
DIN 19 556: Kläranlagen, Rinne mit Absperrorgan, Hauptmaße.
DIN 19 557: Füllstoffe für Tropfkörper, Anforderungen, Prüfung, Einbringen.
DIN 19 558: Kläranlagen, Überfallwehr und Tauchwand, Befestigung, Hauptmaße und Abfluß.

(69) *Diering, B.:* Untersuchung eines abgewandelten Verfahrens zur gemeinsamen biologischen Behandlung von Müll und Frischschlamm. Schriftenreihe Gewässerschutz, Wasser, Abwasser, Band 34 (1979), TH Aachen.

(70) *Diering, B.:* Entwicklungstendenzen beim Klärwerksbau. Zeitschrift Korrespondenz Abwasser, Heft 1 (1980), S. 33–36.

(71) *Diering, B.:* Einstufige oder zweistufige biologische Klärwerke? Zeitschrift Korrespondenz Abwasser, Heft 2 (1980), S. 163–166.

(72) *Diering, B.:* Alternative zweistufige biologische Klärwerke. Zeitschrift Korrespondenz Abwasser, Heft 3 (1980), S. 210–214.

(73) *Diering, B.:* Die volkswirtschaftlichen Aspekte der einwohneräquivalenten Müll-Frischschlamm-Kompostierung. Müll und Abfall (1980) (In Vorbereitung).

(74) *Dietz, F.; Traud, J.:* Zur Spurenanalyse von Phenolen in Wässern mittels Gaschromatographie, Methoden und Ergebnisse. Schriftenreihe vom Wasser, Band 51 (1978), S. 235–257, Verlag Chemie.

(75) *Dimowski, Chr.:* Bestimmung des erforderlichen Platzbedarfes für kommunale Kläranlagen. Zeitschrift Korrespondenz Abwasser, Heft 8 (1977), S. 241–246.

(76) *Dobbins, W. E.:* Mechanism of gas absorption by turbulent liquids. Advances in Water Pollution Research (London Conference, Pergamon Press (1964), Vol. 2.

(77) *Dobbins, W. E.:* Effect of turbulence on sedimentation. Transactions ASCE 109 (1944), S. 629.

(78) *Dönges, H. J.:* Die wirtschaftliche Gestaltung von Absetzbecken. Zeitschrift Kommunalwirtschaft (1960), S. 14.

(79) *Dorr-Oliver:* The Dorr detritor. Bulletin Nr. 6411, Dorr Oliver Stamford Connecticut, USA.

(80) *Dunbar, W. Ph.:* Leitfaden für die Abwasserreinigungsfrage. 3. Auflage (1954), Verlag R. Oldenbourg, München.

(81) *Dyck, W., Heinemann, H.:* Handbuch für Klärfacharbeiter. 3. Auflage (1978), Verlag Hirthammer, München.

(82) *Edelhoff, G.:* Einsatz privater Unternehmer in der Abwasser- und Abfallbeseitigung. Berichte der Abwassertechnischen Vereinigung e.V. Nr. 25.

(83) *Ehrler, P., Saiger, W.:* Koaleszenz – ein Verfahren zur direkten Abscheidung von Ölen aus Öl-in-Wasser-Dispersionen. Zeitschrift textil praxis international (1978), Sept., S. 1034 ff.

(84) *von der Emde, W.:* Die Geschichte des Belebungsverfahrens. Zeitschrift GWF 105 (1964), S. 755.

(85) Emschergenossenschaft/Lippeverband: Vorgehen bei Probenahmen, Probenahmetechnik. Eigenverlag (1980).

(86) Erste Allgemeine Verwaltungsvorschrift über Mindestanforderungen an das Einleiten von Schmutzwasser aus Gemeinden in Gewässer – 1. Schmutzwasser VwV – vom 24. Januar 1979 (Gemeinsames Ministerialblatt 1979, Nr. 4).

(87) Europäische Gemeinschaften, Richtlinie des Rates vom 16. Juni 1975: Über die Qualitätsanforderungen an Oberflächenwasser für die Trinkwassergewinnung in den Mitgliedsstaaten (75/440/EWG). Amtsblatt der Europ. Gem. Nr. L 194/34.

(88) Fachgruppe Wasserchemie, Hauptausschuß „Phosphate und Wasser“: Phosphor-Wege und Verbleib in der Bundesrepublik Deutschland, (1978), Verlag Chemie, Weinheim.

(89) *Fair, G. M.; Geyer, J. C.:* Wasserversorgung und Abwasserbeseitigung. Deutsche Bearbeitung von B. Dietrich, Verlag R. Oldenbourg, München (1961).

(90) *Finger, R. E.; Parrick, J.:* Optimization of grit removal at a wastewater treatment plant. Journal WPCF, Vol 52 (1980), S. 2106.

(91) *Fitsch, E. B.:* Flow path effect on sedimentation. Zeitschrift Sewage and Industrial Wastes, Heft 1 (1956), S. 1 ff.

(92) Forschungsgesellschaft für das Straßenwesen, Köln: Zusätzliche Technische Vorschriften und Richtlinien für Erdarbeiten im Straßenbau. ZTVE-StB 76 (1976).

(93) Forschungsgesellschaft für das Straßenwesen, Köln: Richtlinien für die elektronische Bauabrechnung (1966). (Wird nach den Erfordernissen überarbeitet.)

(94) *Förster, U.; Müller, G.:* Schwermetalle in Flüssen und Seen als Ausdruck der Umweltverschmutzung. Springer Verlag, Berlin, Heidelberg, New York (1974).

(95) *Gasper, H.:* Behandlung industrieller Abwässer und Schlammentwässerung. Zeitschrift Umwelt, Heft 4 (1979), S. 315–320.

(96) *Geiger, H.:* Sandfänge für Abwasserkläranlagen. Zeitschrift Archiv für Wasserwirtschaft (1942).

(97) Gesetzesentwurf der Bundesregierung: Abwasserabgabengesetz AbwAG vom 18. Juni 1974.

(98) Gesetz über Abgaben für das Einleiten von Abwasser in Gewässer (Abwasserabgabengesetz – AbwAG) vom 13. Sept. 1976, BGBl. I, Nr. 18, S. 2721–2726.

(99) Gesetz zur Ordnung des Wasserhaushaltes (Wasserhaushaltsgesetz – WHG) vom 27. VII. 1957 (BGBl. I, S. 1100) in der Fassung der Bekanntmachung vom 16. Okt. 1976 (BGBl. I, S. 3017), geändert durch Gesetz vom 14. Dez. 1976 (BGBl. I, S. 3341, ber. 1977 S. 667).

(100) Gesetz über die Beseitigung von Abfällen (Abfallbeseitigungsgesetz – AbfG) vom 7. Juni 1972 (BGBl. I, S. 873), zuletzt geändert durch Gesetz von 21. Juni 1976 (BGBl. I, S. 1601).

(101) Gesetz über die Umweltverträglichkeit von Wasch- und Reinigungsmitteln (Waschmittelgesetz) vom 20. August 1975 (BGBl. I, S. 2255).

(102) Gesetz zum Schutz vor schädlichen Umweltwirkungen durch Luftverunreinigungen, Geräusche, Erschütterungen und ähnliche Vorgänge (Bundesimmissionsschutzgesetz – BImSchG) vom 15. März 1974 (BGBl. I, S. 721).

(103) Gesetz über Maßnahmen zur Sicherung der Altölbeseitigung (Altölgesetz), BGBl. I, (1968) Nr. 97 und (1971) Nr. 124.

(104) Gesetz über Naturschutz und Landschaftspflege (Bundesnaturschutzgesetz) vom 20. Dez. 1976 (BGBl. I, S. 3574).

(105) *Grau, A.:* Möglichkeiten und Anwendungskriterien einer Bodenbehandlung zur Abwasserreinigung. Schriftenreihe Gewässerschutz, Wasser, Abwasser, Band 24 (1977), TH Aachen.

(106) *Grau, A.:* IAWPR-Konferenz in Melbourne/Australia vom 23.–27. 10. 1978. Zeitschrift Korrespondenz Abwasser, Heft 1 (1979) S. 24–28.

(107) *Grau, A.:* Großflächige Abwasserreinigung in anaerob fakultativ-aeroben Teichseptimen und auf Landflächen. Schriftenreihe Gewässerschutz, Wasser, Abwasser, Band 42 (1980), S. 349–373.

(108) *Grau, A.:* Betriebsweisen von Gasmotoren auf Kläranlagen mit Betriebsergebnissen. Schriftenreihe Gewässerschutz, Wasser, Abwasser (13. Essener Tagung) (In Vorbereitung).

(109) *Greschuchna, R.:* Betonkorrosion an Abwasseranlagen. Zeitschrift Wasserwirtschaft-Wassertechnik – WWT, 29. Jg. (Oktober 1979).

(110) *Groche, D.:* Verfahren zur Auswertung der Betriebsergebnisse von Klärwerken. Zeitschrift Wasserwirtschaft, Heft 6 (1977), S. 154–161.

(111) *Harkort, W.:* Beurteilung von Geruchswahrnehmungen bei Kläranlagen. Zeitschrift GWF – Wasser, Abwasser, Heft 6 (1979), S. 274–276.

(112) *Hartinger, L.:* Taschenbuch der Abwasserbehandlung, Band 1 und 2, (1976). Carl Hanser Verlag, München, Wien.

(113) *Hazen, A.:* On sedimentation. Transactions Amer. Soc. of Civ. Engrs. 53 (1904), S. 45.

(114) *Hennerkes, J.:* Über die thermische Konditionierung von Emscher-Belebtschlamm. Schriftenreihe Gewässerschutz, Wasser, Abwasser, Band 9 (1972), TH Aachen.

(115) *Höffken, F.:* Aufgaben des Institutes für Wasser-, Boden- und Lufthygiene des Bundesgesundheitsamtes. Zeitschrift Bundesgesundheitsblatt, 14 (1971), S. 274.

(116) *Howe, H.:* Keramische Rohre in der Geschichte der Abwassertechnik. Zeitschrift Korrespondenz Abwasser, 18 (1971), S. 63.

(117) *Husmann, W.:* Praxis der Abwasserreinigung. Springer Verlag, Berlin (1964), 2. Auflage.

(118) *Husmann, W.:* Aufarbeiten von verbrauchten Beizen. Münchner Beiträge zur Abwasser-, Fischerei- und Flußbiologie, Band 7 (1970), Verlag R. Oldenbourg, München.

(119) *Imhoff, K.:* Die Geschichte der biologischen Abwasserreinigung. Zeitschrift GWF, 94 (1953), S. 343.

(120) *Imhoff, K. R.:* Betriebserfahrungen mit Schönungsteichen. Schriftenreihe Gewässerschutz, Wasser, Abwasser, Band 25 (1978), S. 379–389.

(121) *Imhoff, K. R.:* Die Entwicklung der Abwasserreinigung und des Gewässerschutzes seit 1868. Vortrag anläßlich der Ehrenpromotion am 11. 5. 1979 in Karlsruhe.

(122) *Imhoff, K.* und *K. R.:* Taschenbuch der Stadtentwässerung, 25. Auflage (1979), Verlag R. Oldenbourg, München, Wien.

(123) *Imhoff, K. R.; Koppe, P.; Dietz, F.:* Heavy metals in the Ruhr River and their budget in the catchment area. Vortrag bei der Internationalen Konferenz IAWPR am 25. VI. 1979 in Toronto, Kanada.

(124) *Imhoff, K. R.:* Wastewater from Plating Works – Required Pretreatment and Disposal of Concentrates. Prog. Wat. Techn. Vol. 10, Nos. 1/2, pp. 419–430, Pergamon Press Ltd., (1978).

(125) *Jaegers, K.; Haschke, J.:* Zur Aufbereitung der Abwässer der Fischmehlfabriken. Zeitschrift Städtehygiene, Band 2 (1950), S. 77.

(126) *Jung, H.:* Das Niersverfahren zur Reinigung textiler Abwässer. Zeitschrift Textilpraxis (1950), S. 534, Verlag Kohlhammer, Stuttgart.

(127) *Jaekel, G.:* Einsatz von Fermentern bei der biologischen Reinigung hochbelasteter Abwässer. In: Abbau und Elimination in Wasser und Abwasser. Münchner Beiträge zur Abwasser-, Fischerei- und Flußbiologie, Band 22 (1972), S. 125, Verlag R. Oldenbourg, München.

(128) *Kalbskopf, K. H.:* Über den Absetzvorgang in Sandfängen. Veröffentlichungen des Institutes für Siedlungswasserwirtschaft der TH Hannover (1966), Heft 24.

(129) *Kalbskopf, K. H.:* Über den Einfluß von Detergentien auf die Umwälzströmung in Belüftungsbecken. Tech. Wiss. Mitteilungen der Emschergenossenschaft und des Lippeverbandes, Heft 4 (1961).

(130) *Kalbskopf, K. H.:* Schlämme und Abfallstoffe aus der gesamten mechanischen Reinigungsstufe. ATV-Fortbildungskurs für Wassergütewirtschaft, Abwasser und Abfalltechnik, Teil B 2 – II.1 (1979), Laasphe.

(131) *Kalbskopf, K. H.; Londong, D.:* Entwicklungstendenzen bei Kläranlagen nach dem Belebungsverfahren für kleine Gemeinden. Zeitschrift GWF, 111 (1970), S. 455.

(132) *Kämpfer, M.:* Abwärme (Thermal pollution), Hydrobiologische Auswirkungen der Temperaturerhöhung durch die Einleitung von Kühlwässern. Bundesanstalt für Vegetationskunde, Naturschutz und Landschaftspflege, Bonn-Bad Godesberg, Bibliographie Nr. 24 (1971).

(133) *Kappe, St. E.; Neighbor, J. B.:* Some new developments in aeration, preaeration and aerated grit chambers. Zeitschrift Sewage and Ind. Wastes, Heft 7 (1951), S. 833.

(134) *Karam, H. J.; Bellinger, J. C.:* Deformation and breakup of liquid droplets in a simple shear field. Ind. Eng. Chem. Furd. 7 (1968), S. 576–581.

(135) *Kavel; Scheer:* Statistische Auswertung von Prüfergebnissen im Beton- und Stahlbetonbau. Beton-Informationen, Heft 3 (1979), S. 30 ff.

(136) *Keefer, C. E.:* Temperature and efficiency of the activated sludge process, Journal WPCF 34 (1962), S. 1186.

(137) *Kehr, D.:* Systemwahl und Probleme der Dimensionierung und Berechnung der Hauptelemente von Abwasserreinigungsanlagen an speziellen Beispielen behandelt, Schweiz. Zeitschrift für Hydrologie XIX (1957), S. 243.

(138) *Kehr, D.:* Das Hamburgbecken. Schweiz. Zeitschrift für Hydrologie XXII (1960), S. 486.

(139) *Kehr, D.; Schmidt-Bregas, F.:* Die neue Kläranlage der Stadt Detmold. Zeitschrift Bauamt und Gemeindebau 30 (1957), S. 240.

(140) *Kienzle, K. H.:* Phosphatfällung in Belebungsanlagen mit Schlammstabilisation und Denitrifikationsstufe. Schriftenreihe Vom Wasser, Band 42 (1974), S. 330–369.

(141) *Kirschmer, O.:* Mitteilungen des hydraulischen Institutes der TH München, Heft 1, (1926).

(142) *Klein, E.; Heil, G.:* Wie können Einleiter von Mineralölen und Lösungsmitteln ermittelt werden? Zeitschrift Korrespondenz Abwasser, Heft 3 (1978), S. 82.

(143) *Klut, H.; Olszewski:* Untersuchung des Wassers an Ort und Stelle. 9. Auflage (1945), Verlag Springer, Berlin.

(144) *Knop, E.:* Über den Einfluß der Strömung auf Flockung und Absetzvorgänge in Klärbecken. Zeitschrift Gesundheitsingenieur 73 (1952), S. 157.

(145) *Kolkwitz, R.; Marsson, M.:* Ökologie der pflanzlichen Saprobien. Berichte der Deutschen Botan. Gesellschaft, 26 a (1908).

(146) *Kolkwitz, R.; Marsson, M.:* Ökologie der tierischen Saprobien. Intern. Revue der ges. Hydrobiologie und Hydrographie, 1, (1909).

(147) Kommunale Gemeinschaftsstelle für Verwaltungsvereinfachung, Bericht Nr. 4 (1971): Vergabewesen, Systematik der Vertragsbedingungen bei Verträgen für Bauleistungen.

(148) *König, J.:* Die Verunreinigung der Gewässer. 2. Auflage (1899), Verlag Springer, Berlin.

(149) *Koppe, P.:* Die Bedeutung von Summen- und Einzelparametern zur Bestimmung der Abwasserlast und der Reinigungseffektivität. Schriftenreihe Gewässerschutz, Wasser, Abwasser, Band 25 (1978), S. 169–177.

(150) *Koppe, P.:* Die Bestimmung der abfiltrierbaren und absetzbaren Stoffe in Wässern. Schriftenreihe Vom Wasser, Band 52 (1979), S. 49–59, Verlag Chemie, Weinheim.

(151) *Koppe, P.; Stozek, A.:* Resultate der täglichen chemischen Überwachung von sechs biologischen Kläranlagen über ein Jahr. Durchführung, Auswertung und Schlußfolgerungen. Schriftenreihe Vom Wasser, Band 50 (1978), S. 137–176, Verlag Chemie, Weinheim.

(152) *Koppe, P.:* Untersuchungen über das Verhalten von Inhaltsstoffen der Abwässer der metallverarbeitenden Industrie im Wasserkreislauf und ihren Einfluß auf die Wasserversorgung. Zeitschrift GWF Wasser/Abwasser, Heft 4 (1973).

(153) *Koppe, P.; Stozek, A.:* Ein Beitrag zur Frage: Wieviel Tagesmischproben müssen zur Ermittlung des Wirkungsgrades einer biologischen Kläranlage im Jahresdurchschnitt untersucht werden? Zeitschrift Korrespondenz Abwasser, Heft 2 (1978), S. 52–53.

(154) *Koppe, P.:* Fragen der Verwertung von Klärschlämmen des Ruhrverbandes hinsichtlich ihres Gehaltes an Schwermetallen. Zeitschrift Korrespondenz Abwasser, Heft 2 (1980), S. 101–104.

(155) *Krauth, K.:* Belastung der Gewässer durch künstliche Ableitung von Niederschlägen. Belastung durch Abwässer der Mischkanalisation. Berichte der ATV Nr. 25, Kasseler Tagung 1971, S. 97–116.

(156) *Kropf, A.:* Der Absetzvorgang körniger Stoffe. Fortbildungskurs der EAWAG der ETH., Zürich (1956).

(157) *Kumpf, W.; Maas, K.; Straub, H.:* Müll- und Abfallbeseitigung. Handbuch über die Sammlung, Beseitigung und Verwertung von Abfällen aus Haushalten, Gemeinden und Wirtschaft. Erich Schmidt Verlag, Berlin.

(158) *Lane, E. W.:* Notes on the formation of sand. Transactions AGU (1938).

(159) LAWA: Normalwerte für Abwasserreinigungsverfahren (2. Auflage). Verlag Wasser und Boden, Axel Lindow, (1970), Hamburg.

(160) *Leschber, R.; Niemitz, W.:* Zur Frage der Einwohnerlast. Zeitschrift Gesundheitsingenieur, Nr. 90 (1969), S. 229–233.

(161) *Liebmann, H.:* Handbuch der Frischwasser- und Abwasserbiologie, Band I (1951), Verlag R. Oldenbourg, München, Wien.

(162) *Liebmann, H.:* Handbuch der Frischwasser- und Abwasserbiologie, Band II (1960), S. 734 ff. Verlag R. Oldenbourg, München, Wien.

(163) *Loll, U.; Riegler, G.:* Schlammengen in kommunalen Kläranlagen der Bundesrepublik Deutschland. Zeitschrift Korrespondenz Abwasser, Heft 10 (1979).

(164) *Londong, D.:* Die Typisierung einzelner Kläranlagenteile. Zeitschrift Städtehygiene, Heft 1 (1969), S. 3 ff.

(165) *Malz, F.:* Einführung in die Analytik von Geruchsemissionen und andere Meßprobleme an der Schnittstelle Wasser/Luft. Vortragsmanuskript Techn. Akademie Wuppertal (1979).

(166) *Manz:* Betrieb und Planung des belüfteten Sandfanges. Zeitschrift GWF 109 (1968), Heft 46, S. 1297 nach Zeitschrift Water and Sewage Works 114 (1967), Heft 9, S. 33 (Albrecht: Aerated grit operation; design and chamber).

(167) *Marcinowski, H. J.:* Ölsperren-Grundlagen, Forderungen, Technische Lösungen. Zeitschrift Wasser und Boden, Heft 8 (1978), S. 214 ff.

(168) *Märki, E.:* Rheinwasser – Reinwasser. Zeitschrift GWF – Wasser-Abwasser 112 (1971), S. 427.

(169) *Meinck, F.; Stoff, H.; Kohlschütter, H.:* Industrieabwässer. 4. Auflage (1968), Verlag G. Fischer, Stuttgart.

(170) *Meins, W.:* Lamellenabscheider. In: Taschenbuch der Abwasserbehandlung, Band 2: Technik, S. 618 ff., Herausgeber: Dr. Ludwig Hartinger.

(171) *Merkel, W.:* Untersuchungen über das Verhalten des belebten Schlammes im System Belebungsbecken-Nachklärbecken. Band 5 der Schriftenreihe Gewässerschutz, Wasser, Abwasser (1971) TH Aachen.

(172) Minister für Arbeit, Gesundheit und Soziales des Landes Nordrhein-Westfalen, Runderlaß vom 25. 7. 1974: Abstände zwischen Industrie- und Gewerbegebieten sowie Wohngebieten im Rahmen der Bauleitplanung. Min. Bl. NW. 27. Jg., Nr. 73 (14. 8. 74).

(173) Minister für Arbeit, Gesundheit und Soziales des Landes Nordrhein-Westfalen: Lärmschutz an Klärwerken. Düsseldorf, August 1978.

(174) Minister für Landesplanung, Wohnungsbau und öffentliche Arbeiten des Landes Nordrhein-Westfalen: Bauliche Sicherungsmaßnahmen in Bergsenkungsgebieten. Runderlaß vom 10. 9. 1963, Min. Bl. NW. vom 8. 10. 1963.

(175) *Müller-Neuhaus, G.:* Wasserwirtschaft und Gesundheitsingenieurwesen. Vorlesungsskriptum, Techn. Universität München (1967–1970).

(176) *Neighbor, J. B.; Cooper, Th. W.:* Design and operation criteria for aerated grit chambers. Zeitschrift Water and Sewage Works (1965), S. 448.

(177) *Neumann, W.:* Die Simulation von Regenentlastungen in Kanalisationsanlagen. Zeitschrift GWF-Wasser-Abwasser Heft 11 (1979), S. 531–535.

(178) *Niemitz, W.:* Amerikanische Erfahrungen mit der weitergehenden Abwasserreinigung (sog. advanced treatment) aus deutscher Sicht. Zeitschrift GWF – Wasser-Abwasser 112 (1971), S. 556–561.

(179) *Olschowy, G.:* Natur- und Umweltschutz in der Bundesrepublik Deutschland. (1978), Verlag Paul Parey, Hamburg, Berlin.

(180) *Ostermann, G.:* Neuere Erkenntnisse über Wirkungsweise und Leistungen von Tangential- und Quersandfängen. Dissertation TU Dresden (1967).

(181) *Ostermann, G.:* Zum Anwendungsbereich von Tangentialsandfängen in Abwasserbehandlungsanlagen. Zeitschrift Wasserwirtschaft-Wassertechnik, Heft 2 (1968), S. 50 ff.

(182) *Ostermann, G.:* Über den Verlauf der Sandsedimentation und dessen Einfluß auf den Wirkungsgrad von Sandfanganlagen. Zeitschrift Water Research Heft 7 (1969), S. 495.

(183) *Pearse, Langdon, Comm.:* Oxidation Ponds. Sewage Works Journal 20 (1948), S. 1025.

(184) *Pecher, R.:* Der jährliche Regenabfluß von bebauten Gebieten und seine Verschmutzung. Zeitschrift Korrespondenz Abwasser, Heft 5 (1974), S. 113.

(185) *Pfeffer, J. T.:* Increased loadings on digesters with recycle of digested solids. Journal WPCF 40 (1968), S. 1920.

(186) *Pflanz, P.:* Über das Absetzen des belebten Schlammes in horizontal durchströmten Nachklärbecken. Veröffentlichungen des Institutes für Siedlungswasserwirtschaft der TH Hannover, Heft 25 (1966).

(187) *Pöpel, J.:* Schwankungen von Kläranlagenabläufen und ihre Folgen für Grenzwerte und Gewässerschutz. GWF-Schriftenreihe Wasser, Abwasser, Heft 16 (1971), Verlag R. Oldenbourg, München.

(188) *Pöpel, F., Hartmann, H.:* Der neue belüftete Sandfang auf der biologischen Reinigungsanlage der Stadt Heilbronn, Zeitschrift GWF, Heft 22 (1958), S. 535.

(189) *Prager, F. D.:* The sludge blanket clarifier. Zeitschrift Water and Sewage Works 97 (1950), S. 143.

(190) *Radcke, D.:* Beton in Kläranlagen. Zeitschrift Die Wasserwirtschaft, Jg. 69 (1979), S. 179 ff.

(191) *Reimann, K.:* Untersuchungen zur Nitrifikation und Nitrifikationsgeschwindigkeit. Wasser- und Abwasserforschung Nr. 2 (1973).

(192) *Reploh, H.:* Gesichtspunkte zur seuchenhygienisch unbedenklichen Klärschlammverwertung im Landbau. Schriftenreihe Gewässerschutz, Wasser, Abwasser, Band 6 (1971), S. 303, TH Aachen.

(193) *Resch, H.:* Untersuchungen an vertikal durchströmten Nachklärbecken von Belebungsanlagen. Berichte aus Wassergütewirtschaft und Gesundheitsingenieurwesen, Techn. Universität München Nr. 29, (1981).

(194) *Rincke, G.:* Wirtschaftliche Betrachtungen zu den Reinhalteanforderungen in einem Flußgebiet, Zeitschrift GWF 109 (1968), S. 1229.

(195) *Rincke, G.:* Auftreten und Einfluß thermophiler Prozesse bei der aeroben Stabilisation. Schriftenreihe Gewässerschutz, Wasser, Abwasser, Band 6 (1971), S. 25, TH Aachen.

(196) *Robra, K. H.:* Akute Bakterientoxizität: Auswertungen von Ringversuchen mit einer Reinkultur im Vergleich zu Untersuchungen an Mischpopulationen. Schriftenreihe Vom Wasser, 53. Band (1979), S. 267–282.

(197) *Rüb, F.:* Technik der industriellen Abwasserbehandlung. (1974) Verlag O. Krausskopf, Mainz.

(198) *Rüffer, H.; Mudrack, K.:* Anleitung zur Durchführung und Auswertung einfacher Untersuchungen auf Kläranlagen. Veröffentlichungen des Inst. für Siedlungswasserwirtschaft TH Hannover, Heft 17 (1975).

(199) *Rumpf, H.:* Verfahrenstechnische Gesichtspunkte bei der Leichtflüssigkeitsabscheidung. Passavant-Werke, Aarbergen (1972).

(200) *Sachs, L.:* Angewandte Statistik. 4. Auflage (1973), Verlag Springer, Berlin.

(201) *Salomon, H.:* Die städtische Abwasserbeseitigung in Deutschland. II. Band (1906/7), Jena.

(202) *Schlegel, S.:* Die anaerobe Behandlung von Filtratwässern thermisch konditionierter Schlämme. Veröffentlichungen des Inst. für Siedlungswasserwirtschaft der TH Hannover, Heft 39 (1974).

(203) *Schlegel, S.:* Automatisierung des Belebtschlammprozesses mittels Regelung des Sauerstoffeintrages und des Überschußschlammabzuges. Zeitschrift Korrespondenz Abwasser, Heft 2 (1977), S. 371–376.

(204) *Schlegel, S.:* Einfluß einer Abdeckung auf die Höhe der Geruchsemissionen aus Kreiselbelüfterbecken. Zeitschrift GWF-Wasser, Abwasser, Heft 6 (1979), S. 276–281.

(205) *Schlegel, S.; Kinder, S.:* Untersuchungen zur Phosphatelimination bei der Abwasserreinigung im techn. Maßstab. Zeitschrift GWF Wasser, Abwasser Heft 7 (1980), S. 315–325.

(206) *Schleicher, F.:* Taschenbuch für Bauingenieure, Band 11, 2. Auflage (1955), Verlag Springer, Berlin, Göttingen, Heidelberg.

(207) *Schmidt-Bregas, F.:* Über die Ausbildung von rechteckigen Absetzbecken für häusliche Abwässer. Veröffentlichungen des Inst. für Siedlungswasserwirtschaft der TH Hannover, Heft 3 (1958).

(208) *Schmidt-Bregas, F.:* Fortschritte in der mechanischen Abwasserreinigung. Eigenverlag des Inst. für Siedlungswasserwirtschaft der TH Hannover, Heft 6, (1960), S. 113.

(209) *Schönberg, K. H.:* Die Primärenergienutzung über direkt an Turboverdichter gekoppelte Gas-Otto-Motoren. Schriftenreihe Gewässerschutz, Wasser, Abwasser (13. Essener Tagung) (In Vorbereitung).

(210) *Schultze, Muhs:* Bodenuntersuchungen für Ingenieurbauten. 2. Auflage (1967), Verlag Springer, Berlin.

(211) *Seyfried, C. F.:* Kleine und mittlere Kläranlagen für schnellwachsende Gemeinden, für Gemeinden mit Saisonbetrieben und für Abwasserstoßbelastungen. Schriftenreihe Gewässerschutz, Wasser, Abwasser, Band 4 (1971), S. 23, TH Aachen.

(212) *Sierp, F.:* Die Abwasserreinigung mit belebtem Schlamm auf der Kläranlage Essen-Rellinghausen. Zeitschrift für angewandte Chemie 39 (1926), S. 1521.

(213) *Sierp, F.:* Die gewerblichen und industriellen Abwässer, 3. Auflage (1967), Verlag Springer, Berlin.

(214) *Sierp, F.:* Die gewerblichen und industriellen Abwässer. 3. Auflage (1967), S. 236–237, Verlag Springer, Berlin.

(215) *Sierp, F.:* Die gewerblichen und industriellen Abwässer. 3. Auflage (1967), S. 276–277, Verlag Springer, Berlin.

(216) *Sierp, F.:* Die gewerblichen und industriellen Abwässer. 3. Auflage (1967), S. 288, Verlag Springer, Berlin.

(217) *Sommer, P.:* Verordnung über brennbare Flüssigkeiten und technische Regeln für brennbare Flüssigkeiten. Deutscher Fachschriftenverlag Wiesbaden.

(218) *Sontheimer, H.:* Der Verschmutzungsfaktor zur Bewertung der Abwassereinleitung. Zeitschrift Gas- und Wasserfach, Heft 2 (1970), S. 93–95.

(219) *Sprenger, F. J.:* Konservierung von Wasserproben (Bericht der Arbeitsgruppe „Probenstabilisierung“ der Fachgruppe Wasserchemie in der Gesellschaft Deutscher Chemiker). Zeitschrift für Wasser- und Abwasserforschung, Nr. 3/4 (1978).

(220) *Stache, H.:* Tensid-Taschenbuch. (1979). Carl Hanser Verlag, München, Wien.

(221) Statistisches Bundesamt: Fachserie 19, Reihe 2.1: „Öffentliche Wasserversorgung und Abwasserbeseitigung“ (1975), Verlag W. Kohlhammer, Stuttgart, Mainz (1979).

(222) *Stegmann, R.:* Qualität von Sickerwasser aus Mülldeponien. Aus: Kolloquien und Seminare im Hause Edelhoff, Heft 2 (1972), Iserlohn.

(223) *Stobbe, G.:* Über das Verhalten von belebtem Schlamm in aufsteigender Wasserbewegung. Veröffentlichungen des Inst. für Siedlungswasserwirtschaft der TH Hannover, Heft 18 (1964).

(224) *Stozek, A.; Koppe, P.:* Notwendige Untersuchungen von Abwässern zur Planung und Betriebskontrolle biologischer Kläranlagen. Zeitschrift Korrespondenz Abwasser, Heft 10 (1975), S. 314–318.

(225) *Stozek, A.; Beumer, W.:* Chlorkohlenwasserstoffe – eine zunehmende Gefährdung der Gewässer. Zeitschrift Korrespondenz Abwasser, Heft 11 (1979) S. 632–634.

(226) *Stozek, A.; Schmidt, K. H.:* Statistische Genauigkeit einiger ausgewählter Analysenverfahren – wie sicher und genau kann das Klärpersonal im Rahmen der Eigenüberwachung kommunaler Kläranlagen Meßdaten erstellen? Zeitschrift Korrespondenz Abwasser, Heft 7 (1979), S. 363–375.

(227) *Stozek, A.; Koppe, P.:* Möglichkeiten und Grenzen des Einsatzes von Schnellmethoden zur Überwachung von Abwasserbehandlungsanlagen. IWL – Forum 74/III.

(228) *Strell, M.:* Die Abwasserfrage in ihrer geschichtlichen Entwicklung von den ältesten Zeiten bis zur Gegenwart. Leipzig (1913).

(229) *Tabasaran, O.:* Beschaffenheit und Behandlung von Deponiesickerwässern. Schriftenreihe Gewässerschutz, Wasser, Abwasser, Band 29 (1978), S. 413–436, TH Aachen.

(230) *Theroux:* Enlarged sewage disposal facilities for Los Angeles. Zeitschrift Sewage Industrial Wastes 29 (1957) S. 125 ff.

(231) *Thistlethwayte, D. K. B.; Klose, N.:* Sulfide in Abwasseranlagen. Beton Verlag Düsseldorf (1981).

(232) *Trawinski, H.:* Der Hydrozyklon als Hilfsgerät zur Grundstoffveredelung. Zeitschrift Chemie-Ing. Techn. Heft 6, (1923), S. 331 ff.

(233) Umweltbundesamt Berlin: Bericht der Arbeitsgruppe „Mineralölhaltige Rückstände", Materialien zum Abfallwirtschaftsprogramm 75 der Bundesregierung, Stand November 1979.

(233a) Verdingungsordnung für Leistungen, VOL, Werner Verlag, Düsseldorf.

(234) *Verner, Bo.:* Druckluft-Ölsperrren. Zeitschrift Schiff und Hafen, 24 (1972), Heft 1.

(235) *Wagner, H.:* Die Bewertung der Abwassereinleitungen. Zeitschrift Gesundheitsingenieur (1950), S. 77 ff.

(236) Wasserwirtschaft Nordrhein-Westfalen – Gewässerreinhaltung: Richtlinie für die Vorlage prüffähiger Kläranlagenentwürfe zur Genehmigung nach § 45 LWG/§ 58 LWG-Entwurf, Entwurf Januar 1978. Herausgegeben von der Landesanstalt für Wasser und Abfall NW, 4000 Düsseldorf, Börnerstr. 10, im Einvernehmen mit dem Minister für Ernährung, Landwirtschaft und Forsten des Landes Nordrhein-Westfalen.

(237) Wasserwirtschaft Nordrhein-Westfalen – Gewässerreinhaltung: Kläranlagen, Planungs- und Bemessungsgrundsätze, Entwurf März 1981. Herausgegeben vom Landesamt für Wasser- und Abwasser Nw, 4000 Düsseldorf 1, Auf dem Draap 25, im Einvernehmen mit dem Minister für Ernährung, Landwirtschaft und Forsten des Landes Nordrhein-Westfalen.

(238) Wassergesetz für das Land Nordrhein-Westfalen (Landeswassergesetz-LWG) vom 4. VI. 1979 (GV Nw S. 488/SGV Nw 77).

(239) *Weber, W.:* Energieoptimierung auf Kläranlagen, gezeigt am Beispiel Kläranlage Heidelsheim. Schriftenreihe Gewässerschutz, Wasser, Abwasser (13. Essener Tagung) (In Vorbereitung).

(240) *Weiner, R.:* Die Abwässer der Galvanotechnik und Metallindustrie. 4. Auflage (1973), Verlag E. G. Leuze, Saulgau/Württbg.

(241) *Wiegmann; Müller-Neuhaus, G.:* Zwei neue Kläranlagen der Emschergenossenschaft. Zeitschrift Die Wasserwirtschaft 42 (1951/52), S. 67 ff.

(242) *Wienhusen, A.:* Vorarbeiten bei Planung und Bau von Abwasserreinigungsanlagen. ATV-Fortbildungskurs, Eppingen 1977.

(243) *Wienhusen, A.:* Die Energiebilanz biologischer Abwasserbehandlungsanlagen. Schriftenreihe Gewässerschutz, Wasser, Abwasser, Heft 45 (1981), TH Aachen.

(244) *Wittwer:* Some observations on sewage sedimentation, Sew. Works Journal (1940), S. 513.

(245) *Young, J. C.; McCarty, P. L.:* The anaerobic filter for waste treatment. Journal WPCF 41 (1969), S.R 160.

(246) *Zerres, H. P.:* Auswertung von Meßergebnissen aus Kläranlagenabläufen im Hinblick auf die Abwasserabgabe. Zeitschrift Korrespondenz Abwasser, Heft 1 (1981).

(247) *Zlokarnik, M.:* Eignung und Leistungsfähigkeit von Oberflächenbelüftern für biologische Abwasserreinigungsanlagen. Zeitschrift Korrespondenz Abwasser, Heft 1 (1980), S. 14–21.

## Stichwortverzeichnis

# Brandalen®-Rohrsysteme aus HDPE

## Abwasserleitungen durch Trinkwasserzonen – da ist doppelte Vorsicht geboten.

Weil Trinkwasserschutz perfekt sein muß, forderten beispielsweise die Stadtwerke Duisburg eine zweischalige Lösung für eine Abwasserleitung, die durch ein Trinkwasserschutzgebiet geführt werden mußte. Und der Bergisch Rheinische Wasserverband als Bauherr entschied sich für das Brandalen-Doppelrohrsystem – für doppelten Schutz und damit für doppelte Sicherheit.

Vier Gründe gaben den Ausschlag

1. Das homogene System: Innen- und Außenrohr sowie eingeschweißte Schächte aus Brandalen (alles aus einer Hand).
2. Die längskraftschlüssige, durch Schweißen hergestellte, homogene Verbindung von 20-m-Rohrlängen (außen) und 12-m-Rohrlängen (innen) zu einer Gesamt-Leitungslänge von je 850 m (Sicherheit).
3. Das flexible Brandalen-Rohrsystem aus HDPE wird auch mit schwierigen Bodenverhältnissen (Bodensetzungen, Bergschäden) leicht fertig.
4. Kurze Verlegezeiten (Wirtschaftlichkeit).

Die Abbildungen:

Die flexiblen Brandalen-HDPE-Rohre lassen sich einfach und in kurzer Zeit verlegen. Für die 850 m Rohrstrecke wurden keine 3 Stunden gebraucht. Im Schacht ist das durchlaufende und vor der Druckprobe noch nicht aufgeschnittene Rohr gut zu erkennen (großes Bild).

Das Innenrohr, $d_a$ 450 mm PN 3.2 mit den Distanzringen, wird in die Einfädelöffnung des Mantelrohres eingezogen (Abb. oben rechts).

Auf die Innenrohrlängen sind Distanzringe mit eingefrästen Längsnuten aufgebracht (Abb. unten rechts).

Weitere technische Informationen über Brandalen-Rohrsysteme in der Entsorgung, im Gasleitungsbau und der Trinkwasserversorgung stehen auf Abruf zur Verfügung.

KUNSTSTOFFWERK HÖHN GMBH

**Kunststoffwerk Höhn GmbH**

5439 Höhn/Westerwald
Telefon (0 26 61) 80 55 · Telex 8 69 315 · 8 69 337 (Verkauf)

belüfteter Abwasserteich

exotherme, aerob-thermophile Stabilisierung von Klärschlamm

Belebungsbecken (sauerstoffabhängige, elektronische Steuerung)

# Er berechnet die Sintflut 2

STUDIO MARK, NBG